U0062824

编程改变生活

用Python提升你的能力 基础篇·微课视频版

邢世通 编著

清华大学出版社

北京

内 容 简 介

本书以Python的实际应用为主线，以理论基础为核心，引导读者渐进式地学习Python的编程基础和实际应用。

本书分为四部分，共17章：第一部分(第1～6章)为基础知识，第二部分(第7～9章)为数学运算，第三部分(第10～12章)为绘制图像，第四部分(第13～17章)为办公自动化。

本书示例代码丰富，实用性和系统性较强，并配有视频讲解，助力读者透彻理解书中的重点、难点。本书适合初学者入门，可作为高等院校和培训机构相关专业的教学参考书，精心设计的案例对于工作多年的开发者也有参考价值。

图书在版编目(CIP)数据

编程改变生活：用Python提升你的能力. 基础篇：微课视频版/邢世通编著. —北京：清华大学出版社，2023.7

ISBN 978-7-302-63368-6

Ⅰ. ①编… Ⅱ. ①邢… Ⅲ. ①软件工具－程序设计 Ⅳ. ①TP311.561

中国国家版本馆CIP数据核字(2023)第064598号

责任编辑：赵佳霓
封面设计：刘 键
责任校对：时翠兰
责任印制：丛怀宇

出版发行：清华大学出版社
网 址：http://www.tup.com.cn，http://www.wqbook.com
地 址：北京清华大学学研大厦A座 **邮 编**：100084
社 总 机：010-83470000 **邮 购**：010-62786544
投稿与读者服务：010-62776969，c-service@tup.tsinghua.edu.cn
质量反馈：010-62772015，zhiliang@tup.tsinghua.edu.cn
课件下载：http://www.tup.com.cn，010-83470236
印 装 者：三河市君旺印务有限公司
经 销：全国新华书店
开 本：186mm×240mm **印 张**：31.75 **字 数**：714千字
版 次：2023年9月第1版 **印 次**：2023年9月第1次印刷
印 数：1～2000
定 价：119.00元

产品编号：099220-01

前言

PREFACE

Python 作为一门优秀的编程语言，由于其语法简洁、优雅、明确，因此受到很多程序员和编程爱好者的青睐。近年来，Python 凭借强大的扩展性和丰富的模块，其应用场景不断扩大。许多人加入了学习 Python 的行列。

也许会有人问："对于没有编程基础的人，编程会不会太难学了？"其实这样的担心是多余的。Python 的语法简洁易懂，很容易上手，而且学习 Python 的目的不是为了编程而编程，而是为了解决实际的问题。在掌握 Python 编程的基础知识后，就可以用 Python 解决学习和工作中的实际问题，例如复杂的数学运算、绘制各类图像、办公自动化，而且有时只需几行到十几行的代码就可实现。

本书有丰富的案例，将语法知识和编程思路融入大量的典型案例中，带领读者学会 Python 编程，并将 Python 应用于解决实际问题中，从而提高工作效率。

本书主要内容

本书分为四部分，共 17 章。

第一部分包括第 1～6 章，主要讲解了 Python 编程环境的搭建和 Python 的基础知识，以及变量、运算、流程控制；在懂得基本编程思路之后，讲解了函数、复杂数据类型、类、模块等必备编程模块化知识，其中的难点是第 4 章的复杂数据类型，包括列表、元组、字典、字符串、集合等。

第二部分包括第 7～9 章，主要讲解了应用 Python 进行数值计算、矩阵运算、符号运算的方法。

第三部分包括第 10～12 章，主要讲解了应用 Python 绘制各种 2D 图像、3D 图像及向量图的方法。

第四部分包括第 13～17 章，主要讲解了应用 Python 处理基本文件、操作目录、组织文件、压缩文件、解压文件、处理 PDF 文档、破解密码、处理 Word 文档的方法。这一部分列举了使用 Python 批量处理文件的方法。

阅读建议

本书是一本基础入门加实战的书籍，既有基础知识，又有丰富的典型案例。这些典型案例贴近工作、学习、生活，应用性强。

建议没有 Python 基础的读者先阅读第一部分，掌握 Python 的基本语法知识。这些知识集中在第1～5章。有了这些必备知识,阅读后面的章节会比较轻松。如果读者已经具备Python的必备知识,则可以直接阅读后面的章节。

阅读第二部分需要具有一些数学知识和概念,包括基本的数值计算、复数的数值计算、矩阵的各类运算、统计学、微积分的各类运算。

第三部分属于比较轻松的内容,使用Python时只需几行到十几行的代码,就可以绘制出漂亮的2D图、3D图、向量图。

第四部分属于应用性很强的内容,有很多典型案例。这一部分的每个章节都有统一的编写规律,先介绍了处理单个文件的方法,然后介绍批量处理文件的方法。典型案例的难点在破解压缩文件密码和PDF文档密码的部分。第14章前两节介绍了使用面向过程的方法处理目录、文件的方法,第三节介绍了使用面向对象的方法处理目录、文件的方法。

资源下载提示

素材(源码)等资源：扫描目录上方的二维码下载。

视频等资源：扫描封底的文泉云盘防盗码,再扫描书中相应章节的二维码,可以在线学习。

致谢

感谢我的家人、朋友,由于有了他们的支持,我才可以全身心地投入写作之中。

感谢赵佳霓编辑,在书稿的编写过程中为我提供了很多建议,没有她的策划和帮助,我难以顺利完成本书。

感谢我的导师、老师、同学,在我的求学过程中,他们曾经给我很大的帮助。

感谢为本书付出辛勤工作的每个人!

由于编者水平有限,书中难免存在不妥之处,请读者见谅,并提出宝贵意见。

邢世通

2023年5月

目录
CONTENTS

教学课件(PPT)

本书源代码

第一部分　基础知识

第二部分 数学运算

第三部分 绘制图像

第四部分 办公自动化

第一部分　基础知识

第1章

Python 概述

很多初学编程的朋友会有一个普遍性的问题，我要学什么编程语言？市面上的热门编程语言有好几种，这让初学者感到困惑，不知如何做出选择。初学编程的朋友也有一种普遍的想法：我要选择一门“最棒”“最热门”的编程语言，我就学好这一门计算机编程语言，愿意花费大量的时间和精力，持之以恒地学习这门语言。

对于上面普遍性的问题和想法，可以综合起来一并回答。如何选择一门适合自己的编程语言？这要初学者考虑两个问题。第1个问题是学习编程的目标是什么？你要解决什么问题？实际的应用是什么？当前热门的编程语言，或者有持久生命力的编程语言，都有它们存在的道理，每一门编程语言都有其擅长的领域和应用。第2个问题是初学者愿意花费多长的时间和精力来学习这门编程语言？如何制定一份有效的学习计划？如何有效地执行这份计划？如何将这门编程语言应用于你的工作和学习中？每一门编程语言都有自己的学习难度曲线。有的编程语言入门难，应用这门语言解决问题需要成百上千行代码，需要很高超的编程思维，这要求编程学习者投入大量的时间，做大量的编程实例，才能学好这门语言。有的编程语言入门简单，应用这门语言解决问题只需几行到十几行代码。初学者只要掌握必备的知识和基本的编程思维，就能灵活地应用这门语言。如果初学者的学习自制力稍微差一点，就不需要经历“某某编程语言从入门到放弃”的过程了。

关键的问题是：有没有入门简单、应用广泛、不需要花费大量时间就能学好的编程语言？这个世界上还真有这样一门编程语言，就是 Python。

当然有的初学者很调皮，他们学习编程的理由就是为了好玩。如果是为了好玩，来学习 Python，这些初学者可真是太聪明了，真是物超所值！学习任何一门学科，从来都是一个不可逆的过程。因为任何一门学科除了必备的知识以外，还有认知的角度和处理问题的思维方法，这也是“外行看热闹，内行看门道”的原因。学习 Python 编程更是一个不可逆的过程。学习 Python 的过程会提升你的能力，让初学者将以往的知识和经验做一个串联整理，对当前的工作和学习有另外一种处理问题的方法，让碎片化的知识和方法形成一个体系，对事物有另外一层的认识和理解，甚至改变你的思维方式。

如果你是个编程老手，那就无须多言，开始我们的学习吧！本章首先从宏观角度介绍 Python 的历史、发展及其技术优势、特性和语言风格。工欲善其事，必先利其器。学习

Python 编程语言，还需要读者着手一些开发的准备工作，本章手把手带领读者搭建一个Python 编程开发环境。

1.1 Python 的历史与发展

8min

这个世界上存在着几百种计算机编程语言，实际上流行起来的也就十几种。1989 年的圣诞节，Guido van Rossum 感觉很无聊，就发明了 Python 编程语言。时隔 30 多年，这名荷兰人也未必预料到，Python 会成为稳居前三位的编程语言。

1.1.1 Python 简介

Python 是一种跨平台、开源、免费、解释型的高级编程语言。Python 编程语言的设计哲学是优雅、明确、简单。用通俗的语言解释这种设计哲学就是：用较少的代码，更快、更有效率地解决问题。Python 始终坚持这一理念，这让很多程序开发人员获益匪浅，以至于网络上流传着“人生苦短、我用 Python”的说法。

为什么 Python 可以用较少的代码，更快、更有效率地解决问题呢？这因为 Python 是一种扩充性强大的语言。Python 语言具有丰富和强大的“武器库”，能够把其他语言制作的模块联结在一起，并且具有整合内化成 Python 语言的能力。例如，用于数学运算的 NumPy 模块、用于符号运算的 SymPy 模块、用于绘图的 Matplotlib 模块、用于 HTML 解析的 Beautiful Soup 模块、用于绘制向量图的 Pygal 模块、用于网络请求的 Urilib3 模块等。这些模块相当于强大的“武器库”，大大扩展了 Python 的能力边界。

Python 是一门高级编程语言。相对于汇编语言更接近机器的操作命令，Python 更接近人的思维。明确、简单的设计理念，让初学者可以更快地学会 Python 语言。

Python 语言还有一个强大的团队在维护和更新这门语言，不断地推陈出新，对 Python 进行更新换代。Python 自发布以来，主要有 3 个版本。第 1 个版本是 1994 年发布的 Python 1.0 版本，目前这个版本已经过时。第 2 个版本是 2000 年发布的 Python 2.0 版本，2020 年 4 月 20 日这个版本更新到 Python 2.7.18，这是 Python 官方发布的最后一个 Python 2.0 版本，如图 1-1 所示。

事实上，Python 2.7 原计划在 2015 年就退役，但因为当时 Python 2 有大量 Web 用户，Python 基金会讨论后决定延期 5 年，同时将 Python 3.4 的 OpenSSL 模块(可以保护互联网用户之间安全通信，防止窃听)下放到 Python 2.7，以免过期版本对互联网的潜在危害。

第 3 个版本是 2008 年发布的 Python 3.0 版本，截至 2022 年 6 月，Python 3.0 稳定版本已经更新到 Python 3.10.5，Python 3.0 内测版已经更新到 Python 3.11.0b3。Python 2.x 版本和 Python 3.x 版本差异比较大，所以 Python 2.x 版本的代码不能直接在 Python 3.x 环境下运行。如果要 Python 2.x 版本的代码能够在 Python 3.x 版本的环境下运行，则需要修改源代码。针对这一棘手问题，Python 官方提供了一个将 Python 2.x 代码转换为 Python 3.x 代码的小工具 2to3.py。2to3.py 文件就保存在 Python 安装路径下的 Tools\Scripts 子目录中,具体的用法将在后面的章节中论述。虽然 Python 3 早在 2008 年就发布了,但 Python 的大客户 Facebook、Instagram、Dropbox 等公司,花费了数年的时间才完成代码的迁移,即便如此,Python 官方还是坚持推出全新的 Python 3. x 版本,坚持优雅、简单、明确的设计理念,舍弃与时代、行业发展不符合的部分。这本书对于 Python 的论述,主要选用 Python 3. x 版本,如图 1-2 所示。

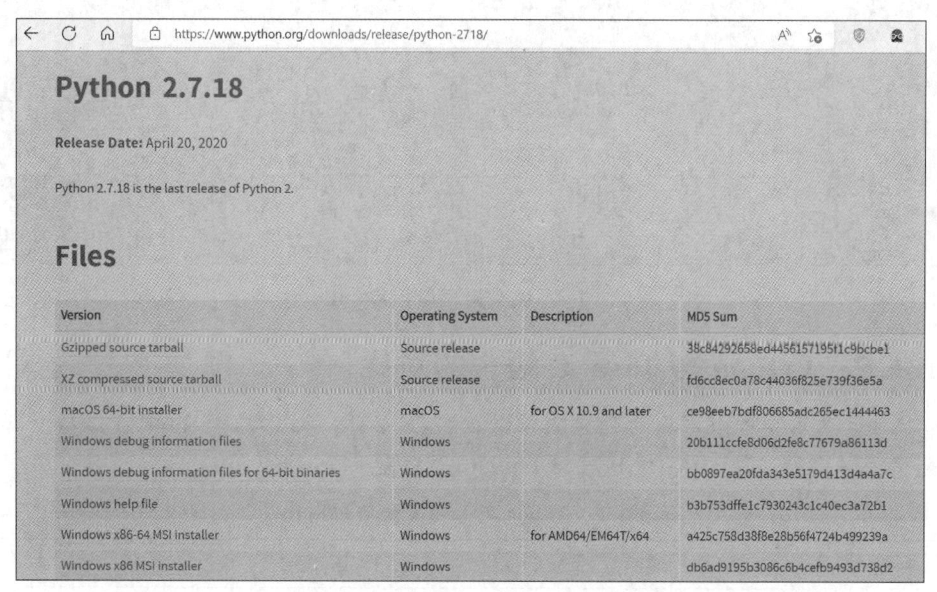

Version	Operating System	Description	MD5 Sum
Gzipped source tarball	Source release		38c84292658ed4456157195f1c9bcbe1
XZ compressed source tarball	Source release		fd6cc8ec0a78c44036f825e739f36e5a
macOS 64-bit installer	macOS	for OS X 10.9 and later	ce98eeb7bdf806685adc265ec1444463
Windows debug information files	Windows		20b111ccfe8d06d2fe8c77679a86113d
Windows debug information files for 64-bit binaries	Windows		bb0897ea20fda343e5179d413d4a4a7c
Windows help file	Windows		b3b753dffe1c7930243c1c40ec3a72b1
Windows x86-64 MSI installer	Windows	for AMD64/EM64T/x64	a425c758d38f8e28b56f4724b499239a
Windows x86 MSI installer	Windows		db6ad9195b3086c6b4cefb9493d738d2

图 1-1 Python 2. 7. 18 安装包

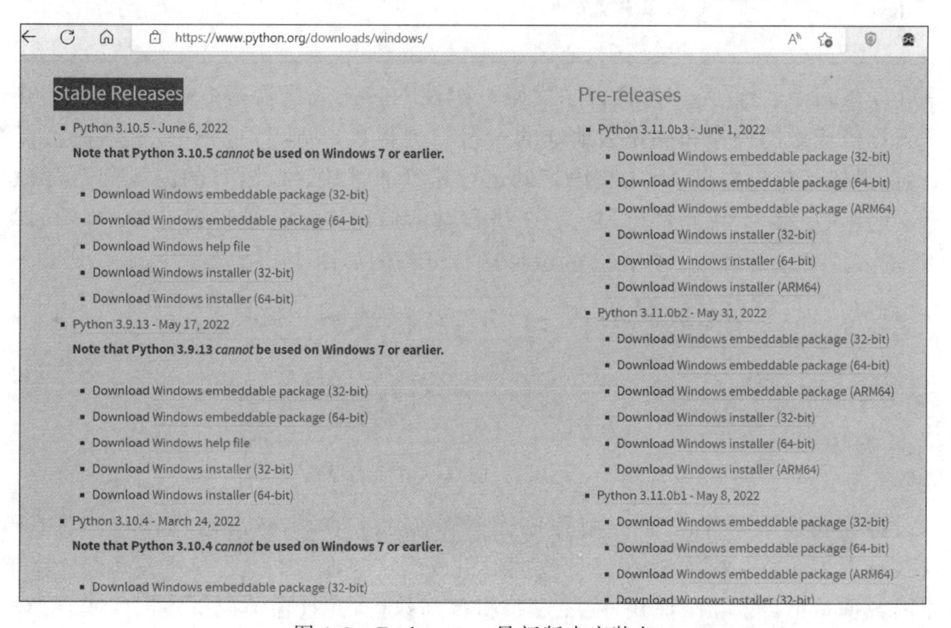

图 1-2 Python 3. x 最新版本安装包

Python 语言的特色和独特的设计理念，让 Python 变得越来越出色，很难不被人发现它的才华出众。从 2004 年开始，Python 的使用率呈指数级增长，逐渐受到编程者的欢迎和青睐。这种趋势从 2018 年开始，越来越明显，如图 1-3 所示。

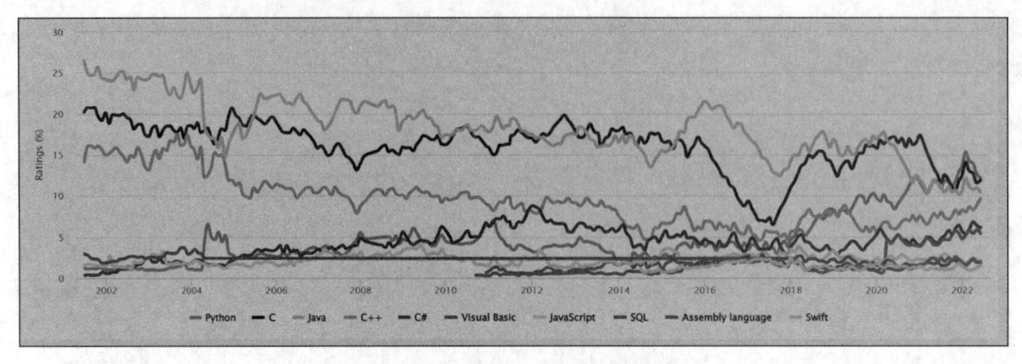

图 1-3 编程语言流行趋势图

1.1.2 Python 与 Java、C 语言的对比

从图 1-3 所示编程语言流行趋势图可以看出，从 2018 年以来，Python 与 Java、C 语言常常位列编程语言前三位。将 Python 与 Java、C 语言做一个对比，见表 1-1。

表 1-1 Python 与 Java、C 语言的对比

编程语言	类型	运行速度	代码量
C 语言	编译成机器码	非常快	比较大
Java	编译成字节码	快	大
Python	解释执行	慢	小

C 语言在编译运行时，首先将程序代码一次性地转换成机器指令码，简称为机器码(用于指挥计算机应做的操作和操作数地址的一组二进制数)。运行过程中，机器码会保存，下次运行时，直接运行机器码，因此 C 语言的运行速度非常快。C 语言的内置函数(编程语言预先定义的函数)很少，代码量比较大。C 语言常常应用在贴近硬件的开发中，例如单片机的开发、嵌入式开发等领域。C 语言的编译运行流程图如图 1-4 所示。

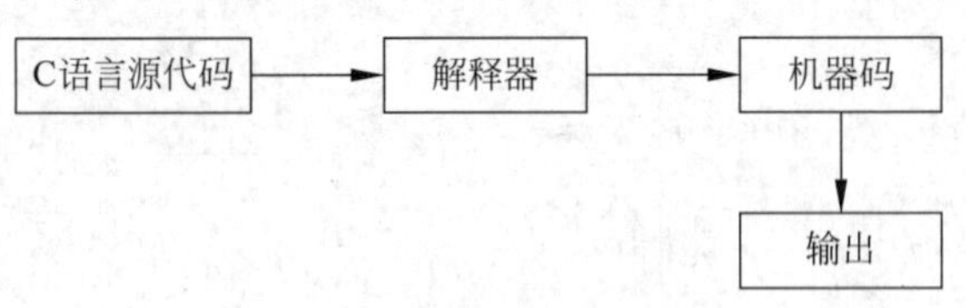

图 1-4 C 语言的编译运行流程图

Java 语言在编译运行时，首先将程序代码转换成字节码，然后运行程序。字节码是一种包含执行程序并由一序列 op 代码/数据对组成的二进制文件，是一种中间码。字节是计算机里的数据量单位。字节码由 Java 虚拟机解释执行，并且在虚拟机中把代码转换成平台能够识别的机器码来运行程序，因此，Java 语言的运行速度比较快。Java 语言中有一些内

置函数，代码量比较大。Java 语言的编译运行流程图如图 1-5 所示。

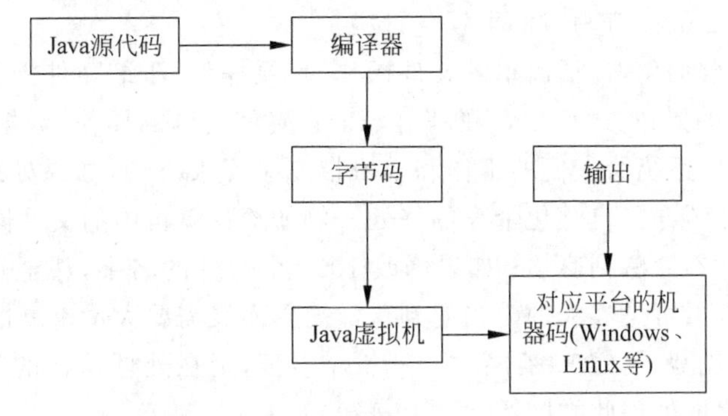

图 1-5 Java 语言的编译运行流程图

Python 语言的运行方式是边解释边执行，是将 Python 代码逐行转换为机器码并运行的过程。运行过程中，机器码不会保存，因此，相对于 C 语言和 Java 语言，Python 的执行速度比较慢。由于 Python 语言有丰富的模块和内置函数，因此 Python 语言的代码量较小。另外，Python 的代码不能加密。整体来看，Python 语言是一门优势和缺点很突出的计算机编程语言。Python 语言的编译流程图如图 1-6 所示。

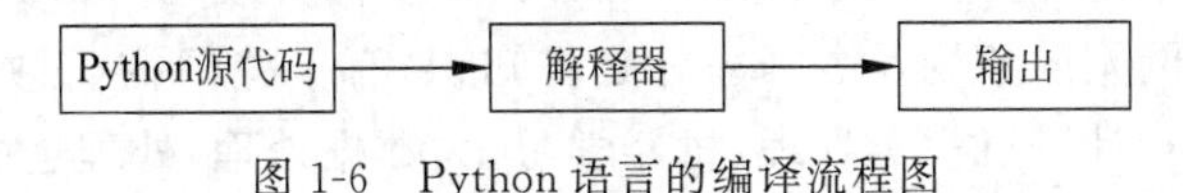

图 1-6 Python 语言的编译流程图

由于 Python 语言的优势和缺点同样突出，因此 Python 语言有不适合的应用领域。例如贴近硬件的开发，首选 C 语言；手机 App 的开发，iOS 系统的开发使用 Object C 或 Swift 语言，安卓系统(Android)使用 Java 语言或 Kotlin 语言，鸿蒙操作系统(HarmonyOS 3.0)使用 C/C++语言或 JavaScript 语言。游戏的开发需要高速渲染，一般使用 C/C++语言。

既然 Python 语言的运行速度比较慢，为什么 Python 的使用率还这么高？为什么很多开发人员喜欢使用 Python 语言？这是因为随着计算机硬件技术的发展，CPU 的性能越来越优越，固态硬盘的出现，大幅提高了硬盘的读取和写入速度。现在制约 Python 运行速度的主要因素是网络传输的速度，如同你有一辆性能优异的豪车，却行驶在拥挤的高速路上，优越的性能并不能发挥出来。另外，这些程序开发人员的时间很宝贵，公司的任务很繁重，使用 Python 可以方便、高效地解决问题，为什么不使用 Python 呢？余生太短，只用 Python!

1.1.3 Python 的应用领域

由于 Python 语言的特点，Python 的应用范围非常广泛，主要有以下几个领域。

第 1 个是数学运算，包括各种数学函数的数值计算，以及线性代数的矩阵运算、高等数学的微积分运算，以及解复杂的微分方程。不仅是数值的计算，更有代数式的运算，不过，代数式的运算在计算机看来是符号运算。

第 2 个是绘制图像，包括印刷级别的散点图、折线图、饼图、柱状图、频率直方图，以及显示在浏览器上的向量图,例如折线图、圆环图、柱状图、饼图、雷达图等。很多公司的大屏数据可视化,都有 Python 语言写成的可视化模板。

第 3 个是办公自动化,包括简单的文件操作、目录操作、压缩文件操作、Excel 电子表格的操作、Word 文档的操作、PDF 文档的操作、PPT 演示文稿的操作、数据库的增、删、改、查等。现在图形化操作系统给人们的工作和学习带来了很大方便,如果处理一个稍微大数据量的事情,就意识到了办公自动化带来的好处。例如给计算机中的文件修改名字,如果修改几十个文件,人们还不会感到麻烦;如果修改 1000 个文件的名字,甚至修改 10 000 个文件的名字,则这个工作量可是够大的。当遇到这样简单而又需要大量重复性的工作时,办公自动化便显示出它的优势了。如果学会了 Python 语言,则在处理这样的问题时可以创建一些脚本工具,批量化地处理此类问题。

第 4 个是创建 GUI。GUI 是 Graphical User Interface 的缩写,即图形用户界面。Python 语言提供了很多工具包帮助开发。本书会选择两个典型工具包来讲解。

第 5 个是网络应用。例如使用 Python 编写网络爬虫,简单高效。使用 Python 编写好的程序,对网站进行安全测试和维护。

第 6 个使用 Python 处理一些大问题。例如创建网站,Python 提供了很多 Web 开发框架:轻量级的 Flask 框架、重量级的 Django 框架、异步高并发的 Tornado 框架。学习这些知识,需要预先学习网站的架构及数据库等必备知识,有一些门槛,否则学起来会感觉云山雾罩,不知所以。还有计算机视觉处理、机器学习、大数据处理,处理这些问题需要学习相应学科的必备知识,这些问题是有门槛的大问题。

注意:Web 开发框架是为了帮助开发者更快地开发出动态网站所提供的框架,支持开发者方便、快捷地创建动态网站,创建网络应用程序,以及提供网络服务。做一个简单的类比,创建一个动态网站,就像建造一栋大楼,这是一个很大的工程。如果使用 Python 语言从头开发,无异于从打地基开始一砖一瓦地进行建造,非常耗费时间和精力。Web 开发框架相当于已经帮你建造了大楼的框架,开发者所需要做的是对大楼的毛坯房进行装修。

Python 语言同样受到了各大互联网公司的青睐和使用。国外的视频网站 YouTube 是使用 Python 语言开发的,国内的搜狐邮箱和豆瓣网是采用 Python 语言开发的,著名的云计算平台 OpenStack 是使用 Python 语言开发的,谷歌的机器学习框架 TensorFlow 是采用 Python 语言开发的,使用 Python 语言可以对这个学习框架进行二次开发。

1.2 搭建 Python 开发环境

10min

工欲善其事,必先利其器。在正式学习 Python 之前,需要搭建 Python 开发环境。Python 语言是个跨平台的开发工具,可以在 Windows、Linux、Mac 等系统上运行。如果使用 Linux 系统,则可能已经预装了 Python 开发环境。只需在 Linux 系统终端中输入 python,按 Enter 键便可以验证。例如著名的 Kali Linux 系统预装了 Python 2. x 版本和

Python 3. x 版本，分别如图 1-7 和图 1-8 所示。

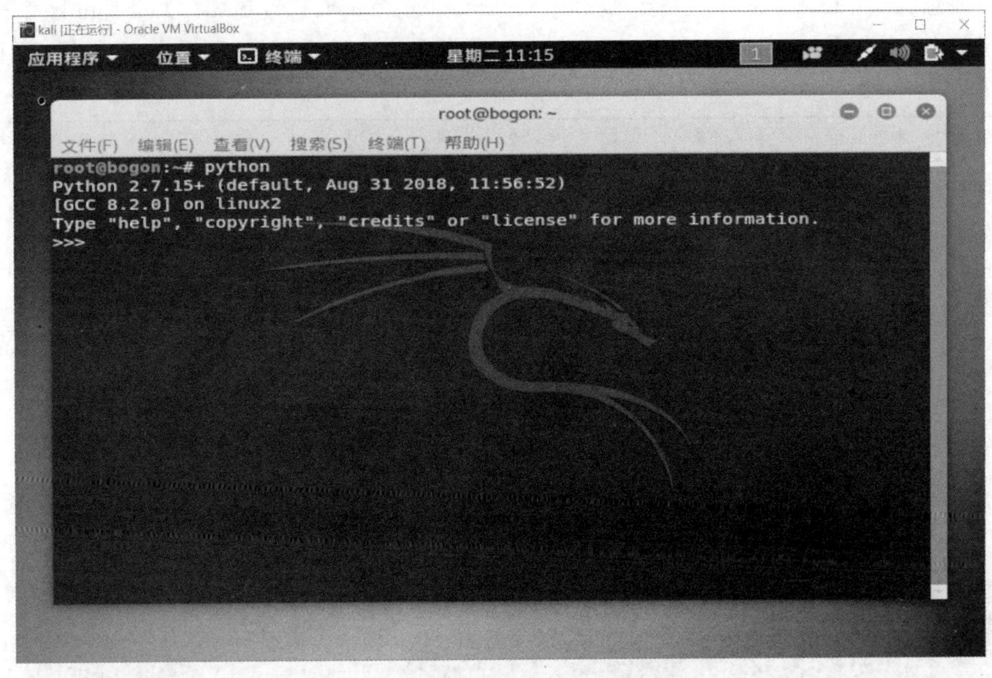

图 1-7　Python 2.7 运行在 Linux 系统上

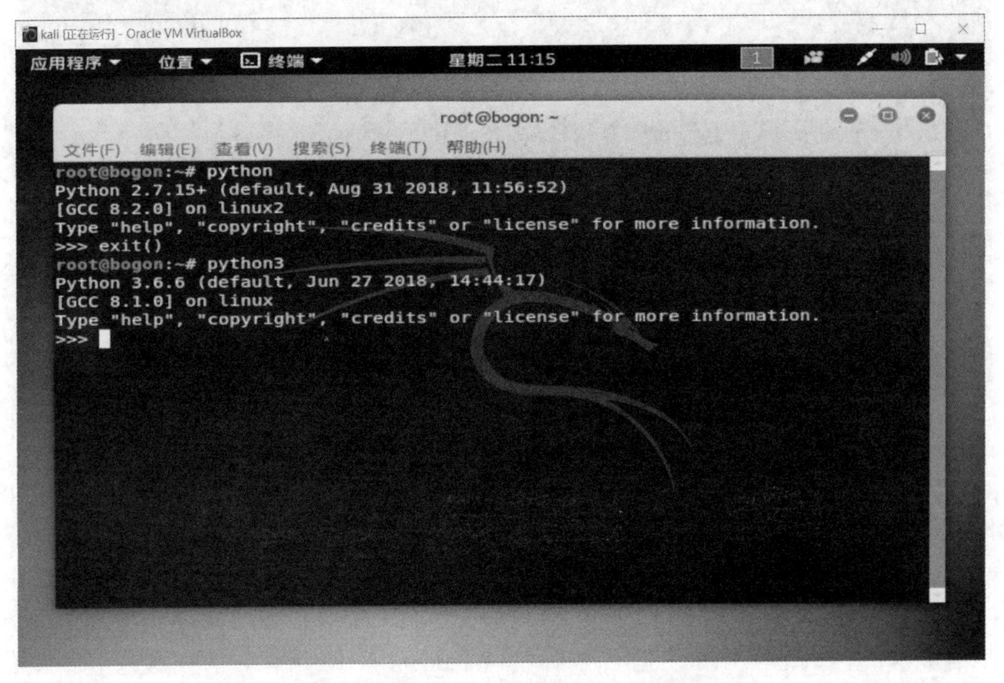

图 1-8　Python 3.6 运行在 Linux 系统上

注意：Kali Linux 系统是基于 Debian 的 Linux 发行版开发的系统。Kali Linux 预装了许多渗透测试软件。Python 在渗透测试方面有优势，因此预装了两个版本的 Python 语言。

1.2.1 安装 Python

大部分个人计算机使用的是 Windows 系统。下面主要演示如何在 Windows 系统上创建 Python 开发环境。

1. 下载 Python 安装包

(1) 打开浏览器，登录 Python 的官方网站，输入网址 www. python. org，如图 1-9 所示。

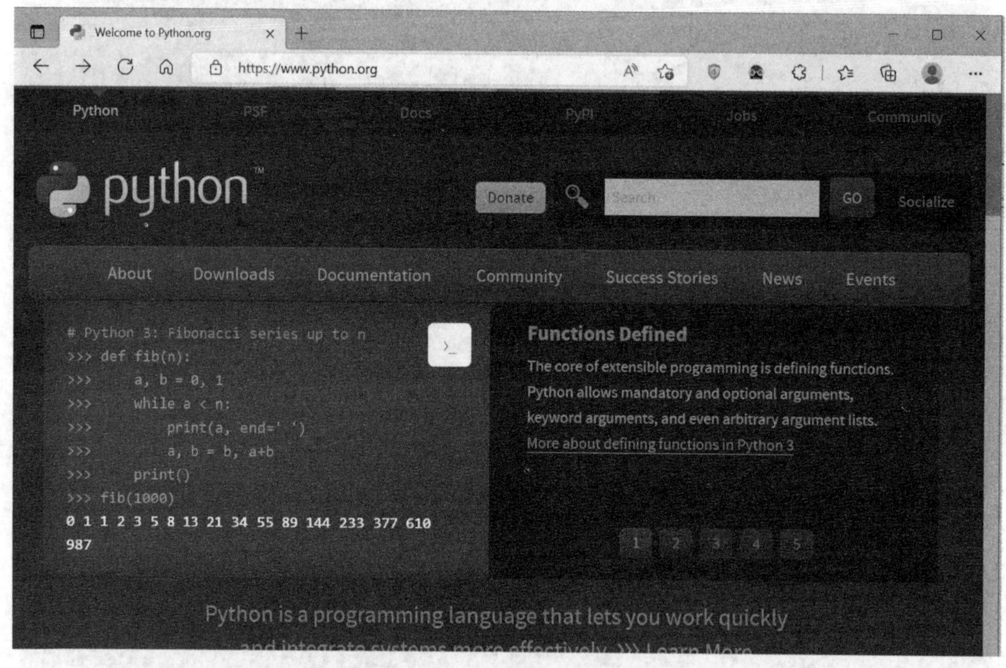

图 1-9　Python 的官方网站

(2) 选择 Downloads，网页会显示一个下拉菜单选项，如图 1-10 所示。单击 Windows，进入适合 Windows 系统的 Python 安装包下载页面。

(3) 如果使用的是 64 位的 Windows 操作系统，则下载 64 位的安装包；如果使用的是 32 位的 Windows 操作系统，则下载 32 位的安装包。如果使用的是 Windows 7 系统或更早的版本，就选择一个可以运行于你的 Windows 系统版本上的安装包，如图 1-11 所示。

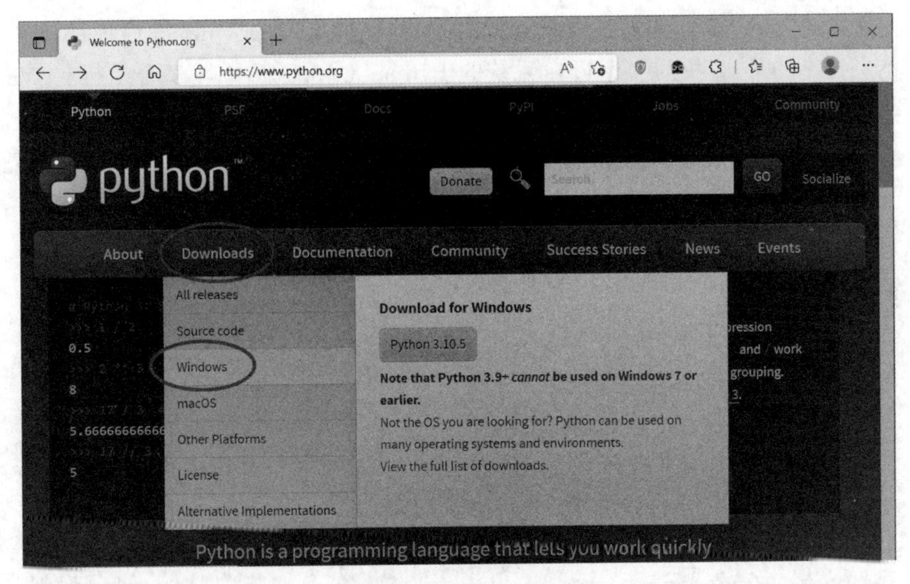

图 1-10 安装包下载界面

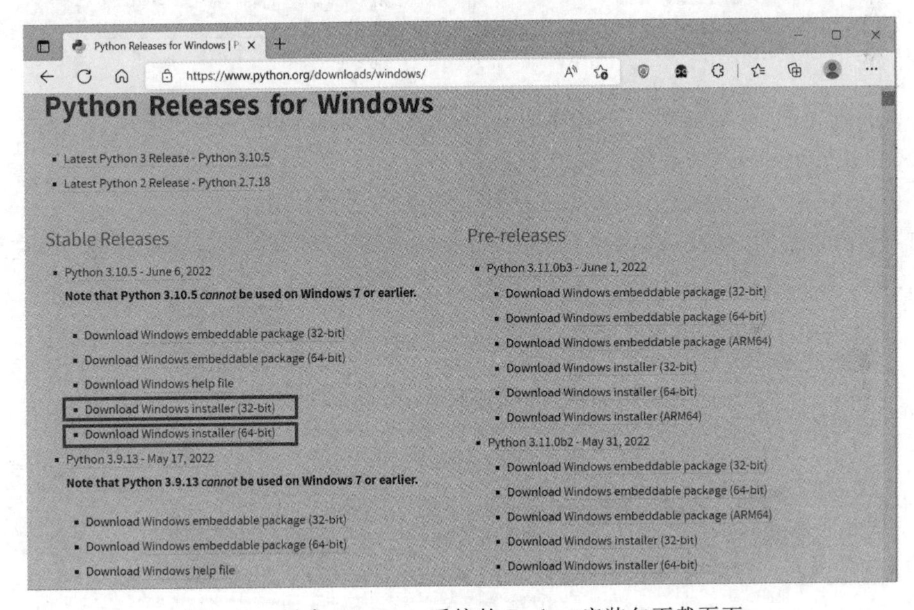

图 1-11 适合 Windows 系统的 Python 安装包下载页面

注意：图 1-11 中，Stable Releases 指稳定版，Pre-releases 指内测版。初学者和编程开发者选择稳定版即可。Windows embeddable package 是指 Windows 系统的可嵌入式安装包，可以集成在其他应用中。初学者选择 Windows installer 进行下载即可。如果是编程开发者，由于最新版本的安装包对某些模块的支持不好，建议选择稍微旧一点的版本或者 32 位的安装包，进行下载并安装。

(4) 选择适合的 Windows 操作系统版本的安装包,单击 Download 后面的安装包进行下载。本书选择的是 64 位的 Windows 系统的 Python 3.10.5 版本(不适合运行在 Windows 7 或更早版本的 Windows 系统上),如图 1-12 所示。

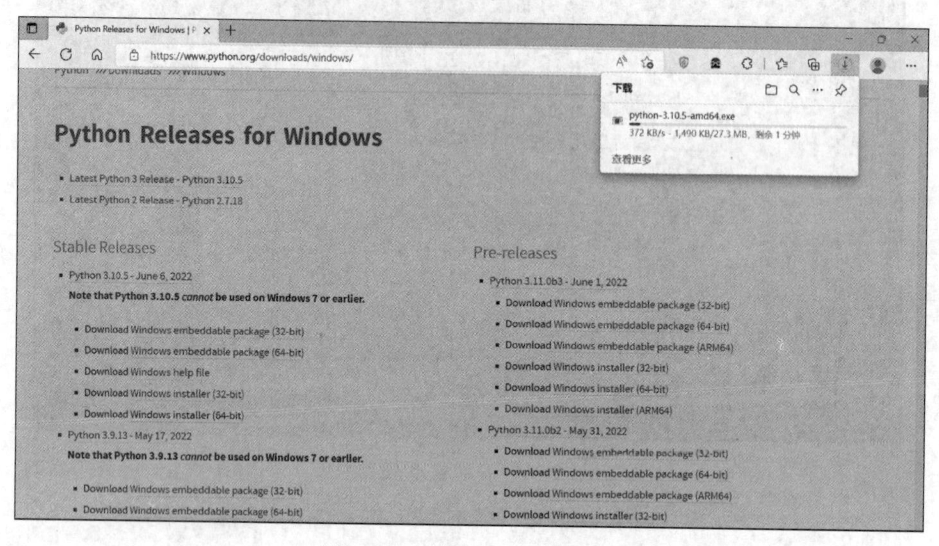

图 1-12 下载 Python 安装包

(5) 下载完成后,会得到一个名称为 python-3.10.5-amd64.exe 的可执行文件。

2. 在 Windows 64 位系统中安装 Python

在 Windows 64 位系统上安装 Python 3.10.5 的步骤如下。

(1) 双击下载的 Python 安装文件 python-3.10.5-amd64.exe,之后计算机会显示安装向导对话框,选中 Add Python 3.10 to PATH 复选框,表示将自动配置环境变量,如图 1-13 所示。

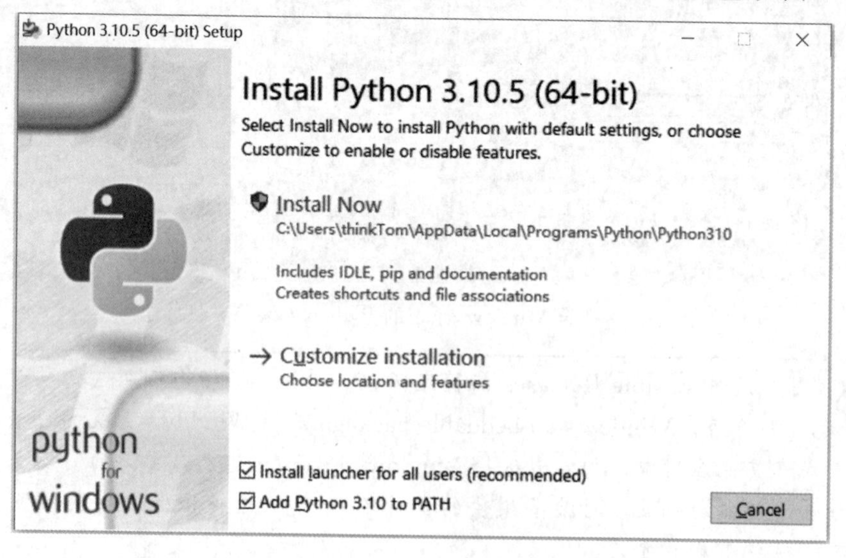

图 1-13 Python 安装向导

注意：在图 1-13 中，Install Now 是指默认安装，Python 的安装路径不能修改，默认安装路径在系统盘，不建议单击此选项。环境变量是 Windows 系统中一个非常重要的设置。由于它在 Windows 系统中非常隐蔽，所以一般用户很少接触到与它相关的知识，但这并不影响环境变量的实用性和便利性。最简单的一个应用就是，可以直接在 Windows 命令行窗口输入环境变量中已经设置好的变量名称，快速打开指定的文件夹或者应用程序。

(2) 单击 Customize installation 按钮，选择自定义安装模式。自定义安装模式可以自己设置安装路径，不建议安装在系统盘下。单击按钮后，会继续弹出安装选项对话框，保持默认设置，如图 1-14 所示。

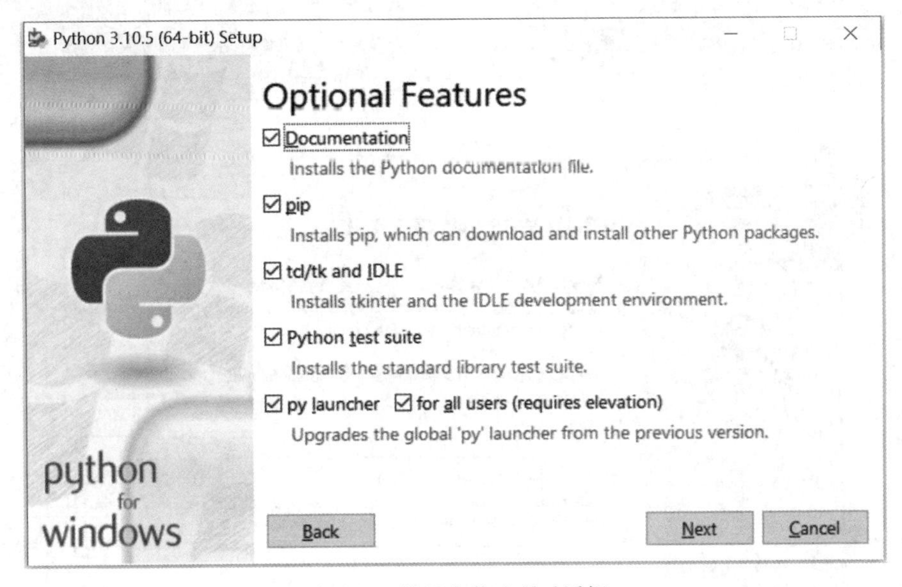

图 1-14　设置安装选项对话框

注意：在图 1-14 中，勾选 Documentation 复选框，表示安装 Python 帮助文档；勾选 pip 复选框，表示安装用来下载 Python 包的工具 pip；勾选 tcl/tk and IDLE 复选框，表示安装 Tkinter 模块和 IDLE 开发环境；勾选 Python test suite 复选框，表示安装标准库测试套件；勾选 py launcher 和 for all users(requires elevation)复选框，表示安装所有用户都可以启动的 Python 发射器。

(3) 单击 Next 按钮，将进入高级选项对话框。在该对话框中，将安装路径设置为 D:\program files\python(读者根据自己的需求，自行设置安装路径)，其他的设置采用默认设置，如图 1-15 所示。

(4) 单击 Install 按钮，开始安装 Python。安装完成后，如图 1-16 所示。

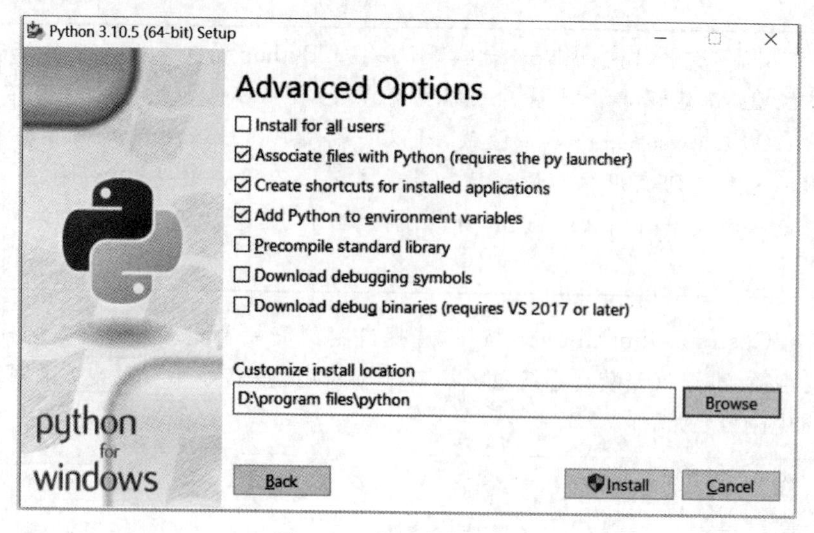

图 1-15　高级选项对话框

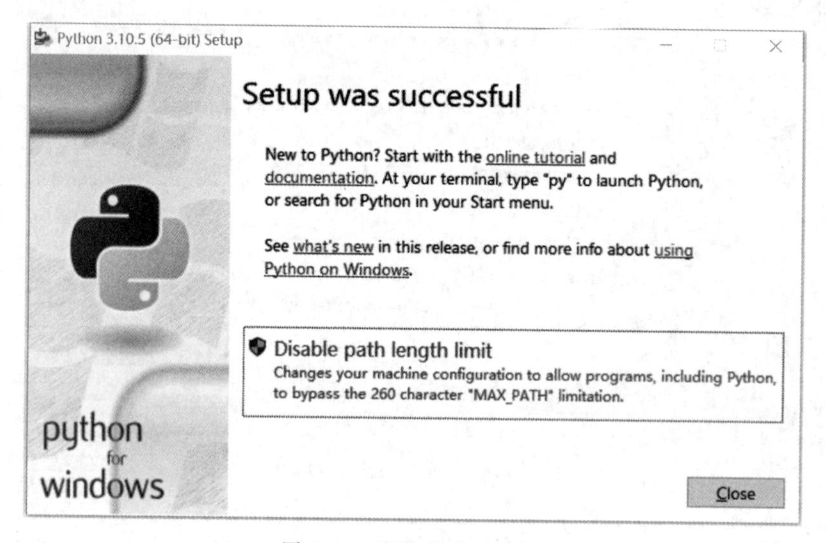

图 1-16　安装完成对话框

1.2.2　第 1 个 Python 程序

通过上面的步骤,已经成功地安装了 Python 开发环境。Python 的开发环境,不仅安装了 Python 的解释器,而且还安装了一个自带的编辑器 IDLE。读者可以使用 IDLE 进行简单的编程。

1. 使用 IDLE 创建 Python 程序

编程是程序员与计算机之间的交流,计算机通过屏幕向程序员打印输出信息,准确地说就是将文字、数字显示在计算机屏幕上。任何编程语言都有打印输出信息的内置函数,

Python 打印输出的内置函数是 print()。下面使用 IDLE 创建 Python 程序。

(1) 单击 Windows 10 系统的开始菜单，在显示的菜单中，选择 IDLE (Python 3.10 64-bit) 菜单项，即可打开 IDLE 窗口，如图 1-17 所示。

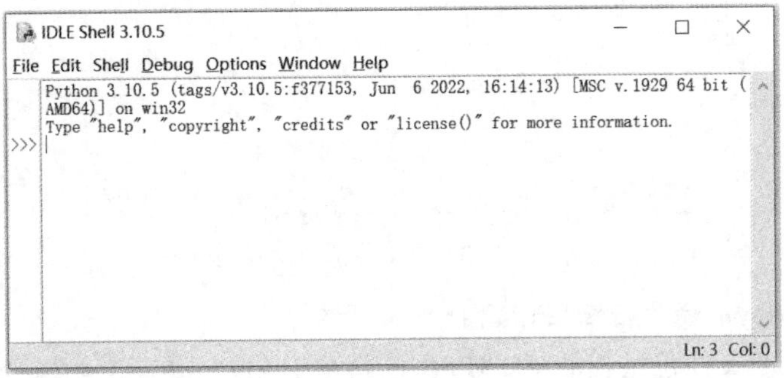

```
IDLE Shell 3.10.5
File Edit Shell Debug Options Window Help
Python 3.10.5 (tags/v3.10.5:f377153, Jun  6 2022, 16:14:13) [MSC v.1929 64 bit (
AMD64)] on win32
Type "help", "copyright", "credits" or "license()" for more information.
>>> |
Ln: 3 Col: 0
```

图 1-17　IDLE 窗口

(2) 在当前 Python 提示符“>>>”右侧输入以下代码，然后按 Enter 键。

```
print("优雅 明确 简单")
```

运行结果如图 1-18 所示。

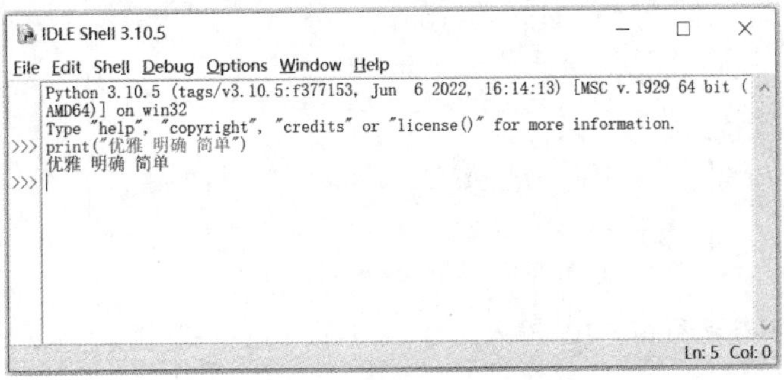

```
IDLE Shell 3.10.5
File Edit Shell Debug Options Window Help
Python 3.10.5 (tags/v3.10.5:f377153, Jun  6 2022, 16:14:13) [MSC v.1929 64 bit (
AMD64)] on win32
Type "help", "copyright", "credits" or "license()" for more information.
>>> print("优雅 明确 简单")
优雅 明确 简单
>>> |
Ln: 5 Col: 0
```

图 1-18　IDLE 窗口运行结果(1)

(3) 在当前 Python 提示符“>>>”右侧输入以下代码，然后按 Enter 键。

```
100 + 23
```

运行结果如图 1-19 所示。

从上面的例子读者可以体会到 Python 的编译运行过程，即一行一行地将代码编译成机器码并执行，中间并不保存机器码。读者可以利用 IDLE 编辑器进行一些数学计算。

注意： 如果在中文状态下输入代码中的小括号或者双引号，将会导致语法错误，初学者切记。学过其他编程语言的读者会发现，不同于 C 语言等编程语言，每行 Python 代码的结尾没有分号。

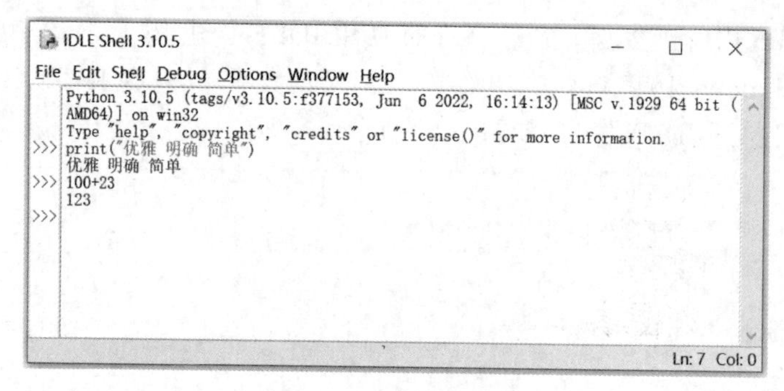

图 1-19 IDLE 窗口运行结果(2)

2. 使用 Windows 命令行窗口创建 Python 程序

在安装 Python 文件包过程的第 1 步时,已经给 Python 设置了环境变量。读者可以使用 Windows 命令行窗口创建 Python 程序,步骤如下:

(1) 按快捷键 Win+R,打开 Windows 运行窗口。Win 键是指键盘上有微软公司图标的那个键盘,如图 1-20 所示。

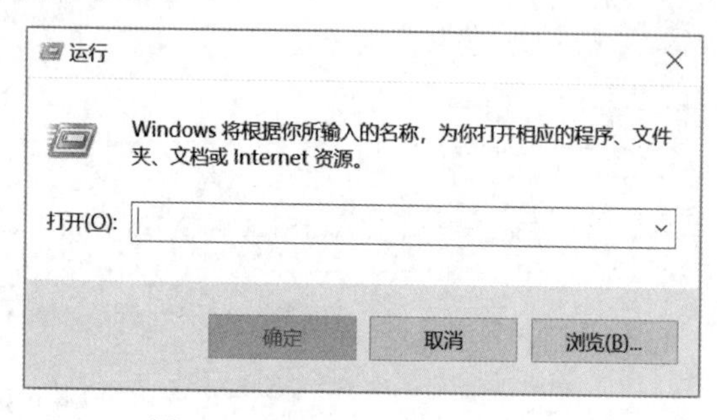

图 1-20 Windows 运行窗口(1)

(2) 在 Windows 运行窗口中,输入命令 cmd,按 Enter 键,进入 Windows 命令行窗口,如图 1-21 和图 1-22 所示。

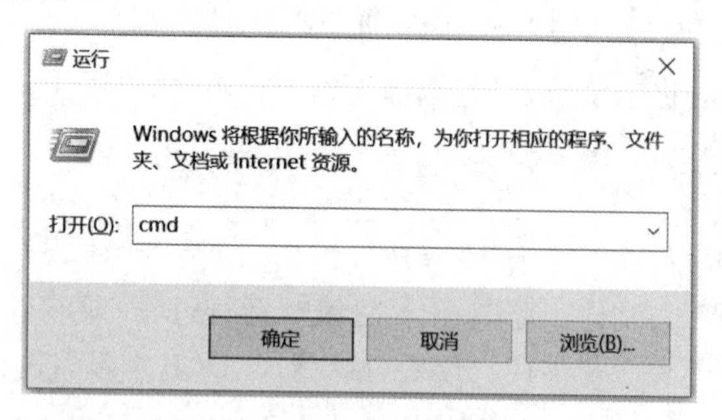

图 1-21 Windows 运行窗口(2)

(3) 在 Windows 命令行窗口中,输入 python,按 Enter 键后就进入了 Python 的交互命令行窗口中。读者可以在这个窗口中创建并运行 Python 程序代码。运行效果和 IDLE 类似,如图 1-23 所示。

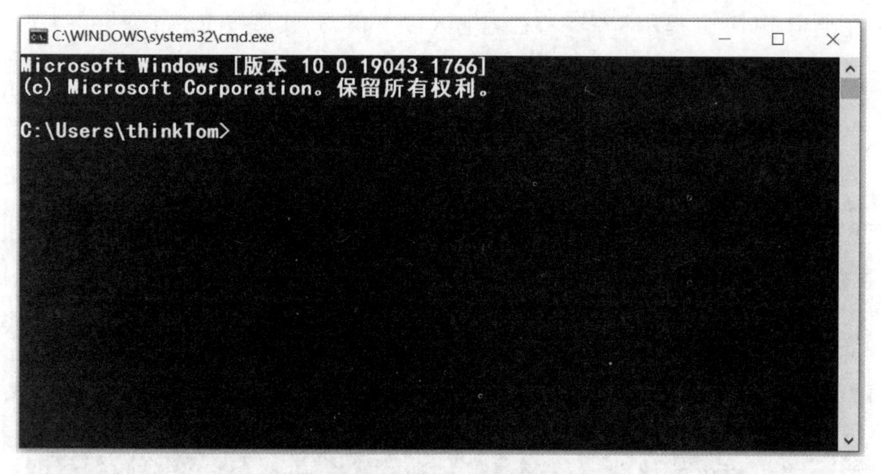

图 1-22 Windows 命令行窗口

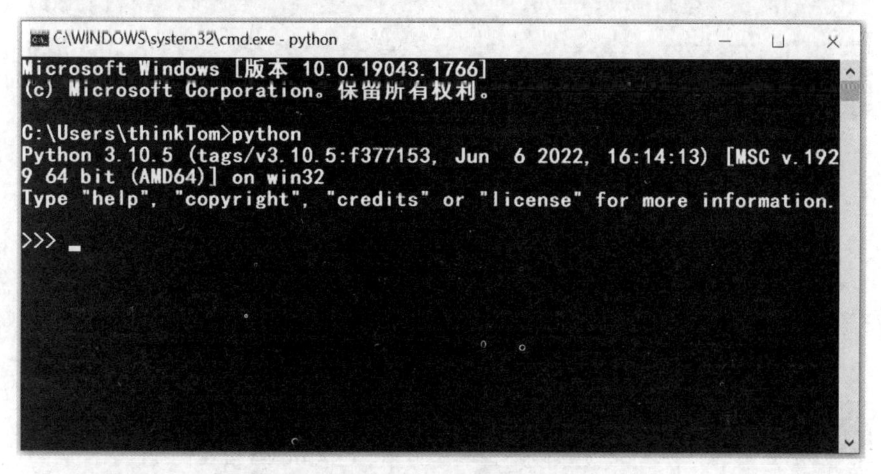

图 1-23 Python 命令交互窗口

注意：在 Windows 命令行窗口中输入 python 后，如果显示"'Python'不是内部或外部命令，也不是可运行的程序或批处理文件"，则说明读者在安装 Python 时没有勾选"Add Python 3.10 to PATH"复选框。对于这个问题，有两种解决方法：第 1 种方法，卸载 Python 软件，重新安装，切记一定要勾选 Add Python 3.10 to PATH 复选框。第 2 种方法，给计算机配置环境变量，具体步骤如下：右击"我的计算机"，选择"属性"，选择"高级系统设置"，选择"环境变量"，选择 path，单击"编辑"按钮，在弹出的窗口中单击"新建"按钮，输入安装 Python 的路径 D:\program files\Python\；D:\program files\Python\Scripts:\。注意不同版本的 Windows 操作系统添加环境变量的步骤稍有不同，一定要添加自己计算机下的 Python 路径。对比一下，第 1 种方法更简单一些，操作计算机有这点好处，如果安装软件时犯错了，则可以退回到原点重新安装。

(4) 在当前 Python 提示符“>>>”右侧输入以下代码,然后按 Enter 键。

```
print("优雅 明确 简单")
```

运行结果如图 1-24 所示。

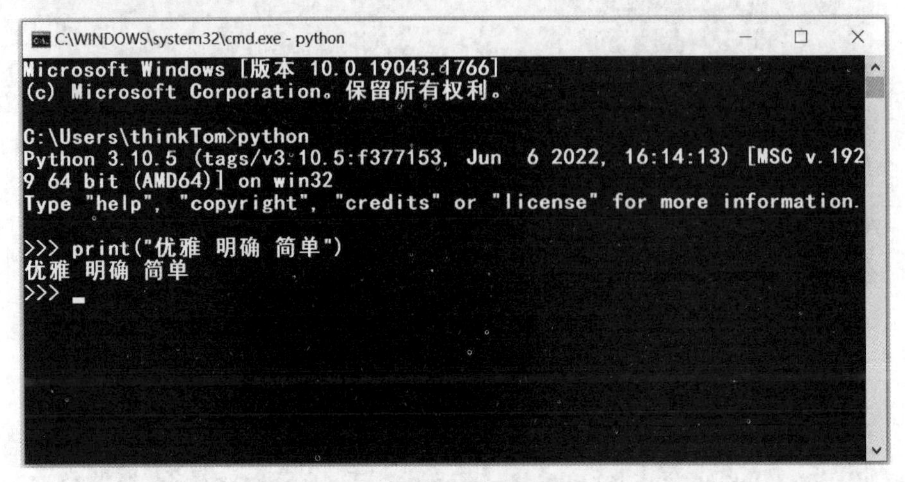

图 1-24　Python 命令交互窗口运行结果(1)

(5) 在当前 Python 提示符“>>>”右侧输入以下代码,然后按 Enter 键。

```
100 + 23
```

运行结果如图 1-25 所示。

```
C:\WINDOWS\system32\cmd.exe - python
Microsoft Windows [版本 10.0.19043.1766]
(c) Microsoft Corporation。保留所有权利。

C:\Users\thinkTom>python
Python 3.10.5 (tags/v3.10.5:f377153, Jun  6 2022, 16:14:13) [MSC v.192
9 64 bit (AMD64)] on win32
Type "help", "copyright", "credits" or "license" for more information.

>>> print("优雅 明确 简单")
优雅 明确 简单
>>> 100+23
123
>>>
```

图 1-25　Python 命令交互窗口运行结果(2)

(6) 在当前 Python 提示符“>>>”右侧输入 exit(),然后按 Enter 键,就可退出 Python 的命令交互窗口,进入 Windows 的命令交互窗口。exit()是 Python 的内置函数,用来中断并退出 Python 的程序。

运行结果如图 1-26 所示。

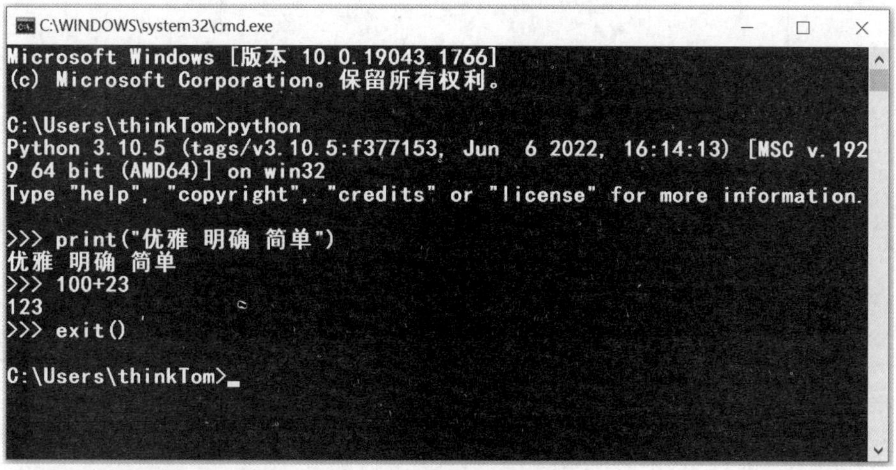

```
C:\WINDOWS\system32\cmd.exe
Microsoft Windows [版本 10.0.19043.1766]
(c) Microsoft Corporation。保留所有权利。

C:\Users\thinkTom>python
Python 3.10.5 (tags/v3.10.5:f377153, Jun  6 2022, 16:14:13) [MSC v.192
9 64 bit (AMD64)] on win32
Type "help", "copyright", "credits" or "license" for more information.

>>> print("优雅 明确 简单")
优雅 明确 简单
>>> 100+23
123
>>> exit()

C:\Users\thinkTom>
```

图 1-26　退出 Python 命令交互窗口

有些读者可能习惯了使用图形操作系统，对于这样的命令行操作感觉比较陌生。对于这个问题，可以分为两个层次思考。第 1 个层次，以计算机用户为主体，以计算机为客体。使用图形操作或命令行操作各有优势。如果你熟悉命令行操作，则会意识到在处理某些事件上，命令行操作更有优势。第 2 个层次，以计算机为主体，以计算机用户为客体。使用图形操作系统需要耗费计算机大量的软、硬件资源，如果使用命令行操作，则只需要耗费很少的软、硬件资源，从而提高运行效率。这也是为什么大量网站的服务器不使用图形操作系统的原因。

如果读者对命令行操作比较陌生，建议改变一下命令行窗口文字的颜色。将文字设置成绿色。在搜索引擎上搜索一下简单的伪装成黑客代码命令行，简单运行一下，体会一下作为黑客的感觉。或者输入命令行代码“ping www.xxx.com -t”(中间是某网站的网址)，体会一下用命令行窗口不间断访问网站的效果。可以同时按快捷键 Ctrl+C 中断访问网站的进程。熟悉并使用命令行操作计算机的方法会给读者带来意想不到的改变。

1.2.3　文本编辑器

1.2.2 节讲解了如何使用 IDLE 和 Python 命令交互窗口创建 Python 程序。这两种方法是有缺点的，只能写一行代码，然后执行一行代码。为了提高开发效率，需要将代码写在一起，然后整体执行。对于 Python，读者只需使用文本编辑器，就可以实现这一目标。

1. 使用 TXT 文档创建 Python 程序

使用 TXT 文档来创建 Python 程序？读者可能会感到不可思议。实际上，完全可以做到，步骤如下：

(1) 在计算机的 D 盘下，创建一个文件夹，命名为 practice，寓意练习、锻炼。打开该文件夹，在该文件夹下创建一个 TXT 文档，命名为 1-1.txt，如图 1-27 所示。

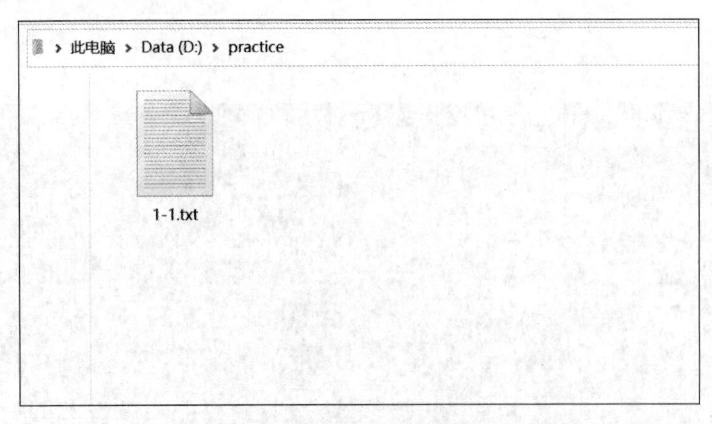

图 1-27　在 D 盘 practice 文件夹中的 TXT 文档

(2) 打开该 TXT 文档,输入以下代码,并单击保存(使用快捷键 Ctrl+S 可以方便、快捷地保存)。

```
print('问刘十九')
print('作者:白居易')
print('绿蚁新醅酒,')
print('红泥小火炉.')
print('晚来天欲雪,')
print('能饮一杯无?')
```

TXT 文档如图 1-28 所示。

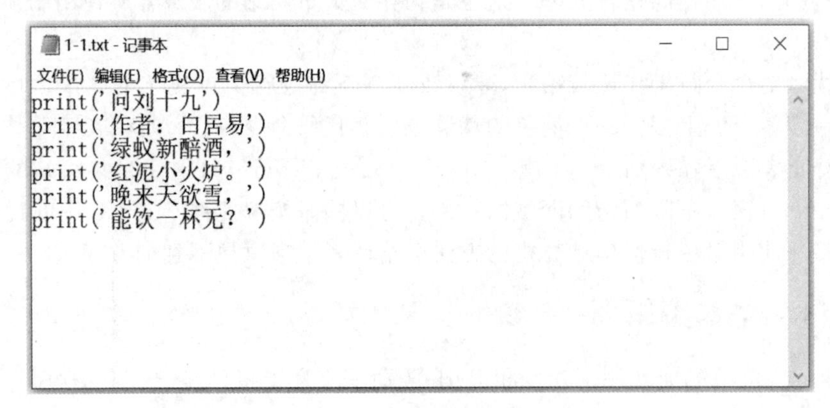

图 1-28　输入代码的 TXT 文档

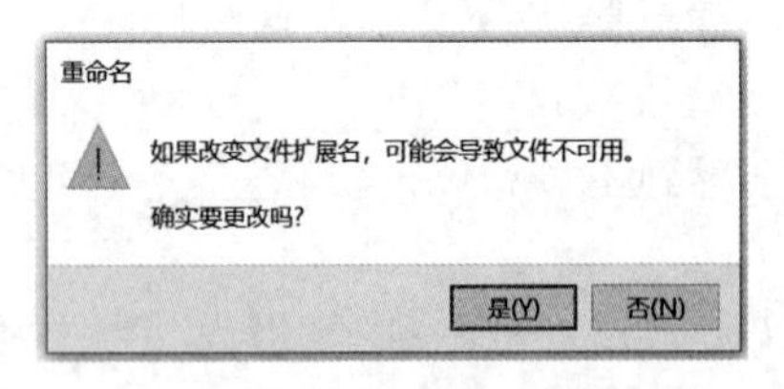

图 1-29　是否更改格式的对话框

(3) 对文档 1-1.txt 进行重命名,将文档的格式更改为.py,计算机会弹出一个对话框,单击"是"按钮,最终更改为 1-1.py,分别如图 1-29 和图 1-30 所示。

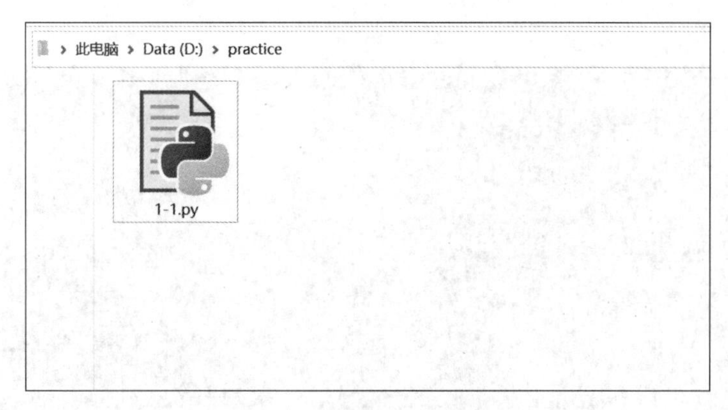

图 1-30 更改格式后的文档

注意：计算机的操作系统是通过文件的后缀名来识别文件的，如果文件的后缀名是.txt，则将被计算机系统识别为 TXT 文档；如果文件的后缀名是.doc，则将被计算机系统识别为 Word 文档。在计算机安装了 Python 程序后，如果文件的后缀名是.py，则将被计算机系统识别为 Python 程序文件。如此说来，计算机的操作系统还是比较容易被蒙骗的，不像人，人有反思的能力，也有逆反心理。

---

(4) 按快捷键 Win+R，打开运行窗口。在运行窗口中输入命令 cmd，按 Enter 键，进入 Windows 命令行窗口，如图 1-31 所示。

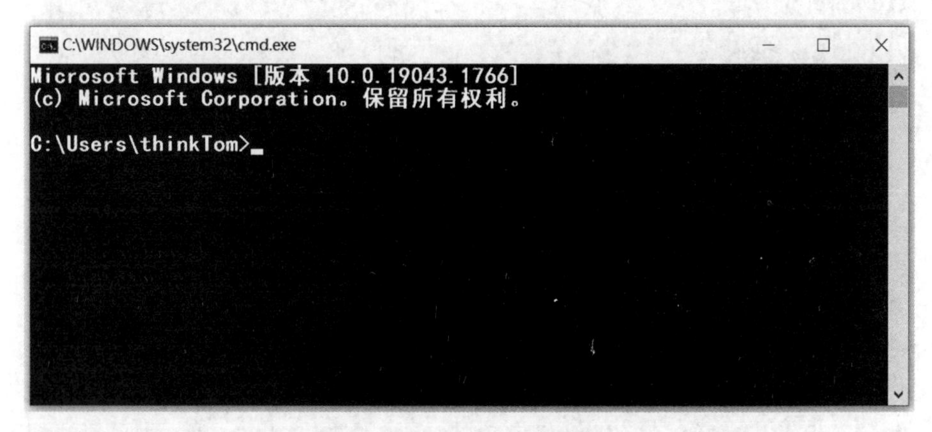

图 1-31 Windows 命令行窗口

(5) 由于当前的 Windows 命令行窗口的工作目录在 C:\Users\thinkTom 文件夹下，所以需要将该窗口的工作目录切换到 D 盘下的 practice 文件夹。在 Windows 命令行窗口下输入 D:，按 Enter 键，然后输入 cd practice，按 Enter 键，其中，cd 是英文 change direction 的缩写，分别如图 1-32 和图 1-33 所示。

(6) 在当前 Windows 命令行窗口中，输入 python 1-1.py，按 Enter 键。读者就可以看到 Python 代码运行的结果，如图 1-34 所示。

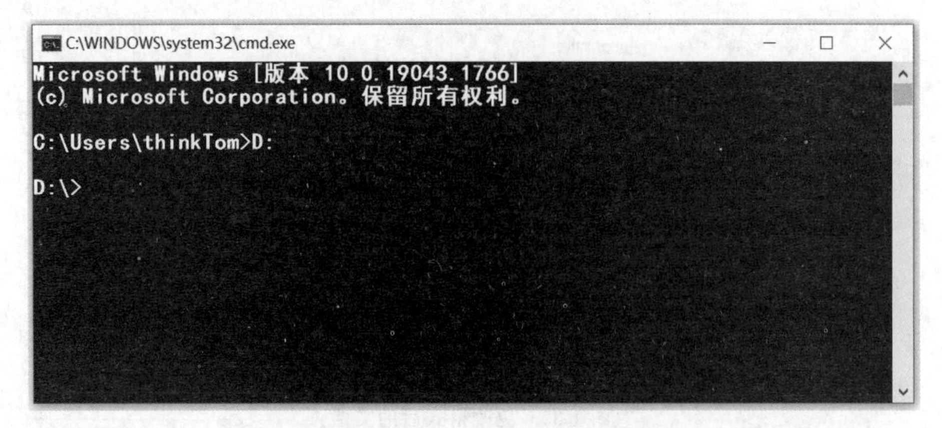

图 1-32　切换到 D 盘工作目录的命令行窗口

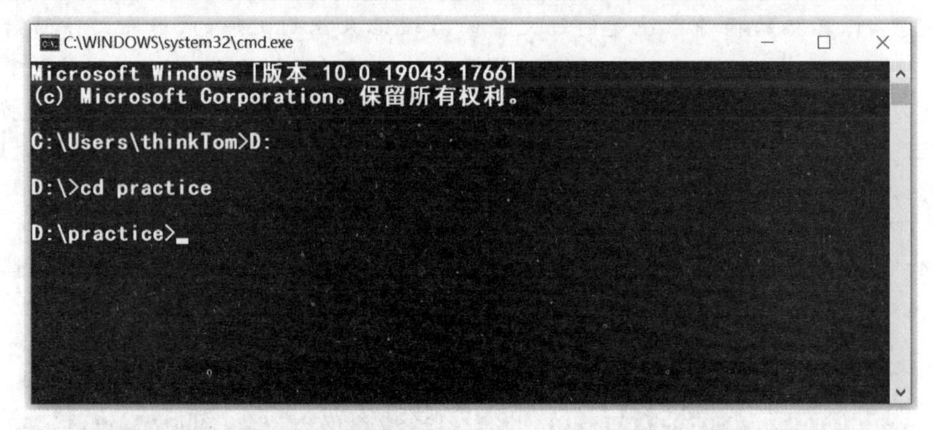

图 1-33　工作目录切换到 practice 文件夹下的命令行窗口

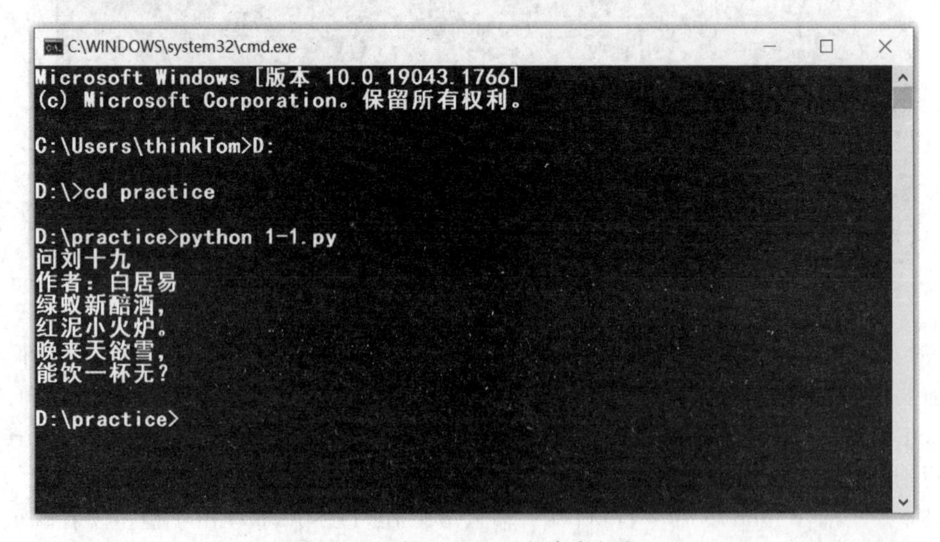

图 1-34　运行 1-1.py 后的命令行窗口

2. 使用 Sublime Text 编辑器创建 Python 程序

通过上面的步骤，读者已经学会了使用 TXT 文档创建 Python 程序的方法。总体来讲，用 TXT 文档编写 Python 代码还是比较简陋的。代码只有一种颜色，功能比较单一，长时间盯着 TXT 文档编辑器，也比较伤害眼睛。工欲善其事，必先利其器。为了提高开发效率，需要更专业的文本编辑器，例如 Sublime Text 编辑器。

Sublime Text 具有漂亮的用户界面和强大的功能，Sublime Text 支持多种编程语言的语法高亮、拥有优秀的代码自动完成功能，还拥有调用代码片段的功能，可以将常用的代码片段保存起来，在需要时随时调用。这款强大的文本编辑器，虽然官方名义上是收费的，但支持用户无限期试用，所以读者完全可以放心、大胆地使用 Sublime Text 编辑器。下面详细介绍如何下载并安装 Sublime Text 编辑器。

(1) 打开浏览器，登录 Sublime Text 的官方网站 https://www.sublimetext.com，单击 DOWNLOAD FOR WINDOWS 按钮下载即可，如图 1-35 所示。

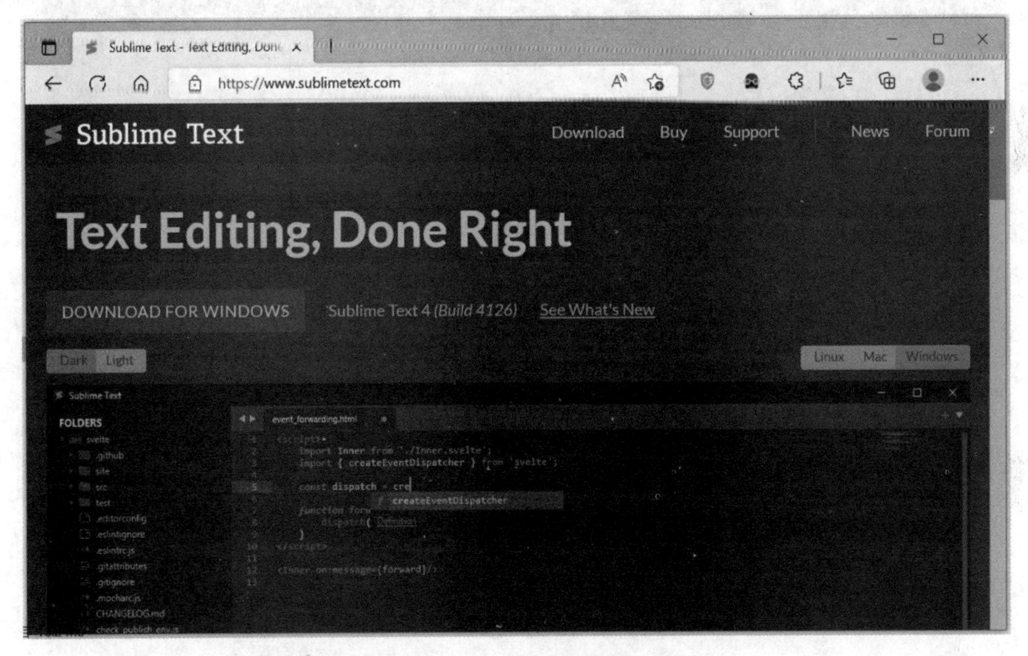

图 1-35 Sublime Text 编辑器官方网站

(2) 下载 Sublime Text 安装文件，如图 1-36 所示。

(3) 双击安装文件 sublime_text_build_4126_x64_setup.exe，将显示安装向导对话框。在该对话框中，将安装路径设置为 D:\program files\sublime text\Sublime Text(读者可自行设置路径)，然后单击 Next 按钮，如图 1-37 所示。

(4) 勾选 Add to explorer context menu 复选框。这样 Sublime Text 就能够被添加到右键快捷菜单中，当右击某文件时，就能够直接使用 Sublime Text 打开，然后单击 Next 按钮，如图 1-38 所示。

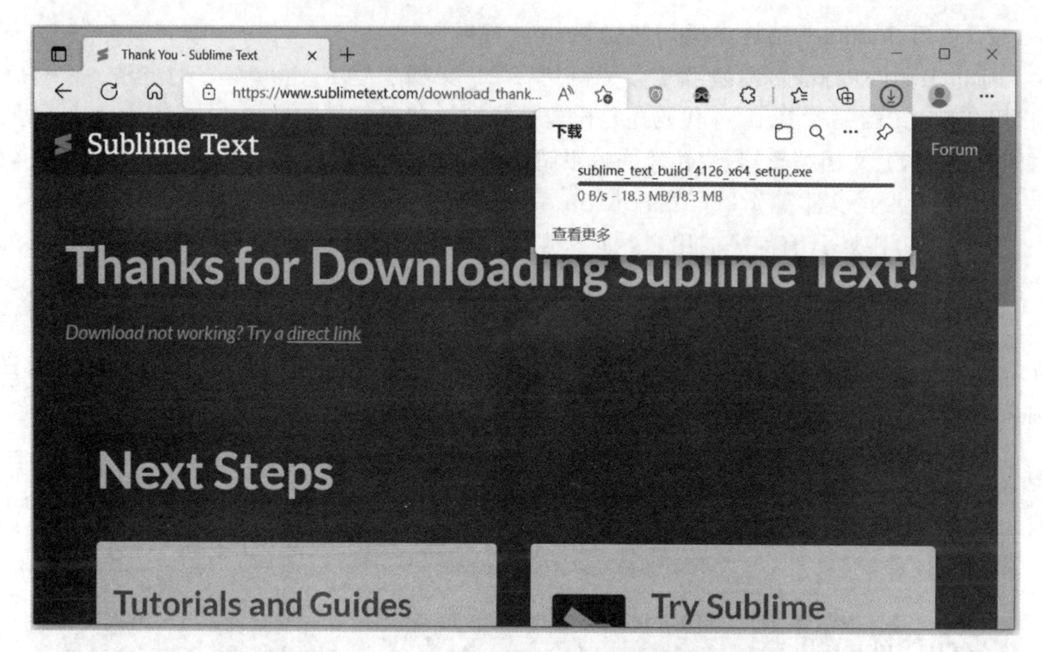

图 1-36　下载 Sublime Text 的安装文件

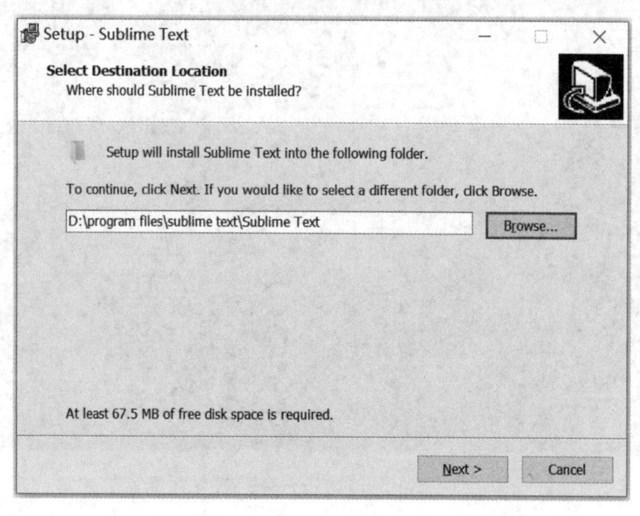

图 1-37　Sublime Text 安装向导对话框

(5) 单击 Install 按钮,如图 1-39 所示。

(6) 单击 Finish 按钮,表示安装完成,如图 1-40 所示。

(7) Sublime Text 编辑器安装完成后,在安装路径 D:\program files\sublime text\Sublime Text 下(读者需打开自己计算机的安装路径)找到 sublime_text.exe 文件。右击该文件,在显示的菜单栏中,选择"发送到"→"桌面快捷方式"。这样,读者就可以方便、快捷地使用 Sublime Text 编辑器了,分别如图 1-41 和图 1-42 所示。

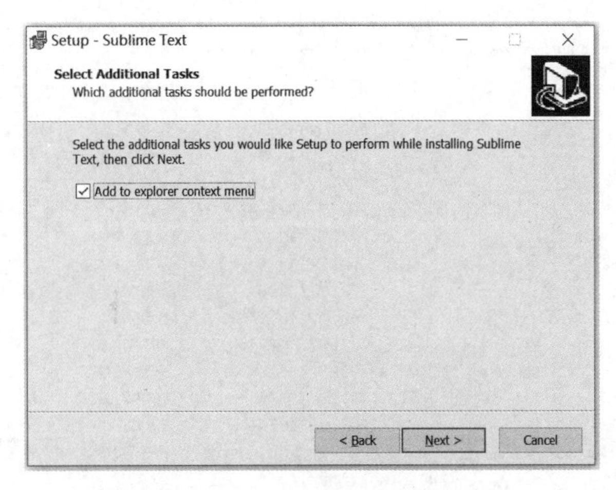

图 1-38 Sublime Text 安装选项对话框

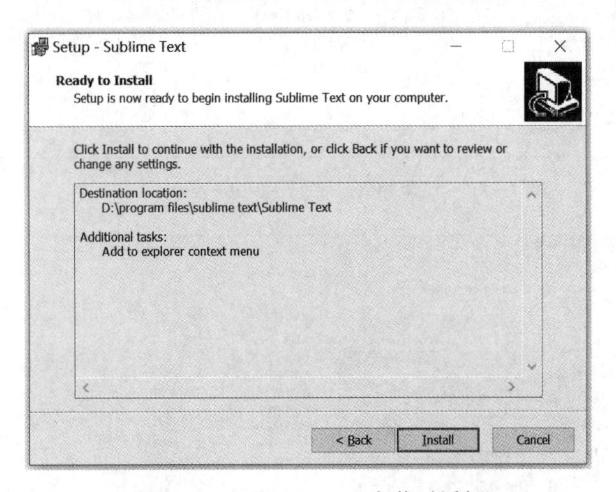

图 1-39 Sublime Text 安装对话框

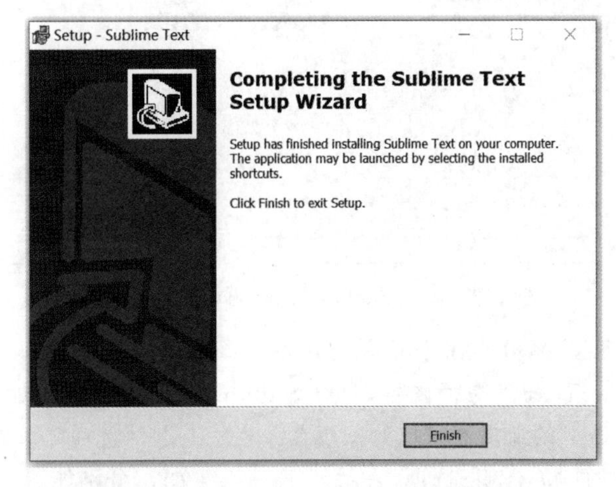

图 1-40 Sublime Text 安装结束对话框

此电脑 > Data (D:) > program files > sublime text > Sublime Text

名称	修改日期	类型	大小
Lib	2022/7/8 10:43	文件夹	
Packages	2022/7/8 10:43	文件夹	
changelog.txt	2021/12/21 13:03	文本文档	47 KB
crash_reporter.exe	2021/12/21 14:47	应用程序	313 KB
libcrypto-1_1-x64.dll	2021/4/2 13:30	应用程序扩展	3,371 KB
libssl-1_1-x64.dll	2021/4/2 13:30	应用程序扩展	667 KB
msvcr100.dll	2021/4/2 13:30	应用程序扩展	810 KB
plugin_host-3.3.exe	2021/12/21 14:46	应用程序	9,091 KB
plugin_host-3.8.exe	2021/12/21 14:46	应用程序	9,092 KB
python33.dll	2021/4/2 13:30	应用程序扩展	7,050 KB
python38.dll	2021/4/2 13:30	应用程序扩展	8,268 KB
subl.exe	2021/12/21 14:47	应用程序	2,611 KB
sublime_text.exe	2021/12/21 14:46	应用程序	9,732 KB
unins000.dat	2022/7/8 10:43	DAT 文件	21 KB
unins000.exe	2022/7/8 10:38	应用程序	1,162 KB
unins000.msg	2022/7/8 10:43	Outlook 项目	23 KB
update_installer.exe	2021/12/21 14:47	应用程序	188 KB
vcruntime140.dll	2021/4/2 13:30	应用程序扩展	84 KB

图 1-41　安装路径下的 sublime_text. exe 文件

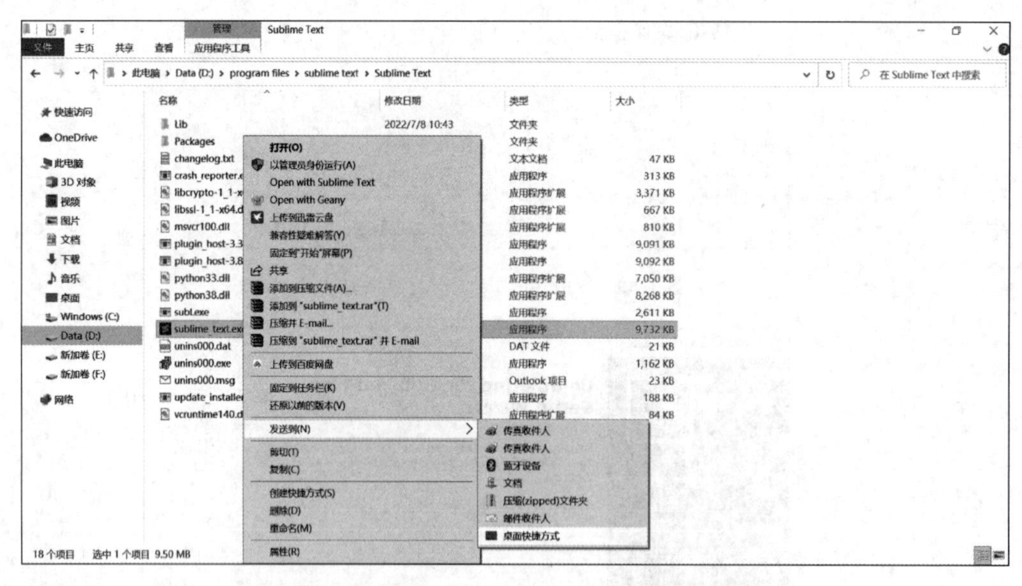

图 1-42　设置 Sublime Text 的桌面快捷方式

安装好 Sublime Text 编辑器后,读者就可以使用该编辑器创建 Python 程序了,步骤如下:

(1) 双击 Sublime Text 的桌面图标,打开 Sublime Text 编辑器,如图 1-43 所示。

(2) 在 Sublime Text 的编辑器窗口的顶层菜单栏中有 File 选项。单击 File 后会显示下拉菜单,单击下拉菜单中的 New File 选项,表示创建一个新文件,分别如图 1-44 和图 1-45 所示。

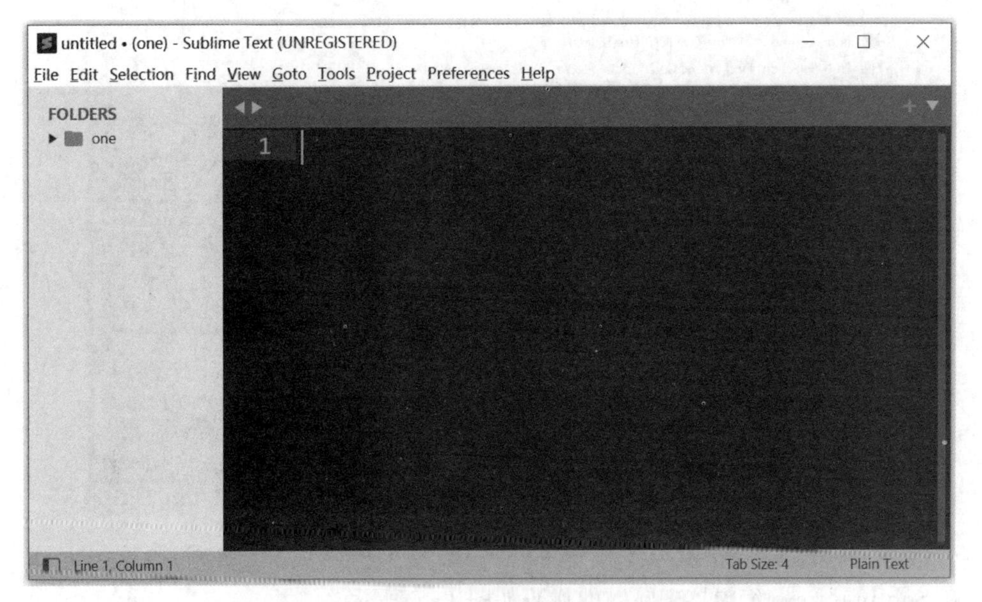

图 1-43 Sublime Text 窗口

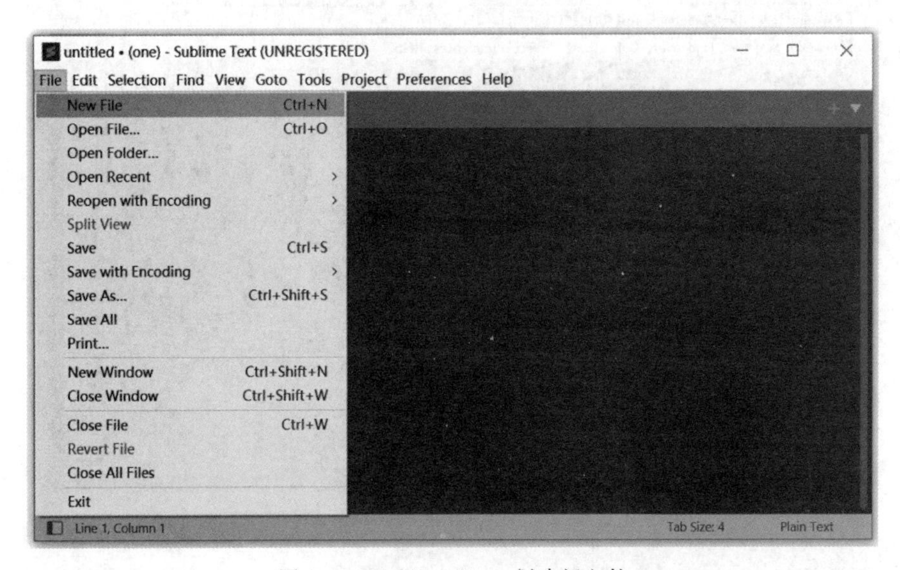

图 1-44 Sublime Text 创建新文件

(3) 在新建的文件中,输入 Python 代码,代码如下:

```
print('江雪')
print('作者:柳宗元')
print('千山鸟飞绝,')
print('万径人踪灭.')
print('孤舟蓑笠翁,')
print('独钓寒江雪.')
```

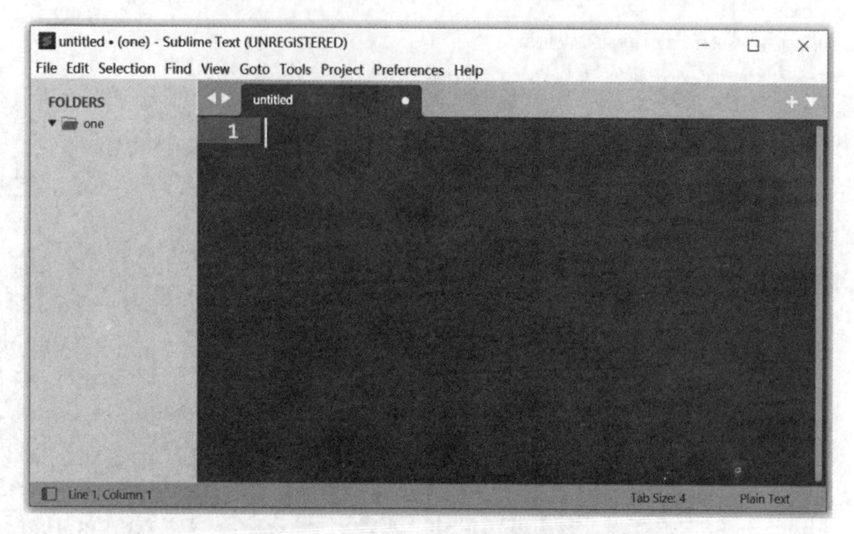

图 1-45　Sublime Text 新文件窗口

在 Sublime Text 编辑器中输入的代码如图 1-46 所示。

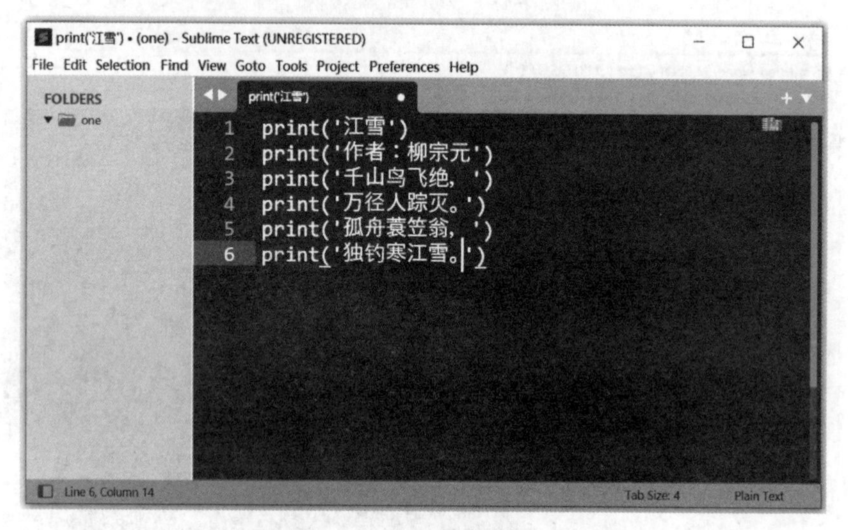

图 1-46　Sublime Text 窗口

(4) 按快捷键 Ctrl＋S，保存写好的 Python 代码。在弹出的对话框中将文件命名为 1-2.py，然后将文件保存在 D 盘下的 practice 文件夹下，分别如图 1-47 和图 1-48 所示。

注意：Sublime Text 编辑器的使用，也可以先保存文件，设置好代码文件的格式，然后输入代码。按照这样顺序操作有很大的好处，Sublime Text 编辑器可以根据 Python 语言的特点，自动设置代码缩进、代码高亮显示、自动识别输入错误等信息。

---

(5) 打开 D 盘的 practice 文件夹，可以看到保存的 1-2.py 文件，如图 1-49 所示。

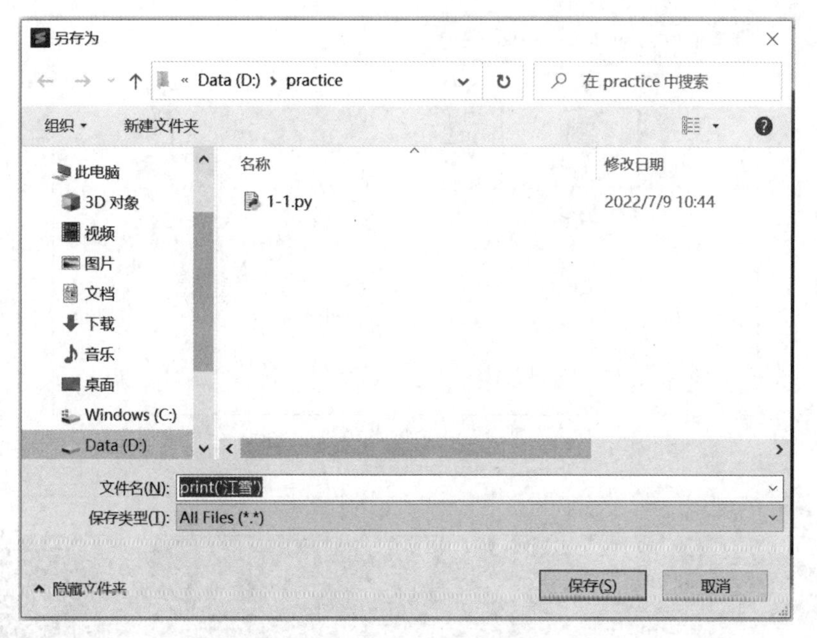

图 1-47 保存文件对话框(1)

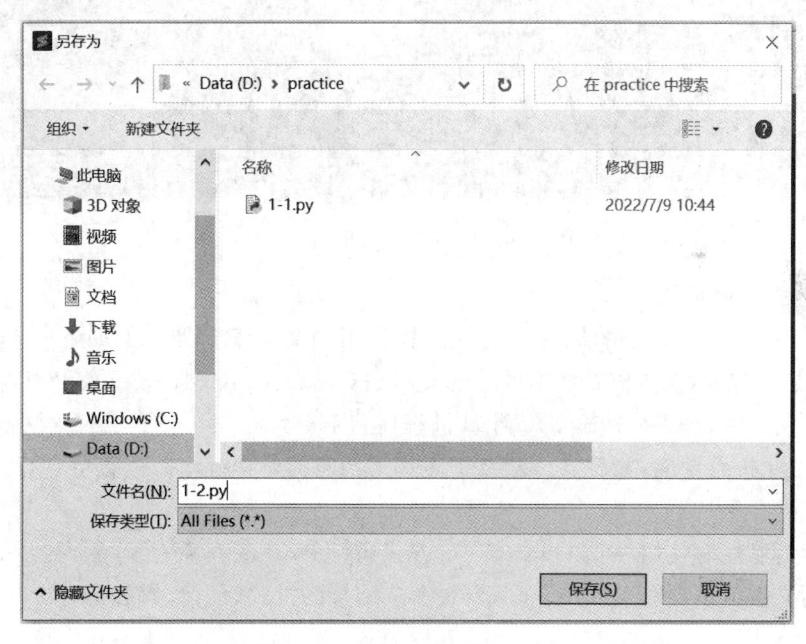

图 1-48 保存文件对话框(2)

读者可以打开 Windows 命令行窗口，将该窗口的工作目录切换到 D 盘的 practice 文件夹下，输入 python 1-2. py，按 Enter 键后就可以看到该代码的运行结果了，如图 1-50 所示。

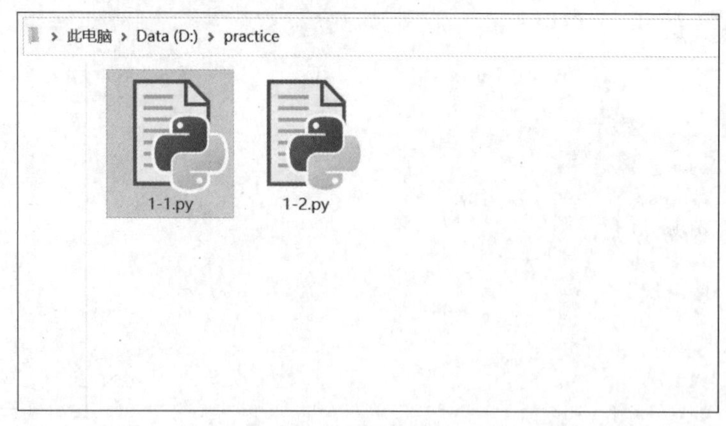

图 1-49　保存在 D 盘 practice 文件夹下的 Python 文件

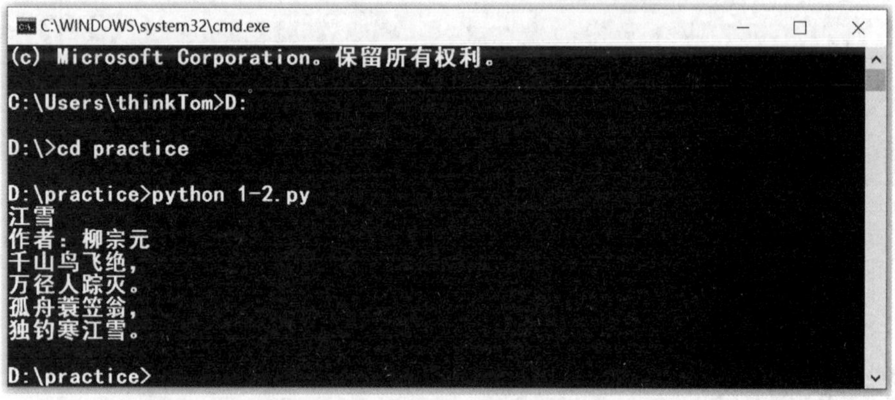

```
C:\WINDOWS\system32\cmd.exe
(c) Microsoft Corporation。保留所有权利。

C:\Users\thinkTom>D:

D:\>cd practice

D:\practice>python 1-2.py
江雪
作者：柳宗元
千山鸟飞绝，
万径人踪灭。
孤舟蓑笠翁，
独钓寒江雪。

D:\practice>
```

图 1-50　代码 1-2.py 的运行结果

3. 其他文本编辑器

除了 Sublime Text 编辑器，还有一些比较好用的文本编辑器。例如 Notepad++ 软件。Notepad++是 Windows 操作系统下的一套文本编辑器。Notepad++除了可以用来制作一般的纯文字说明文件，也十分适合编写计算机程序代码。Notepad++不仅有语法高亮度显示功能，也有语法折叠功能，并且支持宏及扩充基本功能的外挂模组。读者可自行从网络搜索并下载该软件。

相信读者已经对使用 Windows 命令行方式运行 Python 程序有了一个初步的了解。本书主要采用文本编辑器和 Windows 命令行窗口结合的方式，创建、解释运行 Python 程序。

1.2.4　集成开发环境

有的读者喜欢使用集成开发环境，下面介绍几个 Python 的集成开发工具。

1. Spyder

Spyder 是一款使用 Python 语言创建的集成开发工具。读者只需在 Windows 命令行窗口中输入 pip install -i https://pypi. tuna. tsinghua. edu. cn/simple spyder，按 Enter 键，便可以安装 Spyder 集成开发工具，如图 1-51 和图 1-52 所示。

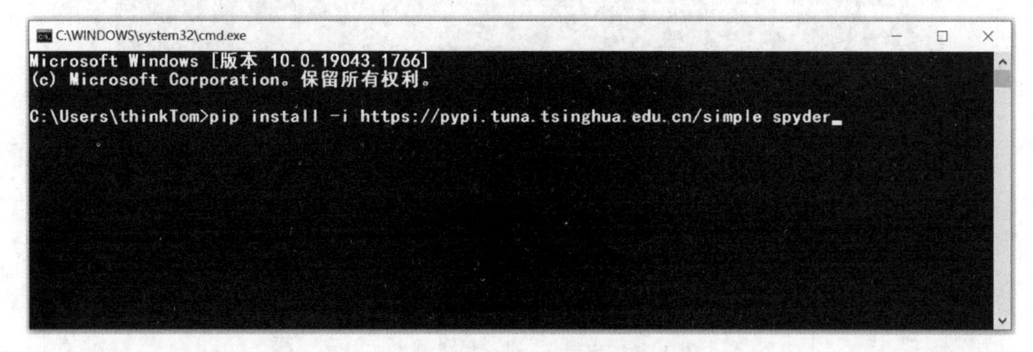

图 1-51　安装 Spyder 集成开发工具

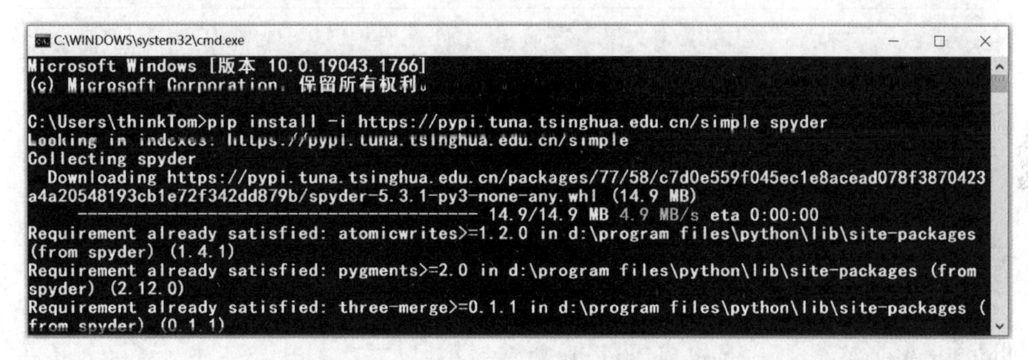

图 1-52　安装 Spyder 集成开发工具过程

注意：pip install -i https://pypi. tuna. tsinghua. edu. cn/simple spyder 表示使用了清华大学的软件镜像。读者也可以使用阿里云的软件镜像，需要在 Windows 命令行窗口中输入 pip install -i https://mirrors. aliyun. com/pypi/simple spyder，然后按 Enter 键。如果读者要体会慢一点的速度来安装 Spyder 软件，则需要在 Windows 命令行窗口中输入 pip install spyder，然后按 Enter 键。如果要卸载 Spyder 软件，则需要在 Windows 命令行窗口中输入 pip uninstall spyder，然后按 Enter 键。

安装完成后，在 Windows 命令行窗口中输入 spyder，然后按 Enter 键即可启动 Spyder 软件，如图 1-53 和图 1-54 所示。

第 1 次启动 Spyder 软件时会有一个英文版的简单介绍，告诉使用者如何使用该集成开发环境。

2. Geany

Geany 是一款 Python 语言的集成开发工具。读者只需登录网站 https://www. geany. org 进行下载、安装。具体步骤与下载并安装 Sublime Text 编辑器类似。启动 Geany 软件后窗口如图 1-55 所示。

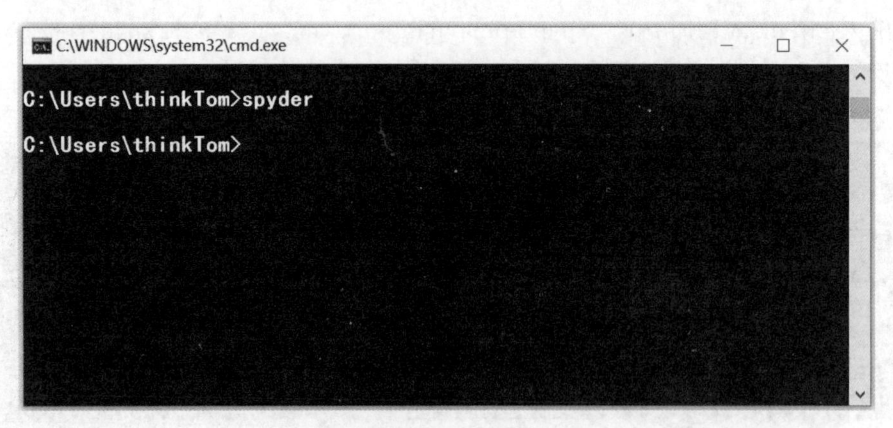

图 1-53　启动 Spyder 集成开发工具

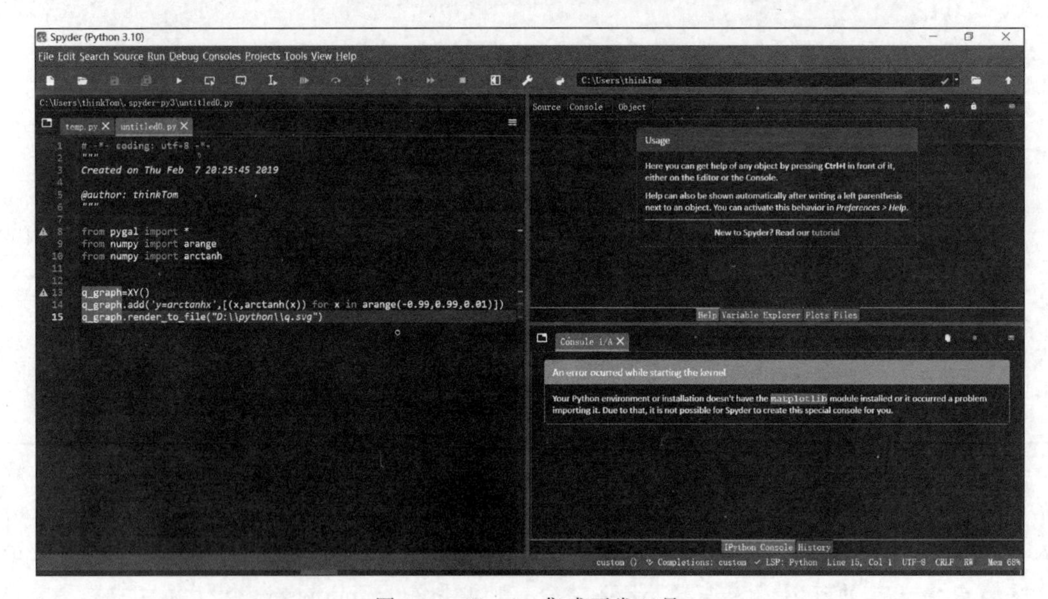

图 1-54　Spyder 集成开发工具

3. PyCharm

PyCharm 是 JetBrains 公司开发的一款 Python 程序的集成开发工具。在 Windows、macOS、Linux 系统上都可以使用。语法高亮显示，项目管理出色，支持在 Django 框架下进行 Web 开发。社区版是免费的，专业版是付费的。对于初学者来讲，两者的差异很小，使用社区版就足够了。读者只需登录网站 https://www.jetbrains.com.cn/en-us/pycharm/，进行下载、安装。具体步骤与下载并安装 Sublime Text 编辑器类似。

另外，微软公司的 Microsoft Visual Studio 集成开发环境也支持 Python 应用开发。不过，这是一款重量级的开发环境，要占用 8GB 左右的硬盘空间。基于 Java 的可扩展开发平台 Eclipse 也支持 Python 编程开发，不过需要安装 PyDev 插件。安装 PyDev 插件后，读者完全可以使用 Eclipse 进行 Python 应用开发。

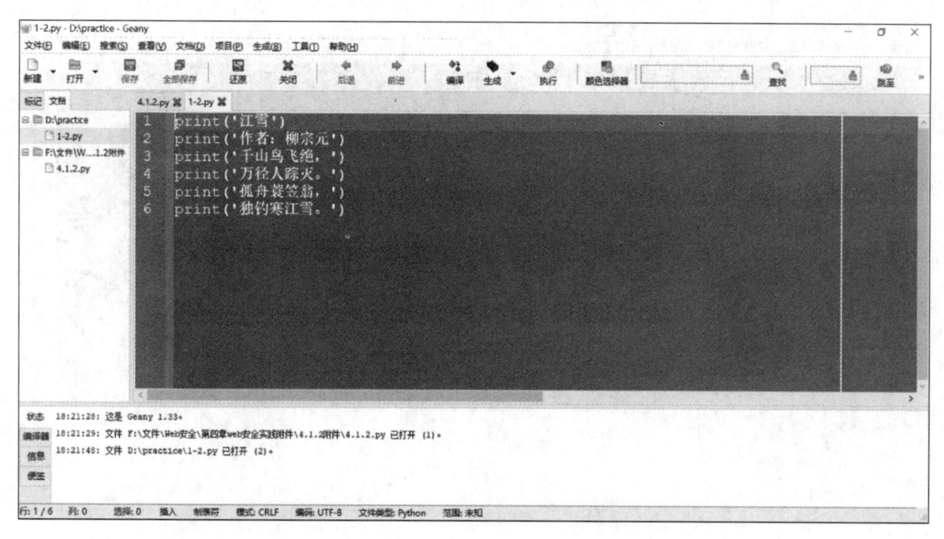

图 1-55 Geany 集成开发工具

1.3 人人都会编程

编程是人与计算机进行信息交流的有效手段,人作为主体通过键盘、鼠标向计算机输入信息,计算机作为客体,接收信息、存储信息、处理信息,然后将输出信息显示在计算机屏幕上。Python 的打印输出函数是 print(),下面讲解 Python 如何接收信息、存储信息。

1.3.1 input()函数和变量

input()函数是 Python 的内置函数,用来接收从屏幕得到的信息。人类是有记忆力的,从视觉、听觉、触觉等感官得到的信息存储在大脑中。计算机得到从键盘输入的信息后,也需要存储信息,变量就是 Python 等编程语言存储信息的单位。变量是将得到的信息存储在计算机内存中的某个位置,就像图书馆的员工将某本书放置在书架上。为变量赋值,可以通过等号(=)实现,代码如下:

```
# === 第 1 章 代码 1-3.py === #
print("请问您叫什么名字?")
name = input()                    #赋值语句
print("他的名字是: " + name)      #通过加号将两段信息拼接在一起
```

在 Windows 命令行窗口中运行这段代码,在 Windows 命令行窗口中随便输入一个名字,然后按 Enter 键,运行结果如图 1-56 所示。

注意:在 Python 中,使用“#”作为单行注释的符号。从符号“#”开始直到换行为止,“#”后面所有的内容都作为注释的内容,并被 Python 编译器忽视。

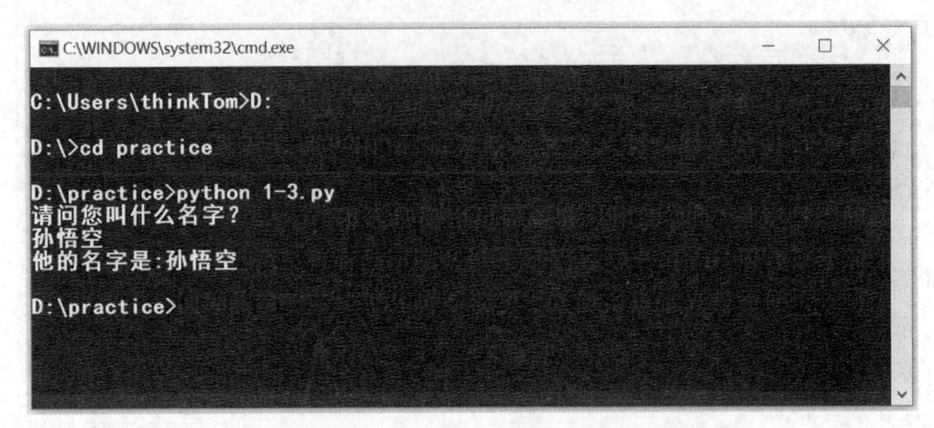

图 1-56　代码 1-3.py 的运行结果

1.3.2　会说话就会编程

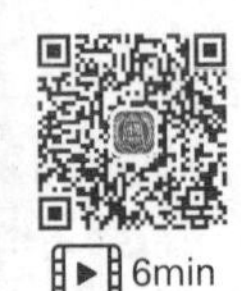
6min

各位读者思考一个问题,计算机的编程语言,如 C 语言、Java 语言、Python 语言,这些都被称为语言;现实生活中的普通话、英语、德语、法语、日语也被称为语言。为什么它们都被称为语言?是不是它们之间有很大的通性?其实,一个心智正常的人,只要会说话,就会编程。编程的本质就是向别人描述一件事情。

如果能向别人描述清楚一件事情,你就会编程,只是很多人未曾意识到这一点。例如煮面条的过程:第 1 步,向锅中加适量水;第 2 步,将锅中的水烧开;第 3 步,向锅中加入适量面条;第 4 步,将锅中的水烧开。这就是一次完整的编程。例如去银行办理信用卡:第 1 步,到银行营业大厅挂一号码;第 2 步,在营业大厅等待;第 3 步,银行柜台叫到你的号码;第 4 步,到银行柜台办理信用卡。这也是一次完整的编程,所以只需一个文本编辑器、一个程序编译环境就可以编程了。千万不要被重量级的集成开发环境所迷惑,写出的编程代码本质上就是一段文本信息。

说话就是编程。假设你是一家宾馆的前台接待人员,见到男士后,会说“这位男士请走这边”;见到女士后,会说“这位女士请走这边”。由于人的潜意识,人可以判断其他人的性别,计算机就不能判断人的性别,所以可以输入信息,告诉计算机人的性别,然后执行这个流程,代码如下:

```
# === 第 1 章 代码 1-4.py === #
print('您好,请问你的性别是:')
gender = input()                    #变量 gender 接收输入信息
if gender == '男':                  # == 是比较运算符
    print('这位男士请走这边!')
else:                               #if else 是条件语句
    print('这位女士请走这边!')
```

运行结果如图 1-57 所示。

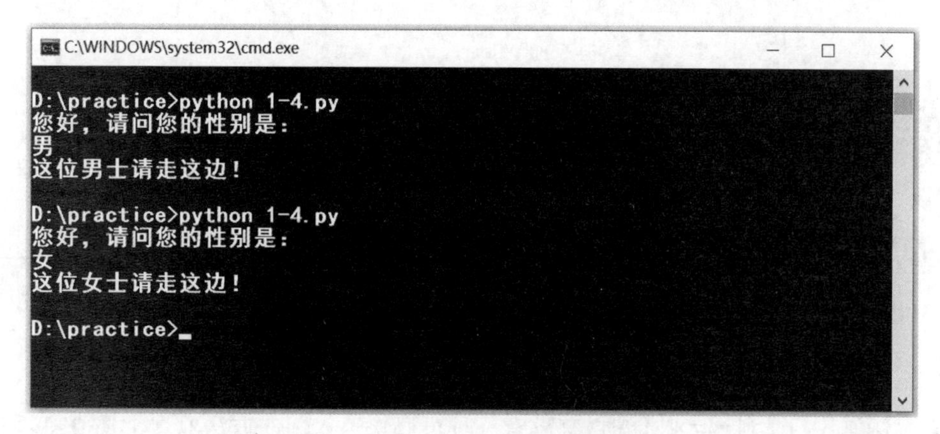

图 1-57 代码 1-4.py 的运行结果

分析实例代码 1-4，gender 是一个变量，用来接收键盘输入的信息。gender=='男'，是一个比较运算，如果结果是真，则输出"这位男士请这边走！"；如果结果是假，则输出"这位女士请这边走！"。if else：是流程控制结构中的条件语句。综上所述，这段代码包含了变量、运算、流程控制结构。如果要学会 Python 语言，就要掌握 Python 语言的变量、运算、流程控制结构；如果要读懂 Python 代码，就要读懂 Python 代码的变量、运算、流程控制结构。

1.4 小结

本章首先介绍了如何选择一门适合自己的编程语言，然后对比了 C 语言、Java 语言和 Python 语言的特点，接下来介绍了 Python 语言的历史和发展，以及 Python 的应用领域。

其次介绍了如何搭建 Python 的开发环境，使用自带的 IDLE 和 Windows 命令行窗口创建 Python 程序，然后介绍了几款文本编辑器和集成开发环境。重点要掌握如何使用 Sublime Text 编辑器创建 Python 程序，以及如何使用 Windows 命令行窗口运行 Python 程序的方法。

最后介绍了编程的本质，就是向别人描述清楚一件事情，并以 Python 程序为例，讲解了编程的过程。另外介绍了 Python 的内置函数 print()和 input()。

第2章 Python基础

学习任何一门学科或者技能时，有没有一种可以快速入门的方法？这个还真有，而且快速入门非常必要。如何快速入门？首先用最短的时间弄清楚这门学科或技能都有哪些必要知识，然后迅速地掌握它们，开始应用它们解决问题。Python 编程的必要知识就是变量、运算、流程控制结构。本章将详细介绍 Python 语言的变量和运算。

2.1 变量

8min

在实际生活中，计算机可处理很多类型的信息，包括文本、数字、图片、声音、视频。在 Python 编程中，计算机接收用户的输入信息，主要是数字、文本等类型的信息，因为用户主要通过键盘、鼠标向计算机输入信息。计算机接收这些信息后会将这些信息保存在变量中。

2.1.1 理解变量

计算机将接收的信息存储在变量中，这个过程就是将信息存储在计算机的内存中的某个位置。整个过程就像快递员接收快递包裹，然后将快递包裹放置在货架上，计算机内存类似于一个巨大的货架。

Python 语言通过赋值语句来创建变量，例如 myName＝3.1415926。这个简短的 Python 语句在计算机的执行过程类似于在计算机内存上创建了一个盒子，盒子装着数据 3.1415926。盒子外面有两个标签，一个标签是变量的名字，简称变量名；另一个标签是该数据的类型，如图 2-1 所示。

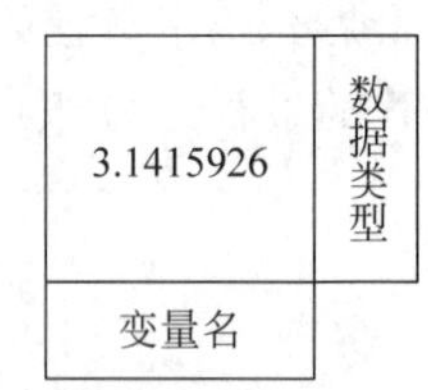

图 2-1 内存中的变量

2.1.2 定义变量

在 Python 中，为变量赋值可以通过等号(＝)实现。语法格式：变量名＝value。不同于 C 语言等编程语言，在 Python 中创建变量，不需要先声明变量类型和变量名，直接赋值就可以创建各种类型的变量。

在 Python 中，给变量取名字需要遵守以下几条规则：

(1) 变量名由字母、数字和下画线组成。变量名不能以数字开头，可以由字母、下画线开头。例如，可以将变量命名为 name_1，但不能将变量命名为 1_name。字母区分大小写，例如 name_1 和 Name_1 是两个完全不同的变量。

(2) 变量名不能包含空格，可以使用下画线来分隔其中的单词，例如 my_name，也可以使用大写字母来区分单词，例如小驼峰的写法：myName。

(3) 不要使用 Python 的关键字和内置函数名用作变量名，这些关键字、函数名是已经被 Python 保留并用于特殊用途的单词，例如 print、input 等。Python 中的关键字和内置函数可参阅附录 A 中的表 1、表 2。读者可以试验一下，使用关键字作为变量名，看一看程序编译运行时，是不是一定会发生错误，以及在什么样的前提下，会发生编译错误。

(4) 慎用小写字母 l 和大小字母 O，因为这两个字母可以被编程者错看成数字 1 和 0。

注意：这些变量名就是编程者手下的“士兵”，作为一个“将军”，不仅要记住这些“士兵”的名字，而且要应用它们，所以给变量取名字时，尽量选择有意义的单词作为变量名，这些单词应既简短又有描述性，例如 student_name、student_height、studentName、studentHeight 等，其中后两个例子是小驼峰的写法，即第 1 个单词以小写字母开始，第 2 个单词的首字母大写。采用统一样式的命名方式，可以增加代码的可读性。

【实例 2-1】 判断下面哪些变量名的名字有错误：my_home、my-home、my home、myHome、3account、_account、print、_print。

解析：变量名中不能有中画线，因此变量名 my-home 有错误；变量名中不能有空格，因此变量名 my home 是错误的；数字不能作为变量名的开头，因此变量名 3account 是错误的；print 是 Python 的内置函数，如果使用 print 作为变量名，则与内置函数 print()发生冲突，是错误的。其他的变量命名正确。如果辨别不清楚，在 Python 的命令交互窗口中实践一下就知道答案了，如图 2-2 所示。

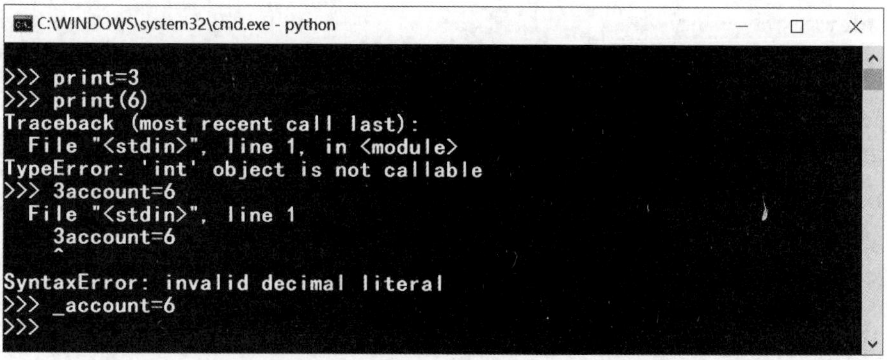

```
C:\WINDOWS\system32\cmd.exe - python
>>> print=3
>>> print(6)
Traceback (most recent call last):
  File "<stdin>", line 1, in <module>
TypeError: 'int' object is not callable
>>> 3account=6
  File "<stdin>", line 1
    3account=6
    ^
SyntaxError: invalid decimal literal
>>> _account=6
>>>
```

图 2-2　变量命名的类型错误和语法错误

注意：TypeError 是指类型错误，变量名使用了内置函数名，然后调用这个内置函数，编译运行时会显示 TypeError。SyntaxError 是指语法错误，变量名违反了命名规则的第 1 条和第 2 条，编译运行时会显示 SyntaxError。

2.1.3 判断变量的类型

在 C 语言中，创建变量时需要先声明变量类型和变量名，例如 int number＝10;，其中 int 表示整型数据。在 Python 语言中，不需要先声明变量类型和变量名，直接通过赋值语句即可创建变量，例如 number＝10。这里就有一个问题，Python 语言如何确定变量的数据类型?

Python 是一种动态类型的语言，变量的类型可以随时变化。例如赋值语句：变量名＝value。如果 value 是数字，则该变量是数字类型的变量；如果 value 是字符串，则该变量是字符串类型。在 Python 语言中，使用内置函数 type()，可以得到变量的数据类型。

【实例 2-2】 使用 Sublime Text 编辑器，首先创建 5 个变量，这 5 个变量分别赋值正整数、负整数、正小数、负小数、字符串，然后判断这 5 个变量的数据类型，代码如下：

```
# === 第 2 章 代码 2 - 2.py === #
wu_kong = 10
print(type(wu_kong))
ba_jie = - 9
print(type(ba_jie))
sha_seng = 3.6
print(type(sha_seng))
tang_seng = - 4.7
print(type(tang_seng))
bai_long_ma = "我是白龙马,不要忽略我."
print(type(bai_long_ma))
```

运行结果如图 2-3 所示。

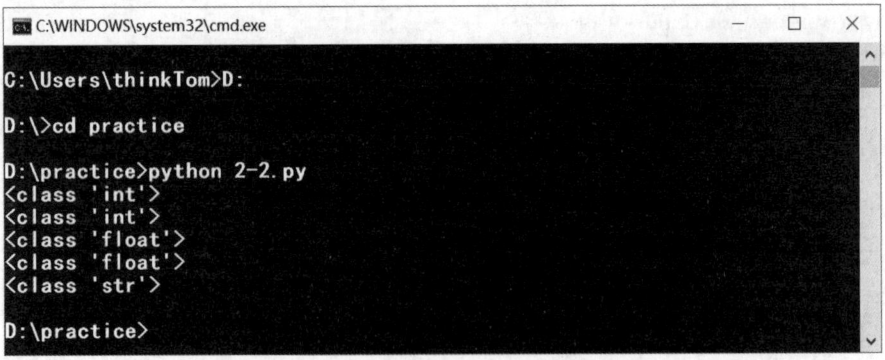

```
C:\WINDOWS\system32\cmd.exe

C:\Users\thinkTom>D:

D:\>cd practice

D:\practice>python 2-2.py
<class 'int'>
<class 'int'>
<class 'float'>
<class 'float'>
<class 'str'>

D:\practice>
```

图 2-3　代码 2-2.py 的运行结果

在图 2-3 中，<class 'int'>表示该变量是整型的数字类型；<class 'float'>表示该变量是浮点型的数字类型；<class 'str'>表示该变量是字符串类型。代码 2-2.py 说明，在 Python 中创建变量，变量的类型是由其变量值的类型决定的。

2.1.4　变量的地址

在 Python 中，可以创建多个变量，同时赋值相同的数据，即允许多个变量指向同一个值。如何判断多个变量指向了同一个值？Python 提供了内置函数 id()，使用这个函数可以获得变量的内存地址。

【实例 2-3】　首先创建两个变量，同时赋值一个数字 128，打印这两个变量的内存地址，然后将一个变量赋值 256，另一个变量保持不变，再打印这两个变量和其内存地址，代码如下：

```
# === 第 2 章 代码 2-3.py === #
num1 = num2 = 128
print(id(num1))
print(id(num2))
num1 = 256
print(num1)
print(id(num1))
print(num2)
print(id(num2))
```

运行结果如图 2-4 所示。

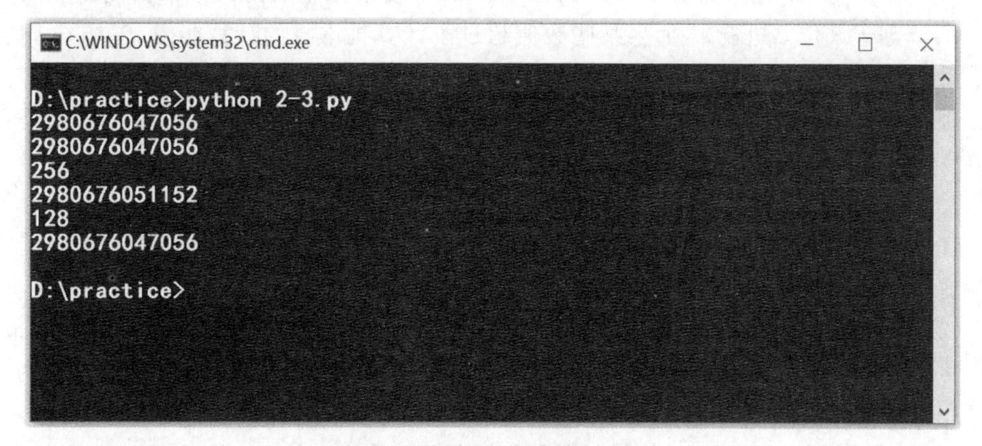

图 2-4　代码 2-3.py 的运行结果

通过实例 2-3 的运行结果可以得知：虽然变量 num1、num2 指向同一个地址，但是只要变量 num1 被重新赋值，Python 就会给它重新分配内存地址，这不会影响变量 num2。这就是动态类型的编程语言，变量的内存和类型可以随时变化。

注意：学过 C 语言等编程语言的读者会发现，Python 语言没有专门讲述常量的创建。常量是指在程序运行过程中，其值不能改变的量，例如数学上的自然数、圆周率等。原因是

Python 没有提供创建常量的关键字。对于读者,可以采用 PEP8 规范创建常量,即常量名由大写字母和下画线组成。当然读者要明白,在 Python 语言中,这些常量本质上还是变量,可以被重新赋值。使用大写字母和下画线命名常量,是为了提高代码的可读性。

2.2 基本数据类型

10min

通过实例 2-3 可以得知,Python 中的变量可以存储多种数据类型的数据。例如用于数学运算的数字类型、用于处理文本信息的字符串类型、用于判断真假的布尔类型。下面将详细介绍这几种数据类型。

2.2.1 数字类型

在生活中,经常使用数字,例如记录考试的成绩、统计网站的访问数据、计算营业额、制作公司的财务报表等。Python 语言提供了数字类型,用来保存这些数值。如果要修改数字类型的变量,Python 就会把该变量值放到内存中,然后修改变量让其指向新的内存地址。

在 Python 语言中,数字类型主要包括整数、浮点数、复数。

1. 整数

整数类型是用来表示只有整数部分而没有小数部分的数值,包括正整数、负整数、0。在 Python 中,保存一个整数需要多大的内存? Python 会根据整数的大小来分配需要的字节数(1 字节等于 8 位二进制)。如果某些数值超过了计算机本身的计算能力,Python 则会自动采用高精度计算。

通过 Python 内置函数 input(),可以得到键盘输入的数据信息。这些数据信息是字符串类型的,可以通过内置函数 int(x),将 x 转换成整数类型。

整数类型包括十进制整数、二进制整数、八进制整数、十六进制整数。

(1) 十进制整数:由 0~9 组成的数字,进位规则是逢 10 进 1。各位读者对十进制整数很熟悉,在实际生活、工作中经常使用。

(2) 二进制整数:由 0、1 组成的数字,进位规则是逢 2 进 1。在 Python 中,以 0b 或 0B 开头的数字表示二进制。例如 0b101(转换成十进制为 5)、0b1001(转换成十进制为 9)、-0b101、-0b1001。

(3) 八进制整数:由 0~7 组成的数字,进位规则是逢 8 进 1。在 Python 中,以 0o 或 0O 开头的数字表示八进制。例如 0o135(转换成十进制为 93)、0o246(转换成十进制为 166)、-0o135、0o246。

(4) 十六进制整数:由 0~9、a、b、c、d、e、f 组成,进位规则为逢 16 进 1。在 Python 中,以 0x 或 0X 开头的数字表示十六进制。例如 0xf(转换成十进制为 15)、0x1d(转换成十进制为 29)、-0xf、-0x1d。

在 Python 交互窗口中的执行结果如图 2-5 所示。

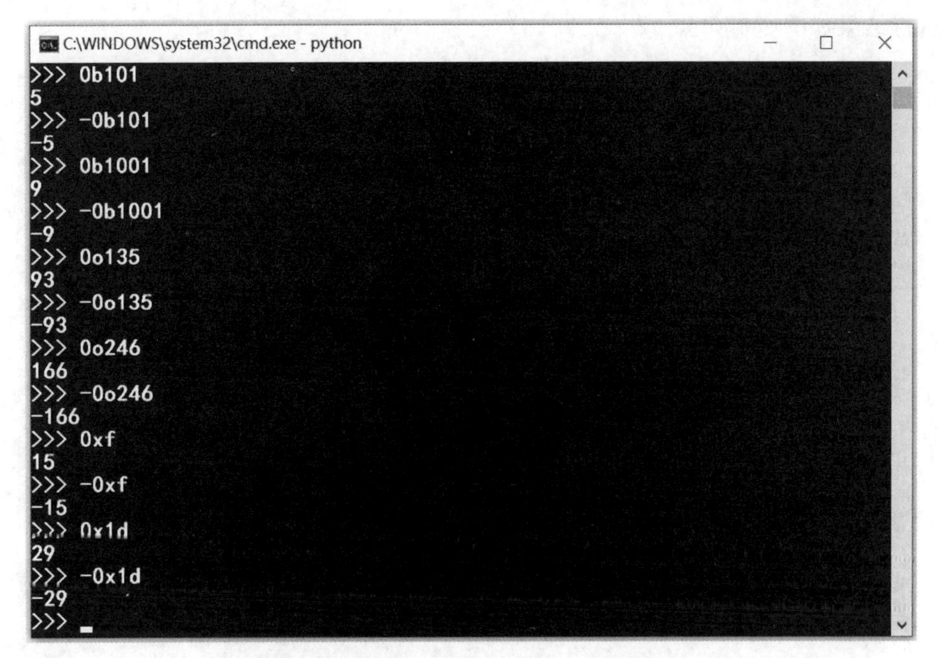

图 2-5 二进制、八进制、十六进制的整数表示

在 Python 语言中，使用内置函数 bin()，可以将十进制整数转换成二进制整数；使用内置函数 oct()，可以将十进制整数转换成八进制整数；使用内置函数 hex()，可以将十进制整数转换成十六进制整数。

【实例 2-4】 将十进制整数 2、4、8、16、32，分别转换成二进制、八进制、十六进制的整数，代码如下：

```
# === 第 2 章 代码 2-4.py === #
print('十进制整数 2、4、8、16、32 转换成二进制整数为')
print(bin(2))
print(bin(4))
print(bin(8))
print(bin(16))
print(bin(32))
print('十进制整数 2、4、8、16、32 转换成八进制整数为')
print(oct(2))
print(oct(4))
print(oct(8))
print(oct(16))
print(oct(32))
print('十进制整数 2、4、8、16、32 转换成十六进制整数为')
print(hex(2))
print(hex(4))
print(hex(8))
print(hex(16))
print(hex(32))
```

运行结果如图 2-6 所示。

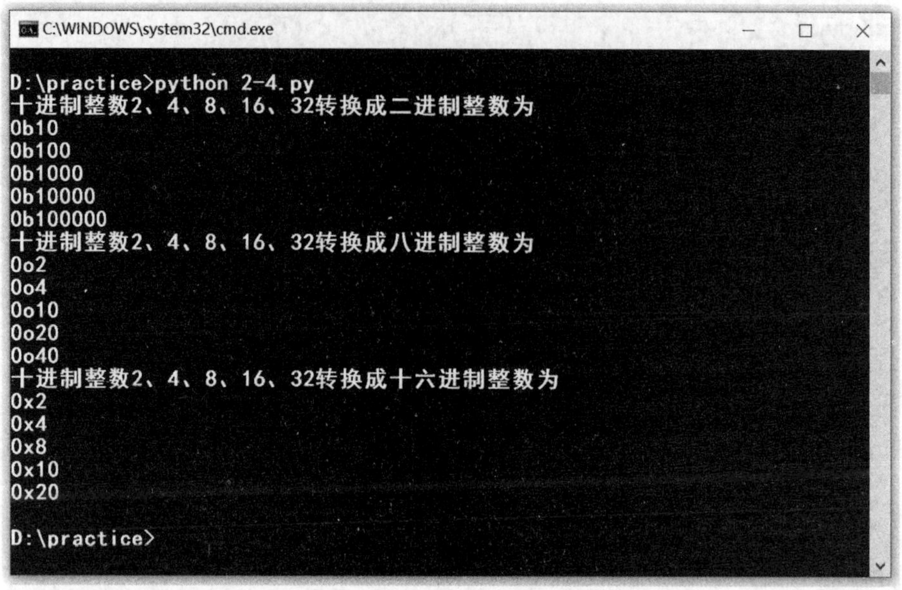

```
C:\WINDOWS\system32\cmd.exe

D:\practice>python 2-4.py
十进制整数2、4、8、16、32转换成二进制整数为
0b10
0b100
0b1000
0b10000
0b100000
十进制整数2、4、8、16、32转换成八进制整数为
0o2
0o4
0o10
0o20
0o40
十进制整数2、4、8、16、32转换成十六进制整数为
0x2
0x4
0x8
0x10
0x20

D:\practice>
```

图 2-6　代码 2-4.py 的运行结果

注意：如果读者不熟悉进制转换等数学知识，则完全不用纠结。只需记住 Python 可以被当成一个特殊的计算器来使用，这个计算器能实现进制之间的转换。市面上的科学计算器可没有这项功能。各位读者，可以思考一下：为什么 Python 中除了十进制以外，还有二进制、八进制、十六进制？为什么人类的生活中除了十进制，还有十二进制、二十四进制、六十进制(钟表显示的时间)？

---

2. 浮点数

浮点数是指由整数部分和小数部分组成的数值，主要用于处理含有小数部分的数。例如 3.1415929、0.3、−0.3、1.732、−1.732。浮点数可以使用科学记数法表示。例如 3500 可以表示成 3.5e3，0.035 可以表示成 3.5e−2，−0.035 可以表示成−3.5e−2。

通过 Python 的内置函数 input()，可以得到键盘输入的数据信息。这些数据信息是字符串类型的，可以通过内置函数 float(x)，将 x 转换成整数类型。

【实例 2-5】 创建一段程序，根据输入的半径数值，计算该圆的周长和面积，代码如下：

```
# === 第 2 章 代码 2-5.py === #
print("请输入这个圆的半径:")
radius = float(input())
perimeter = 2 * 3.14 * radius
area = 3.14 * radius * radius
print("该圆的周长为",perimeter)
print("该圆的面积为",area)
```

运行结果如图 2-7 所示。

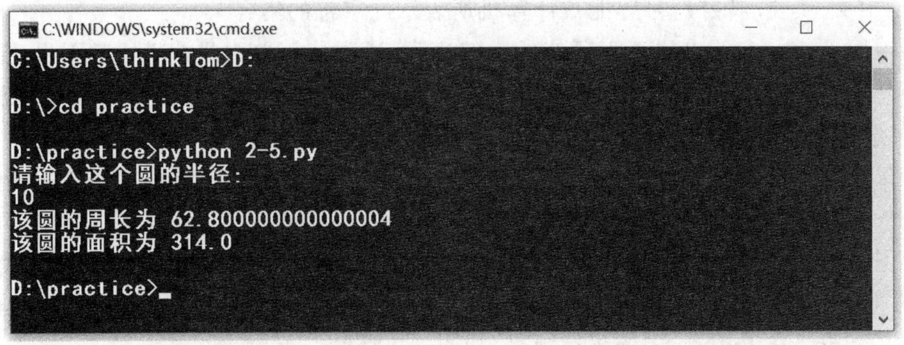

```
C:\WINDOWS\system32\cmd.exe
C:\Users\thinkTom>D:

D:\>cd practice

D:\practice>python 2-5.py
请输入这个圆的半径:
10
该圆的周长为 62.800000000000004
该圆的面积为 314.0

D:\practice>_
```

图 2-7 代码 2-5.py 的运行结果

注意：在使用浮点数进行计算时，会出现小数位数不确定的情况，例如图 2-7 中的周长。对于这种情况，所有的编程语言都存在该问题，暂时忽略多余的小数即可。

---

3. 复数

Python 中的复数是指由实数部分和虚数部分组成的数值，这与数学上的复数形式完全一致。使用 j 或 J 表示虚数部分，简称为虚部。例如虚数 1＋2j、1.414＋1.732j、1.414－1.732j。在 Python 中，也可以使用内置函数 complex(real,imag)来创建复数，其中 real 指实数部分的数值，imag 指虚数部分的数值，如图 2-8 所示。

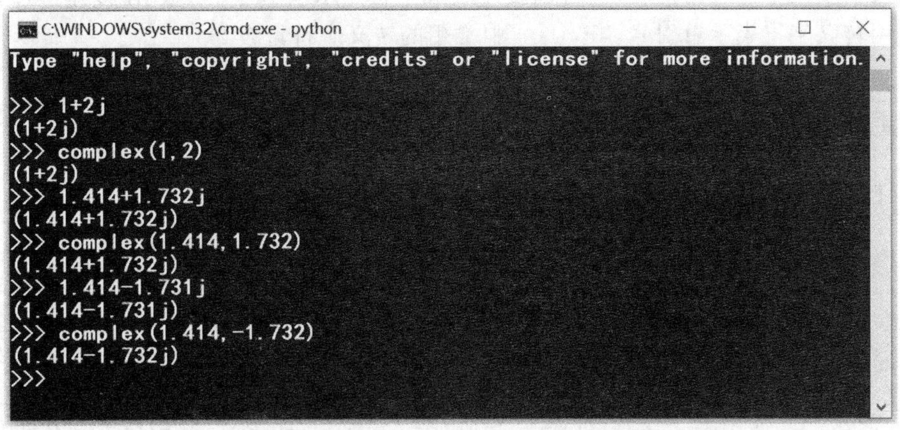

```
C:\WINDOWS\system32\cmd.exe - python
Type "help", "copyright", "credits" or "license" for more information.

>>> 1+2j
(1+2j)
>>> complex(1,2)
(1+2j)
>>> 1.414+1.732j
(1.414+1.732j)
>>> complex(1.414,1.732)
(1.414+1.732j)
>>> 1.414-1.731j
(1.414-1.731j)
>>> complex(1.414,-1.732)
(1.414-1.732j)
>>>
```

图 2-8 在 Python 中创建复数

如果把 Python 当作计算器来使用，Python 的计算范围不仅有实数范围，还包含虚数部分的复数。有兴趣的读者，可以使用 Python 来计算复数之间的加、减、乘、除。

2.2.2 字符串类型

在实际生活中，经常用到文本信息。例如在搜索引擎上输入的文字、在手机 App 上搜索框输入的信息。这些文本信息被 Python 归类为字符串类型。字符串就是一系列的字符,包括中文、英文、特殊符号等能被计算机所表示的字符的集合。

在 Python 中,字符串属于不可变的字符序列,通常使用单引号('')或双引号("")括起来。当然,这是在输入法设置在英文状态下的单引号和双引号,如果设置在中文状态下,则会出现编译错误。

如果要在字符串中输入一些特殊字符,就需要使用转义字符。转义字符是指使用反斜线(\)对一些字符串进行转义。例如'This is Tom\'s computer'。在两个单引号之间,还要使用单引号,为了不引起编译错误,使用转义字符。例如"司马迁对项羽的评价是\"自矜功伐,奋其私智而不师古。\""。在两个双引号之间,还要使用双引号,为了不引起编译混乱,使用转义字符。在 Python 中的运行结果,如图 2-9 所示。

```
C:\WINDOWS\system32\cmd.exe - python
>>> str1='This is Tom\'s computer'
>>> str2="司马迁对项羽的评价是：\"自矜功伐，奋起私智不师古。\""
>>> print(str1)
This is Tom's computer
>>> print(str2)
司马迁对项羽的评价是："自矜功伐，奋起私智不师古。"
>>>
```

图 2-9　转义字符的使用

当然在使用单引号的情况下,可以使用转义字符表示双引号;在使用双引号的情况下,可以使用转义字符表示单引号。Python 中常用的转义字符见表 2-1。

表 2-1　Python 中常用的转义字符

转义字符	说　明	转义字符	说　明
\	续行符	\\	一个反斜线
\n	换行符	\f	换页符
\0	空字符	\r	回车符,将光标移到本行开头
\t	水平制表符,即 Tab 键	\b	退格符,将光标位置移到前一列
\"	双引号	\'	单引号
\0dd	八进制数,dd 指字符,如\012 代表换行	\xhh	十六进制数,hh 指字符,如\x0a 代表换行

【实例 2-6】 使用转义字符,创建一段 Python 程序,打印苏轼的《定风波》,代码如下:

```
# === 第 2 章 代码 2-6.py === #
str1 = "定风波\n 作者:苏轼"
str2 = "莫听穿林打叶声,何妨吟啸且徐行.\012 竹杖芒鞋轻胜马,谁怕?一蓑烟雨任平生.\n"
str3 = '料峭春风吹酒醒,微冷,山头斜照却相迎.\x0a 回首向来萧瑟处,归去,也无风雨也无晴.'
print(str1)
print(str2)
print(str3)
```

运行结果如图 2-10 所示。

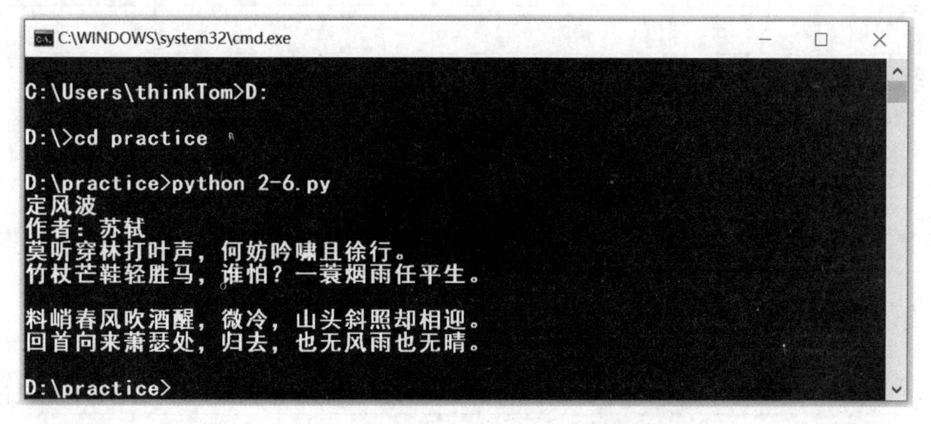

图 2-10 代码 2-6.py 的运行结果

注意：如果在字符串的定界符之前加上字母 r 或 R，则字符串将原样输出，其中的转义字符不进行转义。例如 str1=r"定风波\n 作者：苏轼"，打印该字符串变量后，将原样输出。

2.2.3 布尔类型

布尔类型主要用于判断真假的真值或假值。在 Python 中，使用关键词 True 表示真的布尔值；使用关键词 False 表示假的布尔值。另外布尔值可以解释成特殊的整型，True 表示 1，False 表示 0。

在 Python 中，布尔类型的值可以进行数学运算。例如“True+3”的结果是 4，但不建议对布尔类型的值进行数学运算。

注意：在 Python 中，除了以上 3 种基本数据类型，还有一个表示空的数据类型：None。各位读者可以在交互命令行窗口中输入 type(None)，查看这个 None 数据。如果对 None 进行真值测试，则其结果和 False 一样，即都是假。

2.2.4 数据类型转换

因为 Python 是动态类型的编程语言，所以创建变量的语句不需要事先声明变量的类型。Python 中的变量类型是根据变量值来确定的。在编程实践中，需要用到变量类型的转换。例如内置函数 input()得到的输入数据是字符串类型的，有时需要将输入的数据转换成浮点型，以便进行数值计算。

Python 提供了丰富的内置函数，用于数据类型的转换。常用的类型转换函数见表 2-2。

表 2-2 常用的类型转换函数和作用

函 数	作 用
int(x)	将 x 转换成整数类型
float(x)	将 x 转换成浮点数类型
str(x)	将 x 转换成字符串,即适合用户阅读的形式
repr(x)	将 x 转换成表达式字符串,即适合 Python 解释器读取的形式
eval(str)	计算字符串中有效的表达式,并返回一个对象
chr(x)	将整数 x 转换成一个字符
ord(x)	将一个字符 x 转换成它对应的整数值
hex(x)	将一个整数 x 转换成一个十六进制字符串
oxt(x)	将一个整数 x 转换成一个八进制的字符串
complex(real [,imag])	创建一个复数,real 表示实数部分的数值,imag 表示虚数部分的数值

有了数据类型转换函数的帮助,Python 内置函数 print()便可以使用两种方式打印输出信息,第 1 种是 print(str1,num1),str1 是字符串类型的变量,num1 是数字类型的变量,使用逗号来分隔。第 2 种是 print(str1+str2),str1、str2 都是字符串类型的变量,可以使用加号来连接,如图 2-11 所示。

图 2-11 内置函数 print()的两种用法

注意：使用 print(str1,num1)打印输出,两个变量之间会有一个空格。使用 print(str1+str2)打印输出,两个变量之间没有空格。

2.3 运算符

学习 Python 编程,要掌握变量、运算、流程控制结构三个基本要素。编程中的运算要用到运算符。运算符是一些特殊的符号,主要应用于数学计算、比较大小、逻辑判断等。Python 运算符主要包括算术运算符、赋值运算符、比较运算符、逻辑运算符、位运算符,其中,比较运算符也称为关系运算符。

使用运算符将不同的数据、变量按照一定的规则连接组成的式子称为表达式。使用算术运算符连接的式子称为算术表达式；使用关系表达式连接的式子称为关系表达式。下面将详细介绍这些常用的运算符。

2.3.1　算术运算符

算术运算符是处理数值计算的符号，在数学运算时应用很多。常用的算术运算符见表 2-3。

表 2-3　常用的算术运算符

运　算　符	说　　明	举　　例	结　　果
+	加	2+1.5	3.5
-	减	2-1.5	0.5
*	乘	2*1.5	3.0
/	除	9/2	4.5
%	取余，即整数除法中的余数	9/2	1
//	整除，即商的整数部分	9/2	4
**	乘方的幂，即 a 的 n 次方	2**3	8

如果多个算术运算符出现在同一个表达式中，则会按照先乘除、后加减的顺序进行运算，如果有括号，则先运算括号里面的。表 2-3 中算术运算符的优先级从高到低的顺序是 **、*、/、%、//、+、-。

注意：使用除法运算符(/)、整除运算符(//)、取余运算符(%)时，除数不能为 0。如果除数是 0，程序则会出现异常。在 Python 中，如果违背基本的数学规律进行数值计算，程序则会出现异常。

【实例 2-7】　询问小明这次考试的成绩，包括语文、数学、英语，分别计算这三科成绩的总分和平均分，代码如下：

```
# === 第 2 章 代码 2-7.py === #
print("小明的语文考了多少分?")
language = float(input())
print("小明的数学考了多少分?")
math = float(input())
print("小明的英语考了多少分?")
english = float(input())
total = language + math + english
average = total/3
print("这三科的总分是",total)
print("这三科的平均分是",average)
```

运行结果如图 2-12 所示。

2.3.2　赋值运算符

在 Python 中，使用赋值语句：变量名 = value，创建变量，其中的等号(=)就是赋值运

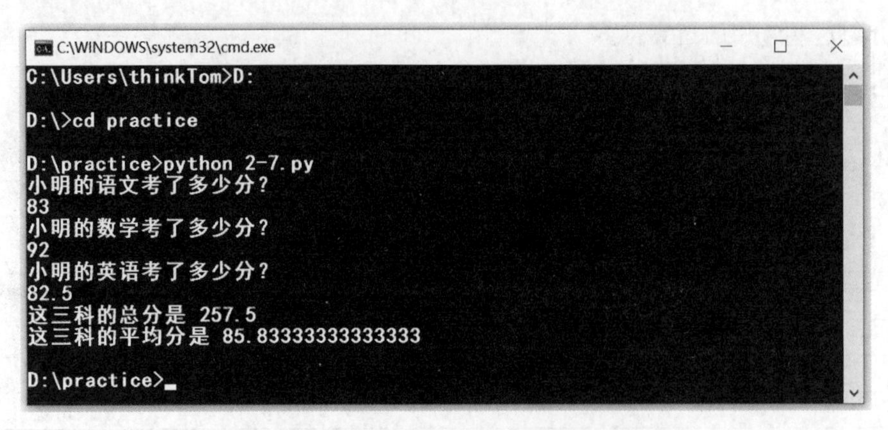

图 2-12 代码 2-7.py 的运行结果

4min

算符。赋值运算符将右边的值赋给左边的变量,也可以进行数学运算后再赋值给左边的变量。常用的赋值运算符见表 2-4。

表 2-4 常用的赋值运算符

运算符	说明	举例	展开形式
=	简单的赋值	a=b	a=a
+=	加赋值	a+=b	a=a+b
-=	减赋值	a-=b	a=a-b
*=	乘赋值	a*=b	a=a*b
/=	除赋值	a/=b	a=a/b
%=	取余赋值	a%=b	a=a%b
**=	幂赋值	a**=b	a=a**b
//=	整除赋值	a//=b	a=a//b

注意:对于初学者,使用好简单的赋值运算符即可。代码的可读性很重要,如果不熟悉复杂赋值运算符而应用在编程中,则会出现读不懂代码的情况。

2.3.3 比较(关系)运算符

9min

生活在现实中的人类,总是难免和别人比较。例如银行存折上余额的多少、考试成绩的高低、工作的好坏、工资的数额等。在 Python 中,使用比较运算符(也称为关系运算符)可对变量或表达式的结果进行大小、真假的比较。如果结果为真,则返回值为 True;如果结果为假,则返回值为 False。Python 中的比较运算符见表 2-5。

表 2-5 比较运算符

运算符	说明	举例	结果
>	大于	1 > 2	False
<	小于	1 < 2	True

续表

运算符	说明	举例	结果
==	等于	'a'=='a'	True
!=	不等于	'a'!='a'	False
>=	大于或等于	3.6>=3.14	True
<=	小于或等于	3.6<=3.14	False

注意：不要混淆=和==运算符。在 Python 中，不仅数值可以比较大小，字符也可以比较大小。只不过字符比较大小时，是比较字符对应的 ASCII 码值的大小。

比较运算符经常用在条件语句中，作为判断语句。条件语句是流程控制结构的一种类型。

【实例 2-8】 创建一个程序，询问小明这次的数学成绩，然后询问小明的邻居小亮的数学成绩。如果小明的成绩不低于小亮的数学成绩，则打印小明高兴；如果小明的成绩低于小亮的数学成绩，则打印小明不高兴，代码如下：

```
# === 第 2 章 代码 2-8.py === #
print("小明这次考试,数学考了多少分?")
ming = float(input())
print("小明的邻居小亮,这次数学成绩是多少?")
liang = float(input())
if ming >= liang:
    print("小明高兴")
else:
    print("小明不高兴")
```

运行结果如图 2-13 所示。

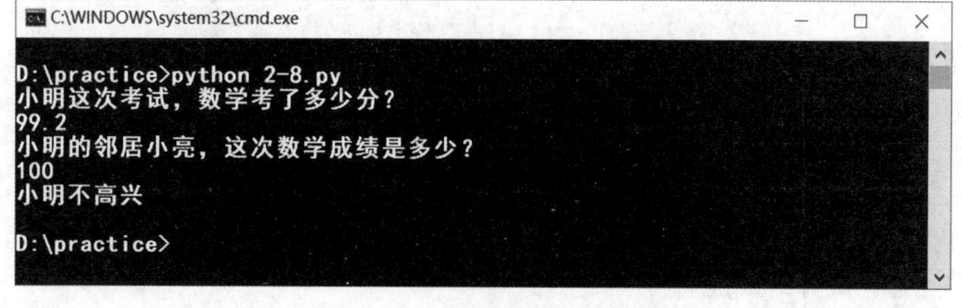

图 2-13　代码 2-8.py 的运行结果

注意：Python 使用代码缩进和冒号"："区分代码之间的层次。这与 C 语言通过大括号"{}"分隔代码块有很大的不同。例如在 2-8 代码中，条件语句 if…else…的冒号后一行代码，要缩进 4 个空格，即按一个< Tab >键实现的缩进量。

2.3.4 逻辑运算符

6min

现实生活中,有的事情需要同时满足多个条件才会发生。例如满足什么条件才能称为下雨了。某个地点,既要满足天上有云,还要有大量的水滴落在地上,同时满足这两个条件才能称为下雨。这就需要逻辑运算符进行逻辑判断。

逻辑运算符是对布尔值真、假进行运算,运算后的结果仍然是一个布尔值。Python 中的逻辑运算符主要包括 and(逻辑与)、or(逻辑或)、not(逻辑非)。逻辑运算符的用法见表 2-6。

表 2-6 逻辑运算符的用法

运 算 符	说 明	用 法	结合方向
and	逻辑与	A and B	从左到右
or	逻辑或	A or B	从左到右
not	逻辑非	not A	从右到左

使用逻辑运算符进行逻辑运算时,其运算结果见表 2-7。

表 2-7 使用逻辑运算符进行逻辑运算的结果

表达式 1	表达式 2	表达式 1 and 表达式 2	表达式 1 or 表达式 2	not 表达式 1
True	True	True	True	False
True	False	False	True	False
False	True	False	True	True
False	False	False	False	True

【实例 2-9】 闰年的年份可以被 4 整除而不能被 100 整除,或者能被 400 整除。输入一个年份,判断是否是闰年,代码如下:

```
# === 第 2 章 代码 2-9.py === #
print("请输入年份:")
year = int(input())
is_leap = (year % 4 == 0 and year % 100!= 0) or (year % 400 == 0)
if is_leap:
    print(year,"是闰年")
else:
    print(year,"不是闰年")
```

运行结果如图 2-14 所示。

2.3.5 位运算符

8min

位运算符是把数字作为二进制进行计算的运算符。这对于计算机来讲是很自然的,因为计算机就是使用二进制存储数字的。对于操作计算机的人来讲,首先是把数字转换成二进制数,然后使用位运算符对二进制数进行操作,最后转换成十进制或其他进制输出。

Python 中的位运算符有位与(&)、位或(|)、位异或(^)、取反(~)、左移位(<<)、右移位(>>)运算符。这些位运算符表明 Python 具有操作计算机底层内存的能力,数字电路中经

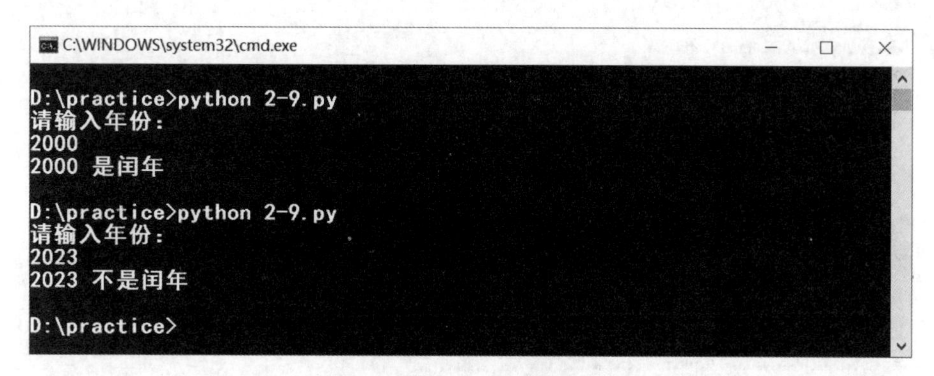

图 2-14　代码 2-9.py 的运行结果

常用到位运算符。

位与运算的符号是“&”。位与运算的法则是当两个二进制数中只有对应数位都是 1 时，结果数位才是 1，否则为 0。如果两个二进制数的精度不同，则结果与精度高的二进制数相同。例如“010&011”的结果是 010。

位或运算的符号是“|”。位或运算的法则是当两个二进制数中只有对应数位都是 0 时，结果数位才是 0，否则为 1。如果两个二进制数的精度不同，则结果与精度高的二进制数相同。例如“010|011”的结果是 011。

位异或运算的符号是“^”。位异或的运算法则是当两个二进制数中只有对应数位相同（同时为 1 或同时为 0）时，结果才是 0，否则为 1。如果两个二进制数的精度不同，则结果与精度高的二进制数相同。例如“010^011”的结果是 001。

位取反运算也称为位非运算，其运算符是“～”。位取反运算的法则是将二进制数中的 1 修改为 0，将 0 修改为 1。例如“～010”的结果是 101。

【实例 2-10】 对十进制数字 13 和 7 进行位与运算、位或运算、位异或运算，并打印输出结果。对十进制数 13 进行位取反运算，并打印输出结果，代码如下：

```
# === 第 2 章 代码 2 - 10.py === #
print("13&7 = ",str(13&7))
print("13|7 = ",str(13|7))
print("13^7 = ",str(13^7))
print("～13 = ",str(～13))
```

运行结果如图 2-15 所示。

左移运算符（<<）是将一个二进制数向左移动指定的位数，左边（高位端）溢出的位数被丢弃，右边（低位端）的空位用 0 补充。例如 1 << 1 得到的结果是 2；1 << 3 得到的结果是 8；3 << 2 得到的结果是 12。二进制数左移运算转换成十进制数后，相当于乘以 2 的 n 次方。运行结果如图 2-16 所示。

右移运算符（>>）是将一个二进制数向右移动指定的位数，右边（低位端）溢出的位数被丢弃，如果左边的最高位是 0（正数），则左侧空位填入 0；如果左边的最高位是 1（负数），则

C:\WINDOWS\system32\cmd.exe
D:\practice>python 2-10.py
13&7 = 5
13|7 = 15
13^7 = 10
~13 = -14
D:\practice>

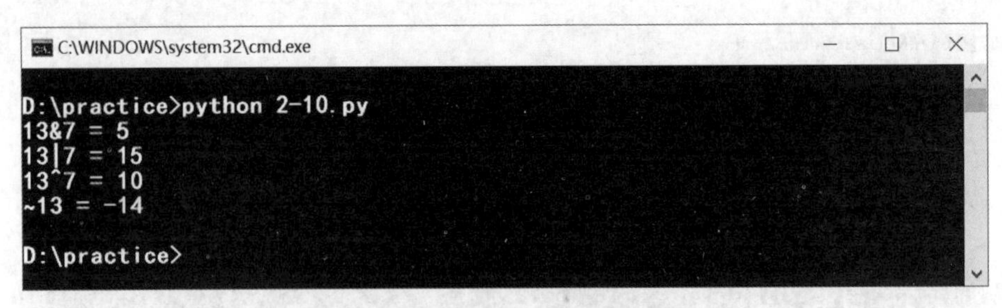

图 2-15　代码 2-10.py 的运行结果

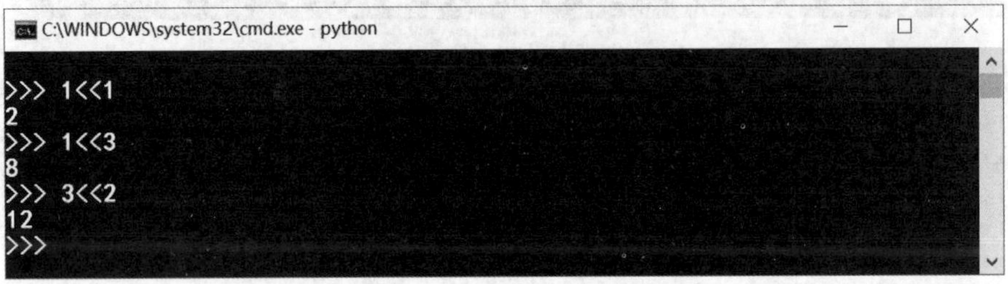

C:\WINDOWS\system32\cmd.exe - python
>>> 1<<1
2
>>> 1<<3
8
>>> 3<<2
12
>>>

图 2-16　左移运算符的运行结果

左侧空位填入 1。例如 64 >> 1 的结果是 16；64 >> 2 的结果是 32；－32 >> 3 的结果是－4。二进制数右移运算转换成十进制数后，相当于除以 2 的 n 次方。运行结果如图 2-17 所示。

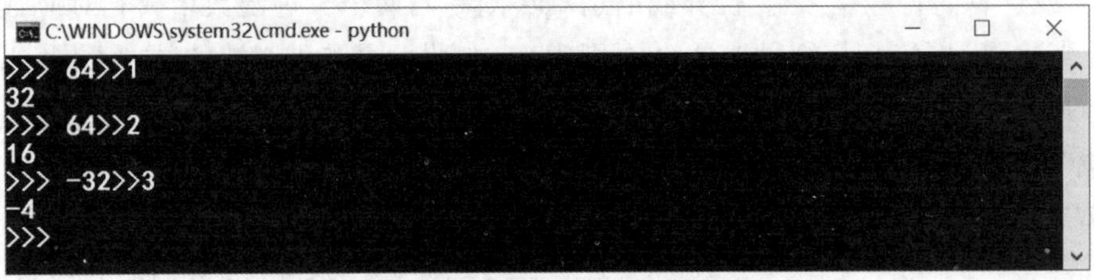

C:\WINDOWS\system32\cmd.exe - python
>>> 64>>1
32
>>> 64>>2
16
>>> -32>>3
-4
>>>

图 2-17　右移运算符的运行结果

用位运算符来操作数字，需要考虑一个问题：一个数字在 Python 中占用多少字节？一字节是由 8 个二进制数组成的。在 Python 中，可以通过模块 Sys 实现，代码如下：

```
import sys                    #引入模块
sys.getsizeof(13)             #调用模块函数 getsizeof()计算数字 13 占用的字节数
sys.getsizeof(8)
sys.getsizeof(0)
```

运行结果如图 2-18 所示。

注意：Python 中关于模块的知识会在第 5 章详细叙述。在 32 位操作系统和 64 位操作系统中，一个数字占用的内存字节数是不同的。各位读者可以使用上面的代码，获取计算机中的某个数字存储需要的字节数。

```
C:\WINDOWS\system32\cmd.exe - python
>>> import sys
>>> sys.getsizeof(13)
28
>>> sys.getsizeof(8)
28
>>> sys.getsizeof(0)
24
>>>
```

图 2-18 数字占用多少字节的运行结果

2.3.6 运算符的优先级

3min

运算符的优先级是指同一个表达式中出现了不同的运算符，程序在执行时，先执行哪一个运算符，后执行哪一个运算符。这与数学的四则运算规律（先乘除，后加减）是相同的道理。

如果在一个表达式中有多种运算符，则运算符的执行规律为优先级高的运算符先执行，优先级低的运算符后执行，同一优先级的运算符按照从左到右的顺序执行。如果有小括号，则先执行小括号中的运算符。运算符的优先级从高到低的顺序见表 2-8。

表 2-8 运算符的优先级

运 算 符	说 明
**	幂
～、＋、－	取反、正号、负号
*、/、%、//	算术运算符的乘、除、取余、整除
＋、－	算术运算符的加、减
<<、>>	位运算符的左移、右移
&	位运算符的位与
^	位运算符的位异或
|	位运算符的位或
>、>=、<、<=、==、!=	比较运算符

2.4 小结

本章首先介绍了变量，包括变量的创建、变量的类型、变量的存储。其次介绍了 Python 中的基本数据类型，包括数字类型、字符串类型、布尔类型，以及如何实现不同数据类型的转换。最后介绍了 Python 中的运算符，应重点掌握数学运算符、比较运算符、逻辑运算符。

本章已经介绍了变量和运算两个要素，第 3 章将学习流程控制语句。

第3章

流程控制语句

编程的本质就是向别人描述一件事情，只要会说话，就会编程。一个正常心智的人，面对不同的场合、年龄、阶层的人，会控制自己的言语，选择不同的词汇来讲话。例如老舍话剧《茶馆》中的人物王利发，面对三教九流的人，会选择说不同的话。

Python 编程也是如此，使用变量存储信息，使用运算符来处理信息，根据处理信息的结果，控制代码语句的执行。流程控制语句对任何一门编程语言都是必备知识，它提供了如何控制编程语句执行的方法。如果缺少了流程控制语句，则这门编程语言只能应对简单的事情，而不能处理复杂的事情。本章将对 Python 中的流程控制语句进行详细讲解。

3.1 控制结构

4min

Python 在解决某个具体问题时，主要分为 3 种情况：顺序执行所有的语句、选择执行部分语句、循环执行部分语句。这对应了程序设计中的 3 种基本结构，即顺序结构、选择结构、循环结构。这 3 种流程控制结构如图 3-1 所示。

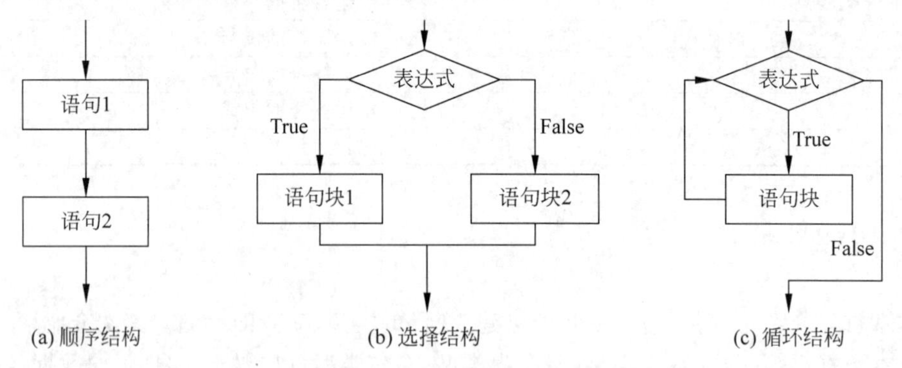

图 3-1 程序设计中的 3 种基本结构的流程图

图 3-1(a)是顺序结构的流程图，程序语句按照语句顺序被依次执行；图 3-1(b)是选择结构的流程图，主要根据表达式的结果选择执行不同的语句块；图 3-1(c)是循环结构的流程图，当表达式的结果为真时，反复执行某些语句块，这些反复执行的语句块被称为循环体。

注意：顺序结构是3种基本结构中最基本的结构，按照线性顺序执行代码语句。各位读者思考一下，可不可以去掉顺序结构？答案是不可以的，原因是人类生活在线性的时间中，随着时间的流动来工作和生活，时间只有一个方向，向未来流动，不能逆转。人类不可能违背自然规律来工作和生活，时间的单向线性属性深深地刻印在人类的思维和存在中。

【实例3-1】 打印输出早上起床后的整个流程，代码如下：

```
# === 第3章 代码3-1.py === #
print("睁眼")
print("起床")
print("洗漱")
print("吃早饭")
print("上班、上学或做其他事情")
```

运行结果如图3-2所示。

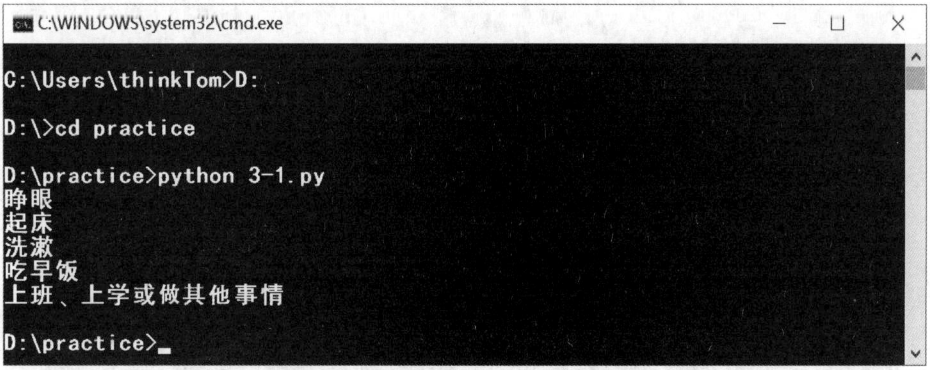

```
C:\WINDOWS\system32\cmd.exe

C:\Users\thinkTom>D:

D:\>cd practice

D:\practice>python 3-1.py
睁眼
起床
洗漱
吃早饭
上班、上学或做其他事情

D:\practice>
```

图3-2　代码3-1.py的运行结果

3.2　选择语句

在实际生活中，面对不同的事情，总需要做出选择。例如去百货超市买东西，需要货比三家，然后做出选择，购买其中一件商品；一天的工作有很多事情，需要根据事情的重要性和紧急性做出选择，优先处理其中一件事情；面对未来的考试，如何合理地分配不同学科的学习时间，需要根据学科的成绩好坏做出选择，例如上午学习较弱的学科，下午学习较强的学科，晚上回顾总结。

上面的例子就是程序设计中的选择语句。在Python中，需要根据表达式的运算结果，选择执行不同的代码语句。Python中的选择语句主要有3种形式：if语句、if…else语句、if…elif…else语句。

3.2.1 if 语句

Python 中的 if 语句是选择结构中的单分支语句,if 语句的语法格式如下:

```
if 表达式:
    语句块
```

如果表达式的结果是 True,则执行语句块;如果表达式的结果是 False,则跳过语句块。这种单分支的 if 语句类似于普通话中的关联词语"如果……则……"。单分支 if 语句的执行流程图如图 3-3 所示。

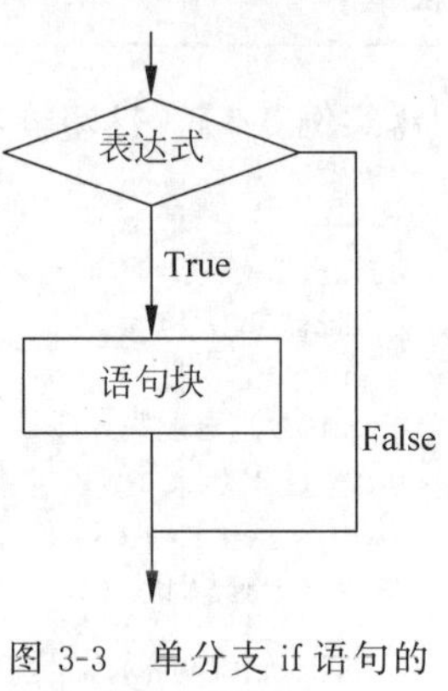

图 3-3 单分支 if 语句的执行流程图

【实例 3-2】 判断一个数字是不是偶数,如果是偶数,则打印输出这个数字,代码如下:

```
# === 第 3 章 代码 3-2.py === #
num = input("请输入一个数字:")
num = int(num)
if num % 2 == 0:
    print(num,"是一个偶数")
```

运行结果如图 3-4 所示。

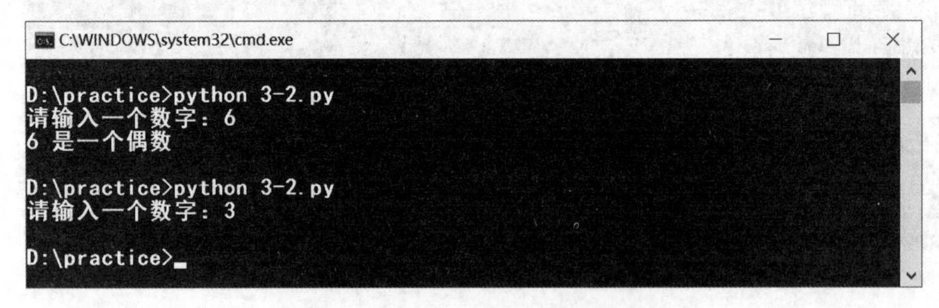

图 3-4 代码 3-2.py 的运行结果

【实例 3-3】 猜一猜心中最喜欢的整数,如果猜对,则打印输出"厉害,你猜对了",代码如下:

```
# === 第 3 章 代码 3-3.py === #
num = input("猜一猜,我最喜欢哪个数字?")
num = int(num)
if num == 3:
    print("厉害,你猜对了")
```

运行结果如图 3-5 所示。

3.2.2 if…else 语句

在现实生活中,经常会遇到二选一的事情。例如工作上的职位,是选择销售还是研发;面临毕业,是选择工作还是继续深造;你的个性,是更擅长复杂的人事处理还是埋头进行技

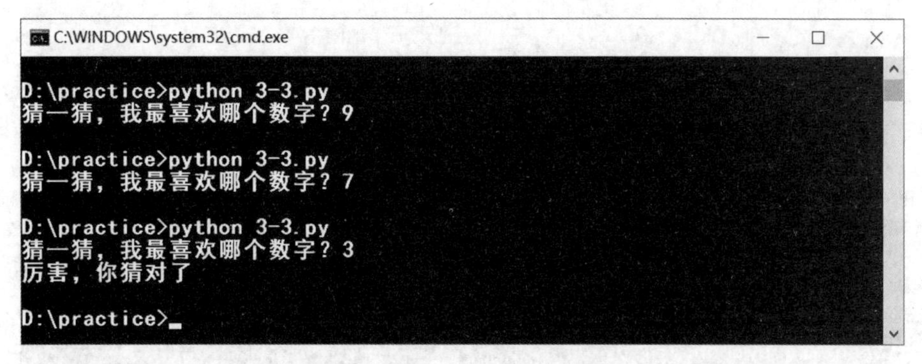

图 3-5　代码 3-3.py 的运行结果

术研发。

Python 中提供了双分支 if…else 语句处理此类事情，其语法格式如下：

```
if 表达式:
    语句块 1
else:
    语句块 2
```

如果表达式的结果是 True，则将执行语句块 1；如果表达式的结果是 False，则将执行语句块 2。这种双分支的 if…else 语句类似于普通话中的关联词语"如果……这样做……否则……那样做……"。双分支 if…else 语句的执行流程图如图 3-6 所示。

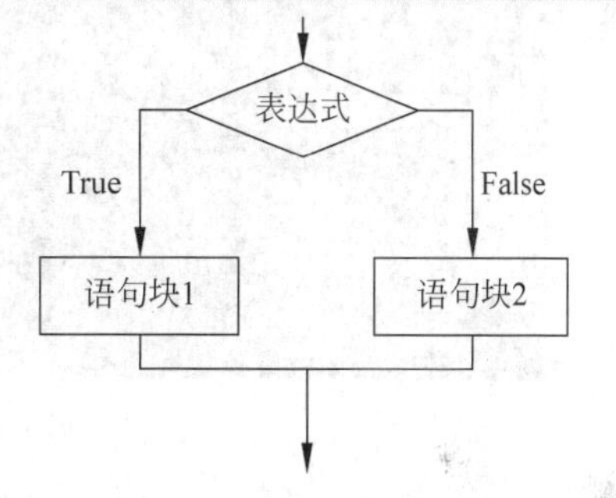

图 3-6　双分支 if…else 语句执行流程图

【实例 3-4】　判断一个数字是不是偶数，如果是偶数，则打印输出这个数字；如果不是偶数，则打印输出"这是个奇数"，代码如下：

```
# === 第 3 章 代码 3-4.py === #
num = input("请输入一个数字:")
num = int(num)
if num % 2 == 0:
    print(num,"是一个偶数")
else:
    print("这是一个奇数")
```

运行结果如图 3-7 所示。

【实例 3-5】　猜一猜心中最喜欢的整数，如果猜对，则打印输出"厉害，你猜对了"；如果猜错，则打印输出"加油，继续努力"，代码如下：

```
# === 第 3 章 代码 3-5.py === #
num = input("猜一猜,我最喜欢哪个数字?")
num = int(num)
```

```
if num == 3:
    print("厉害,你猜对了")
else:
    print("加油,继续努力")
```

```
C:\WINDOWS\system32\cmd.exe

D:\practice>python 3-4.py
请输入一个数字：5
这是一个奇数

D:\practice>python 3-4.py
请输入一个数字：8
8 是一个偶数

D:\practice>_
```

图 3-7　代码 3-4.py 的运行结果

运行结果如图 3-8 所示。

```
C:\WINDOWS\system32\cmd.exe

D:\practice>python 3-5.py
猜一猜，我最喜欢哪个数字？10
加油，继续努力

D:\practice>python 3-5.py
猜一猜，我最喜欢哪个数字？3
厉害，你猜对了

D:\practice>_
```

图 3-8　代码 3-5.py 的运行结果

3.2.3　if…elif…else 语句

在现实生活中,经常会遇到多选一的事情。例如购买商品时,支付方式有很多种,需要选择其中的一种;放假时如何安排时间,也有很多种选择。

Python 中提供了多分支 if…elif…else 语句处理此类事情,其语法格式如下:

```
if 表达式 1:
    语句块 1
elif 表达式 2:
    语句块 2
elif 表达式 3:
    语句块 3
…
else:
    语句块 n
```

如果表达式 1 的结果是 True,则将执行语句块 1；如果表达式 1 的结果是 False,并且表达式 2 的结果是 True,则将执行语句块 2；如果表达式 1 和表达式 2 的结果都是 False,并且表达式 3 的结果是 True,则将执行语句块 3……如果所有表达式的结果都是 False,则将执行语句块 n。

多分支 if…elif…else 语句类似于普通话中的关联语句“如果满足某种条件,就会进行某种处理,否则如果满足另一种条件,则执行另一种处理……”。多分支 if…elif…else 语句的执行流程图如图 3-9 所示。

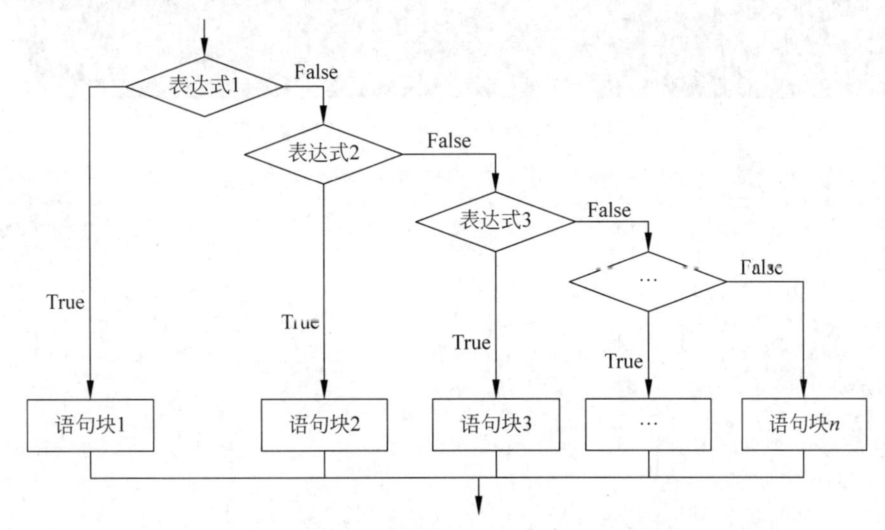

图 3-9　多分支 if…elif…else 语句执行流程图

【实例 3-6】 猜一猜心中最喜欢的整数,如果猜对,则打印输出“厉害,你猜对了”；如果所猜的数字比较大,则打印输出“数字大了”；如果所猜的数字比较小,则打印输出“数字小了”,代码如下：

```
# === 第 3 章 代码 3-6.py === #
num = input("猜一猜,我最喜欢哪个数字?")
num = int(num)
if num == 10:
    print("厉害,你猜对了")
elif num > 10:
    print("数字大了")
else:
    print("数字小了")
```

运行结果如图 3-10 所示。

【实例 3-7】 小明的暑假要开始了。小明对暑假做了安排,星期一在家学习,星期二去游泳,星期三去辅导班学书法,星期四去兴趣班学古筝,星期五参观博物馆,星期六自由安排,星期天写作文。设计程序,根据输入信息,打印工作安排,代码如下：

```
C:\WINDOWS\system32\cmd.exe
D:\practice>python 3-6.py
猜一猜，我最喜欢哪个数字？16
数字大了

D:\practice>python 3-6.py
猜一猜，我最喜欢哪个数字？8
数字小了

D:\practice>python 3-6.py
猜一猜，我最喜欢哪个数字？10
厉害，你猜对了

D:\practice>
```

图 3-10　代码 3-6.py 的运行结果

```
# === 第 3 章 代码 3-7.py === #
today = input("今天是星期几?")
if today == "星期一":
    print("在家学习")
elif today == "星期二":
    print("去游泳")
elif today == "星期三":
    print("去辅导班学书法")
elif today == "星期四":
    print("去兴趣班学古筝")
elif today == "星期五":
    print("参观博物馆")
elif today == "星期六":
    print("自由安排")
else:
    print("写作文")
```

运行结果如图 3-11 所示。

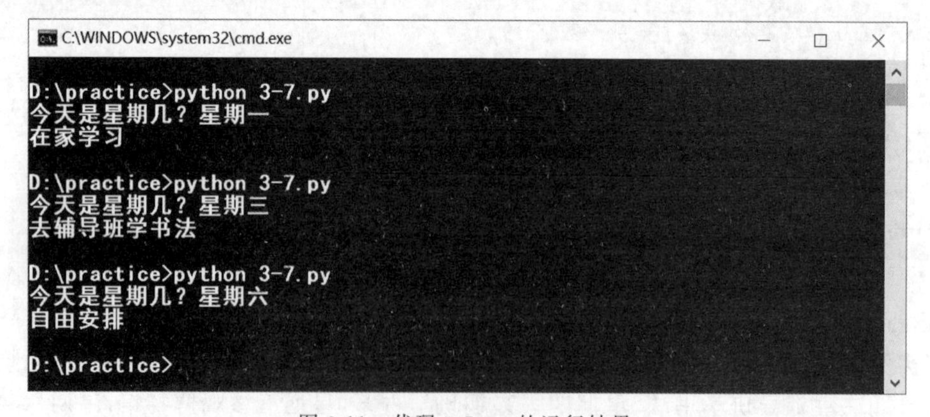

图 3-11　代码 3-7.py 的运行结果

注意：在其他编程语言中(C语言、Java语言)，多分支选择语句还有switch语句。在Python中没有switch语句，所以实现多分支选择功能时，只能使用if…elif…else语句或者if语句的嵌套。

3.2.4 if语句的嵌套

前面介绍了3种形式的选择语句，包括单分支if语句、双分支if…else语句、多分支if…elif…else语句。这3种形式的选择语句之间都可以相互嵌套。

单分支if语句嵌套双分支if…else语句，其语法格式如下：

```
if 表达式 1:
    if 表达式 2:
            语句块 1
    else:
            语句块 2
```

双分支if…else语句嵌套双分支if…else语句，其语法格式如下：

```
if 表达式 1:
    if 表达式 2:
            语句块 1
    else:
            语句块 2
else:
    if 表达式 3:
            语句块 3
    else:
            语句块 4
```

【实例3-8】 当车辆驾驶人员血液中的酒精含量低于20mg/100ml时不构成饮酒驾驶行为；当酒精含量大于或等于20mg/100ml且小于80mg/100ml时为饮酒驾驶；当酒精含量大于或等于80mg/100ml时为醉酒驾驶，编写一段程序，判断是否酒后驾驶，代码如下：

```
# === 第 3 章 代码 3-8.py === #
check = input("请输入每 100ml 血液酒精含量是多少 mg:\n")
check = int(check)
if check < 20:
    print("不构成饮酒行为,注意安全!")
else:
    if check < 80:
            print("已经达到酒后驾驶行为,不能开车!")
    else:
            print("已经达到醉酒驾驶标准,千万不能开车!")
```

运行结果如图 3-12 所示。

```
C:\WINDOWS\system32\cmd.exe

D:\practice>python 3-8.py
请输入每100ml血液酒精含量是多少mg:
16
不构成饮酒行为，注意安全！

D:\practice>python 3-8.py
请输入每100ml血液酒精含量是多少mg:
30
已经达到酒后驾驶行为，不能开车！

D:\practice>python 3-8.py
请输入每100ml血液酒精含量是多少mg:
90
已经达到醉酒驾驶标准，千万不能开车！

D:\practice>
```

图 3-12　代码 3-8.py 的运行结果

3.2.5　条件表达式

5min

条件表达式也称为三元操作符(表达式中有 3 个变量或数值)。条件表达式会根据表达式的结果,有条件地对变量进行赋值。例如,要返回两个数值中较小的数值,可以使用下面的 if…else 语句,代码如下:

```
a = 96
b = 87
if a < b:
    small = a
else:
    small = b
```

针对上面的代码,可以使用条件表达式进行简化,代码如下:

```
a = 96
b = 87
small = a if a < b else b
```

条件表达式的运算顺序是,首先计算中间的条件(a < b),如果结果是 True,则返回 if 语句左边的值;如果结果是 False,则返回 else 语句右边的值。

注意:在很长一段时间里,Python 没有条件表达式。Python 的作者一直推崇简洁的编程理念,使用条件表达式使程序结构变复杂了。由于 Python 的用户表达了极大的诉求,Python 的作者才为 Python 加入了条件表达式。

3.3 循环语句

现实生活中，总是在重复执行某些事情。例如吃小笼包，吃了一个又吃了一个，一直吃到饱为止；跑步健身，跑了一步又一步，一直跑到有健身效果为止。在编程中，这样重复执行同一件事情的情况称为循环。

Python 中的循环语句主要有两种类型。第 1 种是 while 循环，也称为条件循环，如果满足某种条件，则一直循环；如果不满足某种条件，则停止循环。第 2 种是 for 循环，也称为计数循环，是指重复一定次数的循环。

3.3.1 while 循环

while 循环是通过一个条件表达式，来控制是否反复执行循环体的语句，其语法格式如下：

```
while 条件表达式:
    循环体
```

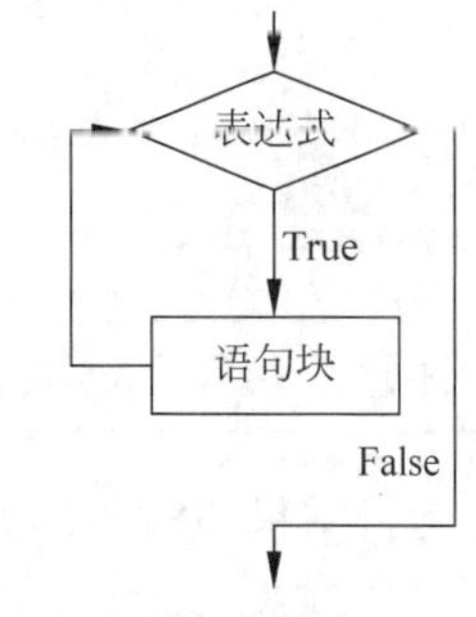

图 3-13 条件循环 while 语句的执行流程图

循环体是指被重复执行的语句块。当条件表达式的结果为真时，执行循环体中的语句块，执行完毕后，重新判断条件表达式的结果，直到条件表达式的结果为假时退出循环。条件循环 while 语句的执行流程图如图 3-13 所示。

【实例 3-9】 张三很能吃，吃 10 碗米饭才能吃饱。打印出张三吃米饭的过程，代码如下：

```
# === 第 3 章 代码 3-9.py === #
a = 1
while a < 10:
    print('吃了' + str(a) + '碗米饭,没吃饱,')
    a = a + 1

print('吃了' + str(a) + '碗米饭,吃饱了.')
```

注意：写代码时，while 循环语句写完后，隔开一行，再写下面的代码。这样既不会引起编译混乱，也增加了代码的可读性。

运行结果如图 3-14 所示。

在实际应用中，如果将 while 语句和条件语句嵌套使用，则可以解决比较复杂的问题。

【实例 3-10】 使用 while 语句，打印出 0～100 中能被 11 整除的整数，代码如下：

```
C:\WINDOWS\system32\cmd.exe
D:\practice>python 3-9.py
吃了1碗米饭，没吃饱，
吃了2碗米饭，没吃饱，
吃了3碗米饭，没吃饱，
吃了4碗米饭，没吃饱，
吃了5碗米饭，没吃饱，
吃了6碗米饭，没吃饱，
吃了7碗米饭，没吃饱，
吃了8碗米饭，没吃饱，
吃了9碗米饭，没吃饱，
吃了10碗米饭，吃饱了。

D:\practice>
```

图 3-14 代码 3-9.py 的运行结果

```
# === 第 3 章 代码 3-10.py === #
a = 0
while a < 101:
    if a % 11 == 0:
            print(a)
    a = a + 1
```

注意：由于 if 语句是 while 循环体的一部分，所以不需要隔开一行。

运行结果如图 3-15 所示。

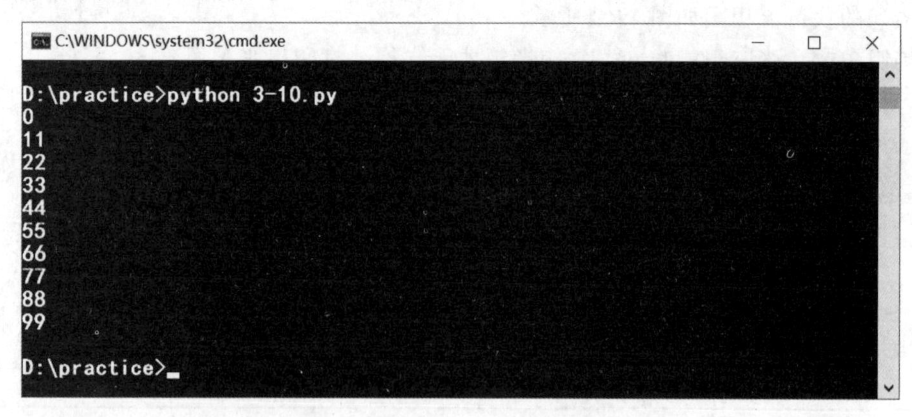

图 3-15 代码 3-10.py 的运行结果

3.3.2 for 循环

for 循环也称为计数循环，是一个依次重复执行的循环。经常应用于遍历或枚举序列，以及迭代对象中的元素。这里的序列是指复杂的数据类型，包括列表、元组、字典等，后面章节将会进行详细介绍。for 循环的语法格式如下：

```
for 迭代变量 in 对象:
    循环体
```

其中,迭代变量用于保存读取的值;对象为要遍历或要迭代的对象,该对象包括字符串、列表、元组等数据类型;循环体是被重复执行的代码块。for 循环的执行流程图如图 3-16 所示。

对象中是否有项
有
取下一项
循环体
没有

图 3-16　for 循环的执行流程图

1. 进行数值循环

应用 for 循环,进行数值循环,需要用到 Python 的内置函数 range()。内置函数 range()可以生成一系列连续的整数,其语法格式如下:

```
range(start,end,step)
```

其中,start:用于指定计数的起始值,如果省略不写,则从默认值 0 开始。end:用于指定计数的结束值(但不包括该值,例如 range(4),则得到的值为 0、1、2、3,不包括 4),结束值不能省略不写。step:用于指定步长,即临近两个数字的间隔,如果省略不写,则默认步长是 1,例如 range(1,5),则得到 1、2、3、4。

【实例 3-11】 使用 for 循环,计算从 1 到 100 的累加值,代码如下:

```
# === 第 3 章 代码 3-11.py === #
print("1+2+3+ … +100 的计算结果是:")
sum = 0
for i in range(101):
    sum = sum + i

print(sum)
```

运行结果如图 3-17 所示。

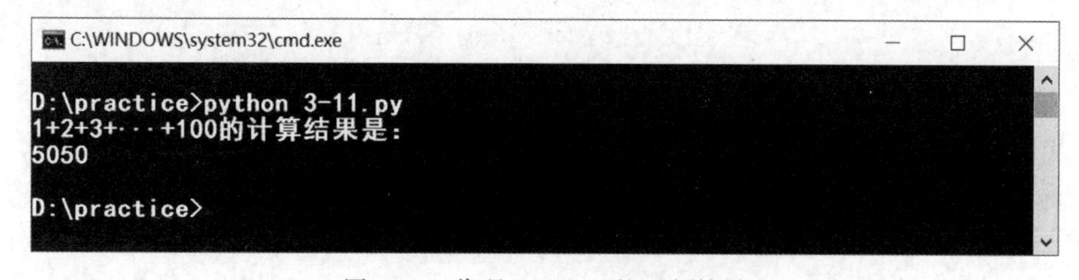

图 3-17　代码 3-11.py 的运行结果

【实例 3-12】 使用 for 循环,输出 1～18 中所有的偶数,代码如下:

```
# === 第 3 章 代码 3-12.py === #
print('1～18 内的偶数有')
for i in range(2,19,2):
    print(i,end = '') #打印输出在一行上
```

注意：如果要将内置函数 print()输出的内容显示在一行上，则可以在后面加一个逗号，再加上 end='',这两个单引号之间可以加空格，也可以不加空格。各位读者分别运行一下加空格和不加空格的代码，就明白之间的区别了。

运行结果如图 3-18 所示。

图 3-18　代码 3-12.py 的运行结果

将 for 循环语句和条件语句嵌套使用，可以解决比较复杂的问题。

【实例 3-13】 求 1～100 中除以 3 余 2，除以 5 余 3，并且除以 7 余 2 的数字，代码如下：

```
# === 第 3 章 代码 3-13.py === #
print('1～100 中,除以 3 余 2,除以 5 余 3 且除以 7 余 2 的数字:')
for i in range(1,101):
    if i % 3 == 2 and i % 5 == 3 and i % 7 == 2:
             print(i)
```

运行结果如图 3-19 所示。

图 3-19　代码 3-13.py 的运行结果

2. 遍历字符串

使用 for 循环语句不仅可以循环数值，还可以遍历字符串。

【实例 3-14】 创建一个字符串，先横向打印该字符串，然后纵向打印该字符串，代码如下：

```
# === 第 3 章 代码 3-14.py === #
str1 = "黄河之水天上来"
print(str1)
for ch in str1:
    print(ch)
```

运行结果如图 3-20 所示。

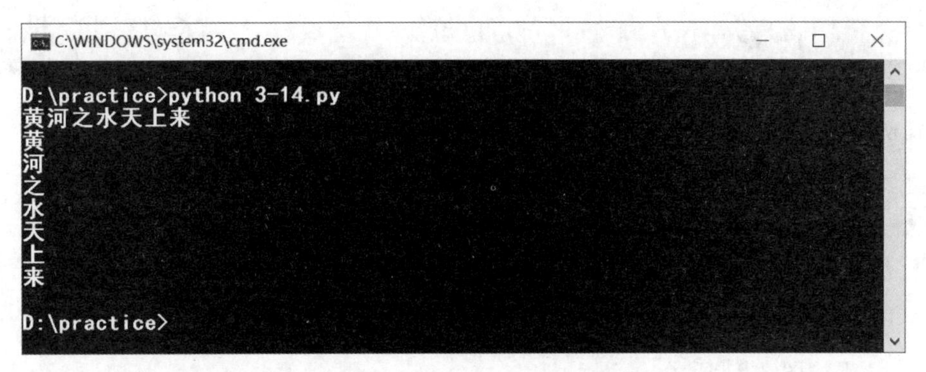

图 3-20 代码 3-14.py 运行结果

3.3.3 循环嵌套

前面介绍了循环语句中嵌套条件语句的应用，可以解决比较复杂一点的问题。其实循环语句中也可以嵌套循环语句，即在一个循环体中嵌套另一个循环体。例如你在一个陌生的场所找自己的座位，你只知道自己在第 7 排第 10 列，寻找的方法首先是从第 1 排找到第 7 排，然后从第 7 排的第 1 列找到第 10 列。这个过程就是一个循环体嵌套了另一个循环体。

在 Python 中，while 循环和 for 循环都可以进行循环嵌套。

第 1 种方式，在 while 循环语句中嵌套 while 循环语句，其语法格式如下：

```
while 条件表达式 1:
    while 条件表达式 2:
             循环体 2
    循环体 1
```

第 2 种方式，在 for 循环语句中嵌套 for 循环语句，其语法格式如下：

```
for 迭代变量 1 in 对象 1:
    for 迭代变量 2 in 对象 2:
             循环体 2
    循环体 1
```

第 3 种方式，在 while 循环语句中嵌套 for 循环语句，其语法格式如下：

```
while 条件表达式 1:
    for 迭代变量 in 对象:
             循环体 2
    循环体 1
```

第 4 种方式，在 for 循环语句中嵌套 while 循环语句，其语法格式如下：

```
for 迭代变量 in 对象:
    while 条件表达式:
```

```
        循环体 2
    循环体 1
```

【实例 3-15】 使用嵌套循环，打印九九乘法表，代码如下：

```
# === 第 3 章 代码 3-15.py === #
for i in range(1,10):
    for j in range(1,i+1):
            print(str(j) + '×' + str(i) + '=' + str(i*j) + '\t',end='')
    print('')
```

运行结果如图 3-21 所示。

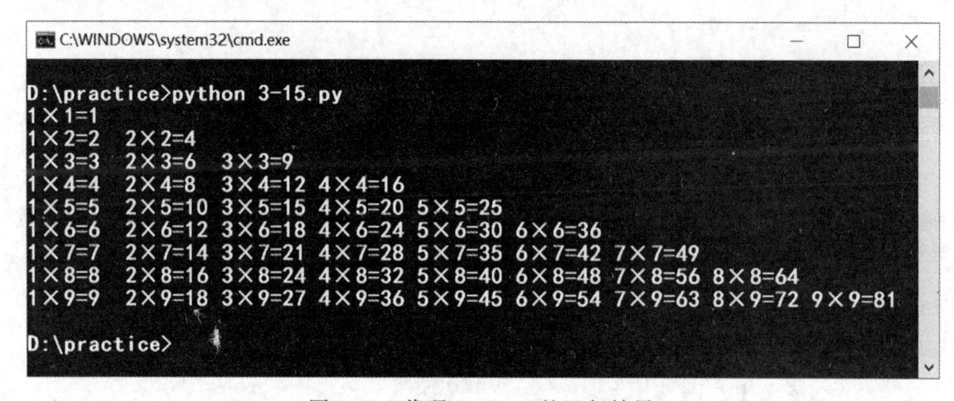

图 3-21 代码 3-15.py 的运行结果

注意：通过打印九九乘法表这个例子，可以得知嵌套循环中的两个迭代变量并不是平行无关联的，而是存在着某种特殊的关联：只有当内循环完成一遍循环时，外循环才循环 1 次。这类似于钟表上的时间，只有分针的时间转动一圈时，时针才转动一个单位。九九乘法表中的循环嵌套也称为二重循环。

3.4 其他控制语句

3.3 节已经介绍了循环语句，当循环条件一直满足时，程序将会一直执行下去。就像工厂中的生产流水线，一直重复执行下去。如果生产流水线出现了问题或故障，第 1 种处理方法是工人可以关停生产流水线；第 2 种处理方法是直接剔除不合格的产品，继续生产下一批产品；第 3 种处理方法是让机器空转，寻找问题所在。在 Python 中，可以使用其他控制语句实现类似的功能。

其他控制语句包括 break 语句、continue 语句、pass 语句。break 语句可以完全中止循环，continue 语句可以直接跳转到循环的下一次迭代，pass 语句表示空语句，不做任何处理，其中 break 语句和 continue 语句也称为跳转语句。

3.4.1 break 语句

在 Python 中，使用 break 语句中止当前的循环，包括 while 循环和 for 循环在内的控制语句。例如小明一人在操场上跑圈，计划跑 6 圈，跑到第 3 圈时见到班主任来找自己，中止跑步，这相当于使用了 break 语句。

6min

如何应用 break 语句？只需在 while 循环语句和 for 循环语句中加入即可。在 while 循环语句中使用 break 语句的语法格式如下：

```
while 条件表达式 1:
    执行代码
    if 条件表达式 2:
        break
```

其中，使用条件表达式 2 来判断何时跳出循环。如果条件表达式 2 的结果是 True，则使用 break 语句跳出循环；如果条件表达式 2 的结果是 False，则继续循环。

在 for 循环语句中使用 break 语句的语法格式如下：

```
for 迭代变量 in 对象:
    if 条件表达式:
        break
```

其中，使用条件表达式来判断何时跳出循环。如果条件表达式的结果是 True，则使用 break 语句跳出循环；如果条件表达式的结果是 False，则继续循环。

注意：break 语句一般和 if 语句搭配使用，表示在某种条件下跳出循环。如果 break 语句被应用在循环嵌套中，则要注意 break 语句应用在哪一层循环上。

【实例 3-16】 编写程序，持续提问你到过的城市，如果输入 quit，则停止提问，代码如下：

```
# === 第 3 章 代码 3-16.py === #
while True:
    city = input("你去过哪些城市:\n")
    if city == 'quit':
        break
    else:
        print("哦,你到过" + city + "市")
```

运行结果如图 3-22 所示。

【实例 3-17】 在 1～1000 的整数中找出一个数，这个数除以 3 余 2，除以 5 余 3，并且除以 7 余 2，代码如下：

```
# === 第 3 章 代码 3-17.py === #
for i in range(1,1001):
```

```
    if i % 3 == 2 and i % 5 == 3 and i % 7 == 2:
        print('这个数是:',i)
        break
```

```
C:\WINDOWS\system32\cmd.exe

D:\practice>python 3-16.py
你去过哪些城市:
北京
哦, 你到过北京市
你去过哪些城市:
上海
哦, 你到过上海市
你去过哪些城市:
济南
哦, 你到过济南市
你去过哪些城市:
quit

D:\practice>_
```

图 3-22　代码 3-16. py 的运行结果

运行结果如图 3-23 所示。

```
C:\WINDOWS\system32\cmd.exe

D:\practice>python 3-17.py
这个数是:  23

D:\practice>_
```

图 3-23　代码 3-17. py 的运行结果

注意:代码 3-17. py 和 3-13. py 的执行结果虽然相同,但循环的次数是不同的。代码 3-17. py 循环了 23 次,代码 3-13. py 循环了 100 次。

3.4.2 continue 语句

5min

在 Python 中,可以使用 continue 语句中止本次循环,提前进入下一次循环中。例如小明一人在操场上跑步,计划跑 6 圈,跑到第 3 圈的一半时见到心仪对象小美在起点,小明果断停止第三圈的跑步,跑回起点,然后开始第 4 圈的跑步,制造一次相遇。这相当于使用了 continue 语句。

如何应用 continue 语句?只需在 while 循环语句和 for 循环语句中加入 continue 语句即可。在 while 循环语句中使用 continue 语句的语法格式如下:

```
while 条件表达式 1:
    执行代码
    if 条件表达式 2:
        continue
```

其中,使用条件表达式 2 来判断何时跳出本次循环,提前进入下一次循环。如果条件表达式 2 的结果是 True,则使用 continue 语句跳出本次循环,提前进入下一次循环;如果条件表达式 2 的结果是 False,则继续本次循环。

在 for 循环语句中使用 continue 语句的语法格式如下:

```
for 迭代变量 in 对象:
    if 条件表达式:
            continue
```

其中,使用条件表达式来判断何时跳出本次循环,提前进入下一次循环。如果条件表达式的结果是 True,则使用 continue 语句跳出本次循环,提前进入下一次循环;如果条件表达式的结果是 False,则继续本次循环。

注意:continue 语句一般和 if 语句搭配使用,表示在某种条件下跳出循环。如果 continue 语句被应用在循环嵌套中,则要注意 continue 语句应用在哪一层循环上。

【实例 3-18】 应用 continue 语句,打印 1~10 的奇数,代码如下:

```
# === 第 3 章 代码 3-18.py === #
i = 0
while i < 10:
    i = i + 1
    if i % 2 == 0:
            continue
    else:
            print(i)
```

运行结果如图 3-24 所示。

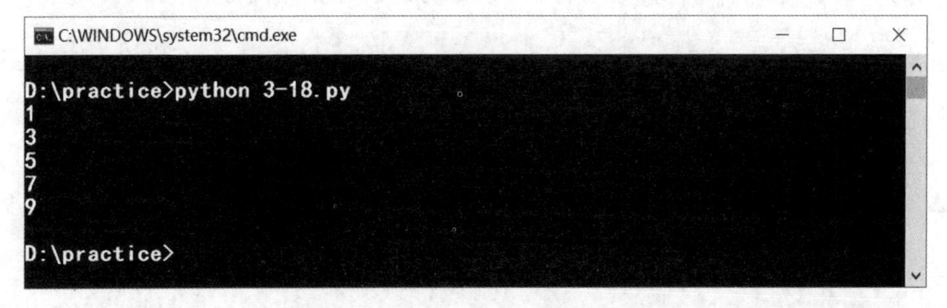

图 3-24　代码 3-18.py 的运行结果

注意:如果使用 for 循环语句来编写实例 3-18 的程序,则代码更简洁,有兴趣的读者可以实践一下。

【实例 3-19】 应用 continue 语句,统计出 1~100 不是 7 的倍数的数字的个数,代码如下:

```
# === 第 3 章 代码 3 - 19.py === #
total = 0
for i in range(1,101):
    if i % 7 == 0:
            continue
    else:
            total = total + 1

print("1～100 不能被 7 整除的数目是:",total)
```

运行结果如图 3-25 所示。

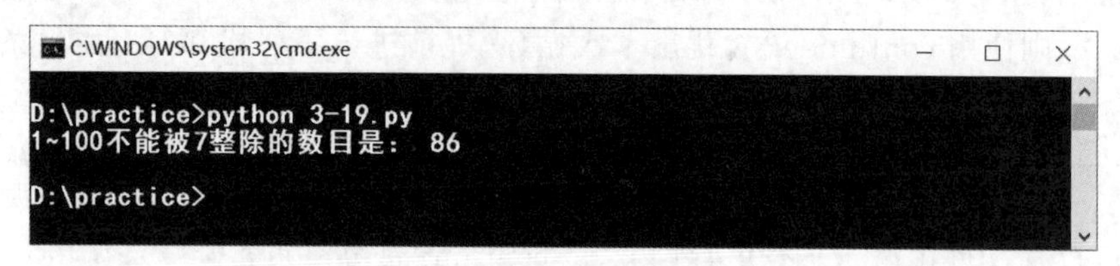

图 3-25 代码 3-19.py 的运行结果

3.4.3 pass 空语句

在 Python 中,使用 pass 语句表示空语句。pass 语句不做任何事情,一般起到占位作用。如果在编写程序时有些代码还没想清楚,则可以使用 pass 语句占位置,其语法格式如下:

```
if 条件表达式:
        代码块 1
else:
        pass
```

【实例 3-20】 使用 pass 语句打印出 1～10 的奇数,代码如下:

```
# === 第 3 章 代码 3 - 20.py === #
for i in range(1,11):
    if i % 2 == 1:
            print(i)
    else:
            pass
```

运行结果如图 3-26 所示。

```
C:\WINDOWS\system32\cmd.exe
D:\practice>python 3-20.py
1
3
5
7
9

D:\practice>
```

图 3-26 代码 3-20.py 的运行结果

3.5 经典例题

第2章和第3章已经介绍了编程的三要素：变量、运算、流程控制语句。变量、运算、流程控制语句是学习编程的必要知识，有了必备知识，就开始练习、实践，应用Python处理比较复杂的问题了。

在Python中，使用井号(#)进行单行注释，也可以使用双井号将要注释的单行代码包括起来，其语法格式如下：

```
#注释内容1
#注释内容2#
```

在Python中，如果要对多行代码进行注释标记，则可使用一对三引号('''……'''或者"""……""")将多行代码包括起来，其语法格式如下：

```
'''
注释内容1
注释内容2
……
'''
```

或者

```
"""
注释内容1
注释内容2
……
"""
```

3.5.1 过桥问题

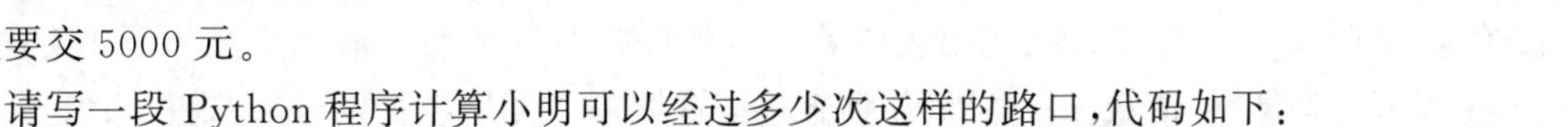

【实例3-21】 假设小明有100 000元现金。每经过一次路口都需要进行一次交费。交费规则为当他的现金大于50 000元时每次需要交5%，如果现金小于或等于50 000元，则他每次要交5000元。

6min

请写一段Python程序计算小明可以经过多少次这样的路口，代码如下：

```
'''
@第3章 代码3-21.py
@过桥问题
@日期:2023年
'''
money = 100000
times = 0
while money >= 5000:
```

```
    if money > 50000:
        money = 0.95 * money
    else:
        money = money - 5000
    times = times + 1
    print('过了' + str(times) + '次路口,还剩' + str(money) + '元')
```

运行结果如图 3-27 所示。

```
C:\WINDOWS\system32\cmd.exe

D:\practice>python 3-21.py
过了1次路口，还剩95 000.0元
过了2次路口，还剩90 250.0元
过了3次路口，还剩85 737.5元
过了4次路口，还剩81 450.625元
过了5次路口，还剩77 378.093 75元
过了6次路口，还剩73 509.189 062 5元
过了7次路口，还剩69 833.729 609 374 99元
过了8次路口，还剩66 342.043 128 906 24元
过了9次路口，还剩63 024.940 972 460 92元
过了10次路口，还剩59 873.693 923 837 87元
过了11次路口，还剩56 880.009 227 645 976元
过了12次路口，还剩54 036.008 766 263 67元
过了13次路口，还剩51 334.208 327 950 49元
过了14次路口，还剩48 767.497 911 552 964元
过了15次路口，还剩43 767.497 911 552 964元
过了16次路口，还剩38 767.497 911 552 964元
过了17次路口，还剩33 767.497 911 552 964元
过了18次路口，还剩28 767.497 911 552 964元
过了19次路口，还剩23 767.497 911 552 964元
过了20次路口，还剩18 767.497 911 552 964元
过了21次路口，还剩13 767.497 911 552 964元
过了22次路口，还剩8767.497 911 552 964元
过了23次路口，还剩3767.497 911 552 964元

D:\practice>
```

图 3-27　代码 3-21.py 的运行结果

3.5.2　百钱买百鸡

11min

【实例 3-22】《张丘建算经》成书于公元 5 世纪，作者是北魏人。书中最后一道题，通常被称为“百钱买百鸡”问题，民间则流传着县令考问神童的佳话。书中原文如下：今有鸡翁一，值钱五；鸡母一，值钱三；鸡雏三，值钱一；百钱买鸡百只，问鸡翁、母、雏各几何？

翻译成白话文，题目的意思是：公鸡 5 文钱 1 只，母鸡 3 文钱 1 只，小鸡 1 文钱买 3 只，现在用 100 文钱共买了 100 只鸡，问：在这 100 只鸡中，公鸡、母鸡和小鸡各是多少只(设每种至少一只)？示例代码如下：

```
"""
@第 3 章 代码 3-22.py
@百钱买百鸡问题
@第 1 种方法:三重循环
```

```
"""
for i in range(1,101):
    for j in range(1,101):
            for z in range(1,101):
                    if i + j + z == 100 and 5 * i + 3 * j + z/3 == 100:
                            print("公鸡、母鸡、小鸡的数目分别是:",i,j,z)
```

运行结果如图 3-28 所示。

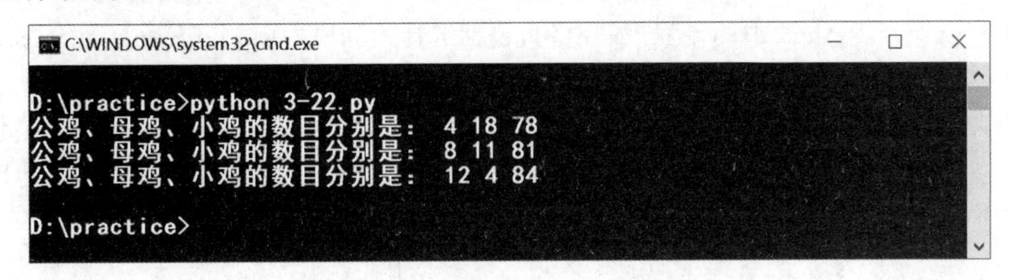

图 3-28　代码 3-22.py 的运行结果

分析代码 3-22.py 会发现这是个三重循环嵌套，最里面的循环体执行一遍循环，中间的循环体才执行一次循环；中间的循环体执行一遍循环，最外层的循环体才执行一次循环。这与钟表上的时间类似，秒针转动一圈，分针才转动一个单位；分针转一圈，时针才转动一个单位。

执行完代码 3-22.py，需要循环 100×100×100 次(100 万次)，这样的效率太低了。运用数学知识优化一下代码 3-22.py，首先，公鸡 5 文钱一只，总共 100 文钱，那么公鸡的数目不超过 20 只。其次，母鸡 3 文钱一只，总共 100 文钱，除去公鸡和小鸡的数目，那么母鸡的数量不超过 33 只。最后，由于一共 100 只鸡，那么小鸡的数目是 100－i－j 只。优化后的代码 3-23.py 如下：

```
"""
@第 3 章 代码 3 - 23.py
@百钱买百鸡问题
@第 2 种方法:二重循环
"""
for i in range(1,20):
    for j in range(1,33):
        if 5 * i + 3 * j + (100 - i - j)/3 == 100:
                print("公鸡、母鸡、小鸡的数目分别是:",i,j,100 - i - j)
```

运行结果如图 3-29 所示。

```
C:\WINDOWS\system32\cmd.exe
D:\practice>python 3-23.py
公鸡、母鸡、小鸡的数目分别是： 4 18 78
公鸡、母鸡、小鸡的数目分别是： 8 11 81
公鸡、母鸡、小鸡的数目分别是： 12 4 84

D:\practice>
```

图 3-29　代码 3-23.py 的运行结果

注意：对比代码 3-22.py 和 3-23.py 会发现优化后的代码效率更高。这涉及时间复杂度的概念，出自《数据结构》的知识，有兴趣的读者可以研究一下。

3.6 本章小结

本章介绍了 Python 中的流程控制语句，包括选择语句、循环语句、break 语句、continue 语句、pass 语句。流程控制语句可以控制代码语句的执行顺序。

至此，已经介绍了编程三要素：变量、运算、流程控制语句。读者已经具备了基本的编程思维，可以尝试着应用 Python 处理身边的问题。经过练习、实践、应用才能让 Python 内化成为你的技能。第 4 章将介绍 Python 中的函数和复杂数据类型。

第 4 章

函数与复杂数据类型

掌握了编程的三要素：变量、运算、流程控制语句，并能够应用 Python 处理简单问题，就具备了基本的编程思维。在实际应用中，会遇到某一段代码被多次使用的情况，应该怎么办？Python 提供了函数来解决这个问题。切记这里的函数不是表示数量关系的数学函数，而是一段带有名字的代码块，用于处理具体任务。

在实际生活中，处理的数据并不是单个的简单数据，而是经常要处理一组数据，例如高一年级的花名册、某班的数学成绩表、某个比赛的参赛名单等。碰到一组数据的问题，应该怎么解决？Python 提供了 5 个复杂数据类型：列表、元组、字典、集合、字符串，用来处理一组数据的问题。

4.1 函数

编程中的函数是指用于处理具体任务的一段代码块。如果要应用这段代码块，则可随时调用函数。例如 Python 的内置函数 print()、input()、range()。当然开发者也可以在 Python 中创建函数、调用函数，本节将对这些内容进行详细介绍。

4.1.1 函数的创建和调用

创建函数也称为定义函数，是指创建处理具体任务的一段代码块。在 Python 中，使用关键字 def 实现。创建函数的具体语法格式如下：

4min

```
def functionname():        #创建函数
        代码块

functionname()             #调用函数
```

其中，functionname 是函数的名称。定义函数时，函数的代码块在冒号后面。如果要调用这个函数，则需要隔开一行，然后调用函数。

【实例 4-1】 创建一个见面打招呼的函数，需要用中英文两种语言打招呼，然后调用这个函数，代码如下：

```
# === 第 4 章 代码 4-1.py === #
def greet():
    print("你好,我的朋友")
    print("Hello,my friend")

greet()
```

运行结果如图 4-1 所示。

```
C:\WINDOWS\system32\cmd.exe

D:\practice>python 4-1.py
你好，我的朋友
Hello,my friend

D:\practice>
```

图 4-1　代码 4-1.py 的运行结果

4.1.2　参数的传递

5min

在 Python 中使用函数时，经常要设置参数，例如内置函数 range(start,end,step)，在应用中会写 range(1,4)，其中，start、end、step 称为形式参数，而且 start、step 有默认值；1、4 称为实际参数。在 Python 中创建带有参数和默认值函数的语法格式如下：

```
def functionname(parameter1 = default1, … ):        # 创建函数
        代码块

functionname(value)                                  # value 是实际参数
functionname()                                       # 调用默认值函数
```

其中，parameter1 是形式参数，是指在定义函数时，函数名后面括号中的参数，简称为实参；value 是实际参数，是指在调用函数时，函数名后面括号中的参数，简称为实参。如果调用函数时，函数名的括号中没有参数，则参数是定义形参的默认值 default1。

【实例 4-2】 创建一个见面打招呼的函数，使用中英文两种方式打招呼。函数的默认值为小明，代码如下：

```
# === 第 4 章 代码 4-2.py === #
def greet_person(person = '小明'):
    print('你好,' + person)
    print('Hello,' + person)

greet_person('张三')
greet_person()
```

运行结果如图 4-2 所示。

函数参数的作用是将数据传递给函数使用。参数的传递是通过形式参数和实际参数实

图 4-2　代码 4-2.py 的运行结果

现的。在定义函数时，设定形式参数的默认值，在调用函数时，如果没有传入参数，则参数采用默认值。

4.1.3　返回值

函数是能够处理具体任务的代码块，不仅能显示输出，而且还能处理数据，返回一个或一组数值。这类似于工作中主管向职员布置了任务，职员完成了任务，还需要将结果报告给主管。

在 Python 中，可以在定义函数体内使用 return 语句为函数指定返回值，该返回值可以是任意数据类型，return 语句的语法格式如下：

```
return value
```

其中，value 是返回值。在调用函数时，可以将返回值赋值给一个变量，用于保存函数的返回结果。

【实例 4-3】　创建一个计算指数的函数，返回值是计算结果，并用这个函数计算 2^3 和 3^4 的结果，示例代码如下：

```
# === 第 4 章 实例 4-3 === #
def zhishu(x = 1,n = 0):
    result = x ** n
    return result

num1 = zhishu(2,3)
num2 = zhishu(3,4)
print('2^3 的计算结果是:',num1)
print('3^4 的计算结果是:',num2)
```

运行结果如图 4-3 所示。

图 4-3　代码 4-3.py 的运行结果

【实例 4-4】 创建一个函数,如果输入 1～7 的整数(包括 1 和 7),则返回中英文对应的星期几,如果输入 1,则返回星期一 Monday,诸如此类;如果输入其他数字,则打印输出"输入错误",代码如下:

```
# === 第 4 章 代码 4-4.py === #
def output(day = 6):
    if day == 1:
            return '星期一 Monday'
    elif day == 2:
            return '星期二 Tuesday'
    elif day == 3:
            return '星期三 Wednesday'
    elif day == 4:
            return '星期四 Thursday'
    elif day == 5:
            return '星期五 Friday'
    elif day == 6:
            return '星期六 Saturday'
    elif day == 7:
            return '星期天 Sunday'
    else:
            return "输入错误!"

a = output(3)
b = output()
c = output(9)
print(a)
print(b)
print(c)
```

运行结果如图 4-4 所示。

图 4-4 代码 4-4.py 的运行结果

注意:通过代码 4-4.py 可以得知,无论 return 语句出现在函数体的什么位置,只要得到执行,则立即结束函数的执行。

4.1.4 变量的作用域

在编程中,使用变量来存储数据或信息。在实际应用中,每个变量都有自己的作用域。

变量的作用域是指程序代码中能够使用该变量的区域。如果超出该变量的区域，使用该变量，则程序运行会出错。在程序代码中，一般根据变量的有效范围将变量分为局部变量和全局变量。

1. 局部变量

局部变量是指在函数内部定义并使用的变量，只在函数内部有效。如果在函数外使用该变量，则会出现运行错误。

【实例 4-5】 创建一个函数，在函数内部定义一个变量，并给该变量赋值，打印输出该变量，然后在函数外使用该变量，代码如下：

```
# === 第 4 章 代码 4-5.py === #
def demo_test():
    motto = "天生我才必有用"
    print("局部变量 motto = ",motto)

demo_test()
print('局部变量 motto = ',motto)
```

运行结果如图 4-5 所示。

```
C:\WINDOWS\system32\cmd.exe
D:\practice>python 4-5.py
局部变量motto= 天生我才必有用
Traceback (most recent call last):
  File "D:\practice\4-5.py", line 6, in <module>
    print('局部变量motto=',motto)
NameError: name 'motto' is not defined

D:\practice>
```

图 4-5　代码 4-5.py 的运行结果

注意： 在函数外调用局部变量时，编译运行会出现 NameError 异常，即该变量并没有定义。

---

2. 全局变量

局部变量的作用域只在函数内部。全局变量的作用域不仅在函数内部有效，还在函数外部有效。全局变量主要分为以下两种情况：

(1) 在函数体外定义的变量。如果一个变量被定义在函数体外，则不仅在函数体外能够应用该变量，在函数体内同样能够应用该变量。

(2) 在函数体内定义，并且使用关键词 global 修饰后的变量，也称为全局变量。该变量在函数外同样有效，而且可以在函数体内修改全局变量，其语法格式如下：

```
global 变量名
变量名 = value
```

【实例 4-6】 在函数体外定义一个全局变量,然后在函数内外都打印输出该变量,代码如下:

```
# === 第 4 章 代码 4-6.py === #
motto = '仁者乐山,智者乐水'
def demo_test():
    print('函数体内:全局变量 motto = ',motto)

demo_test()
print('函数体外:全局变量 motto = ',motto)
```

运行结果如图 4-6 所示。

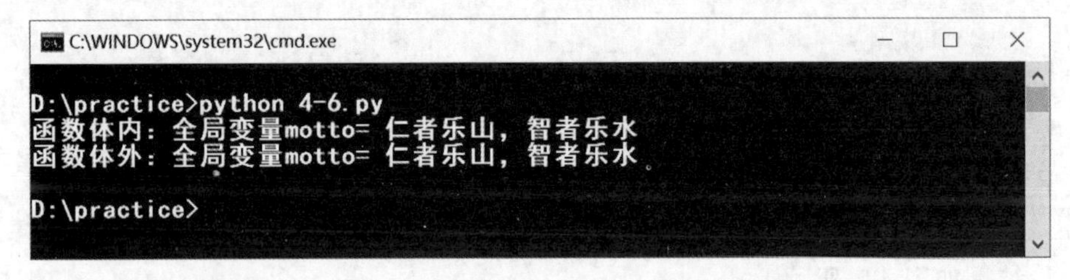

图 4-6 代码 4-6.py 的运行结果

【实例 4-7】 在函数体内定义一个全局变量,然后在函数内外都打印输出该变量,代码如下:

```
# === 第 4 章 代码 4-7.py === #
def demo_test():
    global motto
    motto = '学而不思则罔,思而不学则殆'
    print('函数体内:全局变量 motto = ',motto)

demo_test()
print('函数体外:全局变量 motto = ',motto)
```

运行结果如图 4-7 所示。

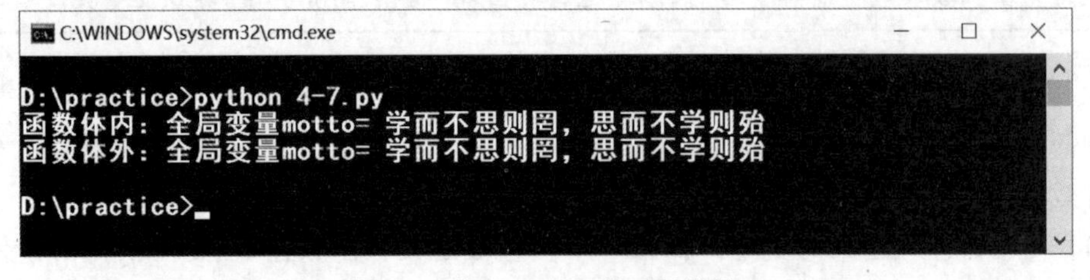

图 4-7 代码 4-7.py 的运行结果

注意: 虽然 Python 允许全局变量和局部变量重名,但在实际编程中,不建议这么做,因为这样会导致代码混乱,降低代码的可读性。

4.1.5　匿名函数(lambda)

在实际生活中,会遇到某个人,当发生交集之后,再无联系。在编程中,会遇到只应用一次的函数。对于只应用一次的函数,Python提供了匿名函数来处理这样的问题。

匿名函数是指没有名字的函数,这个函数被应用一次。有了匿名函数的帮助,编程者无须花费脑力去命名这个函数了。在Python中,使用lambda表达式创建匿名函数,其语法格式如下:

```
变量名1 = value1
...                    #可选变量,可能有多个变量
result = lambda 变量名1,... :expression
```

其中,result:用于调用lambda表达式;expression:指一个实现具体功能的表达式,如果有参数或变量,则应用这些参数或变量。

【实例4-8】 创建匿名函数计算半径为20的圆的面积和周长,代码如下:

```
# === 第4章 代码4-8.py === #
r = 20
result1 = lambda r:3.14 * r * r
result2 = lambda r:2 * 3.14 * r
print("圆的面积是:",result1(r))              #返回值是result1(r)
print("圆的周长是:",result2(r))              #返回值是result2(r)
```

运行结果如图4-8所示。

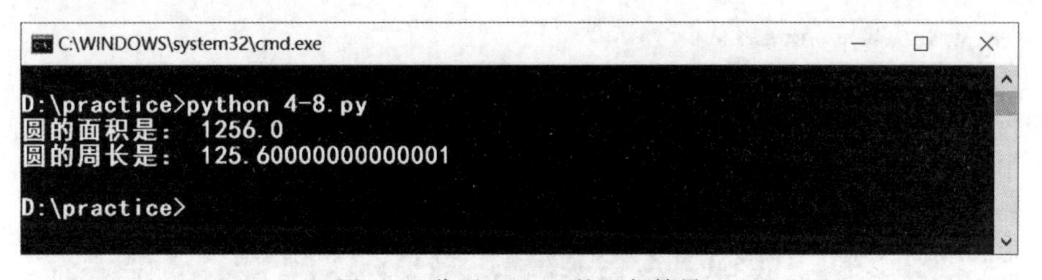

图4-8　代码4-8.py的运行结果

注意:使用lambda表达式时,变量可以有多个,用逗号隔开,但表达式只有一个,即只能有一个返回值。

4.1.6　经典例题

【实例4-9】 BMI指数(身体质量指数,简称体质指数,英文为Body Mass Index),是用体重(kg)除以身高m的平方得出的数字,是常用的衡量人体胖瘦程度一个标准。

过轻:低于18.5。

正常:18.5~24.9(包括24.9)。

过重:24.9~29.9(包括29.9)。

肥胖：大于29.9。

编写一个函数，打印某人的BMI指数和胖瘦，包含3个参数，即人名、身高(m)、体重(kg)，代码如下：

```
# === 第4章 代码4-9.py === #
def bmi_test(name,height,weight):
    bmi = weight/height ** 2
    print(name + "BMI指数是:" + str(bmi))
    if bmi < 18.5:
            print(name + '体重过轻')
    elif bmi >= 18.5 and bmi <= 24.9:
            print(name + '体重正常')
    elif bmi > 24.9 and bmi <= 29.9:
            print(name + '体重过重了')
    elif bmi > 29.9:
            print(name + '有点肥胖了')

name = input("请问你的名字是:")
height = input("请问你的身高是多少米:")
weight = input("请问你的体重是多少千克:")
height = float(height)
weight = float(weight)
bmi_test(name,height,weight)
```

运行结果如图4-9所示。

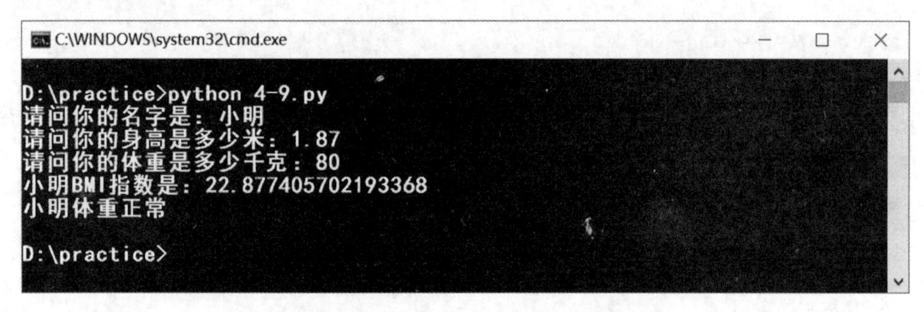

图4-9 代码4-9.py的运行结果

4.2 列表与元组

在数学中，使用数列来表示按照一定顺序排列的一组数。在Python中，使用列表来存储成组的数据。列表是由一系列按照特定顺序排列的元素组成的复杂数据类型，这个元素可以是数字、文本、字母等类型。列表可以包含几个元素，也可以包含数百万个元素。

列表是Python中极强大的功能之一，融合了很多重要的编程理念。列表非常灵活，列表中的元素易于增、删、改、查。也许是列表太灵活了，Python的开发者同时提供了元组这一古板的复杂数据类型。元组不同于列表的一点是：只要创建好元组，就不能修改元组中的元素了。

4.2.1　创建和删除列表

在公共浴室或超市门口的柜子上，会有一排一排的箱子，消费者可以把自己的一些物品放置到这些箱子中。这些箱子上都有编号，消费者可以根据箱子的编号找到自己的储物箱子。列表由一系列元素组成，这些元素就像存储在计算机内存上的一排箱子上一样。列表中的元素存储的编号称为索引。可以通过索引找到列表中的每个元素。列表既有正数索引，也有负数索引，如图 4-10 所示。

图 4-10　列表的索引

正数索引是指列表中的元素的索引从 0 开始递增的，即索引为 0 表示第 1 个元素，索引为 1 表示第 2 个元素，以此类推。

负数索引是从列表中的最后一个元素开始计数的，即最后一个元素的索引是－1，倒数第 2 个元素的索引是－2，以此类推。

1. 创建列表

在 Python 中，有多种创建列表的方法，大体分为 3 种。

1）使用赋值运算符创建列表

创建列表时，使用赋值运算符（＝）直接将一个列表赋值给变量即可，其语法格式如下：

```
listname = [element_1,element_2,element_3,...,element_n]
```

其中，listname 是列表的名称，只要符合 Python 变量的命名规则即可；element_1、element_2、element_3、element_n 表示列表中的元素，个数无限制，都是 Python 支持的数据类型；这些元素都用中括号括起来。

2）创建空列表

在 Python 中，可以创建空列表，其语法格式如下：

```
emptylist = []
```

3）创建数值列表

Python 中的数值列表很常见，可以使用 Python 的内置函数 list()将数据转换成列表，例如将 range()函数产生的数值转换成列表，其语法格式如下：

```
list(data)
list(range(start,end,step))
```

其中,data 表示可以转换成列表的数据,可以是函数 range()产生的数值,也可以是字符串、元组或其他可以迭代类型的数据。

【实例 4-10】 运用 3 种方法创建列表,然后打印列表,代码如下:

```
# === 第 4 章 代码 4-10.py === #
num1 = [2,4,8,16,32]
cities = ['西安',13,'洛阳','北京','开封','南京',['安阳','杭州']]
empty = []
num2 = list(range(1,10,2))
print(num1)
print(cities)
print(empty)
print(num2)
```

运行结果如图 4-11 所示。

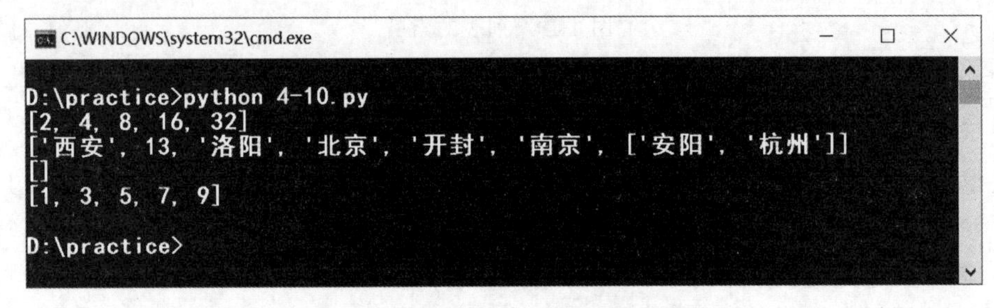

图 4-11 代码 4-10.py 的运行结果

注意:在使用列表时,虽然可以将不同类型的数据放入列表中,但一般情况下不建议这样做。因为一个列表中只放一种类型的数据,不仅可以提高程序的运行效率,而且可以提高代码的可读性。

2. 访问列表中的元素

在 Python 中,可以通过函数 print()打印输出列表。如果要打印出列表中的某个元素或某几个元素,则需要使用索引法或切片法。

1) 索引法

列表中的元素既可以用正数索引表示,也可以用负数索引表示,其语法格式如下:

```
listname[0]
listname[n-1]
listname[-1]
listname[-n]
```

其中,listname 表示列表名;listname[0]表示第 1 个元素;listname[-1]表示最后一个元素；n 表示不超过列表元素数目的某个正整数。

2）切片法

现实生活中，可以将土豆、黄瓜、面包切成一片一片的，然后从中抽取几片。在 Python 中，可以采取类似的方法获取列表的部分元素，这称为切片法，其语法格式如下：

```
listname[start:end:step]
listname[:]
```

其中，listname 表示列表名；start 表示切片的开始位置（包括该位置），如果不指定，则默认值为 0；end 表示切片的结束位置（不包括该位置），如果不指定，则默认值为列表中元素的总数；step 表示切片的步长，如果不指定，则默认值为 1；listname[:]表示整个列表。

【实例 4-11】 创建一个列表，包含 8 个元素，使用两种方法打印其中的第 1、第 3、第 5、第 7、第 8 个元素，代码如下：

```
# === 第 4 章 代码 4-11.py === #
cities = ['西安','洛阳','北京','南京','开封','杭州','安阳','敦煌']
print('使用索引法输出第 1、第 3、第 5、第 7、第 8 个元素:')
print(cities[0])
print(cities[2])
print(cities[4])
print(cities[6])
print(cities[7])
print('使用切片法输出第 1、第 3、第 5、第 7、第 8 个元素:')
print(cities[0:7:2])
print(cities[7:])
```

运行结果如图 4-12 所示。

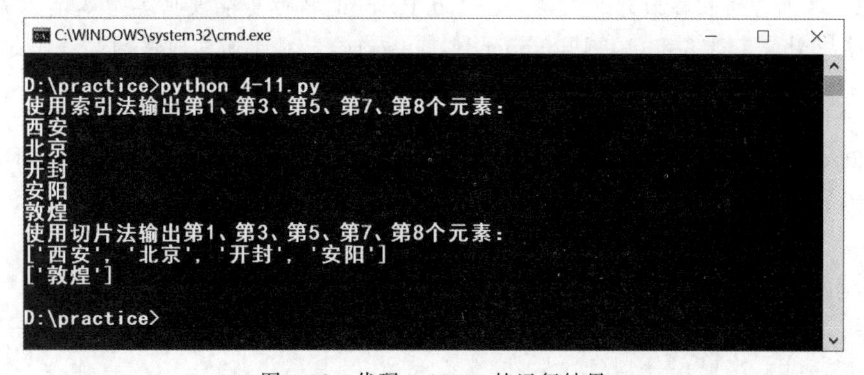

图 4-12　代码 4-11.py 的运行结果

注意：无论是列表索引还是列表切片中的初始值都是从 0 开始的，而不是从 1 开始的。

---

3. 删除列表

对于已经创建的列表，如果不再使用，则可以通过 del 语句将其删除，其语法格式如下：

```
del listname
```

注意：Python 自带的垃圾回收机制会自动销毁不用的列表，因此在实际开发中 del 语句并不常用，即使我们没有删除不需要的列表，Python 也会自动将其回收。

4.2.2 添加、修改、删除列表中的元素

19min

对列表进行添加元素、修改元素、删除元素的操作也称为更新列表。在实际开发中，经常需要对列表进行更新操作。本节将介绍如何实现对列表中元素进行添加、修改、删除操作。

1. 添加元素

向列表中添加元素主要分为两种情况：一种是添加单个元素，另一种是添加多个元素。

1）添加单个元素

可以使用列表对象的函数 append()，在列表的末尾添加元素，其语法格式如下：

```
listname.append(element)
```

其中，listname 是列表名；element 是在列表末尾要添加的元素。

可以使用列表对象的函数 insert()，在列表的任意位置添加元素，其语法格式如下：

```
listname.insert(n,element)
```

其中，listname 是列表名；n 是指定添加元素的位置索引；element 是要添加的元素。

注意：这里将列表称为列表对象，是因为 Python 中的复杂数据类型本质上是一个对象，该对象中封装了很多函数，例如 append()、insert()。对于面向对象的编程思想，会在第 5 章进行详细介绍。

【实例 4-12】 创建一个包含 4 个元素的列表，在列表的开始、末尾、中间分别添加一个元素，代码如下：

```
# === 第 4 章 代码 4-12.py === #
cities = ['西安','洛阳','北京','南京']
print(cities)
cities.insert(0,'安阳')
cities.append('杭州')
cities.insert(3,'开封')
print(cities)
```

运行结果如图 4-13 所示。

2）添加多个元素

向列表添加多个元素，本质上是将两个列表拼接在一起。在 Python 中，有两种方法可

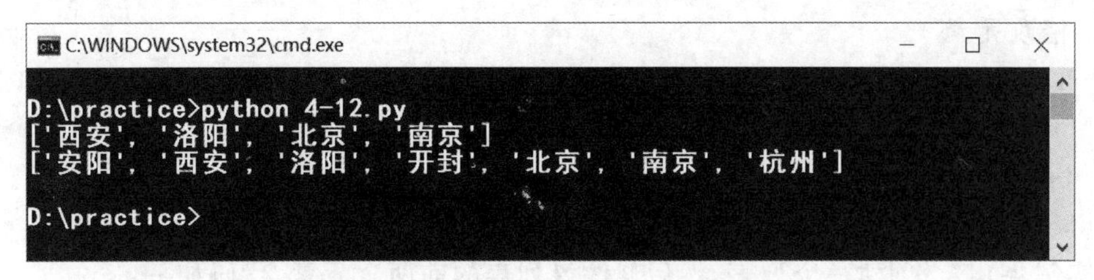

图 4-13　代码 4-12.py 的运行结果

以将两个列表拼接在一起。

可以使用加号(＋)将两个列表拼接在一起，并重新赋值给其中一个列表，其语法格式如下：

```
listname1 = listname1 + listname2
```

其中，listname1 是列表名；listname2 是列表名，listname2 中的元素就是要被添加的元素。

可以使用列表对象的函数 extend()，将一个列表的元素全部添加到另一个列表中，其语法格式如下：

```
listname = listname.extend(list_n)
```

其中，listname 是列表名；list_n 是列表名，list_n 中的元素就是要被添加的元素。

【实例 4-13】 创建一个列表，采用两种方式向这个列表添加多个元素，代码如下：

```
# === 第 4 章 代码 4-13.py === #
list1 = ['西安','洛阳','开封']
list2 = ['杭州','泉州']
print(list1)
print(list2)
list1 = list1 + list2
print(list1)
list1.extend(list2)
print(list1)
```

运行结果如图 4-14 所示。

```
C:\WINDOWS\system32\cmd.exe
D:\practice>python 4-13.py
['西安', '洛阳', '开封']
['杭州', '泉州']
['西安', '洛阳', '开封', '杭州', '泉州']
['西安', '洛阳', '开封', '杭州', '泉州', '杭州', '泉州']

D:\practice>
```

图 4-14　代码 4-13.py 的运行结果

2. 修改元素

修改列表中的元素只需通过索引获取该元素，然后对其重新赋值，其语法格式如下：

```
listname[n] = value_new
```

其中，listname 是列表名；n 是修改元素的索引；value_new 是该元素修改后的值。

【实例 4-14】 创建一个列表，然后修改该列表的前两个元素，代码如下：

```
# === 第 4 章 代码 4-14.py === #
cities = ['西安','洛阳','开封']
print(cities)
cities[0] = '敦煌'
cities[1] = '安阳'
print(cities)
```

运行结果如图 4-15 所示。

```
C:\WINDOWS\system32\cmd.exe
D:\practice>python 4-14.py
['西安', '洛阳', '开封']
['敦煌', '安阳', '开封']

D:\practice>
```

图 4-15　代码 4-14.py 的运行结果

3. 删除元素

删除列表中的元素主要分为两种情况，第 1 种是根据该元素的索引进行删除，第 2 种情况是根据元素值进行删除。

1）根据索引删除

可以使用 del 语句直接删除列表中的元素，其语法格式如下：

```
del listname[n]
```

其中，listname 是列表名；n 是要删除元素的索引。

可以使用列表对象的函数 pop()删除列表中的元素，并返回该元素的值，其语法格式如下：

```
element_del = listname.pop(n)
element_end = listname.pop()
```

其中，element_del 是删除列表中元素的值；listname 是列表名；n 是删除列表中元素的索引，如果没有指定 n，则默认删除该列表的最后一个元素；element_end 是列表中最后一个元素的值。

【实例 4-15】 创建一个包含 7 个元素的列表，然后删除其中第 1、第 3、第 5、第 7 个元素，代码如下：

```
# === 第 4 章 代码 4 - 15.py === #
cities = ['西安','洛阳','南京','开封','杭州','安阳','敦煌']
print(cities)
city_7 = cities.pop()
city_5 = cities.pop(4)
city_3 = cities.pop(2)
print(cities)
print('已经删除的元素有',city_3,city_5,city_7)
del cities[0]
print(cities)
```

运行结果如图 4-16 所示。

```
C:\WINDOWS\system32\cmd.exe

D:\practice>python 4-15.py
['西安', '洛阳', '南京', '开封', '杭州', '安阳', '敦煌']
['西安', '洛阳', '开封', '安阳']
已经删除的元素有 南京 杭州 敦煌
['洛阳', '开封', '安阳']

D:\practice>
```

图 4-16　代码 4-15.py 的运行结果

2）根据元素值删除

如果不确定要删除元素的索引，则可根据该元素的值来删除该元素。可以使用列表对象的函数 remove()，根据元素值删除该元素，其语法格式如下：

```
listname.remove(element_value)
```

其中，listname 是列表名；element_value 是要删除元素的值。

【实例 4-16】 创建一个列表，列表的元素是历史名城，并且包含西安、洛阳，然后删除元素值是西安、洛阳的元素，代码如下：

```
# === 第 4 章 代码 4 - 16.py === #
cities = ['西安','洛阳','南京','开封','杭州','安阳','敦煌']
print(cities)
cities.remove('西安')
cities.remove('洛阳')
print(cities)
```

运行结果如图 4-17 所示。

```
C:\WINDOWS\system32\cmd.exe

D:\practice>python 4-16.py
['西安', '洛阳', '南京', '开封', '杭州', '安阳', '敦煌']
['南京', '开封', '杭州', '安阳', '敦煌']

D:\practice>
```

图 4-17　代码 4-16.py 的运行结果

4.2.3 遍历列表

8min

在现实生活中,如果要购买一件贵重商品,有人则会逛遍商场看该类商品,逛遍商场的操作类似于列表的遍历操作。在实际开发中,经常需要遍历列表中的所有元素,在遍历的过程中可以完成查询、处理等操作。下面介绍两种常见的遍历列表的方法。

1. 使用 for 循环实现

可以使用 for 循环遍历列表。这种方法只能输出列表中的元素值,其语法格式如下:

```
for item in listname:
    print(item)
```

其中,item 是用于保存获取元素值的变量; listname 是列表名。

【实例 4-17】 创建一个列表,遍历该列表,获取该列表中的元素值,代码如下:

```
# === 第 4 章 代码 4-17.py === #
cities = ['大同','喀什','广州','大理']
for item in cities:
    print(item)
```

运行结果如图 4-18 所示。

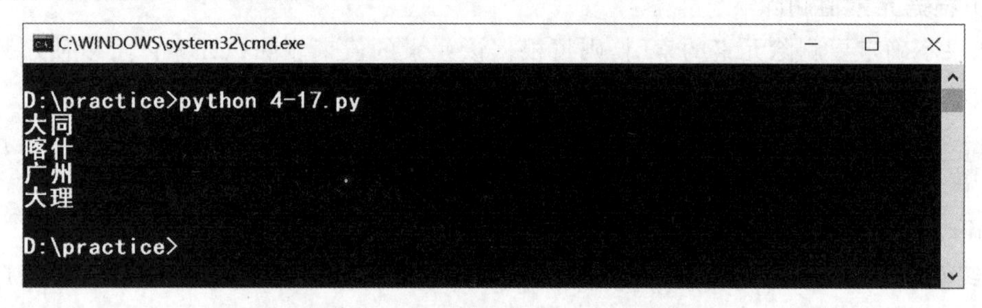

图 4-18 代码 4-17.py 的运行结果

2. 使用 for 循环和函数 enumerate()实现

函数 enumerate()是 Python 的内置函数,可以返回列表的索引和元素值。使用 for 循环和函数 enumerate()可以同时输出列表的索引和元素值,其语法格式如下:

```
for index,item in enumerate(listname):
    print(index,item)
```

其中,index 是用于保存元素索引的变量; item 是用于保存元素值的变量; listname 是列表名。

【实例 4-18】 创建一个列表,遍历该列表,并且同时输出索引和元素值,然后遍历该列表,将元素索引加 1,代码如下:

```
# === 第 4 章 代码 4-18.py === #
cities = ['北京','上海','天津','重庆']
```

```
for index,item in enumerate(cities):
    print(index,item)

print('元素索引加 1')
for index,item in enumerate(cities):
    print(index + 1,item)
```

运行结果如图 4-19 所示。

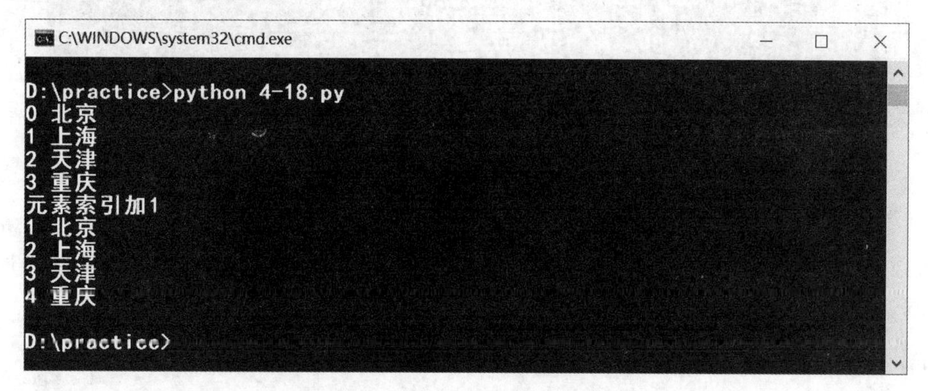

图 4-19 代码 4-18.py 的运行结果

4.2.4 对列表进行排序

在现实生活中,经常需要对生活物品进行整理。在实际开发中,经常需要对列表的元素进行排序。在 Python 中有 3 种方法对列表进行排序。

1. 对列表进行永久性排序

可以使用列表对象的函数 sort()对列表中的元素进行排序,排序后列表中元素的顺序将发生改变,其语法格式如下:

```
listname.sort(key = None,reverse = False)
```

其中,listname 是列表名;key 表示指定从元素中提取一个用于比较的键(例如 key=str.lower 表示在排序时不区分大小写),其默认值为空值;reverse 是可选参数,如果将其值设定为 True,则表示降序排列,如果将其值设定为 False,则表示升序排列,其默认值为 False。

【实例 4-19】 创建一个包含 7 名学生数学成绩的列表,然后对成绩进行排序,代码如下:

```
# === 第 4 章 代码 4 - 19.py === #
grades = [57,78,67,86,75,93,80]
print("原列表:",grades)
grades.sort()
print("升序排列:",grades)
```

```
grades.sort(reverse = True)
print("降序排列:",grades)
```

运行结果如图 4-20 所示。

```
选择 C:\WINDOWS\system32\cmd.exe

D:\practice>python 4-19.py
原列表： [57, 78, 67, 86, 75, 93, 80]
升序排列： [57, 67, 75, 78, 80, 86, 93]
降序排列： [93, 86, 80, 78, 75, 67, 57]

D:\practice>
```

图 4-20　代码 4-19.py 的运行结果

2. 对列表进行临时性排序

可以使用 Python 的内置函数 sorted()对列表进行排序，排序后列表中元素的顺序保持不变，其语法格式如下：

```
sorted(listname,key = None,reverse = False)
```

其中，listname 表示要进行排序的列表名；key 表示指定从元素中提取一个用于比较的值，其默认值为空值；reverse 是可选参数，如果将其值设定为 True，则表示降序排列，如果将其值设定为 False，则表示升序排列，其默认值为 False。

【实例 4-20】 创建一个包含 7 名学生数学成绩的列表，然后对成绩进行临时性排序，代码如下：

```
# === 第 4 章 代码 4 - 20.py === #
grades = [57,78,67,86,75,93,80]
grades_up = sorted(grades)
print('升序排列:',grades_up)
grades_down = sorted(grades,reverse = True)
print('降序排列:',grades_down)
print('成绩列表:',grades)
```

运行结果如图 4-21 所示。

```
C:\WINDOWS\system32\cmd.exe

D:\practice>python 4-20.py
升序排列： [57, 67, 75, 78, 80, 86, 93]
降序排列： [93, 86, 80, 78, 75, 67, 57]
成绩列表： [57, 78, 67, 86, 75, 93, 80]

D:\practice>
```

图 4-21　代码 4-20.py 的运行结果

3. 对列表进行倒序排列

可以使用列表对象的函数 reverse()对列表中的元素进行倒序排列，排序后列表中元素的位置会发生反转，其语法格式如下：

```
listname.reverse()
```

其中，listname 是列表名。

【实例 4-21】 创建一个列表，打印该列表，然后倒序打印该列表，代码如下：

```
# === 第 4 章 代码 4-21.py === #
cities = ['西安','洛阳','南京','杭州','泉州']
print('原列表:',cities)
cities.reverse()
print('倒序排列:',cities)
```

运行结果如图 4-22 所示。

```
C:\WINDOWS\system32\cmd.exe

D:\practice>python 4-21.py
原列表： ['西安', '洛阳', '南京', '杭州', '泉州']
倒序排列： ['泉州', '杭州', '南京', '洛阳', '西安']

D:\practice>
```

图 4-22　代码 4-21.py 的运行结果

4.2.5　对列表进行统计和计算

现实生活中，在餐厅吃饭时点了很多菜，在付款时经常需要对菜单进行比对和计算。在实际开发中，也需要对列表中的元素进行统计和计算。下面介绍几种常见的功能。

1. 获取指定元素出现的次数

可以使用列表对象函数 count()获取指定元素在列表中出现的次数，其语法格式如下：

```
num = listname.count(element_value)
```

其中，listname 是列表名；element_value 用于指定列表中某一元素值，这里只能进行精确匹配，不能是元素值的一部分；num 是用于存储返回值的变量，返回值是指定元素在列表中出现的次数。

2. 获取指定元素首次出现的索引

可以使用列表对象函数 index()获取指定元素在列表中首次出现的索引，其语法格式如下：

```
seat = listname.index(element_value)
```

其中，listname 是列表名；element_value 用于指定列表中某一元素值，这里只能进行精确匹配配,如果指定对象不存在,则抛出异常;seat是用于存储返回值的变量,返回值是指定元素首次出现的索引。

【实例 4-22】 创建一个列表,列表中的元素有炒豆角、烧鸡、烧鸭、烤鹅、排骨、炒豆角、拍黄瓜,获取该列表中炒豆角出现的次数,获取烧鸡首次出现的索引,代码如下:

```
# === 第 4 章 代码 4-22.py === #
menu1 = ['炒豆角','烧鸡','烧鸭','烤鹅','排骨','炒豆角','拍黄瓜']
print('列表:',menu1)
num1 = menu1.count('炒豆角')
print('炒豆角出现的次数是',num1)
seat1 = menu1.index('烧鸡')
print('烧鸡首次出现的索引是',seat1)
```

运行结果如图 4-23 所示。

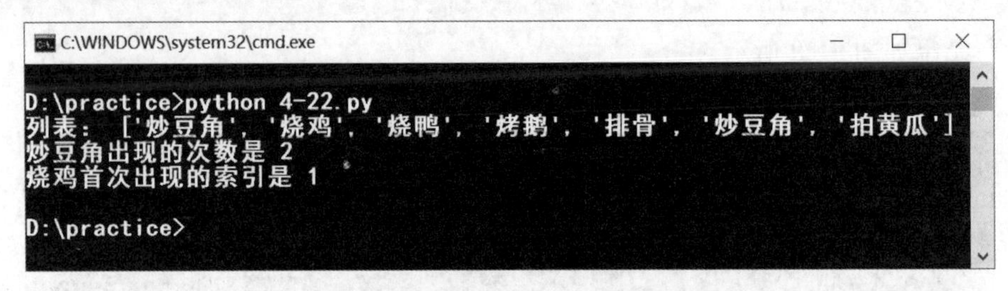

图 4-23 代码 4-22.py 的运行结果

3. 获取列表的长度

可以使用 Python 内置函数 len()获取列表的长度,即列表中元素的个数,其语法格式如下:

```
length = len(listname)
```

其中,listname是列表名;length是用于存储返回值的变量,返回值是列表中元素的个数。

4. 计算数值列表中元素之和

可以使用 Python 内置函数 sum()计算数值列表中各元素的和,语法格式如下:

```
he = sum(listname)
```

其中,listname是数值列表名;he是用于存储返回值的变量,返回值是列表中各元素的和。

【实例 4-23】 创建一个数值列表,获取该列表的长度,并计算该列表的各元素的和,代码如下:

```
# === 第 4 章 代码 4-23.py === #
grades = [57,78,67,86,75,93,80]
print('数值列表是',grades)
length1 = len(grades)
he1 = sum(grades)
```

```
print('列表的长度是',length1)
print('列表各元素的和是',he1)
```

运行结果如图 4-24 所示。

```
C:\WINDOWS\system32\cmd.exe

D:\practice>python 4-23.py
数值列表是 [57, 78, 67, 86, 75, 93, 80]
列表的长度是 7
列表各元素的和是 536

D:\practice>
```

图 4-24 代码 4-23.py 的运行结果

4.2.6 元组

17min

历史人物戚继光、曾国藩在选择士兵时，经常选择比较呆笨的人，因为比较灵活的人上了战场容易逃跑。在 Python 中既有比较灵活的数据类型列表，也有比较呆笨的数据类型元组。

与列表类似，元组也是由一系列按照特定顺序排列的元素组成的数据类型。与列表不同的是，元组的元素通过小括号括起来，而列表的元素通过中括号括起来；元组是不可变的数据类型，即元组中的元素不可以单独修改，而列表中的元素可以单独修改。

1. 创建元组

在 Python 中，有多种创建元组的方法，大体分为 3 种。

1）使用赋值运算符创建元组

创建列表时，使用赋值运算符(=)直接将一个元组赋值给变量即可，其语法格式如下：

```
tuplename = (element_1,element_2,element_3,...,element_n)
```

其中，tuplename 是元组的名称，只要符合 Python 变量的命名规则即可；element_1、element_2、element_3、element_n 表示元组中的元素，个数无限制，都是 Python 支持的数据类型；这些元素都是用小括号括起来的。

2）创建空元组

在 Python 中，可以创建空列表，其语法格式如下：

```
emptylist = ()
```

3）创建数值元组

Python 中的数值元组很常见，可以使用 Python 的内置函数 tuple()将数据转换成元组，例如将 range()函数产生的数值转换成元组，其语法格式如下：

```
tuple(data)
tuple(range(start,end,step))
```

其中，data 表示可以转换成元组的数据，可以是函数 range()产生的数值，也可以是字符串、列表、元组或其他可以迭代类型的数据。

【实例 4-24】 运用 3 种方法创建元组，然后打印元组，代码如下：

```
# === 第 4 章 代码 4-24.py === #
tuple1 = (3.14,9,10,11,65)
tuples = ('陶渊明',('李白','杜甫'),['司马迁','班固','司马光'])
empty_tuple = ()
tuple2 = tuple(range(1,10,2))
print(tuple1)
print(tuples)
print(empty_tuple)
print(tuple2)
```

运行结果如图 4-25 所示。

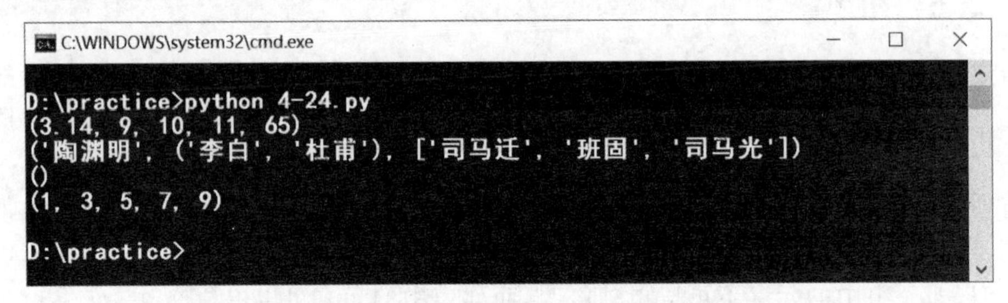

图 4-25　代码 4-24.py 的运行结果

2. 访问元组中的元素

在 Python 中，可以通过函数 print()打印输出元组。如果要打印出元组中的某个元素或某几个元素，则需要使用索引法或切片法。

1) 索引法

元组中的元素既可以用正数索引表示，也可以用负数索引表示，其语法格式如下：

```
tuplename[0]
tuplename[n-1]
tuplename[-1]
tuplename[-n]
```

其中，tuplename 表示元组名；tuplename[0]表示第 1 个元素；tuplename[−1]表示最后一个元素；n 表示不超过元组中元素数目的某个正整数。

2) 切片法

现实生活中，可以将土豆、黄瓜、面包切成一片一片的，然后从中抽取几片。在 Python 中，可以采取类似的方法获取元组的部分元素，这称为切片法，其语法格式如下：

```
tuplename[start:end:step]
tuplename[:]
```

其中,tuplename 表示元组名;start 表示切片的开始位置(包括该位置),如果不指定,则默认值为 0;end 表示切片的结束位置(不包括该位置),如果不指定,则默认值为元组中元素的总数;step 表示切片的步长,如果不指定,则默认值为 1;tuplename[:]表示整个元组。

【实例 4-25】 创建一个元组,包含 8 个元素,使用两种方法打印其中的第 1、第 3、第 5、第 7、第 8 个元素,代码如下:

```
# === 第 4 章 代码 4-25.py === #
cities = ('西安','洛阳','北京','南京','开封','杭州','安阳','敦煌')
print('使用索引法输出第 1、第 3、第 5、第 7、第 8 个元素:')
print(cities[0])
print(cities[2])
print(cities[4])
print(cities[6])
print(cities[7])
print('使用切片法输出第 1、第 3、第 5、第 7、第 8 个元素:')
print(cities[0:7:2])
print(cities[7:])
```

运行结果如图 4-26 所示。

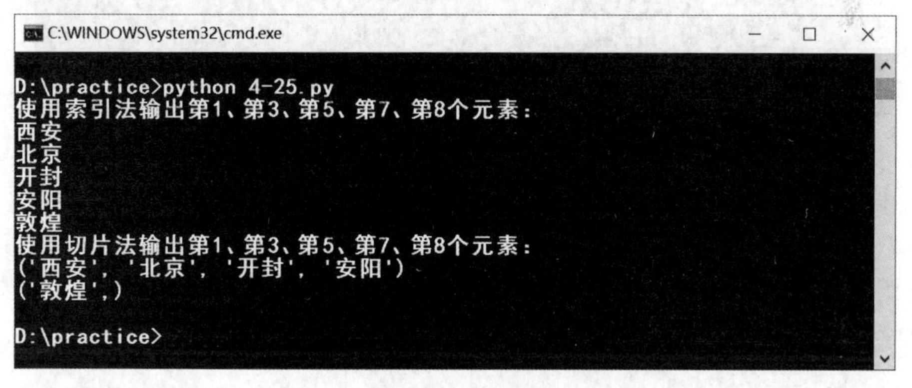

图 4-26　代码 4-25.py 的运行结果

3. 删除元组

对于已经创建的元组,如果不再使用,则可以通过 del 语句将其删除,其语法格式如下:

```
del tuplename
```

注意:Python 自带的垃圾回收机制会自动销毁不用的元组,因此在实际开发中 del 语句并不常用,即使我们没有删除不需要的元组,Python 也会自动将其回收。

---

4. 遍历元组

在实际开发中,经常需要遍历元组中的所有元素,在遍历的过程中可以完成查询、处理等操作。下面介绍两种常见的遍历元组的方法。

1）使用 for 循环实现

可以使用 for 循环遍历元组。这种方法只能输出元组中的元素值，其语法格式如下：

```
for item in tuplename:
    print(item)
```

其中，item 是用于保存获取元素值的变量；tuplename 是元组名。

【实例 4-26】 创建一个元组，遍历该元组，获取该元组中的元素值，代码如下：

```
# === 第 4 章 代码 4-26.py === #
cities = ('大同','喀什','广州','大理')
for item in cities:
    print(item)
```

运行结果如图 4-27 所示。

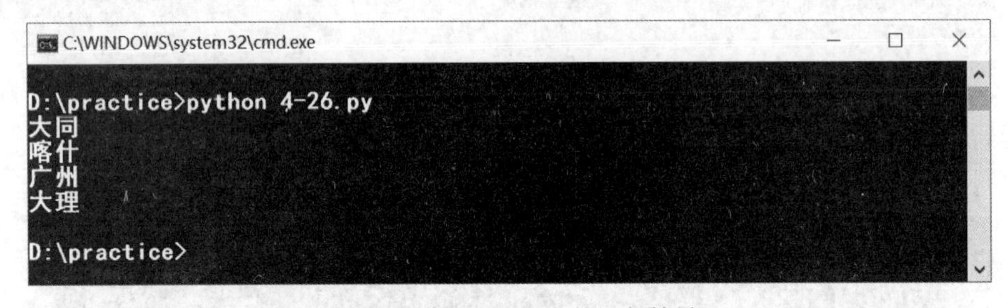

图 4-27　代码 4-26.py 的运行结果

2）使用 for 循环和函数 enumerate()实现

函数 enumerate()是 Python 的内置函数，可以返回元组的索引和元素值。使用 for 循环和函数 enumerate()可以同时输出元组的索引和元素值，其语法格式如下：

```
for index,item in enumerate(tuplename):
    print(index,item)
```

其中，index 是用于保存元素索引的变量；item 是用于保存元素值的变量；tuplename 是元组名。

【实例 4-27】 创建一个元组，遍历该元组，并且同时输出索引和元素值，然后遍历该元组，将元素索引加 1，代码如下：

```
# === 第 4 章 代码 4-27.py === #
cities = ('北京','上海','天津','重庆')
for index,item in enumerate(cities):
    print(index,item)

print('元素索引加 1')
for index,item in enumerate(cities):
    print(index + 1,item)
```

运行结果如图 4-28 所示。

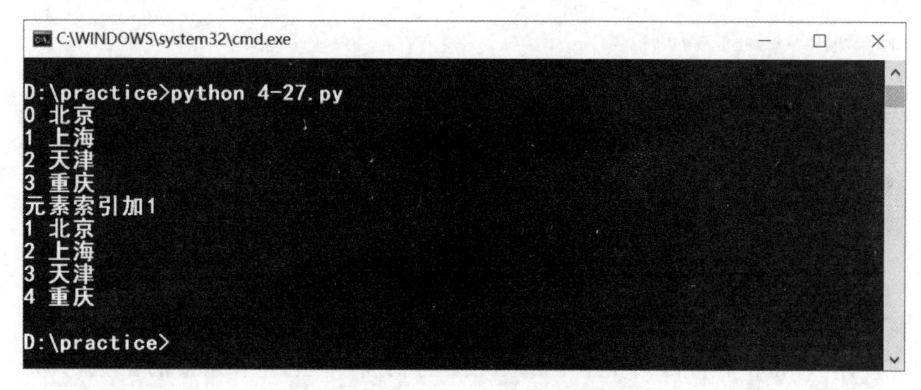

图 4-28　代码 4-27.py 的运行结果

5. 对元组进行统计和计算

与列表类似，在实际开发中，经常需要对元组中的元素进行统计和计算。下面介绍几种常见的功能。

1) 获取指定元素出现的次数

可以使用元组对象函数 count()获取指定元素在元组中出现的次数，其语法格式如下：

```
num = tuplename.count(element_value)
```

其中，tuplename 是元组名；element_value 是指定元组中某一元素值，这里只能进行精确匹配，不能是元素值的一部分；num 是用于存储返回值的变量，返回值是指定元素在元组中出现的次数。

2) 获取指定元素首次出现的索引

可以使用元组对象函数 index()获取指定元素在元组中首次出现的索引，其语法格式如下：

```
seat = listname.index(element_value)
```

其中，listname 是元组名；element_value 是指定元组中某一元素值，这里只能进行精确匹配，如果指定对象不存在，则抛出异常；seat 是用于存储返回值的变量，返回值是指定元素首次出现的索引。

【实例 4-28】 创建一个元组，元组中的元素有炒豆角、烧鸡、烧鸭、烤鹅、排骨、炒豆角、拍黄瓜，获取该列表中炒豆角出现的次数，获取烧鸡首次出现的索引，代码如下：

```
# === 第 4 章 代码 4 - 28.py === #
menu1 = ('炒豆角','烧鸡','烧鸭','烤鹅','排骨','炒豆角','拍黄瓜')
print('元组:',menu1)
num1 = menu1.count('炒豆角')
print('炒豆角出现的次数是',num1)
seat1 = menu1.index('烧鸡')
print('烧鸡首次出现的索引是',seat1)
```

运行结果如图 4-29 所示。

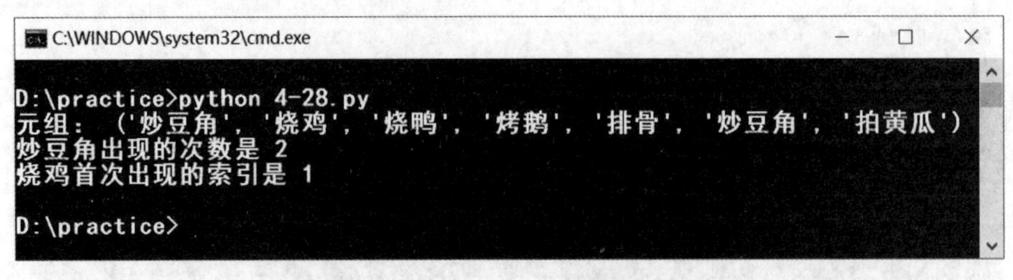

图 4-29　代码 4-28.py 的运行结果

3）获取元组的长度

可以使用 Python 内置函数 len()获取元组的长度，即元组中元素的个数，其语法格式如下：

```
length = len(tuplename)
```

其中，tuplename 是元组名；length 是用于存储返回值的变量，返回值是元组中元素的个数。

4）计算数值元组中各元素之和

可以使用 Python 内置函数 sum()计算数值元组中各元素的和，语法格式如下：

```
he = sum(tuplename)
```

其中，tuplename 是数值元组名；he 是用于存储返回值的变量，返回值是元组中各元素的和。

【实例 4-29】 创建一个数值元组，获取该元组的长度，并计算该元组的各元素的和，代码如下：

```
# === 第 4 章 代码 4 - 29.py === #
grades = (57,78,67,86,75,93,80)
print('数值元组是',grades)
length1 = len(grades)
he1 = sum(grades)
print('元组的长度是',length1)
print('元组各元素的和是',he1)
```

运行结果如图 4-30 所示。

```
C:\WINDOWS\system32\cmd.exe
D:\practice>python 4-29.py
数值元组是 (57, 78, 67, 86, 75, 93, 80)
元组的长度是 7
元组各元素的和是 536

D:\practice>
```

图 4-30　代码 4-29.py 的运行结果

注意：可以将元组看成迷你版的列表，除了元组中的元素不能单独修改以外，列表和元组有很多共通之处，列表和元组是Python中一组对偶统一的复杂数据类型。既然元组中的元素不能修改，那么如何修改元组？答案是对变量名重新赋值，重新创建一个元组。

4.2.7　经典例题

【实例4-30】　一只母羊的寿命通常是5年，它会在第2年和第4年各生下一只母羊，第5年死去，问一开始农场有1只母羊，20年后，农场会有多少只母羊？代码如下：

8min

```
# === 第 4 章 代码 4-30.py === #
sheep = [1,0,0,0,0]
print('第 1 年各年龄段母羊的只数是',sheep)
for i in range(20):
    temp = sheep[1] + sheep[3]          # 母羊会在第 2 年和第 4 年各产下一只母羊
    sheep.insert(0,temp)                # 产下母羊的年龄是 1
    sheep.pop()

total = sum(sheep)
print('20 年后各年龄段母羊的只数是',sheep)
print('20 年后母羊的总数是',total)
```

运行结果如图4-31所示。

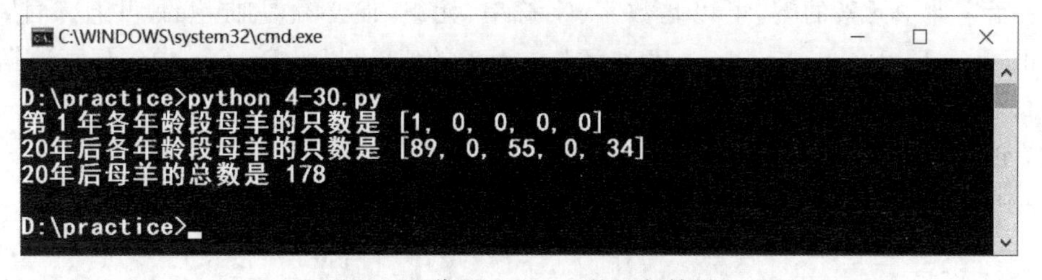

C:\WINDOWS\system32\cmd.exe
D:\practice>python 4-30.py
第 1 年各年龄段母羊的只数是 [1, 0, 0, 0, 0]
20年后各年龄段母羊的只数是 [89, 0, 55, 0, 34]
20年后母羊的总数是 178
D:\practice>

图4-31　代码4-30.py的运行结果

4.3　字典

在实际生活中，人类通过对象思维来认识周围的人或事物。例如见到一个工人，会以这个工人为对象，关联到很多信息，如姓名、年龄、工号、性别、工资、长相、身材等。

Python提供了字典这一复杂数据类型，可以将相关信息关联起来。例如这个字典数据{'工号':001,'姓名':'小明','单位':'银河系企业','年龄':23,'工资':'保密'}。字典中的每个元素包含两部分，一个是键(key)，例如字典数据中的工号、姓名、单位、年龄、工资；另一个是值(value)，例如字典数据中的001、小明、银河系企业、23、保密。

字典是由一系列的键-值对组成的数据类型。字典也可以将两个有映射关系的数据存储在一起，例如{'河北':'石家庄','山东':'济南','江苏':'南京','福建':'福州'}，字典中冒号之前表示某省,冒号之后表示该省的省会城市。

字典与列表有很大的不同,列表是通过索引读取指定元素的值,字典是通过键来读取指定元素的值。字典中的元素的值是可以修改的,并且可以嵌套字典,但字典中的元素的键必须是唯一的,而且不能单独修改,所以字典中的键可以使用数字、字符串、元组,但不能使用列表。本节将详细介绍字典的各种操作。

4.3.1 创建和删除字典

16min

创建字典时,字典中每个元素都包含两部分,即键(key)和值(value),键和值之间用冒号(:)隔开,相邻两个元素之间用逗号分隔,所有的元素被大括号“{}”括起来。字典是一种无序数据集,字典的元素没有索引。

1. 创建字典

在 Python 中,有多种创建字典的方法,大体分为 5 种。

1) 使用赋值运算符创建字典

创建字典时,使用赋值运算符(=)直接将一个键-值对赋值给变量即可,其语法格式如下:

```
dictionary = {key1:value1,key2:value2,key3:value3,...,keyn:valuen}
```

其中,dictionary 是字典的名称,只要符合 Python 变量的命名规则即可; key1、key2、key3、keyn 表示字典中元素的键,可以是数字、字符串、元组,但必须是唯一的,并且不能单独修改; value1、value2、value3、valuen 表示字典中元素的值,可以是 Python 中的任意数据类型,并且可以重复。

2) 创建空字典

在 Python 中,有两种方法可以创建空字典,其语法格式分别如下:

```
dictionary = {}
dictionary = dict()
```

其中,dictionary 是字典的名称; dict()是 Python 的内置函数,应用函数 dict()可以利用已有数据快速创建字典。

3) 通过内置函数 dict()创建字典

可以应用 Python 的内置函数 dict()创建字典,其语法格式如下:

```
dictionary = dict(key1 = value1,key2 = value2,key3 = value3,...,keyn = valuen)
```

其中,dictionary 是字典的名称,只要符合 Python 变量的命名规则即可; key1、key2、key3、keyn 表示字典中元素的键,可以是数字、字符串、元组,但必须是唯一的,并且不能单独修改; value1、value2、value3、valuen 表示字典中元素的值,可以是 Python 中的任意数据类型,并且可以重复。

4）通过内置函数 zip()创建字典

可以应用 Python 的内置函数 zip()和 dict()，将对应的两个列表或元组转换为字典，其语法格式如下：

```
dictionary = dict(zip(list1,list2))
```

其中，dictionary 是字典的名称，只要符合 Python 变量的命名规则即可；zip()是 Python 的内置函数，可以将多个列表或元组对应位置的元素组合为元组，并返回包含这些元组的 zip 对象，这里是将两个列表对应位置的元素组合为包含两个元素的元组；list1 表示一个列表，用于生成字典的键；list2 表示另一个列表，用于生成字典的值，如果 list1 和 list2 的长度不同，则选取最短的列表长度来生成字典。

5）创建空值字典

可以应用 Python 的 dict 对象的 fromkeys()函数创建值为空的字典，其语法格式如下：

```
dictionary = dict.fromkeys(list1)
```

其中，dictionary 是字典的名称；list1 是一个列表，列表中的元素用作字典的键。

注意：关于 dict 对象的介绍，将在第 5 章讲述。

【实例 4-31】　运用 5 种方法创建字典，然后打印字典，代码如下：

```
# === 第 4 章 代码 4-31.py === #
diction1 = {'目标':'取经','领导':'唐僧','保镖':'孙悟空','专车':'白龙马'}
print(diction1)
diction2 = {}
print(diction2)
diction3 = dict(姓名 = '小明',数学 = 90,语文 = 85,英文 = 82)
print(diction3)
key_list = ['搞笑的','打杂的']
value_list = ['猪八戒','沙僧']
diction4 = dict(zip(key_list,value_list))
print(diction4)
diction5 = dict.fromkeys(key_list)
print(diction5)
```

运行结果如图 4-32 所示。

2. 通过键-值对访问字典

在 Python 中，可以通过函数 print()打印输出字典。虽然字典是一种无序的数据集，但可以通过字典元素的键，访问该元素的值。如果要打印出字典中的元素的值，则需要通过该元素的键，其语法格式如下：

```
print(dictionary[key])
```

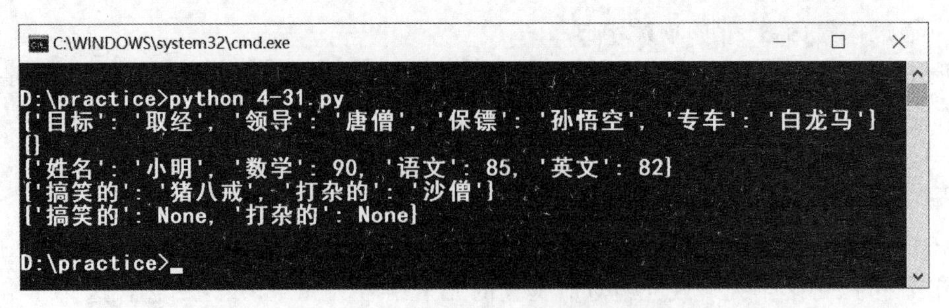

图 4-32 代码 4-31.py 的运行结果

其中,dictionary 是字典名;key 是字典中某元素的键。在使用该方法获取指定键的值时,如果指定键不存在,则抛出异常。

在 Python 中推荐使用字典对象的 get()方法获取指定键的值,其语法格式如下:

```
dictionary.get(key,default)
```

其中,dictionary 是字典名;key 是字典中某元素的键;default 是可选参数,用于在指定的键不存在时,返回默认值,如果省略不写,则返回 None。

注意:这里将字典称为字典对象,是因为 Python 中的复杂数据类型本质上是一个对象,该对象中封装了很多函数,例如 get()、pop()。对于面向对象的编程思想,会在第 5 章进行详细介绍。

【实例 4-32】 创建一个字典,然后通过键-值对访问字典的元素,代码如下:

```
# === 第 4 章 代码 4-32.py === #
visit = {'目标':'取经','领导':'唐僧','保镖':'孙悟空','专车':'白龙马'}
print(visit)
print('领导是',visit['领导'])
print('专车是',visit.get('专车'))
```

运行结果如图 4-33 所示。

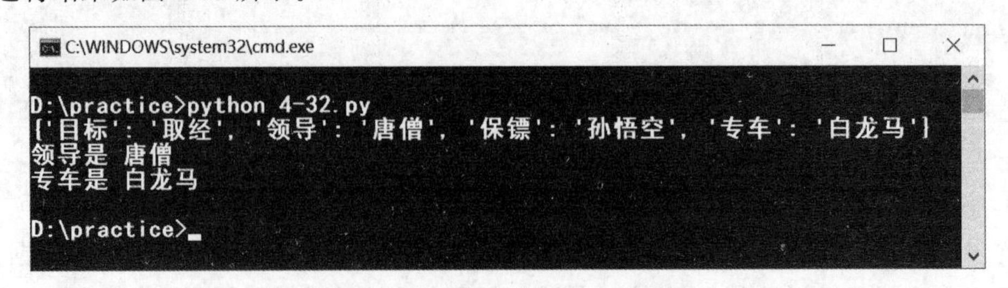

图 4-33 代码 4-32.py 的运行结果

3. 删除字典

对于已经创建的字典,如果不再使用,则可以通过 del 语句将其删除,其语法格式如下:

```
del dictionary
```

其中,dictionary 是字典名。

4.3.2　添加、修改、删除字典中的元素

对字典进行添加键-值对、修改键-值对、删除键-值对的操作也称为更新字典。在实际开发中,经常需要对字典进行更新操作。本节将介绍如何实现对字典中的键-值对进行添加、修改、删除操作。

11min

1. 添加和修改键-值对

在 Python 中可以添加、修改字典中的键-值对。添加和修改键-值对的语法格式相同。如果对应元素的键不存在,则添加键-值对；如果对应元素的键已经存在,则修改键-值对,其语法格式如下：

```
dictionary[key] = value
```

其中,dictionary 是字典名；key 是字典中元素的键,必须是唯一的,如果存在,则不可修改；value 是字典中元素的值,可以是重复的。

【实例 4-33】 创建一个字典,然后修改、添加字典中的键-值对,代码如下：

```
# === 第 4 章 代码 4-33.py === #
visit = {'目标':'取经','领导':'唐僧','保镖':'孙悟空','专车':'白龙马'}
print(visit)
visit['领导'] = '唐三藏'
print(visit)
visit['搞笑的'] = '猪八戒'
print(visit)
```

运行结果如图 4-34 所示。

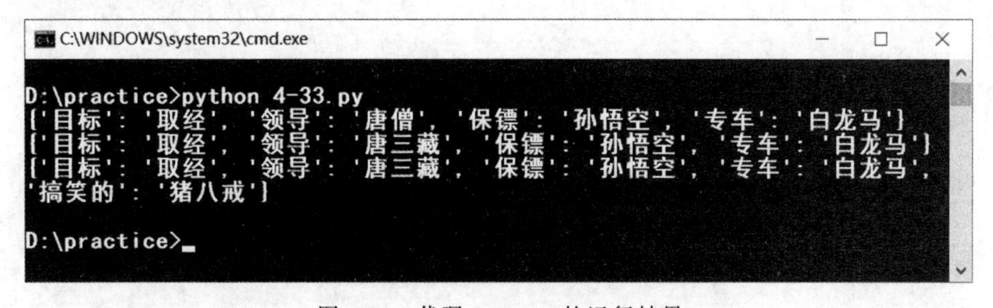

图 4-34　代码 4-33.py 的运行结果

2. 删除字典中的元素

在 Python 中有多种方法可以删除字典中的元素。下面介绍比较常用的几种方法。

1) 使用 del 语句删除

可以使用 del 语句删除字典中指定键的元素,其语法格式如下：

```
del dictionary[key]
```

其中,dictionary是字典的名称;key是指定要删除元素的键。

2）使用字典对象的pop()方法

可以使用字典对象的pop()方法删除并返回指定键的元素,其语法格式如下:

```
dictionary.pop(key)
```

其中,dictionary是字典的名称;key是指定要删除元素的键。

3）删除字典中最后一个元素

可以使用字典对象的popitem()方法删除并返回字典中最后一个元素,其语法格式如下:

```
dictionary.popitem()
```

其中,dictionary是字典的名称;key是指定要删除元素的键。

4）清空字典

可以使用字典对象的clear()方法删除字典中的所有元素,将原字典变为空字典,其语法格式如下:

```
dictionary.clear()
```

其中,dictionary是字典的名称;key是指定要删除元素的键。

【实例4-34】 创建一个字典,包含5个元素,运用上面4种方法删除字典中的元素,代码如下:

```
# === 第4章 代码4-34.py === #
person={'name':'小明','age':26,'height':1.9,'weight':80,'score':90}
print('原字典:')
print(person)
del person['score']
print(person)
print('删除键为age的元素值',person.pop('age'))
print(person)
print('删除字典最后一个元素',person.popitem())
print(person)
print('清空字典')
person.clear()
print(person)
```

运行结果如图4-35所示。

4.3.3 遍历字典

字典是以键-值对的形式存储数据的,Python提供了遍历字典的方法,可以获取字典中的全部键-值对。

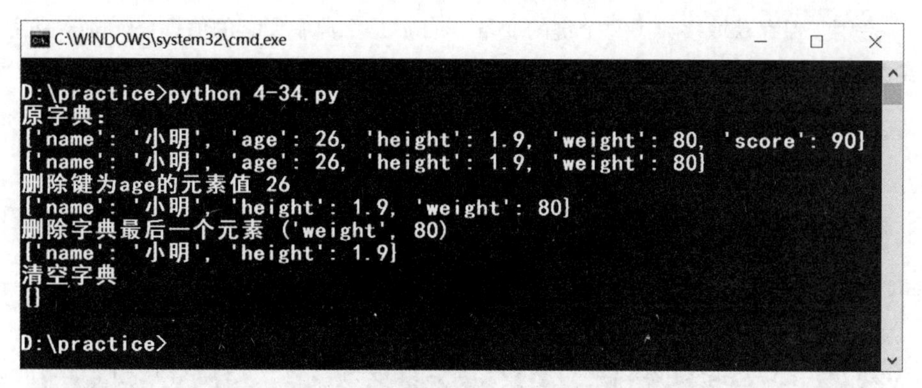

图 4-35　代码 4-34.py 的运行结果

1. 输出键-值对元组

可以使用字典对象的 items()方法获取字典的键-值对列表，该列表的元素是键-值对元组(key,value)。可以通过 for 循环遍历该元组列表，其语法格式如下：

```
for item in dictionary.items():
    print(item)
```

其中，item 是用于保存获取键-值对元组的变量；dictionary 是字典名。

【实例 4-35】 创建一个字典，遍历该字典，获取该字典中的键-值对，代码如下：

```
# === 第 4 章 代码 4-35.py === #
person = {'name':'小明','age':26,'height':1.9,'weight':80,'score':90}
for item in person.items():
    print(item)
```

运行结果如图 4-36 所示。

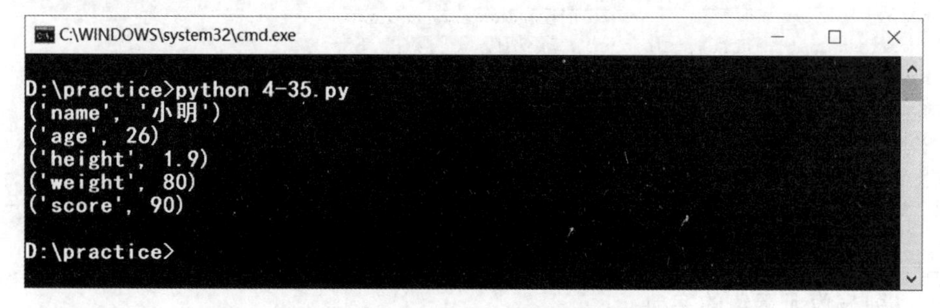

图 4-36　代码 4-35.py 的运行结果

2. 获取每个键和值

同样可以使用字典对象的 items()方法获取字典中的每个键和值，其语法格式如下：

```
for key,value in dictionary.items():
    print(key,value)
```

其中,key 是用于保存获取字典中每个键的变量；value 是字典中元素的值；dictionary 是字典名。

【实例 4-36】 创建一个字典,遍历该字典,获取该字典中的键-值对,代码如下：

```
# === 第 4 章 代码 4-36.py === #
cities={'河北':'石家庄','山东':'济南','江苏':'南京','福建':'福州'}
for key,value in cities.items():
    print(key,'的省会是',value)
```

运行结果如图 4-37 所示。

```
C:\WINDOWS\system32\cmd.exe

D:\practice>python 4-36.py
河北 的省会是 石家庄
山东 的省会是 济南
江苏 的省会是 南京
福建 的省会是 福州

D:\practice>
```

图 4-37 代码 4-36.py 的运行结果

4.3.4 字典与列表的嵌套

字典是以键-值对的形式存储的数据集,列表是由一系列特定顺序排列的数据集。将字典和列表嵌套使用可以反映现实世界的复杂关系,能够处理复杂的问题。

1. 以字典为元素的列表

以字典为元素的列表是指该列表由一系列字典组成的数据集。

【实例 4-37】 创建一个以字典为元素的列表,遍历该列表,代码如下：

```
# === 第 4 章 代码 4-37.py === #
person1={'name':'唐僧','slogen':'悟空,快来救我'}
person2={'name':'猪八戒','slogen':'散伙吧,我回我的高老庄'}
person3={'name':'沙僧','slogen':'快找大师兄'}
people=[person1,person2,person3]
print(people)
for item in people:
    print(item)
```

运行结果如图 4-38 所示。

2. 以列表为元素值的字典

由于字典中元素的键必须唯一,并且不可更改,所以列表不能作为字典元素的键,但可以作为字典元素的值。

【实例 4-38】 创建一个列表为元素值的字典,遍历该字典,代码如下：

```
# === 第 4 章 代码 4-38.py === #
list1=['沈阳','大连']
```

```
list2 = ['杭州','宁波']
list3 = ['广州','深圳']
diction = {'辽宁':list1,'浙江':list2,'广东':list3}
print(diction)
for key,item in diction.items():
    print(key,'的城市有',item)
```

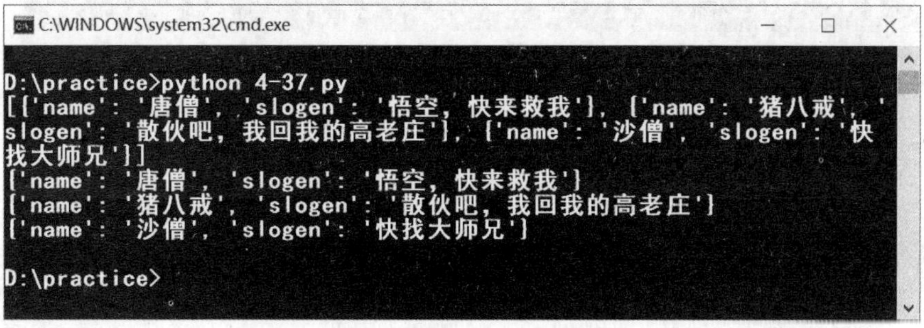

```
C:\WINDOWS\system32\cmd.exe

D:\practice>python 4-37.py
[{'name': '唐僧', 'slogen': '悟空, 快来救我'}, {'name': '猪八戒', '
slogen': '散伙吧, 我回我的高老庄'}, {'name': '沙僧', 'slogen': '快
找大师兄'}]
{'name': '唐僧', 'slogen': '悟空, 快来救我'}
{'name': '猪八戒', 'slogen': '散伙吧, 我回我的高老庄'}
{'name': '沙僧', 'slogen': '快找大师兄'}

D:\practice>
```

图 4-38　代码 4-37.py 的运行结果

运行结果如图 4-39 所示。

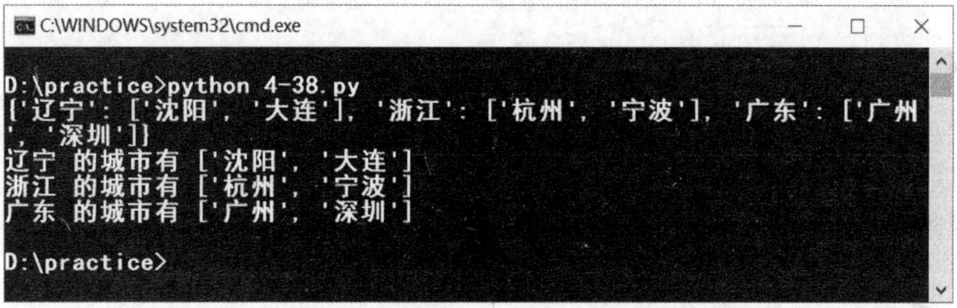

```
C:\WINDOWS\system32\cmd.exe

D:\practice>python 4-38.py
{'辽宁': ['沈阳', '大连'], '浙江': ['杭州', '宁波'], '广东': ['广州
', '深圳']}
辽宁 的城市有 ['沈阳', '大连']
浙江 的城市有 ['杭州', '宁波']
广东 的城市有 ['广州', '深圳']

D:\practice>
```

图 4-39　代码 4-38.py 的运行结果

3. 以字典为元素值的字典

由于字典中元素的键必须唯一,并且不可更改,所以字典不能作为字典元素的键,但可以作为字典元素的值。

【实例 4-39】　创建一个字典为元素值的字典,遍历该字典,代码如下:

```
# === 第 4 章 代码 4-39.py === #
dict1 = {'first':'黑龙江','second':'吉林','third':'辽宁'}
dict2 = {'first':'云南','second':'贵州','third':'四川'}
diction = {'东北':dict1,'西南':dict2}
print(diction)
for key,item in diction.items():
    print(key,'的省份有',item)
```

运行结果如图 4-40 所示。

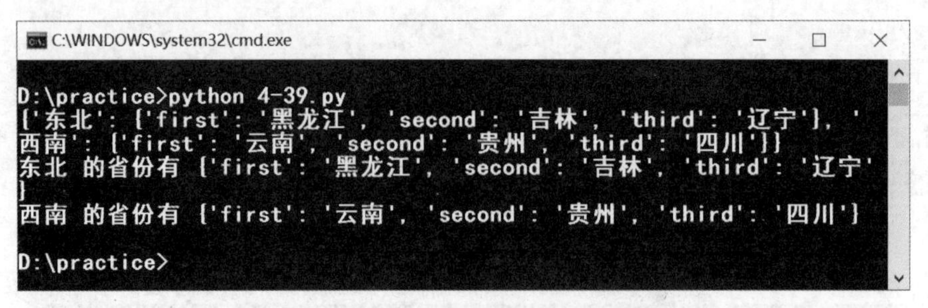
```
D:\practice>python 4-39.py
{'东北': {'first': '黑龙江', 'second': '吉林', 'third': '辽宁'}, '
西南': {'first': '云南', 'second': '贵州', 'third': '四川'}}
东北 的省份有 {'first': '黑龙江', 'second': '吉林', 'third': '辽宁'
}
西南 的省份有 {'first': '云南', 'second': '贵州', 'third': '四川'}

D:\practice>
```

图 4-40　代码 4-39.py 的运行结果

4.4　集合

在数学中学过集合的概念，集合中的元素是不同的，每个元素只能出现一次。在 Python 中提供了集合这一复杂数据类型，集合是用于保存不重复的元素的数据集。

Python 中的集合主要分为可变集合(set)和不可变集合(frozenset)两种。本书主要介绍可变集合。集合这一数据类型最大的特点就是没有重复元素，集合中的每个元素都是唯一的。本节将详细介绍集合的各种操作。

4.4.1　创建和删除集合

6min

创建集合时，集合中的元素被大括号"{}"括起来，相邻元素使用逗号分隔。形式上和字典类似，但集合中的元素不是键-值对。

1. 创建集合

在 Python 中，有多种创建集合的方法，大体分为两种。

1）使用赋值运算符创建集合

创建集合时，使用赋值运算符(=)直接将一系列元素赋值给变量即可，其语法格式如下：

```
setname = {element1,element2,element3,...,elementn}
```

其中，setname 是集合的名称，只要符合 Python 变量的命名规则即可；element1、element2、element3、elementn 表示集合中的元素，个数无限制，都是 Python 中的数据类型。

注意： 在创建集合时，如果输入重复的元素，则会怎样？因为 Python 中的集合不能有重复元素，所以 Python 会自动保留一个元素。

2）使用内置函数 set()创建

在 Python 中，可以使用内置函数 set()将列表、元组等数据对象转换成集合，其语法格式如下：

```
setname = set(iteration)
```

其中，setname 是集合的名称，只要符合 Python 变量的命名规则即可；iteration 表示可以转换成集合的数据对象，可以是列表、元组，也可以是字符串。如果是字符串，则创建的集合是包含全部不重复字符的集合。

【实例 4-40】 使用上面两种方法创建集合，并打印集合，代码如下：

```
# === 第 4 章 代码 4-40.py === #
set1 = {'唐僧','悟空','八戒'}
list1 = ['优雅','简单','明确']
set2 = set(list1)
tuple1 = (1,2,3,4,5,1,2,3,4,5)
set3 = set(tuple1)
str1 = "变量、运算、流程控制语句是编程的三要素."
set4 = set(str1)
print(set1)
print(set2)
print(set3)
print(set4)
```

运行结果如图 4-41 所示。

```
C:\WINDOWS\system32\cmd.exe

D:\practice>python 4-40.py
{'悟空', '唐僧', '八戒'}
{'明确', '简单', '优雅'}
{1, 2, 3, 4, 5}
{'是', '运', '量', '流', '素', '语', '变', '的', '、', '算', '三', '句', '制', '要', '控', '程', '。', '编'}

D:\practice>
```

图 4-41　代码 4-40.py 的运行结果

注意：集合是一种无序的数据类型，因此不能像列表、元组那样通过索引访问集合的某个元素，也不能通过索引修改集合的某个元素，即不能访问集合中的某个元素，也不能修改集合中的某个元素。

---

2. 删除集合

对于已经创建的集合，如果不再使用，则可以通过 del 语句将其删除，其语法格式如下：

```
del setname
```

其中，setname 是集合名。

4.4.2　添加、删除集合中的元素

10min

对集合进行添加元素、删除元素的操作也称为更新集合。在实际开发中，经常需要对集合进行更新操作。本节将介绍如何实现对集合中元素进行添加和删除操作。

1. 添加元素

可以使用集合对象的函数 add()向集合添加元素,其语法格式如下:

```
setname.add(element)
```

其中,setname 是集合名; element 表示要添加的元素内容,只能使用数字、字符串、布尔类型等,不能使用列表、元组、字典等可迭代对象。

注意:列表、元组、字典等复杂数据类型在 Python 中是作为数据对象存在的,都可以使用 for 循环遍历其数据,因此也称为可迭代对象。

【实例 4-41】 创建一个集合,并向该集合添加两个元素,代码如下:

```
# === 第 4 章 代码 4-41.py === #
cities = {'北京','上海'}
print('原集合:',cities)
cities.add('天津')
cities.add('重庆')
print('修改后的集合:',cities)
```

运行结果如图 4-42 所示。

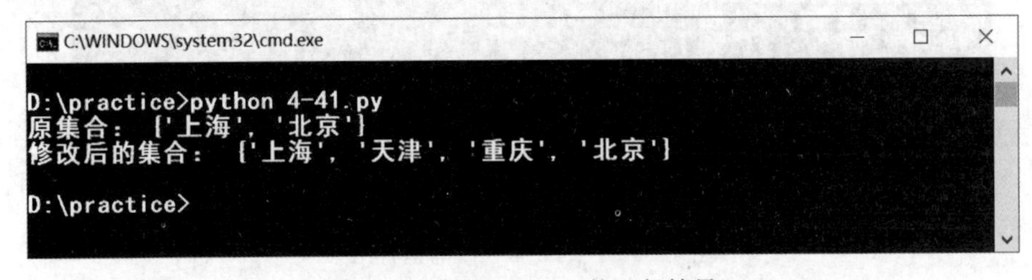

图 4-42 代码 4-41.py 的运行结果

2. 删除元素

在 Python 中,可以使用 del 语句删除整个集合。如果要删除集合中的某个元素,则需要使用集合对象的函数。

1) 删除集合中的某个元素

可以使用集合对象的函数 pop()删除集合中的某个元素,其语法格式如下:

```
setname.pop()
```

其中,setname 是集合的名称。

2) 删除集合中的指定元素

可以使用集合对象的函数 remove()删除集合中的指定元素,其语法格式如下:

```
setname.remove(element)
```

其中，setname是集合的名称；element表示要删除集合中的指定元素，如果该元素不存在，则会抛出异常，因此使用该方法前，要确定集合中是否存在该元素。

3）清空集合

可以使用集合对象的函数clear()删除集合中的所有元素，其语法格式如下：

```
setname.clear()
```

其中，setname是集合的名称。

【实例4-42】 创建一个集合，使用上面3种方法删除集合中的元素，代码如下：

```
# === 第 4 章 代码 4 - 42.py === #
visit = {'唐僧','悟空','八戒','沙僧','白龙马'}
print('原集合:',visit)
visit.remove('白龙马')
print('1 次删除后的集合:',visit)
visit.pop()
print('2 次删除后的集合:',visit)
visit.clear()
print('清空后的集合:',visit)
```

运行结果如图4-43所示。

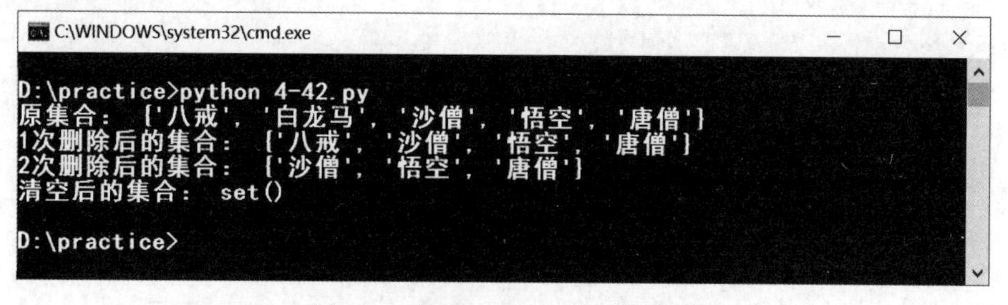

图4-43　代码4-42.py的运行结果

4.4.3　集合的交集、并集、差集运算

在数学中经常需要对集合进行交集、并集、差集、对称差集运算。在Python中，同样可以对集合进行交集、并集、差集、对称差集运算。

1. 交集运算

可以使用符号“&”对两个集合进行交集运算，其语法格式如下：

```
setname1&setname2
```

其中，setname1、setname2表示要进行交集运算的两个集合。

2. 并集运算

可以使用符号“|”对两个集合进行并集运算，其语法格式如下：

```
setname1|setname2
```

其中,setname1、setname2 表示要进行并集运算的两个集合。

3. 差集运算

可以使用符号"-"对两个集合进行差集运算,其语法格式如下:

```
setname1 - setname2
```

其中,setname1、setname2 表示要进行差集运算的两个集合。

4. 对称差集运算

可以使用符号"^"对两个集合进行对称差集运算,其语法格式如下:

```
setname1^setname2
```

其中,setname1、setname2 表示要进行对称差集运算的两个集合。

【实例 4-43】 创建两个集合,对这两个集合进行交集、并集、差集、对称差集运算,代码如下:

```
# === 第 4 章 代码 4-43.py === #
visit = {'唐僧','悟空','八戒','黛玉'}
red = {'香菱','黛玉','宝钗','唐僧'}
print('集合 1 是',visit)
print('集合 2 是',red)
print('交集运算:',visit&red)
print('并集运算:',visit|red)
print('差集运算:',visit - red)
print('对称差集运算:',visit^red)
```

运行结果如图 4-44 所示。

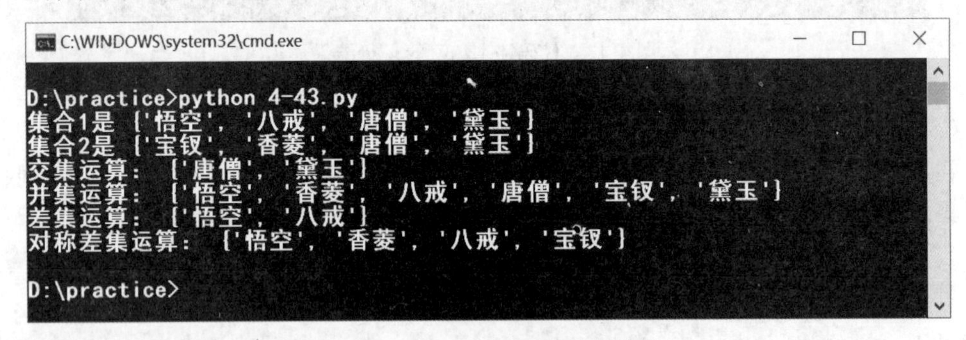

图 4-44 代码 4-43.py 的运行结果

4.4.4 列表、元组、字典、集合的对比

列表、元组、字典、集合都是 Python 的复杂数据类型,都有自己的特点和应用场合。这 4 种复杂数据类型的对比见表 4-1。

表 4-1　列表、元组、字典和集合的对比

数据类型	定义符号	访问元素	是否可变	是否重复	是否有序
列表	[]	索引	可变	可重复	有序
元组	()	索引	不可变	可重复	有序
字典	{key:value}	键	可变	可重复	无序
集合	{}		可变	不可重复	无序

4.5　字符串

日常生活中说、写的文章、文本信息都可以存储为字符串类型。如果要对文本信息进行操作处理，则是对字符串的操作处理。Python 对字符串提供了丰富的操作方法，本节将介绍字符串的常用操作和编码转换。

4.5.1　字符串的常用操作

在 Python 中字符串是被作为字符串对象来创建的，因此字符串对象封装了很多函数，用来处理字符串的各种操作。

17min

1. 拼接字符串

使用加号运算符可以实现对多个字符串的拼接，其语法格式如下：

```
string1 + string2 + ... + stringn
```

其中，string1、string2、stringn 是要拼接的字符串名称。

2. 计算字符串的长度

使用 Python 的内置函数 len()可以计算字符串的长度，其语法格式如下：

```
len(string)
```

其中，string 是指用于计算长度的字符串。

3. 截取字符串

同列表和元组的索引一样，字符串的索引也是从 0 开始的，并且每个字符占一个位置。使用切片的方法可以截取字符串，其语法格式如下：

```
string[start:end:step]
```

其中，string 是指要截取的字符串名称；start 表示要截取的第 1 个字符的索引(包括该字符)，如果不指定，则默认值为 0；end 表示要截取的最后一个字符的索引(不包括该字符)，如果不指定，则默认值为该字符串的长度；step 表示切片的步长，如果省略不写，则默认值为 1。

【实例 4-44】　创建 4 个字符串，对前两个字符串进行拼接，计算第 3、第 4 个字符串的

长度，并截取字符串的前 3 个字符，代码如下：

```
# === 第 4 章 代码 4-44.py === #
str1 = '问渠哪得清如许?'
str2 = '为有源头活水来.'
str3 = '时间太少,我用 Python'
str4 = 'One world,One dream'
print('字符串 1 是',str1)
print('字符串 2 是',str2)
print('字符串 3 是',str3)
print('字符串 4 是',str4)
print('拼接字符串 1 和字符串 2 为',str1 + str2)
print('字符串 3 的长度是',len(str3))
print('字符串 4 的长度是',len(str4))
print('字符串 3 的前 3 个字符是',str3[0:3])
print('字符串 4 的前 3 个字符是',str4[0:3])
```

运行结果如图 4-45 所示。

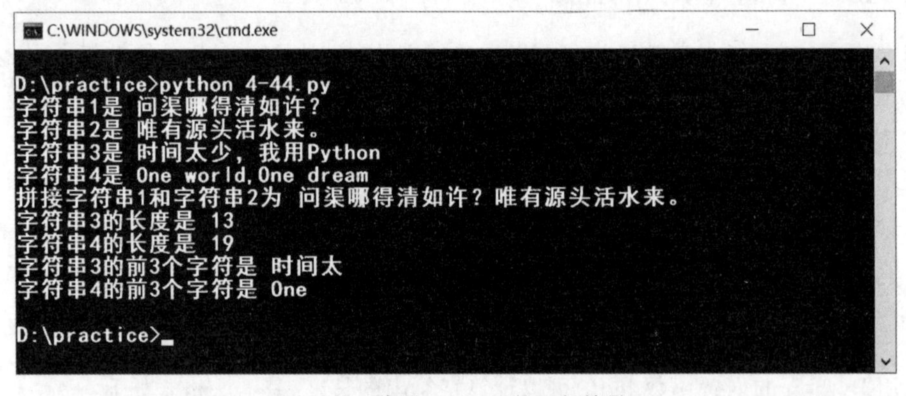

图 4-45　代码 4-44.py 的运行结果

注意：在 Python 的默认情况下，通过内置函数 len()计算字符串的长度时，英文字母、数字、汉字都按一个字符计算。

---

4. 分割字符串

使用字符串对象的函数 split()可以将字符串分割成列表，即把一个字符串按照指定的分隔符切分成列表，其语法格式如下：

```
string.split(sep,maxsplit)
```

其中，string 表示要被分割的字符串；sep 表示指定的分隔符，可以包含多个字符，默认值为 None，即所有的空字符，包括空格、制表符(\t)、换行符(\n)等。如果指定 maxsplit 参数，则仅分割 maxsplit 个子参数。

【实例 4-45】 创建一个字符串，然后对该字符串进行默认值分割和指定分隔符分割，

并打印分割后的列表,代码如下:

```
# === 第 4 章 代码 4 - 45.py === #
str1 = '博 学 之, 审 问 之, 慎 思 之, 明 辨 之,笃行之.'
print('原字符串:',str1)
list1 = str1.split()
list2 = str1.split(',')
print(list1)
print(list2)
```

运行结果如图 4-46 所示。

```
C:\WINDOWS\system32\cmd.exe
D:\practice>python 4-45.py
原字符串: 博 学 之, 审 问 之, 慎 思 之, 明 辨 之,笃行之。
['博', '学', '之,', '审', '问', '之,', '慎', '思', '之,', '明', '辨', '之,笃行之。']
['博 学 之', ' 审 问 之', ' 慎 思 之', ' 明 辨 之', '笃行之。']

D:\practice>
```

图 4-46　代码 4-45.py 的运行结果

5. 合并字符串

合并字符串不同于拼接字符串,合并字符串是指将多个字符串采用固定的分隔符连接在一起,例如@孙悟空@唐僧,即将符号@和名字连接在一起。合并字符串可以通过字符串对象的函数 join()实现,其语法格式如下:

```
strnew = string.join(iterable)
```

其中,strnew 表示要合并生成的新字符串; string 表示用于指定合并时的分隔符; iterable 表示可迭代对象,该迭代对象的所有元素(字符串数据)将被合并成一个新的字符串。

【实例 4-46】 创建一个列表,列表中的元素是人名,然后将符号“@”和人名相连接,组成一个新的字符串,并打印该字符串,代码如下:

```
# === 第 4 章 代码 4 - 46.py === #
list1 = ['唐僧','悟空','八戒','沙僧','白龙马']
print('原列表是',list1)
str_new = '@'.join(list1)        #用空格 + @符号拼接
str_new = '@' + str_new          #使用 join()时,第 1 个元素前不加分隔符,所以需要自己拼接
print('组成的字符串是',str_new)
```

运行结果如图 4-47 所示。

注意:函数 join()和 split()都是封装在字符串对象中的函数,这些封装的函数也称为字符串对象的方法。

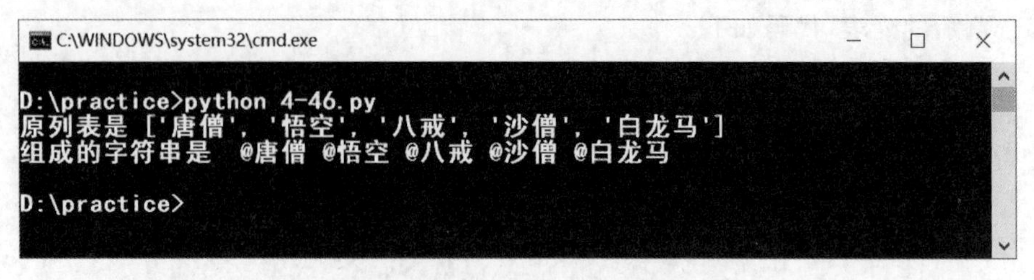

图 4-47 代码 4-46.py 的运行结果

6. 检索字符串

在 Python 中,字符串对象封装了很多查找字符串的方法,下面介绍几种常见的操作方法。

1) count()方法

使用字符串对象的 count()方法可以检索指定字符串在另一个字符串中出现的次数。指定字符串也称为子字符串。如果子字符串不存在,则返回值是 0;如果子字符串存在,则返回值是出现的次数,其语法格式如下:

```
string.count(sub,start,end)
```

其中,string 表示原字符串;sub 表示要检索的子字符串;start 是可选参数,表示检索范围的起始位置的索引,如果不指定,则从头开始检索;end 是可选参数,表示检索范围的结束位置的索引,如果不指定,则一直检索到原字符串的结尾。

2) find()方法

使用字符串对象的 find()方法可以检索原字符串中是否包含指定的字符串。指定字符串也称为子字符串。如果子字符串不存在,则返回值是 -1;如果子字符串存在,则返回值是指定字符串首次出现时的索引,其语法格式如下:

```
string.find(sub,start,end)
```

其中,string 表示原字符串;sub 表示要检索的子字符串;start 是可选参数,表示检索范围的起始位置的索引,如果不指定,则从头开始检索;end 是可选参数,表示检索范围的结束位置的索引,如果不指定,则一直检索到原字符串的结尾。

【实例 4-47】 创建一个中文字符串、一个英文字符串,分别检索指定字符串出现的次数和首次出现时的位置,代码如下:

```
# === 第 4 章 代码 4-47.py === #
str1 = '博学之,审问之,慎思之,明辨之,笃行之.'
str2 = 'One world,One dream.'
print('字符串 1 是',str1)
print('字符串 2 是',str2)
print('字符串 1 中\'之\'出现的次数为',str1.count('之'))
print('字符串 1 中\'之\'首次出现的索引为',str1.find('之'))
```

```
print('字符串 2 中\'e\'出现的次数为',str2.count('e'))
print('字符串 2 中\'e\'首次出现的索引为',str2.find('e'))
```

运行结果如图 4-48 所示。

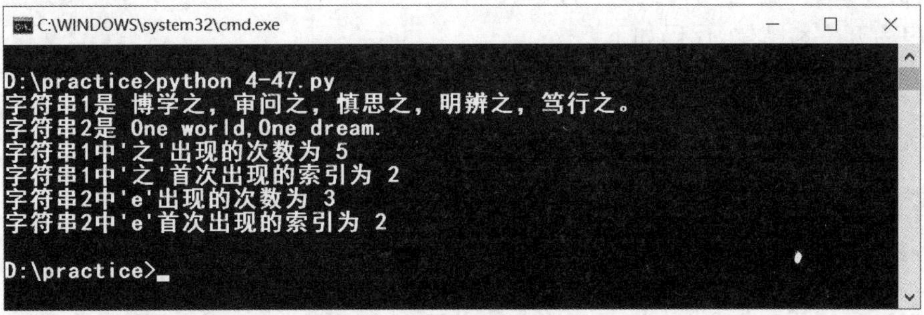

```
C:\WINDOWS\system32\cmd.exe
D:\practice>python 4-47.py
字符串1是 博学之，审问之，慎思之，明辨之，笃行之。
字符串2是 One world,One dream.
字符串1中'之'出现的次数为 5
字符串1中'之'首次出现的索引为 2
字符串2中'e'出现的次数为 3
字符串2中'e'首次出现的索引为 2

D:\practice>
```

图 4-48　代码 4-47.py 的运行结果

3）index()方法

使用字符串对象的 index()方法可以检索原字符串中是否包含指定的字符串。指定字符串也称为子字符串。如果子字符串不存在，则抛出异常；如果子字符串存在，则返回值是子字符串首次出现时的索引，其语法格式如下：

```
string.index(sub,start,end)
```

其中，string 表示原字符串；sub 表示要检索的子字符串；start 是可选参数，表示检索范围的起始位置的索引，如果不指定，则从头开始检索；end 是可选参数，表示检索范围的结束位置的索引，如果不指定，则一直检索到原字符串的结尾。

4）startswith()方法

使用字符串对象的 startswith()方法可以检索字符串是否以指定字符串开头。如果以指定字符串开头，则返回值是 True；如果不以指定字符串开头，则返回值是 False，其语法格式如下：

```
string.startswith(prefix,start,end)
```

其中，string 表示原字符串；prefix 表示要检索的子字符串；start 是可选参数，表示检索范围的起始位置的索引，如果不指定，则从头开始检索；end 是可选参数，表示检索范围的结束位置的索引，如果不指定，则一直检索到原字符串的结尾。

5）endswith()方法

使用字符串对象的 endswith()方法可以检索字符串是否以指定字符串结尾。如果以指定字符串结尾，则返回值是 True；如果不以指定字符串结尾，则返回值是 False，其语法格式如下：

```
string.endswith(prefix,start,end)
```

其中,string 表示原字符串; prefix 表示要检索的子字符串; start 是可选参数,表示检索范围的起始位置的索引,如果不指定,则从头开始检索; end 是可选参数,表示检索范围的结束位置的索引,如果不指定,则一直检索到原字符串的结尾。

【实例 4-48】 创建一个中文字符串、一个英文字符串,分别检索原字符串是否以指定的字符串为开头和结尾,代码如下:

```
# === 第 4 章 代码 4-48.py === #
str1 = '博学之,审问之,慎思之,明辨之,笃行之.'
str2 = 'One world,One dream.'
print('字符串 1 是',str1)
print('字符串 2 是',str2)
print('字符串 1 是否以\'之\'开头的结果是',str1.startswith('之'))
print('字符串 1 是否以\'之\'结尾的结果是',str1.endswith('之'))
print('字符串 2 中是否以\'O\'开头的结果是',str2.startswith('O'))
print('字符串 2 中是否以\'O\'结尾的结果是',str2.endswith('O'))
```

运行结果如图 4-49 所示。

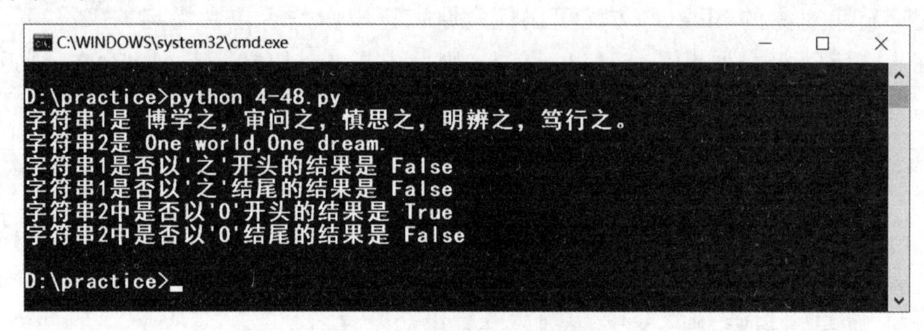

图 4-49 代码 4-48.py 的运行结果

在 Python 中,字符串内置了很多方法,具体见表 4-2。

表 4-2 字符串的内置方法

方　法	说　明
str.capitalize()	把字符串的第 1 个字符改为大写
str.casefold()	把整个字符串的所有字符改为小写
str.center(width)	将字符串居中,并使用空格填充至长度为 width 的新字符串
str.count(sub,start,end)	返回 sub 在字符串里出现的次数; start 和 end 是可选参数,表示范围
str.encode(encoding='utf-8',errors='strict')	以 encoding 指定的编码方式对字符串进行编码
str.endswith(sub,start,end)	检查字符串是否以 sub 结束,如果是,则返回值为 True,否则返回值为 False; start 和 end 表示范围,是可选参数
str.expandtabs(tabsize=8)	把字符串中的 Tab 符号(\t)转换成空格,如果不指定参数,则默认的空格数 tabsize 为 8
str.find(sub,start,end)	检测字符串中是否包含 sub,如果包含,则返回索引值,否则返回 −1; start 和 end 是可选参数,表示范围

续表

方　法	说　明
str. index(sub,start,end)	与 find()方法一样,但如果字符中不包含 sub,则会抛出异常
str. isalnum()	如果字符串至少有一个字符并且所有的字符都是字母或数字,则返回值为 True,否则返回值为 False
str. isalpha()	如果字符串至少有一个字符并且所有的字符都是字母,则返回值为 True,否则返回值为 False
str. isdecimal()	如果字符串只包含十进制数字,则返回值为 True,否则返回值为 False
str. isdigit()	如果字符串只包含数字,则返回值为 True,否则返回值为 False
str. islower()	如果字符串中至少包含一个区分大小写的字符,并且这些字符都是小写,则返回值为 True,否则返回值为 False
str. isnumeric()	如果字符串只包含数字字符,则返回值为 True,否则返回值为 False
str. isspace()	如果字符串中只包含空格,则返回值为 True,否则返回值为 False
str. istitle()	如果字符串是标题设置(所有单词的开头是大写字母,其余字母是小写),则返回值为 True,否则返回值为 False
str. isupper()	如果字符串中至少包含一个区分大小写的字符,并且这些字符都是大写,则返回值为 True,否则返回值为 False
str. join(sub)	用字符串作为符合连接序列 sub 中的元素,从而生成一个新的字符串
str. ljust(width)	返回一个左对齐的字符串,并使用空格填充至长度为 width 的新字符串
str. lower()	将字符串中所有的大写字符转换为小写字符
str. lstrip()	去掉字符串左边的所有空格
str. partition(sub)	在字符串中找到子字符串 sub,然后将字符串分成包含 3 个元素的元组(pre_sub,sub,fol_sub)。如果字符串中没有 sub,则返回('原字符串','','')
str. replace(old,new,count)	把字符串中的 old 子字符串替换成 new 子字符串;如果指定 count,则替换不超过 count 次;count 是可选参数
str. rfind(sub,start,end)	类似于 find()方法,不过从右边开始查找
str. rindex(sub,start,end)	类似于 index()方法,不过从左边开始查找
str. rjust(width)	返回一个右对齐的字符串,并使用空格填充至长度为 width 的新字符串
str. rpartition(sub)	类似于 partition()方法,不过从右边开始查找
str. rstrip()	删除字符串末尾的空格
str. split(sep=None, maxsplit=-1)	如果保持默认参数,则以字符串中的空格为分隔符切片字符串,返回以切片后的子字符串为元素的列表。如果指定 maxsplit 参数,则仅分割 maxsplit 个子字符串
str. splitlines(keepends)	keepends 的默认值为 False,如果保持默认值,则返回以各行为元素的列表且删除返回结果中的换行符('\n');如果 keepends 为 True,则保留返回结果中的换行符('\n')
str. startswith(prefix, start, end)	检测字符串是否以 prefix 开头,如果是,则返回值为 True,否则返回值为 False;start 和 end 是可选参数,可以指定检测范围
str. strip(chars)	删除字符串前边、后边的所有空格,chars 是可选参数,用于指定要删除的字符
str. swapcase()	翻转字符串中的大小写

续表

方 法	说 明
str. title()	返回标题设置(所有单词的开头是大写字母,其余字母是小写)的字符串
str. maketrans(intab,outtab)	用于创建字符映射的转换表,intab 表示要转换的字符或字符串,outtab 表示要转换的目标
str. translate(table,deletechars)	根据转换表 table 转换字符串中的字符,要过滤的字符放到 deletechars 参数中,deletechars 是可选参数
str. upper()	将字符串中的所有小写字符转换为大写
str. zfill(width)	返回长度为 width 的字符串,原字符串右对齐,前边用 0 填充

7. 格式化字符串

格式化字符串是指按照统一的格式来输出字符串,统一的格式输出可以让字符串更整齐,从而提高可读性。

应用格式化字符串需要先指定一个模板,在这个模板上预留几个空位,然后根据需要填上相应的内容。这些空位通过指定的符号标记(占位符),这些符号并不会显示出来。在 Python 中,格式化字符串有 3 种方法:使用{}占位符、使用字符串对象的 format()方法、使用%操作符。

【实例 4-49】 分别使用{}占位符、字符串对象的 format()方法、%操作符来格式化字符串,代码如下:

```
# === 第 4 章 代码 4-49.py === #
name = '黄河'
#使用{}占位符,需要在字符串之前加 f
str1 = f'大家好,欢迎大家来这里看{name}!'
print(str1)
#使用字符串对象的 format()方法
str2 = '大家好,欢迎大家来这里看{}!'.format(name)
print(str2)
#使用%占位符
str3 = '大家好,欢迎大家来这里看%s!'%(name)
print(str3)
```

运行结果如图 4-50 所示。

图 4-50 代码 4-49.py 的运行结果

1）使用{}占位符的方法

使用{}占位符进行字符串格式化，需要在定义字符串之前插入英文字符 f，其语法格式如下：

```
name1 = '孙悟空'
name2 = '猪八戒'
str1 = f'欢迎{name1}和{name2}来这里的天空飞翔!'
```

使用{}占位符进行字符串格式化的方法是在 Python 3.6 中新增的功能，这是 Python 中比较简单的字符串格式化方法，可以自由地将字符串和变量进行组合。

2）使用字符串对象的 format()方法

使用字符串对象的 format()方法可以进行字符串格式化，其语法格式如下：

```
string.format(args)
```

其中，string 是指用于指定字符串的模板，即显示样式；args 是指用于转换成字符串的项，如果有多项，则可以用逗号分隔。

在创建模板时，需要使用符号"{}"和"："指定占位符，其语法格式如下：

```
{[index][:[[fill]align][sign][#][width][.precision][type]]}
```

参数的说明见表 4-3。

表 4-3　模板中各参数的说明

方　法	说　明
index	可选参数，表示用于指定要设置格式的对象在参数列表中的索引，索引从 0 开始，如果省略该参数，则根据值的先后顺序自动分配
fill	可选参数，用于指定空白处填充的字符
align	可选参数，用于指定对齐方式，如果该参数的值为"<"，则表示内容左对齐；如果该参数的值为">"，则表示内容右对齐；如果该参数的值为"="，则表示内容右对齐；如果该参数的值为"^"，则表示内容居中。需配合 width 使用
sign	可选参数，用于指定有无符号数，如果该参数的值为"+"，则表示正数加正号，负数加负号；如果该参数的值为"-"，则表示正数不变，负数加负号；如果该参数的值为空格，则表示正数加空格，负数加负号
#	可选参数，对于二进制数、八进制数和十六进制数，如果加上#，则表示会显示 0b/0o/0x 前缀，否则不显示
width	可选参数，用于指定所占的宽度
.precision	可选参数，用于指定保留的小数位数
type	可选参数，用于指定类型

字符串对象 format()方法中常用的格式化字符见表 4-4。

表 4-4 format()方法中常用的格式化字符

格式化字符	说　明	格式化字符	说　明
s	对字符串类型格式化	b	将十进制数转换成二进制再格式化
d	十进制整数	o	将十进制数转换成八进制再格式化
E 或 e	转换为科学记数法再格式化	F 或 f	转换成浮点数(默认小数点后保留 6 位)再格式化
G 或 g	自动在 e 和 f 或 E 和 F 中切换	%	显示百分比(默认显示小数点后 6 位)
c	将十进制整数自动转换成对应的 Unicode 字符	X 或 x	将十进制数换成十六进制再格式化

【实例 4-50】 创建保存名字信息的模板,然后应用该模板输出不同名字的信息,代码如下:

```
# === 第 4 章 代码 4-50.py === #
template = '顺序:{:0>2s}\t中文名字:{:s}\t英文名字:{:s}'          #定义模板
text1 = template.format('1','唐僧','Tangseng')                    #转换内容 1
text2 = template.format('2','悟空','Wukong')                      #转换内容 2
print(text1)            #输出格式化的字符串
print(text2)            #输出格式化的字符串
```

运行结果如图 4-51 所示。

图 4-51　代码 4-50.py 的运行结果

3) 使用%操作符

在 Python 中,如果%的左右都是数字,则%表示余数操作符;如果%出现在字符中,则%表示格式化操作符,其语法格式如下:

```
'%[-][+][0][m][.n]格式化字符'%exp
```

其中,－是可选参数,用于指定左对齐,正数前方无符号,负数前面加负号。

＋ 是可选参数,用于指定右对齐,正数前方加正号,负数前方加负号。

0 是可选参数,表示右对齐,正数前方无符号,负数前方加负号,用 0 填充空白处。

m 是可选参数,表示占有宽度。

.n 是可选参数,表示小数点后保留的位数。

exp 表示要转换的项,如果指定的项有多个,则需要通过元组的形式指定,不能使用列表。

格式化字符用于指定类型,常用的格式化字符见表 4-5。

表 4-5　常用的格式化字符

格式化字符	说　明	格式化字符	说　明
%s	字符串(采用 str()显示)	%r	字符串(采用 repr()显示)
%c	单个字符	%o	八进制整数
%x	十六进制整数	%e	指数(基数为 e)
%d 或 %i	十进制整数	%E	指数(基数为 E)
%f 或 %F	浮点数	%%	字符%

【实例 4-51】 创建保存名字信息的模板,然后应用该模板输出不同名字的信息,代码如下:

```
# === 第 4 章 代码 4-51.py === #
template = '顺序: % 03d \t 中文名字: % s \t 英文名字: % s'     # 定义模板
text1 = (1,'八戒','Bajie')                                    # 要转换的内容 1
text2 = (2,'沙僧','Shaseng')                                  # 要转换的内容 2
print(template % text1)                                       # 格式化输出
print(template % text2)                                       # 格式化输出
```

运行结果如图 4-52 所示。

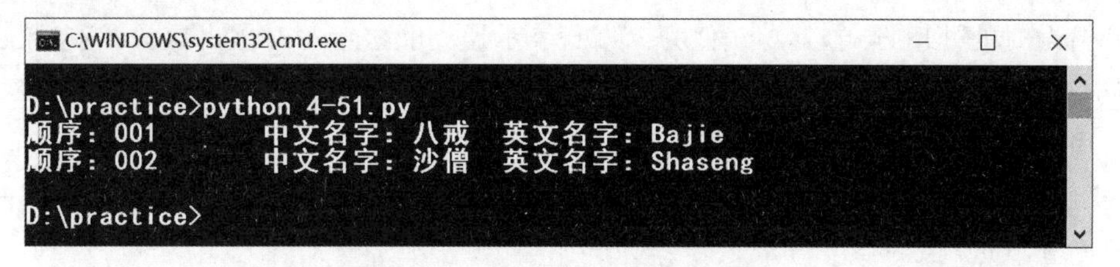
C:\WINDOWS\system32\cmd.exe
D:\practice>python 4-51.py
顺序: 001　　中文名字: 八戒　英文名字: Bajie
顺序: 002　　中文名字: 沙僧　英文名字: Shaseng
D:\practice>

图 4-52　代码 4-51.py 的运行结果

注意: 格式化字符串形式上很复杂,但实际应用起来并不难,因为很多是可选参数,没有必要使用。在 Python 中,还有很多字符串操作方法,详情可参阅表 4-2。

4.5.2　字符串编码转换

7min

最早的字符编码是 ASCII 码,即美国标准信息交换码,这是基于拉丁字母的一套计算机编码系统,主要用于显示现代英语和其他西欧语言。ASCII 码对 10 个数字、26 个大写英文字母、26 个小写英文字母及其他符号进行了编码。ASCII 码最多能表示 256 个符号,每个符号占 1 字节。

随着信息技术的发展和扩展,世界上非拉丁语系的字符也需要进行编码,因此出现了 GBK、GB 2312、UTF-8 等编码,其中 GBK 和 GB 2312 是我国制定的中文编码标准,使用 1 字节表示英文字母,2 字节表示中文字符;UTF-8 是国际通用的编码,对全世界所有国家需要用到的字符都进行了编码。UTF-8 采用 1 字节表示英文字母,3 字节表示中文字符。在 Python 3.x 中,默认采用的编码格式是 UTF-8,UTF-8 编码有效地解决了中文乱码的问题。

Python 提供了两种常用的字符串类型，一种是 str，另一种是 Bytes，其中，str 表示 Unicode 字符（ASCII 或其他编码）；Bytes 表示二进制数据，包括编码的文本。这两种类型的字符串不能拼接在一起。通常情况下，str 在内存中以 Unicode 表示，一个字符对应若干字节。如果字符串在网络上传播，或者保存在磁盘上，则需要把 str 类型转换成 Bytes 类型，即二进制数据。

在 Python 中，可以使用字符串对象的 encode()方法和 decode()方法对 str 类型和 Bytes 类型进行转换，这两种方法是互逆过程。

1. 使用 encode()方法编码

使用字符串方法 encode()可以将字符串转换成 Bytes 类型，即二进制数据，这个过程也称为编码，其语法格式如下：

```
string.encode(encoding = "UTF - 8",errors = "strict")
```

其中，string 表示要进行转换的字符串；encoding＝"UTF-8"是可选参数，用于指定转码时采用的编码方式，默认为 UTF-8，如果要使用其他编码，可以设置成 GB2312 或 gbk；如果只有一个参数，则可以省略 encoding＝，直接写编码；errors＝"strict"是可选参数，用于指定遇到错误时的处理方式，其默认值为 strict，表示遇到非法字符时抛出异常，该参数也可以是 ignore（忽略非法字符）、replace（用问号替代非法字符）、xmlcharrefreplace（使用 XML 的字符引用）等。

【实例 4-52】 创建一个字符串，使用 UTF-8 和 GBK 编码转换成二进制数据，并打印原字符串和二进制数据，代码如下：

```
# === 第 4 章 代码 4 - 52.py === #
words = '晴空一鹤排云上'
print('原字符串为',words)
Byte1 = words.encode()
Byte2 = words.encode('gbk')
print('UTF - 8 编码:',Byte1)
print('GBK 编码:',Byte2)
```

运行结果如图 4-53 所示。

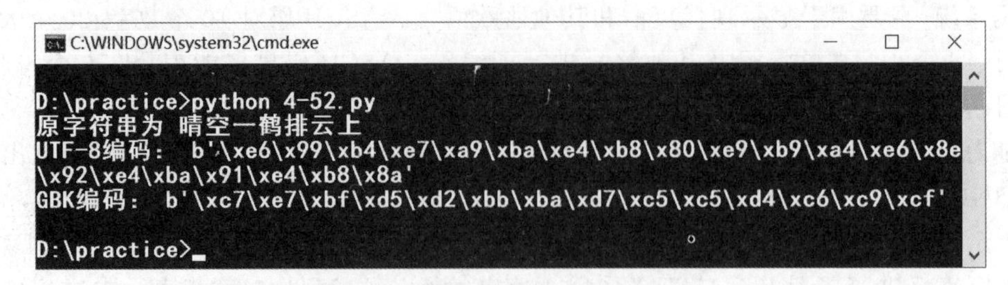

图 4-53 代码 4-52.py 的运行结果

注意：从图 4-53 可以得知二进制数据是带有 b 前缀的字符串。UTF-8 编码用 3 字节表示一个中文字符，因此二进制数据比较长；GBK 编码用 2 字节表示一个中文字符，因此二进制数据比较短。

---

2. 使用 decode()方法解码

使用字符串方法 decode()可以将二进制数据转换成字符串，这个过程也称为解码，其语法格式如下：

```
string.decode(encoding= "UTF-8",errors= "strict")
```

其中，string 表示要进行转换的二进制数据，通常是 encode()方法转换的结果；encoding="UTF-8"是可选参数，用于指定解码时采用的编码方式，默认为 UTF-8，如果要使用其他编码，可以设置成 GB2312 或 gbk，如果只有一个参数，则可以省略 encoding=，直接写编码；errors="strict"是可选参数，用于指定遇到错误时的处理方式，其默认值为 strict，表示遇到非法字符时抛出异常，该参数也可以是 ignore（忽略非法字符）、replace（用问号替代非法字符）、xmlcharrefreplace（使用 XML 的字符引用）等。

【实例 4-53】 创建一个字符串，使用 UTF-8 和 GBK 编码转换成二进制数据，并打印原字符串和二进制数据，然后将二进制数据解码为字符串，代码如下：

```
# === 第 4 章 代码 4-53.py === #
words = '晴空一鹤排云上'
print('原字符串为',words)
Byte1 = words.encode()
Byte2 = words.encode('gbk')
print('UTF-8 编码:',Byte1)
print('GBK 编码:',Byte2)
print('UTF-8 解码后:',Byte1.decode())
print('GBK 解码后:',Byte2.decode('gbk'))
```

运行结果如图 4-54 所示。

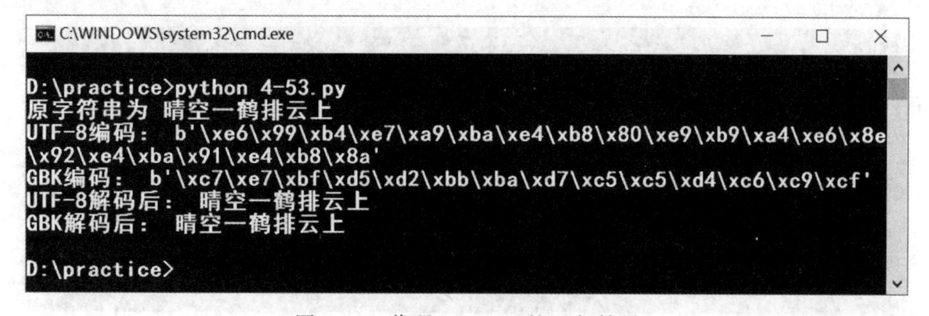

图 4-54　代码 4-53.py 的运行结果

4.5.3 序列

如果将列表、元组、字符串放在一起对比,会发现它们之间有很多共同点:都可以通过索引访问每个元素,默认的索引都是从0开始,都可以通过切片的方式获取某个范围的元素,都有各自的内置函数生成各自数据类型,如列表的内置函数是list(),元组的内置函数是tuple(),字符串的内置函数是str()。在Python中,可以将列表、元组、字符串统称为序列。

Python为序列提供了很多内置函数,常用的内置函数见表4-6。

表4-6 序列的内置函数

内置函数	说明(序列中元素的数据类型应一致,否则抛出异常)
len()	返回序列或参数的长度
max()	返回序列或参数元素中的最大值
min()	返回序列或参数元素中的最小值
sorted()	返回一个排序的列表,如果参数是元组和字符串,则将返回列表
reversed()	返回逆向迭代序列的值
enumerate()	返回由二元组(元素数量为2的元组)构成的一个迭代对象
zip(iter1[,iter2[…]])	返回由各迭代参数组成的元组

【实例4-54】 创建1个列表、1个字符串、1个元组,都包含5个元素,将三组序列共同组成元组,代码如下:

```
# === 第4章 代码4-54.py === #
list1 = [1,2,3,4,5]
str1 = '更上一层楼'
tuple1 = ('w','h','e','r','e')
print('列表为',list1)
print('字符串为',str1)
print('元组为',tuple1)
for each in zip(list1,str1,tuple1):
    print(each)
```

运行结果如图4-55所示。

```
C:\WINDOWS\system32\cmd.exe

D:\practice>python 4-54.py
列表为 [1, 2, 3, 4, 5]
字符串为 更上一层楼
元组为 ('w', 'h', 'e', 'r', 'e')
(1, '更', 'w')
(2, '上', 'h')
(3, '一', 'e')
(4, '层', 'r')
(5, '楼', 'e')

D:\practice>
```

图4-55 代码4-54.py的运行结果

4.6 小结

本章介绍了如何在 Python 中创建函数及函数的应用，本章还介绍了 Python 中的复杂数据类型：列表、元组、字典、集合、字符串，并对各种数据类型做了对比。

本章的内容比较多，也比较复杂。对于复杂数据类型的初学者，不容易掌握，需要多记忆，多练习，多实践，但如果碰到需要应用这些数据类型的问题，就会发现 Python 的强大。

第 5 章

对象与模块

使用计算机编程，主要是为了描述和解决现实世界中的现实问题。人类习惯于以对象思维认识现实世界，例如鸟类与一只家鸽、交通工具与一辆火车、狗类与一只小狗、平行四边形与一个矩形、汽车与一辆电动汽车。同类群体和个体反映了现实世界的不同事物之间有着复杂的联系。

面向对象编程（Object Oriented Programming）就是通过模拟现实世界中的个体和同类编写程序的一种思想，使用类来模拟同类群体，基于类来创建对象就是根据群体特征创建个体。面向对象的编程是针对大型软件设计而提出的，它不仅使软件开发更加灵活，而且提高了代码的复用率，利于大型软件的维护和开发。本章将介绍如何在 Python 中使用面向对象编程。

为什么程序员会说“人生苦短，我用 Python”？这主要因为 Python 中的模块。模块就是能实现特定功能的代码文件，包含一组相关函数，可以嵌入开发程序中，极大地提高了开发效率。Python 提供了丰富的模块，类似于一个丰富的武器库，也可以自己创建模块。本章将介绍如何在 Python 中使用模块、定义模块。

5.1 面向对象的程序设计

3min

20 世纪 60 年代，为了应对软件危机，人们提出了面向对象（Object Oriented）的设计思想。从面向对象的概念提出到现在，面向对象已经发展成为一个比较成熟的编程思想，并且逐步成为软件开发领域的主流技术。

5.1.1 对象＝属性＋行为

对象的英文名是 Object，表示任意存在的事物，这是一个抽象概念。人类习惯于以对象思维认识事物，随处可见的事物就是一个对象，例如一个人、一只鸟、一只猫。

观察一个对象，可以将对象分成两部分：静态特征和动态行为。例如一个人的年龄、性别、身高、体重等都是这个人的静态特征。这些静态特征被称为属性，任何对象都有自己的属性，这些属性是客观存在的。动态行为是指一个对象的动作或行为，例如一个人可以完成走路、跑步、说话、呼吸等动作，这些动作称为行为。

因此，对象＝属性＋行为。如果要在计算机上模拟现实的对象，就需要包括这两部分，即属性和行为。

5.1.2 类

类的英文名是Class。在现实世界中，将具有相同属性和行为的一类实体称为类，例如鸟类和哺乳类。在编程中，类是指封装对象的属性和行为的载体。例如定义一个猫类(Cat)，可以定义猫类共有的静态属性：名字、年龄、颜色，也可以定义猫类共有的动态行为：趴下、打滚、舔毛、睡觉。

在Python中，使用数据来表示类的静态属性，使用函数来模拟类的动态行为，这些函数也称为方法。

5.1.3 面向对象程序设计的特点

封装、继承和多态是面向对象程序设计的三大特点。

1. 封装

封装就是将对象的静态属性和动态行为封装在一个载体中，这个载体就是类。封装在类中的静态属性主要是一些数据，封装在类中的动态行为主要是函数，也称为类的方法。使用类的程序员，不能看到类内部的实现细节，这就是封装思想。

采用封装思想保证了类内部数据结构的完整性，类的用户不能直接看到类内部的数据结构，只需调用类的方法或外部接口，这样避免了外部对内部数据的影响，提高了程序的可维护性。当然这涉及程序员的专业分工，有专门写类的程序开发者，有专门应用类的程序开发者。专业分工不仅能提高社会生产率，也能提高程序开发效率和代码的可维护性。

2. 继承

面向对象的程序设计提供了类的继承机制，允许程序员在保持原有类的基础上，创建更具体、更详细的类。以原有的类为基础产生新的类，也可以是新类继承了原有类的特征，其中原有的类称为父类，新的类称为子类。例如平行四边形和矩形，可以先创建一个平行四边形的类，具有对边平行且相等的特征，然后在平行四边形类的基础上创建矩形类，继承了父类的对边平行且相等的特征，而矩形类称为子类。

类的继承机制提高了代码的重用性和可扩充性。通过继承可以充分利用已有的分析、研究成果或解决方案。重用这些代码让程序员的开发工作不是无米之炊，而是站在了前人研究成果之上。当软件开发完成之后，如果对问题有了新的认识或问题发生了新的变化，则可以高效率地改造和扩充已有的软件。

3. 多态

多态是指以父类为基础创建多个子类，不同的子类调用相同名称的函数会产生不同的结果。例如先创建一个哺乳动物类，然后以哺乳动物类为基础创建狗类和猫类，狗类和猫类都继承了哺乳动物的特征，都可以发出声音，但声音是不同的。即子类在继承了父类的特征时,也具备了自己的特征,并且产生了不同的结果,这就是多态。

5.2 类的定义和使用

在 Python 中,类表示封装了对象的属性和行为的载体。可以使用类来模拟现实世界中的事物,包括各类动物、植物、微生物、工业品。应用类创建对象,首先要定义类,然后使用类来创建实例,这样就能访问对象的属性和方法了。

5.2.1 定义一个简单的类

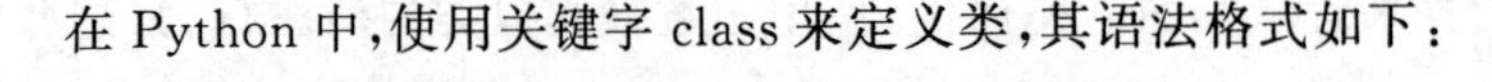

在 Python 中,使用关键字 class 来定义类,其语法格式如下:

```
class ClassName():
    '''类的注释信息'''
    statement           #类的内部代码块
```

其中,ClassName 表示要定义的类名,一般以大写字母开头,如果类名中有多个单词,则每个单词的首字母大写,这种命名法称为大驼峰式写法。当然,这只是惯例,也可以根据自己的习惯命名类。

'''类的注释信息'''是指定义该类的文档字符串,定义该字符串后,在创建类的某个对象时,输入类名和左侧的小括号“(”,将显示该信息;statement 表示类的内部代码块,主要由类变量、方法、属性等定义语句组成,如果在定义类时没有想好具体的代码,则可以使用 pass 语句代替。

【实例 5-1】 创建一个最简单的类,代码如下:

```
# === 第 5 章 代码 5-1.py === #
class Cat():
    '''定义猫类'''
    pass
```

5.2.2 创建类的实例

定义完类之后,就可以创建类的实例了,即根据类来创建一个对象,其语法格式如下:

```
name1 = ClassName(parameters)
```

其中,name1 表示要创建对象的名称,只要符合 Python 的命名规则即可;ClassName 表示已经定义好的类;parameters 表示可选参数,创建一个类时,如果没有创建__init__()方法或__init__()方法只有一个 self 参数,则 parameters 可省略不写。

【实例 5-2】 创建一个最简单的类,并使用该类创建一个对象,然后打印该对象,代码如下:

```
# === 第 5 章 代码 5-2.py === #
class Cat():
    '''定义猫类'''
    pass

cat1 = Cat()
print(cat1)
```

运行结果如图 5-1 所示。

```
C:\WINDOWS\system32\cmd.exe

D:\practice>python 5-2.py
<__main__.Cat object at 0x0000021FE964AD70>

D:\practice>
```

图 5-1 代码 5-2.py 的运行结果

5.2.3 定义一个完整的类

在 Python 中可以使用关键字 class 来定义类。类中的函数称为方法。如果要使用类来实例化一个包含参数的对象，则必须使用__init__()方法，其语法格式如下：

```
class ClassName():
    '''类的注释信息'''
    def __init__(self,parameterlist):                # 初始化方法
        statement1                                   # 方法内代码块 1

    def functionName(self,parameters):               # 定义类的方法
        statement2                                   # 方法内代码块 2


instance1 = ClassName(parameters)                    # 使用类创建一个对象
instance1.functionName(parameter_value)              # 调用对象的方法
```

其中，__init__()表示初始化方法，类似于 C++语言或 Java 语言的构造方法，每当创建一个类的新实例或对象时，Python 会自动执行该方法。__init__()方法必须包含一个 self 参数，而且这个参数必须是第 1 个参数，self 参数是一个指向实例本身的指针，用于访问类中的属性和方法，如果这个类是一栋房屋，则 self 参数就是这栋房屋的钥匙。在调用类的方法时，会自动传递 self 参数。如果__init__()方法只有一个参数，则在创建类的实例时不要指定实际的参数。parameterlist 表示初始化方法中除 self 以外的参数，各参数之间使用逗号分隔。parameters 是方法的参数。

functionName 表示类内部定义的方法名；instance1 表示类的实例名称，即使用类创建对象的名称；parameter_value 表示调用函数类的方法时，该方法的参数。

【实例 5-3】 创建一个猫类，并使用该类创建一个对象，然后调用该对象的方法，打印

该对象的属性,代码如下:

```
# === 第 5 章 代码 5-3.py === #
class Cat():
    '''猫类'''
    def __init__(self,name,age):                    #初始化方法(构造方法)
            self.name = name
            self.age = age

    def run(self):                                  #自定义方法
            print(self.name + "奔跑如飞.")

    def ask(self,state):                            #自定义方法
            print(self.name + state)


cat1 = Cat('花猫',4)                                #创建类的实例
print('这只猫的名字是',cat1.name)                   #调用对象的属性
print('这只猫的年龄是',cat1.age)                    #调用对象的属性
cat1.run()                                          #调用对象的方法
cat1.ask('你饿了?要吃东西?')                        #调用对象的方法
```

运行结果如图 5-2 所示。

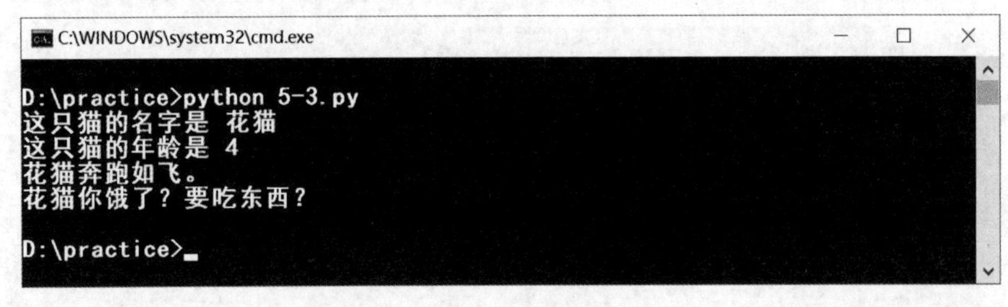

图 5-2　代码 5-3.py 的运行结果

注意:定义类内部的方法时,不同方法之间要空一行。定义完类后,当使用类创建对象时,代码之间要空两行。类就像一个工厂,对象就像一个工业品,运用类可以批量地创建对象。类与对象的编程思想模拟了现实世界的复杂关系。

5.2.4 类的数据成员

类的数据成员是指在类中定义的变量,也称为属性。代码 5-3.py 在对象中定义了属性,而不是在类中定义了属性。根据属性在类中定义的位置,可以分为类属性和实例属性。

1. 类属性

类属性是指将类的数据定义在类中,并且在方法体外的变量。类属性可以在类创建的所有实例之间共享值,即在所有实例化的对象中公用。

类属性可以通过类名或者实例名访问，而且可以动态地修改类属性，其语法格式如下：

```
class ClassName():
    '''类的注释信息'''
    name1 = value1                          #创建类属性
    name2 = value2                          #创建类属性
    def __init__(self):                     #初始化方法
        print(ClassName.name1)              #在初始化方法中调用类属性
        print(ClassName.name2)              #在初始化方法中调用类属性


instance1 = ClassName()                     #使用类创建一个对象
print(instance1.name1)                      #通过对象调用类属性
ClassName.name1 = value3                    #动态修改类属性
```

【实例 5-4】 创建一个猫类，在类中定义类属性。使用类创建实例，在实例中调用该属性，然后动态地修改类属性，代码如下：

```
# === 第 5 章 代码 5-4.py === #
class Cat():
    '''猫类'''
    name = '大脸猫'
    age = 1
    def __init__(self):                     #初始化方法(构造方法)
            print('名字是',Cat.name)
            print('年龄是',Cat.age)


cat1 = Cat()
Cat.name = '黑猫警长'                        #动态地修改类属性
cat2 = Cat()
```

运行结果如图 5-3 所示。

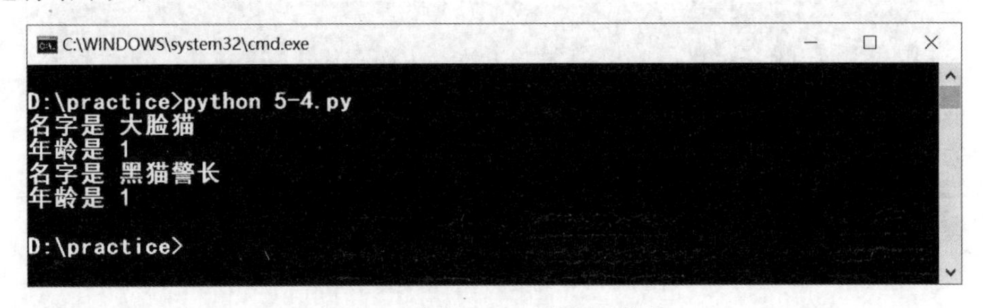

图 5-3 代码 5-4.py 的运行结果

2. 实例属性

实例属性是指定义在类的方法中的属性，只能作用于类创建的对象实例中，如果使用类名访问该属性，则会抛出异常，其语法格式如下：

```
class ClassName():
    '''类的注释信息'''
    def __init__(self):                    #初始化方法
        self.name1 = value1                #定义实例属性
        self.name2 = value2                #定义实例属性
        print(self.name1)
        print(self.name2)


instance1 = ClassName()                    #通过类创建对象实例 1
instance2 = ClassName()                    #通过类创建对象实例 2
instance2.name1 = value3                   #修改实例属性
```

【实例 5-5】 创建一个猫类,在类中定义实例属性。使用类创建对象,在对象中调用该属性,然后修改实例属性,代码如下:

```
# === 第 5 章 代码 5-5.py === #
class Cat():
    '''猫类'''
    def __init__(self):                    #初始化方法(构造方法)
        self.name = '大脸猫'
        self.age = 3
        print('名字是',self.name)
        print('年龄是',self.age)


cat1 = Cat()
cat2 = Cat()
cat2.name = '黑猫警长'
print('对象 2 的名字是',cat2.name)
```

运行结果如图 5-4 所示。

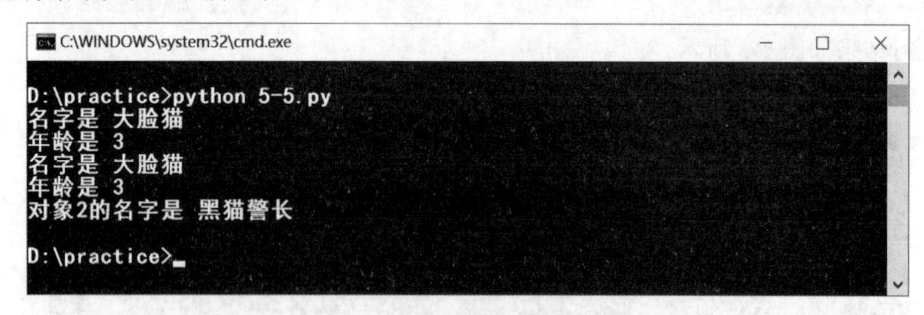

图 5-4 代码 5-5.py 的运行结果

5.2.5 访问限制

创建类时,可以定义该类的属性和方法;创建类后,在类的外部也可以调用属性和方法来操作数据,从而隐藏了类内部的代码逻辑。

为了保证类内部的某些属性或方法不被外部所访问，可以在属性名或方法名前面添加单下画线、双下画线；或首尾加下画线，从而限制访问权限，其中单下画线(_name)、双下画线(__name)、首尾双下画线(__name__)的作用如下：

(1) 以单下画线开头表示保护(protected)类型的属性或方法，只允许本身和子类进行访问，但不能使用“from module import *”语句导入的类。

(2) 以双下画线开头表示私有(private)类型的属性或方法，只允许类本身进行访问，而且不能通过类的对象实例进行访问，但是可以通过类的实例名._类名__xxx 的格式进行访问。

(3) 首尾双下画线表示定义特殊方法，一般是系统定义名字，例如初始化方法__init__()。

【实例 5-6】 创建一个猫类。在类中定义一个保护类型的属性，定义一个私有类型的属性。使用该类创建对象实例，并调用保护类型的属性和私有类型的属性，代码如下：

```
# === 第 5 章 代码 5-6.py === #
class Cat():
    '''猫类'''
    __name = '人脸猫'               #定义私有属性
    _age = 2                       #定义保护属性
    def __init__(self):            #初始化方法(构造方法)
            print('通过类本身访问私有属性:',Cat.__name)
            print('通过类本身访问保护属性:',Cat._age)



cat1 = Cat()
print('通过对象实例访问私有属性:',cat1._Cat__name)
print('通过对象实例访问保护属性:',cat1._age)
```

运行结果如图 5-5 所示。

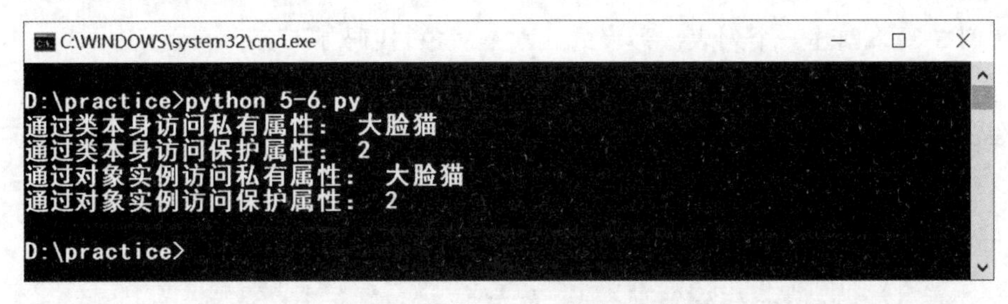

图 5-5 代码 5-6.py 的运行结果

【实例 5-7】 创建一个圆类。在类中定义一个计算圆的面积的方法，定义一个计算圆的周长的方法。使用该类创建对象实例，并调用这两种方法，代码如下：

```
# === 第 5 章 代码 5-7.py === #
class Circle():
    '''圆类'''
    def __init__(self,radius):
```

```
        self.radius = radius

    def area(self):
        return 3.1415 * self.radius * self.radius

    def perimeter(self):
        return 2 * 3.1415 * self.radius


circle1 = Circle(10)
print('圆的面积是',circle1.area())
print('圆的周长是',circle1.perimeter())
```

运行结果如图 5-6 所示。

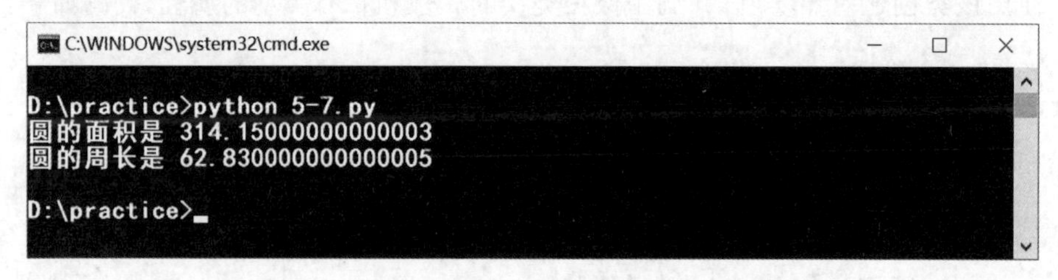

图 5-6　代码 5-7.py 的运行结果

注意：Python 中的列表、元组、字典、集合、字符串等数据类型，本质上都是类，封装了很多方法和属性，如同实例 5-7 的类。

前面学过列表、元组、字典、集合等数据类型，在 Python 中可以创建以对象为元素的列表。

【实例 5-8】 创建一个列表。列表的元素是对象，代码如下：

```
# === 第 5 章 代码 5-8.py === #
class Cat():
    color = '蓝色'
    name = '蓝猫'
    number = 0
    def __init__(self):
        Cat.number += 1
        print("\n 这是第" + str(Cat.number) + "只蓝猫.")


list1 = []
for i in range(5):
    list1.append(Cat())

print("一共有" + str(Cat.number) + "只蓝猫.")
```

运行结果如图 5-7 所示。

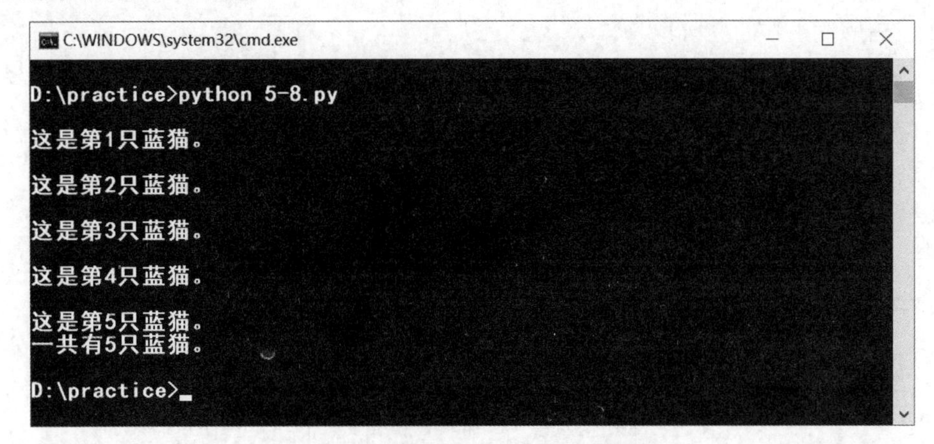

图 5-7 代码 5-8.py 的运行结果

5.3 继承与导入

编写类时，并不是每次都要从头到尾重新定义一个类。如果要编写的类和另一个已经存在的类之间存在一定的继承关系，则可以通过继承来达到代码重用的目的，从而提高开发效率。

当一个类继承另一个类时，这个类将自动获得另一个类的所有属性和方法。原有的类称为父类或基类，而新类称为子类或派生类。子类继承了父类的所有属性和方法，同时还可以定义自己的属性和方法。

5.3.1 继承的基本语法

在 Python 中，可以在子类的定义语句的类名的右侧使用一对小括号将要继承的父类名字括起来，从而实现类的继承，其语法格式如下：

```
class ClassName(BasicClass):
    '''类的帮助信息'''
    statement                    #类的代码块
```

其中，ClassName 是类名；BasicClass 是要继承的父类，可以有多个，类名之间用逗号隔开；'''类的帮助信息'''用于指定类的文档字符串，定义该字符串后，在创建类的某个对象时，输入类名和左侧的括号，将显示该信息；statement 表示类的代码块，主要由类的方法、属性等定义语句组成，如果没有构思好类的代码，则可以直接使用 pass 语句代替。

【实例 5-9】 创建一个水果类，然后以水果类为父类，创建桃类和苹果类，代码如下：

```
# === 第 5 章 代码 5-9.py === #
class Fruits():
```

```
    '''水果类'''
    taste = '酸涩'
    def ripe(self,taste):
            print('水果成熟前的味道是' + Fruits.taste + '的')
            print('水果成熟后的味道是' + taste + '的')


class Peach(Fruits):
    '''桃类'''
    taste = '甘甜'
    def __init__(self):
            print('我是桃子!')


class Apple(Fruits):
    '''苹果'''
    taste = '酸甜'
    def __init__(self):
            print('我是苹果!')


peach1 = Peach()
peach1.ripe(peach1.taste)
apple1 = Apple()
apple1.ripe(apple1.taste)
```

运行结果如图 5-8 所示。

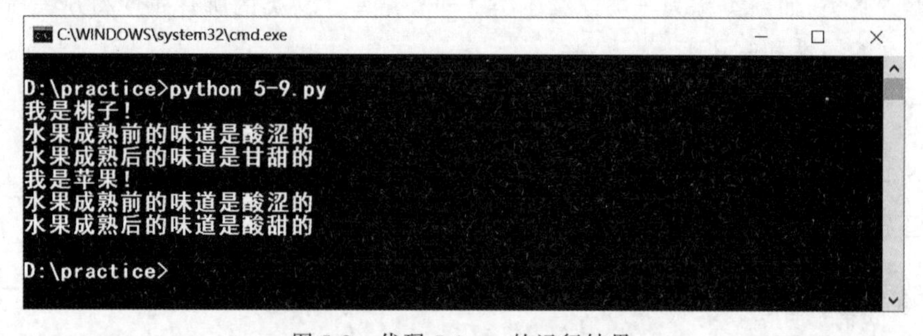

图 5-8　代码 5-9.py 的运行结果

注意:在代码 5-9.py 文件中,桃类和苹果类都继承了水果类的方法 ripe()。

5.3.2　派生类中调用基类的__init__()方法

11min

在派生类或子类中定义初始化方法__init__()时,一般不会自动调用基类或父类中的初始化方法__init__()。如果要调用基类的初始化方法__init__(),则需要在派生类中使用super()函数调用基类的初始化方法__init__(),其语法格式如下:

```
super().__init__()
```

【实例 5-10】 创建一个水果类,然后以水果类为父类,创建桃类和苹果类,桃类和苹果类要调用基类的__init__()方法,代码如下:

```
# === 第 5 章 代码 5-10.py === #
class Fruits():
    '''水果类'''
    def __init__(self,taste='既酸又涩'):
            Fruits.taste=taste

    def ripe(self,taste):
            print('水果成熟前的味道是'+Fruits.taste)
            print('水果成熟后的味道是'+taste+'的')


class Peach(Fruits):
    '''桃类'''
    taste='甘甜'
    def __init__(self):
            print('我是桃子!')
            super().__init__()


class Apple(Fruits):
    '''苹果'''
    taste='酸甜'
    def __init__(self):
            print('我是苹果!')
            super().__init__()


peach1=Peach()
peach1.ripe(peach1.taste)
apple1=Apple()
apple1.ripe(apple1.taste)
```

运行结果如图 5-9 所示。

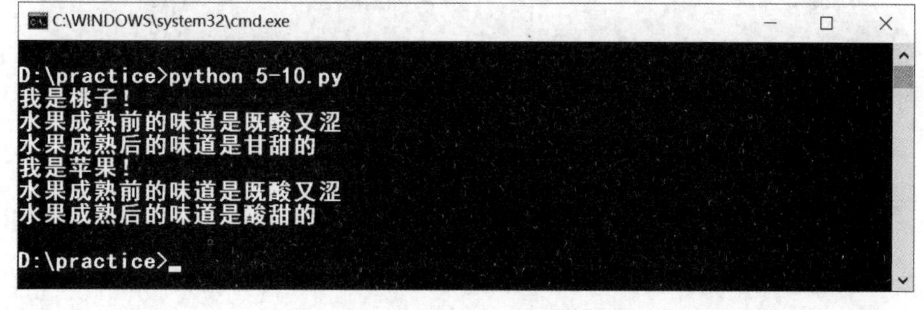

图 5-9　代码 5-10.py 的运行结果

5.3.3 方法重写

8min

基类或父类的属性和方法都会被派生类或子类继承，当基类的某种方法不完全适用于派生类时，需要在派生类中重写这种方法。

【实例 5-11】 创建一个水果类，然后以水果类为父类，创建桃类，桃类要重写水果类的方法，代码如下：

```
# === 第 5 章 代码 5-11.py === #
class Fruits():
    '''水果类'''
    taste = '酸涩'
    def ripe(self,taste):
            print('水果成熟前的味道是' + Fruits.taste + '的')
            print('水果成熟后的味道是' + taste + '的')


class Peach(Fruits):
    '''桃类'''
    taste = '甘甜'
    def __init__(self):
            print('我是桃子!')

    def ripe(self,taste):
            print('成熟的桃子的味道是' + Peach.taste)
            print('成熟的桃子全身是宝,桃仁是一味中药材')


peach1 = Peach()
peach1.ripe(peach1.taste)
```

运行结果如图 5-10 所示。

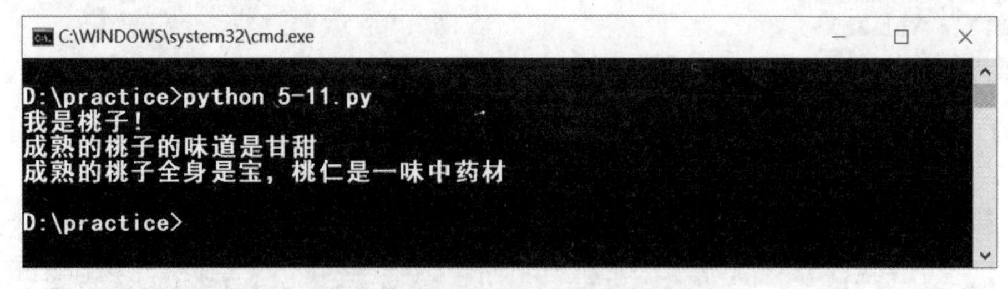

图 5-10 代码 5-11.py 的运行结果

5.3.4 导入类

11min

如果不断地给类添加方法或属性，则文件会变得很长。为了遵循 Python 代码简洁的理念，Python 允许将类存储在一个文件中，然后在主程序中导入该文件中的类。

1. 导入单个类

创建一个代码文件 circle.py，将 Circle 类存储在这个代码文件中，其代码如下：

```
# === 第 5 章 代码 circle.py === #
class Circle():
    '''圆类'''
    def __init__(self,radius):
            self.radius = radius

    def area(self):
            return 3.1415 * self.radius * self.radius

    def perimeter(self):
            return 2 * 3.1415 * self.radius
```

在文件 circle.py 的同一目录下，创建一个文件 5-12.py。在该文件中使用 from circle import Circle 语句，即可导入 Circle 类，其代码如下：

```
# === 第 5 章 代码 5 - 12.py === #
from circle import Circle


circle1 = Circle(5)
print('圆的面积是',circle1.area())
print('圆的周长是',circle1.perimeter())
```

运行结果如图 5-11 所示。

图 5-11　代码 5-12.py 的运行结果

2. 在一个文件中导入多个类

在 Python 中，也可以在一个文件中存储多个类。例如将 Fruits 类、Peach 类、Apple 类都存储在 fruits.py 文件中，其代码如下：

```
# === 第 5 章 代码 fruits.py === #
class Fruits():
    '''水果类'''
    def __init__(self,taste = '既酸又涩'):
            Fruits.taste = taste

    def ripe(self,taste):
```

```
                print('水果成熟前的味道是' + Fruits.taste)
                print('水果成熟后的味道是' + taste + '的')


class Peach(Fruits):
    '''桃类'''
    taste = '甘甜'
    def __init__(self):
                print('我是桃子!')
                super().__init__()


class Apple(Fruits):
    '''苹果'''
    taste = '酸甜'
    def __init__(self):
                print('我是苹果!')
                super().__init__()
```

在文件 fruits.py 的同一目录下，创建一个文件 5-13.py。可以根据需要在 5-13.py 文件中导入任意需要的类，其代码如下：

```
# === 第 5 章 代码 5-13.py === #
from fruits import Peach, Apple


peach1 = Peach()
peach1.ripe(peach1.taste)
apple1 = Apple()
apple1.ripe(apple1.taste)
```

运行结果如图 5-12 所示。

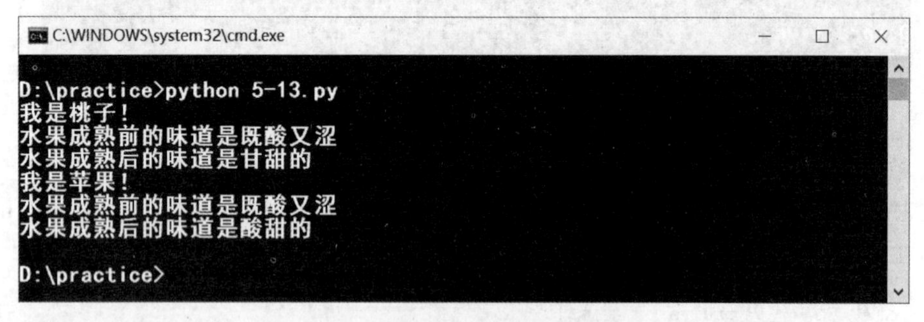

图 5-12　代码 5-13.py 的运行结果

3. 导入整个文件

在 Python 中，可以导入整个文件，然后使用文件名和点号(.)表示要访问的类。以文件 fruits.py 为例，在该文件的同一目录下创建 5-14.py，其代码如下：

```
# === 第 5 章 代码 5 - 14.py === #
import fruits


peach1 = fruits.Peach()
peach1.ripe(peach1.taste)
apple1 = fruits.Apple()
apple1.ripe(apple1.taste)
```

运行结果如图 5-13 所示。

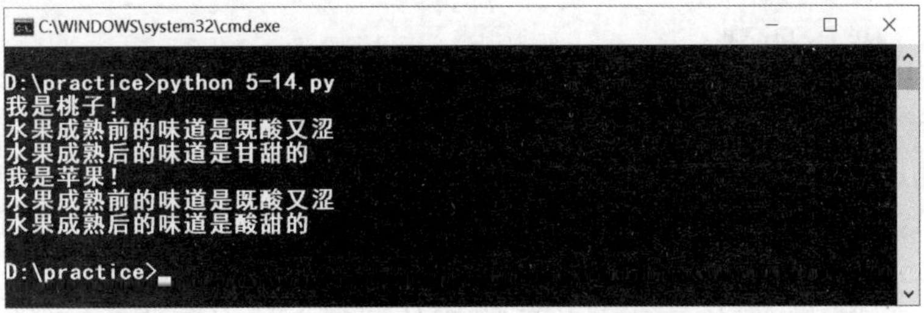

```
C:\WINDOWS\system32\cmd.exe

D:\practice>python 5-14.py
我是桃子!
水果成熟前的味道是既酸又涩
水果成熟后的味道是甘甜的
我是苹果!
水果成熟前的味道是既酸又涩
水果成熟后的味道是酸甜的

D:\practice>
```

图 5-13 代码 5-14.py 的运行结果

4. 导入文件中的所有类

在 Python 中,可以导入整个文件中的所有类,然后使用 from file_name import * 语句,可以导入文件中的每个类。以文件 fruits.py 为例,在该文件的同一目录下创建 5-15.py,其代码如下:

```
# === 第 5 章 代码 5 - 15.py === #
from fruits import *              # 注意 import 和 * 之间无空格


peach1 = Peach()
peach1.ripe(peach1.taste)
apple1 = Apple()
apple1.ripe(apple1.taste)
fruit1 = Fruits()
fruit1.ripe('好吃极了')
```

运行结果如图 5-14 所示。

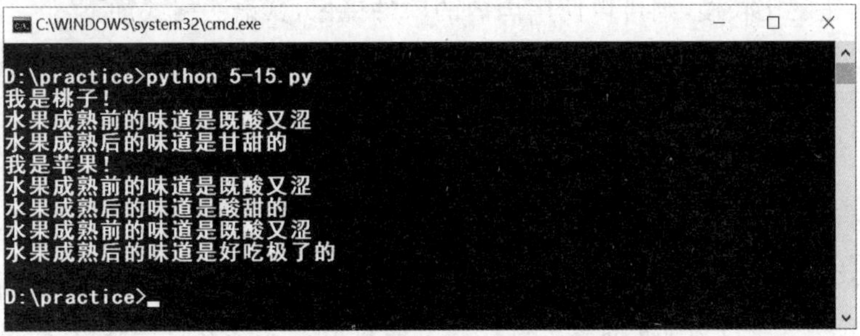

```
C:\WINDOWS\system32\cmd.exe

D:\practice>python 5-15.py
我是桃子!
水果成熟前的味道是既酸又涩
水果成熟后的味道是甘甜的
我是苹果!
水果成熟前的味道是既酸又涩
水果成熟后的味道是酸甜的
水果成熟前的味道是既酸又涩
水果成熟后的味道是好吃极了的

D:\practice>
```

图 5-14 代码 5-15.py 的运行结果

5.4 模块

Python中拥有数量巨大、功能强大的模块。Python的标准库中包含大量模块,也称为标准模块,即只要安装Python程序,就已经拥有标准模块。Python也提供了功能强大的第三方模块。可以在Python中安装第三方模块,也可以卸载第三方模块,还可以应用第三方模块。应用Python的模块,极大地提高了编程者的开发效率。

另外编程者也可以自定义模块,将自己认为经常用的功能集合在同一个模块中。

5.4.1 模块概述

3min

模块的英文单词是Module,Module在英文中也有组件、模件、单元、功能块的意思,可以将模块类比成一盒积木,利用这些“积木”可以拼接成需要的物品,也可以将模块类比成机械组件,利用这些组件可以组装成需要的机械装备。

在Python中,模块是指一个Python程序,其中封装了实现某些具体功能的函数,可以嵌入程序中。其实,平时写的Python代码,保存的每个.py文件都是一个独立的模块。

在Python中可以使用语句pip list查看Python上安装的模块。在Windows命令行窗口中输入pip list语句,运行结果如图5-15所示。

5.4.2 安装、升级、卸载模块

6min

虽然Python标准库中包含了大量模块,但有时也需要使用第三方模块,因为第三方模块的功能很强大。

1. 安装模块

如何使用第三方模块?首先要在Windows命令行窗口中安装第三方模块,然后才能使用该模块。安装第三方模块的语法格式如下:

```
pip install 模块名[ == version]
```

其中,方括号表示可选参数,可有可无;version表示版本号;如果省略“==version”,则会安装最新版本的模块。

如果安装速度比较慢,则可以使用国内的软件镜像,其语法格式如下:

```
pip install -i url 模块名
```

或

```
pip install 模块名 -i url
```

其中,url表示软件镜像的网络地址。例如在第1章第2节介绍过一款Python集成开发工具Spyde。Spyde也是Python的第三方模块。通过清华大学软件镜像安装Spyder模块的语句如下:

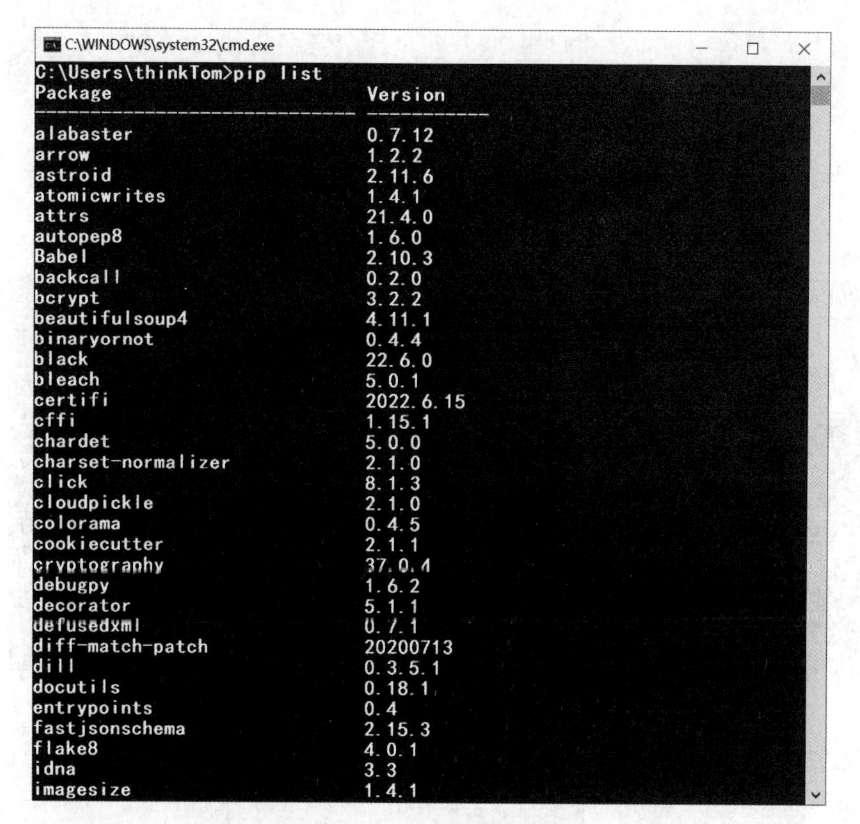

图 5-15　Python 中安装的模块

```
pip install -i https://pypi.tuna.tsinghua.edu.cn/simple spyder
```

通过阿里云软件镜像安装 Spyder 模块的语句如下：

```
pip install -i http://mirrors.aliyun.com/pypi /simple spyder
```

注意：如果第三方模块的镜像网址发生了变更，则需要重新找出该模块的网络地址，否则在安装第三方模块时将会发生错误。

---

2. 升级模块

Python 中的第三方模块由专业的团队进行维护、更新、升级。如果要升级第三方模块，则要在 Windows 命令行窗口中输入升级模块语句，其语法格式如下：

```
pip install --upgrade 模块名[ == version]
```

3. 卸载模块

对于不需要的第三方模块，Python 也提供了卸载该模块的方法。需要在 Windows 命令行窗口中输入卸载语句，其语法格式如下：

```
pip uninstall 模块名
```

例如卸载第三方模块 Spyder,卸载步骤如下：

(1) 在 Windows 命令行窗口中输入 pip uninstall spyder 语句,然后按 Enter 键,如图 5-16 所示。

```
C:\WINDOWS\system32\cmd.exe - pip uninstall spyder
(c) Microsoft Corporation。保留所有权利。

C:\Users\thinkTom>pip uninstall spyder
Found existing installation: spyder 5.3.1
Uninstalling spyder-5.3.1:
  Would remove:
    d:\program files\python\lib\site-packages\spyder-5.3.1.dist-info\*

    d:\program files\python\lib\site-packages\spyder\*
    d:\program files\python\scripts\spyder.exe
    d:\program files\python\share\applications\spyder.desktop
    d:\program files\python\share\icons\spyder.png
    d:\program files\python\share\metainfo\org.spyder_ide.spyder.appda
ta.xml
Proceed (Y/n)?
```

图 5-16　卸载第三方模块 Spyder 过程(1)

(2) 在 Windows 命令行窗口中输入 Y,然后按 Enter 键,如图 5-17 所示。

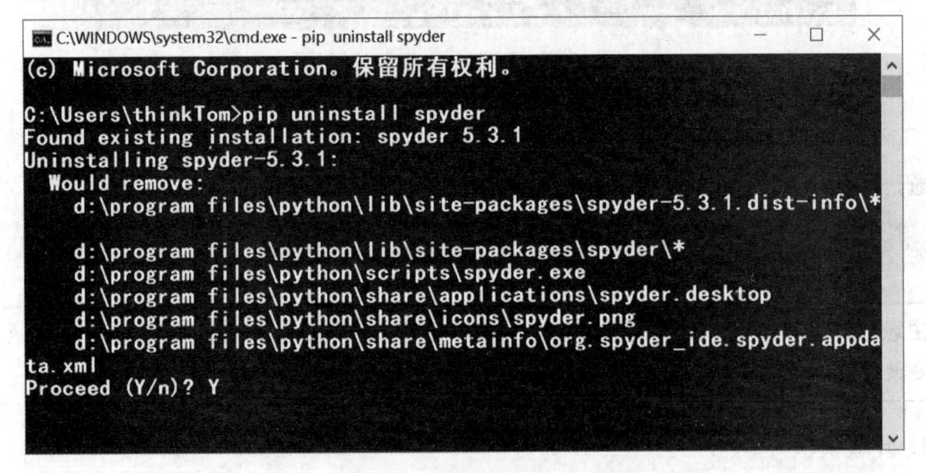

图 5-17　卸载第三方模块 Spyder 过程(2)

(3) 如果在 Windows 命令行窗口中显示卸载成功的英文,则表示已经卸载了 Spyder 模块,如图 5-18 所示。

注意：不同的第三方模块的卸载过程与此类似,唯一不同的是需要输入不同次数的英文字母 Y 或 y。

```
C:\WINDOWS\system32\cmd.exe

C:\Users\thinkTom>pip uninstall spyder
Found existing installation: spyder 5.3.1
Uninstalling spyder-5.3.1:
  Would remove:
    d:\program files\python\lib\site-packages\spyder-5.3.1.dist-info\*

    d:\program files\python\lib\site-packages\spyder\*
    d:\program files\python\scripts\spyder.exe
    d:\program files\python\share\applications\spyder.desktop
    d:\program files\python\share\icons\spyder.png
    d:\program files\python\share\metainfo\org.spyder_ide.spyder.appda
ta.xml
Proceed (Y/n)? Y
  Successfully uninstalled spyder-5.3.1

C:\Users\thinkTom>_
```

图 5-18　卸载第三方模块 Spyder 过程(3)

5.4.3　引入模块

Python 的模块既包括标准模块,也包括第三方模块。在 Python 中,无论是标准模块,还是第三方模块,引入模块的语句及方法是相同的。Python 提供了 4 种引入模块的方法。

1. 使用 import 语句导入整个模块

无论是标准模块、第三方模块,还是自定义模块,都可以使用该方法,其语法格式如下:

```
import 模块名
```

使用该语句引入模块后,如果要调用该模块中的变量、函数、类,则需要在变量名、函数名、类名前添加前缀"模块名."。

Turtle 库是 Python 语言中的一个很流行的绘制图像的函数库。绘制图像的原理是:一个小乌龟在一个横轴为 x、纵轴为 y 的坐标系原点,从(0,0)位置开始,它根据一组函数指令的控制,在这个平面坐标系中移动,从而在它爬行的路径上绘制图形。

Turtle 库中的函数 forward()表示前进的步数(前进 1 步就是前进 1 像素),函数 left()表示逆时针旋转,函数 pensize()表示设置画笔的宽度。

【实例 5-12】 使用 Python 的标准模块 Turtle 绘制一个等边三角形,代码如下:

```
# === 第 5 章 代码 5-16.py === #
import turtle

turtle.pensize(6)                    #设置画笔的宽度
for i in range(3):
    turtle.forward(200)              #前进 200 步
    turtle.left(120)                 #逆时针旋转 120°

input()                              #输入函数保持绘制画面
```

在代码文件的当前目录下，在 Windows 命令行窗口下输入 python 5-16. py，然后按 Enter 键即可运行该程序。运行结果如图 5-19 所示。

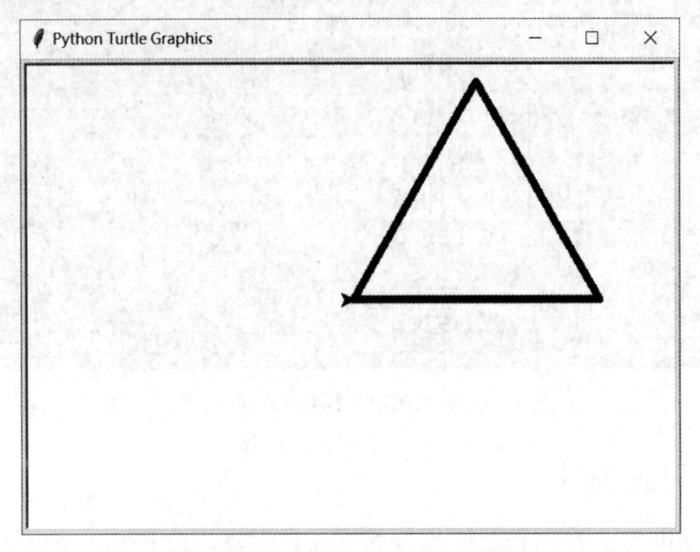

图 5-19　代码 5-16. py 的运行结果

注意：对于代码 5-16. py 运行而创建的图像，可以直接关闭该图像，也可以在 Windows 命令行窗口中输入任意一个字母或数字，然后按 Enter 键，即可关闭该画面。输入函数 input()的作用是保持该程序的运行状态，一旦该程序不再运行，绘制的图像也会被关闭。

2. 使用 import 语句重命名模块

无论是标准模块、第三方模块，还是自定义模块，都可以使用该方法，其语法格式如下：

```
import 模块名 as 新模块名
```

使用该语句引入模块后，如果要调用该模块中的变量、函数、类，则需要在变量名、函数名、类名前添加前缀“新模块名.”。

【实例 5-13】 使用 Python 的标准模块 Turtle 绘制一个正方形，代码如下：

```
# === 第 5 章 代码 5-17.py === #
import turtle as tk

tk.pensize(6)                        #设置画笔的宽度
for i in range(4):
    tk.forward(200)                  #前进 200 步
    tk.left(90)                      #逆时针旋转 90°

input()                              #输入函数保持绘制画面
```

在代码文件的当前目录下，在 Windows 命令行窗口下输入 python 5-17. py，然后按

Enter 键即可运行该程序。运行结果如图 5-20 所示。

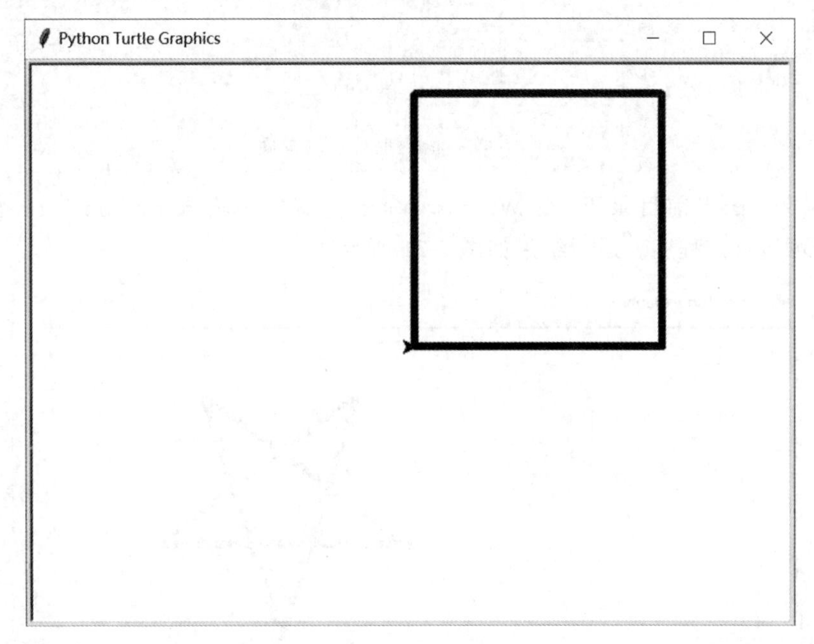

图 5-20　代码 5-17.py 的运行结果

在使用 import 语句导入模块时，每执行一条 import 语句都会创建一个新的命名空间(Namespace)，并且在当前的命名空间下执行与.py 文件相关的所有语句。如果两个命名空间发生冲突，则会引起编译混乱，因此需要在引入模块的具体变量名、函数名、类名前加上前缀“模块名.”或前缀“新模块名.”。类似于某年级 1 班有名同学叫小明，2 班有名同学也叫小明，如果 2 班的同学进入 1 班教室和 1 班的同学一起上课，则名字小明对应了两名同学，因此对 2 班的小明，要加上“2 班的”。

注意：命名空间是记录对象名字和对象之间对应关系的空间，可类比于某个教室中名字与同学之间的对应关系。在 Python 中，命名空间一般通过字典(dict)实现，其中 key 是标识符；value 是具体的对象。

---

3. 使用 from 语句导入模块中的所有成员

无论是标准模块、第三方模块，还是自定义模块，都可以使用该方法，其语法格式如下：

```
from 模块名 import *
```

使用该语句引入模块后，可以直接调用该模块中的变量、函数、类，而不需要加前缀。

【实例 5-14】　使用 Python 的标准模块 Turtle 绘制一个五角星，代码如下：

```
# === 第 5 章 代码 5 - 18.py === #
from turtle import *
```

```
pensize(6)                          #设置画笔的宽度
for i in range(5):
    forward(200)                    #前进 200 步
    left(144)                       #逆时针旋转 144°

input()                             #输入函数保持绘制画面
```

在代码文件的当前目录下，在 Windows 命令行窗口下输入 python 5-18. py，然后按 Enter 键即可运行该程序。运行结果如图 5-21 所示。

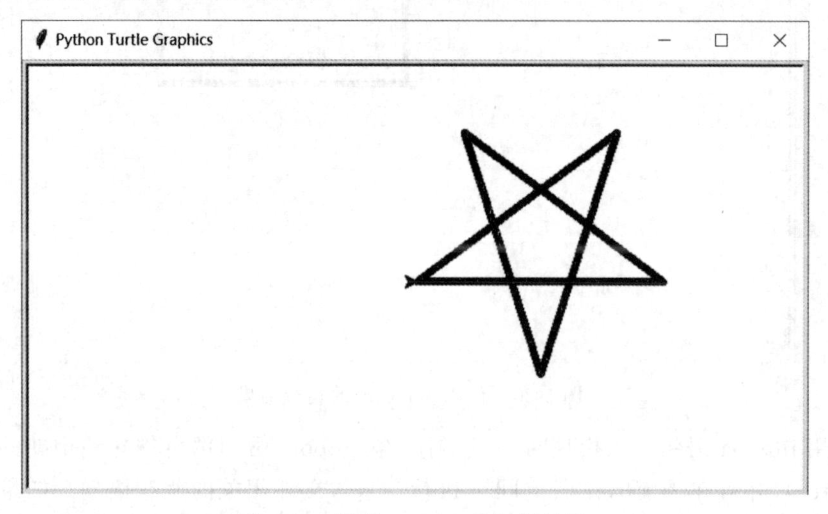

图 5-21 代码 5-18. py 的运行结果

4. 使用 from 语句导入模块中的部分成员

无论是标准模块、第三方模块，还是自定义模块，都可以使用该方法，其语法格式如下：

```
from 模块名 import member_name1,member_name2,...,member_namen
```

其中，member_name1、member_name2、……、member_namen 表示要导入的变量名、函数名、类名。

【实例 5-15】 使用 Python 的标准模块 Turtle 绘制一个正六边形，代码如下：

```
# === 第 5 章 代码 5 - 19.py === #
from turtle import pensize,forward,left

pensize(5)                          #设置画笔的宽度
for i in range(6):
    forward(130)                    #前进 130 步
    left(60)                        #逆时针旋转 60°

input()                             #输入函数保持绘制画面
```

在代码文件的当前目录下，在 Windows 命令行窗口下输入 python 5-19. py，然后按

Enter 键即可运行该程序。运行结果如图 5-22 所示。

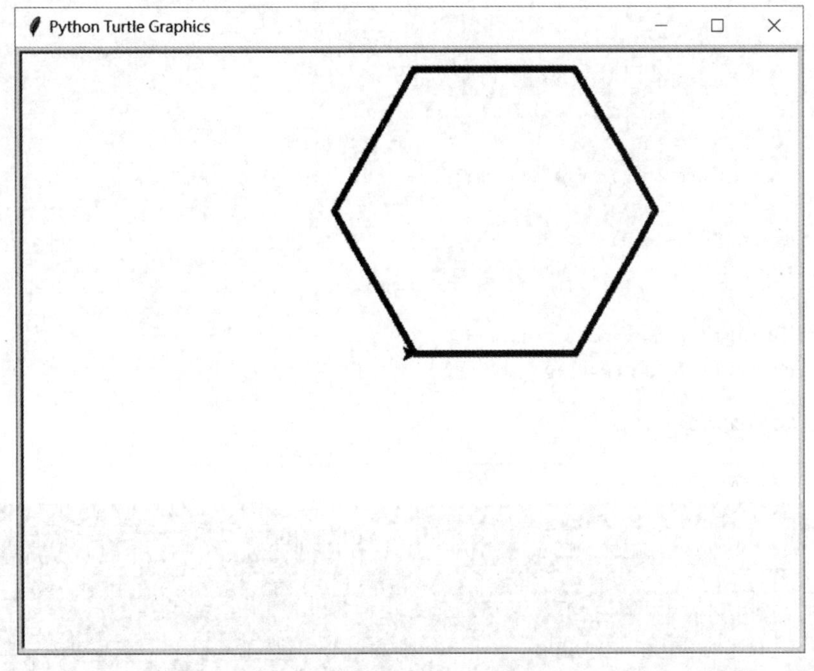

图 5-22　代码 5-19.py 的运行结果

注意：这 4 种方法都可以引入模块，如果需要引入多个模块而担心重名问题，则推荐使用前两种方法；如果需要引入一个模块，则推荐使用后两种方法。

5.4.4　创建主程序

如果读者阅读过别人写的 Python 代码，则会发现其中很多代码文件包含一行语句 if __name__=='__main__'，这行语句有什么作用？难道必须写这行语句？各位读者先不要着急寻找原因，先看一个例子。

【实例 5-16】　创建一个模块文件 rect.py，在该文件中创建一个全局变量 rectangle，然后创建一个矩形类，矩形类有两种方法：一种是计算周长，另一种是计算面积。在类定义体外，测试一下这个类，即创建一个对象，调用该对象的两种方法，代码如下：

```
# === 第 5 章 代码 rect.py === #
rectangle = '矩形'                        #全局变量

class Rect():
    '''矩形类'''
    def __init__(self,width,height):     #初始化方法
        self.width = width
```

```
        self.height = height

    def area(self):                     #计算面积
        return self.width * self.height

    def perimeter(self):                #计算周长
        return 2 * (self.width + self.height)

# ====== 类体外 ====== #
print('现在是类体外')
rect1 = Rect(10,8)
print('该矩形的面积是',rect1.area())
print('该矩形的周长是',rect1.perimeter())
```

运行结果如图 5-23 所示。

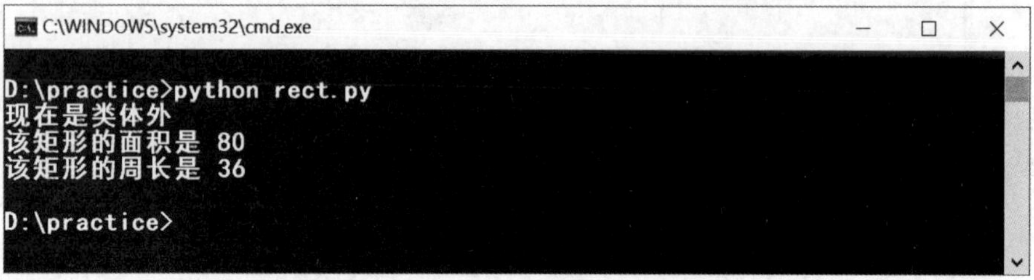

```
C:\WINDOWS\system32\cmd.exe

D:\practice>python rect.py
现在是类体外
该矩形的面积是 80
该矩形的周长是 36

D:\practice>
```

图 5-23　代码 rect.py 的运行结果

在模块文件 rect.py 的同级目录下，创建一个名称为 5-20.py 的文件，在该文件中导入 rect 模块，然后输出该模块中的全局变量 rectangle，代码如下：

```
# === 第 5 章 代码 5-20.py === #
import rect

print('全局变量的值为',rect.rectangle)
```

运行结果如图 5-24 所示。

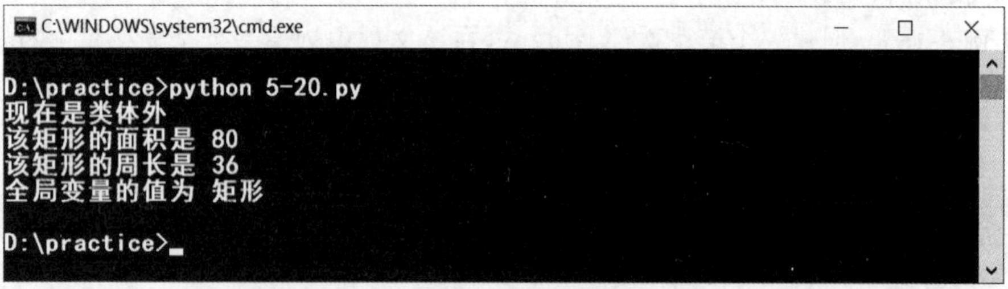

```
C:\WINDOWS\system32\cmd.exe

D:\practice>python 5-20.py
现在是类体外
该矩形的面积是 80
该矩形的周长是 36
全局变量的值为 矩形

D:\practice>_
```

图 5-24　代码 5-20.py 的运行结果

从代码 5-20.py 的运行结果可以看出，导入模块后，模块中原有的测试代码都被执行了，这个结果不是我们想要的。

在模块文件中，加入语句 if __name__=='__main__'，并且将该语句放在模块中的测试代码之前。模块 rect.py 的代码如下：

```
# === 第 5 章 修改后的代码 rect.py === #
rectangle = '矩形'                           #全局变量

class Rect():
    '''矩形类'''
    def __init__(self,width,height):    #初始化方法
            self.width = width
            self.height = height

    def area(self):                     #计算面积
            return self.width * self.height

    def perimeter(self):                #计算周长
            return 2 * (self.width + self.height)

# ====== 类体外 ====== #
if __name__ == '__main__':
    print('    现在是类体外    ')
    rect1 = Rect(10,8)
    print('该矩形的面积是',rect1.area())
    print('该矩形的周长是',rect1.perimeter())
```

运行结果如图 5-25 所示。

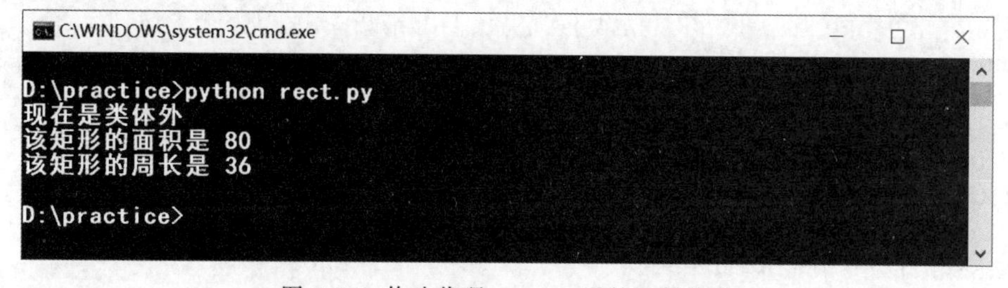

图 5-25 修改代码 rect.py 后的运行结果

从修改后模块文件 rect.py 的运行结果可以看出，加入语句 if __name__=='__main__'后，并不影响该模块中的测试代码的运行。

重新运行代码 5-20.py，运行结果如图 5-26 所示。

```
C:\WINDOWS\system32\cmd.exe

D:\practice>python 5-20.py
全局变量的值为 矩形

D:\practice>a
```

图 5-26 修改代码 rect.py 后，代码 5-20.py 的运行结果

从运行结果可以看出,这次没有运行模块文件中的测试代码,而是直接输出了全局变量。

在每个模块的定义时,都包含一个记录模块名称的变量__name__,Python 可以检查该变量,以确定模块文件中的程序在哪个文件中执行。如果一个模块不是被导入其他程序中,则模块程序可能在解释器的顶级模块中执行,Python 顶级模块的变量__name__的值是__main__。

5.4.5 自定义模块

6min

在 Python 中,可以自定义模块。自定义模块有两个作用:一是可以将经常用的变量、函数、类保存在模块文件中,方便其他程序使用已经写好的代码,从而提高开发效率;二是规范代码,提高代码的可读性。

实现自定义模块分为两部分,一部分是创建模块,另一部分是导入模块。

【实例 5-17】 创建一个模块文件 bai.py,在该模块文件下创建一个函数 fun_bai(),这个函数可以计算并输出百钱买百鸡的结果,然后创建一个文件,导入该模块并调用模块中的函数。创建模块的代码如下:

```
# === 第 5 章 模块 bai.py === #
"""
@百钱买百鸡问题
"""
def fun_bai():
    for i in range(1,20):
            for j in range(1,33):
                    if 5 * i + 3 * j + (100 - i - j)/3 == 100:
                            print("公鸡、母鸡、小鸡的数目分别是:",i,j,100 - i - j)


if __name__ == '__main__':
    fun_bai()
```

引入模块的代码如下:

```
# === 第 5 章 代码 5-21.py === #
import bai

bai.fun_bai()
```

运行结果如图 5-27 所示。

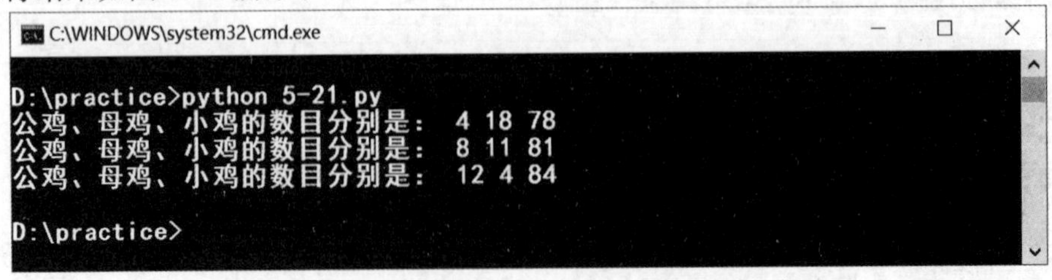

图 5-27 代码 5-21.py 的运行结果

注意：模块文件的本质就是 Python 程序文件，也就是后缀名是.py 的文件。如果 Python 程序文件被别的文件引入，则该程序文件也称为模块文件。

5.5　小结

本章介绍了面向对象程序设计的思想，在 Python 中如何定义类，如何应用类创建对象及类的继承机制，如何重写派生类的属性和方法，如何导入类的方法。

本章也介绍了 Python 中的模块，包括标准模块和第三方模块。如何安装第三方模块，如何引入模块，如何自定义模块，如何创建主程序。第 6 章将介绍 Python 中的异常处理。

第6章 异常处理

程序员是人，而不是神。程序员在开发项目或编写程序时会经常犯错，即便是经验丰富的程序员，也不能保证写出来的代码百分之百没有问题。如果程序员编写的程序面向消费者或用户，不仅要保证程序运行没有问题，而且要保证没有安全漏洞。各位读者可以登录各大互联网公司的 SRC，即安全应急响应中心（Security Emergency Response Center），看一看 SRC 对各种安全漏洞的悬赏金额就明白了。

作为编程初学者，熟悉、理解、反思程序运行产生的异常，可以有效地提高编程技术，并检测思维中的漏洞。

6.1 异常概述

Python 语言与 C 语言、Java 语言有很大不同，Python 语言的运行方式是解释执行，而 C 语言、Java 语言的运行是编译运行，因此在 C 语言、Java 语言中，编译器可以捕获很多语法错误。在 Python 语言中，只有在程序运行后才能执行语法检查，所以 Python 程序只有在运行时才知道能不能正常运行，是否有语法错误，以及是否会抛出异常。

什么是异常？异常是指在程序运行过程中，经常会出现的各种各样的错误，这些错误统称为异常。程序员对部分异常是已知的，出错的原因是程序员输入语法错误，这些异常是显式的；程序员对另外一些异常是未知的，通常和程序员的行为习惯、思维习惯有关，这些异常是隐式的。

6.1.1 常见的异常

6min

Python 中的常见异常大体有以下几种。

1. SyntaxError：Python 的语法错误

Syntax 是语法、句法的意思，SyntaxError 是指语法错误。如果输入语法错误，则会抛出 SyntaxError 异常，Python 代码将不能继续执行。SyntaxError 如图 6-1 所示。

2. TypeError：不同数据类型间的无效操作

Type 是类型、种类的意思。Python 中不同类型的数据是不能进行相互计算的，否则会抛出 TypeError 异常，如图 6-2 所示。

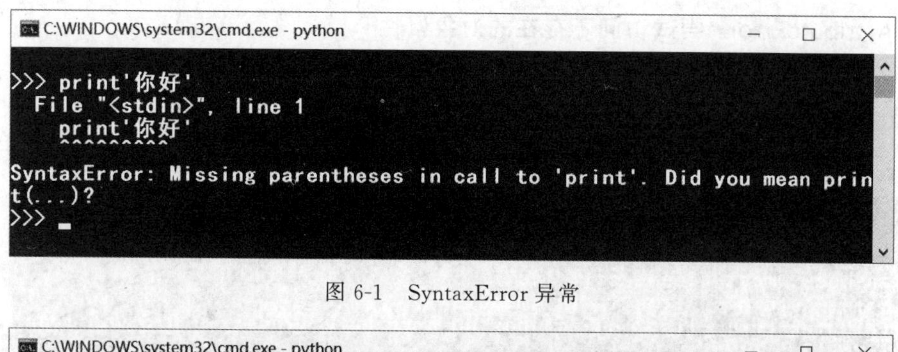

图 6-1　SyntaxError 异常

```
C:\WINDOWS\system32\cmd.exe - python
>>> 3+'2'
Traceback (most recent call last):
  File "<stdin>", line 1, in <module>
TypeError: unsupported operand type(s) for +: 'int' and 'str'
>>>
```

图 6-2　TypeError 异常

注意：Traceback 是回溯、追踪的意思。

---

3. ZeroDivisionError：除数为 0

Zero 表示数字 0，Division 是除法的意思。只要学过数学的人都知道除数不能为 0，否则会抛出 ZeroDivisionError 异常，如图 6-3 所示。

```
C:\WINDOWS\system32\cmd.exe - python
>>> 7/0
Traceback (most recent call last):
  File "<stdin>", line 1, in <module>
ZeroDivisionError: division by zero
>>>
```

图 6-3　ZeroDivisionError 异常

4. NameError：尝试访问一个不存在的变量

Name 是名字、变量名的意思。当尝试访问一个不存在的变量时，Python 会抛出 NameError 异常，如图 6-4 所示。

```
C:\WINDOWS\system32\cmd.exe - python
>>> taiyuan
Traceback (most recent call last):
  File "<stdin>", line 1, in <module>
NameError: name 'taiyuan' is not defined
>>>
```

图 6-4　NameError 异常

5. AttributeError：尝试访问不存在的对象属性

Attribute 是属性、特性的意思。当尝试访问一个不存在的对象属性时，Python 会抛出 AttributeError 异常，如图 6-5 所示。

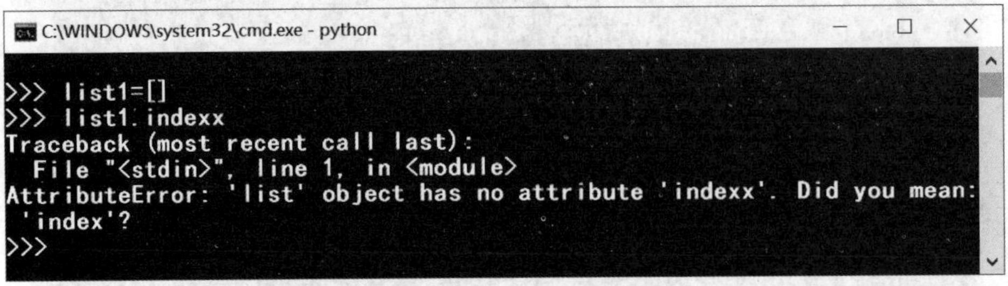

```
C:\WINDOWS\system32\cmd.exe - python
>>> list1=[]
>>> list1.indexx
Traceback (most recent call last):
  File "<stdin>", line 1, in <module>
AttributeError: 'list' object has no attribute 'indexx'. Did you mean:
 'index'?
>>>
```

图 6-5　AttributeError 异常

6. IndexError：索引超出序列的范围

Index 是索引的意思。在使用列表、元组等序列时，常常会遇到 IndexError 异常，原因是索引超出序列的范围，如图 6-6 所示。

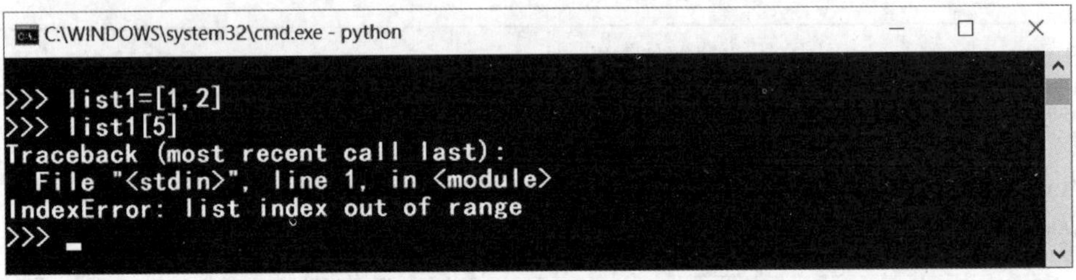

```
C:\WINDOWS\system32\cmd.exe - python
>>> list1=[1,2]
>>> list1[5]
Traceback (most recent call last):
  File "<stdin>", line 1, in <module>
IndexError: list index out of range
>>>
```

图 6-6　IndexError 异常

7. KeyError：字典中查找一个不存在的关键字

Key 是键的意思。在使用字典时，常常会遇到 KeyError 异常，原因是在字典中查找一个不存在的关键字，如图 6-7 所示。

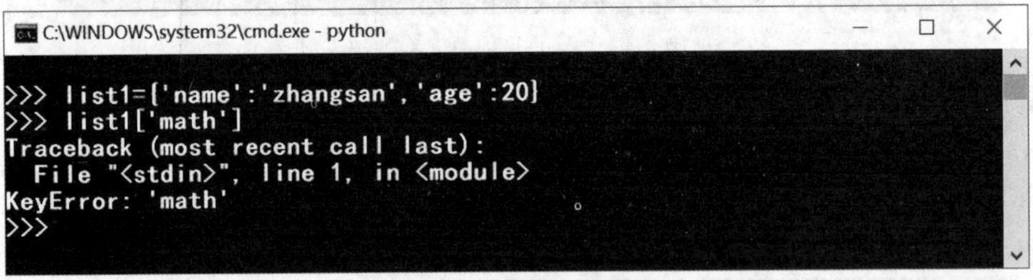

```
C:\WINDOWS\system32\cmd.exe - python
>>> list1={'name':'zhangsan','age':20}
>>> list1['math']
Traceback (most recent call last):
  File "<stdin>", line 1, in <module>
KeyError: 'math'
>>>
```

图 6-7　KeyError 异常

8. AssertionError：断言语句(assert)失败

Assert 语句是 Python 中的断言语句，有点类似条件分支的 if 语句，其语法格式如下：

```
assert 条件表达式
```

如果条件表达式的结果为假，则程序会自动崩溃并抛出 AssertionError 异常，如图 6-8 所示。

```
C:\WINDOWS\system32\cmd.exe - python
>>> assert 0>1
Traceback (most recent call last):
  File "<stdin>", line 1, in <module>
AssertionError
>>>
```

图 6-8　AssertionError 异常

9. FileNotFoundError：查找一个不存在的文件

在 Python 中，可以使用内置函数 open()打开一个 TXT 文件。如果这个 TXT 文件不存在，则会引发 FileNotFoundError 异常，如图 6-9 所示。

```
C:\WINDOWS\system32\cmd.exe - python
>>> f=open('001.txt','r')
Traceback (most recent call last):
  File "<stdin>", line 1, in <module>
FileNotFoundError: [Errno 2] No such file or directory: '001.txt'
>>> _
```

图 6-9　FileNotFoundError 异常

10. ModuleNotFoundError：引入一个不存在或没有安装的模块

在 Python 中，如果在程序中引入一个不存在或没有安装的模块，则会引发 ModuleNotFoundError 异常，如图 6-10 所示。

```
C:\WINDOWS\system32\cmd.exe - python
>>> import numpy
Traceback (most recent call last):
  File "<stdin>", line 1, in <module>
ModuleNotFoundError: No module named 'numpy'
>>>
```

图 6-10　ModuleNotFoundError 异常

6.1.2　其他异常

Python 中还有以下几种异常。

（1）IdentationError：表示缩进错误。

（2）ValueError：表示传入值错误。

（3）MemoryError：表示内存不足。

（4）OSError：表示由操作系统引发的错误。

6.2 异常处理语句

在程序开发中,运行程序时并不是每次都会出现异常,例如下面的例子。

【实例 6-1】 创建一个函数,该函数要实现给工人分橘子的任务,需要输入橘子及工人的人数,然后应用除法计算分配方案,代码如下:

```
# === 第 6 章 6-1.py === #
def distribute():
    print('给工人分橘子!')
    orange = int(input('请输入橘子的个数:'))
    worker = int(input('请输入现场工人的人数:'))
    result = orange//worker                    #计算每人分配橘子的个数
    remain = orange - result * worker          #计算剩下橘子的个数
    if remain > 0:
            print('每个工人分了' + str(result) + '个橘子,还剩下' + str(remain) + '个橘子.')
    else:
            print('每个工人分了' + str(result) + '个橘子,还剩下 0 个橘子.')

if __name__ == '__main__':
    distribute()
```

运行结果如图 6-11 所示。

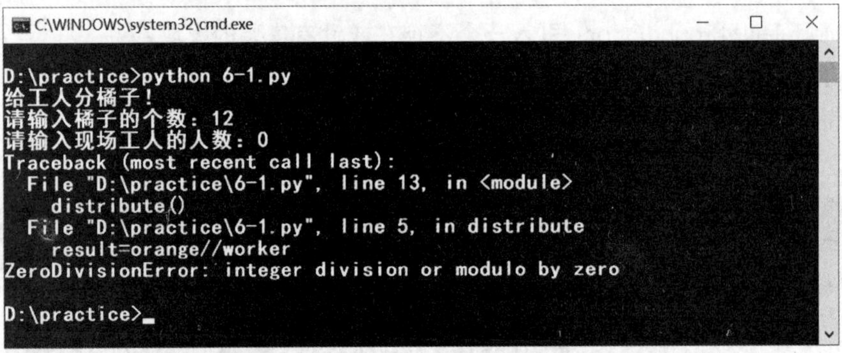

```
C:\WINDOWS\system32\cmd.exe

D:\practice>python 6-1.py
给工人分橘子!
请输入橘子的个数: 12
请输入现场工人的人数: 0
Traceback (most recent call last):
  File "D:\practice\6-1.py", line 13, in <module>
    distribute()
  File "D:\practice\6-1.py", line 5, in distribute
    result=orange//worker
ZeroDivisionError: integer division or modulo by zero

D:\practice>_
```

图 6-11 代码 6-1.py 的运行结果

在程序 6-1.py 的运行中,如果输入的工人的人数为 0,则程序会抛出异常。对于这种情况,需要在开发程序时对可能出现的异常进行处理。Python 中提供了异常处理语句。

6.2.1 try…except 语句

15min

Python 提供了 try…except 语句捕获并处理异常,其语法格式如下:

```
try:
    block1
except [ExceptionName [as alias]]:
    block2
```

其中,block1 表示要检测的代码块,即可能出现错误的代码块;block2 表示出现异常后的处理代码,可以输出固定的提示信息,可以通过别名输出异常的具体内容。ExceptionName [as alias]表示可选参数,用于指定要捕获的异常,其中,ExceptionName 表示要捕获的异常名称,如果在其右侧加上 as alias,则表示为当前的异常指定了别名,通过该别名,可以记录异常的具体内容。

在使用 try…except 语句时,需将要检测的代码块放在 try 语句之后,把出现异常后的处理代码放在 except 语句之后。如果要检测的代码出现异常,则会执行 except 语句之后的代码;如果要检测的代码没有出现异常,则不会执行 except 语句之后的代码。

注意:使用 try…except 语句时,如果不在 except 语句后指定异常名称,则表示捕获全部异常。使用 try…except 语句捕获异常后,在输出错误信息后程序会继续运行。

对代码 6-1.py 进行修改,加上 try…except 语句,代码如下:

```
# === 第 6 章 6-2.py === #
def distribute():
    print('给工人分橘子!')
    orange = int(input('请输入橘子的个数:'))
    worker = int(input('请输入现场工人的人数:'))
    result = orange//worker                    #计算每人分配橘子的个数
    remain = orange - result * worker          #计算剩下橘子的个数
    if remain > 0:
        print('每个工人分了' + str(result) + '个橘子,还剩下' + str(remain) + '个橘子.')
    else:
        print('每个工人分了' + str(result) + '个橘子,还剩下 0 个橘子.')

if __name__ == '__main__':
    try:
        distribute()
    except ZeroDivisionError:
        print('\n 出错了,橘子不能被 0 个工人分!')
```

运行代码 6-2.py,如果输入的橘子的个数为 13,输入的现场工人的人数为 0,则运行结果如图 6-12 所示。

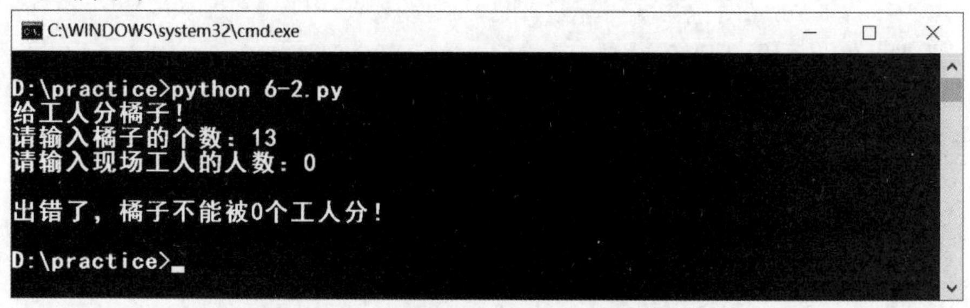

图 6-12 代码 6-2.py 的运行结果(1)

代码6-2.py已经处理了除数为0的情况,如果将橘子或工人的个数变为小数或者其他类型的数据,则会出现什么结果?运行代码6-2.py,如果输入的橘子的个数为5.6,则运行结果如图6-13所示。

```
C:\WINDOWS\system32\cmd.exe
D:\practice>python 6-2.py
给工人分橘子!
请输入橘子的个数: 5.6
Traceback (most recent call last):
  File "D:\practice\6-2.py", line 14, in <module>
    distribute()
  File "D:\practice\6-2.py", line 3, in distribute
    orange=int(input('请输入橘子的个数: '))
ValueError: invalid literal for int() with base 10: '5.6'

D:\practice>_
```

图6-13　代码6-2.py的运行结果(2)

从图6-13可以得出,程序要求输入整数,如果实际输入的是小数,则会抛出ValueError异常,即传入值错误。要解决该问题,则需要为try…except语句再添加一个except语句,用于处理ValueError异常。修改后的代码如下:

```
# === 第6章 6-3.py === #
def distribute():
    print('给工人分橘子!')
    orange = int(input('请输入橘子的个数:'))
    worker = int(input('请输入现场工人的人数:'))
    result = orange//worker                    #计算每人分配橘子的个数
    remain = orange - result * worker          #计算剩下橘子的个数
    if remain > 0:
            print('每个工人分了' + str(result) + '个橘子,还剩下' + str(remain) + '个橘子.')
    else:
            print('每个工人分了' + str(result) + '个橘子,还剩下0个橘子.')

if __name__ == '__main__':
    try:
            distribute()
    except ZeroDivisionError:
            print('\n出错了,橘子不能被0个工人分!')
    except ValueError as w:
            print('\n输入错误:',w)
```

运行代码6-3.py,当输入的橘子的个数为小数时,将不再抛出异常,而是显示提示信息。运行结果如图6-14所示。

在捕获异常时,如果需要同时处理多个异常,则可以采用合并异常情况的方法,代码如下:

```
try:
    distribute()
```

```
except (ValueError,ZeroDivisionError ) as w:
    print('出错了,原因是',w)
```

```
C:\WINDOWS\system32\cmd.exe

D:\practice>python 6-3.py
给工人分橘子!
请输入橘子的个数: 5.6

输入错误:  invalid literal for int() with base 10: '5.6'

D:\practice>
```

图 6-14　代码 6-3.py 的运行结果

6.2.2　try…except…else 语句

Python 提供了 try…except…else 语句,此语句也用于捕获并处理异常,即在原来 try…except 语句的基础上再添加一个 else 语句,用于指定 try…except 语句没有发现异常时要执行的语句块,其语法格式如下:

```
try:
    block1
except [ExceptionName [as alias]]:
    block2
else:
    block3
```

其中,block1 表示要检测的代码块,即可能出现错误的代码块;block2 表示出现异常后的处理代码,可以输出固定的提示信息,可以通过别名输出异常的具体内容;block3 表示没有发现异常时要执行的语句块,如果发现异常,则不执行该语句块。

ExceptionName [as alias]表示可选参数,用于指定要捕获的异常,其中,ExceptionName 表示要捕获的异常名称,如果在其右侧加上 as alias,则表示为当前的异常指定了别名,通过该别名,可以记录异常的具体内容。

使用 try…except…else 语句对代码 6-3 进行修改。修改后的代码如下:

```
# === 第 6 章 6-4.py === #
def distribute():
    print('给工人分橘子!')
    orange = int(input('请输入橘子的个数:'))
    worker = int(input('请输入现场工人的人数:'))
    result = orange//worker                    #计算每人分配橘子的个数
    remain = orange - result * worker          #计算剩下橘子的个数
    if remain > 0:
            print('每个工人分了' + str(result) + '个橘子,还剩下' + str(remain) + '个橘子.')
    else:
```

```
            print('每个工人分了' + str(result) + '个橘子,还剩下 0 个橘子.')

if __name__ == '__main__':
    try:
            distribute()
    except ZeroDivisionError:
            print('\n 出错了,橘子不能被 0 个工人分!')
    except ValueError as w:
            print('\n 输入错误:',w)
    else:
            print('\n 给工人分橘子顺利完成.')
```

运行结果如图 6-15 所示。

```
C:\WINDOWS\system32\cmd.exe

D:\practice>python 6-4.py
给工人分橘子!
请输入橘子的个数：40
请输入现场工人的人数：8
每个工人分了5个橘子，还剩下0个橘子。

给工人分橘子顺利完成。

D:\practice>
```

图 6-15　代码 6-4. py 的运行结果

6.2.3　try…except…finally 语句

12min

如果程序在运行过程中出现了异常,则要执行收尾工作(例如在程序崩溃之前保存用户数据),此时需要在 try…except 语句后加上 finally 语句。一般情况下,无论程序中是否有异常产生,finally 语句后的代码块都会被执行,其语法格式如下:

```
try:
    block1
except [ExceptionName [as alias]]:
    block2
finally:
    block3
```

其中,block1 表示要检测的代码块,即可能出现错误的代码块;block2 表示出现异常后的处理代码,可以输出固定的提示信息,也可以通过别名输出异常的具体内容;block3 表示无论程序运行是否有异常,都要执行的代码块。

ExceptionName [as alias]表示可选参数,用于指定要捕获的异常,其中,ExceptionName 表示要捕获的异常名称,如果在其右侧加上 as alias,则表示为当前的异常指定了别名,通过该别名,可以记录异常的具体内容。

【实例 6-2】 创建一个函数，该函数要实现给工人分橘子的任务，需要输入橘子及工人的人数，应用除法计算分配方案，并运行该函数。无论该程序是否运行成功，都要输出“进行了一次分福利操作”，代码如下：

```
# === 第 6 章 6-5.py === #
def distribute():
    print('给工人分橘子!')
    orange = int(input('请输入橘子的个数:'))
    worker = int(input('请输入现场工人的人数:'))
    result = orange//worker            #计算每人分配橘子的个数
    remain = orange - result * worker  #计算剩下橘子的个数
    if remain > 0:
        print('每个工人分了' + str(result) + '个橘子,还剩下' + str(remain) + '个橘子.')
    else:
        print('每个工人分了' + str(result) + '个橘子,还剩下 0 个橘子.')

if __name__ == '__main__':
    try:
        distribute()
    except ZeroDivisionError:
        print('\n 出错了,橘子不能被 0 个工人分!')
    except ValueError as w:
        print('\n 输入错误:',w)
    else:
        print('\n 给工人分橘子顺利完成.')
    finally:
        print('\n 进行了一次分福利操作.')
```

运行代码 6-5.py，如果输入的橘子的个数为 6，输入的现场工人的人数为 20，则运行结果如图 6-16 所示。

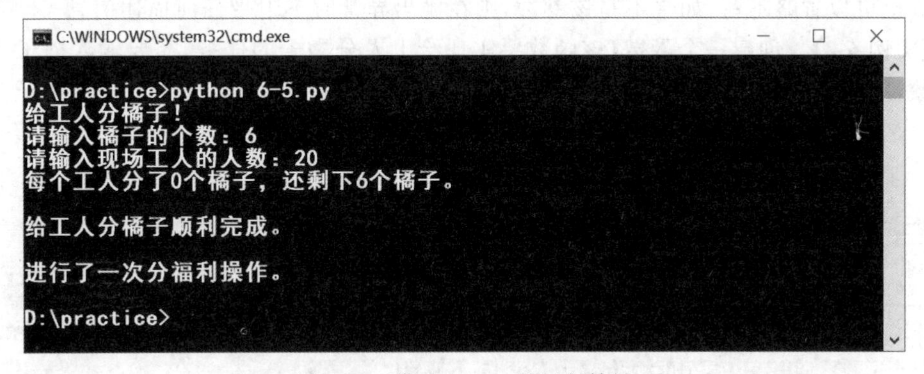

图 6-16　代码 6-5.py 的运行结果

在代码 6-5.py 文件中使用了 try…except…else…finally 语句，该语句的执行流程图如图 6-17 所示。

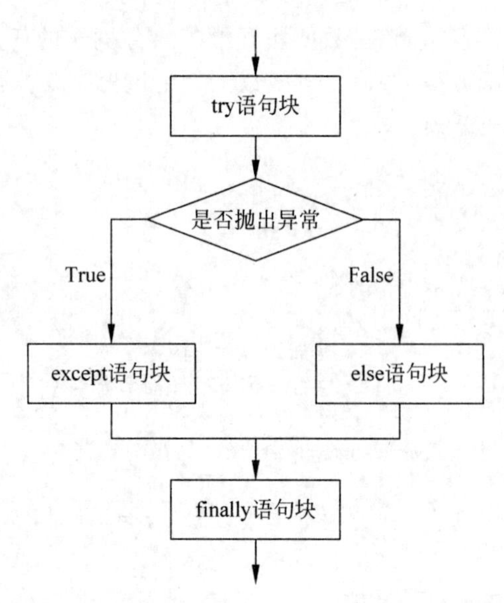

图 6-17 try…except…else…finally 执行流程图

6.2.4 使用 raise 语句抛出异常

在 Python 中,有没有单独可以抛出异常的语句?答案是有的,即 raise 语句。例如针对图 6-16 这种橘子个数少于现场工人人数的情况,可以单独抛出异常。raise 语句的语法格式如下:

```
raise [ExceptionName[(reason)]]
```

其中,ExceptionName[(reason)]是可选参数,用于表示指定抛出的异常名称及异常信息的相关描述;如果省略不写,则会把当前的错误原样抛出。ExceptionName[(reason)]的参数 reason 也可以省略不写,如果不写该参数,则在抛出异常时不附带任何描述信息。

【实例 6-3】 创建一个函数,该函数要实现给工人分橘子的任务,需要输入橘子及工人的人数,应用除法计算分配方案,运行该函数,保证每个现场工人至少分到一个橘子。无论该程序是否运行成功,都要输出“进行了一次分福利操作”,代码如下:

```
# === 第 6 章 6-6.py === #
def distribute():
    print('给工人分橘子!')
    orange = int(input('请输入橘子的个数:'))
    worker = int(input('请输入现场工人的人数:'))
    if orange < worker:
            raise ValueError('橘子太少了,不够分!')
    result = orange//worker                    # 计算每人分配橘子的个数
    remain = orange - result * worker          # 计算剩下橘子的个数
    if remain > 0:
            print('每个工人分了' + str(result) + '个橘子,还剩下' + str(remain) + '个橘子.')
```

```
    else:
        print('每个工人分了' + str(result) + '个橘子,还剩下 0 个橘子.')

if __name__ == '__main__':
    try:
        distribute()
    except ZeroDivisionError:
        print('\n 出错了,橘子不能被 0 个工人分!')
    except ValueError as w:
        print('\n 输入错误:',w)
    else:
        print('\n 给工人分橘子顺利完成.')
    finally:
        print('\n 进行了一次分福利操作.')
```

运行结果如图 6-18 所示。

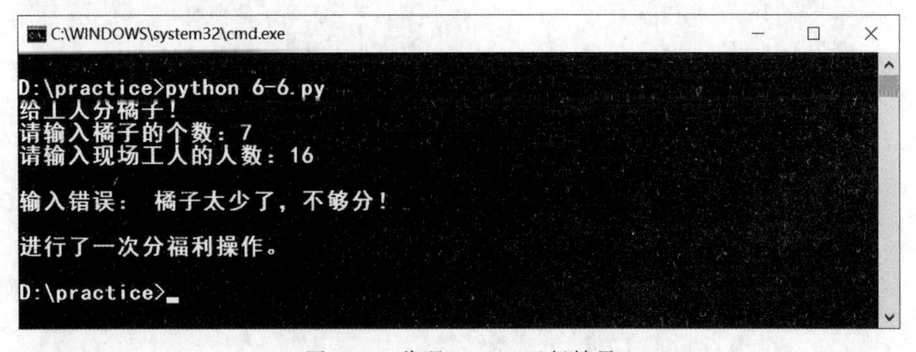

图 6-18　代码 6-6.py 运行结果

注意：当使用 raise 语句抛出异常时，应尽量选择合理的异常对象，而不是抛出一个与实际内容不相符的异常。

6.3　程序调试

在项目开发中，总会出现一些错误。这些错误有的是语法错误，有的是逻辑错误。对于语法错误，程序员比较容易检测到出错位置，因为当遇到语法错误时，程序会直接停止运行，并给出错误提示。对于逻辑错误，程序员就不容易检测了，因为程序会一直运行下去，但运行结果是错误的。

作为一名开发者或程序员，如果掌握了一定的程序调试方法，则可以有效地提高开发效率，这是一项必备技能。

6.3.1　使用 assert 语句调试程序

对于程序中的逻辑错误，Python 提供了 assert 语句，以此来调试程序。assert 表示断

言、坚称的意思,一般用于对某个时刻必须满足的条件进行验证,其语法格式如下:

```
assert expression [,reason]
```

其中,expression是条件表达式,如果该条件表达式为真,则什么都不做;如果该条件表达式为假,则抛出AssertionError异常;reason是可选参数,用于描述出错的原因。

对于代码6-5.py可能出现的逻辑错误,即橘子个数小于现场工人数量的情况,可以使用assert语句,以此来验证橘子的个数是否小于现场工人的数量。修改后的代码如下:

```
# === 第6章 6-7.py === #
def distribute():
    print('给工人分橘子!')
    orange = int(input('请输入橘子的个数:'))
    worker = int(input('请输入现场工人的人数:'))
    assert orange > worker,'橘子个数太少了,不够分!'
    result = orange//worker                    #计算每人分配橘子的个数
    remain = orange - result * worker          #计算剩下橘子的个数
    if remain > 0:
            print('每个工人分了' + str(result) + '个橘子,还剩下' + str(remain) + '个橘子.')
    else:
            print('每个工人分了' + str(result) + '个橘子,还剩下0个橘子.')

if __name__ == '__main__':
    try:
            distribute()
    except ZeroDivisionError:
            print('\n出错了,橘子不能被0个工人分!')
    except ValueError as w:
            print('\n输入错误:',w)
    else:
            print('\n给工人分橘子顺利完成.')
    finally:
            print('\n进行了一次分福利操作.')
```

运行代码6-7.py,如果输入的橘子的个数是6,输入的现场工人的数量是13,则将抛出AssertionError异常,如图6-19所示。

如果要求当程序遇到AssertionError时继续执行,则可将assert语句和异常处理语句结合使用。例如可在代码6-7.py文件中添加处理AssertionError异常的语句,修改后的代码如下:

```
# === 第6章 6-8.py === #
def distribute():
    print('给工人分橘子!')
    orange = int(input('请输入橘子的个数:'))
    worker = int(input('请输入现场工人的人数:'))
    assert orange > worker,'橘子个数太少了,不够分!'
```

```
    result = orange//worker                    #计算每人分配橘子的个数
    remain = orange - result * worker          #计算剩下橘子的个数
    if remain > 0:
            print('每个工人分了' + str(result) + '个橘子,还剩下' + str(remain) + '个橘子.')
    else:
            print('每个工人分了' + str(result) + '个橘子,还剩下 0 个橘子.')

if __name__ == '__main__':
    try:
            distribute()
    except AssertionError as e:
            print('\n 输入错误:',e)
    except ZeroDivisionError:
            print('\n 出错了,橘子不能被 0 个工人分!')
    except ValueError as w:
            print('\n 输入错误:',w)
    else:
            print('\n 给工人分橘子顺利完成.')
    finally:
            print('\n 进行了一次分福利操作.')
```

```
C:\WINDOWS\system32\cmd.exe

D:\practice>python 6-7.py
给工人分橘子!
请输入橘子的个数: 6
请输入现场工人的人数: 13

进行了一次分福利操作。
Traceback (most recent call last):
  File "D:\practice\6-7.py", line 15, in <module>
    distribute()
  File "D:\practice\6-7.py", line 5, in distribute
    assert orange>worker,'橘子个数太少了, 不够分! '
AssertionError: 橘子个数太少了, 不够分!

D:\practice>
```

图 6-19　assert 语句调试程序

运行代码 6-8.py,如果输入的橘子的个数是 5,输入的现场工人的数量是 17,则运行结果如图 6-20 所示。

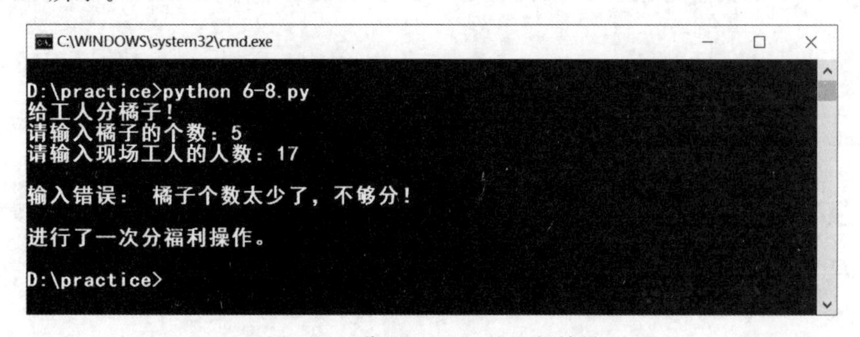

图 6-20　代码 6-8.py 的运行结果

如果要在代码运行时关闭 assert 语句，则可以在使用 python 命令时加入-O(大写字母)参数关闭代码中的 assert 语句，其语法格式如下。

```
python -O filename.py
```

其中，filename 是要运行的文件名称。使用该语句运行代码 6-8.py，运行结果如图 6-21 所示。

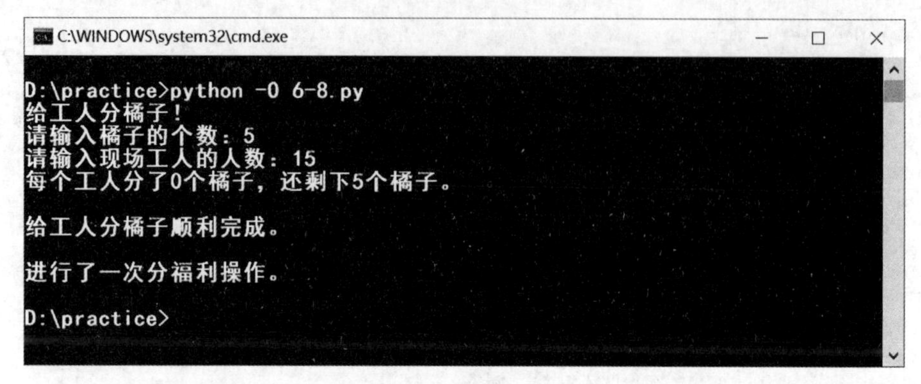

图 6-21　关闭 assert 语句后代码 6-8.py 的运行结果

6.3.2　使用 IDLE 进行断点调试

Python 自带的 IDLE(Python Shell)提供了程序的断点调试功能。对于那些不容易检测到的错误，可以在程序流程的关键节点设置断点，进行调试。使用 IDLE 对程序进行断点调试的步骤如下：

(1) 打开 IDLE(Python Shell)窗口，在主菜单上选择 Debug，然后选择 Debugger，将打开 Debug Control 窗口。同时 IDLE 窗口将显示[DEBUG ON]，表示已经处于调试状态，如图 6-22 所示。

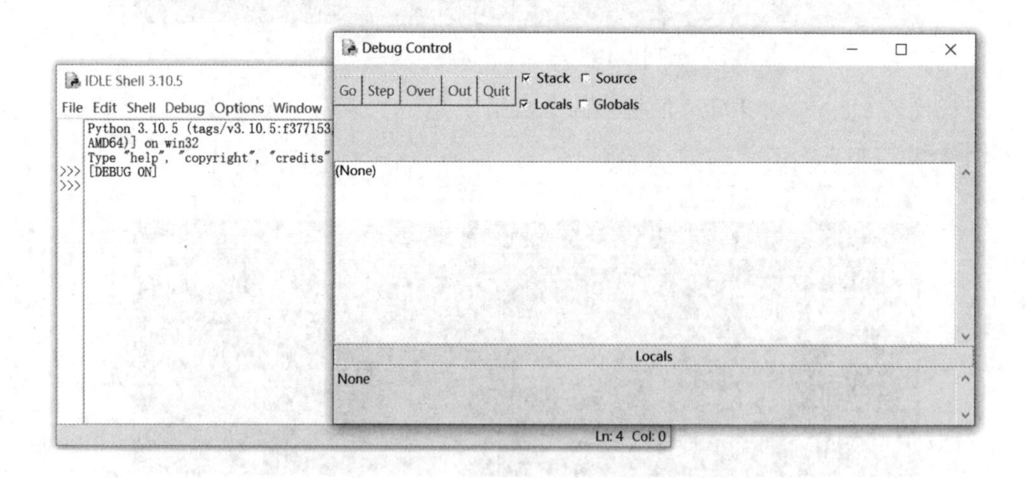

图 6-22　Debug Control 窗口和处于调试状态的 IDLE

(2) 在 IDLE 窗口中，选择主菜单的 File，选择 Open，打开要调试的代码文件，这里选择代码 6-8. py，如图 6-23 所示。

```
6-8.py - D:\practice\6-8.py (3.10.5)
File Edit Format Run Options Window Help
def distribute():
        print('给工人分橘子！')
        orange=int(input('请输入橘子的个数：'))
        worker=int(input('请输入现场工人的人数：'))
        assert orange>worker,'橘子个数太少了，不够分！'
        result=orange//worker          #计算每人分配橘子的个数
        remain=orange-result*worker #计算剩下橘子的个数
        if remain>0:
                print('每个工人分了'+str(result)+'个橘子，还剩下'+str(remain)+'个
        else:
                print('每个工人分了'+str(result)+'个橘子，还剩下0个橘子。')

if __name__=='__main__':
        try:
                distribute()
        except AssertionError as e:
                print('\n输入错误：',e)
        except ZeroDivisionError:
                print('\n出错了，橘子不能被0个工人分！')
        except ValueError as w:
                print('\n输入错误：',w)
        else:
                print('\n给工人分橘子顺利完成。')
        finally:
                print('\n进行了一次分福利操作。')
Ln: 1  Col: 0
```

图 6-23　打开要调试的代码文件 6-8. py

(3) 选择要设置断点的范围，然后右击鼠标，选择 Set Breakpoint，此时添加断点的代码部分将被黄色底纹标记，如图 6-24 所示。

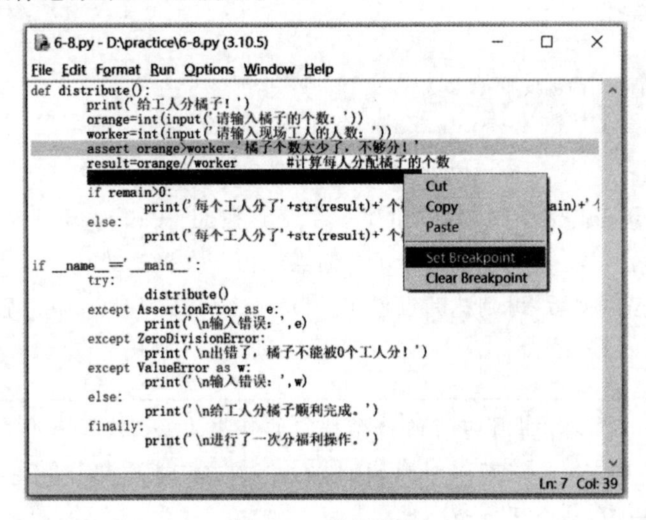

图 6-24　设置断点

注意：如果要删除已经添加的断点，则可以选中已经设置断点的代码，右击鼠标，选择 Clear Breakpoint。

---

(4) 设置好断点后,按快捷键【F5】,运行程序(也可以选择程序文件窗口中主菜单的Run,选择 Run Module 运行程序)。这时 Debug Control 对话框将显示程序运行的执行信息,选中 Globals 复选框,将显示全局变量,默认只显示局部变量。此时的 Debug Control 窗口如图 6-25 所示。

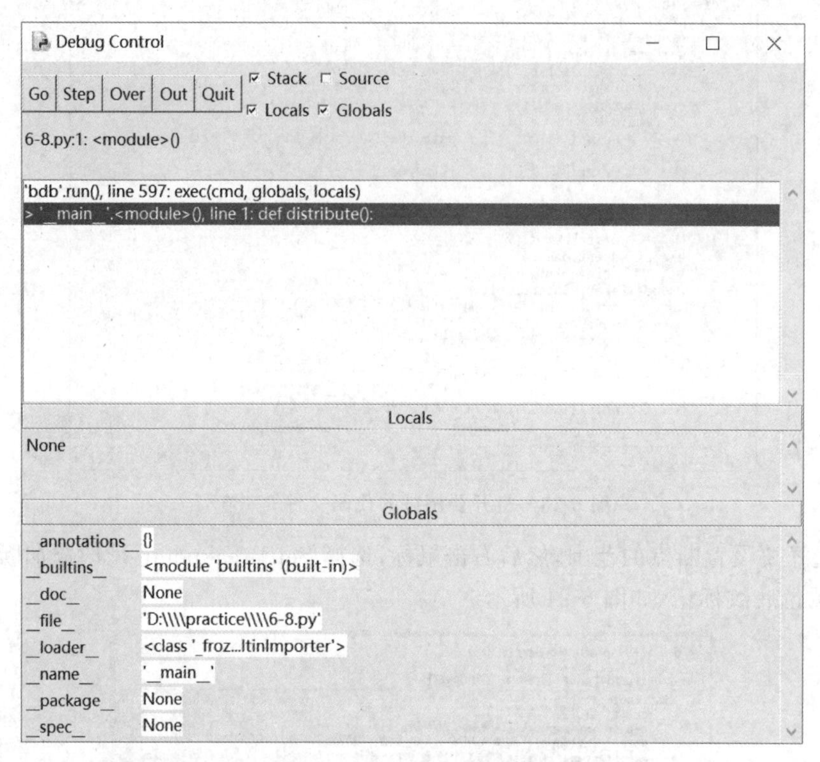

图 6-25　Debug Control 对话框显示代码运行信息

(5) 在 Debug Control 窗口中,提供了 5 个工具按钮: Go、Step、Over、Out、Quit,单击 Go 按钮可继续运行程序,直到设置的第 1 个断点。由于在到达第 1 个断点之前需要用户输入数据,所以输入完数据后,可到达断点位置。Debug Control 窗口中将显示用户输入的数据,如图 6-26 所示。

注意: 在 Debug Control 窗口中的 5 个按钮的作用为 Go 按钮应用于执行跳至断点的操作; Step 按钮应用于进入要执行的函数; Over 按钮表示单步执行程序; Out 按钮表示跳出所在的函数; Quit 按钮表示结束调试。

---

(6) 单击 Go 按钮,程序将运行到下一个断点,查看变量的变化,检测程序错误的原因,直到执行完全部的断点。

程序调试完毕后,可以关闭 Debug Control 窗口。此时 IDLE 窗口将显示[DEBUG OFF],表示已经结束调试,如图 6-27 所示。

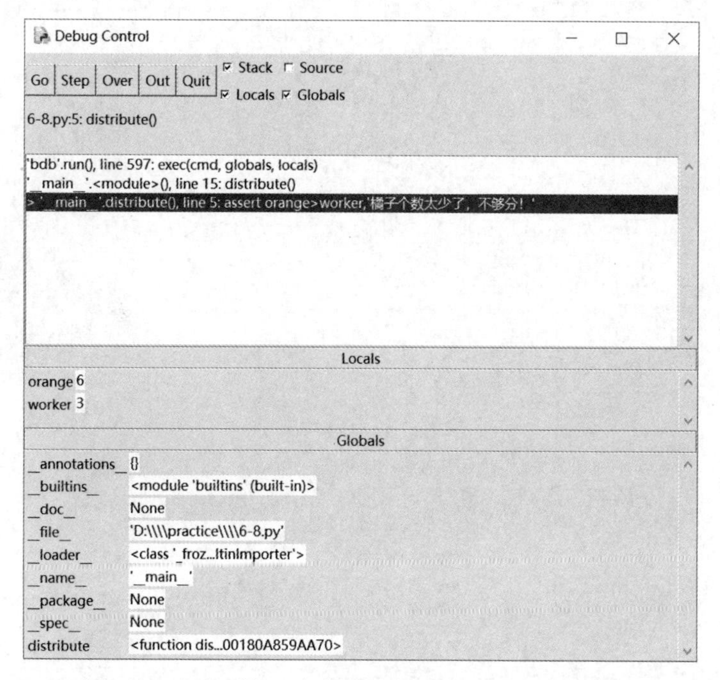

图 6-26　运行到第 1 个断点处的 Debug Control 对话框

```
IDLE Shell 3.10.5
File Edit Shell Debug Options Window Help
    Python 3.10.5 (tags/v3.10.5:f377153, Jun  6 2022, 16:14:13) [MSC v.1929 64 bit (
    AMD64)] on win32
    Type "help", "copyright", "credits" or "license()" for more information.
>>> [DEBUG ON]
>>>
    ======================== RESTART: D:\practice\6-8.py ========================
    给工人分橘子！
    请输入橘子的个数：6
    请输入现场工人的人数：3
    每个工人分了2个橘子，还剩下0个橘子。

    给工人分橘子顺利完成。

    进行了一次分福利操作。
>>> [DEBUG ON]
>>> [DEBUG OFF]
>>> |
                                                              Ln: 16  Col: 0
```

图 6-27　结束调试的 IDLE 窗口

6.4　小结

本章详细介绍了 Python 程序运行中出现的异常，以及 Python 的异常处理语句，如何捕获异常、抛出异常。

在项目的开发过程中，总会出现一些错误，有语法错误，也有逻辑错误。针对不容易检测的错误，本章介绍了使用 assert 语句调试程序的方法，以及使用 IDLE 对程序进行断点调试的方法。

第二部分　数 学 运 算

第7章 数值计算

Python 中有数量多、功能强大的模块，这些模块就像一个工具库，帮助解决现实生活和工作中遇到的问题。

Python 可以应用于包含数学函数的数值计算，本章主要介绍运用标准模块 Math、cMath，以及第三方模块 NumPy 进行包含数学函数的数值计算。

Python 的 Math 模块提供了许多对浮点数进行数学运算的函数。

Python 的 cMath 模块包含了一些用于复数运算的函数。

7.1 标准模块

在 Python 中，可以使用标准模块库中的 Math 模块、cMath 模块进行数值计算，Math 模块提供了很多对浮点数进行数学运算的函数，cMath 模块包含了一些用于复数运算的函数。

7.1.1 Math 模块

使用一个模块，除了要知道该模块的功能以外，还要知道该模块的属性和方法。

1. 获取模块或对象的属性和方法

在 Python 中，提供了内置函数 dir()，可以查看对象、模块的属性、方法，其语法格式如下：

```
dir([object])
```

其中，object 是可选参数，表示变量、对象、模块、数据类型；如果有参数，则返回参数的属性、方法列表；如果参数代表的对象包含方法__dir__()，则该方法将被调用；如果参数代表的对象不包含__dir__()，则将最大限度地收集该参数信息。

使用该函数可以得到 Math 模块的属性、方法列表，如图 7-1 所示。

注意：当使用内置函数 dir()获得模块的属性、方法列表时，首先要引入该模块，否则将显示错误。

```
C:\WINDOWS\system32\cmd.exe - python
>>> import math
>>> dir(math)
['__doc__', '__loader__', '__name__', '__package__', '__spec__', 'acos
', 'acosh', 'asin', 'asinh', 'atan', 'atan2', 'atanh', 'ceil', 'comb',
 'copysign', 'cos', 'cosh', 'degrees', 'dist', 'e', 'erf', 'erfc', 'ex
p', 'expm1', 'fabs', 'factorial', 'floor', 'fmod', 'frexp', 'fsum', 'g
amma', 'gcd', 'hypot', 'inf', 'isclose', 'isfinite', 'isinf', 'isnan',
 'isqrt', 'lcm', 'ldexp', 'lgamma', 'log', 'log10', 'log1p', 'log2', '
modf', 'nan', 'nextafter', 'perm', 'pi', 'pow', 'prod', 'radians', 're
mainder', 'sin', 'sinh', 'sqrt', 'tan', 'tanh', 'tau', 'trunc', 'ulp']
>>>
```

图 7-1　Math 模块的属性、方法列表

如果内置函数 dir()没有参数，则返回当前范围内的变量、方法、模块和定义的类型列表，如图 7-2 所示。

```
C:\WINDOWS\system32\cmd.exe - python
>>> dir()
['__annotations__', '__builtins__', '__doc__', '__loader__', '__name__
', '__package__', '__spec__', 'math']
>>> _
```

图 7-2　当前范围内的变量、方法、模块类型列表

可以使用内置函数 dir()获取列表、元组、字典、元素、字符串的属性和方法列表。例如使用 dir([])可以获取列表对象的属性和方法，如图 7-3 所示。

```
C:\WINDOWS\system32\cmd.exe - python
>>> dir([])
['__add__', '__class__', '__class_getitem__', '__contains__', '__delat
tr__', '__delitem__', '__dir__', '__doc__', '__eq__', '__format__', '_
_ge__', '__getattribute__', '__getitem__', '__gt__', '__hash__', '__ia
dd__', '__imul__', '__init__', '__init_subclass__', '__iter__', '__le_
_', '__len__', '__lt__', '__mul__', '__ne__', '__new__', '__reduce__',
 '__reduce_ex__', '__repr__', '__reversed__', '__rmul__', '__setattr__
', '__setitem__', '__sizeof__', '__str__', '__subclasshook__', 'append
', 'clear', 'copy', 'count', 'extend', 'index', 'insert', 'pop', 'remo
ve', 'reverse', 'sort']
>>>
```

图 7-3　列表对象的属性和方法

2. Math 模块的数学常数和数学函数

标准模块 Math 中有 44 个数学函数和 4 个数学常数，其中 44 个数学函数包括 8 个幂函数和对数函数、10 个三角函数、6 个双曲函数、16 个数值表示函数、4 个高等特殊函数。

在标准模块 Math 中，有 4 个数学常数，具体值见表 7-1。

表 7-1　Math 模块中的数学常数

常　数	数学表示	说　明
math. pi	π	圆周率，值为 3.141592653589793
math. e	e	自然常数，值为 2.718281828459045
math. inf	∞	正无穷大，负无穷大为-math. inf
math. nan		非浮点数标记，NaN(Not a Number)

在标准模块 Math 中，有 8 个幂函数和对数函数，具体见表 7-2。

表 7-2　Math 模块中的幂函数和对数函数

函　数	数学表示	说　明
math. pow(x,y)	x^y	返回 x 的 y 次幂
math. exp(x)	e^x	返回自然常数 e 的 x 次幂
math. expml(x)	e^x-1	返回 e 的 x 次幂减 1
math. sqrt(x)	$\sqrt{x}$	返回 x 的平方根
math. log(x,y)	$\log_y x$	返回以 y 为底的 x 的对数值，如果不写 y，则返回以 e 为底的对数值
math. log1p(x)	$\ln(x+1)$	返回 $1+x$ 的自然对数值
math. log2(x)	$\log x$	返回以 2 为底的 x 的对数值
math. log10(x)	$\log_{10} x$	返回以 10 为底的 x 的对数值

【实例 7-1】 计算 2^4、e^3、$\sqrt{6}$、ln8、$\log_2 8$、$\log_3 9$、$\log_{10} 1000$ 的结果。

在 Python 交互窗口中的计算结果如图 7-4 所示。

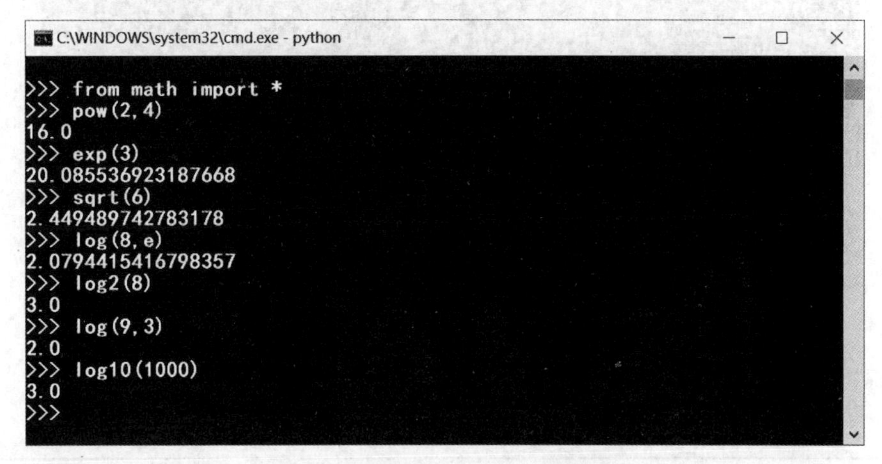

图 7-4　实例 7-1 的数值计算结果

在标准模块 Math 中，有 10 个三角函数，具体见表 7-3。

表 7-3　Math 模块中的三角函数

函　数	数学表示	说　明
math. degrees(x)		将 x 由弧度制转换为角度值
math. radians(x)		将 x 由角度值转换为弧度值

续表

函　　数	数学表示	说　　明
math.hypot(x,y)	$\sqrt{x^2+y^2}$	返回坐标(x,y)到原点(0,0)的距离
math.sin(x)	$\sin x$	返回x的正弦函数值，x是弧度值
math.cos(x)	$\cos x$	返回x的余弦函数值，x是弧度值
math.tan(x)	$\tan x$	返回x的正切函数值，x是弧度值
math.asin(x)	$\arcsin x$	返回x的反正弦函数值，x是弧度值
math.acos(x)	$\arccos x$	返回x的反余弦函数值，x是弧度值
math.atan(x)	$\arctan x$	返回x的反正切函数值，x是弧度值
math.atan2(y,x)	$\arctan y/x$	返回y/x的反正切函数值，x、y是弧度值

【实例 7-2】 计算三角函数 $\sin\frac{\pi}{2}$、$\cos\frac{\pi}{2}$、$\tan\frac{\pi}{4}$、sin0、cos0、tan0、arcsin1、arccos1、arctan1 的数值。

在 Python 交互窗口中的计算结果如图 7-5 所示。

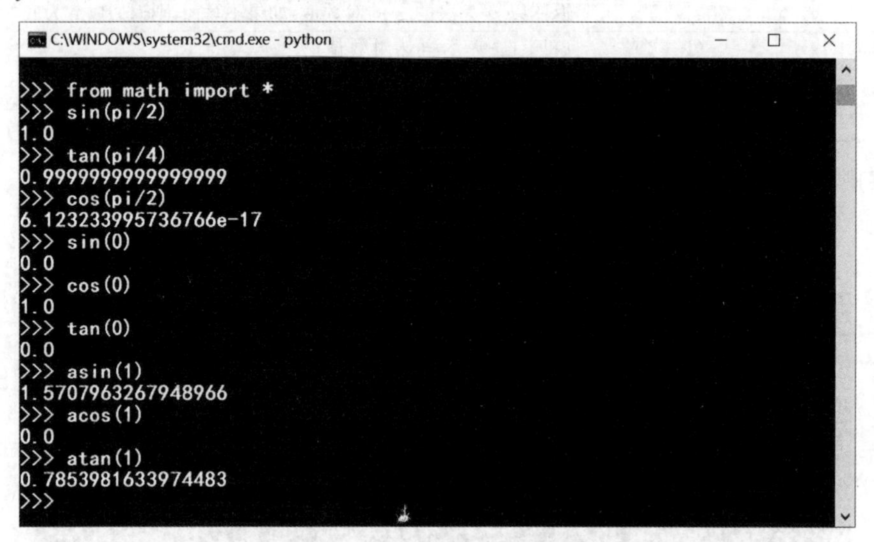

图 7-5　实例 7-2 的数值计算结果

在标准模块 Math 中，有 6 个双曲函数，具体见表 7-4。

表 7-4　Math 模块中的双曲函数

函　　数	数学表示	说　　明
math.sinh(x)	$\text{sh}x$	返回x的双曲正弦函数值
math.cosh(x)	$\text{ch}x$	返回x的双曲余弦函数值
math.tanh(x)	$\text{th}x$	返回x的双曲正切函数值
math.asinh(x)	$\text{arsh}x$	返回x的反双曲正弦函数值
math.acosh(x)	$\text{arch}x$	返回x的反双曲余弦函数值
math.atanh(x)	$\text{arth}x$	返回x的反双曲正切函数值

【实例 7-3】 计算 sh0、ch0、th0、sh1、ch1、th1、arsh1、arch1、arth0.6 的数值结果。

在 Python 交互窗口中的计算结果如图 7-6 所示。

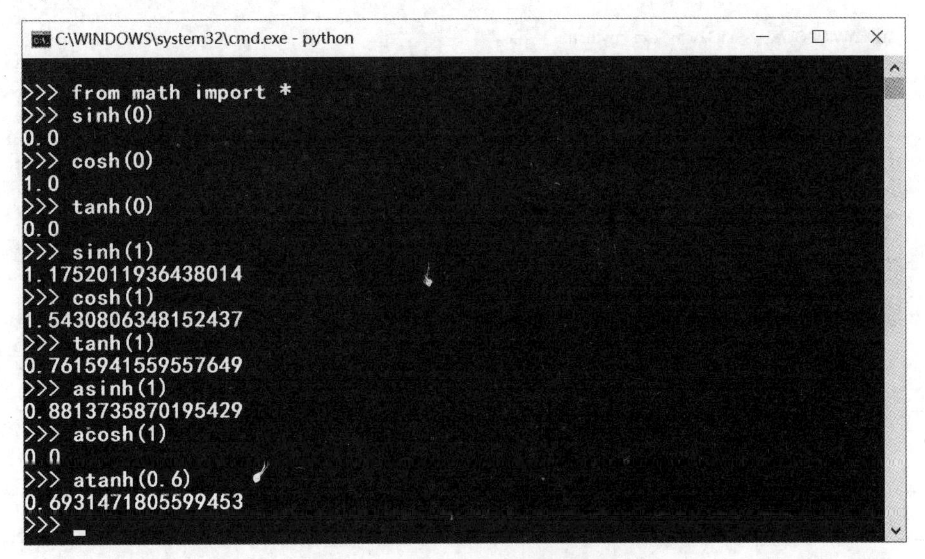

图 7-6　实例 7-3 的数值计算结果

在标准模块 Math 中,有 16 个数值表示函数,具体见表 7-5。

表 7-5　Math 模块中的数值表示函数

函　数	数学表示	说　明
math.fabs(x)	$\|x\|$	返回 x 的绝对值
math.fmod(x,y)	$x\%y$	返回 x 与 y 的模
math.fsum([x,y,…])	$x+y+\cdots$	浮点数精确求和
math.ceil(x)	$\lceil x \rceil$	向上取整,返回不小于 x 的最小整数
math.floor(x)	$\lfloor x \rfloor$	向下取整,返回不大于 x 的最大整数
math.factorial(x)	$x!$	返回 x 的阶乘,如果 x 是小数或负数,则返回 ValueError
math.gcd(a,b)		返回 a 与 b 的最大公约数
math.frepx(x)	$x=m*2^e$	返回(m,e),当 $x=0$,则返回(0.0,0)
math.ldexp(x,i)	$x*2^i$	返回计算值,math.frepx(x)函数的反运算
math.modf(x)		返回 x 的小数部分和整数部分
math.trunx(x)		返回 x 的整数部分
math.copysign(x,y)	$\|x\|*\|y\|/y$	用数值 y 的正负号替换数值 x 的正负号
math.isclose(a,b)		比较 a 与 b 的相似性,返回值为 True 或 False
math.isfinite(x)		当 x 为无穷大时,返回值为 True,否则返回值为 False
math.isinf(x)		当 x 为正数或负数无穷大时,返回值为 True,否则返回值为 False
math.isnan(x)		当 x 是 NaN 时,返回值为 True,否则返回值为 False

【实例 7-4】 计算 99+888+9999、$4*2^2$、9%7、10!的数值结果。

在 Python 交互窗口中的计算结果如图 7-7 所示。

```
C:\WINDOWS\system32\cmd.exe - python
>>> from math import *
>>> fsum([99,888,9999])
10986.0
>>> ldexp(4,2)
16.0
>>> fmod(9,7)
2.0
>>> factorial(10)
3628800
>>>
```

图 7-7 实例 7-4 的数值计算结果

在标准模块 Math 中,有 4 个高等特殊函数,见表 7-6。

表 7-6 Math 模块中的高等特殊函数

函 数	数学表示	说 明
math.erf(x)	$\frac{2}{\sqrt{\pi}}\int_0^x e^{-t^2}dt$	高斯误差函数,应用于概率论、统计学等领域
math.erfc(x)	$\frac{2}{\sqrt{\pi}}\int_x^{\infty} e^{-t^2}dt$	余补高斯误差函数,math.erfc(x)=1-math.erf(x)
math.gamma(x)	$\int_0^{\infty} x^{t-1}e^{-x}dx$	伽马(Gamma)函数,也称为欧拉第二积分函数
math.gamma(x)	$\ln(\text{gamma}(x))$	伽马函数的自然对数

7.1.2 cMath 模块

cMath 模块的函数跟 Math 模块函数基本一致,区别是 cMath 模块运算的是复数;Math 模块运算的是浮点数的数学运算,即实数范围内的数学运算。

1. 获取 cMath 模块的属性和方法

使用内置函数 dir(),可以获得 cMath 模块的属性和方法,如图 7-8 所示。

```
C:\WINDOWS\system32\cmd.exe - python
>>> import cmath
>>> dir(cmath)
['__doc__', '__loader__', '__name__', '__package__', '__spec__', 'acos
', 'acosh', 'asin', 'asinh', 'atan', 'atanh', 'cos', 'cosh', 'e', 'exp
', 'inf', 'infj', 'isclose', 'isfinite', 'isinf', 'isnan', 'log', 'log
10', 'nan', 'nanj', 'phase', 'pi', 'polar', 'rect', 'sin', 'sinh', 'sq
rt', 'tan', 'tanh', 'tau']
>>>
```

图 7-8 cMath 模块的属性、方法列表

2. cMath 模块中的数学常数和数学函数

在 cMath 模块中，一共有 7 个数学常数，见表 7-7。

表 7-7 cMath 模块中的数学常数

常 数	数学表示	说 明
cmath. pi	π	圆周率，值为 3.141592653589793
cmath. e	e	自然常数，值为 2.718281828459045
cmath. tau	τ	圆周率的 2 倍
cmath. inf	∞	正无穷大的浮点数，负无穷大为－cmath. inf
cmath. infj		实部为 0，虚部为正无穷大浮点数的复数
cmath. nan		非浮点数标记，NaN(Not a Number)
cmath. nanj		实部为 0，虚部为 NaN 的非数值标记

在 cMath 模块中，一共有 3 个复数极坐标转换函数，见表 7-8。

表 7-8 cMath 模块中的复数极坐标系转换函数

常 数	说 明
cmath. phase(x)	以浮点数的形式返回 x 的弧度，范围在[$-\pi,\pi$]
cmath. polar(x)	返回 x 在极坐标系中的坐标(r,phi)
cmath. rect(r,phi)	返回坐标(r,phi)在极坐标系中对应的复数

在 cMath 模块中，一共有 4 个分类函数，见表 7-9。

表 7-9 cMath 模块中的分类函数

分类函数	说 明
cmath. isfinite(x)	如果 x 的实部和虚部都是有限数，则返回值为 True，否则返回值为 False
cmath. isinf(x)	如果 x 的实部或虚部为无穷数，则返回值为 True，否则返回值为 False
cmath. isnan(x)	如果 x 的实部或虚部是 NaN，则返回值为 True，否则返回值为 False
cmath. isclose(a, b, *, rel_tol, abs_tol)	如果 a 和 b 的值之差在规定的范围内，则返回值为 True，否则返回值为 False。判定的标准是给定的绝对容差和相对容差，rel_tol 是相对容差，必须大于 0，是 a 和 b 之间允许最大的差值，abs_tol 是最小的绝对容差，至少为 0

【实例 7-5】 计算复数 1＋1i、1－1i、1＋0i 的弧度，计算这 3 个复数在极坐标系下的坐标，然后返回这 3 个复数的代数表达式。

在 Python 交互窗口中的计算结果如图 7-9 所示。

在 cMath 模块中，有 4 个幂函数和对数函数，见表 7-10。

表 7-10 cMath 模块中的幂函数和对数函数

函 数	数学表示	说 明
cmath. exp(x)	e^x	返回自然常数 e 的 x 次幂
cmath. log(x,y)	$\log_y x$	返回以 y 为底的 x 的对数值
cmath. sqrt(x)	$\sqrt{x}$	返回 x 的平方根
cmath. log10(x)	$\log_{10} x$	返回以 10 为底的 x 的对数值

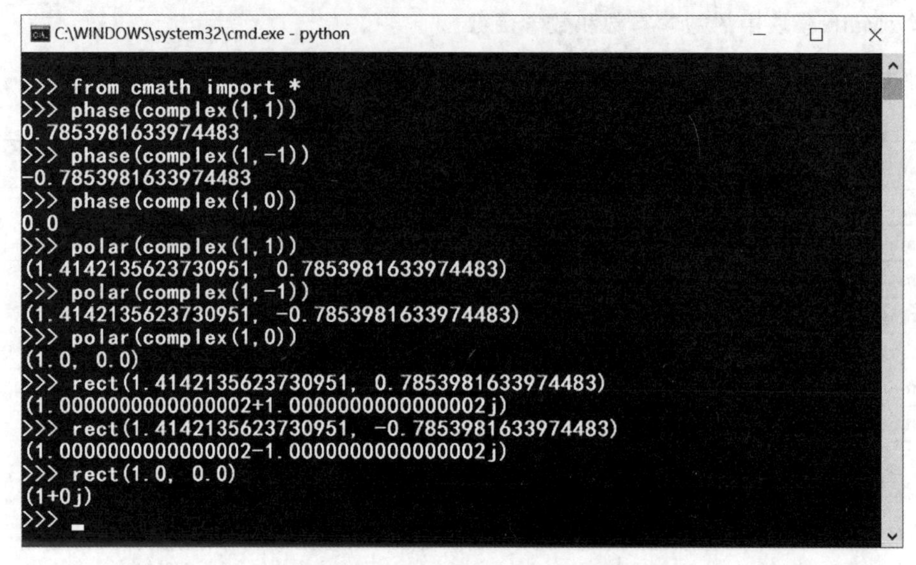

```
C:\WINDOWS\system32\cmd.exe - python
>>> from cmath import *
>>> phase(complex(1,1))
0.7853981633974483
>>> phase(complex(1,-1))
-0.7853981633974483
>>> phase(complex(1,0))
0.0
>>> polar(complex(1,1))
(1.4142135623730951, 0.7853981633974483)
>>> polar(complex(1,-1))
(1.4142135623730951, -0.7853981633974483)
>>> polar(complex(1,0))
(1.0, 0.0)
>>> rect(1.4142135623730951, 0.7853981633974483)
(1.0000000000000002+1.0000000000000002j)
>>> rect(1.4142135623730951, -0.7853981633974483)
(1.0000000000000002-1.0000000000000002j)
>>> rect(1.0, 0.0)
(1+0j)
>>> _
```

图 7-9　实例 7-5 的计算结果

【实例 7-6】 计算 e^{1+2i}、e^{2i}、$\sqrt{1+2i}$、$\log_{10}(1+2i)$的数值结果。

在 Python 交互窗口中的计算结果如图 7-10 所示。

```
C:\WINDOWS\system32\cmd.exe - python
>>> from cmath import *
>>> exp(complex(1,2))
(-1.1312043837568135+2.4717266720048188j)
>>> exp(complex(0,2))
(-0.4161468365471424+0.9092974268256817j)
>>> sqrt(complex(1,2))
(1.272019649514069+0.7861513777574233j)
>>> log10(complex(1,2))
(0.3494850021680094+0.480828578784234j)
>>>
```

图 7-10　实例 7-6 的计算结果

在 cMath 模块中,有 6 个三角函数,见表 7-11。

表 7-11　cMath 模块中的三角函数

函　数	数学表示	说　明
cmath.sin(x)	$\sin x$	返回 x 的正弦函数值,x 是弧度值
cmath.cos(x)	$\cos x$	返回 x 的余弦函数值,x 是弧度值
cmath.tan(x)	$\tan x$	返回 x 的正切函数值,x 是弧度值
cmath.asin(x)	$\arcsin x$	返回 x 的反正弦函数值,x 是弧度值
cmath.acos(x)	$\arccos x$	返回 x 的反余弦函数值,x 是弧度值
cmath.atan(x)	$\arctan x$	返回 x 的反正切函数值,x 是弧度值

在 cMath 模块中，有 6 个双曲函数，见表 7-12。

表 7-12　cMath 模块中的双曲函数

函　数	数学表示	说　明
cmath. sinh(x)	sh x	返回 x 的双曲正弦函数值
cmath. cosh(x)	ch x	返回 x 的双曲余弦函数值
cmath. tanh(x)	th x	返回 x 的双曲正切函数值
cmath. asinh(x)	arsh x	返回 x 的反双曲正弦函数值
cmath. acosh(x)	arch x	返回 x 的反双曲余弦函数值
cmath. atanh(x)	arth x	返回 x 的反双曲正切函数值

7.2　NumPy 模块

在 Python 中，第三方模块 NumPy(Numerical Python)也经常用于数值计算。NumPy 是 Python 语言的一个扩展程序库，支持大量的维度数组与矩阵运算，此外也针对数组运算提供了大量的数学函数库。

NumPy 的前身 Numeric 最早是由 Jim Hugunin 与其他协作者共同开发的，2005 年，Travis Oliphant 在 Numeric 中结合了另一个同性质的程序库 Numarray 的特色，并加入了其他扩展而开发了 NumPy。NumPy 为开放源代码并且由许多协作者共同维护开发。

NumPy 是 Python 中功能强大的第三方模块，主要具有数值计算、矩阵运算、读写硬盘上基于数组的数据集、将 C、C++、Fortran 代码集成到 Python、傅里叶变换、线性代数、随机数生成等功能。

7.2.1　安装 NumPy

由于 NumPy 模块是第三方模块，因此首先要安装此模块。安装 NumPy 模块需要在 Windows 命令行窗口中输入如下命令：

```
pip install numpy
```

如果安装速度比较慢，可以选择清华大学的软件镜像。在 Windows 命令行窗口中输入的命令如下：

```
pip install -i https://pypi.tuna.tsinghua.edu.cn/simple numpy
```

或

```
pip install numpy -i https://pypi.tuna.tsinghua.edu.cn/simple
```

然后，按 Enter 键，即可安装 NumPy 模块，如图 7-11 所示。

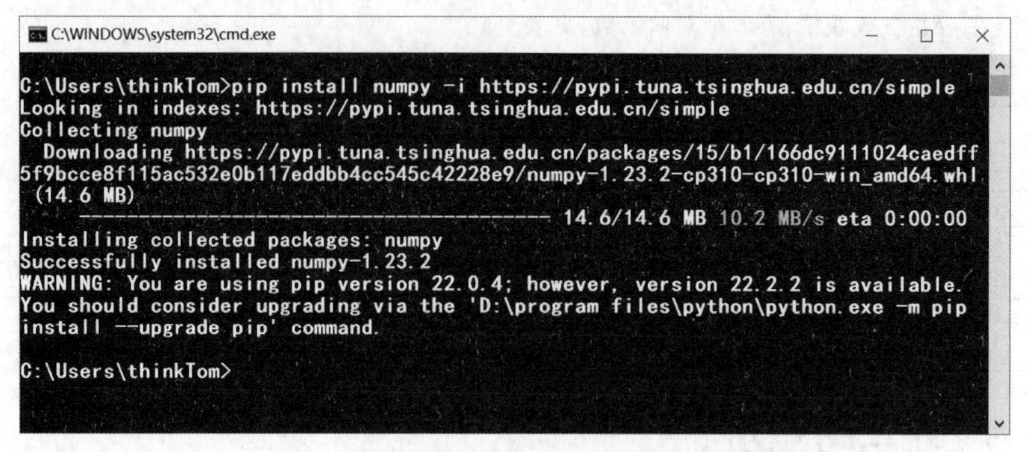

图 7-11　安装 NumPy 模块

7.2.2　NumPy 的数学函数

在 NumPy 模块中，提供了数量丰富的数学函数，可以用于数值计算。

第三方模块 NumPy 中的数学常数见表 7-13。

表 7-13　NumPy 模块中的数学常数

常　数	数学表示	说　明
numpy.pi	π	圆周率，值为 3.141592653589793
numpy.e	e	自然常数，值为 2.718281828459045
numpy.inf(Inf、infty、Infinity、PINF)	∞	正无穷大
numpy.NINF	$-\infty$	负无穷大
numpy.PZERO	0.0	正零
numpy.NZERO	−0.0	负零
numpy.nan(NaN、NAN)		非浮点数标记，NaN(Not a Number)
numpy.euler_gamma	γ	欧拉常数，值为 0.577215664901532
numpy.None		空值

在第三方模块 NumPy 中，有 13 个幂函数和对数函数，见表 7-14。

表 7-14　NumPy 模块中的幂函数和对数函数

函　数	数学表示	说　明
numpy.power(x,y)	x^y	返回 x 的 y 次幂
numpy.exp(x)	e^x	返回自然常数 e 的 x 次幂
numpy.exp2(x)	2^x	返回常数 2 的 x 次幂
numpy.expm1(x)	e^x-1	返回 e 的 x 次幂减 1
numpy.sqrt(x)	$\sqrt{x}$	返回 x 的平方根
numpy.cbrt(x)	$\sqrt[3]{x}$	返回 x 的立方根

续表

函　数	数学表示	说　明
numpy. square(x)	x^2	返回 x 的平方
numpy. log2(x)	$\log_2 x$	返回以 2 为底的 x 的对数值
numpy. log10(x)	$\log_{10} x$	返回以 10 为底的 x 的对数值
numpy. log(x)	$\ln x$	返回以自然常数 e 为底的对数值
numpy. log1p(x)	$\ln(x+1)$	返回以 e 为底的 $x+1$ 的对数值
numpy. logaddexp(x,y)	$\ln(e^x+e^y)$	返回以 e 为底的 x、y 取幂之和的对数值
numpy. logaddexp2(x,y)	$\log_2(2^x+2^y)$	返回以 2 为底的 x、y 取幂之和的对数值

在第三方模块 NumPy 中，有 13 个三角函数，见表 7-15。

表 7-15　NumPy 模块中的三角函数

函　数	数学表示	说　明
numpy. degrees(x)		将 x 由弧度值转换为角度值
numpy. radians(x)		将 x 由角度值转换为弧度值
numpy. hypot(x,y)	$\sqrt{x^2+y^2}$	返回坐标(x,y)到原点(0,0)的距离，或求直角三角形的斜边
numpy. sin(x)	$\sin x$	返回 x 的正弦函数值，x 是弧度值
numpy. cos(x)	$\cos x$	返回 x 的余弦函数值，x 是弧度值
numpy. tan(x)	$\tan x$	返回 x 的正切函数值，x 是弧度值
numpy. arcsin(x)	$\arcsin x$	返回 x 的反正弦函数值，x 是弧度值
numpy. arccos(x)	$\arccos x$	返回 x 的反余弦函数值，x 是弧度值
numpy. arctan(x)	$\arctan x$	返回 x 的反正切函数值，x 是弧度值
numpy. atan2(y,x)	$\arctan y/x$	返回 y/x 的反正切函数值，x、y 是弧度值
numpy. rad2deg(x)		将 x 由角度值转换为弧度值
numpy. deg2rad(x)		将 x 由弧度值转换为角度值
numpy. unwrap(x)		通过将 x 的增量更改为 2 * pi 补码来展开

在第三方模块 NumPy 中，有 6 个双曲函数，见表 7-16。

表 7-16　NumPy 模块中的双曲函数

函　数	数学表示	说　明
numpy. sinh(x)	$\mathrm{sh}\ x$	返回 x 的双曲正弦函数值
numpy. cosh(x)	$\mathrm{ch}\ x$	返回 x 的双曲余弦函数值
numpy. tanh(x)	$\mathrm{th}\ x$	返回 x 的双曲正切函数值
numpy. arcsinh(x)	$\mathrm{arsh}\ x$	返回 x 的反双曲正弦函数值
numpy. arccosh(x)	$\mathrm{arch}\ x$	返回 x 的反双曲余弦函数值
numpy. arctanh(x)	$\mathrm{arth}\ x$	返回 x 的反双曲正切函数值

在第三方模块 NumPy 中，有 7 个近似函数，见表 7-17。

表 7-17 NumPy 模块中的近似函数

函　数	数学表示	说　明
numpy.around(x,[y])		对数值 x 进行四舍五入,y 表示预留的小数位数
numpy.round(x,[y])		对数值 x 进行舍入小数,y 表示预留的小数位数
numpy.rint(x)		对数值 x 进行四舍五入,保留到整数
numpy.fix(x)		对数值 x 进行向 0 取整,正数向下取整,负数向上取整
numpy.floor(x)	$\lceil x \rceil$	对数值 x 进行向下取整
numpy.ceil(x)	$\lfloor x \rfloor$	对数值 x 进行向上取整
numpy.trunc(x)		对数值 x 进行取整数部分

在第三方模块 NumPy 中,有 13 个算术函数,见表 7-18。

表 7-18 NumPy 模块中的算术函数

函　数	数学表示	说　明
numpy.add(x1,x2)	$x1+x2$	返回 $x1+x2$ 的值
numpy.reciprocal(x)	$1/x$	返回 x 的倒数
numpy.negative(x)	$-x$	返回 $-x$
numpy.multiply(x1,x2)	$x1\times x2$	返回 $x1$ 和 $x2$ 的积
numpy.divide(x1,x2)	$x1/x2$	返回 $x1$ 除以 $x2$ 的计算结果
numpy.subtract(x1,x2)	$x1-x2$	返回 $x1$ 减去 $x2$ 的结果
numpy.True_divide(x1,x2)	$x1/x2$	返回 $x1/x2$ 的结果,真除法
numpy.floor_divide(x1,x2)	$x1/x2$	返回向下取整除法的结果
numpy.fmod(x1,x2)		返回 $x1$ 除以 $x2$ 的余数
numpy.mod(x1,x2)		返回 $x1$ 除以 $x2$ 的余数,余数为正
numpy.modf(x)		返回 x 的整数部分和小数部分
numpy.remainder(x1,x2)		返回 $x1$ 除以 $x2$ 的余数,余数为正
numpy.divmod(x1,x2)		返回 $x1$ 除以 $x2$ 的商和余数

在第三方模块 NumPy 中,还有其他数值表示函数,见表 7-19。

表 7-19 NumPy 模块中的数值表示函数

函　数	数学表示	说　明
numpy.convolve(x,y)		返回一维数组 x、y 的线性卷积
numpy.clip(a,a_min,a_max)		裁剪函数,如果 a 小于 a_min,则返回 a_min;如果 a 大于 a_max,则返回 a_max
numpy.absolute(x)	$\|x\|$	返回 x 的绝对值
numpy.fabs(x)	$\|x\|$	返回 x 的绝对值
numpy.sign(x)		标记数字 x 的正、负、零,如果 x 是正数,则返回 1;如果 x 是负数,则返回 -1;如果 x 是 0,则返回 0
numpy.maximum(x1,x2)		返回 $x1$、$x2$ 中的最大值
numpy.minimum(x1,x2)		返回 $x1$、$x2$ 中的最小值
numpy.fmax(x1,x2)		返回 $x1$、$x2$ 中的最大值

续表

函　　数	数学表示	说　　明
numpy.fmin(x1,x2)		返回 $x1$、$x2$ 中的最小值
numpy.nan_to_num(x)		将 x 替换为空值
numpy.real_if_close(x)		如果输入的复数接近实数，则复数部分接近 0
numpy.interp(x,xp,fp)		一维线性插值
numpy.heaviside()		计算 Heaviside 阶跃函数

注意：表面上看，NumPy 模块和标准模块 Math、cMath 有很多相同的函数，但实际上差距很大，因为 NumPy 的数学函数的参数可以是一维数组、多维数组。

【实例 7-7】 创建一维数组和二维数组，并计算数组中每个元素的正弦函数值、余弦函数值、正切函数值。

在 Python 交互窗口中的计算结果如图 7-12 所示。

```
C:\WINDOWS\system32\cmd.exe - python
>>> from numpy import *
>>> a=[1,2,3,4,5]
>>> b=[[1,3,5,7,9,],[2,4,6,8,10]]
>>> sin(a)
array([ 0.84147098,  0.90929743,  0.14112001, -0.7568025 , -0.95892427
])
>>> sin(b)
array([[ 0.84147098,  0.14112001, -0.95892427,  0.6569866 ,  0.4121184
9],
       [ 0.90929743, -0.7568025 , -0.2794155 ,  0.98935825, -0.5440211
1]])
>>> cos(a)
array([ 0.54030231, -0.41614684, -0.9899925 , -0.65364362,  0.28366219
])
>>> cos(b)
array([[ 0.54030231, -0.9899925 ,  0.28366219,  0.75390225, -0.9111302
6],
       [-0.41614684, -0.65364362,  0.96017029, -0.14550003, -0.8390715
3]])
>>> tan(a)
array([ 1.55740772, -2.18503986, -0.14254654,  1.15782128, -3.38051501
])
>>> tan(b)
array([[ 1.55740772, -0.14254654, -3.38051501,  0.87144798, -0.4523156
6],
       [-2.18503986,  1.15782128, -0.29100619, -6.79971146,  0.6483608
3]])
>>> _
```

图 7-12　实例 7-7 的计算结果

注意：在实例 7-7 中，使用列表来创建一维数组和二维数组。当使用列表创建数组时，要保证列表的元素是整型数字、浮点数或复数。

7.3 小结

本章介绍了标准模块 Math、cMath 中的属性和方法，以及如何使用标准模块 Math、cMath 中的数学函数进行数值计算，需要注意这两个模块是针对不同的数据类型进行数值计算的。

本章也介绍了第三方模块 NumPy，以及如何使用 NumPy 中的数学函数进行数值计算，需要注意 NumPy 的参数可以是单个元素，也可以是一维数组、多维数组。

第 8 章 矩阵运算

在数学中，由 $m\times n$ 个数 $a_{ij}(i=1,2,\cdots,m;\ j=1,2,\cdots,n)$排成的 m 行 n 列的数表

$$\begin{matrix} a_{11} & a_{12} & \cdots & a_{1n} \\ a_{21} & a_{22} & \cdots & a_{2n} \\ \vdots & \vdots & & \vdots \\ a_{m1} & a_{m2} & \cdots & a_{mn} \end{matrix}$$

称为 m 行 n 列矩阵，简称为 $m\times n$ 矩阵。为表示矩阵是一个整体，总是加一个括弧，记作

$$\begin{bmatrix} a_{11} & a_{12} & \cdots & a_{1n} \\ a_{21} & a_{22} & \cdots & a_{2n} \\ \vdots & \vdots & & \vdots \\ a_{m1} & a_{m2} & \cdots & a_{mn} \end{bmatrix}$$

这 $m\times n$ 个数称为矩阵的元素。元素是实数的矩阵被称为实矩阵，元素是复数的矩阵被称为复矩阵。

行数和列数都等于 n 的矩阵称为 n 阶矩阵或 n 阶方阵。只有一行的矩阵称为行矩阵，又称为行向量；只有一列的矩阵称为列矩阵，又称为列向量。如果两个矩阵的行数和列数都相等，则称它们是同型矩阵。

当然，针对矩阵可以有不同的名称，从数学的角度可以称为矩阵；从计算机的角度 $m\times n$ 矩阵也可以称为二维数组，单行矩阵可以称为一维数组。

Python 的第三方模块 NumPy，支持大量的维度数组与矩阵运算，此外也针对数组运算提供了大量的数学函数库。

8.1 创建矩阵和数组

在 Python 中，可以使用列表来创建矩阵，只要列表的元素是整型、浮点型、复数型的数字即可。

27min

【实例 8-1】 在 Python 中创建行矩阵和列矩阵，并创建 3 行 4 列的矩阵。

在 Python 交互窗口中的运行结果如图 8-1 所示。

C:\WINDOWS\system32\cmd.exe - python

```
>>> a=[1,2,3,4,5]
>>> b=[[6],[7],[8],[9],[10]]
>>> c=[[11,12,13,14],[21,22,23,24],[31,32,33,34]]
>>> a
[1, 2, 3, 4, 5]
>>> b
[[6], [7], [8], [9], [10]]
>>> c
[[11, 12, 13, 14], [21, 22, 23, 24], [31, 32, 33, 34]]
>>>
```

图 8-1 实例 8-1 的运行结果

8.1.1 使用 NumPy 创建矩阵

1. 数组对象 ndarray

使用 NumPy 模块中的 array()函数可以创建矩阵,其语法格式如下:

```
numpy.array(object,dtype = None,copy = True,order = None,subok = False,ndmin = 0)
```

其中,object 表示数组、矩阵或嵌套的数列;dtype 是可选参数,表示数组、矩阵元素的数据类型;copy 是可选参数,表示对象是否需要复制;order 是可选参数,表示创建数组、矩阵的样式,C 为行方向,F 为列方向,A 为任意方向(默认值);subok 是可选参数,默认返回一个与基类类型一致的数组、矩阵;ndmin 是可选参数,表示指定生成数组、矩阵的最小维度。

【实例 8-2】 使用 NumPy 模块创建行矩阵和列矩阵,并创建 3 行 4 列的矩阵。

在 Python 交互窗口中的运行结果如图 8-2 所示。

C:\WINDOWS\system32\cmd.exe - python

```
>>> from numpy import *
>>> a=array([1,2,3,4,5])
>>> b=array([[2],[4],[6],[8],[10]])
>>> c=array([[11,12,13,14],[21,22,23,24],[31,32,33,34]])
>>> a
array([1, 2, 3, 4, 5])
>>> b
array([[ 2],
       [ 4],
       [ 6],
       [ 8],
       [10]])
>>> c
array([[11, 12, 13, 14],
       [21, 22, 23, 24],
       [31, 32, 33, 34]])
>>>
```

图 8-2 实例 8-2 的运行结果

注意：对比图 8-1 和图 8-2，使用 NumPy 模块创建数组、矩阵，其显示效果更形象、更具体，更符合数组、矩阵的书面表达形式。

从计算机编程的角度，NumPy 创建的是 *N* 维数组对象 ndarray，它是一系列同类型数据的集合，以 0 下标为开始进行集合中元素的索引。从数学的角度，矩阵是元素为数字的二维数组，因此完全可以使用函数 numpy.array()创建矩阵。

数组对象 ndarray 是用于存放同类型元素的多维数组。ndarray 中的每个元素在内存中都有相同存储大小的区域。

数组对象 ndarray 的内部由以下内容组成：

一个指向数据(内存或内存映射文件中的一块数据)的指针；数据类型或 dtype，描述在数组中的固定大小值的格子；一个表示数组形状(shape)的元组，表示各维度大小的元组；一个跨度元组(stride)，其中整数指的是为了前进到当前维度的下一个元素需要"跨过"的字节数。数组对象 ndarray 的内部结构如图 8-3 所示。

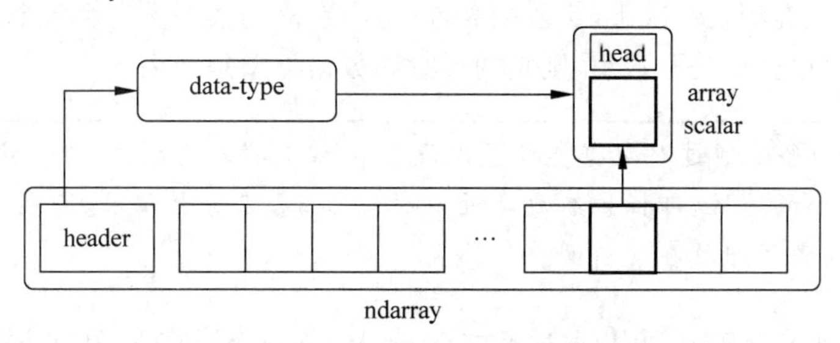

图 8-3　数组对象 ndarray 的内部结构

2. NumPy 的数据类型

使用函数 array()在创建矩阵、数组时，第 2 个参数 dtype 表示矩阵、数组元素的数据类型。第三方模块 NumPy 支持的数据类型要比 Python 内置的类型丰富很多，基本上可以和 C 语言的数据类型对应上，其中部分类型为 Python 的内置数据类型。第三方模块 NumPy 的基本数据类型见表 8-1。

表 8-1　NumPy 的基本数据类型

数据类型	说　明	数据类型	说　明
bool_	布尔类型数据，True 或 False	int_	默认整数类型，类似于 C 语言中的 long、int32、int64
intc	整数类型，类似于 C 语言的 int，一般是 int32 或 int64	intp	用于索引的整数类型，类似于 C 语言的 ssize_t，一般是 int32 或 int64
int8	字节类型(－128～127)	int16	整数类型(－32 768～32 767)
int32	整数类型(－2 147 483 648～2 147 483 647)	int64	整数类型(－9 223 372 036 854 775 808～9 223 372 036 854 775 807)
uint8	无符号整数(0～255)	unit16	无符号整数(0～65 535)

续表

数据类型	说明	数据类型	说明
unit32	无符号整数(0～4 294 967 295)	unit64	无符号整数(0～18 446 744 073 709 551 615)
float_	浮点数类型 float64 的简写	float16	半精度浮点数,包括 1 个符号位,5 个指数位,10 个尾数位
float32	单精度浮点数,包括 1 个符号位,8 个指数位,23 个尾数位	float64	双精度浮点数,包括一个符号位,11 个指数位,52 个尾数位
complex_	复数类型 complex128 的简写	complex64	复数类型,表示双 32 位浮点数(实数部分和虚数部分各占 32 位)
complex128	复数类型,表示双 64 位浮点数(实数部分和虚数部分各占 64 位)		

在第三方模块 NumPy 中,数据类型对象(numpy.dtype 类的实例)用来描述与数组对应的内存区域是如何使用的,它描述了数据的以下几个方面:数据的类型(整数、浮点数或者 Python 对象)、数据的大小(例如,整数使用多少字节存储)、数据的字节顺序(小端法或大端法)、在结构化类型的情况下,字段的名称、每个字段的数据类型和每个字段所取的内存块的部分、如果数据类型是子数组,则它的形状和数据类型是什么。

注意:字节顺序是通过对数据类型预先设定"<"或">"来决定的。"<"意味着小端法,即最小值存储在最小的地址,即低位组放在最前面。">"意味着大端法,即最重要的字节存储在最小的地址,即高位组放在最前面。

在第三方模块 NumPy 中,可以通过函数 dtype()构造 dtype 数据对象,其语法格式如下:

```
numpy.dtype(object,align,copy)
```

其中,object 表示要转换为数据类型的对象;align 是可选参数,如果是 True,则表示填充字段使其类似 C 语言的结构体;copy 是可选参数,如果是 True,则表示赋值 dtype 对象,如果是 False,则是对内置数据类型对象的引用。

【实例 8-3】 在 NumPy 模块中 int8、int16、int32、int64 这 4 种数据类型可以使用字符串'i1'、'i2'、'i4'、'i8'来表示。使用字符串来创建这 4 种数据类型,代码如下:

```
# === 第 8 章 代码 8-3.py === #
from numpy import *

a = dtype('i1')
b = dtype('i2')
c = dtype('i4')
d = dtype('i8')
print(a)
print(b)
print(c)
print(d)
```

运行结果如图 8-4 所示。

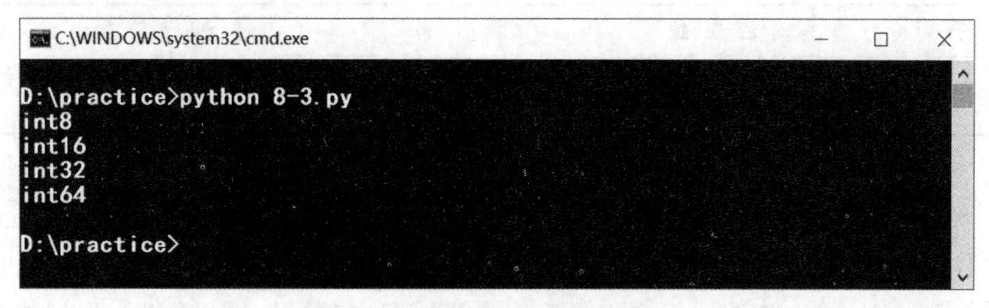

图 8-4　代码 8-3.py 的运行结果

【实例 8-4】　在 NumPy 模块中字符串、整数、浮点数可以分别使用字符串'S20'、'i2'、'f4'来表示。使用字符串创建一名学生结构体，包括姓名、年龄、成绩三个属性，代码如下：

```
# === 第 8 章 代码 8-4.py === #
import numpy as np

student = np.dtype([('name','S20'),('age','i2'),('score','f4')])
print(student)
A = np.array([('xiaoming',16,81.0),('zhangsan',17,92.0)],dtype = student)
print(A)
```

运行结果如图 8-5 所示。

```
C:\WINDOWS\system32\cmd.exe
D:\practice>python 8-4.py
[('name', 'S20'), ('age', '<i2'), ('score', '<f4')]
[(b'xiaoming', 16, 81.) (b'zhangsan', 17, 92.)]

D:\practice>
```

图 8-5　代码 8-4.py 的运行结果

注意：实例 8-4 中使用 NumPy 模块的 array()函数创建 student 类型的数组，如果输入的姓名是中文，则会显示错误；如果去掉代码 dtype＝student，则输入的中文不会显示错误。有兴趣的读者可以找找原因。

在第三方模块 NumPy 中，每种内建数据类型都有一个定义它的字符代码，见表 8-2。

表 8-2　NumPy 数据类型的字符代码

字　符	对 应 类 型	字　符	对 应 类 型
b	布尔类型数据，True 或 False	i	有符号整型
u	无符号整型数据 integer	f	浮点型数据
c	复数浮点型	m	时间间隔，timedelta
M	日期时间，datetime	O	Python 的对象类型

续表

字　　符	对应类型	字　　符	对应类型
S、a	字符串类型,Byte-	U	Unicode
V	原始数据,void		

3. 数组对象 ndarray 的属性

在 NumPy 模块中,每个线性的数组称为一个轴(axis),也就是维度(dimensions)。例如二维数组相当于两个一维数组,其中第 1 个一维数组中每个元素又是一个一维数组,所以一维数组就是 NumPy 中的轴(axis),第 1 个轴相当于底层数组,第 2 个轴是底层数组里的数组,而轴的数量就是数组的维数。

在 NumPy 模块中,可以声明 axis。如果 axis 为 0,则表示沿着第 0 轴进行操作,即对每列进行操作;如果 axis 为 1,则表示沿着第 1 轴进行操作,即对每行进行操作。

在 NumPy 模块中,数组对象 ndarray 的重要属性见表 8-3。

表 8-3　数组对象 ndarray 的重要属性

属　　性	说　　明	属　　性	说　　明
ndarray. ndim	轴的数量或维度的数量	ndarray. shape	数组的行数和列数
ndarray. size	数组元素的总个数,即矩阵的 $n*m$	ndarray. dtype	ndarray 对象中元素的数据类型
ndarray. itemsize	ndarray 对象中每个元素的大小,以字节为单位	ndarray. flags	ndarray 对象的内存信息
ndarray. real	ndarray 对象中元素的实部	ndarray. imag	ndarray 对象中元素的虚部
ndarray. data	包含实际数组元素的缓冲区,由于可以通过数组的索引获取元素,因此一般不使用该属性		

【实例 8-5】 创建 4 个不同类型的数组,并分别获取这 4 个数组轴的数量,代码如下:

```
# === 第 8 章 代码 8-5.py === #
import numpy as np

A = np.array([1])
B = np.array([1,2,3,4,5])
C = np.array([[1,2,3,4,5],[6,7,8,9,10]])
print('\n',A)
print('该数组轴的数量是',A.ndim)
print('\n',B)
print('该数组轴的数量是',B.ndim)
print('\n',C)
print('该数组轴的数量是',C.ndim)
d = [1,2,3]
e = [4,5,6]
f = [7,8,9]
```

```
G = np.array([[d,e],[d,f],[e,f]])
print('\n',G)
print('该数组轴的数量是',G.ndim)
```

运行结果如图 8-6 所示。

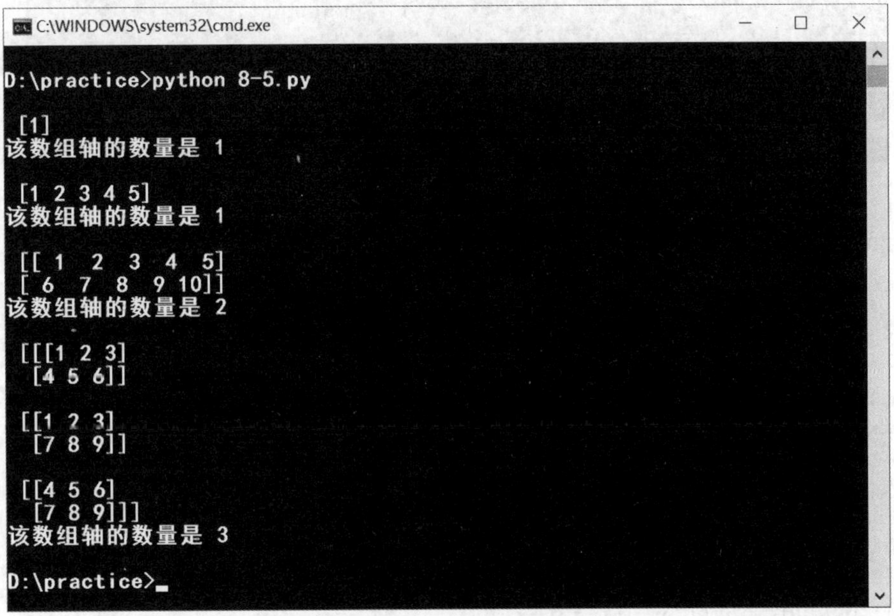

```
C:\WINDOWS\system32\cmd.exe

D:\practice>python 8-5.py

 [1]
该数组轴的数量是 1

 [1 2 3 4 5]
该数组轴的数量是 1

 [[ 1  2  3  4  5]
 [ 6  7  8  9 10]]
该数组轴的数量是 2

 [[[1 2 3]
  [4 5 6]]

 [[1 2 3]
  [7 8 9]]

 [[4 5 6]
  [7 8 9]]]
该数组轴的数量是 3

D:\practice>
```

图 8-6 代码 8-5.py 的运行结果

在 NumPy 中，可以用元素为数字的二维数组表示并创建矩阵，并使用矩阵的 shape() 方法获取矩阵的行数和列数。

【实例 8-6】 创建两个不同行数、不同列数的矩阵，并分别获取矩阵的行数和列数，代码如下：

```
# === 第 8 章 代码 8-6.py === #
import numpy as np

A = np.array([[1,2,3,4],[5,6,7,8],[9,10,11,12]])
print(A)
print('该矩阵的行数和列数分别为',A.shape)
B = np.array([[1,2,3,4,5],[6,7,8,9,10]])
print('\n',B)
print('该矩阵的行数和列数分别为',B.shape)
```

运行结果如图 8-7 所示。

在 NumPy 中，可以创建不同类型的数组对象，并使用数组对象的 itemsize 属性获取每个元素占用的内存。

【实例 8-7】 创建两个不同数据类型的数组，并分别获取数组中元素占用内存的大小，

```
D:\practice>python 8-6.py
[[ 1  2  3  4]
 [ 5  6  7  8]
 [ 9 10 11 12]]
该矩阵的行数和列数分别为 (3, 4)

 [[ 1  2  3  4  5]
 [ 6  7  8  9 10]]
该矩阵的行数和列数分别为 (2, 5)

D:\practice>
```

图 8-7　代码 8-6.py 的运行结果

代码如下：

```
# === 第 8 章 代码 8-7.py === #
import numpy as np

A = np.array([1,3,5,7,9],dtype = 'int16')
print(A)
print('该数组中元素占用的内存大小是',A.itemsize)
B = np.array([1,3,5,7,9],dtype = 'float64')
print('\n',B)
print('该数组中元素占用的内存大小是',B.itemsize)
```

运行结果如图 8-8 所示。

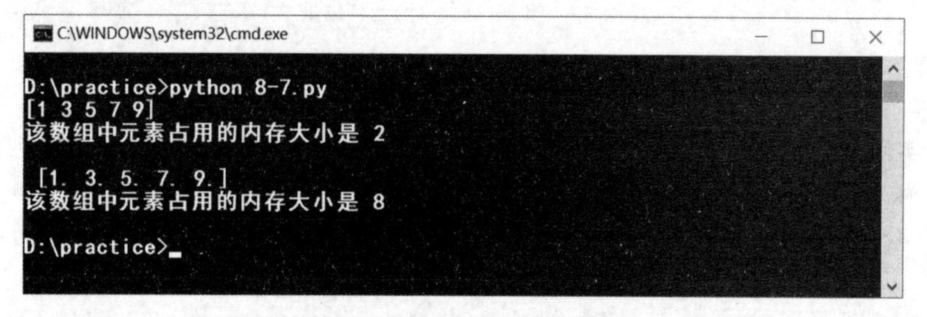

图 8-8　代码 8-7.py 的运行结果

【实例 8-8】 创建两个不同数据类型的数组，并分别获取数组对象的内存信息，代码如下：

```
# === 第 8 章 代码 8-8.py === #
import numpy as np

A = np.array([1,3,5,7,9])
print(A)
print('该数组对象的内存信息是\n',A.flags)
B = np.array([0.1,0.3,0.5,0.7,0.9])
```

```
print(B)
print('该数组对象的内存信息是\n',B.flags)
```

运行结果如图 8-9 所示。

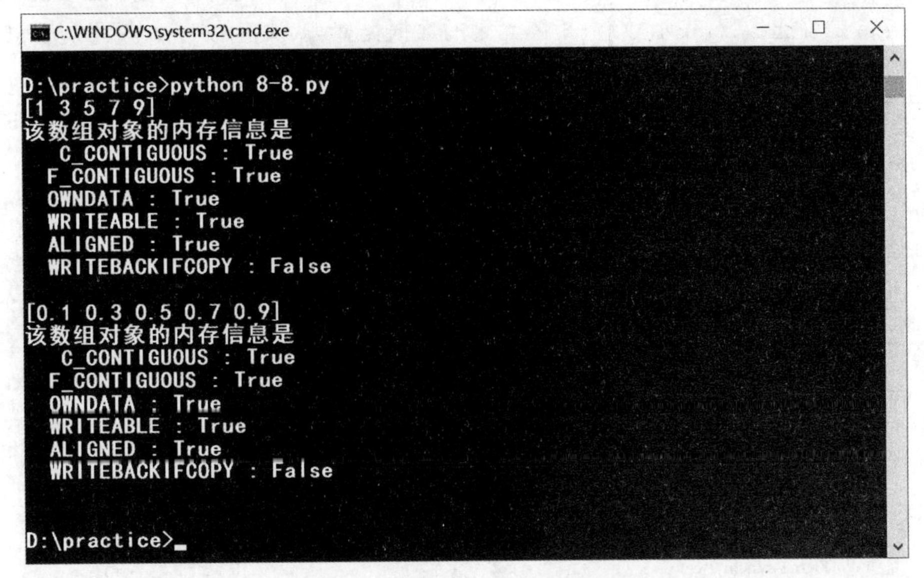

图 8-9　代码 8-8.py 的运行结果

在 NumPy 模块中,数组对象 ndarray.flags 的内存属性见表 8-4。

表 8-4　ndarray.flags 的内存属性

属　性	说　明
C_CONTIGUOUS(C)	数据是否在一个单一的 C 风格的连续段中
F_CONTIGUOUS(F)	数据是否在一个单一的 Fortran 风格的连续段中
OWNDATA(O)	数组拥有它所使用的内存或从另一个对象中借用它
WRITEARLE(W)	若将该值设置为 True,则表示数据区域可以被写入;若将该值设置为 False,则数据为只读
ALIGNED(A)	数据和所有元素是否都适当地对齐到硬件上
UPDATEIFCOPY(U)	这个数组是其他数组的一个副本,当这个数组被释放时,原数组的内容将被更新

8.1.2　创建特殊矩阵

在 NumPy 模块中,不仅可以使用 array()函数创建矩阵、数组,也可以使用下面的函数创建特殊矩阵。

1. 使用 arange()函数创建一维数组、行矩阵

使用 NumPy 模块中的 arrange()函数可以创建一维数组、行矩阵,即根据起始值 start 与结束值 stop 指定的范围及 step 设定的步长,创建一维数组、行矩阵,其语法格式如下:

```
numpy.arange(start = 0,stop,step = 1,dtype = None)
```

其中,start 是可选参数,表示一维数组或行矩阵的起始值,默认值为 0;stop 表示一维数组或行矩阵的结束值(不包含该值);step 是可选参数,表示一维数组或行矩阵的步长,默认值为 1;dtype 是可选参数,表示数组、矩阵元素的数据类型,默认值为 None,可以从其输入值中推测其数据类型。

【实例 8-9】 使用 NumPy 模块中的 arange()函数创建一维数组,分别使用一个参数、两个参数、三个参数来创建一维数组,代码如下:

```
# === 第 8 章 代码 8-9.py === #
import numpy as np

A = np.arange(5)
B = np.arange(0,5)
C = np.arange(0,5,0.6)
print(A)
print(B)
print(C)
```

运行结果如图 8-10 所示。

```
C:\WINDOWS\system32\cmd.exe
D:\practice>python 8-9.py
[0 1 2 3 4]
[0 1 2 3 4]
[0.  0.6 1.2 1.8 2.4 3.  3.6 4.2 4.8]

D:\practice>
```

图 8-10 代码 8-9.py 的运行结果

2. 使用 linspace()函数创建一维数组、行矩阵

使用 NumPy 模块中的 linspace()函数可以创建一维数组或行矩阵,该函数创建的一维数组或行矩阵是由一个等差数列构成的,其语法格式如下:

```
numpy.linspace(start,end,num = 50,endpoint = True,retstep = False,dtype = None,axis = 0)
```

其中,start 表示一维数组或行矩阵的起始值;end 表示一维数组或行矩阵的结束值;num 是可选参数,表示节点数,即生成等步长的样本数量,默认值为 50;endpoint 是可选参数,如果该值是 True,则表示数组包含 end,如果该值是 False,则表示数组不包含 end;retstep 是可选参数,如果该值是 True,则返回值会给出数据间隔;dtype 是可选参数,表示数组、矩阵元素的数据类型,默认值为 None;axis 是可选参数,表示轴,默认值为 0 或 −1。

【实例 8-10】 使用 NumPy 模块中的 linspace()函数创建一维数组,分别使用包含结束值、不包含结束值、输出间隔 3 种方式来创建一维数组,代码如下:

```
# === 第 8 章 代码 8-10.py === #
import numpy as np

A = np.linspace(0,5,5)
B = np.linspace(0,5,5,endpoint = False)
C = np.linspace(0,5,5,retstep = True)
print(A)
print(B)
print(C)
```

运行结果如图 8-11 所示。

```
C:\WINDOWS\system32\cmd.exe
D:\practice>python 8-10.py
[0.   1.25 2.5  3.75 5.  ]
[0. 1. 2. 3. 4.]
(array([0.  , 1.25, 2.5 , 3.75, 5.  ]), 1.25)

D:\practice>
```

图 8-11 代码 8-10.py 的运行结果

3. 使用 logspace()函数创建一维矩阵、数组

使用 NumPy 模块中的 logspace()函数可以创建一维数组或行矩阵，该函数创建的一维数组或行矩阵是由一个等比数列构成的，其语法格式如下：

```
numpy.logspace(start,stop,num = 50,endpoint = True,base = 10.0,dtype = float)
```

其中，start 表示一维数组或行矩阵的起始值，其值是 $base^{start}$；stop 表示一维数组或行矩阵的结束值，其值是 $base^{stop}$；num 表示要生成等步长的样本数量，默认值为 50；endpoint 是可选参数，如果该值为 True，则数组中包含 stop 值，反之则不包含，默认值为 True；base 表示对数 log 的底数，默认值为 10.0；dtype 表示该数组元素的数据类型。

【实例 8-11】 使用 NumPy 模块中的 logspace()函数创建一维数组，分别创建由底数是 10、2、e 的等比数列构成的一维数组，代码如下：

```
# === 第 8 章 代码 8-11.py === #
import numpy as np

A = np.logspace(1,5,num = 6)
B = np.logspace(1,5,num = 6,base = 2)
C = np.logspace(1,5,num = 6,base = np.e)
print(A)
print('\n',B)
print('\n',C)
```

运行结果如图 8-12 所示。

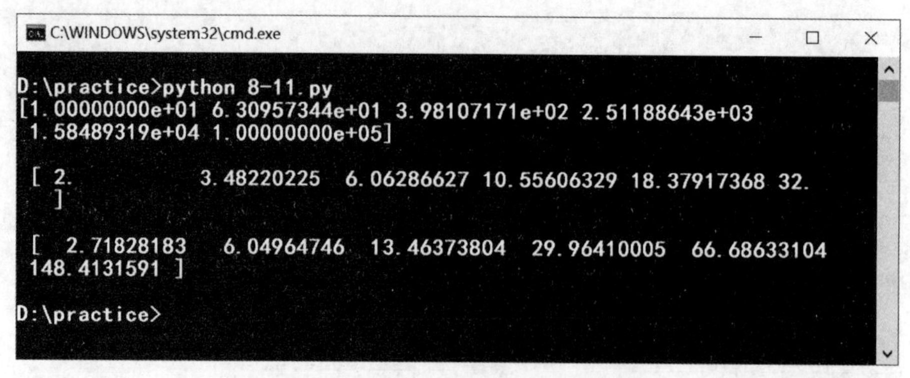

图 8-12 代码 8-11.py 的运行结果

4. 使用 reshape()函数修改矩阵、数组的形状

使用 NumPy 模块中的 reshape()函数可以修改矩阵、数组的形状，将矩阵、数组修改成指定行和指定列的矩阵，其语法格式如下：

```
array.reshape(x,y)
```

其中，array 表示数组或矩阵的名称；x 表示指定的行数；y 表示指定的列数。

【实例 8-12】 使用 NumPy 模块中的 arange()函数创建包含 12 个元素的行矩阵，然后将该矩阵转变成 2 行 6 列的矩阵、3 行 4 列的矩阵、4 行 3 列的矩阵，代码如下：

```
# === 第 8 章 代码 8-12.py === #
import numpy as np

A = np.arange(0,12)
B = A.reshape(2,6)
C = A.reshape(3,4)
D = A.reshape(4,3)
print(B)
print('\n',C)
print('\n',D)
```

运行结果如图 8-13 所示。

5. 使用 empty()函数创建未初始化的矩阵、数组

使用 NumPy 模块中的 empty()函数可以创建指定形状(shape)、指定数据类型(dtype)且未初始化的矩阵或数组，其语法格式如下：

```
numpy.empty(shape,dtype = float,order = 'C')
```

其中，shape 是表示矩阵或数组形状的数字列表，该列表包含两个元素；dtype 是可选参数，表示矩阵或数组元素的数据类型，默认为浮点型 float；order 是可选参数，表示在计算机内存中的存储元素的顺序，如果该值是 C，则表示行优先，如果该值是 F，则表示列优先。

【实例 8-13】 使用 NumPy 模块中的 empty()函数创建矩阵，分别创建元素的数据类

```
D:\practice>python 8-12.py
[[ 0  1  2  3  4  5]
 [ 6  7  8  9 10 11]]

 [[ 0  1  2  3]
 [ 4  5  6  7]
 [ 8  9 10 11]]

 [[ 0  1  2]
 [ 3  4  5]
 [ 6  7  8]
 [ 9 10 11]]

D:\practice>
```

图 8-13 代码 8-12.py 的运行结果

型是浮点型、整型、复数型的矩阵，代码如下：

```
# === 第 8 章 代码 8-13.py === #
import numpy as np

A = np.empty([2,3])
B = np.empty([2,3],dtype = int)
C = np.empty([2,3],dtype = complex)
print(A)
print('\n',B)
print('\n',C)
```

运行结果如图 8-14 所示。

```
D:\practice>python 8-13.py
[[1.97500411e+166 9.77637883e+199 1.67709469e+243]
 [6.94563445e+193 3.67136860e+180 5.29978051e+180]]

 [[604082784     32761 604087296]
 [    32761  61302416     32761]]

 [[6.23042070e-307+1.42417221e-306j 1.60219306e-306+9.79054228e-307j
  1.69119330e-306+1.78022342e-306j]
 [6.23058028e-307+6.23053954e-307j 9.34609790e-307+8.45593934e-307j
  9.34600963e-307+1.86921143e-306j]]

D:\practice>
```

图 8-14 代码 8-13.py 的运行结果

6. 使用 zeros()函数创建元素都是 0 的矩阵、数组

使用 NumPy 模块中的 zeros()函数可以创建元素都是 0 的矩阵或数组，其语法格式如下：

```
numpy.zeros(shape,dtype = float,order = 'C')
```

其中,shape 是表示矩阵或数组形状的数字或数字列表,该列表包含两个元素；dtype 是可选参数,表示矩阵或数组元素的数据类型；order 是可选参数,表示在计算机内存中的存储元素的顺序,如果该值是 C,则表示行优先,如果该值是 F,则表示列优先。

【实例 8-14】 使用 NumPy 模块中的 zeros()函数创建行矩阵和列矩阵,并创建自定义数据类型的数组,代码如下：

```
# === 第 8 章 代码 8-14.py === #
import numpy as np

A = np.zeros(5)
B = np.zeros((3,4),dtype = int)          #使用元组也能表示数组形状
C = np.zeros((3,4),dtype = [('x','i4'),('y','i4')])
print(A)
print('\n',B)
print('\n',C)
```

运行结果如图 8-15 所示。

```
C:\WINDOWS\system32\cmd.exe
D:\practice>python 8-14.py
[0. 0. 0. 0. 0.]

 [[0 0 0 0]
 [0 0 0 0]
 [0 0 0 0]]

 [[(0, 0) (0, 0) (0, 0) (0, 0)]
 [(0, 0) (0, 0) (0, 0) (0, 0)]
 [(0, 0) (0, 0) (0, 0) (0, 0)]]

D:\practice>
```

图 8-15 代码 8-14.py 的运行结果

7. 使用 ones()函数创建元素都是 1 的矩阵、数组

使用 NumPy 模块中的 ones()函数可以创建元素都是 1 的矩阵或数组,其语法格式如下：

```
numpy.ones(shape,dtype = float,order = 'C')
```

其中,shape 是表示矩阵或数组形状的数字或数字列表,该列表包含两个元素；dtype 是可选参数,表示矩阵或数组元素的数据类型；order 是可选参数,表示在计算机内存中的存储元素的顺序,如果该值是 C,则表示行优先,如果该值是 F,则表示列优先。

【实例 8-15】 使用 NumPy 模块中的 ones()函数创建行矩阵和列矩阵,并创建自定义数据类型的数组,代码如下：

```
# === 第 8 章 代码 8 - 15.py === #
import numpy as np

A = np.ones(5)
B = np.ones([3,4],dtype = int)
C = np.ones((3,4),dtype = [('x','i4'),('y','i4')])
print(A)
print('\n',B)
print('\n',C)
```

运行结果如图 8-16 所示。

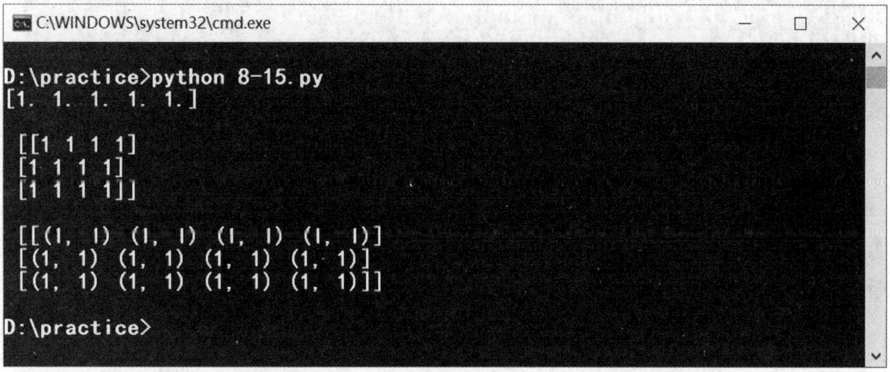

```
C:\WINDOWS\system32\cmd.exe

D:\practice>python 8-15.py
[1. 1. 1. 1. 1.]

 [[1 1 1 1]
 [1 1 1 1]
 [1 1 1 1]]

 [[(1, 1) (1, 1) (1, 1) (1, 1)]
 [(1, 1) (1, 1) (1, 1) (1, 1)]
 [(1, 1) (1, 1) (1, 1) (1, 1)]]

D:\practice>
```

图 8-16　代码 8-15.py 的运行结果

8. 使用 identity()函数创建单位矩阵

使用 NumPy 模块中的 identity()函数可以创建单位矩阵，即主对角线是 1，其他都是 0 的矩阵，其语法格式如下：

```
numpy.identity(n,dtype = float)
```

其中，shape 是表示单位矩阵的维度；dtype 是可选参数，表示矩阵或数组元素的数据类型，默认值为浮点型。

【实例 8-16】 使用 NumPy 模块中的 identity()函数创建 3 种数据类型的单位矩阵，包括浮点型、整型和布尔型，代码如下：

```
# === 第 8 章 代码 8 - 16.py === #
import numpy as np

A = np.identity(3)
B = np.identity(4,dtype = int)
C = np.identity(3,dtype = bool)
print(A)
print('\n',B)
print('\n',C)
```

运行结果如图 8-17 所示。

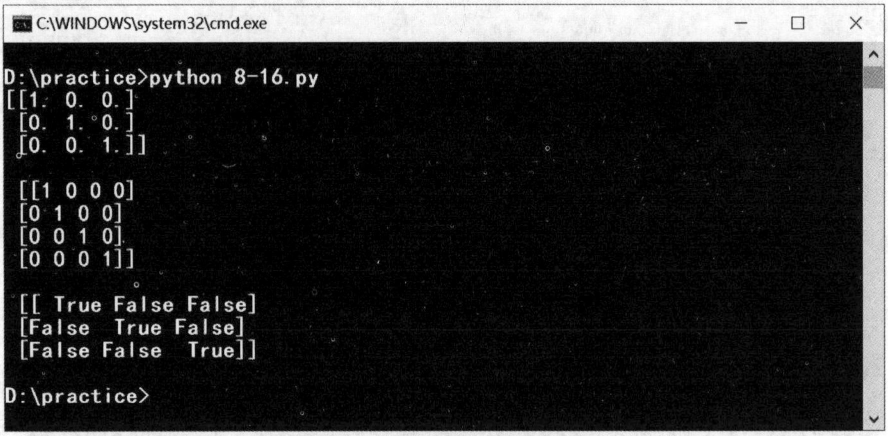

```
C:\WINDOWS\system32\cmd.exe
D:\practice>python 8-16.py
[[1. 0. 0.]
 [0. 1. 0.]
 [0. 0. 1.]]

 [[1 0 0 0]
 [0 1 0 0]
 [0 0 1 0]
 [0 0 0 1]]

 [[ True False False]
 [False  True False]
 [False False  True]]

D:\practice>
```

图 8-17　代码 8-16.py 的运行结果

9. 使用 random()函数创建随机数矩阵

使用 NumPy 模块中的 random()函数可以创建随机数矩阵。在 random()函数下创建随机数矩阵的方法见表 8-5。

表 8-5　使用 random()函数创建随机数矩阵的方法

函　　数	说　　明
numpy.random.rand(m,n)	创建 m 行 n 列的矩阵,矩阵的元素为 0～1 的随机数,包含 0,但不包含 1
numpy.random.randn(m,n)	创建 m 行 n 列的矩阵,矩阵的元素是一组具有标准正态分布的样本
numpy.random.randint(low,high=None,size=None,dtype=int)	返回区间是 low～high 的随机整数,包含 low,但不包含 high,low 表示最小值,high 表示最大值,size 表示矩阵的维度,可以是数字、列表、元组,dtype 表示数据类型,如果没有填写 high,则默认范围是 0～low
numpy.random.random_sample(size=None)	返回区间 0～1 的浮点数,包含 0,但不包含 1,size 表示矩阵的维度,可以是数字、列表、元组
numpy.random.random(size=None)	返回区间 0～1 的浮点数,包含 0,但不包含 1,size 表示矩阵的维度,可以是数字、列表、元组
numpy.random.ranf(size=None)	返回区间 0～1 的浮点数,包含 0,但不包含 1,size 表示矩阵的维度,可以是数字、列表、元组
numpy.random.sample(size=None)	返回区间 0～1 的浮点数,包含 0,但不包含 1,size 表示矩阵的维度,可以是数字、列表、元组
numpy.random.choice(a,size=None,replace=True,p=None)	返回从给定的一维矩阵 **a** 中生成的随机数,**a** 表示一维矩阵、数组,size 表示矩阵的维度,可以是数字、列表、元组,p 表示数组中数据出现的概率

注意：在 NumPy 模块中已经不存在函数 numpy.random.random_integers()，该函数已经被 numpy.random.randint()替代。函数 numpy.random 还有其他生成随机数的方法，有兴趣的读者可以自己搜索、研究。

【实例 8-17】 使用 NumPy 模块中的 random 函数创建 3 种不同随机数的矩阵，代码如下：

```
# === 第 8 章 代码 8-17.py === #
import numpy as np

A = np.random.rand(3,4)
B = np.random.randn(3,4)
C = np.random.randint(2,5,size = [3,4])
print(A)
print('\n',B)
print('\n',C)
```

运行结果如图 8-18 所示。

```
C:\WINDOWS\system32\cmd.exe
D:\practice>python 8-17.py
[[0.84378036 0.03069032 0.27571727 0.25068752]
 [0.05763012 0.98484913 0.16042142 0.04476211]
 [0.18212094 0.58484673 0.01884138 0.77632456]]

 [[-0.30966564 -1.04521877  0.57964512 -0.34843772]
 [ 1.00970551  1.03492992 -1.47643801  0.92079318]
 [ 1.43763094  0.53362325 -0.49861946  1.15028694]]

 [[4 3 2 3]
 [4 4 4 2]
 [2 2 2 2]]

D:\practice>
```

图 8-18　代码 8-17.py 的运行结果

8.1.3　NumPy 的切片和索引

在 NumPy 模块中，可以创建数组对象 ndarray。数组对象 ndarray 的元素和内容可以通过索引和切片访问。

1. 通过切片访问一维矩阵、数组的元素

一维数组对象 ndarray 的索引和列表相同，即都是从 0 开始的，如果数组中有 n 个元素，则到 $n-1$ 结束，其语法格式如下：

```
arrayname[start:end:step]
```

其中,arrayname 表示一维矩阵或数组的名称；start 表示切片的起始值(包括该位置),如果不指定,则默认值为 0；end 表示切片的结束位置(不包括该位置),如果不指定,则默认为该一维数组的长度；step 表示切片的步长,如果不指定,则默认值为 1,当省略步长时,最后一个冒号也可以省略。

【实例 8-18】 使用 NumPy 模块中的 arange()、linspace()函数创建两个一维数组,分别截取这两个数组的第 1、第 3、第 5 和第 2、第 4、第 6 个元素,代码如下：

```
# === 第 8 章 代码 8-18.py === #
import numpy as np

A = np.arange(1,8)
B = np.linspace(1,8,8)
C = A[0:5:2]
D = B[1:6:2]
print(A)
print(C)
print('\n',B)
print(D)
```

运行结果如图 8-19 所示。

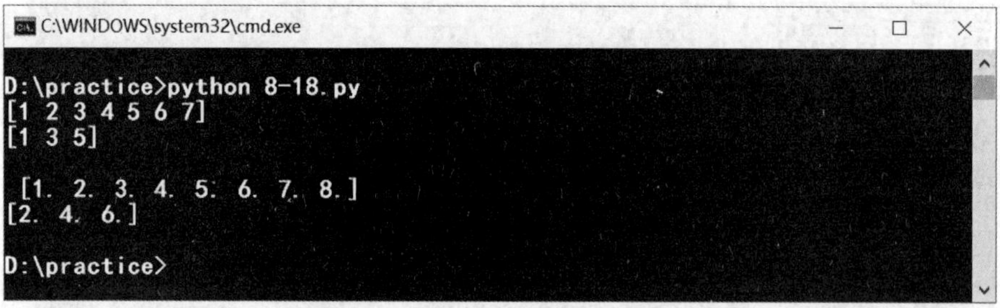

```
C:\WINDOWS\system32\cmd.exe
D:\practice>python 8-18.py
[1 2 3 4 5 6 7]
[1 3 5]

 [1. 2. 3. 4. 5. 6. 7. 8.]
[2. 4. 6.]

D:\practice>
```

图 8-19 代码 8-18.py 的运行结果

2. 通过切片访问多行多列矩阵、数组的元素

多维数组对象 ndarray 的每行元素的索引都是从 0 开始的,如果数组中有 n 列,则到 $n-1$ 结束,其语法格式如下：

```
arrayname[start1:end1:step1,start2:end2:step2]
```

其中,arrayname 表示矩阵或数组的名称；start1 表示切片的起始行索引(包括该位置),如果不指定,则默认值为 0；end1 表示切片的结束行索引(不包括该位置),如果不指定,则默认为该数组的总行数；step1 表示行数切片的步长,如果不指定,则默认值为 1,当省略步长时,最后一个冒号也可以省略。start2 表示切片的起始列索引(包括该位置),如果不指定,则默认值为 0；end2 表示切片的结束列索引(不包括该位置),如果不指定,则默认为该数组的总列数；step2 表示行数切片的步长,如果不指定,则默认值为 1,当省略步长时,最后一个冒号也可以省略。

【实例 8-19】 创建一个 5 行 5 列的矩阵，分别截取第 1 行中第 1、第 2、第 3 个元素和第 2 行中的第 1、第 2、第 3 个元素组成一个新矩阵，然后截取第 1 行的第 3、第 4、第 5 个元素和第 2 行的第 3、第 4、第 5 个元素和第 3 行的第 3、第 4、第 5 个元素组成一个新矩阵，代码如下：

```
# === 第 8 章 代码 8-19.py === #
import numpy as np

A = np.arange(1,26).reshape(5,5)
print(A)
B = A[0:2,0:3]
C = A[0:3,2:5]
print('\n',B)
print('\n',C)
```

运行结果如图 8-20 所示。

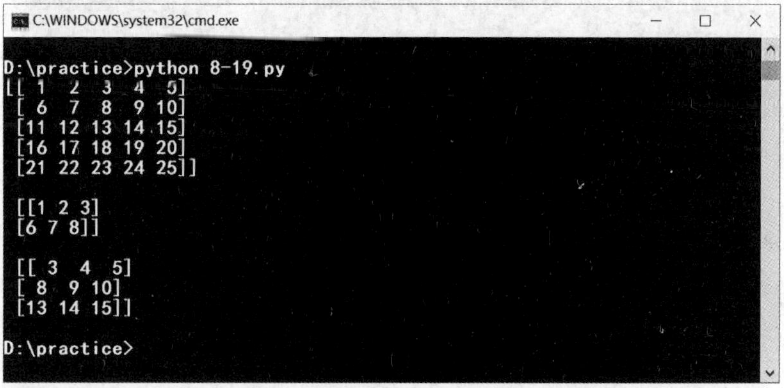

```
C:\WINDOWS\system32\cmd.exe
D:\practice>python 8-19.py
[[ 1  2  3  4  5]
 [ 6  7  8  9 10]
 [11 12 13 14 15]
 [16 17 18 19 20]
 [21 22 23 24 25]]

 [[1 2 3]
 [6 7 8]]

 [[ 3  4  5]
 [ 8  9 10]
 [13 14 15]]

D:\practice>
```

图 8-20 代码 8-19.py 的运行结果

通过切片访问矩阵的某一行或某一列的语法格式如下：

```
arrayname[...,1]                #表示访问矩阵的第 2 列元素
arrayname[1,...]                #表示访问矩阵的第 2 行元素
arrayname[...,1:]               #表示访问第 2 列及其后面的元素
arrayname[1:,...]               #表示访问第 2 行及其后面的元素
```

3. 通过索引访问多行多列矩阵、数组的元素

多维数组对象 ndarray 的元素的索引都是从 0 开始的，如果数组中有 m 行 n 列，则通过索引访问数组元素的语法格式如下：

```
arrayname[[x1,x2,...,y1,y2]]
```

其中，arrayname 表示多维矩阵或数组的名称；x1、x2 表示行索引；y1、y2 表示列索引；该语句表示访问索引是[x1,y1]和[x2,y2]的元素。

【实例 8-20】 创建一个 5 行 5 列的矩阵，分别截取这个矩阵边角上的元素，然后组成一个新的矩阵。如果将这 4 个元素组成单行矩阵，则代码如下：

```
# === 第 8 章 代码 8-20.py === #
import numpy as np

A = np.arange(1,26).reshape(5,5)
print(A)
C = [0,0,4,4]
D = [0,4,0,4]
B = A[C,D]
print('\n',B)
```

运行结果如图 8-21 所示。

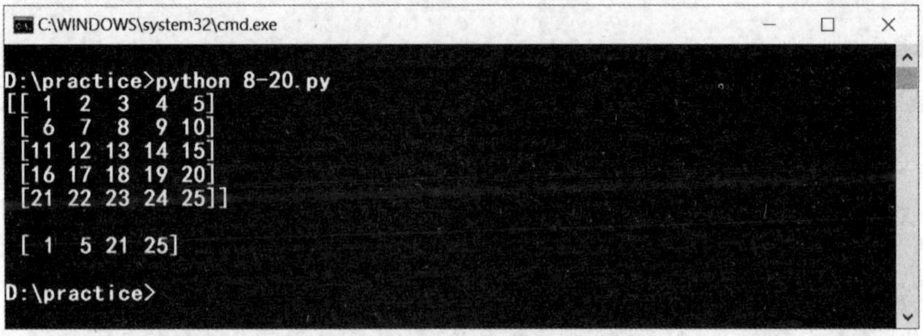

```
C:\WINDOWS\system32\cmd.exe

D:\practice>python 8-20.py
[[ 1  2  3  4  5]
 [ 6  7  8  9 10]
 [11 12 13 14 15]
 [16 17 18 19 20]
 [21 22 23 24 25]]

 [ 1  5 21 25]

D:\practice>
```

图 8-21 代码 8-20.py 的运行结果

如果将这 4 个元素组成 2 行 2 列矩阵,则代码如下:

```
# === 第 8 章 代码 8-21.py === #
import numpy as np

A = np.arange(1,26).reshape(5,5)
print(A)
rows = np.array([[0,0],[4,4]])
cols = np.array([[0,4],[0,4]])
B = A[rows,cols]
print('\n',B)
```

运行结果如图 8-22 所示。

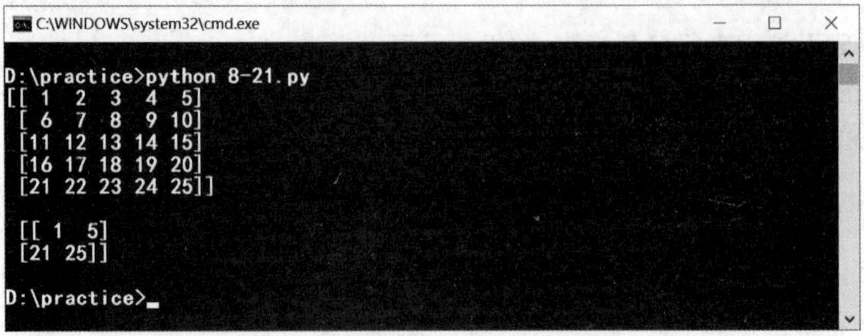

```
C:\WINDOWS\system32\cmd.exe

D:\practice>python 8-21.py
[[ 1  2  3  4  5]
 [ 6  7  8  9 10]
 [11 12 13 14 15]
 [16 17 18 19 20]
 [21 22 23 24 25]]

 [[ 1  5]
 [21 25]]

D:\practice>_
```

图 8-22 代码 8-21.py 的运行结果

8.2　矩阵的简单运算

使用 NumPy 模块可以创建各种类型的矩阵或数组。创建某个矩阵并不是学习的目的，而是利用矩阵来解决实际的问题，例如矩阵的简单运算。

8.2.1　矩阵与数的运算

在 Python 中，使用 NumPy 模块可以创建矩阵，然后进行矩阵与数字之间的运算，包括加、减、乘、除。一般情况下，使用大写的英文字母表示矩阵，使用小写的英文字母表示数字。矩阵与数字之间进行加法运算的语法格式如下：

```
A + x
```

矩阵与数字之间进行减法运算的语法格式如下：

```
A - x
```

矩阵与数字之间进行乘法运算的语法格式如下：

```
x * A
```

矩阵与数字之间进行除法运算的语法格式如下：

```
A/x          #x是非0数字
```

其中，A 表示矩阵；x 表示数字。

【实例 8-21】 创建一个 2 行 2 列的矩阵，然后将该矩阵与数字 5 进行加、减、乘、除运算，打印出其计算结果，代码如下：

```
# === 第 8 章 代码 8-22.py === #
import numpy as np

A = np.arange(1,5).reshape(2,2)
print(A)
B = A + 5
C = A - 5
D = 5 * A
E = A/5
print('矩阵与数字 5 相加:\n',B)
print('矩阵与数字 5 相减:\n',C)
print('矩阵与数字 5 相乘:\n',D)
print('矩阵与数字 5 相除:\n',E)
```

运行结果如图 8-23 所示。

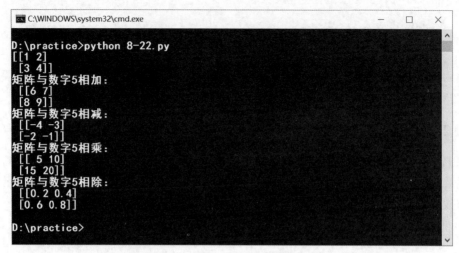

图 8-23 代码 8-22.py 的运行结果

8.2.2 矩阵与矩阵的加、减、乘运算

在 Python 中,使用 NumPy 模块可以创建矩阵,然后进行矩阵与矩阵之间的运算,包括加、减、乘。一般情况下,使用大写的英文字母表示矩阵。矩阵与矩阵之间进行加法运算的语法格式如下:

```
A + B
```

矩阵与矩阵之间进行减法运算的语法格式如下:

```
A - B
```

矩阵与矩阵之间进行乘法运算的语法格式如下:

```
numpy.matmul(A,B)
```

其中,A 表示矩阵的名称;B 表示另一个矩阵的名称;matmul()是 NumPy 模块的函数,用于返回两个矩阵相乘的结果。

【实例 8-22】 创建两个 2 行 2 列的矩阵,然后将这两个矩阵进行加、减、乘运算,打印出其计算结果,代码如下:

```
# === 第 8 章 代码 8 - 23.py === #
import numpy as np

A = np.arange(1,5).reshape(2,2)
B = np.arange(11,15).reshape(2,2)
print('矩阵 A 是\n',A)
print('矩阵 B 是\n',B)
```

```
C = A + B
D = A - B
E = np.matmul(A,B)
print('A + B 的结果是\n',C)
print('A - B 的结果是\n',D)
print('A * B 的结果是\n',E)
```

运行结果如图 8-24 所示。

```
C:\WINDOWS\system32\cmd.exe

D:\practice>python 8-23.py
矩阵A是
 [[1 2]
 [3 4]]
矩阵B是
 [[11 12]
 [13 14]]
A+B的结果是
 [[12 14]
 [16 18]]
A-B的结果是
 [[-10 -10]
 [-10 -10]]
A*B的结果是
 [[37 40]
 [85 92]]

D:\practice>
```

图 8-24　代码 8-23.py 的运行结果

8.3　矩阵的复杂运算

使用 NumPy 模块可以创建各种类型的矩阵或数组，并提供了线性代数库 numpy.linalg，用于进行矩阵之间的复杂运算，包括求矩阵的逆、计算矩阵的行列式、计算矩阵的特征值、计算矩阵的特征向量及求解线性方程组。

8.3.1　矩阵的逆

在 NumPy 模块中，可以使用函数 numpy.linalg.inv()计算矩阵的逆。一般情况下，使用大写的英文字母表示矩阵。求矩阵的逆语法格式如下：

```
numpy.linalg.inv(A)
```

其中，A 是矩阵的名称。

在 NumPy 模块中，可以使用函数 numpy.dot()计算两个矩阵的点积，其语法格式如下：

```
numpy.dot(A,B)
```

其中,A 是矩阵的名称,B 是另一个矩阵的名称。如果矩阵 A 和矩阵 B 是可逆矩阵,则 AB=BA=E,其中 E 是单位矩阵。

【实例 8-23】 创建一个 2 行 2 列的矩阵,然后求这个矩阵的逆,并且验证该矩阵的逆是否正确,代码如下:

```
# === 第 8 章 代码 8-24.py === #
import numpy as np

A = np.arange(1,5).reshape(2,2)
B = np.linalg.inv(A)
print('矩阵 A 是\n',A)
print('矩阵 A 的逆是\n',B)
E = np.matmul(A,B)
print('矩阵 A 和矩阵 B 的乘积是\n',E)
F = np.matmul(B,A)
print('矩阵 B 和矩阵 A 的乘积是\n',F)
```

运行结果如图 8-25 所示。

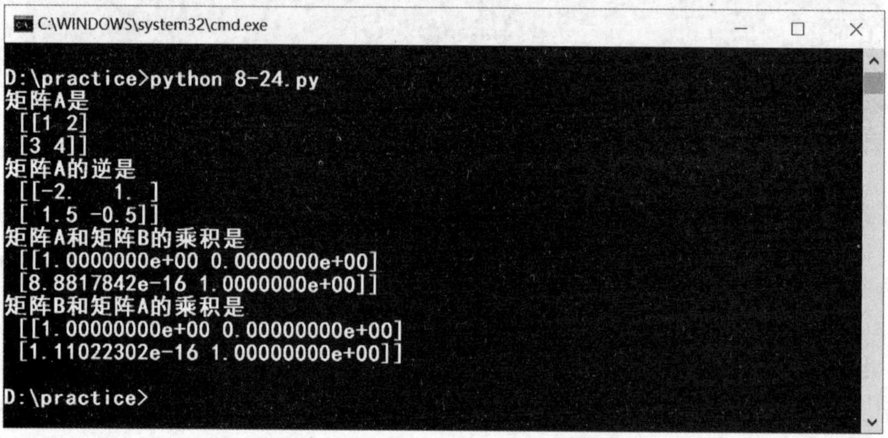

```
C:\WINDOWS\system32\cmd.exe
D:\practice>python 8-24.py
矩阵A是
 [[1 2]
 [3 4]]
矩阵A的逆是
 [[-2.   1. ]
 [ 1.5 -0.5]]
矩阵A和矩阵B的乘积是
 [[1.0000000e+00 0.0000000e+00]
 [8.8817842e-16 1.0000000e+00]]
矩阵B和矩阵A的乘积是
 [[1.00000000e+00 0.00000000e+00]
 [1.11022302e-16 1.00000000e+00]]

D:\practice>
```

图 8-25 代码 8-24.py 的运行结果

8.3.2 矩阵的行列式

在 NumPy 模块中,可以使用函数 numpy.linalg.det()计算矩阵的行列式。一般情况下,使用大写的英文字母表示矩阵。求矩阵行列式的语法格式如下:

```
numpy.linalg.det(A)
```

其中,A 是矩阵的名称。

【实例 8-24】 创建一个 2 行 2 列的矩阵、一个 3 行 3 列的矩阵,然后求这两个矩阵的行列式,代码如下:

```
# === 第 8 章 代码 8-25.py === #
import numpy as np

A = np.arange(1,5).reshape(2,2)
B = np.array([[2,0,1],[1,-4,-1],[-1,8,3]])
a = np.linalg.det(A)
b = np.linalg.det(B)
print('矩阵 A 是\n',A)
print('矩阵 A 的行列式是\n',a)
print('矩阵 B 是\n',B)
print('矩阵 B 的行列式是\n',b)
```

运行结果如图 8-26 所示。

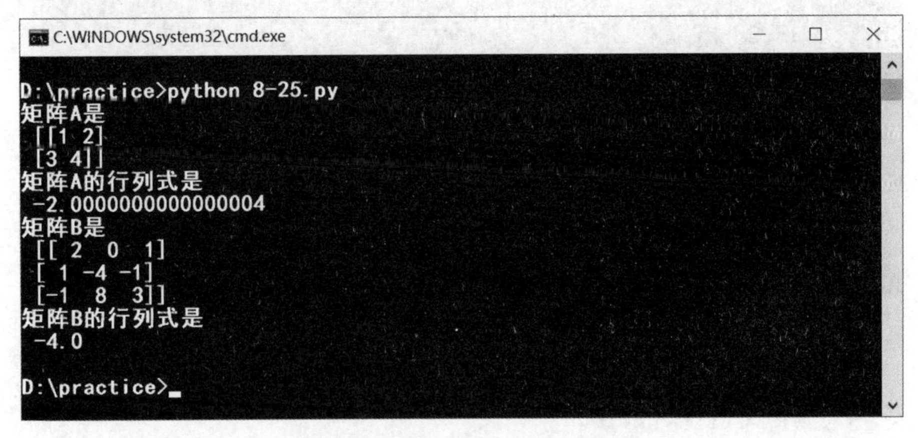

图 8-26 代码 8-25.py 的运行结果

8.3.3 矩阵的特征值和特征向量

在 NumPy 模块中,可以使用函数 numpy.linalg.eig()计算矩阵的特征值和特征向量。一般情况下,使用大写的英文字母表示矩阵。求矩阵的特征值和特征向量的语法格式如下:

```
numpy.linalg.eig(A)
```

其中,A 表是矩阵名称。

【实例 8-25】 创建一个 2 行 2 列的矩阵、一个 3 行 3 列的矩阵,然后求这两个矩阵的特征值和特征向量,代码如下:

```
# === 第 8 章 代码 8-26.py === #
import numpy as np

A = np.array([[3,-1],[-1,3]])
B = np.array([[-1,1,0],[-4,3,0],[1,0,2]])
C = np.linalg.eig(A)
D = np.linalg.eig(B)
```

```
print('矩阵 A 是\n',A)
print('矩阵 A 的特征值和特征向量是\n',C)
print('矩阵 B 是\n',B)
print('矩阵 B 的特征值和特征向量是\n',D)
```

运行结果如图 8-27 所示。

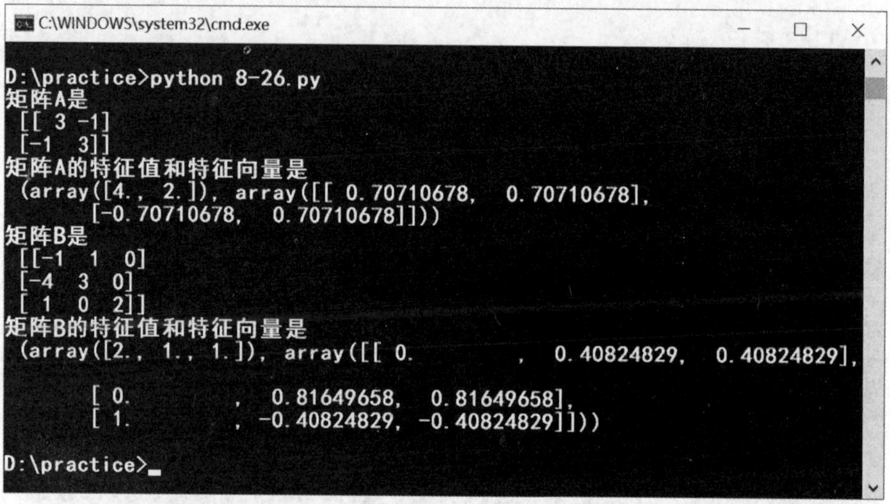

```
C:\WINDOWS\system32\cmd.exe

D:\practice>python 8-26.py
矩阵A是
 [[ 3 -1]
 [-1  3]]
矩阵A的特征值和特征向量是
 (array([4., 2.]), array([[ 0.70710678,  0.70710678],
       [-0.70710678,  0.70710678]]))
矩阵B是
 [[-1  1  0]
 [-4  3  0]
 [ 1  0  2]]
矩阵B的特征值和特征向量是
 (array([2., 1., 1.]), array([[ 0.        ,  0.40824829,  0.40824829],

       [ 0.        ,  0.81649658,  0.81649658],
       [ 1.        , -0.40824829, -0.40824829]]))

D:\practice>
```

图 8-27　代码 8-26.py 的运行结果

8.3.4　解线性方程组

在 NumPy 模块中,可以使用函数 numpy.linalg.solve()求解线性方程组。一般情况下,使用大写的英文字母表示矩阵。求解线性方程组的语法格式如下:

```
numpy.linalg.solve(A,B)
```

其中,A 为根据线性方程组未知数的系数创建的矩阵;B 为根据线性方程组等号右边的数字创建的矩阵。

【实例 8-26】 求解线性方程组 $\begin{cases} x+2y=15 \\ 3x+4y=37 \end{cases}$,代码如下:

```
# === 第 8 章 代码 8-27.py === #
import numpy as np

A = np.array([[1,2],[3,4]])
B = np.array([[15],[37]])
C = np.linalg.solve(A,B)
print('线性方程组的解是')
print(C)
```

运行结果如图 8-28 所示。

```
C:\WINDOWS\system32\cmd.exe

D:\practice>python 8-27.py
线性方程组的解是
[[7.]
 [4.]]

D:\practice>_
```

图 8-28　代码 8-27.py 的运行结果

【实例 8-27】 求解线性方程组$\begin{cases} x-y-z=2 \\ 2x-y-3z=1 \\ 3x+2y-5z=0 \end{cases}$，代码如下：

```
# === 第 8 章 代码 8-28.py === #
import numpy as np

A = np.array([[1, -1, -1],[2, -1, -1],[3,2, -5]])
B = np.array([[2],[1],[0]])
C = np.linalg.solve(A,B)
print('线性方程组的解是')
print(C)
```

运行结果如图 8-29 所示。

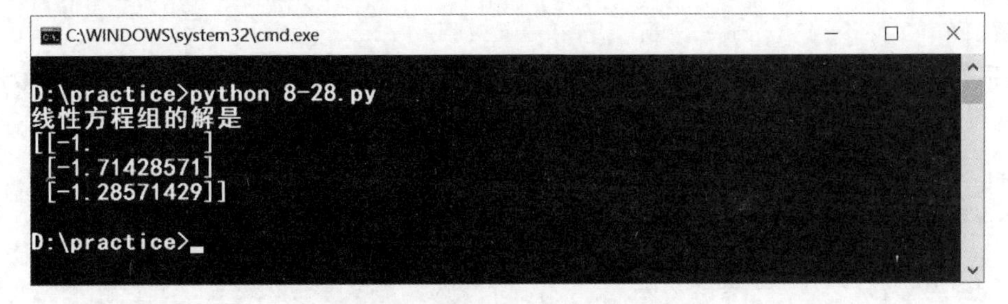

图 8-29　代码 8-28.py 的运行结果

在 NumPy 模块中，还有其他与线性代数相关的函数，将这些函数汇总在一起，见表 8-6。

表 8-6　NumPy 模块中与线性代数相关的函数

函　数	说　明
numpy.dot(A,B)	返回两个数组的点积
numpy.vdot(A,B)	返回两个向量的点积
numpy.inner(A,B)	返回两个数组的内积
numpy.matmul(A,B)	返回两个矩阵的乘积
numpy.linalg.det(A)	返回输入矩阵的行列式
numpy.linalg.inv(A)	返回输入矩阵的逆
numpy.linalg.solve(A,B)	求线性方程组的解

8.4 统计数组、矩阵

24min

使用 NumPy 模块可以创建各种类型的矩阵或数组,也提供了很多统计函数,用于从数组中查找最小元素、最大元素、标准差、方差等。

8.4.1 最小值和最大值

在 NumPy 模块中,使用函数 numpy.amin()可以获得数组中的元素沿指定轴的最小值。一般情况下,使用大写的英文字母表示矩阵,其语法格式如下:

```
numpy.amin(A,axis)
```

其中,A 是矩阵的名称。axis 是可选参数,如果省略该参数,则返回该数组中最小的元素;如果该参数的值是 0,则返回每列中最小的元素;如果该参数的值是 1,则返回每行中最小的元素。

在 NumPy 模块中,使用函数 numpy.amax()可以获得数组中的元素沿指定轴的最大值。一般情况下,使用大写的英文字母表示矩阵,其语法格式如下:

```
numpy.amax(A,axis)
```

其中,A 是矩阵的名称。axis 是可选参数,如果省略该参数,则返回该数组中最大的元素;如果该参数的值是 0,则返回每列中最大的元素;如果该参数的值是 1,则返回每行中最大的元素。

【实例 8-28】 创建一个 3 行 3 列的矩阵,获得该矩阵中的最小值,以及每行的最小值、每列的最小值,然后获得该矩阵的最大值,以及每行的最大值、每列的最大值,代码如下:

```
# === 第 8 章 代码 8 - 29.py === #
import numpy as np

A = np.arange(1,10).reshape(3,3)
print(A)
print('矩阵中的最小值是\n',np.amin(A))
print('矩阵中每列的最小值是\n',np.amin(A,axis = 0))
print('矩阵中每行的最小值是\n',np.amin(A,axis = 1))
print('矩阵中的最大值是\n',np.amax(A))
print('矩阵中每列的最大值是\n',np.amax(A,axis = 0))
print('矩阵中每行的最大值是\n',np.amax(A,axis = 1))
```

运行结果如图 8-30 所示。

在 NumPy 模块中,使用函数 numpy.ptp()可以获得数组中的元素的最大值与最小值之差。一般情况下,使用大写的英文字母表示矩阵,其语法格式如下:

```
numpy.ptp(A,axis)
```

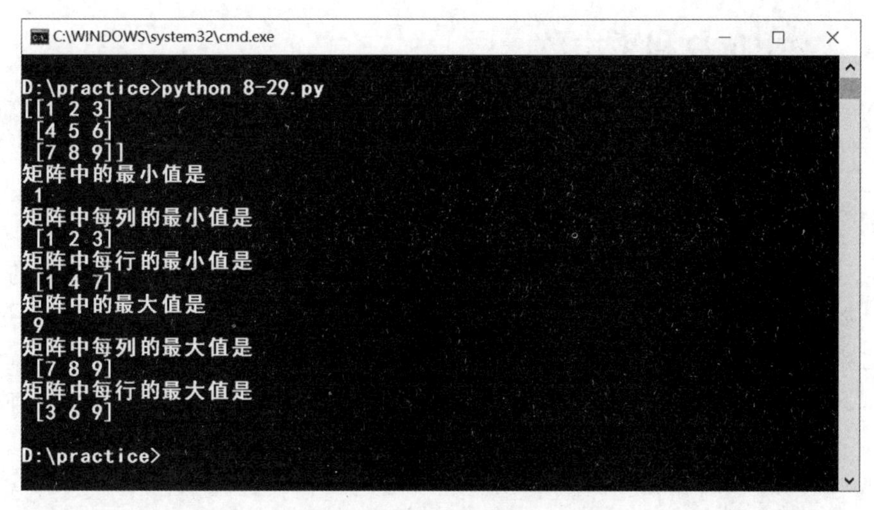

图 8-30 代码 8-29.py 的运行结果

其中，A 是矩阵的名称。axis 是可选参数，如果省略该参数，则返回该数组中最大的元素与最小元素的差；如果该参数的值是 0，则返回每列中最大的元素与最小元素的差；如果该参数的值是 1，则返回每行中最大的元素与最小元素的差。

【实例 8-29】 创建一个 3 行 3 列的矩阵，获得该矩阵中的最大值与最小值的差，以及每行的最大值与最小值的差、每列的最大值与最小值的差，代码如下：

```
# === 第 8 章 代码 8-30.py === #
import numpy as np

A = np.arange(1,10).reshape(3,3)
print(A)
print('矩阵中最大值与最小值的差是\n',np.ptp(A))
print('矩阵中每列的最大值与最小值的差是\n',np.ptp(A,axis = 0))
print('矩阵中每行的最大值与最小值的差是\n',np.ptp(A,axis = 1))
```

运行结果如图 8-31 所示。

```
C:\WINDOWS\system32\cmd.exe
D:\practice>python 8-30.py
[[1 2 3]
 [4 5 6]
 [7 8 9]]
矩阵中最大值与最小值的差是
 8
矩阵中每列的最大值与最小值的差是
 [6 6 6]
矩阵中每行的最大值与最小值的差是
 [2 2 2]

D:\practice>
```

图 8-31 代码 8-30.py 的运行结果

8.4.2 中位数和平均数

在 NumPy 模块中,使用函数 numpy.median()可以获得数组中的元素沿指定轴的中位数。一般情况下,使用大写的英文字母表示矩阵,其语法格式如下:

```
numpy.median(A,axis)
```

其中,A 是矩阵的名称。axis 是可选参数,如果省略该参数,则返回该数组中元素的中位数;如果该参数的值是 0,则返回每列中元素的中位数;如果该参数的值是 1,则返回每行中元素的中位数。

在 NumPy 模块中,使用函数 numpy.mean()可以获得数组中的元素沿指定轴的算术平均值。一般情况下,使用大写的英文字母表示矩阵,其语法格式如下:

```
numpy.mean(A,axis)
```

其中,A 是矩阵的名称。axis 是可选参数,如果省略该参数,则返回该数组中元素的算术平均数;如果该参数的值是 0,则返回每列元素的算术平均数;如果该参数的值是 1,则返回每行元素的算术平均数。

【实例 8-30】 创建一个 3 行 3 列的矩阵,获得该矩阵元素的中位数,以及每列元素的中位数、每行元素的中位数,然后获得该矩阵元素的算术平均数,以及每列元素的算术平均数、每行元素的算术平均数,代码如下:

```
# === 第 8 章 代码 8-31.py === #
import numpy as np

A = np.arange(1,10).reshape(3,3)
print(A)
print('矩阵元素的中位数是\n',np.median(A))
print('矩阵中每列元素的中位数是\n',np.median(A,axis = 0))
print('矩阵中每行元素的中位数是\n',np.median(A,axis = 1))
print('矩阵的算术平均数是\n',np.mean(A))
print('矩阵中每列元素的算术平均数是\n',np.mean(A,axis = 0))
print('矩阵中每行元素的算术平均数是\n',np.mean(A,axis = 1))
```

运行结果如图 8-32 所示。

在 NumPy 模块中,使用函数 numpy.average()可以根据在另一个数组中给出的各自的权重计算数组中元素的加权平均值。一般情况下,使用大写的英文字母表示矩阵,其语法格式如下:

```
numpy.average(A,weights,axis)
```

其中,A 是矩阵或数组的名称。weights 是可选参数,表示权重数组,如果该参数省略不写,则返回算术平均数,如果有该参数,则返回加权平均数;axis 是可选参数,如果省略该参数,则返回该数组中元素的加权平均数；如果该参数的值是0，则返回每列元素的加权平均数；如果该参数的值是1，则返回每行元素的加权平均数。

```
D:\practice>python 8-31.py
[[1 2 3]
 [4 5 6]
 [7 8 9]]
矩阵元素的中位数是
 5.0
矩阵中每列元素的中位数是
 [4. 5. 6.]
矩阵中每行元素的中位数是
 [2. 5. 8.]
矩阵的算术平均数是
 5.0
矩阵中每列元素的算术平均数是
 [4. 5. 6.]
矩阵中每行元素的算术平均数是
 [2. 5. 8.]

D:\practice>
```

图 8-32　代码 8-31.py 的运行结果

【实例 8-31】 创建一个行矩阵，一个加权数组，首先计算算术平均数，然后计算加权平均数，代码如下：

```
# === 第 8 章 代码 8-32.py === #
import numpy as np

A = np.array([5,6,7,8])
print(A)
print('单行矩阵的算术平均数是\n',np.average(A))
wts = np.array([1,9,1,1])
print('单行矩阵的加权平均数是\n',np.average(A,weights = wts))
```

运行结果如图 8-33 所示。

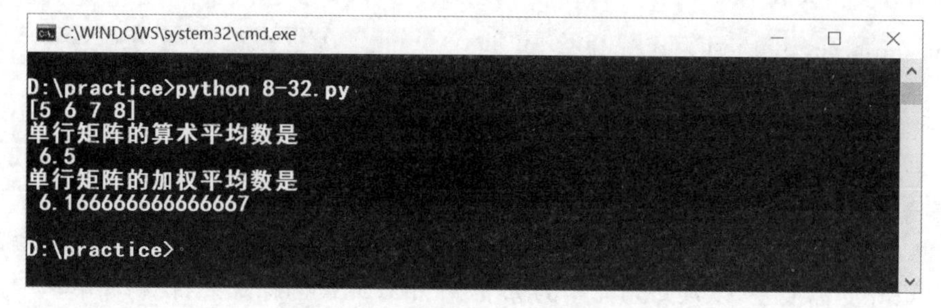

图 8-33　代码 8-32.py 的运行结果

注意： 单行矩阵的加权平均数的计算公式是(5×1+6×9+7×1+8×1)/(1+9+1+1)。如果读者不理解权重的意思，则可翻阅一下数学书的相关内容。

【实例 8-32】 创建一个 3 行 3 列矩阵和一个加权数组，首先计算矩阵每列元素的算术平均数，然后计算加权平均数，代码如下：

```
# === 第 8 章 代码 8-33.py === #
import numpy as np

A = np.arange(1,10).reshape(3,3)
print(A)
wts = [20,1,1]
print('权重数组是\n',wts)
print('矩阵每列元素的算术平均数是\n',np.average(A,axis = 0))
print('矩阵每列元素的加权平均数是\n',np.average(A,axis = 0,weights = wts))
```

运行结果如图 8-34 所示。

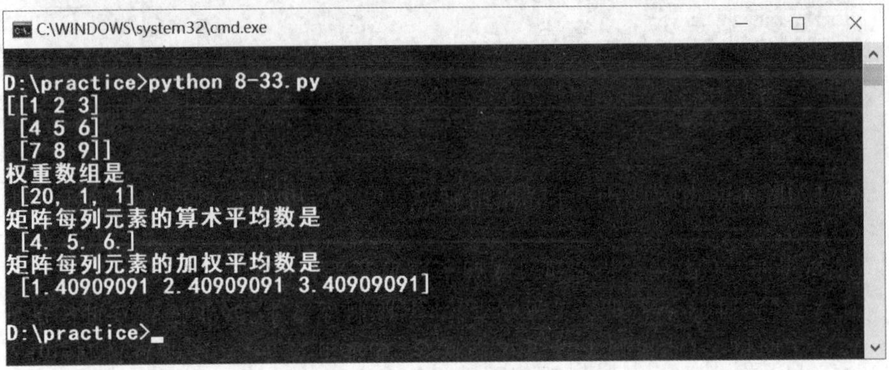

```
C:\WINDOWS\system32\cmd.exe
D:\practice>python 8-33.py
[[1 2 3]
 [4 5 6]
 [7 8 9]]
权重数组是
 [20, 1, 1]
矩阵每列元素的算术平均数是
 [4. 5. 6.]
矩阵每列元素的加权平均数是
 [1.40909091 2.40909091 3.40909091]

D:\practice>
```

图 8-34 代码 8-33.py 的运行结果

8.4.3 标准差和方差

在 NumPy 模块中，使用函数 numpy.std()可以获得数组中的元素沿指定轴的标准差。一般情况下，使用大写的英文字母表示矩阵或数组，其语法格式如下：

```
numpy.std(A,axis)
```

其中，A 是矩阵或数组的名称；axis 是可选参数，如果省略该参数，则返回该数组中元素的标准差；如果该参数的值是 0，则返回每列元素的标准差；如果该参数的值是 1，则返回每行元素的标准差。

【实例 8-33】 创建一个行矩阵和一个 4 行 4 列矩阵，首先计算行矩阵的标准差，然后计算另一个矩阵的标准差，以及每列元素的标准差、每行元素的标准差，代码如下：

```
# === 第 8 章 代码 8-34.py === #
import numpy as np

A = np.array([1,2,3,4])
print('矩阵 A 是\n',A)
```

```
print('矩阵 A 元素的标准差是',np.std(A))
B = np.arange(1,17).reshape(4,4)
print('矩阵 B 是\n',B)
print('矩阵 B 元素的标准差是',np.std(B))
print('矩阵 B 每列元素的标准差是\n',np.std(B,axis = 0))
print('矩阵 B 每行元素的标准差是\n',np.std(B,axis = 1))
```

运行结果如图 8-35 所示。

```
C:\WINDOWS\system32\cmd.exe
D:\practice>python 8-34.py
矩阵A是
 [1 2 3 4]
矩阵A元素的标准差是 1.118033988749895
矩阵B是
 [[ 1  2  3  4]
 [ 5  6  7  8]
 [ 9 10 11 12]
 [13 14 15 16]]
矩阵B元素的标准差是 4.6097722286464435
矩阵B每列元素的标准差是
 [4.47213595 4.47213595 4.47213595 4.47213595]
矩阵B每行元素的标准差是
 [1.11803399 1.11803399 1.11803399 1.11803399]

D:\practice>
```

图 8-35　代码 8-34.py 的运行结果

在 NumPy 模块中，使用函数 numpy.var()可以获得数组中的元素沿指定轴的方差。一般情况下，使用大写的英文字母表示矩阵或数组，其语法格式如下：

```
numpy.var(A,axis)
```

其中，A 是矩阵或数组的名称；axis 是可选参数，如果省略该参数，则返回该数组中元素的方差；如果该参数的值是 0，则返回每列元素的方差；如果该参数的值是 1，则返回每行元素的方差。

【实例 8-34】 创建一个单行矩阵和一个 4 行 4 列矩阵，首先计算单行矩阵的方差，然后计算另一个矩阵的方差，以及每列元素的方差、每行元素的方差，代码如下：

```
# === 第 8 章 代码 8-35.py === #
import numpy as np

A = np.array([1,2,3,4])
print('矩阵 A 是\n',A)
print('矩阵 A 元素的方差是',np.var(A))
B = np.arange(1,17).reshape(4,4)
print('矩阵 B 是\n',B)
print('矩阵 B 元素的方差是',np.var(B))
print('矩阵 B 每列元素的方差是\n',np.var(B,axis = 0))
print('矩阵 B 每行元素的方差是\n',np.var(B,axis = 1))
```

运行结果如图 8-36 所示。

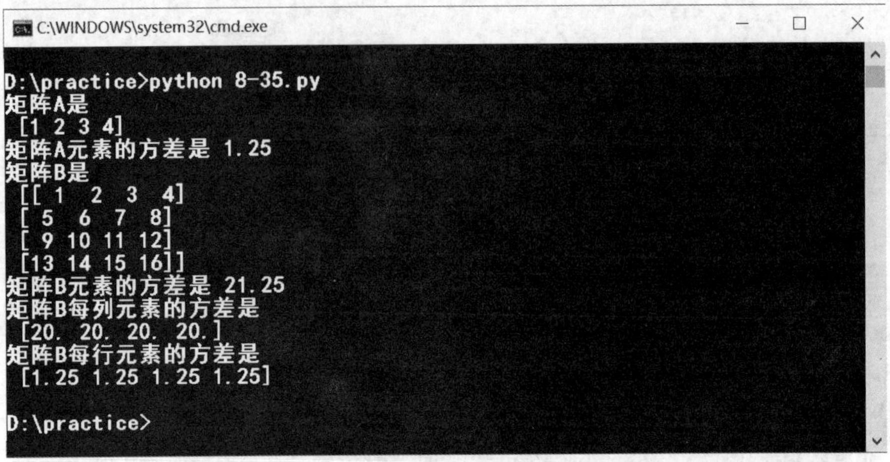

```
C:\WINDOWS\system32\cmd.exe
D:\practice>python 8-35.py
矩阵A是
 [1 2 3 4]
矩阵A元素的方差是 1.25
矩阵B是
 [[ 1  2  3  4]
 [ 5  6  7  8]
 [ 9 10 11 12]
 [13 14 15 16]]
矩阵B元素的方差是 21.25
矩阵B每列元素的方差是
 [20. 20. 20. 20.]
矩阵B每行元素的方差是
 [1.25 1.25 1.25 1.25]

D:\practice>
```

图 8-36　代码 8-35.py 的运行结果

8.5　NumPy 的矩阵库 Matrix

在 NumPy 模块中有一个矩阵库 numpy.matlib,该模块中的函数返回的是一个矩阵,而不是数组对象 ndarray。矩阵是由数字元素构成的二维数组,因此可以使用数组对象 ndarray 表示矩阵,但要明白数组对象 ndarray 的功能不仅是表示矩阵。

本节先介绍转置矩阵,然后介绍 NumPy 的矩阵库 Matrix。

8.5.1　转置矩阵

在 NumPy 模块中,使用函数 array.transpose()可以实现转置矩阵的功能。一般情况下,使用大写的英文字母表示矩阵,其语法格式如下:

```
A.transpose(paras)
```

其中,A 是矩阵的名称; paras 是可选参数,如果该参数省略不写,则表示转置矩阵,如果该参数为元组(0,1),则矩阵保持不变,如果该参数是元组(1,0),则表示转置矩阵。

【实例 8-35】 创建一个 2 行 3 列矩阵,使用函数 array.transpose()转置该矩阵,然后给函数设置参数,即转置矩阵或保持不变,代码如下:

```
# === 第 8 章 代码 8-36.py === #
import numpy as np

A = np.arange(6).reshape(2,3)
print('原矩阵是\n',A)
print('转置矩阵是\n',A.transpose())
```

```
print('保持不变的矩阵是\n',A.transpose((0,1)))
print('转置矩阵是\n',A.transpose((1,0)))
```

运行结果如图 8-37 所示。

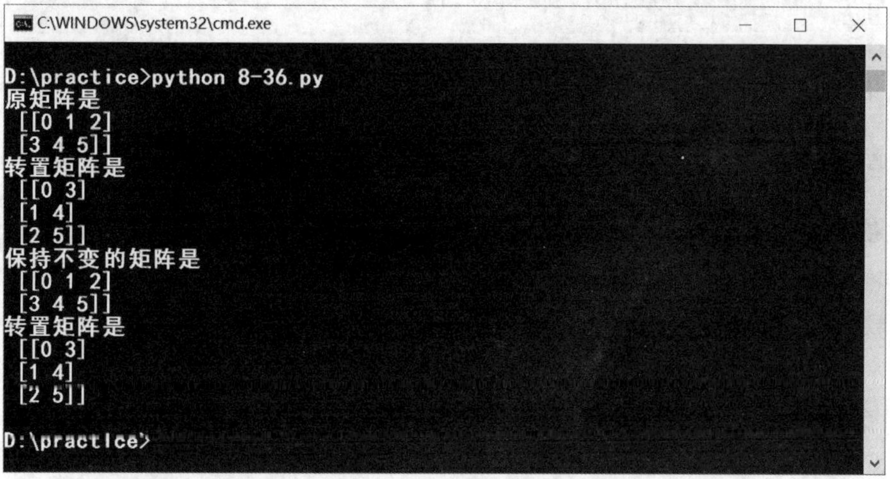

```
C:\WINDOWS\system32\cmd.exe

D:\practice>python 8-36.py
原矩阵是
 [[0 1 2]
 [3 4 5]]
转置矩阵是
 [[0 3]
 [1 4]
 [2 5]]
保持不变的矩阵是
 [[0 1 2]
 [3 4 5]]
转置矩阵是
 [[0 3]
 [1 4]
 [2 5]]

D:\practice>
```

图 8-37　代码 8-36. py 的运行结果

在 NumPy 模块中，使用 array. T 可以实现转置矩阵的功能。一般情况下，使用大写的英文字母表示矩阵，其语法格式如下：

```
A.T
```

其中，A 是矩阵的名称。

【实例 8-36】 创建一个 2 行 3 列矩阵，对该矩阵进行一次转置，然后进行二次转置，代码如下：

```
# === 第 8 章 代码 8 - 37.py === #
import numpy as np

A = np.arange(6).reshape(2,3)
print('原矩阵是\n',A)
B = A.T
print('一次转置后的矩阵是\n',B)
C = B.T
print('二次转置后的矩阵是\n',C)
```

运行结果如图 8-38 所示。

8.5.2　使用矩阵库创建矩阵

在 NumPy 模块中有一个矩阵库 numpy. matlib，该模块中的函数返回的是一个矩阵，而不是数组对象 ndarray。

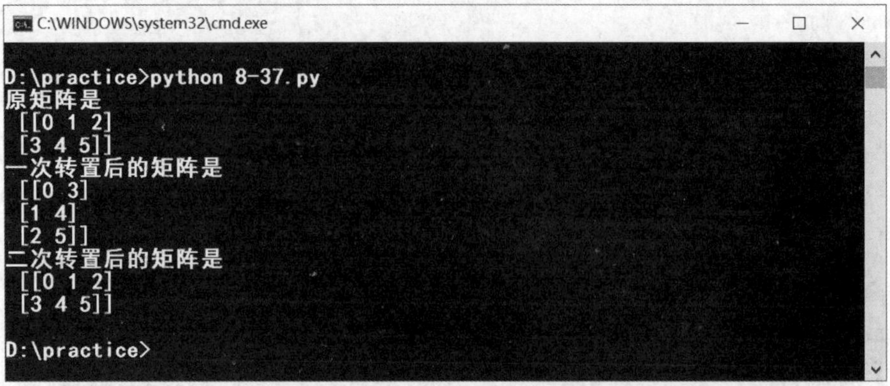

```
C:\WINDOWS\system32\cmd.exe

D:\practice>python 8-37.py
原矩阵是
 [[0 1 2]
 [3 4 5]]
一次转置后的矩阵是
 [[0 3]
 [1 4]
 [2 5]]
二次转置后的矩阵是
 [[0 1 2]
 [3 4 5]]

D:\practice>
```

图 8-38　代码 8-37.py 的运行结果

在数学上，一个的矩阵是一个由行(row)列(column)元素排列成的矩形阵列，矩阵是由数字元素构成的二维数组。数组对象 ndarray 可以创建 n 维数组，即每个元素的位置上可以创建多种类型、多个元素的数据。在实际应用中，可以使用数组对象 ndarray 创建矩阵。

在 NumPy 模块中，可以使用函数 numpy.matrix()创建矩阵对象，其语法格式如下：

```
numpy.matrix('x1,x2,...;y1,y2,...;...')
```

矩阵对象可以使用函数 numpy.asarray()将矩阵对象转换成数组对象 ndarray，其语法格式如下：

```
numpy.asarray(A)
```

其中，A 表示矩阵对象的名称；该函数用于返回数组对象 ndarray。

矩阵对象可以使用函数 numpy.asmatrix()将数组对象转换成矩阵对象 matrix，其语法格式如下：

```
numpy.asmatrix(A)
```

其中，A 表示数组对象的名称；该函数用于返回矩阵对象 matrix。

【实例 8-37】 创建一个单行矩阵、3 行 4 列矩阵，然后将该矩阵转换成数组对象，代码如下：

```
# === 第 8 章 代码 8-38.py === #
import numpy.matlib
import numpy as np

A = np.matrix('1,2,3,4')
B = np.matrix('0,1,2,3;4,5,6,7;8,9,10,11')
print('单行矩阵是\n',A)
print('3 行 4 列矩阵是\n',B)
C = np.asarray(A)
```

```
D = np.asarray(B)
print('单行数组是\n',C)
print('3 行 4 列数组是\n',D)
```

运行结果如图 8-39 所示。

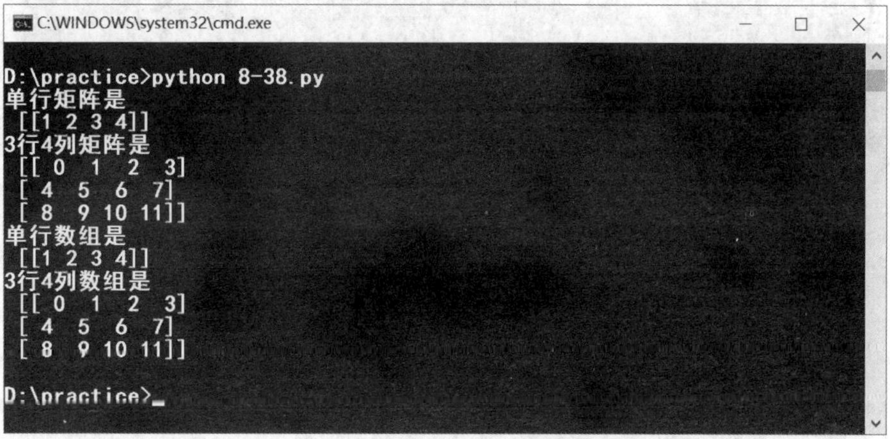

```
C:\WINDOWS\system32\cmd.exe

D:\practice>python 8-38.py
单行矩阵是
 [[1 2 3 4]]
3行4列矩阵是
 [[ 0  1  2  3]
 [ 4  5  6  7]
 [ 8  9 10 11]]
单行数组是
 [[1 2 3 4]]
3行4列数组是
 [[ 0  1  2  3]
 [ 4  5  6  7]
 [ 8  9 10 11]]

D:\practice>_
```

图 8-39 代码 8-38.py 的运行结果

注意：数组对象 ndarray 和矩阵对象 matrix 是从计算机编程角度产生的概念，矩阵是从数学角度产生的概念，即使搞不清楚这些概念，也没有关系，只要能应用 NumPy 解决实际问题就可以了，如同很多人都会驾驶汽车，却不能制造汽车，只要懂得应用之道即可。从图 8-39 中可以看出，矩阵对象和数组对象的表现形式是相同的。

在 NumPy 模块的矩阵库中，可以使用函数 numpy. matlib. empty()创建一个新的矩阵，其语法格式如下：

```
numpy.matlib.empty(shape,dtype,order)
```

其中，shape 表示矩阵形状的整数或整数元组；dtype 是可选参数，表示矩阵元素的数据类型；order 是可选参数，如果该参数是 C，则表示行优先；如果该参数是 F，则表示列优先。

【实例 8-38】 使用函数 numpy. matlib. empty()创建一个单行矩阵、3 行 4 列矩阵，代码如下：

```
# === 第 8 章 代码 8 - 39.py === #
import numpy.matlib
import numpy as np

A = np.matlib.empty(4)
B = np.matlib.empty((3,4),dtype = float)
print('单行矩阵是\n',A)
print('3 行 4 列矩阵是\n',B)
```

运行结果如图 8-40 所示。

```
C:\WINDOWS\system32\cmd.exe

D:\practice>python 8-39.py
单行矩阵是
 [[0. 0. 0. 0.]]
3行4列矩阵是
 [[6.23042070e-307 1.42417221e-306 1.60219306e-306 9.79054228e-307]
 [1.69119330e-306 1.78022342e-306 6.23058028e-307 6.23053954e-307]
 [7.56593696e-307 9.79101082e-307 8.34451928e-308 2.22507386e-306]]

D:\practice>
```

图 8-40 代码 8-39.py 的运行结果

在 NumPy 模块的矩阵库中,可以使用函数 numpy.matlib.zeros()创建一个以 0 来填充的矩阵,其语法格式如下:

```
numpy.matlib.zeros(shape,dtype,order)
```

其中,shape 表示矩阵形状的整数或整数元组;dtype 是可选参数,表示矩阵元素的数据类型;order 是可选参数,如果该参数是 C,则表示行优先;如果该参数是 F,则表示列优先。

在 NumPy 模块的矩阵库中,可以使用函数 numpy.matlib.ones()创建一个以 1 来填充的矩阵,其语法格式如下:

```
numpy.matlib.ones(shape,dtype,order)
```

其中,shape 表示矩阵形状的整数或整数元组;dtype 是可选参数,表示矩阵元素的数据类型;order 是可选参数,如果该参数是 C,则表示行优先;如果该参数是 F,则表示列优先。

【实例 8-39】 使用 numpy.matlib 库函数创建一个单行全 0 矩阵、3 行 4 列全 0 矩阵、单行全 1 矩阵、3 行 4 列全 1 矩阵,代码如下:

```
# === 第 8 章 代码 8-40.py === #
import numpy.matlib
import numpy as np

A = np.matlib.zeros(4)
B = np.matlib.zeros((3,4),dtype = float)
print('单行全 0 矩阵是\n',A)
print('3 行 4 列全 0 矩阵是\n',B)
C = np.matlib.ones(4)
D = np.matlib.ones((3,4),dtype = int)
print('单行全 1 矩阵是\n',C)
print('3 行 4 列全 1 矩阵是\n',D)
```

运行结果如图 8-41 所示。

在 NumPy 模块的矩阵库中,可以使用函数 numpy.matlib.eye()创建一个矩阵,该矩阵的对角线是 1,其他元素是 0,其语法格式如下:

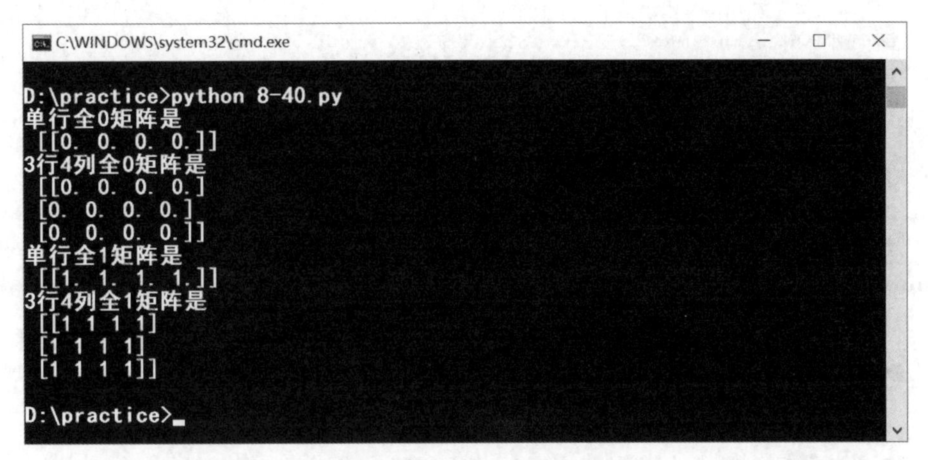

图 8-41 代码 8-40.py 的运行结果

```
numpy.matlib.eye(n,M,k,dtype)
```

其中,n 表示矩阵形状的行数; M 表示矩阵的列数,如果省略该参数,则默认值为 n; k 表示对角线的索引; dtype 表示矩阵元素的数据类型。

在 NumPy 模块的矩阵库中,可以使用函数 numpy.matlib.identity()创建一个固定大小的单位矩阵,其语法格式如下:

```
numpy.matlib.identity(shape,dtype,order)
```

其中,shape 表示矩阵形状的整数; dtype 是可选参数,表示矩阵元素的数据类型; order 是可选参数,如果该参数是 C,则表示行优先; 如果该参数是 F,则表示列优先。

【实例 8-40】 使用 numpy.matlib 库函数创建一个 3 行 4 列的矩阵,该矩阵的对角线是 1,其他元素是 0,然后创建一个单位矩阵,代码如下:

```
# === 第 8 章 代码 8-41.py === #
import numpy.matlib
import numpy as np

A = np.matlib.eye(n = 3,M = 4,k = 0,dtype = int)
B = np.matlib.identity(4,dtype = float)
print('3 行 4 列的矩阵是\n',A)
print('单位矩阵是\n',B)
```

运行结果如图 8-42 所示。

在 NumPy 模块的矩阵库中,可以使用函数 numpy.matlib.rand()创建一个随机数填充的矩阵,其语法格式如下:

```
numpy.matlib.rand(shape)
```

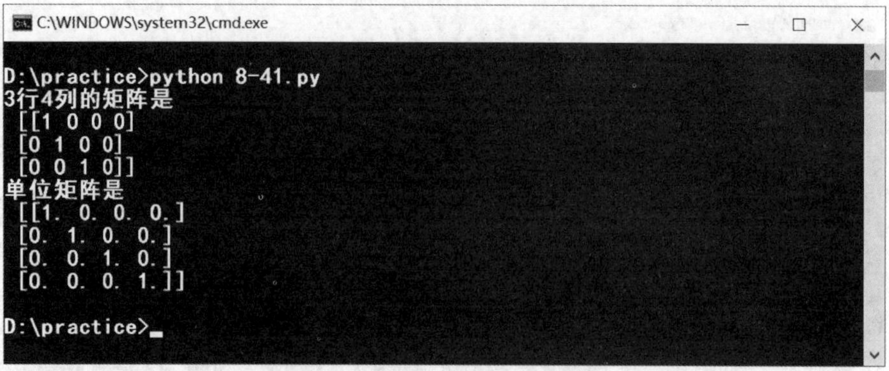

```
C:\WINDOWS\system32\cmd.exe
D:\practice>python 8-41.py
3行4列的矩阵是
 [[1 0 0 0]
 [0 1 0 0]
 [0 0 1 0]]
单位矩阵是
 [[1. 0. 0. 0.]
 [0. 1. 0. 0.]
 [0. 0. 1. 0.]
 [0. 0. 0. 1.]]

D:\practice>
```

图 8-42　代码 8-41.py 的运行结果

其中,shape 表示矩阵形状的整数。

【实例 8-41】 使用 numpy.matlib 库函数创建一个单行随机数填充的矩阵、一个 3 行 4 列的矩阵,该矩阵也是由随机数填充的,代码如下:

```
# === 第 8 章 代码 8-42.py === #
import numpy.matlib
import numpy as np

A = np.matlib.rand(4)
B = np.matlib.rand((3,4))
print('单行矩阵是\n',A)
print('3 行 4 列矩阵是\n',B)
```

运行结果如图 8-43 所示。

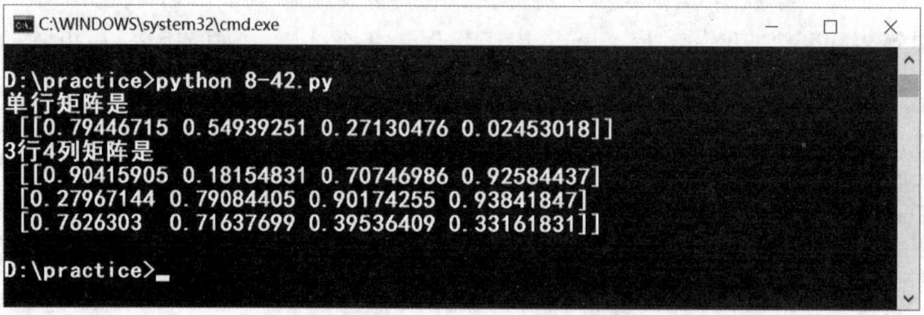

```
C:\WINDOWS\system32\cmd.exe
D:\practice>python 8-42.py
单行矩阵是
 [[0.79446715 0.54939251 0.27130476 0.02453018]]
3行4列矩阵是
 [[0.90415905 0.18154831 0.70746986 0.92584437]
 [0.27967144 0.79084405 0.90174255 0.93841847]
 [0.7626303  0.71637699 0.39536409 0.33161831]]

D:\practice>
```

图 8-43　代码 8-42.py 的运行结果

8.6　小结

本章从第三方模块 NumPy 讲起,介绍了 NumPy 的数组对象 ndarray,如何利用数组对象 ndarray 创建矩阵、特殊矩阵,并介绍了数组对象 ndarray 的切片和列表。

本章介绍了在 Python 中矩阵的简单运算,包括矩阵和数字之间的加、减、乘、除,矩阵之间的加、减、乘。本章还介绍了矩阵的复杂运算，包括求矩阵的逆、计算矩阵的行列式、特征值、特征向量，以及求解线性方程组的解。

本章介绍了统计矩阵或数组元素的方法，包括得到矩阵元素的最大值、最小值、中位数，计算矩阵元素的算术平均数、加权平均数、方差、标准差、最大值与最小值的差。

本章介绍了 NumPy 的矩阵库，利用该矩阵库可以创建矩阵对象 matrix，实现转置矩阵操作，以及创建特殊矩阵的方法。

第 9 章

符号运算

各位读者从小学升入初中以后，数学会提高一个难度，因为开始有了代数式。代数式最大的特点是式子中有很多未知数，例如 x、y、z、a、b、c。

进入高中、大学的数学课程经常会遇到各种复杂代数式。Python 可以进行数值计算，也可以进行矩阵运算，但 Python 能否进行代数式的运算？答案是可以的，这需要将 x、y、z、a、b、c 等未知数转变成计算机系统的符号对象，然后对符号对象进行运算，最后将得到的结果以标准的符号来表示。

符号计算能够以类似于数学家或科学家的传统手动计算方式来处理代数式。如果在 Python 中进行符号运算，则需要安装 SymPy 模块。

9.1 SymPy 模块

28min

SymPy 是用于符号数学运算的第三方 Python 库。它旨在成为功能齐全的计算机代数系统(CAS)，同时使代码尽可能地简单，以便于理解和易于扩展。SymPy 模块完全用 Python 编写。SymPy 模块仅依赖于 mpMath 模块，mpMath 模块是用于进行任意浮点运算的纯 Python 库。

SymPy 模块可以实现基本的符号运算、极限、微积分、微分方程、离散数学、物理学的功能。

9.1.1 安装 SymPy 模块

由于 SymPy 模块是第三方模块，因此首先要安装此模块。安装 SymPy 模块需要在 Windows 命令行窗口中输入如下命令：

```
pip install sympy
```

如果安装速度比较慢，则可以选择清华大学的软件镜像。在 Windows 命令行窗口中输入的命令如下：

```
pip install -i https://pypi.tuna.tsinghua.edu.cn/simple sympy
```

或

```
pip install sympy - i https://pypi.tuna.tsinghua.edu.cn/simple
```

然后,按 Enter 键,即可安装 SymPy 模块,如图 9-1 所示。

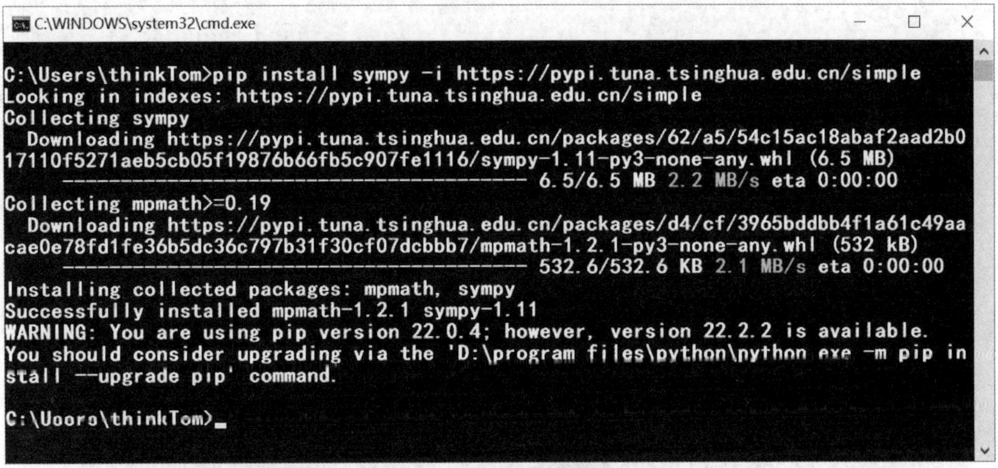

```
C:\Users\thinkTom>pip install sympy -i https://pypi.tuna.tsinghua.edu.cn/simple
Looking in indexes: https://pypi.tuna.tsinghua.edu.cn/simple
Collecting sympy
  Downloading https://pypi.tuna.tsinghua.edu.cn/packages/62/a5/54c15ac18abaf2aad2b0
17110f5271aeb5cb05f19876b66fb5c907fe1116/sympy-1.11-py3-none-any.whl (6.5 MB)
     ---------------------------------------- 6.5/6.5 MB 2.2 MB/s eta 0:00:00
Collecting mpmath>=0.19
  Downloading https://pypi.tuna.tsinghua.edu.cn/packages/d4/cf/3965bddbb4f1a61c49aa
cae0e78fd1fe36b5dc36c797b31f30cf07dcbbb7/mpmath-1.2.1-py3-none-any.whl (532 kB)
     ---------------------------------------- 532.6/532.6 KB 2.1 MB/s eta 0:00:00
Installing collected packages: mpmath, sympy
Successfully installed mpmath-1.2.1 sympy-1.11
WARNING: You are using pip version 22.0.4; however, version 22.2.2 is available.
You should consider upgrading via the 'D:\program files\python\python.exe -m pip in
stall --upgrade pip' command.

C:\Users\thinkTom>_
```

图 9-1 安装 SymPy 模块过程

注意:通过图 9-1 所示的命令,读者可以在安装 SymPy 模块的同时,也安装了 mpMath 模块,有兴趣的读者可以检测一下是否安装了 mpMath 模块。此处安装的 SymPy 模块的版本是 1.11。

9.1.2 创建符号变量

在第三方模块 SymPy 中,有 4 种方法可以创建符号变量。

1. 通过 Symbol()创建符号变量

在 SymPy 模块中,可以使用函数 sympy.Symbol()创建符号变量。使用该函数创建符号变量的语法格式如下:

```
x = sympy.Symbol('x')
y = sympy.Symbol('y')
z = sympy.Symbol('z')
```

其中,x、y、z 表示创建的符号变量,读者可以换成其他符号变量。

【实例 9-1】 使用 SymPy 模块中的 Symbol()函数创建 3 个代数式,并使用 Python 内置函数检测代数式的类型,代码如下:

```
# === 第 9 章 代码 9-1.py === #
from sympy import *
```

```
x = Symbol('x')
y = Symbol('y')
z = Symbol('z')
expr1 = x ** 2 + y ** 2
expr2 = x ** 2 + 2 * x * z + z ** 2
expr3 = x ** 3 - 3 * x * y + z ** 3
print('第 1 个代数式是',expr1)
print('第 2 个代数式是',expr2)
print('第 3 个代数式是',expr3)
print('3 个代数式的类型分别是')
print(type(expr1))
print(type(expr2))
print(type(expr3))
```

运行结果如图 9-2 所示。

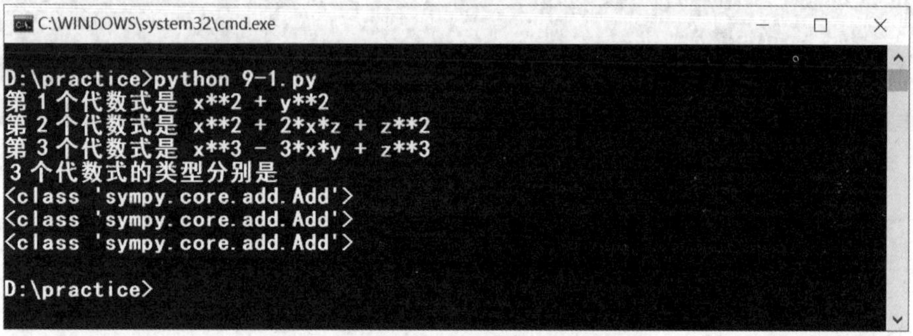

```
C:\WINDOWS\system32\cmd.exe

D:\practice>python 9-1.py
第 1 个代数式是 x**2 + y**2
第 2 个代数式是 x**2 + 2*x*z + z**2
第 3 个代数式是 x**3 - 3*x*y + z**3
3 个代数式的类型分别是
<class 'sympy.core.add.Add'>
<class 'sympy.core.add.Add'>
<class 'sympy.core.add.Add'>

D:\practice>
```

图 9-2　代码 9-1.py 的运行结果

2. 通过 symbols()创建符号变量

在 SymPy 模块中,可以使用函数 sympy.symbols()创建符号变量。使用该函数单独创建符号变量的语法格式如下:

```
x = sympy.symbols('x')
y = sympy.symbols('y')
z = sympy.symbols('z')
```

其中,x、y、z 表示创建的符号变量。使用函数 sympy.symbols()也可以创建多个符号变量,其语法格式如下:

```
a,b,c = sympy.symbols('a b c')          #注意使用空格隔开
```

其中,a、b、c 表示要创建的符号变量,在等号左边使用逗号隔开,在等号右边的小括号中使用空格隔开。

【实例 9-2】 使用 SymPy 模块中的 symbols()函数创建 3 个代数式,并使用 Python 内置函数检测代数式的类型,代码如下:

```
# === 第 9 章 代码 9-2.py === #
from sympy import *

x = symbols('x')
y = symbols('y')
z = symbols('z')
expr1 = x ** 2 + y ** 2
expr2 = x ** 2 + 2 * x * z + z ** 2
a,b,c = symbols('a b c')
expr3 = a ** 3 + b ** 3 + 3 * a * b * c
print('第 1 个代数式是',expr1)
print('第 2 个代数式是',expr2)
print('第 3 个代数式是',expr3)
print('3 个代数式的类型分别是')
print(type(expr1))
print(type(expr2))
print(type(expr3))
```

运行结果如图 9-3 所示。

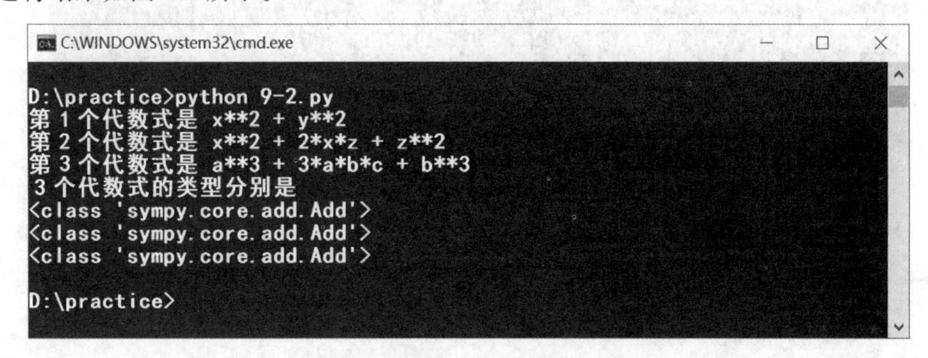

图 9-3 代码 9-2.py 的运行结果

3. 将字符串转换为 SymPy 表达式

在 SymPy 模块中，可以使用函数 sympy.sympify()将字符串转换为 SymPy 表达式，其语法格式如下：

```
expr = sympy.sympify(string)
```

其中，expr 表示 SymPy 表达式；string 表示字符串数据。

【实例 9-3】 创建 3 个字符串数据，使用 SymPy 模块的 sympify()将字符串转换为 SymPy 表达式，并检测 SymPy 表达式的类型，代码如下：

```
# === 第 9 章 代码 9-3.py === #
from sympy import *

str1 = 'x ** 2 + y ** 2'
str2 = 'x ** 2 + 2 * x * z + z ** 2'
```

```
str3 = 'a ** 3 + b ** 3 + 3 * a * b * c'
expr1 = sympify(str1)
expr2 = sympify(str2)
expr3 = sympify(str3)
print('第 1 个表达式是',expr1)
print('第 2 个表达式是',expr2)
print('第 3 个表达式是',expr3)
print('3 个表达式的类型分别是')
print(type(expr1))
print(type(expr2))
print(type(expr3))
```

运行结果如图 9-4 所示。

```
C:\WINDOWS\system32\cmd.exe
D:\practice>python 9-3.py
第 1 个表达式是 x**2 + y**2
第 2 个表达式是 x**2 + 2*x*z + z**2
第 3 个表达式是 a**3 + 3*a*b*c + b**3
3 个表达式的类型分别是
<class 'sympy.core.add.Add'>
<class 'sympy.core.add.Add'>
<class 'sympy.core.add.Add'>

D:\practice>
```

图 9-4 代码 9-3.py 的运行结果

4. 将 sympy.abc 模块导入符号变量

在 SymPy 模块中,可以从 sympy.abc 模块中导入符号变量,其语法格式如下:

```
from sympy.abc import x,y,z,a,...
```

其中,x、y、z、a 表示符号变量。

【实例 9-4】 使用 sympy.abc 模块导入符号变量,创建代数式,并检测代数式的类型,代码如下:

```
# === 第 9 章 代码 9 - 4.py === #
from sympy.abc import x,y,z,a,b,c

expr1 = x ** 2 + y ** 2
expr2 = x ** 2 + 2 * x * z + z ** 2
expr3 = a ** 3 + b ** 3 + 3 * a * b * c
print('第 1 个代数式是',expr1)
print('第 2 个代数式是',expr2)
print('第 3 个代数式是',expr3)
print('3 个代数式的类型分别是')
print(type(expr1))
print(type(expr2))
print(type(expr3))
```

运行结果如图 9-5 所示。

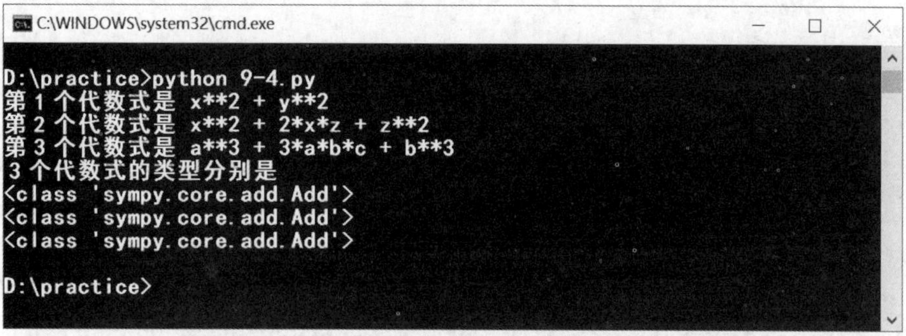

```
C:\WINDOWS\system32\cmd.exe

D:\practice>python 9-4.py
第 1 个代数式是 x**2 + y**2
第 2 个代数式是 x**2 + 2*x*z + z**2
第 3 个代数式是 a**3 + 3*a*b*c + b**3
 3 个代数式的类型分别是
<class 'sympy.core.add.Add'>
<class 'sympy.core.add.Add'>
<class 'sympy.core.add.Add'>

D:\practice>
```

图 9-5　代码 9-4.py 的运行结果

注意：从计算机编程的角度，代数式称为 SymPy 的表达式，也可以称为符号表达式；从数学的角度，SymPy 表达式可以称为代数式。从语言学的角度，一个实体可以有多种称谓。

9.1.3　转换为 LaTeX 格式

在第三方模块 SymPy 中，可以将 SymPy 表达式转换为 LaTeX 格式的表达式。

要输出 LaTeX 格式的表达式，首先要设置函数 sympy.init_printing(use_latex=True)，然后使用函数 sympy.latex()将 SymPy 表达式转换为 LaTeX 格式的表达式，其语法格式如下：

```
sympy.init_printing(use_latex = True)
expr_latex = latex(expr_old)
```

其中，expr_latex 表示 LaTeX 格式的表达式；expr_old 表示要被转换格式的 SymPy 表达式。

【实例 9-5】　使用 SymPy 模块中的函数创建 3 个代数式，将这 3 个代数式转换为 LaTeX 格式的表达式，代码如下：

```
# === 第 9 章 代码 9-5.py === #
from sympy import *

x,y,z = symbols('x y z')
a,b,c = symbols('a b c')
init_printing(use_latex = True)
expr1 = x ** 2 + y ** 2
expr2 = (x ** 2 + 2 * x * z + z ** 2)/(a + b)
expr3 = a ** 3 + b ** 3 + 3 * a * b * c
print('第 1 个代数式是',expr1)
```

```
print('第 2 个代数式是',expr2)
print('第 3 个代数式是',expr3)
exprla1 = latex(expr1)
exprla2 = latex(expr2)
exprla3 = latex(expr3)
print('第 1 个 LaTeX 格式的代数式是',exprla1)
print('第 2 个 LaTeX 格式的代数式是',exprla2)
print('第 3 个 LaTeX 格式的代数式是',exprla3)
```

运行结果如图 9-6 所示。

```
C:\WINDOWS\system32\cmd.exe
D:\practice>python 9-5.py
第 1 个代数式是 x**2 + y**2
第 2 个代数式是 (x**2 + 2*x*z + z**2)/(a + b)
第 3 个代数式是 a**3 + 3*a*b*c + b**3
第 1 个LaTeX格式的代数式是 x^{2} + y^{2}
第 2 个LaTeX格式的代数式是 \frac{x^{2} + 2 x z + z^{2}}{a + b}
第 3 个LaTeX格式的代数式是 a^{3} + 3 a b c + b^{3}

D:\practice>
```

图 9-6 代码 9-5.py 的运行结果

9.1.4 替换表达式中的符号变量

在第三方模块 SymPy 中,可以使用函数 subs()替换表达式中的符号变量。

如果要替换表达式中的一个符号变量,则其语法格式如下:

```
expr.subs(old,new)
```

其中,expr 表示符号表达式或代数式; old 表示旧的符号变量,即要被替换的符号变量; new 表示新的符号变量或数字。

如果要替换表达式中的多个符号变量,则其语法格式如下:

```
expr.subs([(old1,new1),(old2,new2),...])
```

其中,expr 表示符号表达式或代数式; old1 表示旧的符号变量,即要被替换的符号变量; new1 表示新的符号变量或数字; old2 表示另一个旧的符号变量,即要被替换的另一个符号变量; new2 表示另一个新的符号变量或数字。

【实例 9-6】 使用 SymPy 模块中的函数创建两个 SymPy 表达式,将这两个代数式中的符号变量替换成数字,代码如下:

```
# === 第 9 章 代码 9-6.py === #
from sympy import *

x,y,z = symbols('x y z')
```

```
expr1 = x ** 3 + 1
expr2 = x ** 2 + y ** 2 + z ** 2
print('第 1 个表达式是',expr1)
result1 = expr1.subs(x,1)
print('符号变量替换成数字后的结果是',result1)
print('第 2 个表达式是',expr2)
result2 = expr2.subs([(x,1),(y,2),(z,3)])
print('符号变量替换成数字后的结果是',result2)
```

运行结果如图 9-7 所示。

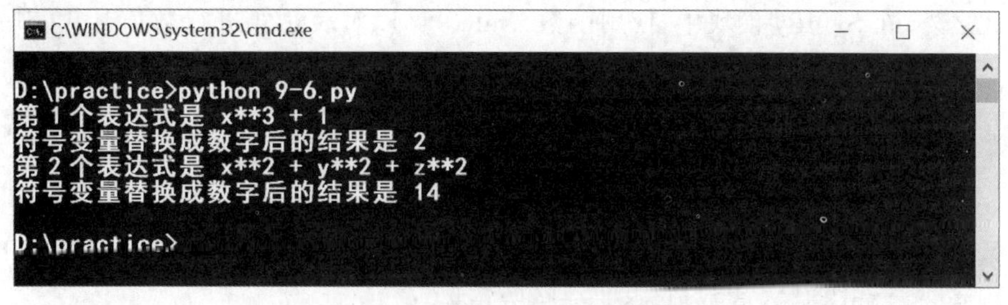

图 9-7　代码 9-6.py 的运行结果

注意：将 SymPy 表达式中的符号变量替换成数字，最终返回的是数值计算结果。

【实例 9-7】　使用 SymPy 模块中的函数创建两个 SymPy 表达式，将这两个代数式中的符号变量替换成其他符号变量，代码如下：

```
# === 第 9 章 代码 9 - 7.py === #
from sympy import *

x,y,z = symbols('x y z')
a,b,c = symbols('a b c')
expr1 = x ** 3 + 1
expr2 = x ** 2 + y ** 2 + z ** 2
print('第 1 个表达式是',expr1)
result1 = expr1.subs(x,a)
print('符号变量替换后的结果是',result1)
print('第 2 个表达式是',expr2)
result2 = expr2.subs([(x,b),(y,b),(z,c)])
print('符号变量替换后的结果是',result2)
```

运行结果如图 9-8 所示。

9.1.5　对表达式进行数值计算

在第三方模块 SymPy 中，可以将表达式中的符号变量替换成数字，这样就可以得到表达式的数值计算结果，例如实例 9-6。

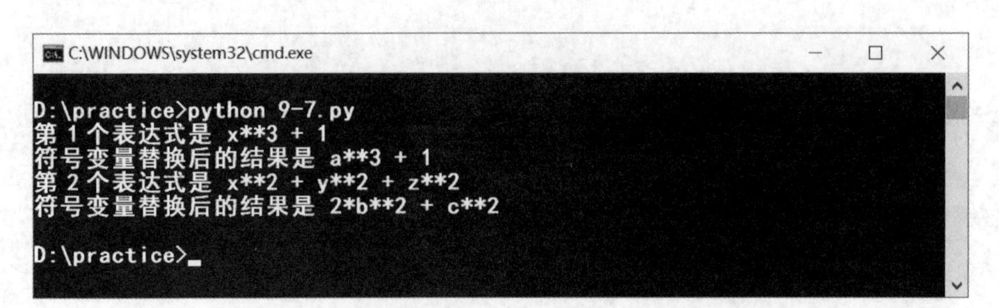

图 9-8 代码 9-7.py 的运行结果

除此之外，在 SymPy 模块中，使用函数 evalf()可以对表达式进行数值计算，其语法格式如下：

```
expr.evalf(subs = {var1:num1,var2:num2,...})
```

其中，expr 表示符号表达式或代数式；var1 表示符号表达式中的符号变量；num1 表示要给符号变量 var1 代入的数值，这是一个数字；var2 表示符号表达式中的符号变量；num2 表示要给符号变量 var2 代入的数值，这是一个数字。

【实例 9-8】 使用 SymPy 模块中的函数创建两个符号表达式，将这两个符号表达式中的符号变量代入数值，得到数值计算结果，代码如下：

```
# === 第 9 章 代码 9-8.py === #
from sympy import *

x,y,z = symbols('x y z')
expr1 = x ** 3 + 1
expr2 = x ** 2 + y ** 2 + z ** 2
print('第 1 个表达式是',expr1)
result1 = expr1.evalf(subs = {x:1})
print('符号变量代入数值后的结果是',result1)
print('第 2 个表达式是',expr2)
result2 = expr2.evalf(subs = {x:1,y:2,z:3})
print('符号变量代入数值后的结果是',result2)
```

运行结果如图 9-9 所示。

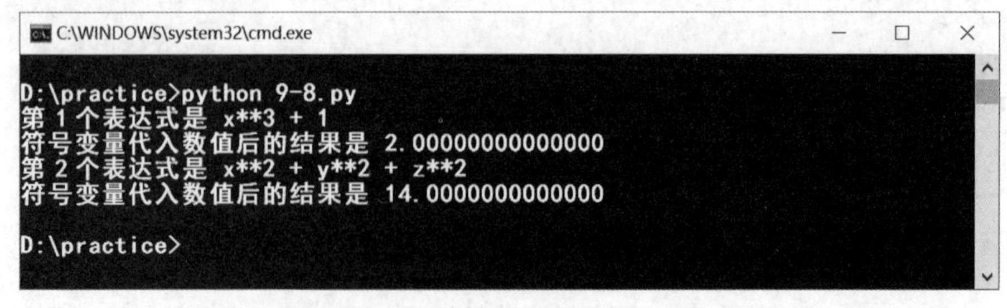

图 9-9 代码 9-8.py 的运行结果

9.2 代数式的简单运算

在 Python 中，使用 SymPy 模块可以创建符号表达式。只是创建符号表达式并不能帮助解决工作或数学上的问题，利用符号表达式模拟代数式进行代数运算才能解决工作或数学上的问题。使用 SymPy 模块创建的符号表达式能够进行代数式的运算。

9.2.1 代数式的加、减、乘、除

在 SymPy 模块中，创建的符号表达式能够模拟代数式的加、减、乘、除。

1. 代数式的加法运算

在 SymPy 模块中，使用加号就可以对表达式进行加法运算，其语法格式如下：

```
expr1 + expr2 + ...
```

其中，expr1 表示符号表达式或代数式；expr2 表示另一个符号表达式或代数式。

【实例 9-9】 使用 SymPy 模块中的函数创建 3 个代数式，将第 1 个代数式和第 2 个代数式相加，得到表达式结果，然后将这 3 个代数式相加，得到表达式结果，代码如下：

```
# === 第 9 章 代码 9-9.py === #
from sympy import *

a,b,c = symbols('a b c')
x = a ** 2 + 2 * a * b + b ** 2
y = a ** 2 - 2 * a * b + b ** 2
z = a ** 2 + c ** 3
print('第 1 个代数式是',x)
print('第 2 个代数式是',y)
print('第 3 个代数式是',z)
u = x + y
v = x + y + z
print('前两个代数式相加的结果是',u)
print('3 个代数式相加的结果是',v)
```

运行结果如图 9-10 所示。

2. 代数式的减法运算

在 SymPy 模块中，使用减号就可以对表达式进行减法运算，其语法格式如下：

```
expr1 - expr2 - ...
```

其中，expr1 表示符号表达式或代数式；expr2 表示另一个符号表达式或代数式。

【实例 9-10】 使用 SymPy 模块创建 3 个代数式，将第 1 个代数式和第 2 个代数式相减，得到表达式结果；将第 1 个代数式减去第 2 代数式，再减去第 3 个代数式，得到表达式

```
C:\WINDOWS\system32\cmd.exe
D:\practice>python 9-9.py
第 1 个代数式是 a**2 + 2*a*b + b**2
第 2 个代数式是 a**2 - 2*a*b + b**2
第 3 个代数式是 a**2 + c**3
前两个代数式相加的结果是 2*a**2 + 2*b**2
 3 个代数式相加的结果是 3*a**2 + 2*b**2 + c**3

D:\practice>
```

图 9-10　代码 9-9.py 的运行结果

结果,代码如下:

```
# === 第 9 章 代码 9-10.py === #
from sympy import *

a,b,c = symbols('a b c')
x = a ** 2 + 2 * a * b + b ** 2
y = a ** 2 - 2 * a * b + b ** 2
z = a ** 2 + c ** 3
print('第 1 个代数式是',x)
print('第 2 个代数式是',y)
print('第 3 个代数式是',z)
u = x - y
v = x - y - z
print('前两个代数式相减的结果是',u)
print('3 个代数式相减的结果是',v)
```

运行结果如图 9-11 所示。

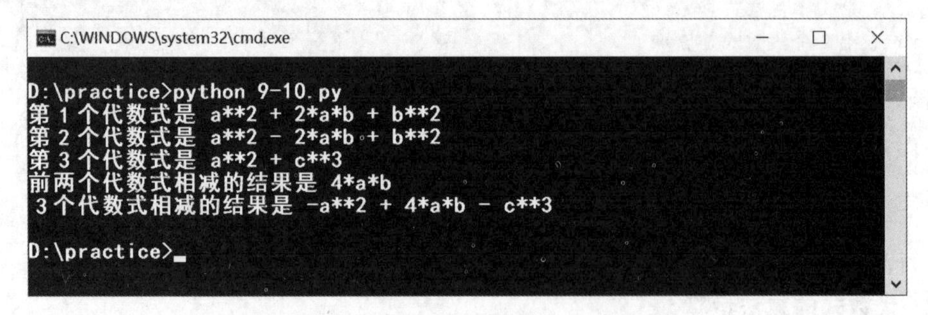

图 9-11　代码 9-10.py 的运行结果

3. 代数式的乘法运算

在 SymPy 模块中,使用乘号就可以对表达式进行乘法运算,其语法格式如下:

```
expr1 * expr2 * ...
```

其中,expr1 表示符号表达式或代数式;expr2 表示另一个符号表达式或代数式。

【实例 9-11】 使用 SymPy 模块中的函数创建 3 个代数式，将第 1 个代数式和第 2 个代数式相乘，得到表达式结果；将这 3 个代数式依次相乘，得到表达式结果，代码如下：

```
# === 第 9 章 代码 9-11.py === #
from sympy import *

a,b = symbols('a b')
x = a + b
y = a - b
z = a ** 2 + b ** 2
print('第 1 个代数式是',x)
print('第 2 个代数式是',y)
print('第 3 个代数式是',z)
u = x * y
v = x * y * z
print('前两个代数式相乘的结果是',u)
print('3 个代数式依次相乘的结果是',v)
```

运行结果如图 9-12 所示。

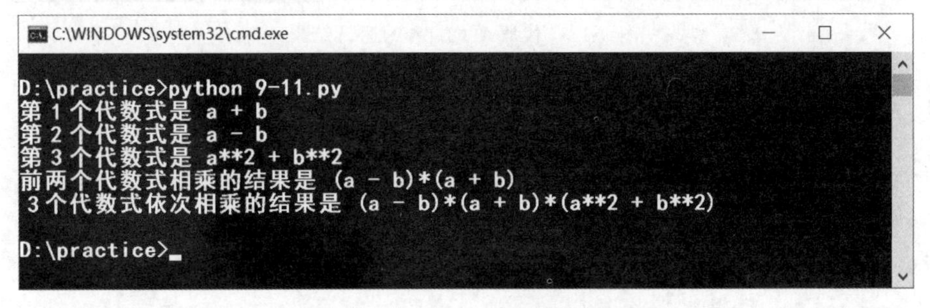

图 9-12 代码 9-11.py 的运行结果

4. 代数式的除法运算

在 SymPy 模块中，使用除号就可以对表达式进行除法运算，其语法格式如下：

```
expr1/expr2/...
```

其中，expr1 表示符号表达式或代数式；expr2 表示另一个符号表达式或代数式。

【实例 9-12】 使用 SymPy 模块中的函数创建 3 个代数式，第 1 个代数式除以第 2 个代数式，得到表达式结果，然后除以第 3 个代数式，得到表达式结果，代码如下：

```
# === 第 9 章 代码 9-12.py === #
from sympy import *

a,b = symbols('a b')
x = a ** 4 - b ** 4
```

```
y = a + b
z = a - b
print('第 1 个代数式是',x)
print('第 2 个代数式是',y)
print('第 3 个代数式是',z)
u = x/y
v = u/z
print('代数式 1 除以代数式 2 的结果是',u)
print('代数式 1 除以代数式 2、代数式 3 的结果是',v)
```

运行结果如图 9-13 所示。

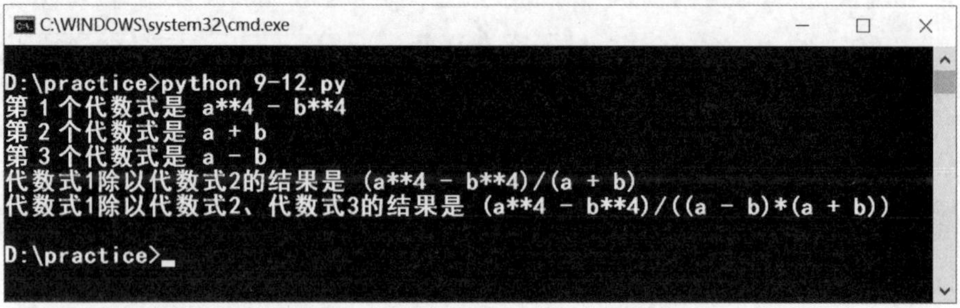

```
C:\WINDOWS\system32\cmd.exe
D:\practice>python 9-12.py
第 1 个代数式是 a**4 - b**4
第 2 个代数式是 a + b
第 3 个代数式是 a - b
代数式1除以代数式2的结果是 (a**4 - b**4)/(a + b)
代数式1除以代数式2、代数式3的结果是 (a**4 - b**4)/((a - b)*(a + b))

D:\practice>
```

图 9-13 代码 9-12.py 的运行结果

9.2.2 代数式的化简

在 SymPy 模块中,可以对符号表达式进行化简,也可以称为对代数式的化简。

1. 化简一般代数式

在 SymPy 模块中,使用函数 simplify()化简一般代数式,其语法格式如下:

```
sympy.simplify(expr)
```

其中,expr 表示符号表达式或代数式。

2. 化简三角函数代数式

在 SymPy 模块中,使用函数 trigsimp()化简包含三角函数的代数式,其语法格式如下:

```
sympy.trigsimp(expr)
```

其中,expr 表示符号表达式或代数式。

3. 化简幂函数代数式

在 SymPy 模块中,使用函数 powsimp()化简包含幂函数的代数式,其语法格式如下:

```
sympy.powsimp(expr)
```

其中,expr 表示符号表达式或代数式。

【实例 9-13】 使用 SymPy 模块中的函数创建 3 个不同类型的代数式,然后对这 3 个代数式进行化简，代码如下：

```
# === 第 9 章 代码 9 - 13.py === #
from sympy import *

a,b = symbols('a b')
x = (a ** 2 - b ** 2)/(a + b)
y = sin(2 * a)/cos(a)
z = a ** 2 * b ** 3 * a ** 10
print('第 1 个代数式是',x)
print('第 2 个代数式是',y)
print('第 3 个代数式是',z)
print('代数式 1 化简后的结果是',simplify(x))
print('代数式 2 化简后的结果是',trigsimp(y))
print('代数式 3 化简后的结果是',powsimp(z))
```

运行结果如图 9-14 所示。

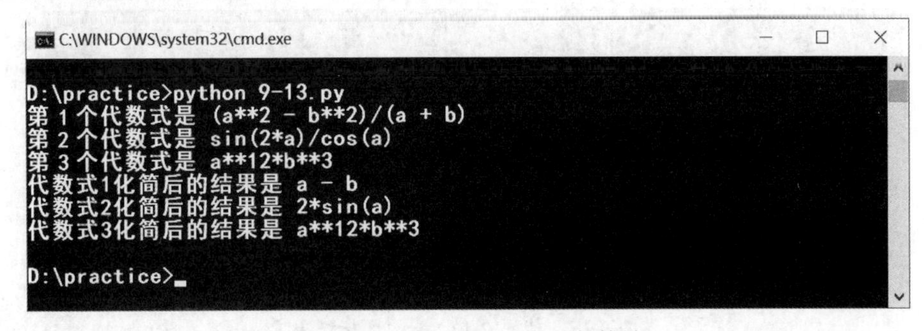

C:\WINDOWS\system32\cmd.exe
D:\practice>python 9-13.py
第 1 个代数式是 (a**2 - b**2)/(a + b)
第 2 个代数式是 sin(2*a)/cos(a)
第 3 个代数式是 a**12*b**3
代数式1化简后的结果是 a - b
代数式2化简后的结果是 2*sin(a)
代数式3化简后的结果是 a**12*b**3
D:\practice>

图 9-14 代码 9-13.py 的运行结果

注意：在 SymPy 模块中，化简函数 simplify()的使用范围比较广泛，可以化简包含三角函数、幂函数的代数式；化简函数 trigsimp()、powsimp()的范围比较窄。

9.2.3 代数式的合并和展开

在 SymPy 模块中，可以对符号表达式进行合并和展开，也可以称为对代数式的合并和展开。

1. 合并代数式中的项

在 SymPy 模块中，使用函数 together()对代数式的项进行合并，其语法格式如下：

```
sympy.together(expr)
```

其中，expr 表示符号表达式或代数式。

【实例 9-14】 使用 SymPy 模块中的函数创建 3 个不同类型的代数式，然后对这 3 个代数式中的项进行合并，代码如下：

```
# === 第 9 章 代码 9-14.py === #
from sympy import *

a,b,c = symbols('a b c')
x = 1/a + 1/b + 1/c
y = 1/(a-1) + 1/(b-1) + 1/(c-1)
z = 1/(a+1) - 2/(a+2)
print('第 1 个代数式是',x)
print('第 2 个代数式是',y)
print('第 3 个代数式是',z)
print('代数式 1 合并后的结果是',together(x))
print('代数式 2 合并后的结果是',together(y))
print('代数式 3 合并后的结果是',together(z))
```

运行结果如图 9-15 所示。

```
C:\WINDOWS\system32\cmd.exe

D:\practice>python 9-14.py
第 1 个代数式是 1/c + 1/b + 1/a
第 2 个代数式是 1/(c - 1) + 1/(b - 1) + 1/(a - 1)
第 3 个代数式是 -2/(a + 2) + 1/(a + 1)
代数式1合并后的结果是 (a*b + a*c + b*c)/(a*b*c)
代数式2合并后的结果是 ((a - 1)*(b - 1) + (a - 1)*(c - 1) + (b - 1)*(c
- 1))/((a - 1)*(b - 1)*(c - 1))
代数式3合并后的结果是 -a/((a + 1)*(a + 2))

D:\practice>_
```

图 9-15　代码 9-14.py 的运行结果

2. 展开代数式

在 SymPy 模块中,使用函数 apart()对代数式进行展开,其语法格式如下:

```
sympy.apart(expr)
```

其中,expr 表示符号表达式或代数式。

【实例 9-15】 使用 SymPy 模块中的函数创建 3 个不同类型的代数式,然后对这 3 个代数式进行展开,代码如下:

```
# === 第 9 章 代码 9-15.py === #
from sympy import *

a,b,c = symbols('a b c')
x = 1/((a+1) * (a+2))
y = (b+1)/(b-1)
z = 1/((c+2) * (c-2))
print('第 1 个代数式是',x)
print('第 2 个代数式是',y)
print('第 3 个代数式是',z)
```

```
print('代数式 1 展开后的结果是',apart(x))
print('代数式 2 展开后的结果是',apart(y))
print('代数式 3 展开后的结果是',apart(z))
```

运行结果如图 9-16 所示。

```
C:\WINDOWS\system32\cmd.exe
D:\practice>python 9-15.py
第 1 个代数式是 1/((a + 1)*(a + 2))
第 2 个代数式是 (b + 1)/(b - 1)
第 3 个代数式是 1/((c - 2)*(c + 2))
代数式1展开后的结果是 -1/(a + 2) + 1/(a + 1)
代数式2展开后的结果是 1 + 2/(b - 1)
代数式3展开后的结果是 -1/(4*(c + 2)) + 1/(4*(c - 2))

D:\practice>
```

图 9-16　代码 9-15.py 的运行结果

9.3　微积分运算

在 Python 中,使用 SymPy 模块可以创建符号表达式来模拟数学上的代数式。在现实中,经常需要对代数式进行微积分运算,SymPy 模块也提供了相应的函数对符号表达式进行微积分运算。

9.3.1　极限

在 SymPy 模块中,可以对符号表达式进行求极限运算,也称为对代数式的求极限运算。

在 SymPy 模块中,使用函数 limit()对表达式进行求极限运算,其语法格式如下:

```
sympy.limit(func,variable,point)
```

其中,func 表示符号表达式或代数式;variable 表示符号表达式的某个符号变量或代数式中的某个未知数;point 表示极限运算中无限接近的数值,可以是确定的某个数值,也可以是正无穷大或负无穷大。

【实例 9-16】　使用 SymPy 模块中的函数创建 3 个不同类型的代数式,然后求这 3 个代数式在某个数值的极限,代码如下:

```
# === 第 9 章 代码 9-16.py === #
from sympy import *
import numpy as np

a,b = symbols('a b')
x = sin(a)/a
y = cos(a)/b
```

```
z = (b + 3)/(b + 1) ** b
print('第 1 个代数式是',x)
print('第 2 个代数式是',y)
print('第 3 个代数式是',z)
u = limit(x,a,0)
v = limit(y,a,0)
w = limit(z,b,np.inf)          #计算趋近于正无穷的极限
print('代数式 1 求极限的结果是',u)
print('代数式 2 求极限的结果是',v)
print('代数式 3 求极限的结果是',w)
```

运行结果如图 9-17 所示。

```
C:\WINDOWS\system32\cmd.exe
D:\practice>python 9-16.py
第 1 个代数式是 sin(a)/a
第 2 个代数式是 cos(a)/b
第 3 个代数式是 (b + 3)/(b + 1)**b
代数式1求极限的结果是 1
代数式2求极限的结果是 1/b
代数式3求极限的结果是 0

D:\practice>_
```

图 9-17　代码 9-16.py 的运行结果

9.3.2　一阶微分与高阶微分

在 SymPy 模块中，可以对符号表达式进行求微分运算，也称为对代数式的求微分运算。在 SymPy 模块中，使用函数 diff()对表达式进行求微分运算，其语法格式如下：

```
sympy.diff(func,variable,n = 1)
```

其中，func 表示符号表达式或代数式；variable 表示符号表达式的某个符号变量或代数式中的某个未知数；n 是可选参数，表示微分的阶数，如果省略不写，则表示对表达式的某个符号变量或某个未知数进行一阶微分运算。

【实例 9-17】 使用 SymPy 模块中的函数创建 3 个不同类型的代数式，然后求这 3 个代数式的一阶微分，代码如下：

```
# === 第 9 章 代码 9 - 17.py === #
from sympy import *

a,b,c = symbols('a b c')
x = sin(2 * a) + sin(b)
y = cos(2 * a) + tan(b)
z = c ** 5 * b ** 3 * a
print('第 1 个代数式是',x)
```

```
print('第 2 个代数式是',y)
print('第 3 个代数式是',z)
u = diff(x,a)
v = diff(y,a)
w = diff(z,b)
print('代数式 1 求一阶微分的结果是',u)
print('代数式 2 求一阶微分的结果是',v)
print('代数式 3 求一阶微分的结果是',w)
```

运行结果如图 9-18 所示。

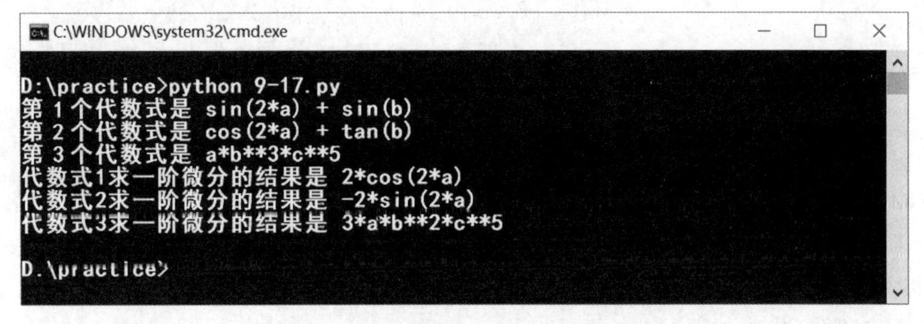

C:\WINDOWS\system32\cmd.exe
D:\practice>python 9-17.py
第 1 个代数式是 sin(2*a) + sin(b)
第 2 个代数式是 cos(2*a) + tan(b)
第 3 个代数式是 a*b**3*c**5
代数式1求一阶微分的结果是 2*cos(2*a)
代数式2求一阶微分的结果是 -2*sin(2*a)
代数式3求一阶微分的结果是 3*a*b**2*c**5
D:\practice>

图 9-18 代码 9-17.py 的运行结果

【实例 9-18】 使用 SymPy 模块中的函数创建 3 个不同类型的代数式，然后依次求这 3 个代数式的一阶微分、二阶微分、三阶微分，代码如下：

```
# === 第 9 章 代码 9 - 18.py === #
from sympy import *

a,b,c = symbols('a b c')
x = sin(2 * a) + sin(b)
y = cos(2 * a) + tan(b)
z = c ** 5 * b ** 3 * a
print('第 1 个代数式是',x)
print('第 2 个代数式是',y)
print('第 3 个代数式是',z)
u = diff(x,a)
v = diff(y,a,2)
w = diff(z,b,3)
print('代数式 1 求一阶微分的结果是',u)
print('代数式 2 求二阶微分的结果是',v)
print('代数式 3 求三阶微分的结果是',w)
```

运行结果如图 9-19 所示。

9.3.3 不定积分与定积分

在 SymPy 模块中，可以对符号表达式进行求积分运算，也称为对代数式的求积分运算。

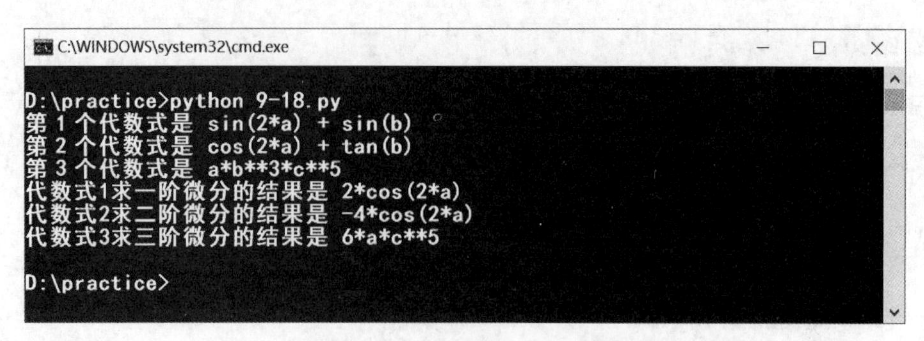

图 9-19　代码 9-18.py 的运行结果

在 SymPy 模块中，使用函数 integrate()求表达式的不定积分，其语法格式如下：

```
sympy.integrate(func,variable)
```

其中，func 表示符号表达式或代数式；variable 表示符号表达式的某个符号变量或代数式中的某个未知数。

【实例 9-19】 使用 SymPy 模块中的函数创建 3 个不同类型的代数式，然后求这 3 个代数式的不定积分，代码如下：

```
# === 第 9 章 代码 9-19.py === #
from sympy import *

a,b,c = symbols('a b c')
x = sin(2 * a) + sin(b)
y = log(a * b) + 2 * c
z = c ** 5 * b ** 3 * a
print('第 1 个代数式是',x)
print('第 2 个代数式是',y)
print('第 3 个代数式是',z)
u = integrate(x,a)
v = integrate(y,a)
w = integrate(z,b)
print('代数式 1 求不定积分的结果是',u)
print('代数式 2 求不定积分的结果是',v)
print('代数式 3 求不定积分的结果是',w)
```

运行结果如图 9-20 所示。

在 SymPy 模块中，使用函数 integrate()求表达式的定积分，其语法格式如下：

```
sympy.integrate(func,(variable,num1,num2))
```

其中，func 表示符号表达式或代数式；variable 表示符号表达式的某个符号变量或代数式中的某个未知数；num1 表示定积分区间的上界；num2 表示定积分区间的下界。

【实例 9-20】 使用 SymPy 模块中的函数创建 3 个不同类型的代数式，然后求这 3 个代

```
C:\WINDOWS\system32\cmd.exe
D:\practice>python 9-19.py
第 1 个代数式是 sin(2*a) + sin(b)
第 2 个代数式是 2*c + log(a*b)
第 3 个代数式是 a*b**3*c**5
代数式1求不定积分的结果是 a*sin(b) - cos(2*a)/2
代数式2求不定积分的结果是 a*(2*c - 1) + a*log(a*b)
代数式3求不定积分的结果是 a*b**4*c**5/4

D:\practice>
```

图 9-20　代码 9-19.py 的运行结果

数式的定积分,代码如下:

```
# === 第 9 章 代码 9-20.py === #
from sympy import *

a,b,c = symbols('a b c')
x = sin(2 * a) + sin(b)
y = log(a * b) + 2 * c
z = c ** 5 * b ** 3 * a
print('第 1 个代数式是',x)
print('第 2 个代数式是',y)
print('第 3 个代数式是',z)
u = integrate(x,(a,0,pi/2))
v = integrate(y,(a,1,3))
w = integrate(z,(b,0,5))
print('代数式 1 求定积分的结果是',u)
print('代数式 2 求定积分的结果是',v)
print('代数式 3 求定积分的结果是',w)
```

运行结果如图 9-21 所示。

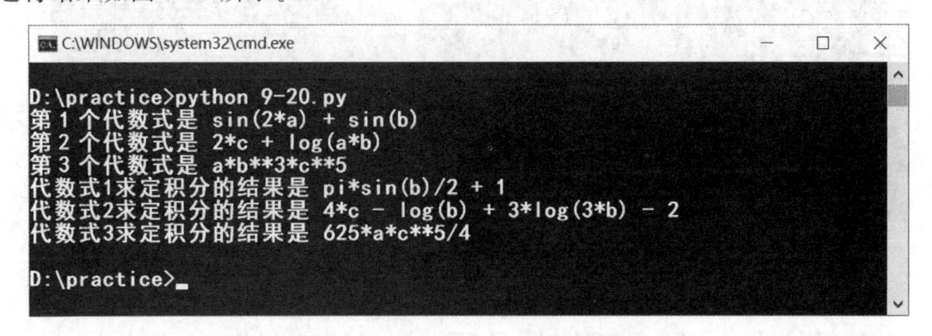

图 9-21　代码 9-20.py 的运行结果

9.3.4　级数展开

在 SymPy 模块中,可以对符号表达式进行级数展开,也称为对代数式的级数展开。

在 SymPy 模块中,使用函数 series()对表达式进行级数展开,其语法格式如下:

```
sympy.series(func,variable)
```

其中,func 表示符号表达式或代数式;variable 表示符号表达式的某个符号变量或代数式中的某个未知数。

【实例 9-21】 使用 SymPy 模块中的函数创建 3 个不同类型的代数式,然后对这 3 个代数式进行级数展开,代码如下:

```
# === 第 9 章 代码 9-21.py === #
from sympy import *

a,b,c = symbols('a b c')
x = sin(a)
y = cos(b)
z = log(c + 1)
print('第 1 个代数式是',x)
print('第 2 个代数式是',y)
print('第 3 个代数式是',z)
u = series(x,a)
v = series(y,b)
w = series(z,c)
print('代数式 1 级数展开后的结果是',u)
print('代数式 2 级数展开后的结果是',v)
print('代数式 3 级数展开后的结果是',w)
```

运行结果如图 9-22 所示。

```
C:\WINDOWS\system32\cmd.exe

D:\practice>python 9-21.py
第 1 个代数式是 sin(a)
第 2 个代数式是 cos(b)
第 3 个代数式是 log(c + 1)
代数式1级数展开后的结果是 a - a**3/6 + a**5/120 + O(a**6)
代数式2级数展开后的结果是 1 - b**2/2 + b**4/24 + O(b**6)
代数式3级数展开后的结果是 c - c**2/2 + c**3/3 - c**4/4 + c**5/5 + O(c*
*6)

D:\practice>
```

图 9-22 代码 9-21.py 的运行结果

9.4 求解线性方程和微分方程

28min

在 Python 中,使用 SymPy 模块可以创建符号表达式来模拟数学上的方程式。在现实中,经常需要求解方程式,SymPy 模块也提供了相应的函数,用于求解线性方程和微分方程。

9.4.1 解线性方程

在 SymPy 模块中，使用函数 solve()求解线性方程，其语法格式如下：

```
sympy.solve(func,variable)
```

其中，func 表示符号表达式或方程式；variable 表示符号表达式的某个符号变量或代数式中的某个未知数。

【实例 9-22】 使用 SymPy 模块中的函数解这 3 个方程式：$x^2+3x+2=0$、$x^4-1=0$、$x^2-2ax+a^2=0$，代码如下：

```
# === 第 9 章 代码 9-22.py === #
from sympy import *

a,x = symbols('a x')
y = x ** 2 + 3 * x + 2
z = x ** 4 - 1
u = x ** 2 - 2 * a * x + a ** 2
x1 = solve(y,x)
x2 = solve(z,x)
x3 = solve(u,x)
print('第 1 个方程的解是',x1)
print('第 2 个方程的解是',x2)
print('第 3 个方程的解是',x3)
```

运行结果如图 9-23 所示。

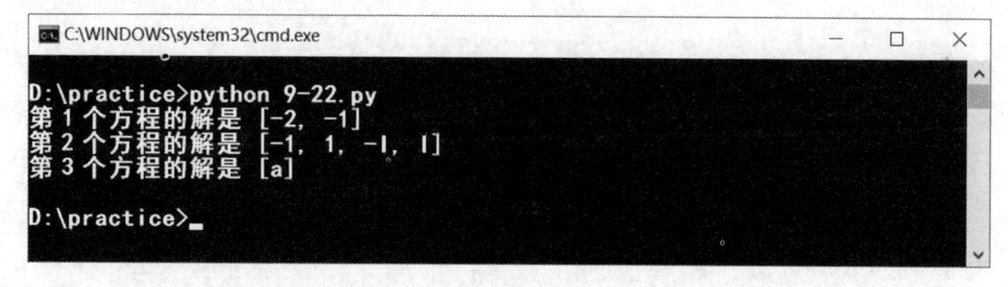

图 9-23 代码 9-22.py 的运行结果

在 SymPy 模块中，使用函数 solve()也能解线性方程组，其语法格式如下：

```
sympy.solve([func1,func2,...],[variable1,variable2,...])
```

其中，func1 表示符号表达式 1 或方程式 1；func2 表示符号表达式 2 或方程式 2；variable1 表示符号表达式的符号变量 1 或方程式中的未知数 1；variable2 表示符号表达式的符号变量 2 或方程式中的未知数 2。

【实例 9-23】 使用 SymPy 模块中的函数解这个方程组：$\begin{cases}x+5y-2=0\\-3x+6y-15=0\end{cases}$，代码

如下：

```
# === 第 9 章 代码 9 - 23.py === #
from sympy import *

x,y = symbols('x y')
u = [x + 5 * y - 2, - 3 * x + 6 * y - 15]
v = [x,y]
print('线性方程组的解是')
print(solve(u,v))
```

运行结果如图 9-24 所示。

图 9-24　代码 9-23.py 的运行结果

【实例 9-24】　使用 SymPy 模块中的函数解这个方程组：

$$\begin{cases}2x+3y+5z=10\\3x+7y+4z=3\\x-7y+z=5\end{cases}$$

代码如下：

```
# === 第 9 章 代码 9 - 24.py === #
from sympy import *

x,y,z = symbols('x y z')
u = 2 * x + 3 * y + 5 * z - 10
v = 3 * x + 7 * y + 4 * z - 3
w = x - 7 * y + z - 5
print('线性方程组的解是')
print(solve([u,v,w],[x,y,z]))
```

运行结果如图 9-25 所示。

图 9-25　代码 9-24.py 的运行结果

9.4.2 解微分方程

在 SymPy 模块中,使用其函数可以解一阶微分方程和高阶微分方程。

求解微分方程式,首先要创建函数。例如创建函数 $f(x)$的语法格式如下:

```
f = sympy.Function('f')
x = sympy.symbols('x')
```

其中,f 表示函数名;x 表示创建的函数中的变量。

在 SymPy 模块中,使用函数 diff()表示对函数的一阶微分。对函数 $f(x)$一阶微分的语法格式如下:

```
diff(f(x),x)
```

然后使用符号变量和函数 f(x)创建微分方程式 equation。最后使用 SymPy 模块中的函数 dsolve(equation.f(x))求解微分方程。

【实例 9-25】 使用 SymPy 模块中的函数解微分方程:$f'(x)-21f(x)=0$、$g'(x)-13xg(x)=0$、$y'+y\tan x=\sin 2x$,代码如下:

```
# === 第 9 章 代码 9-25.py === #
from sympy import *

x = symbols('x')
f = Function('f')
g = Function('g')
y = Function('y')
eq1 = diff(f(x),x) - 21 * f(x)
eq2 = diff(g(x),x) - 13 * x * g(x)
eq3 = diff(y(x),x) + 2 * y(x) * tan(x) - sin(2 * x)
print('第 1 个微分方程的解是',dsolve(eq1,f(x)))
print('第 2 个微分方程的解是',dsolve(eq2,g(x)))
print('第 3 个微分方程的解是',dsolve(eq3,y(x)))
```

运行结果如图 9-26 所示。

```
C:\WINDOWS\system32\cmd.exe
D:\practice>python 9-25.py
第 1个微分方程的解是 Eq(f(x), C1*exp(21*x))
第 2个微分方程的解是 Eq(g(x), C1*exp(13*x**2/2))
第 3个微分方程的解是 Eq(y(x), (C1 - 2*log(cos(x)))*cos(x)**2)

D:\practice>
```

图 9-26 代码 9-25.py 的运行结果

在 SymPy 模块中,使用函数对象的方法 diff()表示对函数的高阶微分。对函数 $f(x)$ 高阶微分的语法格式如下:

```
f(x).diff(x,n)
```

其中,n 是正整数,表示微分的阶数,如果 n 为 1,则表示一阶微分,如果 n 为大于 1 的正整数,则表示高阶微分。

【实例 9-26】 使用 SymPy 模块中的函数解微分方程:$f''(x)-2f'(x)+f(x)-\sin x=0$、$g''''(x)-2g'''(x)+5g''(x)=0$、$y''=x+\sin x$,代码如下:

```
# === 第 9 章 代码 9-26.py === #
from sympy import *

x = symbols('x')
f = Function('f')
g = Function('g')
y = Function('y')
eq1 = f(x).diff(x,2) - 2 * f(x).diff(x,1) - sin(x)
eq2 = g(x).diff(x,4) - 2 * g(x).diff(x,3) - 5 * g(x).diff(x,2)
eq3 = y(x).diff(x,2) - x - sin(x)
print('第 1 个微分方程的解是',dsolve(eq1,f(x)))
print('第 2 个微分方程的解是',dsolve(eq2,g(x)))
print('第 3 个微分方程的解是',dsolve(eq3,y(x)))
```

运行结果如图 9-27 所示。

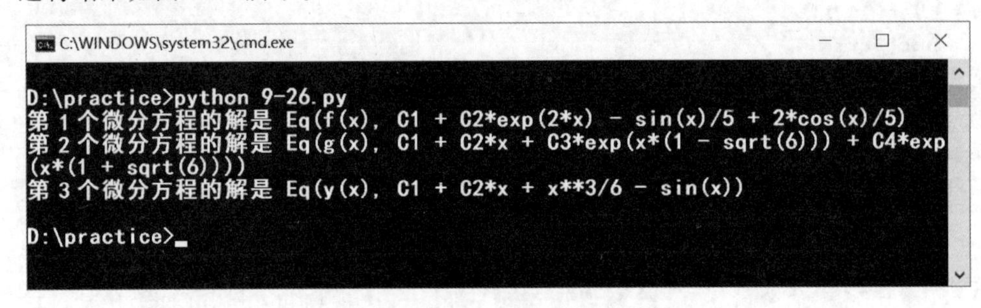

图 9-27 代码 9-26.py 的运行结果

9.5 SymPy 矩阵

在 Python 中,使用 SymPy 模块可以创建矩阵,并进行矩阵之间的运算。与 NumPy 模块不同的是 SymPy 模块不仅可以创建元素是数字的矩阵,也可以创建元素是符号变量的矩阵。

9.5.1 数字矩阵

在 SymPy 模块中,使用函数 Matrix()创建元素是数字的矩阵,其语法格式如下:

```
sympy.Matrix([[a11,a12,...],[a21,a22,...],...])
```

其中,a11、a12 表示矩阵第 1 行的元素;a21、a22 表示矩阵第 2 行的元素。

【实例 9-27】 使用 SymPy 模块中的函数求矩阵 $\boldsymbol{A}$ 和矩阵 $\boldsymbol{B}$ 的乘积,其中矩阵

$$\boldsymbol{A}=\begin{bmatrix}1 & 2 & 3\\4 & 5 & 6\end{bmatrix}$$

$$\boldsymbol{B}=\begin{bmatrix}11 & 12\\21 & 22\\31 & 0\end{bmatrix}$$

代码如下:

```
# === 第 9 章 代码 9-27.py === #
from sympy import *

A = Matrix([[1,2,3],[4,5,6]])
B = Matrix([[11,12],[21,22],[31,0]])
print('矩阵 A 是',A)
print('矩阵 B 是',B)
print('矩阵 A 和矩阵 B 的乘积是\n',A * B)
```

运行结果如图 9-28 所示。

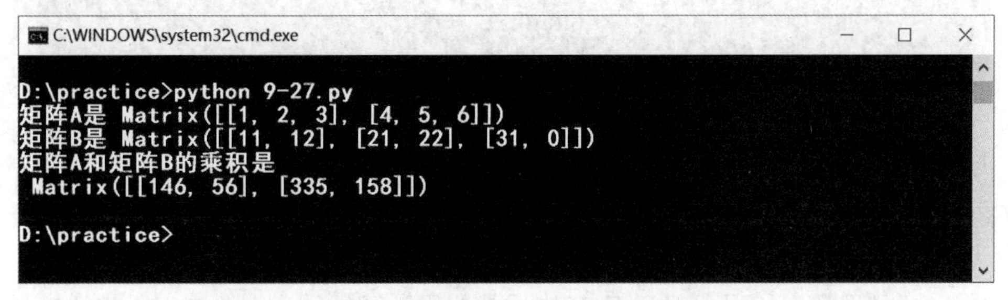

图 9-28 代码 9-27.py 的运行结果

9.5.2 符号矩阵

在 SymPy 模块中,使用函数 Matrix()创建元素是符号的矩阵,其语法格式如下:

```
sympy.Matrix([[x11,x12,...],[y21,y22,...],...])
```

其中,x11、x12 是符号变量,表示矩阵第 1 行的元素;y21、y22 是符号变量,表示矩阵第 2 行的元素。

【实例 9-28】 使用 SymPy 模块中的函数 Matrix()创建 3 个矩阵,然后将这 3 个矩阵依次相乘,得到计算结果,然后将第 1 个矩阵的元素代入数值,得到计算结果,代码如下:

```
# === 第 9 章 代码 9-28.py === #
from sympy import *

a1,a2 = symbols('a1 a2')
y1,y2 = symbols('y1 y2')
c11,c12,c21,c22 = symbols('c11 c12 c21 c22')
A = Matrix([[a1,a2]])
B = Matrix([[c11,c12],[c21,c22]])
C = Matrix([[y1],[y2]])
print('第 1 个矩阵是',A)
print('第 2 个矩阵是',B)
print('第 3 个矩阵是',C)
f = A * B * C
print('3 个矩阵的乘积是',f)
f1 = f.subs({a1:1,a2:1})
print('矩阵 A 的元素都是 1 的计算结果是',f1)
```

运行结果如图 9-29 所示。

```
C:\WINDOWS\system32\cmd.exe

D:\practice>python 9-28.py
第 1 个矩阵是 Matrix([[a1, a2]])
第 2 个矩阵是 Matrix([[c11, c12], [c21, c22]])
第 3 个矩阵是 Matrix([[y1], [y2]])
 3 个矩阵的乘积是 Matrix([[y1*(a1*c11 + a2*c21) + y2*(a1*c12 + a2*c22)]])
矩阵A的元素都是1的计算结果是 Matrix([[y1*(c11 + c21) + y2*(c12 + c22)]])

D:\practice>
```

图 9-28　代码 9-27.py 的运行结果

9.6　小结

本章首先介绍了什么是符号运算，其本质是使用计算机系统来解决实际生活中遇到的代数式、方程式的计算和化简问题，然后介绍了 Python 的解决方法，即使用 SymPy 模块进行符号运算。

本章介绍了如何安装 SymPy 模块，使用 SymPy 模块创建符号变量，然后创建出模拟代数式的符号表达式，最后进行代数式的加、减、乘、除等基本运算，以及微积分运算，并能求解线性方程、微分方程。

最后本章介绍了利用 SymPy 模块创建数字矩阵和符号矩阵的方法，以及如何给符号矩阵代入数值并计算结果。

第三部分　绘制图像

第 10 章 绘制 2D 图像

人类通过听觉、视觉、触觉、嗅觉、味觉等获取外界的信息，在这几种感觉中最重要的是视觉，人类通过视觉获取外界 70%的信息。

Python 可以通过可视化的方式来呈现数据。通过图片的方式呈现数据，让观看者能够明白其中的含义，发现数据中未意识到的规律和意义。

在基因研究、天气预测、经济分析等领域，很多人使用 Python 完成数据分析和挖掘工作。数据科学家利用 Python 编写了一系列的可视化和分析工具，其中最流行的是 Matplotlib 模块，Matplotlib 是一个数学绘图库，可以根据数据绘制出版质量级别的图像。

10.1 Matplotlib 模块

Matplotlib 模块是 Python 的绘图库，应用该模块可以很轻松地将数据图像化、图表化，并且有多样化的输出格式。

对于没有编程基础的读者，Matplotlib 是一个非常强大的 Python 画图工具，只需几行到十几行代码，就可以将很多数据通过图表或图像的形式展现出来。

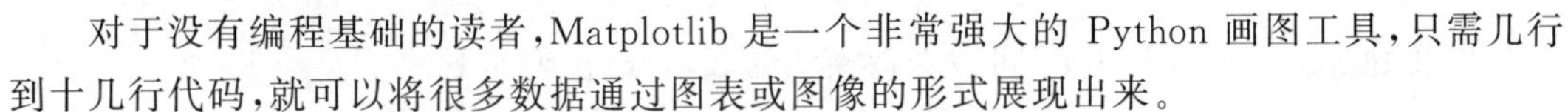

10.1.1 安装 Matplotlib 模块

由于 Matplotlib 模块是 Python 的第三方模块，因此首先需要安装 Matplotlib 模块。安装 Matplotlib 模块需要在 Windows 命令行窗口中输入如下命令：

```
pip install matplotlib
```

如果安装速度比较慢，则可以选择清华大学的软件镜像。在 Windows 命令行窗口中输入的命令如下：

```
pip install -i https://pypi.tuna.tsinghua.edu.cn/simple matplotlib
```

或

```
pip install matplotlib -i https://pypi.tuna.tsinghua.edu.cn/simple
```

然后,按 Enter 键,即可安装 Matplotlib 模块,如图 10-1 和图 10-2 所示。

```
C:\WINDOWS\system32\cmd.exe
C:\Users\thinkTom>pip install matplotlib -i https://pypi.tuna.tsinghua.edu.cn/simple
Looking in indexes: https://pypi.tuna.tsinghua.edu.cn/simple
Collecting matplotlib
  Downloading https://pypi.tuna.tsinghua.edu.cn/packages/90/81/b73cb7d615a70a01bd349b
8e85a7648c51f3a6346695354c1ce569db6d8f/matplotlib-3.5.3-cp310-cp310-win_amd64.whl (7.
2 MB)
     ---------------------------------------- 7.2/7.2 MB 4.0 MB/s eta 0:00:00
Requirement already satisfied: python-dateutil>=2.7 in d:\program files\python\lib\si
te-packages (from matplotlib) (2.8.2)
Requirement already satisfied: numpy>=1.17 in d:\program files\python\lib\site-packag
es (from matplotlib) (1.23.2)
Requirement already satisfied: packaging>=20.0 in d:\program files\python\lib\site-pa
ckages (from matplotlib) (21.3)
Collecting fonttools>=4.22.0
  Downloading https://pypi.tuna.tsinghua.edu.cn/packages/99/e2/90421047dfd94ed78064b4
1345d63985c576dc98b7c87bec92a1a8cb88e5/fonttools-4.37.1-py3-none-any.whl (957 kB)
```

图 10-1　安装 Matplotlib 模块(1)

```
C:\WINDOWS\system32\cmd.exe
  Downloading https://pypi.tuna.tsinghua.edu.cn/packages/68/20/2ce1186ef4edf47281faf5
8f6dd72a1fcd2be1fc66514bd2d220097bdcd1/kiwisolver-1.4.4-cp310-cp310-win_amd64.whl (55
 kB)
     ---------------------------------------- 55.3/55.3 KB 2.8 MB/s eta 0:00:00
Requirement already satisfied: pyparsing>=2.2.1 in d:\program files\python\lib\site-p
ackages (from matplotlib) (3.0.9)
Requirement already satisfied: six>=1.5 in d:\program files\python\lib\site-packages
(from python-dateutil>=2.7->matplotlib) (1.16.0)
Installing collected packages: pillow, kiwisolver, fonttools, cycler, matplotlib
Successfully installed cycler-0.11.0 fonttools-4.37.1 kiwisolver-1.4.4 matplotlib-3.5
.3 pillow-9.2.0
WARNING: You are using pip version 22.0.4; however, version 22.2.2 is available.
You should consider upgrading via the 'D:\program files\python\python.exe -m pip inst
all --upgrade pip' command.

C:\Users\thinkTom>_
```

图 10-2　安装 Matplotlib 模块(2)

安装好 Matplotlib 模块后,可以获取模块的版本号,代码如下:

```
import matplotlib
print(matplotlib.__version__)
```

在 Python 的命令交互窗口中的运行结果如图 10-3 所示。

```
C:\WINDOWS\system32\cmd.exe - python
>>> import matplotlib
>>> print(matplotlib.__version__)
3.5.3
>>>
```

图 10-3　Matplotlib 模块的版本号

10.1.2　绘制简单的折线图

安装好 Matplotlib 模块后,就可以使用该模块绘制图像了。在 Matplotlib 模块中,主要使用 matplotlib.pyplot 中的库函数来绘制图像。Pyplot 是 Matplotlib 模块的子模块,这个模块类似于 MATLAB 软件的绘图 API(应用程序编程接口),可以很方便地绘制 2D 图像。

使用 matplotlib.pyplot 中的库函数,根据一维数据绘制折线图的语法格式如下:

```
import matplotlib.pyplot as plt
plt.plot(data,fmt, ** kwargs)
plt.show()
```

其中,函数 plt.plot()用于绘制折线图;参数 data 表示一维数据,数据类型可以是列表或元组;fmt 是可选参数,定义基本格式,例如颜色、标记、线条样式;** kwargs 是可选参数,用于设置指定的属性,例如标签、线的宽度。函数 plt.show()用于显示图像。

【实例 10-1】 使用一组平方数[1,4,9,16,25]绘制折线图,代码如下:

```
# === 第 10 章 代码 10-1.py === #
import matplotlib.pyplot as plt

data = [1,4,9,16,25]
plt.plot(data)
plt.show()
```

运行结果如图 10-4 和图 10-5 所示。

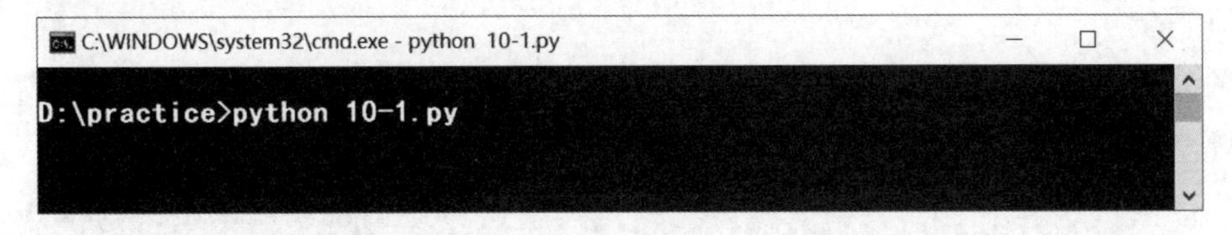

图 10-4　运行代码 10-1.py

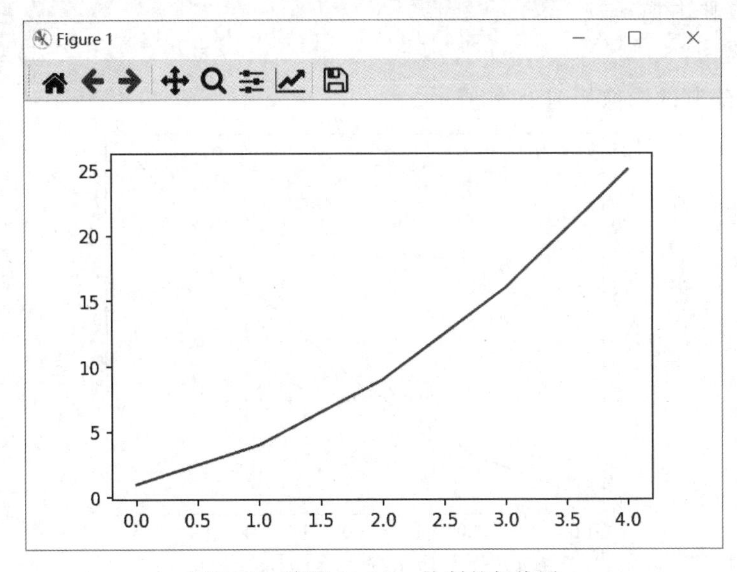

图 10-5　代码 10-1.py 绘制的折线图

注意：运行代码10-1.py时，如果绘制的图像一直呈显示状态，则在Windows命令行窗口的运行代码下一直会有光标闪烁，表示一直在运行代码10-1.py；如果关闭绘制的图像，则会结束程序的运行，即光标会移动到Windows目录后。

在图10-5中，保存按钮在窗口菜单栏的最右侧，单击“保存”按钮，即可存储绘制的图像。

使用matplotlib.pyplot中的库函数，根据二维数据绘制折线图的语法格式如下：

```
import matplotlib.pyplot as plt
plt.plot(data_x,data_y,fmt, ** kwargs)
plt.show()
```

其中，函数plt.plot()用于绘制折线图；参数data_x表示x轴的数据，数据类型可以是列表或元组；data_y表示y轴的数据，数据类型可以是列表或元组；fmt是可选参数，用于定义基本格式，例如颜色、标记、线条样式；** kwargs是可选参数，用于设置指定的属性，例如标签、线的宽度。函数plt.show()用于显示图像。

【实例10-2】 使用横坐标数据[1,2,3,4,5]和纵坐标数据[1,4,9,16,25]绘制折线图，代码如下：

```
# === 第10章 代码10-2.py === #
import matplotlib.pyplot as plt

data_x = [1,2,3,4,5]
data_y = [1,4,9,16,25]
plt.plot(data_x,data_y)
plt.show()
```

运行代码绘制的图像如图10-6所示。

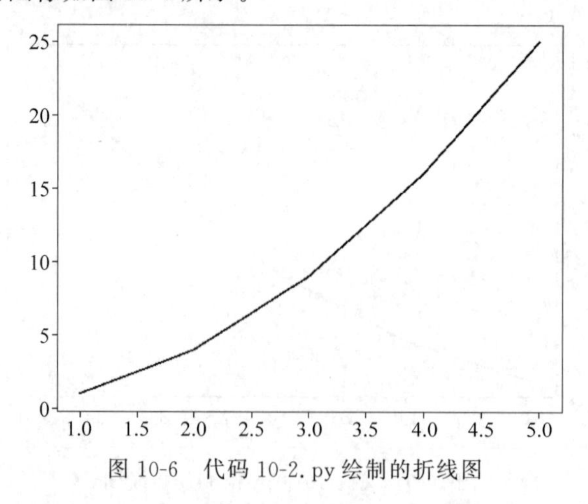

图10-6　代码10-2.py绘制的折线图

在 Matplotlib 模块中，既可以根据一维数据绘制图像，也可以根据二维数据绘制图像。对比图 10-5 或图 10-6，可以发现使用二维数据绘制的图像更精确。使用 Matplotlib 模块绘制最简单的图像，通常只需要 4 行或 5 行代码。

10.2　图像的标记与设置

Matplotlib 模块是一个功能丰富的绘图库，不仅可以绘制 2D 图像，也可以对图像进行标记和设置。使用该 Matplotlib 模块绘制 2D 图像时，可以自定义显示的样式。

29min

10.2.1　标记数据点

在 Matplotlib 模块中，可以对数据点进行标记，主要使用了 matplotlib.pyplot.plot()函数中的 marker 参数，其语法格式如下：

```
import matplotlib.pyplot as plt
plt.plot(data,marker = tag)
```

其中，函数 plt.plot()用于绘制折线图；参数 data 表示一维数据，数据类型可以是列表或元组；marker 是可选参数，用于设置数据点的样式；tag 表示 marker 定义的符号，例如'*'、'+'、'o'、"1"、"2"、"3"、"v"，需要用单引号或双引号括起来。

【实例 10-3】 使用一维数据[1,2,3,4,5,4,3,2,7,8,9,10,6]绘制折线图，并用实心圆标记出数据点，代码如下：

```
# === 第 10 章 代码 10-3.py === #
import matplotlib.pyplot as plt

data = [1,2,3,4,5,4,3,2,7,8,9,10,6]
plt.plot(data,marker = 'o')
plt.show()
```

运行代码绘制的图像如图 10-7 所示。

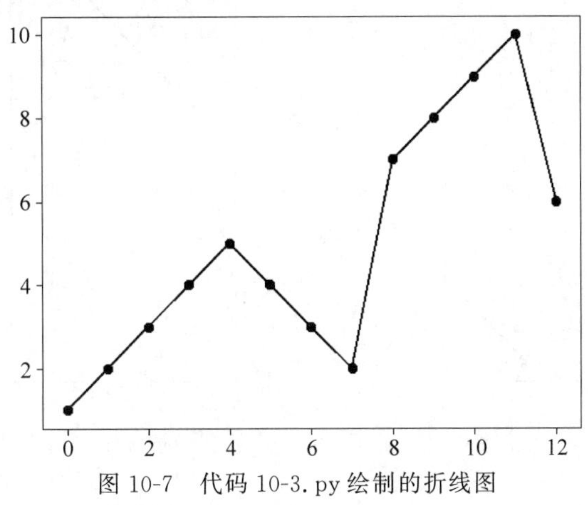

图 10-7　代码 10-3.py 绘制的折线图

参数 marker 定义的符号见表 10-1。

表 10-1 参数 marker 定义的符号

符号标记	说明	符号标记	说明
"."	表示点	","	表示像素
"o"	表示实心圆	"v"	表示下三角
"^"	表示上三角	"<"	表示左三角
">"	表示右三角	"*"	表示星号
"1"	表示下三叉	"2"	表示上三叉
"3"	表示左三叉	"4"	表示右三叉
"8"	表示八角形	"s"	表示正方形
"p"	表示五边形	"P"	表示粗加号
"h"	表示六边形(顶端是角)	"H"	表示六边形(顶端是边)
"+"	表示加号	"x"	表示乘号
"X"	表示粗乘号	"D"	表示菱形
"d"	表示瘦菱形	"|"	表示竖线
"_"	表示横线	"None"	表示没有标记
"$...$"	渲染指定的字符,例如"N"表示以字母 N 为标记		

【实例 10-4】 使用一维数据[1,2,3,4,5,4,3,2,7,8,9,10,6]绘制折线图,并用大写字母 A 标记出数据点,代码如下:

```
# === 第 10 章 代码 10-4.py === #
import matplotlib.pyplot as plt

data = [1,2,3,4,5,4,3,2,7,8,9,10,6]
plt.plot(data,marker = '$A$')
plt.show()
```

运行代码绘制的图像如图 10-8 所示。

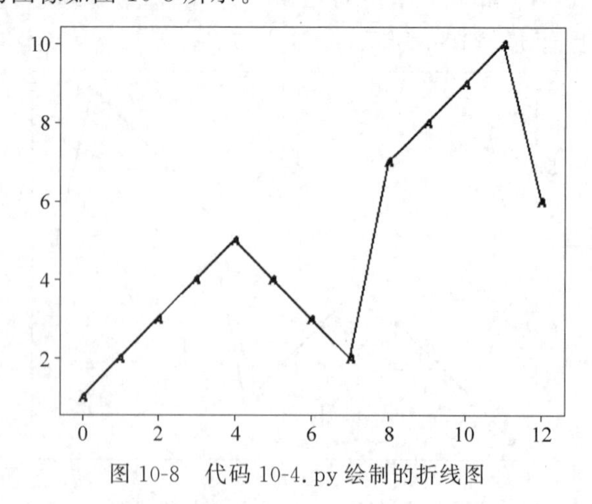

图 10-8 代码 10-4.py 绘制的折线图

10.2.2 设置线条

在 Matplotlib 模块中，可以对线条进行设置，主要包括线的类型、线的颜色、线的宽度。

1. 设置线的类型

在 Matplotlib 模块中，主要使用了 matplotlib. pyplot. plot()函数中的 linestyle 参数设置线的类型，其语法格式如下：

```
import matplotlib.pyplot as plt
plt.plot(data,linestyle = tag)
```

其中，函数 plt. plot()用于绘制折线图；参数 data 表示一维数据，数据类型可以是列表或元组；linestyle 是可选参数，用于设置线的类型，其默认值为"solid"；tag 表示用于设置线的类型的符号，需要用单引号或双引号括起来。

参数 linestyle 标记的线的类型见表 10-2。

表 10-2 线的类型

类　型	简　写	说　明
"solid"	"-"	表示实线
"dotted"	":"	表示点虚线
"dashed"	"--"	表示破折线
"dashdot"	"-."	表示点画线
"None"	"或''	表示下画线

【实例 10-5】 使用一维数据[1,2,3,4,5,4,3,2,7,8,9,10,6]绘制折线图，将线的类型设置为点画线，代码如下：

```
# === 第 10 章 代码 10-5.py === #
import matplotlib.pyplot as plt

data = [1,2,3,4,5,4,3,2,7,8,9,10,6]
plt.plot(data,linestyle = '-.')
plt.show()
```

运行代码绘制的图像如图 10-9 所示。

2. 设置线的颜色

在 Matplotlib 模块中，主要使用了 matplotlib. pyplot. plot()函数中的 color 参数设置线的颜色，其语法格式如下：

```
import matplotlib.pyplot as plt
plt.plot(data,color = tag)
```

其中，函数 plt. plot()用于绘制折线图；参数 data 表示一维数据，数据类型可以是列表或元组；color 是可选参数，用于设置线的颜色，其默认值为"b"，即蓝色；tag 表示用于设置线的

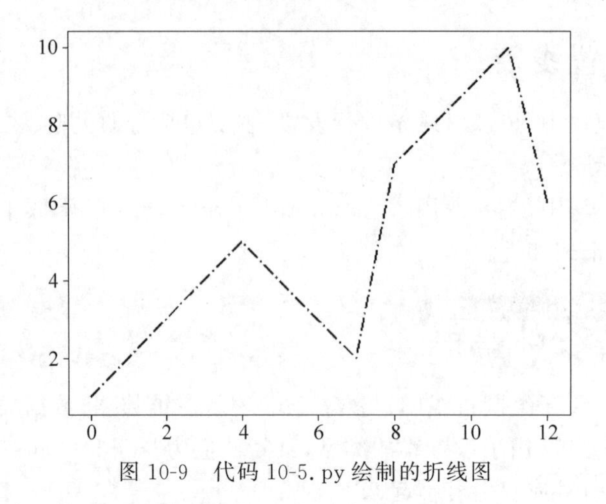

图 10-9 代码 10-5.py 绘制的折线图

颜色的符号,需要用单引号或双引号括起来。

参数 color 标记的线的颜色见表 10-3。

表 10-3 线的颜色

颜色标记	说明	颜色标记	说明
"r"	表示红色	"g"	表示绿色
"b"	表示蓝色	"c"	表示青色
"m"	表示品红	"y"	表示黄色
"k"	表示黑色	"w"	表示白色

当然读者也可以使用 HTML 颜色值,即通过十六进制值表示颜色值,有兴趣的读者可以研究、使用此方法。

【实例 10-6】 使用一维数据[1,2,3,4,5,4,3,2,7,8,9,10,6]绘制折线图,将线的颜色设置为红色,代码如下:

```
# === 第 10 章 代码 10-6.py === #
import matplotlib.pyplot as plt

data = [1,2,3,4,5,4,3,2,7,8,9,10,6]
plt.plot(data,color = 'r')
plt.show()
```

运行代码绘制的图像如图 10-10 所示。

3. 设置线的宽度

在 Matplotlib 模块中,主要使用了 matplotlib.pyplot.plot()函数中的 linewidth 参数设置线的宽度,其语法格式如下:

```
import matplotlib.pyplot as plt
plt.plot(data,linewidth = num)
```

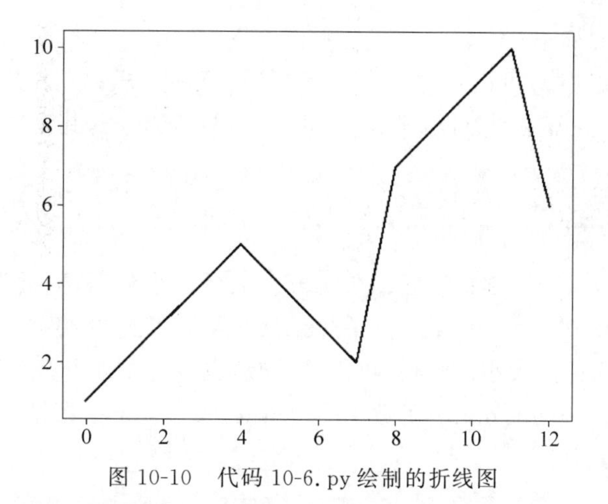

图 10-10 代码 10-6.py 绘制的折线图

其中，函数 plt.plot()用于绘制折线图；参数 data 表示一维数据，数据类型可以是列表或元组；linewidth 是可选参数，用于设置线的宽度；num 表示用于设置线宽的数值，可以是整数，也可以是浮点数，需要使用单引号或双引号括起来。

【实例 10-7】 使用一维数据[1,2,3,4,5,4,3,2,7,8,9,10,6]绘制折线图，将线的宽度设置为 9.6，代码如下：

```
# === 第 10 章 代码 10 - 7.py === #
import matplotlib.pyplot as plt

data = [1,2,3,4,5,4,3,2,7,8,9,10,6]
plt.plot(data,linewidth = '9.6')
plt.show()
```

运行代码绘制的图像如图 10-11 所示。

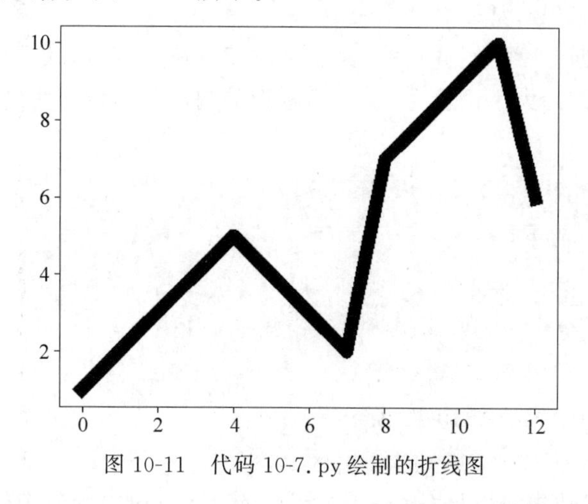

图 10-11 代码 10-7.py 绘制的折线图

4. 设置数据点的标记

在 Matplotlib 模块中,可以对数据点进行标记,简称为标记。使用 matplotlib.pyplot.plot()函数中的 markersize 参数设置标记点的大小,简写为 ms,其语法格式如下:

```
import matplotlib.pyplot as plt
plt.plot(data,marker = 'o',ms = num)
```

其中,函数 plt.plot()用于绘制折线图;参数 data 表示一维数据,数据类型可以是列表或元组;marker 是可选参数,表示对数据点的标记;ms 是可选参数,用于设置标记的大小;num 表示用于设置标记点大小的数值,可以是整数,也可以是浮点数。

使用 matplotlib.pyplot.plot()函数中的 markerfacecolor 参数设置标记内部的颜色,简写为 mfc,其语法格式如下:

```
import matplotlib.pyplot as plt
plt.plot(data,marker = 'o',mfc = tag)
```

其中,函数 plt.plot()用于绘制折线图;参数 data 表示一维数据,数据类型可以是列表或元组;marker 是可选参数,表示对数据点的标记;mfc 是可选参数,用于标记内部的颜色;tag 表示用于设置颜色的符号,具体类型见表 10-3。

使用 matplotlib.pyplot.plot()函数中的 markeredgecolor 参数设置标记边框的颜色,简写为 mec,其语法格式如下:

```
import matplotlib.pyplot as plt
plt.plot(data,marker = 'o',mec = tag)
```

其中,函数 plt.plot()用于绘制折线图;参数 data 表示一维数据,数据类型可以是列表或元组;marker 是可选参数,表示对数据点的标记;mec 是可选参数,用于标记边框的颜色;tag 表示用于设置颜色的符号,具体类型见表 10-3。

【实例 10-8】 使用一维数据[1,2,3,4,5,4,3,2,7,8,9,10,6]绘制折线图,对数据点进行实心圆标记,将标记的大小设置为 10.9,将标记的内部颜色设置为红色,将边框颜色设置为绿色,代码如下:

```
# === 第 10 章 代码 10-8.py === #
import matplotlib.pyplot as plt

data = [1,2,3,4,5,4,3,2,7,8,9,10,6]
plt.plot(data,marker = 'o',ms = 10.9,mfc = 'r',mec = 'g')
plt.show()
```

运行代码绘制的图像如图 10-12 所示。

5. fmt 参数

在 Matplotlib 模块中,可以使用 matplotlib.pyplot.plot()函数中的 fmt 参数设置数据

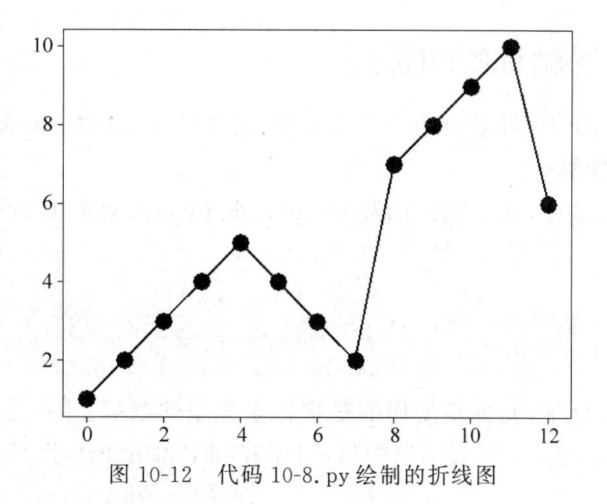

图 10-12 代码 10-8.py 绘制的折线图

点的标记、线的类型、线的颜色，其语法格式如下：

```
fmt = '[marker][line][color]'
```

其中，marker 表示对数据点的标记；line 表示线的类型；color 表示线的颜色。

【实例 10-9】 使用一维数据[1,2,3,4,5,4,3,2,7,8,9,10,6]绘制折线图，对数据点进行实心圆标记，将线的类型设置为点画线，将线的颜色设置为红色，代码如下：

```
# === 第 10 章 代码 10-9.py === #
import matplotlib.pyplot as plt

data = [1,2,3,4,5,4,3,2,7,8,9,10,6]
plt.plot(data,'o-.r')
plt.show()
```

运行代码绘制的图像如图 10-13 所示。

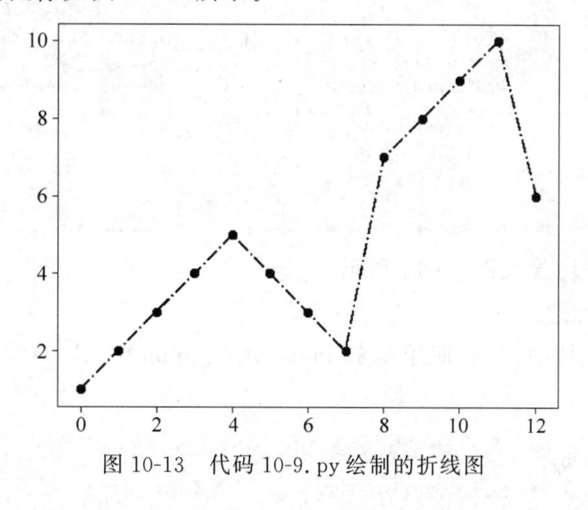

图 10-13 代码 10-9.py 绘制的折线图

10.2.3 设置轴标签和标题

在 Matplotlib 模块中,可以对线条进行设置,主要包括线的类型、线的颜色、线的宽度。

1. 设置横轴的标签

在 Matplotlib 模块中,主要使用函数 matplotlib.pyplot.xlabel()设置横轴或 x 轴的标签,其语法格式如下:

```
import matplotlib.pyplot as plt
plt.xlabel(str,loc = 'center')
```

其中,str 表示横轴的标签,此标签使用的是字符串类型的数据;loc 是可选参数,表示标签显示的位置,默认值为'center',表示居中显示,还有'left'和'right',分别表示居左显示和居右显示。

2. 设置纵轴的标签

在 Matplotlib 模块中,主要使用函数 matplotlib.pyplot.ylabel()设置纵轴或 y 轴的标签,其语法格式如下:

```
import matplotlib.pyplot as plt
plt.ylabel(str,loc = 'center')
```

其中,str 表示纵轴的标签,此标签使用的是字符串类型的数据;loc 是可选参数,表示标签显示的位置,默认值为'center',表示居中显示,还有'top'和'bottom',分别表示居上显示和居下显示。

【实例 10-10】 使用一维数据[1,2,3,4,5,4,3,2,7,8,9,10,6]绘制折线图,将横轴的标签设置为 X axis,并且居中显示;将纵轴的标签设置为 Y axis,并且居上显示,代码如下:

```
# === 第 10 章 代码 10-10.py === #
import matplotlib.pyplot as plt

data = [1,2,3,4,5,4,3,2,7,8,9,10,6]
plt.plot(data)
plt.xlabel('X axis')
plt.ylabel('Y axis',loc = 'top')
plt.show()
```

运行代码绘制的图像如图 10-14 所示。

3. 设置图像的标题

在 Matplotlib 模块中,主要使用函数 matplotlib.pyplot.title()设置图像的标题,其语法格式如下:

```
import matplotlib.pyplot as plt
plt.title(str,loc = 'center',fontsize = num)
```

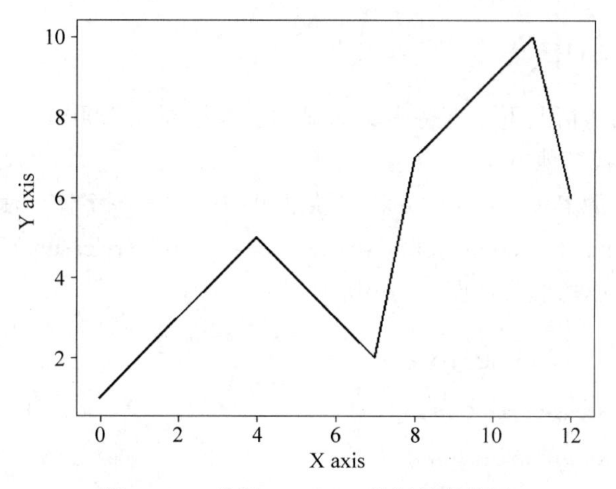

图 10-14 代码 10-10.py 绘制的折线图

其中，str 表示图像的标题，此标题使用的是字符串类型的数据；loc 是可选参数，表示标题显示的位置，默认值为'center'，表示居中显示，还有'left'和'right'，分别表示居左显示和居右显示；fontsize 是可选参数，用于设置字体的大小，数据类型是整型。

【实例 10-11】 使用一维数据[1,2,3,4,5,4,3,2,7,8,9,10,6]绘制折线图，将图像的标题设置为 Chart Title，并且居中显示，代码如下：

```
# === 第 10 章 代码 10-11.py === #
import matplotlib.pyplot as plt

data = [1,2,3,4,5,4,3,2,7,8,9,10,6]
plt.plot(data)
plt.title('Chart Title')
plt.show()
```

运行代码绘制的图像如图 10-15 所示。

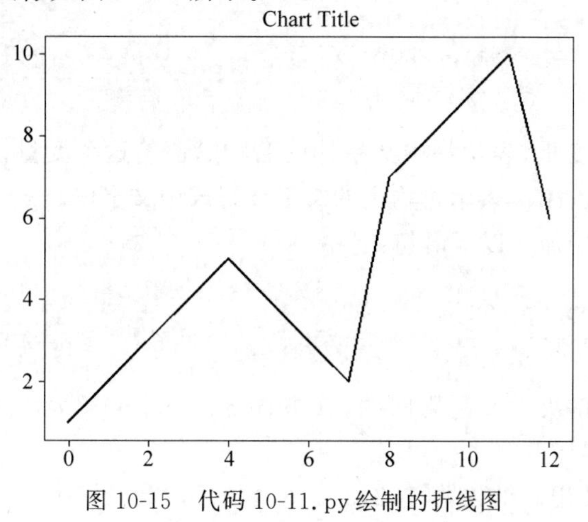

图 10-15 代码 10-11.py 绘制的折线图

10.2.4 显示中文

Matplotlib 在默认情况下不支持中文的显示。如果要在 Matplotlib 模块绘制的图像上显示中文，则需要寻找其他方法。

方法一是使用思源黑体，即 Adobe 和谷歌推出的一款开源字体。使用该字体，首先要登录网址 https://github.com/adobe-fonts/source-han-sans/tree/release/OTF/SimplifiedChinese，可以看到 OTF 字体文件列表，如图 10-16 所示。

SourceHanSansSC-Bold.otf	Update 2.004
SourceHanSansSC-ExtraLight.otf	Update 2.004
SourceHanSansSC-Heavy.otf	Update 2.004
SourceHanSansSC-Light.otf	Update 2.004
SourceHanSansSC-Medium.otf	Update 2.004
SourceHanSansSC-Normal.otf	Update 2.004
SourceHanSansSC-Regular.otf	Update 2.004

图 10-16　OTF 字体文件列表

在 OTF 字体文件列表中，任选一个文件，然后下载。下载完成后，将文件放置在代码文件的同一目录下。笔者选择了第 1 个文件 SourceHanSansSC-Bold.otf 进行下载，并放置在代码文件的同一目录下。

在 Matplotlib 模块中，主要使用函数 matplotlib.font_manager.FontProperties()中的参数 fname 引入中文字体，然后将输出的文字设置成中文，其语法格式如下：

```
import matplotlib
zhfont1 = matplotlib.font_manager.FontProperties(fname = "SourceHanSansSC - Bold.otf")
plt.xlabel(str,fontproperties = zhfont1)
plt.ylabel(str,fontproperties = zhfont1)
plt.title(str,fontproperties = zhfont1)
```

其中，zhfont1 是一个变量，表示将中文字体的名称赋值给这个变量；fname 表示引入中文字体的文件；fontproperties 表示将输出的文字设置成中文字体。

方法二是在代码中加入以下语句：

```
import matplotlib.pyplot as plt
plt.rcParams['font.sans - serif'] = ['SimHei']          #解决中文乱码
```

此方法可有效地解决中文乱码问题，其中，font.sans-serif 表示无衬线字体，即字体的线条粗细一致，例如黑体。

【实例 10-12】 使用一维数据[1,2,3,4,5,4,3,2,7,8,9,10,6]绘制折线图，将图像的

标题设置为图像1,并且用中文设置轴标签,代码如下:

```
# === 第 10 章 代码 10-12.py === #
import matplotlib.pyplot as plt
import matplotlib

data = [1,2,3,4,5,4,3,2,7,8,9,10,6]
plt.plot(data)
zhfont1 = matplotlib.font_manager.FontProperties(fname = "SourceHanSansSC-Bold.otf")
plt.xlabel('横轴',fontproperties = zhfont1)
plt.ylabel('纵轴',fontproperties = zhfont1)
plt.title('图像 1',fontproperties = zhfont1)
plt.show()
```

运行代码绘制的图像如图10-17所示。

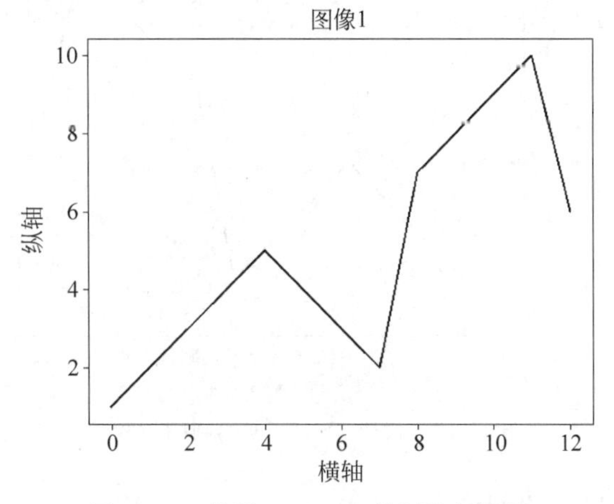

图10-17　代码10-12.py绘制的折线图

在Matplotlib模块中可以引入中文字体,也可以设置中文字体的颜色和大小,主要使用了字典数据设置中文字体的颜色和大小,其语法格式如下:

```
import matplotlib
zhfont1 = matplotlib.font_manager.FontProperties(fname = "SourceHanSansSC-Bold.otf")
font1 = {'color':tag,size':num}
plt.title(str,fontproperties = zhfont1, fontdict = font1)
```

其中,font1表示中文字体的颜色和大小的字典数据;fontdict表示设置输出文字的颜色和大小。

【实例10-13】 使用一维数据[1,2,3,4,5,4,3,2,7,8,9,10,6]绘制折线图,将图像的标题设置为图像1,并且将文字设置成红色,字体大小是21。用中文设置轴标签,并将轴标签的文字设置成默认字体,代码如下:

```
# === 第 10 章 代码 10-13.py === #
import matplotlib.pyplot as plt
```

```
import matplotlib

data = [1,2,3,4,5,4,3,2,7,8,9,10,6]
plt.plot(data)
zhfont1  =  matplotlib.font_manager.FontProperties(fname = "SourceHanSansSC - Bold.otf")
font1 = {'color':'red','size':21}
plt.title('图像 1',fontproperties = zhfont1,fontdict = font1)
plt.xlabel('横轴',fontproperties = zhfont1)
plt.ylabel('纵轴',fontproperties = zhfont1)
plt.show()
```

运行代码绘制的图像如图 10-18 所示。

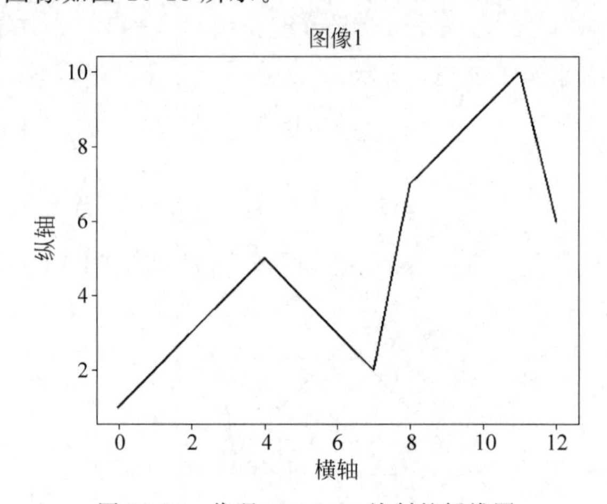

图 10-18　代码 10-13.py 绘制的折线图

10.2.5　设置网格线

在 Matplotlib 模块中,可以在图像中创建网格线,并设置网格线的类型、颜色、线的宽度。

1. 创建网格线

在 Matplotlib 模块中,主要使用函数 matplotlib.pyplot.grid()在图像中创建网格线,其语法格式如下:

```
import matplotlib.pyplot as plt
plt.grid(b = None,which = 'major',axis = 'both', ** kwargs)
```

其中,b 是可选参数,默认值为 None,如果其值是 True,则表示显示网格线,如果其值是 False,则表示不显示网格线;如果设置了其参数,则其值是 True;which 是可选参数,表示应用更改的网格线,默认值为'major',可选值还有'minor'和'both';axis 是可选参数,表示设置显示哪个方向的网格线,默认值为'both',可选值有'x'和'y',分别表示 x 轴方向和 y 轴方向;** kwargs 是可选参数,表示设置网格线样式的参数。

【实例 10-14】 使用一维数据[1,4,9,25,36]绘制折线图,并显示网格线,代码如下：

```
# === 第 10 章 代码 10 - 14.py === #
import matplotlib.pyplot as plt

data = [1,4,9,16,25]
plt.plot(data)
plt.grid()
plt.show()
```

运行代码绘制的图像如图 10-19 所示。

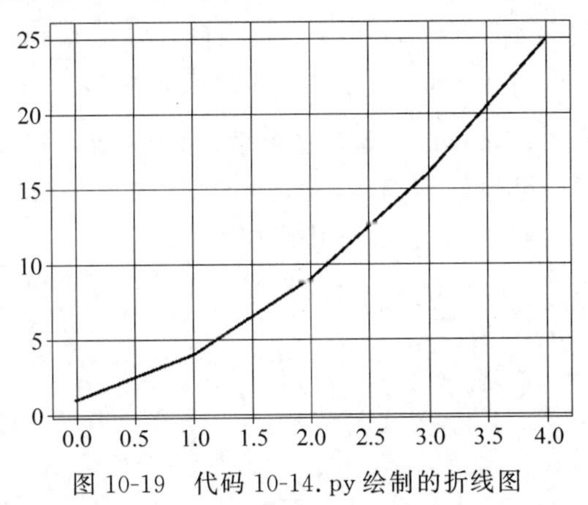

图 10-19　代码 10-14.py 绘制的折线图

【实例 10-15】 使用一维数据[1,4,9,16,25]绘制折线图,要求只显示 x 轴的网格线,代码如下：

```
# === 第 10 章 代码 10 - 15.py === #
import matplotlib.pyplot as plt

data = [1,4,9,16,25]
plt.plot(data)
plt.grid(axis = 'x')
plt.show()
```

运行代码绘制的图像如图 10-20 所示。

2. 设置网格线的样式

在 Matplotlib 模块中,主要使用函数 matplotlib.pyplot.grid()在图像中创建网格线,其语法格式如下：

```
import matplotlib.pyplot as plt
plt.grid(linestyle = tag1,color = tag2,linewidth = num)
```

其中,linestyle 是可选参数,用于设置网格线的类型；tag1 表示用于设置网格线类型的符号,具体见表 10-2；color 是可选参数,用于设置网格线的颜色；tag2 表示用于设置网格线

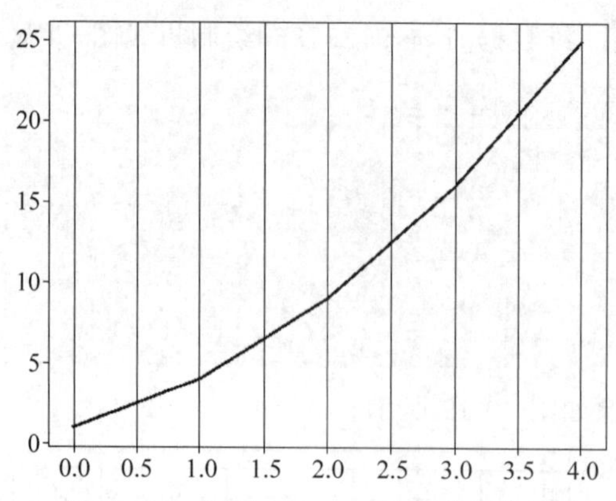

图 10-20　代码 10-15. py 绘制的折线图

颜色的符号,具体见表 10-3；linewidth 是可选参数,用于设置网格线的宽度。

【实例 10-16】 使用一维数据[1,4,9,16,25]绘制折线图,显示网格线,将网格线的类型设置为破折线,颜色是红色,宽度是 0.6,代码如下：

```
# === 第 10 章 代码 10-16.py === #
import matplotlib.pyplot as plt

data = [1,4,9,16,25]
plt.plot(data)
plt.grid(linestyle = '--',color = 'r',linewidth = 0.6)
plt.show()
```

运行代码绘制的图像如图 10-21 所示。

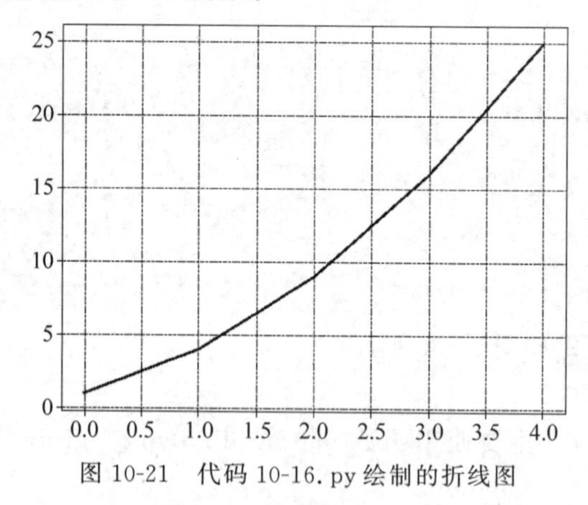

图 10-21　代码 10-16. py 绘制的折线图

10.3　图像中绘制多条线与多张图

19min

Matplotlib 模块是一个功能丰富的绘图库,可以在图像中绘制多条线,也可以在一个图像中绘制多条线与多张图。

10.3.1　一维数据绘制多条线

在 Matplotlib 模块中，根据多个一维数据绘制多条线，需要重复使用函数 matplotlib.pyplot.plot()，其语法格式如下：

```
import matplotlib.pyplot as plt
plt.plot(data1)
plt.plot(data2)
...
plt.show()
```

其中，data1 表示第 1 个一维数据；data2 表示第 2 个一维数据。

【实例 10-17】 使用一维数据[1,2,3,4,5]、[2,4,6,8,10]、[1,4,9,16,25]在同一个图像中绘制 3 条折线图，代码如下：

```
# === 第 10 章 代码 10-17.py === #
import matplotlib.pyplot as plt

data1 = [1,2,3,4,5]
data2 = [2,4,6,8,10]
data3 = [1,4,9,16,25]
plt.plot(data1)
plt.plot(data2)
plt.plot(data3)
plt.show()
```

运行代码绘制的图像如图 10-22 所示。

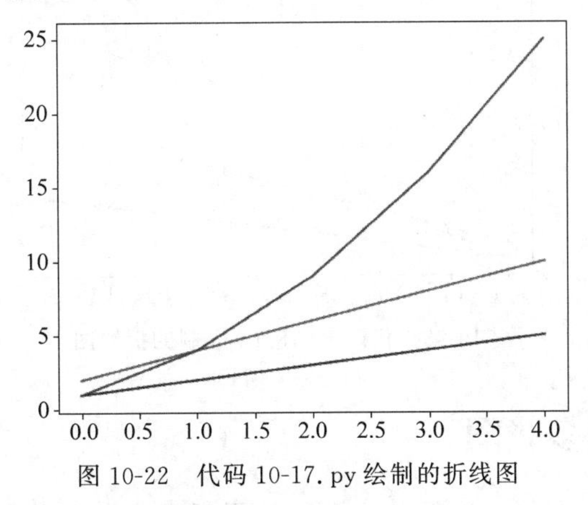

图 10-22　代码 10-17.py 绘制的折线图

10.3.2　二维数据绘制多条线

在 Matplotlib 模块中，根据多组二维数据绘制多条线，需要在 matplotlib.pyplot.plot() 函数中输入多组二维数据，其语法格式如下：

```
import matplotlib.pyplot as plt
plt.plot(x1,y1,x2,y2,x3,y3, … ,xn,yn)
plt.show()
```

其中,x1、x2 表示第 1 组二维数据;x2、y2 表示第 2 组二维数据;x3、y3 表示第 3 组二维数组;xn、yn 表示第 n 组二维数据。

【实例 10-18】 使用三组二维数据 x1=[1,2,3,4,5]、y1=[1,2,3,4,5];x2=[1,2,3,4,5]、y2= [2,4,6,8,10];x3=[1,2,3,4,5] 、y3=[1,4,9,16,25]在同一个图像中绘制 3 条折线图,代码如下:

```
# === 第 10 章 代码 10-18.py === #
import matplotlib.pyplot as plt

x1 = [1,2,3,4,5]
y1 = [1,2,3,4,5]
x2 = [1,2,3,4,5]
y2 = [2,4,6,8,10]
x3 = [1,2,3,4,5]
y3 = [1,4,9,16,25]
plt.plot(x1,y1,x2,y2,x3,y3)
plt.show()
```

运行代码绘制的图像如图 10-23 所示。

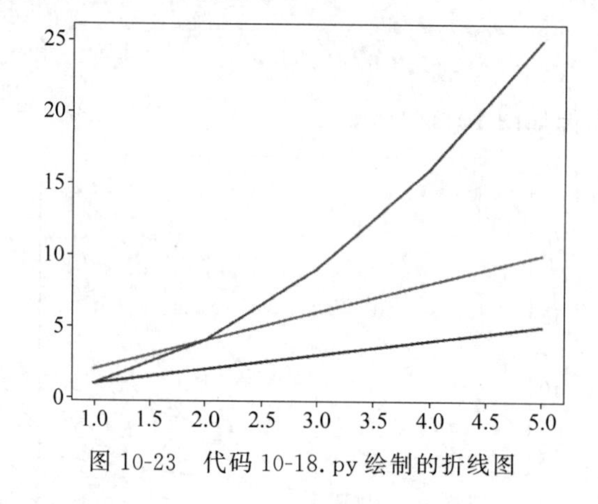

图 10-23　代码 10-18.py 绘制的折线图

10.3.3　绘制多张图

在 Matplotlib 模块中,可以绘制多张子图,这需要 matplotlib.pyplot.subplot()函数,其语法格式如下:

```
import matplotlib.pyplot as plt
plt.subplot(rows,cols,index)
```

其中，rows 表示将绘图区域分成 rows 行；cols 表示将绘图区域分成 cols 列，然后从左到右，从上到下对每个子区域进行编号 1，2，…，N，最左上的区域编号为 1，最右下的区域编号为 N，编号通过参数 index 进行设置。

1. 绘制上下 2 张子图

【实例 10-19】 在[-2π，2π]区间下，绘制正弦函数图像，显示在图像上方；绘制余弦函数图像，显示在图像下方，代码如下：

```
# === 第 10 章 代码 10 - 19.py === #
import matplotlib.pyplot as plt
import numpy as np

x1 = x2 = np.arange( - 2 * np.pi,2 * np.pi,0.1)
y1 = np.sin(x1)
y2 = np.cos(x2)
plt.subplot(2,1,1)
plt.plot(x1,y1)
plt.subplot(2,1,2)
plt.plot(x2,y2)
plt.show()
```

运行代码绘制的图像如图 10-24 所示。

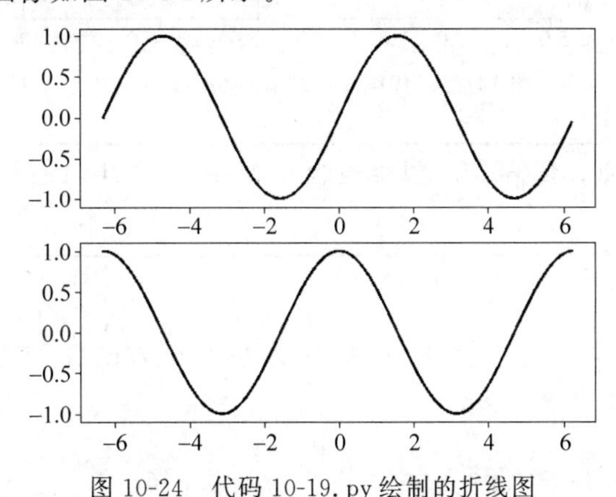

图 10-24　代码 10-19.py 绘制的折线图

2. 绘制左右 2 张子图

【实例 10-20】 在[-5，5]区间下，绘制函数 $y=x^2$ 的图像，显示在图像左方；绘制函数 $y=x^3$ 的图像，显示在图像右方，代码如下：

```
# === 第 10 章 代码 10 - 20.py === #
import matplotlib.pyplot as plt
import numpy as np

x1 = x2 = np.arange( - 5,5,0.01)
y1 = x1 ** 2
```

```
y2 = x2 ** 3
plt.subplot(1,2,1)
plt.plot(x1,y1)
plt.title('y = x ** 2')
plt.subplot(1,2,2)
plt.plot(x2,y2)
plt.title('y = x ** 3')
plt.show()
```

运行代码绘制的图像如图 10-25 所示。

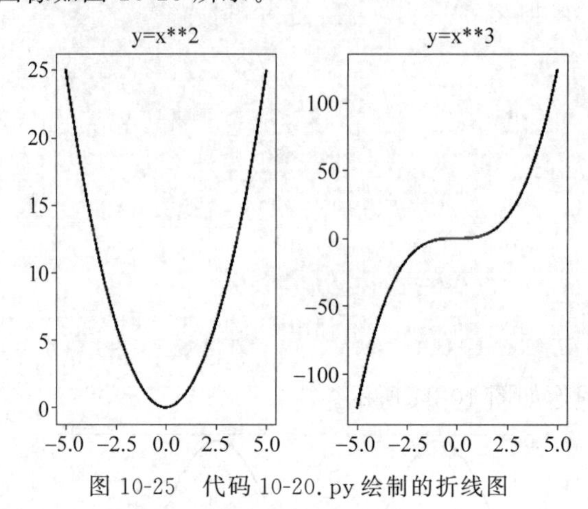

图 10-25　代码 10-20.py 绘制的折线图

注意：在 Python 中，Matplotlib 模块经常和 NumPy 模块组合使用。这种组合广泛地用于取代 MATLAB。

---

3. 绘制 4 张子图

【实例 10-21】 在[−π,π]区间下，绘制正弦函数、余弦函数、正切函数、反正切函数的图像，代码如下：

```
# === 第 10 章 代码 10 - 21.py === #
import matplotlib.pyplot as plt
import numpy as np

x = np.arange( - 1 * np.pi,np.pi,0.1)
y_sin = np.sin(x)
y_cos = np.cos(x)
y_tan = np.tan(x)
y_arctan = np.arctan(x)

plt.subplot(2,2,1)
plt.plot(x,y_sin)
plt.title('sine')
```

```
plt.subplot(2,2,2)
plt.plot(x,y_cos)
plt.title('cosine')

plt.subplot(2,2,3)
plt.plot(x,y_tan)
plt.title('tan')

plt.subplot(2,2,4)
plt.plot(x,y_arctan)
plt.title('arctan')

plt.show()
```

运行代码绘制的图像如图 10-26 所示。

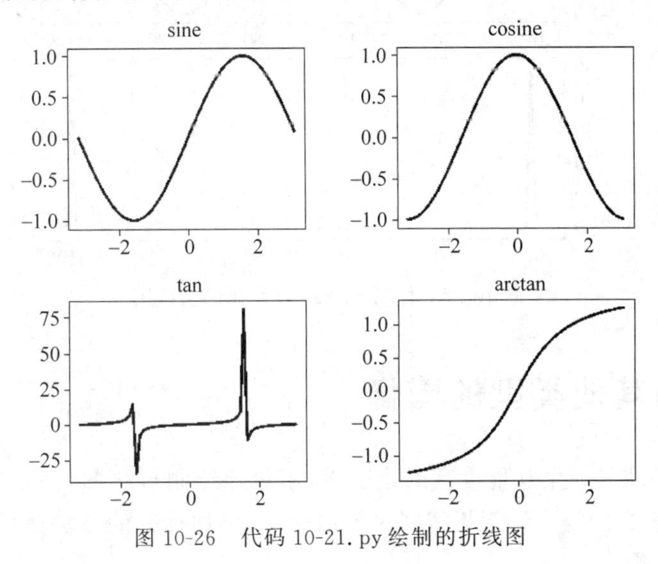

图 10-26 代码 10-21.py 绘制的折线图

10.3.4 应用举例

在 Python 中，经常将 Matplotlib 模块和 NumPy 模块组合使用，用来解决一些实际问题。

【实例 10-22】 在[0,4π]区间下，绘制余弦函数的值的图像，然后将余弦函数的值进行一维傅里叶变换，并绘制变换后数据点的图像，代码如下：

```
# === 第 10 章 代码 10-22.py === #
import matplotlib.pyplot as plt
import numpy as np

x = np.linspace(0,4 * np.pi,100)
y = np.cos(x)
```

```
plt.subplot(2,1,1)
plt.plot(y)

transformed = np.fft.fft(y)          # 对一维数据进行傅里叶变换
plt.subplot(2,1,2)
plt.plot(transformed)
plt.show()
```

运行代码绘制的图像如图 10-27 所示。

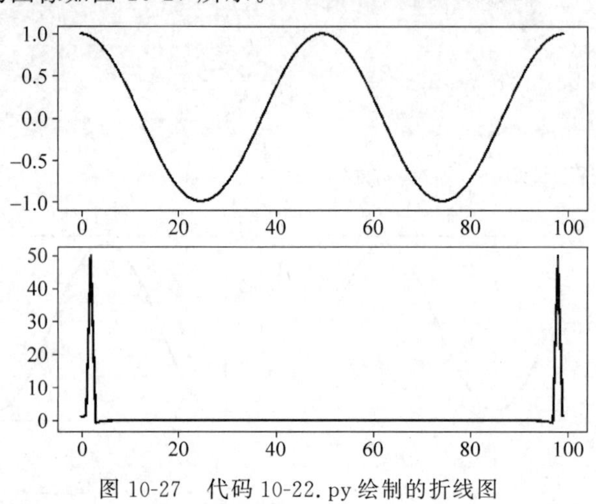

图 10-27　代码 10-22.py 绘制的折线图

10.4　绘制其他类型的图像

Matplotlib 模块是一个功能丰富的绘图库，不仅能绘制折线图，还可以绘制散点图、饼图、柱状图、频率直方图等。绘制折线图时添加标签、添加标题的方法适用于散点图、饼图、柱状图、频率直方图。

10.4.1　散点图

在 Matplotlib 模块中，使用函数 matplotlib.pyplot.scatter()绘制散点图，其语法格式如下：

```
import matplotlib.pyplot as plt
plt.scatter(x,y,s = 20,c = 'b',marker = 'o',alpha = 1, ** kwargs)
```

其中，x、y 是长度相同的数组，分别表示数据点的横坐标和纵坐标；s 是可选参数，表示散点的大小，默认值为 20；c 是可选参数，表示散点的颜色，默认值为'b'，即蓝色；marker 是可选参数，表示散点的样式，默认值为'o'，即小圆圈；alpha 是可选参数，表示透明度，其值为 0～1，默认值为 1，即不透明；** kwargs 表示其他可选参数。

1. 绘制简单的散点图

【实例 10-23】 绘制散点图，散点的横坐标是数组[1,2,3,4,5,6,7,8]，散点的纵坐标是数组[1,3,8,16,6,11,22,17]，代码如下：

```
# === 第 10 章 代码 10-23.py === #
import matplotlib.pyplot as plt
import numpy as np

x = np.array([1,2,3,4,5,6,7,8])
y = np.array([1,3,8,16,6,11,22,17])
plt.scatter(x,y)
plt.show()
```

运行代码绘制的图像如图 10-28 所示。

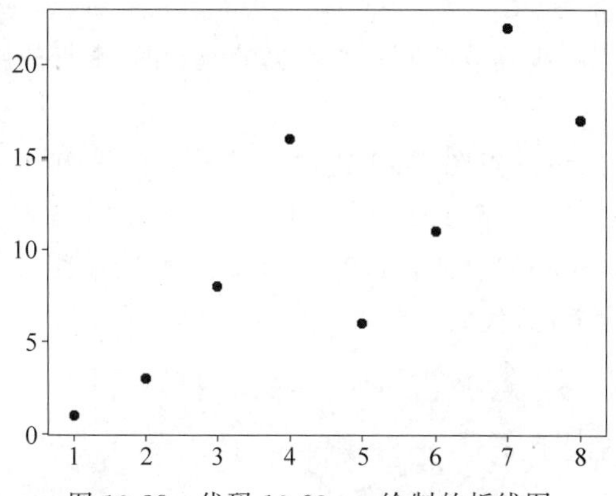

图 10-28　代码 10-23.py 绘制的折线图

2. 设置散点的大小和颜色

在绘制散点图时，可以根据需求设置散点的大小和颜色

【实例 10-24】 绘制散点图，散点的横坐标是数组[1,2,3,4,5,6,7,8]，散点的纵坐标是数组[1,3,8,16,6,11,22,17]，代码如下：

```
# === 第 10 章 代码 10-24.py === #
import matplotlib.pyplot as plt
import numpy as np

x = np.array([1,2,3,4,5,6,7,8])
y = np.array([1,3,8,16,6,11,22,17])
sizes = np.array([20,40,100,200,500,900,60,90])             #设置散点的大小
colors = np.array(['b','r','g','m','k','y','w','c'])        #设置散点的颜色
plt.scatter(x,y,s = sizes,c = colors)
plt.show()
```

运行代码绘制的图像如图 10-29 所示。

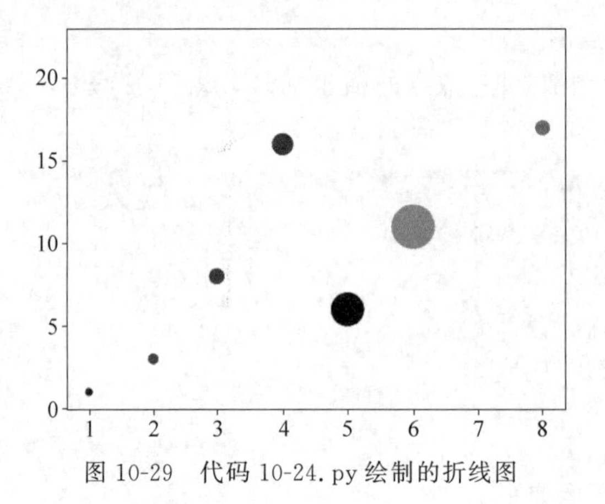

图 10-29　代码 10-24.py 绘制的折线图

3. 绘制多组散点图

在绘制散点图时,可以根据需要绘制多组数据的散点图,重复使用函数 matplotlib.pyplot.scatter()即可。

【实例 10-25】 绘制两组散点图,第 1 组散点的横坐标是[1,3,5,7,9,11,13,15],散点的纵坐标是[98,85,89,87,112,87,102,90];第 2 组散点的横坐标是[2,4,6,8,10,12,14,16],散点的纵坐标是[99,106,83,107,91,98,93,96]。将第 1 组散点的颜色设置为红色,将第 2 组散点的颜色设置为黑色,代码如下:

```
# === 第 10 章 代码 10-25.py === #
import matplotlib.pyplot as plt
import numpy as np

x1 = np.array([1,3,5,7,9,11,13,15])
y1 = np.array([98,85,89,87,112,87,102,90])
plt.scatter(x1,y1,c = 'r')

x2 = np.array([2,4,6,8,10,12,14,16])
y2 = np.array([99,106,83,107,91,98,93,96])
plt.scatter(x2,y2,c = 'k')

plt.show()
```

运行代码绘制的图像如图 10-30 所示。

10.4.2　饼图

在 Matplotlib 模块中,使用函数 matplotlib.pyplot.pie()绘制饼图,其语法格式如下:

```
import matplotlib.pyplot as plt
plt.pie(data,explode = None,labels = None,colors = None,autopct = None, ** kwargs)
```

其中,data 表示每个扇形面积的数组,数组元素是浮点型或整型;explode 是可选参数,表示

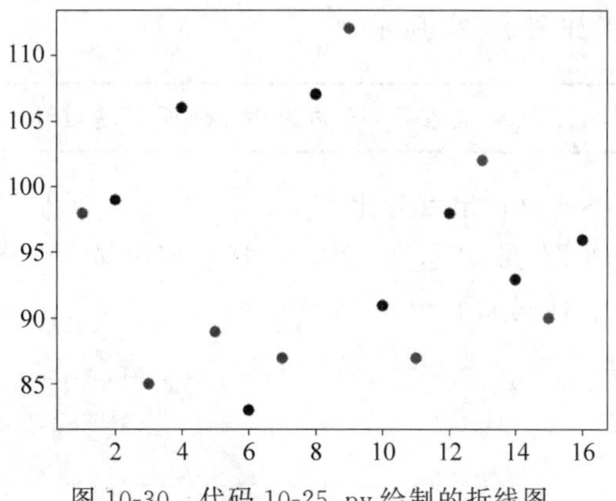

图 10-30 代码 10-25.py 绘制的折线图

各个扇形之间间隔的数组，默认值为 0；labels 是可选参数，表示各个扇形的标签的列表，默认值为 None；colors 是可选参数，表示各个扇形颜色的列表，默认值为 None；autopct 是可选参数，用于设置饼图内各个扇形百分比的显示格式，%d%表示整数百分比，%0.1f 表示一位小数，%0.1f%%表示一位小数百分比，%0.2f%%表示两位小数百分比，其默认值为 None；** kwargs 表示其他可选参数。

1. 绘制简单的饼图

【实例 10-26】 绘制饼图，数据是[36,25,27,15]，将饼图的标题设置为 Pie，代码如下：

```
# === 第 10 章 代码 10-26.py === #
import matplotlib.pyplot as plt
import numpy as np

y = np.array([36,25,27,15])
plt.pie(y)
plt.title('Pie')
plt.show()
```

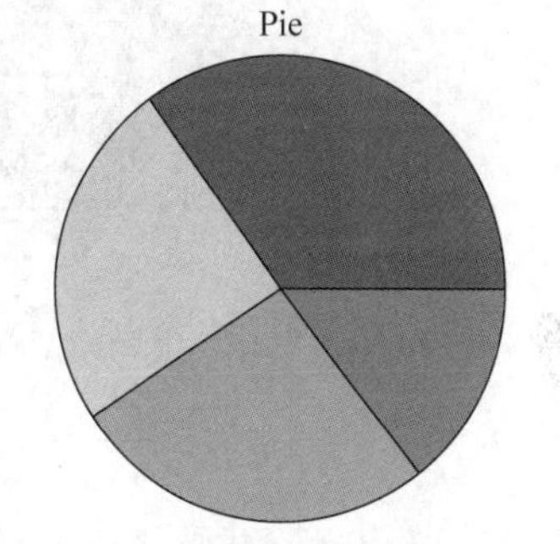

图 10-31 代码 10-26.py 绘制的饼图

运行代码绘制的图像如图 10-31 所示。

2. 设置饼图的标签和颜色

【实例 10-27】 绘制饼图，数据是[36,25,27,15]，将饼图的标题设置为 Pie，将标签分别设置为 A、B、C、D，颜色用十六进制表示，代码如下：

```
# === 第 10 章 代码 10 - 27.py === #
import matplotlib.pyplot as plt
import numpy as np

y = np.array([36,25,27,15])
u = ['A','B','C','D']
v = ["#a564c9","#5d8ca8", "#d5695d","#65a479" ]
plt.pie(y,labels = u,colors = v)
plt.title('Pie')
plt.show()
```

运行代码绘制的图像如图 10-32 所示。

注意：标注颜色时，既可以通过表 10-3 的符号，也可以通过十六进制来标注颜色。

---

3. 突出某个扇形并格式化输出百分比

【实例 10-28】 绘制饼图，数据是[36,25,27,15]，突出显示饼图的第 2 个扇形，并格式化输出每个扇形的百分比，代码如下：

```
# === 第 10 章 代码 10 - 28.py === #
import matplotlib.pyplot as plt
import numpy as np

y = np.array([36,25,27,15])
u = ['A','B','C','D']
v = [0,0.2,0,0]        #第 2 个扇形突出显示,值越大,距离中心越远
plt.pie(y,labels = u,explode = v,autopct = '%0.2f%%')
plt.title('Pie')
plt.show()
```

运行代码绘制的图像如图 10-33 所示。

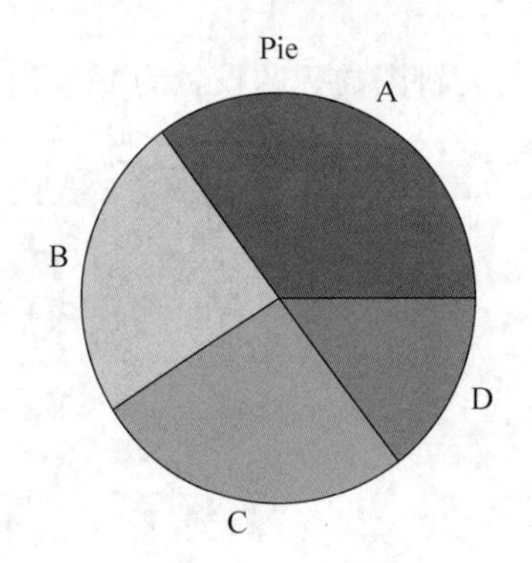

图 10-32 代码 10-27.py 绘制的饼图

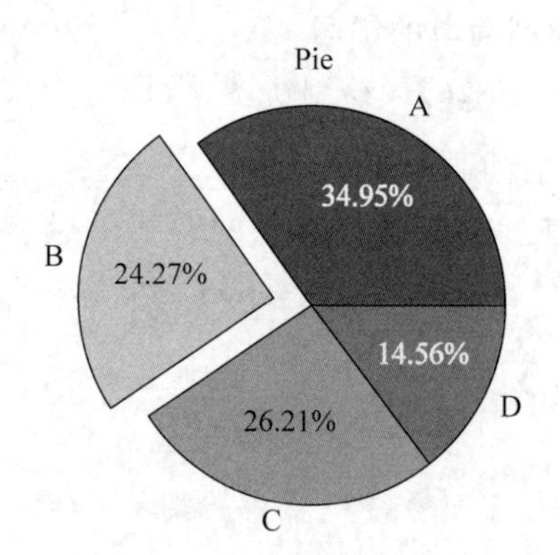

图 10-33 代码 10-28.py 绘制的饼图

10.4.3 柱状图

在 Matplotlib 模块中，使用函数 matplotlib.pyplot.bar()绘制竖直显示的柱状图，其语法格式如下：

```
import matplotlib.pyplot as plt
plt.bar(x,height,width = 0.8,color = 'b',bottom = 0,align = 'center,alpha = 1,' ** kwargs)
```

其中，x 是用于显示柱形在 x 轴位置的数组，数组元素是浮点型或整型；height 是各个柱形高度的数组，数组元素是浮点型或整型；width 是可选参数，表示柱形宽度的数字或数组；color 是可选参数，表示各个柱形颜色的字符串或字符串列表；bottom 是可选参数，表示柱

形底座的纵轴坐标，默认值为 0；align 是可选参数，表示柱状图与 x 坐标的对齐方式，默认值为'center'，表示以 x 位置为中心，如果参数是'edge'，则表示将柱形的左边缘与 x 位置对齐。如果要与柱形的右边缘对齐，则宽度值是负数，并且设置 align='edge'；alpha 是可选参数，表示柱形的透明度，值越小，越透明，默认值为 1，即完全不透明；** kwargs 表示其他参数。

1. 绘制简单的柱状图

【实例 10-29】 绘制柱状图，高度是[126,209,352,240]，在 x 轴上的坐标是['One','Two','Three','Four']，代码如下：

```
# === 第 10 章 代码 10-29.py === #
import matplotlib.pyplot as plt
import numpy as np

x = np.array(['One','Two','Three','Four'])
y = np.array([126,209,352,240])
plt.bar(x,y)
plt.show()
```

运行代码绘制的图像如图 10-34 所示。

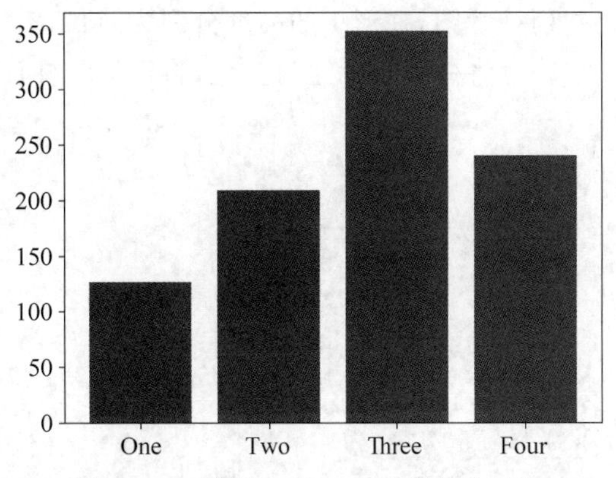

图 10-34　代码 10-29.py 绘制的柱状图

2. 设置柱状图的颜色和宽度

【实例 10-30】 绘制柱状图，高度是[126,209,352,240]，在 x 轴上的坐标是['One','Two','Three','Four']，并将柱形的宽度设置为 0.3，颜色分别是绿色、蓝色、红色、黑色，代码如下：

```
# === 第 10 章 代码 10-30.py === #
import matplotlib.pyplot as plt
import numpy as np

x = np.array(['One','Two','Three','Four'])
y = np.array([126,209,352,240])
u = ['g','b','r','k']
plt.bar(x,y,width = 0.3,color = u)
plt.show()
```

运行代码绘制的图像如图 10-35 所示。

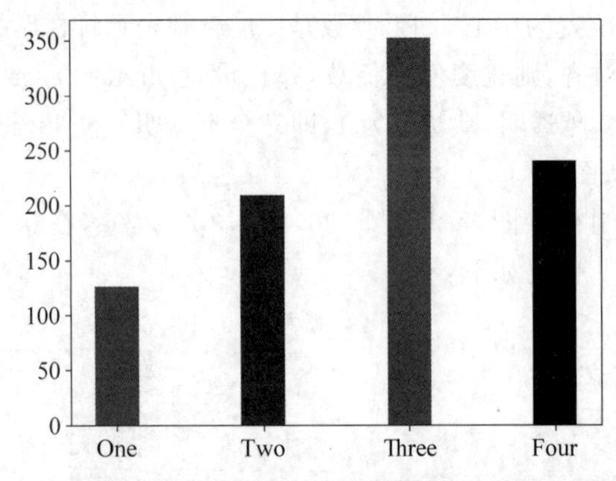

图 10-35 代码 10-30.py 绘制的柱状图

3. 绘制并列柱状图

在绘制柱状图时,可以根据需要绘制多组并列的柱状图,需要重复使用函数 matplotlib.pyplot.bar(),并且要合理地分配各组柱状图的柱形在 x 轴上的位置。

【实例 10-31】 绘制并列柱状图,柱形 1 的高度分别为[111,212,313,211],柱形 2 的高度分别为[221,326,152,275]。将柱形 1 标注为蓝色,将柱形 2 标注为绿色,代码如下:

```
# === 第 10 章 代码 10-31.py === #
import matplotlib.pyplot as plt

h1 = [111,212,313,211]
h2 = [221,326,152,275]
x1 = range(len(h1))                 #即 x1 = [0,1,2,3]
x2 = [i + 0.35 for i in x1]         #即 x2 = [0.35,1.35,2.35,3.35]
plt.bar(x1,h1,width = 0.3,color = 'b')
plt.bar(x2,h2,width = 0.3,color = 'g')
plt.show()
```

运行代码绘制的图像如图 10-36 所示。

4. 绘制堆叠柱状图

在绘制柱状图时,可以根据需要绘制多组堆叠的柱状图,需要重复使用函数 matplotlib.pyplot.bar(),并且要将参数 bottom 的数值设置为前面柱形高度的和。

【实例 10-32】 绘制堆叠柱状图,柱形 1 的高度分别为[111,212,313,211],柱形 2 的高度分别为[221,326,152,275]。将柱形 1 标注为绿色,将柱形 2 标注为红色,代码如下:

```
# === 第 10 章 代码 10-32.py === #
import matplotlib.pyplot as plt

h1 = [111,212,313,211]
```

```
h2 = [221,326,152,275]
x = range(len(h1))
plt.bar(x,h1,width = 0.3,color = 'g')
plt.bar(x,h2,width = 0.3,color = 'r',bottom = h1)
plt.show()
```

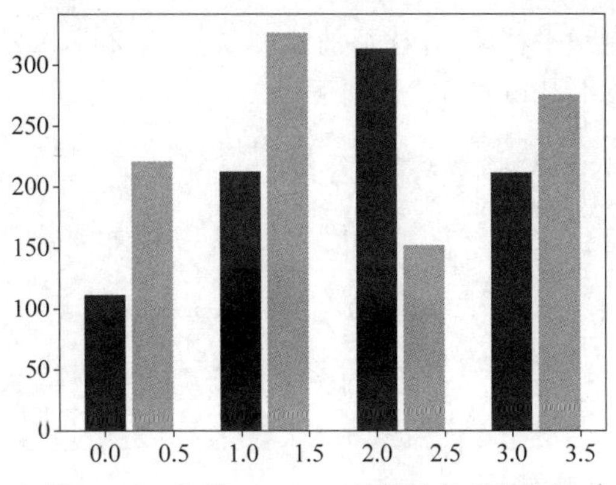

图 10-36　代码 10-31. py 绘制的并列柱状图

运行代码绘制的图像如图 10-37 所示。

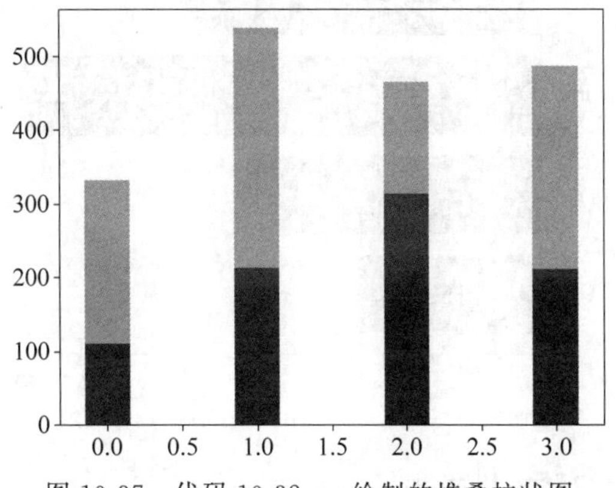

图 10-37　代码 10-32. py 绘制的堆叠柱状图

5. 绘制水平柱状图

在 Matplotlib 模块中，使用函数 matplotlib. pyplot. barh()绘制水平显示的柱状图，其语法格式如下：

```
import matplotlib.pyplot as plt
plt.barh(y,long,height = 0.8,color = 'b',bottom = 0,align = 'center,alpha = 1,' ** kwargs)
```

其中，y 是用于显示柱形在 y 轴位置的数组，数组元素是浮点型或整型；long 是各个柱形高度或长度的数组，数组元素是浮点型或整型；height 是可选参数，表示柱形宽度的数字或数组；color 是可选参数，表示各个柱形颜色的字符串或字符串列表；bottom 是可选参数，表

示柱形底座的 x 轴坐标,默认值为 0; align 是可选参数,表示柱状图与 y 坐标的对齐方式,默认值为'center',表示以 y 位置为中心,如果参数是'edge',则表示将柱形的左边缘与 y 位置对齐。如果要与柱形的右边缘对齐,则宽度值是负数,并且设置 align='edge'; alpha 是可选参数,表示柱形的透明度,值越小,越透明,默认值为 1,即完全不透明; ** kwargs 表示其他参数。

【实例 10-33】 绘制水平柱状图,柱形的长度是[126,209,352,240],在 y 轴上的坐标是['One','Two','Three','Four'],代码如下:

```
# === 第 10 章 代码 10-33.py === #
import matplotlib.pyplot as plt
import numpy as np

y = np.array(['One','Two','Three','Four'])
x = np.array([126,209,352,240])
plt.barh(y,x)
plt.show()
```

运行代码绘制的图像如图 10-38 所示。

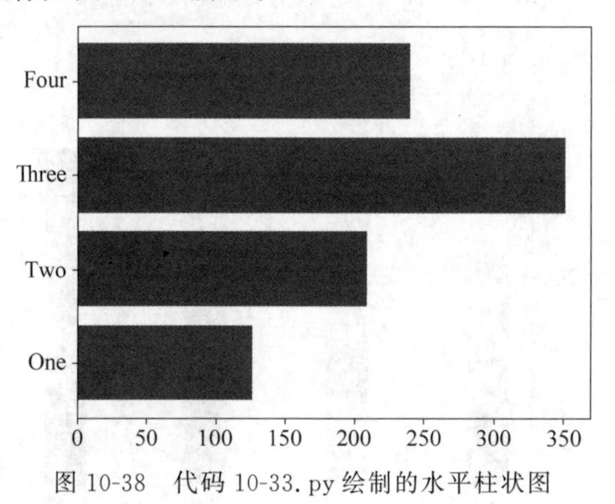

图 10-38 代码 10-33.py 绘制的水平柱状图

6. 设置水平柱状图的颜色和宽度

【实例 10-34】 绘制水平柱状图,长度是[126,209,352,240],在 y 轴上的坐标是['One','Two','Three','Four'],并将柱形的宽度设置为 0.3,颜色分别是绿色、蓝色、红色、黑色,代码如下:

```
# === 第 10 章 代码 10-34.py === #
import matplotlib.pyplot as plt
import numpy as np

y = np.array(['One','Two','Three','Four'])
x = np.array([126,209,352,240])
u = ['g','b','r','k']
plt.barh(y,x,height = 0.3,color = u)
plt.show()
```

运行代码绘制的图像如图 10-39 所示。

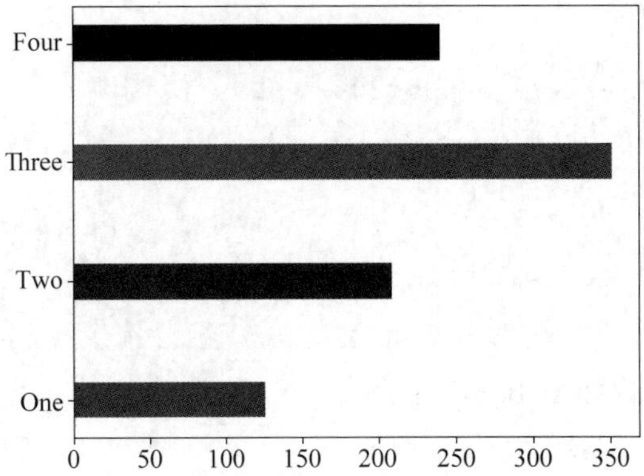

图 10-39　代码 10-34.py 绘制的水平柱状图

10.4.4　频率分布直方图

在 Matplotlib 模块中，可以绘制频率分布直方图。频率直方图是一种统计报告图，形式上是一个个长条，简称为频率直方图。与柱状图不同，频率直方图用长条的面积表示频数，所以长条形的高度表示频数/组距，宽度表示组距，其长度和宽度均有意义。当宽度相同时，一般用长条形长度表示频数。

频率分布直方图与柱状图的区别见表 10-4。

表 10-4　频率分布直方图与柱状图的区别

属　　性	频率分布直方图	柱　状　图
横轴上的数据	连续的，是一个区间	孤立的，不连续的
长条形之间	没有空隙	有空隙
长条形的面积	频数	无意义

在 Matplotlib 模块中，使用函数 matplotlib.pyplot.hist()绘制频率直方图，其语法格式如下：

```
import matplotlib.pyplot as plt
plt.hist(data, bins = 10, range = None, normed = 0, color = 'b', edgecolor = None alpha = 1, **
kwargs)
```

其中，data 是用于绘制频率分布直方图的数据，数组元素是浮点型或整型；bins 是可选参数，表示频率分布直方图中长条形的数目；range 是可选参数，表示在 x 轴或横轴的区间；normed 是可选参数，表示是否将频率分布直方图归一化，即总面积是 1；color 是可选参数，表示频率直方图的填充颜色；edgecolor 是可选参数，表示长条形外边框的颜色；alpha 是可选参数，表示柱形的透明度，值越小，越透明，默认值为 1，即完全不透明；** kwargs 表示其他参数。

【实例 10-35】 使用 NumPy 模块创建 20 000 个符合正态分布的数据，然后绘制正态分布频率直方图，代码如下：

```
# === 第 10 章 代码 10-35.py === #
import matplotlib.pyplot as plt
import numpy as np

y = np.random.randn(20000)
plt.hist(y,bins = 101,range = [ -5,5],color = 'g',edgecolor = 'k')
plt.show()
```

运行代码绘制的图像如图 10-40 所示。

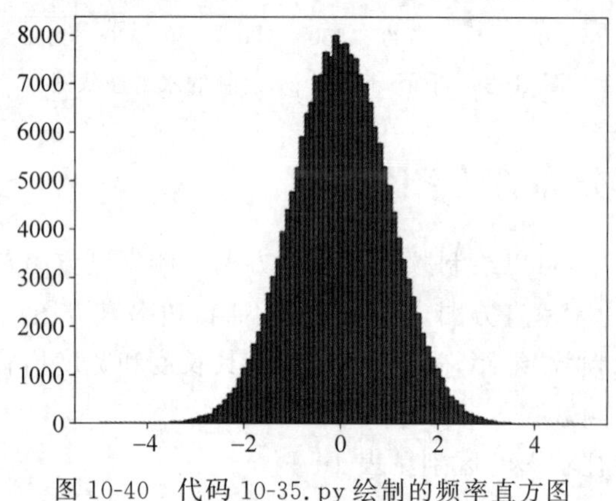

图 10-40 代码 10-35.py 绘制的频率直方图

10.4.5 面积图

在 Matplotlib 模块中，可以绘制面积图。面积图用于体现数量随时间的变化而变化的程度，用于引起人们对总值趋势的注意。

在 Matplotlib 模块中，使用函数 matplotlib.pyplot.stackplot()绘制面积图，其语法格式如下：

```
import matplotlib.pyplot as plt
plt.stackplot(x, * args, ** kwargs)
```

其中，x 用于表示 x 轴的数据；* args 表示可以传入多个 y 轴数据；** kwargs 表示关键参数，例如 color、alpha。

1. 绘制标准面积图

【实例 10-36】 根据两组数据，绘制标准面积图，代码如下：

```
# === 第 10 章 代码 10-36.py === #
import matplotlib.pyplot as plt
```

```
x = [1,2,3,4,5]
y = [2,4,6,6,10]
plt.rcParams['font.sans - serif'] = ['SimHei']
plt.stackplot(x,y)
plt.title('标准面积图')
plt.show()
```

运行代码绘制的图像如图 10-41 所示。

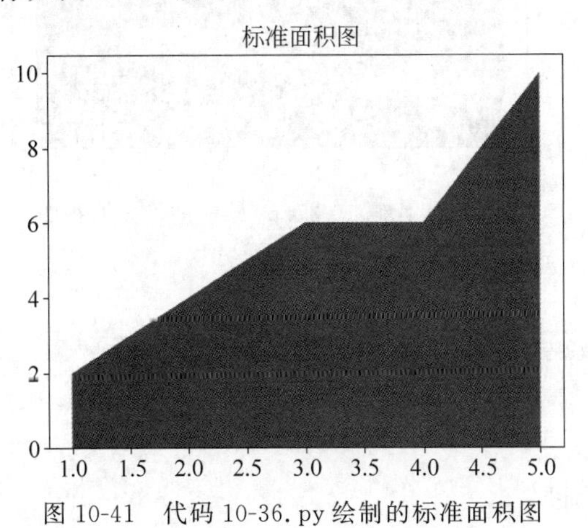

图 10-41　代码 10-36.py 绘制的标准面积图

2. 绘制堆叠面积图

【实例 10-37】 根据四组 y 轴数据，绘制堆叠面积图，代码如下：

```
# === 第 10 章 代码 10 - 37.py === #
import matplotlib.pyplot as plt

x = [1,2,3,4,5]
y1 = [2,4,6,6,10]
y2 = [3,2,5,3,4]
y3 = [7,8,8,3,4]
y4 = [8,9,6,7,11]
plt.rcParams['font.sans - serif'] = ['SimHei']
plt.stackplot(x,y1,y2,y3,y4,colors = ['g','c','r','b'])
plt.title('堆叠面积图')
plt.show()
```

运行代码绘制的图像如图 10-42 所示。

10.4.6 热力图

在 Matplotlib 模块中，可以绘制热力图。热力图是通过对密度函数的可视化来表述图像中点的密度热图，可以使人们独立于缩放因素感知点的密度。

在 Matplotlib 模块中，使用函数 matplotlib.pyplot.imshow()绘制热力图，其语法格式

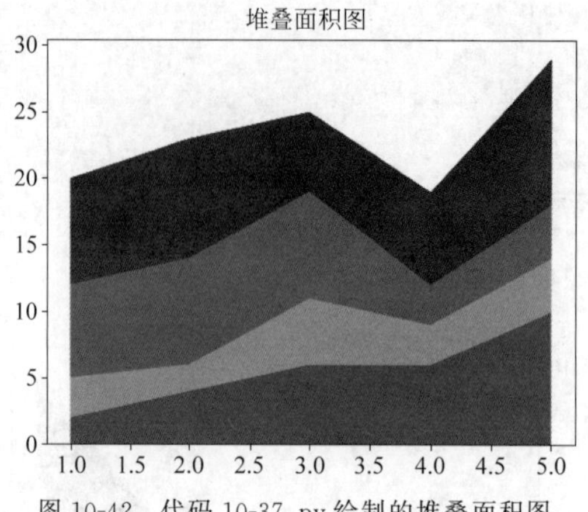

图 10-42　代码 10-37.py 绘制的堆叠面积图

如下：

```
import matplotlib.pyplot as plt
plt.imshow(data)
```

其中，data 表示二维数组。

1. 绘制简单的热力图

【实例 10-38】　创建一个二维数组，根据二维数组绘制热力图，代码如下：

```
# === 第 10 章 代码 10 - 38.py === #
import matplotlib.pyplot as plt

x = [[1,2],[3,4],[5,6],[7,8],[9,10]]
plt.rcParams['font.sans - serif'] = ['SimHei']
plt.imshow(x)
plt.title('热力图')
plt.show()
```

运行代码绘制的图像如图 10-43 所示。

2. 绘制学生成绩的热力图

【实例 10-39】　创建一个包含学生成绩的二维数组，根据该数组绘制学生成绩的热力图，代码如下：

```
# === 第 10 章 代码 10 - 39.py === #
import matplotlib.pyplot as plt

name = ['唐僧','孙悟空','猪八戒','秦琼','张飞']
score = [[110,109,111],[100,99,101],[90,89,91],[80,79,81],[70,69,71]]
plt.rcParams['font.sans - serif'] = ['SimHei']
plt.imshow(score)
plt.xticks(range(0,3),['语文','数学','英语'])
```

```
plt.yticks(range(0,5),name)
plt.colorbar()
plt.title('学生成绩热力图')
plt.show()
```

运行代码绘制的图像如图 10-44 所示。

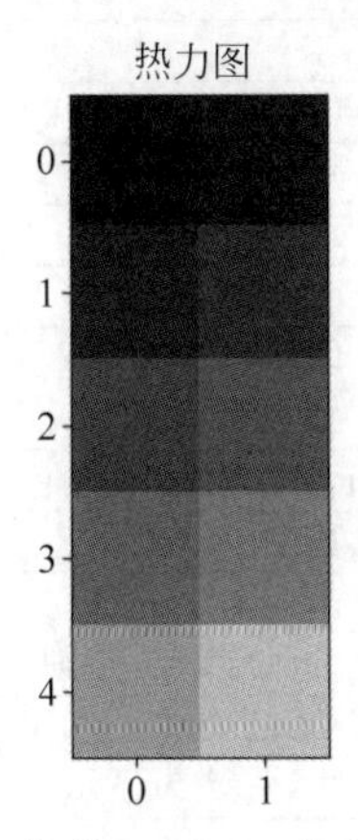

图 10-43　代码 10-38.py 绘制的热力图

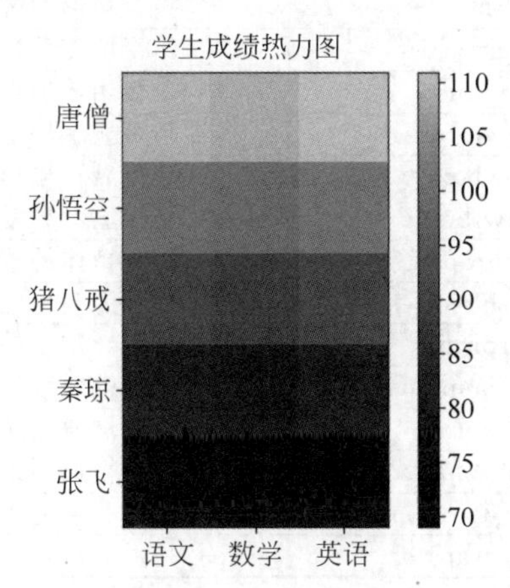

图 10-44　代码 10-39.py 绘制的热力图

10.4.7　箱形图

在 Matplotlib 模块中，可以绘制箱形图。箱形图也称为箱线图、盒式图、盒须图，是用于显示一组数据分散情况的统计图，因形状像盒子而得名。箱形图可以不受异常值的影响，以一种相对稳定的方式描述数据的离散分布情况，因此被应用于各领域。箱形图也被用于异常值的识别。

在 Matplotlib 模块中，使用函数 matplotlib.pyplot.boxplot()绘制箱形图，其语法格式如下：

```
import matplotlib.pyplot as plt
plt.boxplot(data, notch = None, sym = None, vert = None, whis = None, positions = None, widths = None, patch
_artist = None, meanline = None, showmeans = None, showcaps = None, showbox = None, showfliers = None,
boxprops = None, labels = None, flierprops = None, medianprops = None, meanprops = None, capprops = None,
whiskerprops = None)
```

其中参数的说明见表 10-5。

表 10-5　参数说明

参　数	说　明
data	绘制箱形图的数据，可以是一维数组或二维数组
notch	是否以凹口的形式展现箱形图，默认为非凹口
sym	指定异常点的形状，默认为(＋)显示

续表

参数	说明
vert	是否将箱形图垂直摆放，默认垂直摆放
whis	指定上下限与上下四分位的距离，默认为 1.5 倍的四分位差
positions	指定箱形图的位置，默认为[0,1,2,…]
widths	指定箱形图的宽度，默认为 0.5
patch_artist	是否填充箱体的颜色，默认为否
meanline	是否用线的形式表示均值，默认用点来表示
showmeans	是否显示均值，默认为否
showbox	是否显示箱形图的箱体，默认为是
showfliers	是否显示异常值，默认为是
boxprops	设置箱体的属性，例如边框色、填充色
labels	用于为箱形图添加标签
flierprops	设置异常值的属性，例如异常点的形状、大小、填充色
medianprops	设置中位数的属性，例如线的类型、宽度、颜色
meanprops	设置均值的属性，例如点的大小、颜色
capprops	设置箱形图顶端和末端线条的属性，例如颜色、粗细
whiskerprops	设置必需的属性，例如颜色、粗细、图案的类型
skowcaps	是否显示箱形图顶端和末端的两条线，默认为显示

1. 绘制一个箱形图

【实例 10-40】 创建一个一维数组，根据数组绘制箱形图，代码如下：

```
# === 第 10 章 代码 10-40.py === #
import matplotlib.pyplot as plt

x = [1,2,3,10,12]
plt.rcParams['font.sans-serif'] = ['SimHei']
plt.boxplot(x)
plt.title('箱形图')
plt.show()
```

运行代码绘制的图像如图 10-45 所示。

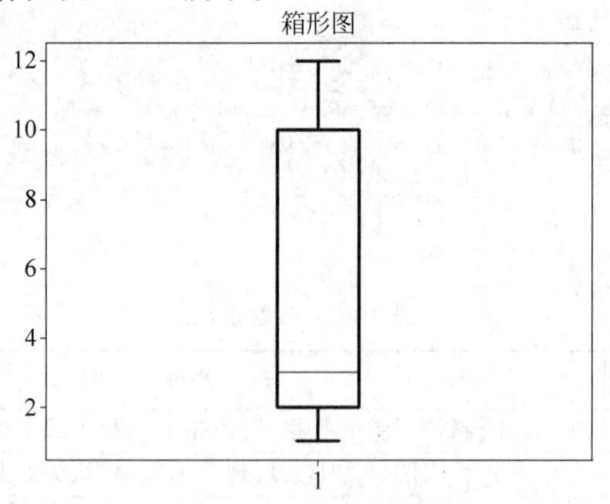

图 10-45 代码 10-40.py 绘制的热力图

注意：在图 10-45 的箱形图中，从下到上的横线分别表示下限、第一四分位数(Q1)、中位数(Q2)、第三四分位数(Q3)、上限。

2. 绘制多个箱形图

【实例 10-41】 创建 3 个一维数组，根据这 3 个数组绘制 3 个箱形图，代码如下：

```
# === 第 10 章 代码 10 - 41.py === #
import matplotlib.pyplot as plt

x1 = [1,2,3,5,6]
x2 = [11,12,15,17.18]
x3 = [21,22,23,28,29]
plt.rcParams['font.sans - serif'] = ['SimHei']
plt.boxplot([x1,x2,x3])
plt.title('箱形图')
plt.show()
```

运行代码绘制的图像如图 10-46 所示。

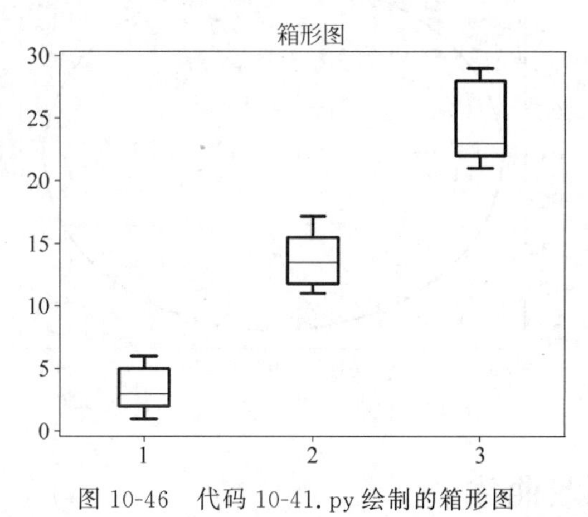

图 10-46　代码 10-41.py 绘制的箱形图

10.5　经典例题

Matplotlib 模块是一个功能丰富的绘图库，可以绘制折线图、散点图、饼图、柱状图、频率直方图、面积图、热力图、箱形图等。在实际应用中，如果遇到一些比较复杂的图像，则可以通过数学转换的方法绘制复杂的图像。

10.5.1　绘制椭圆

【实例 10-42】 绘制椭圆$\frac{x^2}{9}+\frac{y^2}{4}=1$ 的图像。

方法分析：绘制椭圆曲线，难点在于很难确定椭圆曲线坐标(x,y)的数值。可以通过数学转换的方法将椭圆方程转换为三角函数方程$\begin{cases}x=3\sin t\\ y=2\cos t\end{cases}$，其中$t$的区间是闭区间$[-2\pi,2\pi]$。

代码如下：

```
# === 第 10 章 代码 10 - 42.py === #
import matplotlib.pyplot as plt
import numpy as np

t = np.arange( - 2 * np.pi,2 * np.pi,0.001)
x = 3 * np.sin(t)
y = 2 * np.cos(t)
plt.plot(x,y)
plt.title('4x^2 + 9y^2 = 36')
plt.show()
```

运行代码绘制的图像如图 10-47 所示。

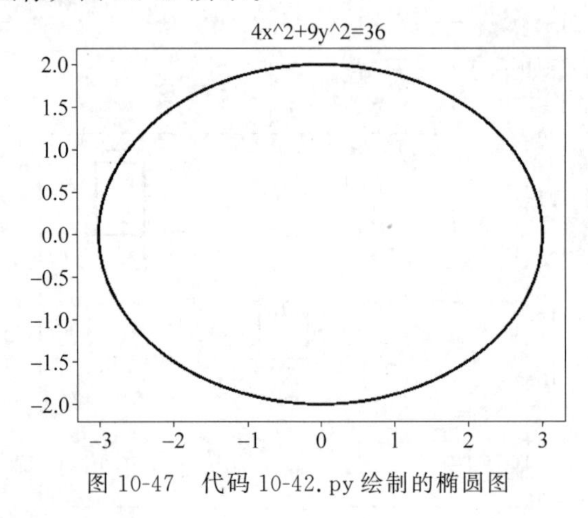

图 10-47　代码 10-42.py 绘制的椭圆图

10.5.2　绘制双曲线

【实例 10-43】 绘制双曲线$\frac{x^2}{4}-\frac{y^2}{9}=1$的图像。

方法分析：绘制双曲线，难点在于很难确定双曲线坐标(x,y)的数值。可以通过数学转换的方法将双曲线方程分拆为函数$\begin{cases}y=1.5\sqrt{x^2-4}\\ y=-1.5\sqrt{x^2-4}\end{cases}$，其中$x$的区间是$(-\infty,-2]$和$[2,+\infty)$。

代码如下：

```
# === 第 10 章 代码 10 - 43.py === #
import matplotlib.pyplot as plt
import numpy as np
```

```
x1 = np.arange( - 8, - 2,0.0001)
y1 = 1.5 * np.sqrt(x1 ** 2 - 4)
y2 = - 1.5 * np.sqrt(x1 ** 2 - 4)
x2 = np.arange(2,8,0.0001)
y3 = 1.5 * np.sqrt(x2 ** 2 - 4)
y4 = - 1.5 * np.sqrt(x2 ** 2 - 4)
plt.plot(x1,y1,x1,y2,x2,y3,x2,y4)
plt.title('9x^2 - 4y^2 = 36')
plt.show()
```

运行代码绘制的图像如图 10-48 所示。

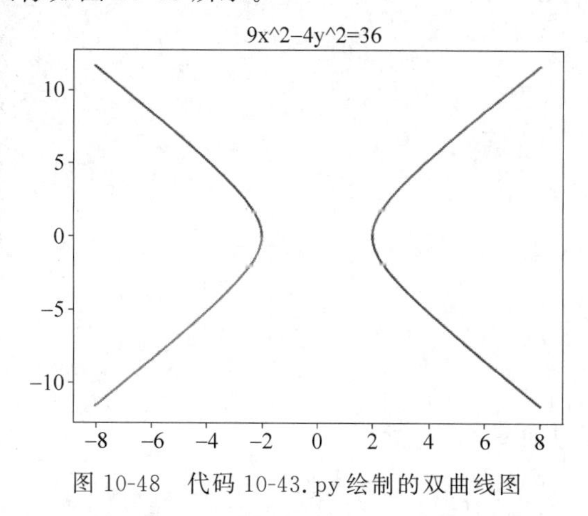

图 10-48 代码 10-43.py 绘制的双曲线图

10.6 等高线图

Matplotlib 模块是一个功能丰富的绘图库,可以绘制折线图、散点图、饼图、柱状图、频率直方图、面积图、热力图、箱形图,还可以绘制等高线图。

10.6.1 填充颜色

在 Matplotlib 模块中,使用函数 matplotlib.pyplot.contourf()为等高线图填充颜色,其语法格式如下:

```
import matplotlib.pyplot as plt
plt.contourf(X,Y,Z,num,cmap = 'viridis',alpha = 1,  ** kwargs)
```

其中,X、Y、Z 表示 3D 等高线在 x 轴、y 轴、z 轴上的坐标,该坐标的数据均是 2D 网格式的矩阵坐标,可以使用 NumPy 模块的函数 meshgrid()创建 2D 网格式的矩阵坐标; num 用于设置等高线的条数,如果其值为 5,则有 6 条等高线; cmap 是可选参数,用于设置曲面图的颜色变化,'viridis'表示颜色由蓝色逐渐变成黄色(冷色调),'hot'表示颜色由红色逐渐变成黄色(暖色调); alpha 是可选参数,用于设置图形的透明度,值越大,越不透明,默认值为 1,即不透明; ** kwargs 表示其他参数。

【实例 10-44】 根据方程 $z=\left(1-\frac{x}{2}+x^5+y^3\right)e^{-x^2-y^2}$ 绘制等高线图,要求只填充冷颜色,代码如下:

```
# === 第 10 章 代码 10-44.py === #
import matplotlib.pyplot as plt
import numpy as np

#创建曲面函数
def f(x,y):
    return (1-x/2+x**5+y**3)*np.exp(-x**2-y**2)

x=np.linspace(-3,3,110)
y=np.linspace(-3,3,110)
X,Y=np.meshgrid(x,y)
Z=f(X,Y)
#cmp表示图的颜色,也可使用plt.cm.hot或'hot',9表示9+1条线
plt.contourf(X,Y,Z,9,alpha=0.5,cmap='viridis')

#将x,y的坐标去掉
plt.xticks(())
plt.yticks(())
plt.show()
```

运行代码绘制的图像如图 10-49 所示。

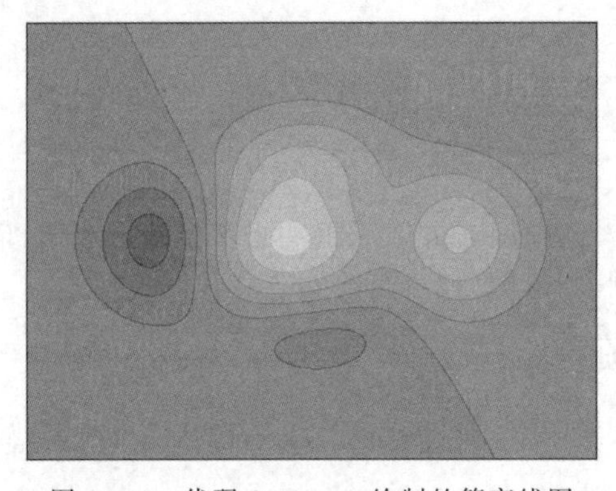

图 10-49　代码 10-44.py 绘制的等高线图

10.6.2　添加等高线并显示数据标签

在 Matplotlib 模块中,使用函数 matplotlib.pyplot.contour()绘制等高线图并添加等高线,使用函数 matplotlib.pyplot.clabels()显示数据标签,其语法格式如下:

```
import matplotlib.pyplot as plt
u=plt.contour(X,Y,Z,num,colors='k',**kwargs)
plt.clabel(u,inline=True,fontsize=10,**kwargs)
```

其中,X、Y、Z 表示 3D 等高线在 x 轴、y 轴、z 轴上的坐标,该坐标的数据均是 2D 网格式的

矩阵坐标,可以使用 NumPy 模块的函数 meshgrid()创建 2D 网格式的矩阵坐标；num 用于设置等高线的条数,如果其值为 5,则有 6 条等高线；colors 是可选参数,用于设置等高线的颜色；** kwargs 表示其他参数。u 表示存储等高线的变量；inline 用于设置数据标签的位置,如果该参数为 True,则数值显示在等高线中；fontsize 是可选参数,用于设置字体的大小。

【实例 10-45】 根据方程 $z=\left(1-\frac{x}{2}+x^5+y^3\right)\mathrm{e}^{-x^2-y^2}$ 绘制等高线图,填充暖颜色,并绘制等高线,显示数据标签,代码如下：

```
# === 第 10 章 代码 10-45.py === #
import matplotlib.pyplot as plt
import numpy as np

#创建曲面函数
def f(x,y):
    return (1-x/2+x**5+y**3)*np.exp(-x**2-y**2)

x=np.linspace(-3,3,110)
y=np.linspace(-3,3,110)
X,Y=np.meshgrid(x,y)
Z=f(X,Y)
#cmp 表示图的颜色变化,暖色使用 plt.cm.hot 或'hot',冷色使用'viridis',9 表示 9+1 条线
plt.contourf(X,Y,Z,9,alpha=0.5,cmap='hot')

u=plt.contour(X,Y,Z,9,colors='k')
#True 表示数值在等高线里面,字体大小是 10
plt.clabel(u,inline=True,fontsize=10)

#将 x,y 的坐标去掉
plt.xticks(())
plt.yticks(())
plt.show()
```

运行代码绘制的图像如图 10-50 所示。

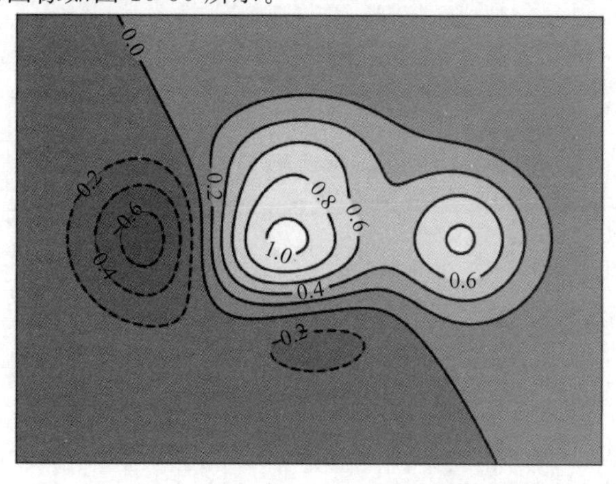

图 10-50 代码 10-45.py 绘制的等高线图

注意：第 11 章将讲解绘制 3D 等高线图的方法，有兴趣的读者可以使用 3D 等高线的方法绘制实例 10-45 的等高线图。

10.7 小结

本章介绍了第三方绘图库 Matplotlib 模块，例如安装 Matplotlib 模块，应用 Matplotlib 模块中的函数绘制折线图，以及对图像进行标记和设置。

Matplotlib 模块是一款功能强大的绘图库，本章介绍了绘制散点图、饼图、柱状图、频率直方图、面积图、热力图、箱形图的方法，以及相关的设置。本章介绍了两个经典例题，介绍了绘制比较复杂图像的思路。

本章最后介绍了使用 Matplotlib 模块绘制等高线图的方法，包括填充颜色、添加等高线、显示数据标签等。

第 11 章

绘制 3D 图像

Matplotlib 模块是一款功能丰富的绘图库，但最初开发的 Matplotlib 仅支持绘制 2D 图像，后来随着版本的不断更新，Matplotlib 在 2D 绘图的基础上，构建了一部分较为实用的 3D 图像绘图程序包，例如 mpl_toolkits，通过调用该程序包的一些接口可以绘制 3D 曲线图、3D 散点图、3D 曲面图、3D 线框图等图像。

11.1 3D 曲线图

使用 Matplotlib 模块绘制 3D 图像，需要升级比较新版本的 Matplotlib 模块，因为需要使用 mpl_toolkits 库。mpl_toolkits 库并不是一个单独的模块，而是 Matplotlib 模块的库函数。如果读者发现自己的 Python 程序无法引入 mpl_toolkits 库，则说明读者需要升级 Matplotlib 模块。需要在 Windows 命令行窗口中输入的命令如下：

```
pip install --upgrade matplotlib
```

如果升级失败，则可以卸载旧版 Matplotlib 模块，然后重新安装 Matplotlib 模块。

11.1.1 设置图像的大小

在 Matplotlib 模块中，可以使用函数 matplotlib.pyplot.figure()创建一个图像对象(fig)，也称为图像容器，用于设置图像的大小，其语法格式如下：

```
import matplotlib.pyplot as plt
fig1 = plt.figure(num = None,figsize = None,dpi = None,facecolor = None,edgecolor = None,
 ** kwargs)
```

其中，num 表示图像的独一无二的 ID 标识；figsize 用于设置图像宽度的浮点型列表或元组，以英寸为单位；dpi 用于设置图像的分辨率；facecolor 用于设置图像的背景颜色；edgecolor 用于设置图像的边界颜色；** kwargs 表示其他参数。需要注意，这些参数都是可选参数。

注意：函数 matplotlib.pyplot.figure()不仅适用于3D图像，也适用于2D图像，主要用于创建图像容器，设置初始图像的大小。如果不需要设置初始图像的大小，则可以不使用该函数。

11.1.2 创建3D坐标系

在Matplotlib模块中，可以使用函数 matplotlib.pyplot.axes()创建3D坐标系，其语法格式如下：

```
import matplotlib.pyplot as plt
ax1 = plt.axes(projection = '3d')
```

在Matplotlib模块中，可以使用函数 matplotlib.pyplot.subplot()创建3D坐标系，其语法格式如下：

```
import matplotlib.pyplot as plt
ax1 = plt.subplot(projection = '3d')
```

注意：函数 matplotlib.pyplot.gca()也可以创建3D坐标系，但在Matplotlib 3.4版本后被弃用。另外使用Axes3D类创建3D坐标系的方法也在Matplotlib 3.4版本后被弃用。笔者使用的Matplotlib的版本是3.5.3。

11.1.3 绘制3D曲线图

在Matplotlib模块中，可以使用函数 matplotlib.pyplot.axes.plot3D()绘制3D曲线图，其语法格式如下：

```
import matplotlib.pyplot as plt
ax1 = plt.axes(projection = '3d')
ax1.plot3D(x,y,z, 'b')
```

其中，x、y、z表示3D曲线上的点在 x 轴、y 轴、z 轴上的坐标；'b'是可选参数，用于设置3D曲线的颜色，具体数值可见表10-3。

【实例11-1】 绘制3D曲线 $\begin{cases} x = z\sin 20z \\ y = z\cos 20z \\ z = z \end{cases}$ 的图像，z 的区间是[0,1.2]，代码如下：

```
# === 第11章 代码11-1.py === #
import matplotlib.pyplot as plt
import numpy as np

#创建3D绘图坐标系
ax = plt.axes(projection = '3d')
#从3个维度构建数据点
```

```
z = np.linspace(0, 1.2, 120)
x = z * np.sin(20 * z)
y = z * np.cos(20 * z)
#调用 ax.plot3D 创建 3D 曲线图
ax.plot3D(x,y,z,'b')
plt.show()
```

运行代码绘制的图像如图 11-1 所示。

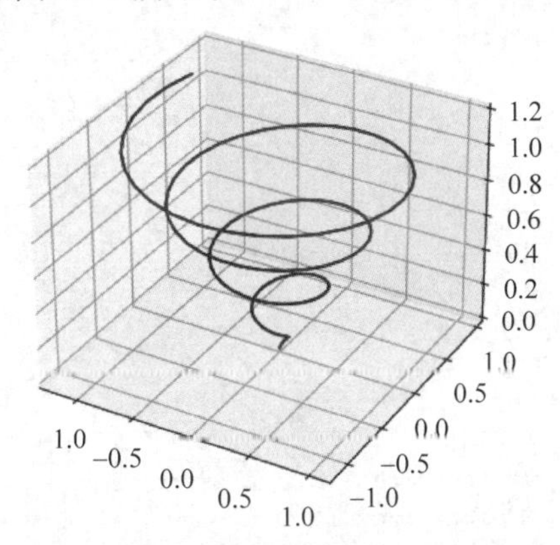

图 11-1 代码 11-1.py 绘制的 3D 曲线图

11.1.4 添加标签和标题

1. 给 3D 坐标系添加标签

在 Matplotlib 模块中,可以使用函数 matplotlib.pyplot.axes.set_xlabel()给 x 轴添加标签;可以使用函数 matplotlib.pyplot.axes.set_ylabel()给 y 轴添加标签;可以使用函数 matplotlib.pyplot.axes.set_zlabel()给 z 轴添加标签,其语法格式如下:

```
import matplotlib.pyplot as plt
ax1 = plt.axes(projection = '3d')
ax1.set_xlabel(str,color = 'b',fontsize = 14)
ax1.set_ylabel(str,color = 'b',fontsize = 14)
ax1.set_zlabel(str,color = 'b',fontsize = 14)
```

其中,str 表示标签内容,是字符串类型的数据;color 是可选参数,用于设置标签文字的颜色;fontsize 是可选参数,用于设置标签文字的大小。

2. 给 3D 图像添加标题

在 Matplotlib 模块中,可以使用函数 matplotlib.pyplot.axes.set_title()给 3D 图像添加标题,其语法格式如下:

```
import matplotlib.pyplot as plt
ax1 = plt.axes(projection = '3d')
ax1.set_title(str,color = 'k',fontsize = 14)
```

其中,str 表示标题内容,是字符串类型的数据; color 是可选参数,用于设置标题文字的颜色; fontsize 是可选参数,用于设置标题文字的大小。

【实例 11-2】 绘制 3D 曲线$\begin{cases}x=2\sin 20z\\y=2\cos 20z\\z=z\end{cases}$的图像,$z$ 的区间是[0,2.2],代码如下:

```
# === 第 11 章 代码 11 - 2.py === #
import matplotlib.pyplot as plt
import numpy as np

#创建 3D 绘图区域
ax = plt.subplot(projection = '3d')
#从 3 个维度构建数据点
z = np.linspace(0, 2.2, 220)
x = 2 * np.sin(20 * z)
y = 2 * np.cos(20 * z)
#调用 ax.plot3D 创建 3D 曲线图
ax.plot3D(x, y, z, color = 'b')
#设置标签和标题
ax.set_xlabel('X',color = 'k',fontsize = 14)
ax.set_ylabel('Y',color = 'k',fontsize = 14)
ax.set_zlabel('Z',color = 'k',fontsize = 14)
ax.set_title('3D line plot',fontsize = 15)
plt.show()
```

运行代码绘制的图像如图 11-2 所示。

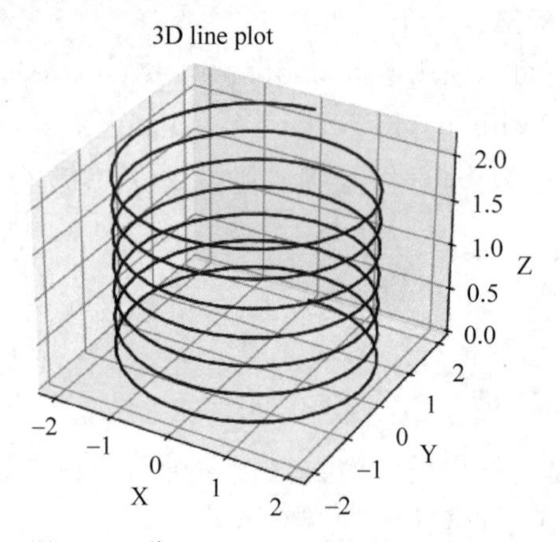

图 11-2 代码 11-2.py 绘制的 3D 曲线图

【实例 11-3】 绘制空间曲线$\begin{cases}x^2+y^2+z^2=64\\y+z=0\end{cases}$的图像。

曲线对应的参数方程为$\begin{cases}x=8\cos t\\y=4\sqrt{2}\sin t\\z=-4\sqrt{2}\sin t\end{cases}$,$t$ 的取值范围是闭区间$[0,2\pi]$,代码如下:

```
# === 第 11 章 代码 11-3.py === #
import matplotlib.pyplot as plt
import numpy as np

#创建 3D 绘图坐标系
ax = plt.axes(projection='3d')
#从 3 个维度构建数据点
t = np.linspace(0, 2*np.pi, 500)
x = 8*np.cos(t)
y = 4*np.sqrt(2)*np.sin(t)
z = -4*np.sqrt(2)*np.sin(t)
#调用 ax.plot3D 创建 3D 曲线图
ax.plot3D(x, y, z, color='b')
#设置标签和标题
ax.set_xlabel('X',color='k',fontsize=14)
ax.set_ylabel('Y',color='k',fontsize=14)
ax.set_zlabel('Z',color='k',fontsize=14)
ax.set_title('line in 3D space',fontsize=15)
plt.show()
```

运行代码绘制的图像如图 11-3 所示。

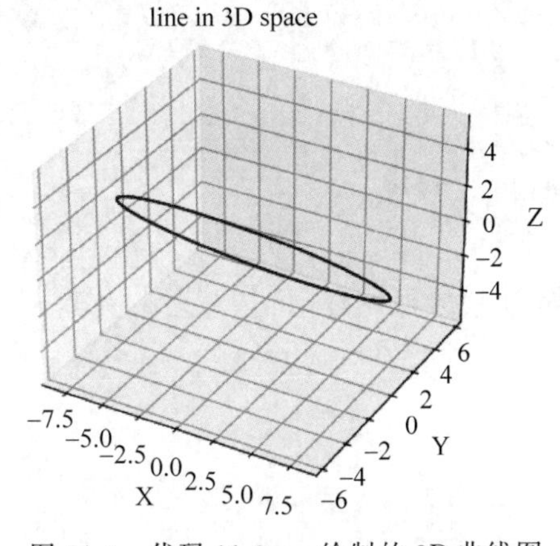

图 11-3 代码 11-3.py 绘制的 3D 曲线图

11.2 3D 散点图

在 Matplotlib 模块中，不仅可以绘制 3D 曲线图，也可以绘制 3D 散点图，而且可以在同一 3D 坐标系下绘制曲线图和散点图。

15min

11.2.1 绘制 3D 散点图

在 Matplotlib 模块中，可以使用函数 matplotlib.pyplot.axes.scatter3D()绘制 3D 散点图，其语法格式如下：

```
import matplotlib.pyplot as plt
ax1 = plt.axes(projection = '3d')
ax1.scatter3D(x,y,z, c = z)
```

其中,x、y、z 表示 3D 散点在 x 轴、y 轴、z 轴上的坐标;c 是可选参数,用于设置 3D 散点颜色的变化,如果 c=z,则表示颜色的设定正比于图形的高度,这里指散点的高度。

【实例 11-4】 绘制 3D 曲线 $\begin{cases} x = z\sin 20z \\ y = z\cos 20z \\ z = z \end{cases}$ 的散点图,z 的区间是[0,1.2],将散点的颜色设置为随着 $x+y$ 的变化而变化,代码如下:

```
# === 第 11 章 代码 11-4.py === #
import matplotlib.pyplot as plt
import numpy as np

#创建 3D 绘图坐标系
ax = plt.axes(projection = '3d')
#从 3 个维度构建数据点
z = np.linspace(0, 1.2, 120)
x = z * np.sin(20 * z)
y = z * np.cos(20 * z)
c1 = x + y
#调用 ax.scatter3D 创建 3D 图
ax.scatter3D(x, y, z, c = c1)
ax.set_title('3D scatter plot',fontsize = 15)
plt.show()
```

运行代码绘制的图像如图 11-4 所示。

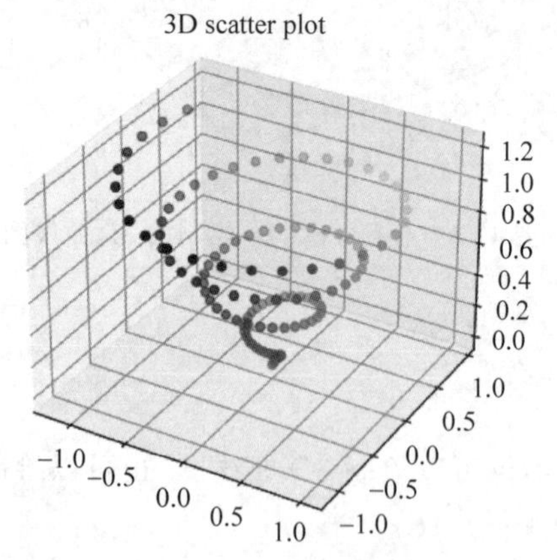

图 11-4 代码 11-4.py 绘制的 3D 散点图

【实例 11-5】 绘制空间曲线 $\begin{cases} x^2 + y^2 + z^2 = 64 \\ y + z = 0 \end{cases}$ 的 3D 散点图。

曲线对应的参数方程为$\begin{cases} x=8\cos t \\ y=4\sqrt{2}\sin t \\ z=-4\sqrt{2}\sin t \end{cases}$，$t$ 的取值范围是闭区间$[0,2\pi]$，将散点的颜色设置为随着 $x+y$ 的变化而变化，代码如下：

```
# === 第 11 章 代码 11-5.py === #
import matplotlib.pyplot as plt
import numpy as np

#创建 3D 绘图坐标系
ax = plt.axes(projection='3d')
#从 3 个维度构建数据点
t = np.linspace(0, 2 * np.pi, 200)
x = 8 * np.cos(t)
y = 4 * np.sqrt(2) * np.sin(t)
z = -4 * np.sqrt(2) * np.sin(t)
c1 = x + y
#调用 ax.scatter3D 创建 3D 图
ax.scatter3D(x, y, z, c=c1)
#设置标签和标题
ax.set_title('scatter in 3D space',fontsize=15)
plt.show()
```

运行代码绘制的图像如图 11-5 所示。

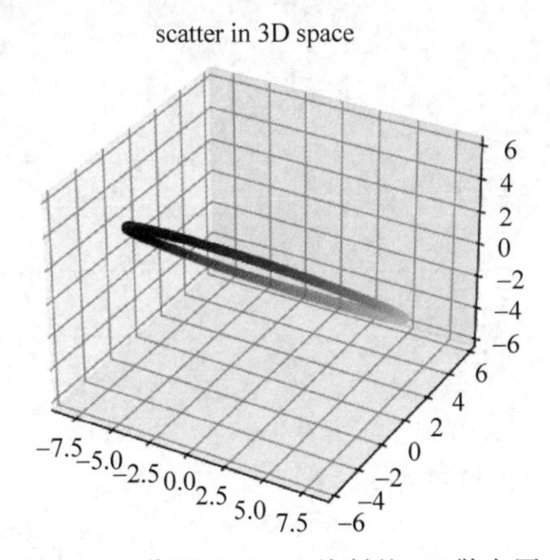

图 11-5　代码 11-5.py 绘制的 3D 散点图

11.2.2 同一坐标系下绘制多张 3D 图

在 Matplotlib 模块中，可以在同一个 3D 坐标系下绘制多张 3D 图像。这需要重复使用函数 matplotlib.pyplot.axes.scatter3D()和 matplotlib.pyplot.axes.plot3D()绘制，其语法格式如下：

```
import matplotlib.pyplot as plt
ax1 = plt.axes(projection = '3d')
ax1.scatter3D(x,y,z, c = z)
ax1.plot3D(u,v,w,color = 'b')
...
```

其中,x、y、z 表示 3D 散点在 x 轴、y 轴、z 轴上的坐标；c 是可选参数,用于设置 3D 散点颜色的变化,如果 c=z,则表示颜色的设定正比于图形的高度,这里指散点的高度。u、v、w 表示 3D 曲线上的点在 x 轴、y 轴、z 轴上的坐标；color 是可选参数,用于设置 3D 曲线的颜色,具体符号见表 10-3。

【实例 11-6】 在同一坐标系下,绘制 3D 曲线 $\begin{cases}x=z\sin 20z\\y=z\cos 20z\\z=z\end{cases}$ 的散点图和曲线图,z 的区间是[0,1.2],将散点的颜色设置为随着 $x+y$ 的变化而变化,将曲线的颜色设置为蓝色,代码如下：

```
# === 第 11 章 代码 11 - 6.py === #
import matplotlib.pyplot as plt
import numpy as np

#创建 3D 绘图坐标系
ax = plt.axes(projection = '3d')
#从 3 个维度构建数据点
z = np.linspace(0, 1.2, 120)
x = z * np.sin(20 * z)
y = z * np.cos(20 * z)
c1 = x + y
#调用 ax.scatter3D 创建 3D 散点图
ax.scatter3D(x, y, z,c = c1)

#调用 ax.plot3D 创建 3D 曲线图
ax.plot3D(x, y, z, color = 'b')
plt.show()
```

运行代码绘制的图像如图 11-6 所示。

【实例 11-7】 在同一坐标系下,绘制 3D 曲线 $\begin{cases}x=z\sin 20z\\y=z\cos 20z\\z=z\end{cases}$ 的散点图,z 的区间是[0,1.2],将散点的颜色设置为随着 $x+y$ 的变化而变化,并绘制 3D 曲线 $\begin{cases}x=2\sin 20z\\y=2\cos 20z\\z=z\end{cases}$ 的图像,z 的区间是[0,2.2],代码如下：

```
# === 第 11 章 代码 11-7.py === #
import matplotlib.pyplot as plt
import numpy as np

#创建 3D 绘图坐标系
ax = plt.axes(projection = '3d')
#从 3 个维度构建数据点
z = np.linspace(0, 1.2, 120)
x = z * np.sin(20 * z)
y = z * np.cos(20 * z)
c1 = x + y
#调用 ax.scatter3D 创建 3D 散点图
ax.scatter3D(x, y, z,c = c1)
#从 3 个维度构建数据点
w = np.linspace(0, 2.2, 220)
u = 2 * np.sin(20 * w)
v = 2 * np.cos(20 * w)
#调用 ax.plot3D 创建 3D 曲线图
ax.plot3D(u, v, w, color = 'b')
plt.show()
```

运行代码绘制的图像如图 11-7 所示。

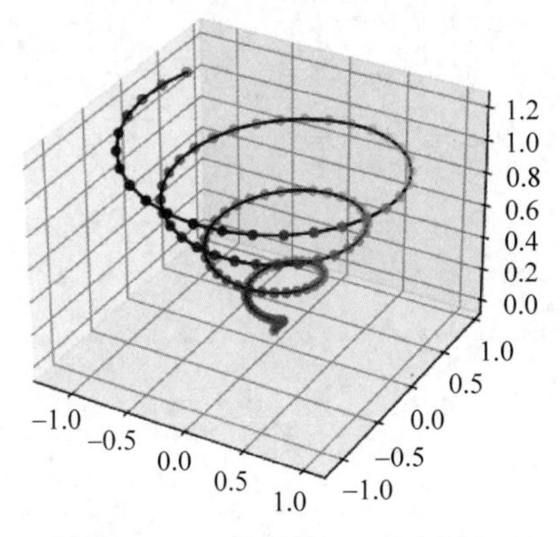

图 11-6　代码 11-6.py 绘制的 3D 散点图和 3D 曲线图

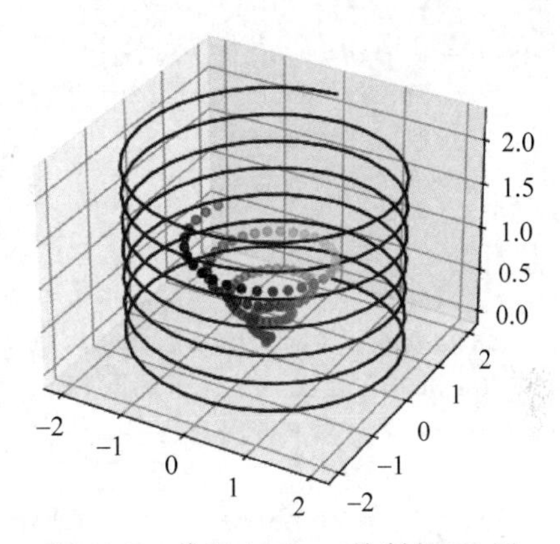

图 11-7　代码 11-7.py 绘制的 3D 图

11.3　3D 等高线图

在 Matplotlib 模块中，不仅可以绘制 3D 曲线图、3D 散点图，还可以绘制 3D 等高线图。

11.3.1　绘制 3D 等高线图

在 Matplotlib 模块中，可以使用函数 matplotlib.pyplot.axes.contour3D()绘制 3D 等高线图，其语法格式如下：

```
import matplotlib.pyplot as plt
ax1 = plt.axes(projection = '3d')
ax1.contour3D(X,Y,Z,num, cmap = 'binary')
```

其中,X、Y、Z表示3D等高线在x轴、y轴、z轴上的坐标,该坐标的数据均为2D网格式的矩阵坐标,可以使用NumPy模块的函数meshgrid()创建2D网格式的矩阵坐标;num表示等高线在z轴的层级,数值越大,图像越清晰;cmap是可选参数,用于设置等高线图颜色的变化,如果cmap='binary',则表示颜色从白色变为黑色。

【实例11-8】 绘制3D曲面$z=\sin\sqrt{x^2+y^2}$的等高线图,x的区间是$[-6,6]$,y的区间是$[-6,6]$,代码如下:

```
# === 第11章 代码11-8.py === #
import matplotlib.pyplot as plt
import numpy as np

#创建曲面方程
def f(x, y):
    return np.sin(np.sqrt(x ** 2 + y ** 2))
#构建x、y数据
x = np.linspace(-6, 6, 30)
y = np.linspace(-6, 6, 30)
#将数据网格化处理
X, Y = np.meshgrid(x, y)
Z = f(X, Y)
fig = plt.figure()
ax = plt.axes(projection = '3d')
#60表示在z轴方向等高线的高度层级,binary颜色从白色变成黑色
#cmap = plt.cm.hot表示颜色从红色变成黄色
ax.contour3D(X, Y, Z,60, cmap = plt.cm.hot)
ax.set_xlabel('X')
ax.set_ylabel('Y')
ax.set_zlabel('Z')
ax.set_title('3D contour')
plt.show()
```

运行代码绘制的图像如图11-8所示。

11.3.2 调整观察角度和方位角

在Matplotlib模块中,可以使用单击、拖曳3D图形的方法调整3D图形的观察角度和方位角。例如对代码11-8.py绘制的3D图形的观察角度和方位角进行调整,调整后如图11-9所示。

在Matplotlib模块中,可以使用函数matplotlib.pyplot.axes.view_init()调整观察角度和方位角,其语法格式如下:

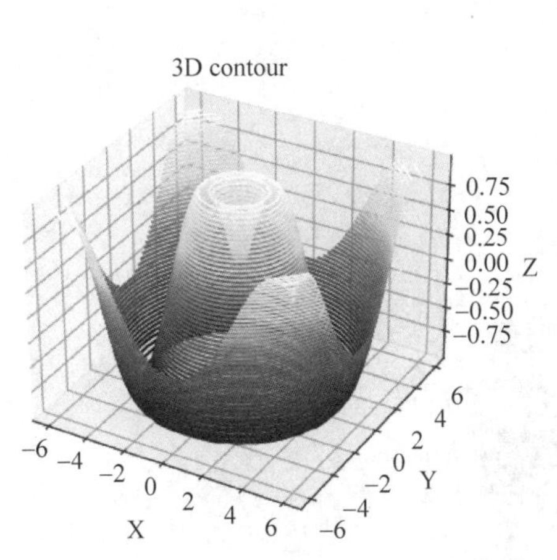

图 11-8　代码 11-8.py 绘制的等高线图

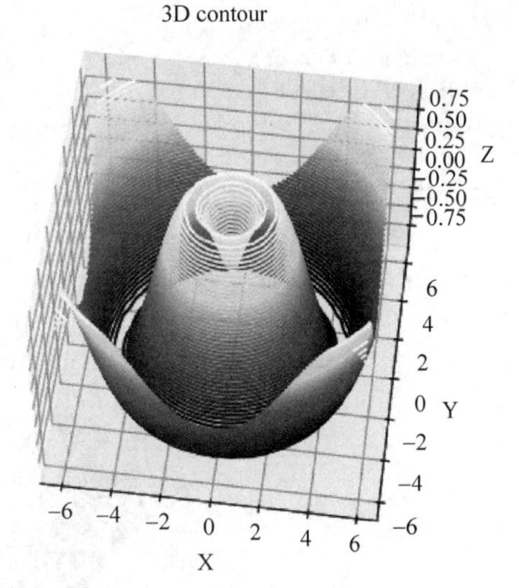

图 11-9　调整观察角度和方位角后的等高线图

```
import matplotlib.pyplot as plt
ax1 = plt.axes(projection = '3d')
ax1.view_init(x,y)
```

其中，x 表示俯仰角度值；y 表示方位角度值。

【实例 11-9】 绘制 3D 曲面 $z=\sin\sqrt{x^2+y^2}$ 的等高线图，x 的区间是[−6,6]，y 的区间是[−6,6]，并将俯仰角度值设置为 60，将方位角度值设置为 36，代码如下：

```
# === 第 11 章 代码 11-9.py === #
import matplotlib.pyplot as plt
import numpy as np

#创建曲面方程
def f(x, y):
    return np.sin(np.sqrt(x ** 2 + y ** 2))
#构建 x、y 数据
x = np.linspace(-6, 6, 30)
y = np.linspace(-6, 6, 30)
#将数据网格化处理
X, Y = np.meshgrid(x, y)
Z = f(X, Y)
ax = plt.axes(projection = '3d')
#60 表示在 z 轴方向等高线的高度层级,binary 颜色从白色变成黑色
#cmap = plt.cm.hot 表示颜色从红色变成黄色
ax.contour3D(X, Y, Z,60, cmap = plt.cm.hot)
ax.set_xlabel('X')
ax.set_ylabel('Y')
ax.set_zlabel('Z')
```

```
ax.set_title('3D contour')
#设置俯仰角和方位角
ax.view_init(60,36)
plt.show()
```

运行代码绘制的图像如图 11-10 所示。

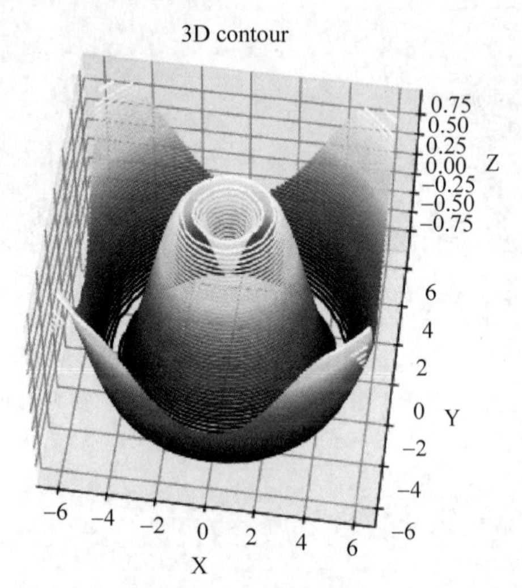

图 11-10 代码 11-9.py 绘制的 3D 等高线图

11.4 3D 线框图

在 Matplotlib 模块中,不仅可以绘制 3D 曲线图、3D 散点图、3D 等高线图,还可以绘制 3D 线框图。

11.4.1 绘制 3D 线框图

在 Matplotlib 模块中,可以使用函数 matplotlib.pyplot.axes.plot_wireframe()绘制 3D 线框图,其语法格式如下:

```
import matplotlib.pyplot as plt
ax1 = plt.axes(projection = '3d')
ax1.plot_wireframe(X,Y,Z,color = 'binary', ** kwargs)
```

其中,X、Y、Z 表示 3D 等高线在 x 轴、y 轴、z 轴上的坐标,该坐标是数据均为 2D 网格式的矩阵坐标,可以使用 NumPy 模块的函数 meshgrid()创建 2D 网格式的矩阵坐标; color 是可选参数,用于设置线框图的颜色,具体符号见表 10-3; ** kwargs 表示其他参数。

【实例 11-10】 绘制 3D 曲面 $z=\sin\sqrt{x^2+y^2}$ 的线框图,x 的区间是[−6,6],y 的区间是[−6,6],并将线框图的颜色设置为蓝色,代码如下:

```
# === 第 11 章 代码 11 - 10.py === #
import matplotlib.pyplot as plt
import numpy as np

#创建曲面方程
def f(x, y):
    return np.sin(np.sqrt(x ** 2 + y ** 2))
#构建 x、y 数据
x = np.linspace( - 6, 6, 30)
y = np.linspace( - 6, 6, 30)
#将数据网格化处理
X, Y = np.meshgrid(x, y)
Z = f(X, Y)
ax = plt.axes(projection = '3d')
#绘制 3D 线框图
ax.plot_wireframe(X, Y, Z,color = 'b')
ax.set_xlabel('X')
ax.set_ylabel('Y')
ax.set_zlabel('Z')
ax.set_title('3D wireframe')
plt.show()
```

运行代码绘制的图像如图 11-11 所示。

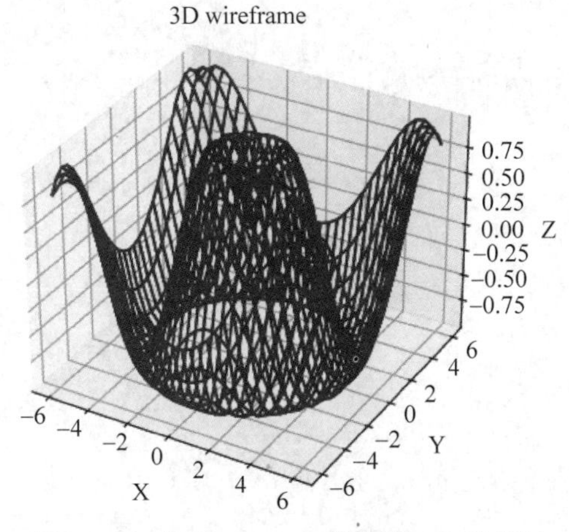

图 11-11 代码 11-10.py 绘制的 3D 线框图

11.4.2 绘制多张 3D 图

在 Matplotlib 模块中,可以使用函数 matplotlib.pyplot.figure.add_subplot()在同一图像下创建多个 3D 坐标系,然后在各自的 3D 坐标系下绘制 3D 图,其语法格式如下:

```
import matplotlib.pyplot as plt
fig = plt.figure()
ax1 = fig.add_subplot(rows,cols,index,projection = '3d')
```

```
ax2 = fig.add_subplot(rows,cols,index, projection = '3d')
...
```

其中,rows 表示将绘图区域分成 rows 行;cols 表示将绘图区域分成 cols 列,然后从左到右,从上到下对每个子区域进行编号 1,2,…,N,最左上的区域编号为 1,最右下的区域编号为 N,编号通过参数 index 进行设置;projection 表示创建的是 3D 坐标系。

【实例 11-11】 在同一图像下,绘制 3D 散点图、3D 曲线图、3D 等高线图、3D 线框图,代码如下:

```
# === 第 11 章 代码 11-11.py === #
import matplotlib.pyplot as plt
import numpy as np

fig = plt.figure()

#创建 3D 绘图坐标系 1
ax1 = fig.add_subplot(2,2,1,projection = '3d')
#从 3 个维度构建数据点
z = np.linspace(0, 1.2, 120)
x = z * np.sin(20 * z)
y = z * np.cos(20 * z)
c1 = x + y
#绘制 3D 散点图
ax1.scatter3D(x, y, z,c = c1)


#从 3 个维度构建数据点
ax2 = fig.add_subplot(2,2,2,projection = '3d')
w = np.linspace(0, 2.2, 220)
u = 2 * np.sin(20 * w)
v = 2 * np.cos(20 * w)
#绘制 3D 曲线图
ax2.plot3D(u, v, w, color = 'g')


#创建曲面方程
def f(x, y):
    return np.sin(np.sqrt(x ** 2 + y ** 2))
#构建 x、y 数据
x = np.linspace( - 6, 6, 30)
y = np.linspace( - 6, 6, 30)
#将数据网格化处理
X, Y = np.meshgrid(x, y)
Z = f(X, Y)

ax3 = fig.add_subplot(2,2,3,projection = '3d')
#绘制 3D 等高线图
```

```
ax3.contour3D(X, Y, Z,60, cmap = 'binary')

ax4 = fig.add_subplot(2,2,4,projection = '3d')
#绘制 3D 线框图
ax4.plot_wireframe(X, Y, Z,color = 'b')

plt.show()
```

运行代码绘制的图像如图 11-12 所示。

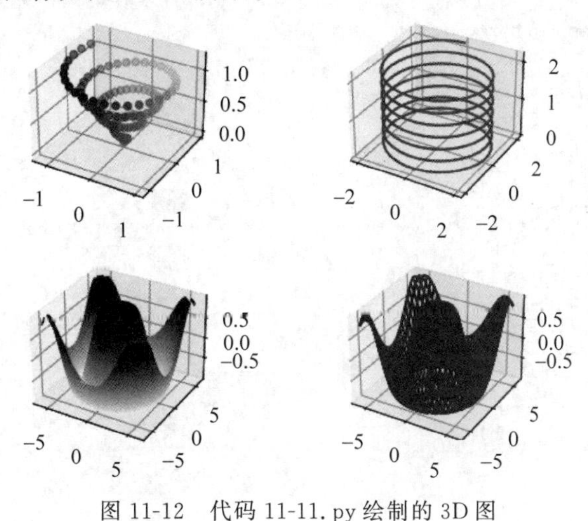

图 11-12 代码 11-11.py 绘制的 3D 图

11.5 3D 曲面图

在 Matplotlib 模块中,不仅可以绘制 3D 曲线图、3D 散点图、3D 等高线图,还可以绘制 3D 曲面图。

21min

11.5.1 绘制 3D 曲面图

在 Matplotlib 模块中,可以使用函数 matplotlib. pyplot. axes. plot_surface()绘制 3D 曲面图,其语法格式如下:

```
import matplotlib.pyplot as plt
ax1 = plt.axes(projection = '3d')
ax1.plot_surface(X,Y,Z,cmap = 'viridis',edgecolor = 'none', ** kwargs)
```

其中,X、Y、Z 表示 3D 等高线在 x 轴、y 轴、z 轴上的坐标,该坐标是数据均为 2D 网格式的矩阵坐标,可以使用 NumPy 模块的函数 meshgrid()创建 2D 网格式的矩阵坐标; cmap 是可选参数,用于设置曲面图的颜色变化,'viridis'表示颜色由蓝色逐渐变成黄色; edgecolor 是可选参数,用于设置 3D 图形边界的颜色,默认值为 None,也可以表示为'none'; ** kwargs 表示其他参数。

【实例 11-12】 绘制曲面方程 $z=\cos\sqrt{x^2+y^2}$ 的三维曲面图，x 的区间是[−6,6]，y 的区间是[−6,6]，代码如下：

```
# === 第 11 章 代码 11-12.py === #
import matplotlib.pyplot as plt
import numpy as np

#创建曲面方程
def f(x, y):
    return np.cos(np.sqrt(x ** 2 + y ** 2))
#构建 x、y 数据
x = np.linspace(-6, 6, 60)
y = np.linspace(-6, 6, 60)
#将数据网格化处理
X, Y = np.meshgrid(x, y)
Z = f(X, Y)
#创建 3D 坐标系
ax = plt.axes(projection='3d')
#绘制 3D 曲面图
ax.plot_surface(X, Y, Z,cmap='viridis')
ax.set_xlabel('X')
ax.set_ylabel('Y')
ax.set_zlabel('Z')
ax.set_title('3D surface')
plt.show()
```

运行代码绘制的图像如图 11-13 所示。

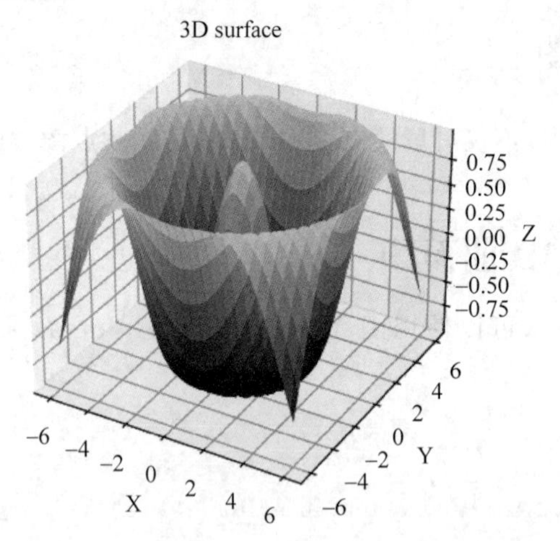

图 11-13　代码 11-12.py 绘制的 3D 曲面图

11.5.2　极坐标系下绘制 3D 图

在 Matplotlib 模块中，不仅可以在直角坐标系下绘制 3D 曲面图，还可在极坐标系下绘制 3D 曲面图。

【实例 11-13】 在极坐标系下绘制曲面方程 $z=\cos\sqrt{x^2+y^2}$ 的三维曲面图，r 的区间是[0,6]，θ 的区间是[-0.9π,0.8π]，代码如下：

```
# === 第 11 章 代码 11 - 13.py === #
import matplotlib.pyplot as plt
import numpy as np

#创建曲面方程
def f(x, y):
    return np.cos(np.sqrt(x ** 2 + y ** 2))
#构建 r、theta 数据
r = np.linspace(0, 6, 30)
theta = np.linspace( - 0.9 * np.pi, 0.8 * np.pi, 30)
#将数据网格化处理
r, theta = np.meshgrid(r, theta)
X = r * np.sin(theta)
Y = r * np.cos(theta)
Z = f(X, Y)
#创建 3D 坐标系
ax = plt.axes(projection = '3d')
#绘制 3D 曲面图
ax.plot_surface(X, Y, Z,cmap = 'viridis')
ax.set_xlabel('X')
ax.set_ylabel('Y')
ax.set_zlabel('Z')
ax.set_title('3D surface')
plt.show()
```

运行代码绘制的图像如图 11-14 所示。

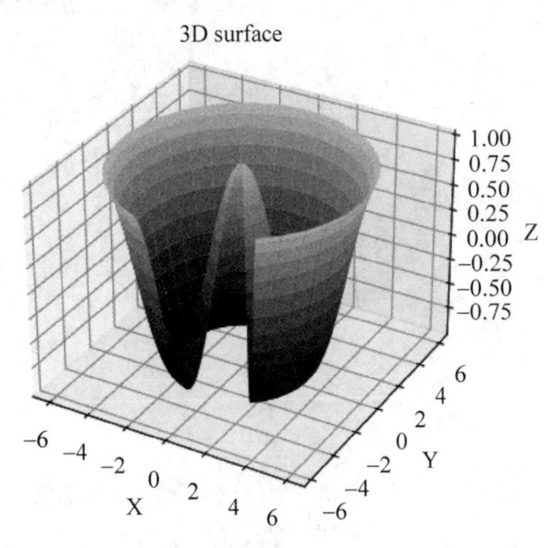

图 11-14　代码 11-13.py 绘制的 3D 曲面图

11.5.3　经典例题

使用 Matplotlib 模块绘制 3D 图，经常使用 NumPy 模块的 meshgrid()函数构建网格坐标矩阵。在实际应用中,有时需要自己构建网格坐标矩阵,需要使用 NumPy 模块的 outer()函数来计算向量积,也称为外积。

【实例 11-14】 根据球面方程 $\begin{cases} x=6\sin\varphi\cos\theta \\ y=6\sin\varphi\sin\theta \\ z=6\cos\varphi \end{cases}$ 绘制 3D 球面图,ψ 的区间是[0,π],θ 的区间是[0,2π],代码如下:

```
# === 第 11 章 代码 11-14.py === #
import matplotlib.pyplot as plt
import numpy as np

u = np.linspace(0, 2 * np.pi, 100)
v = np.linspace(0, np.pi, 100)
x = 6 * np.outer(np.cos(u), np.sin(v))
y = 6 * np.outer(np.sin(u), np.sin(v))
z = 6 * np.outer(np.ones(np.size(u)), np.cos(v))

ax = plt.axes(projection = '3d')
ax.plot_surface(x,y,z,cmap = 'viridis')
ax.set_xlabel('X')
ax.set_ylabel('Y')
ax.set_zlabel('Z')
ax.set_title('sphere')
plt.show()
```

运行代码绘制的图像如图 11-15 所示。

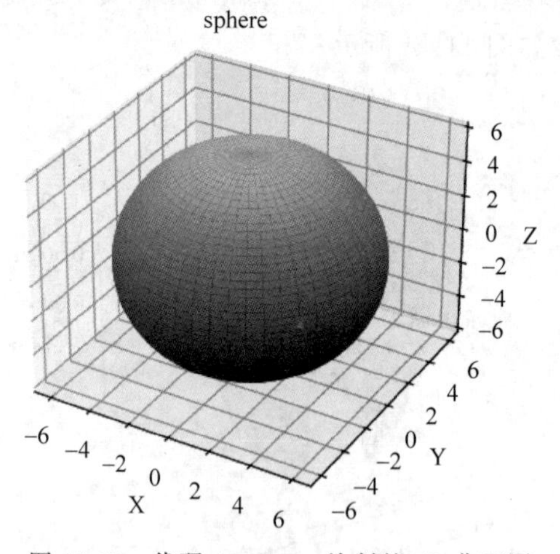

图 11-15 代码 11-14.py 绘制的 3D 曲面图

【实例 11-15】 根据曲面方程 $z=x^2-y^2$ 绘制 3D 曲面图,x 的区间是[−6,6],y 的区间是[−6,6],代码如下:

```
# === 第 11 章 代码 11-15.py === #
import matplotlib.pyplot as plt
```

```
import numpy as np

#创建曲面方程
def f(x, y):
    return x ** 2 - y ** 2
#构建x、y数据
x = np.linspace(-6, 6, 60)
y = np.linspace(-6, 6, 60)
#将数据网格化处理
X, Y = np.meshgrid(x, y)
Z = f(X, Y)
#创建3D坐标系
ax = plt.axes(projection='3d')
#绘制3D曲面图
ax.plot_surface(X, Y, Z,cmap='viridis',edgecolor=None)
ax.set_xlabel('X')
ax.set_ylabel('Y')
ax.set_zlabel('Z')
ax.set_title('3D surface')
plt.show()
```

运行代码绘制的图像如图11-16所示。

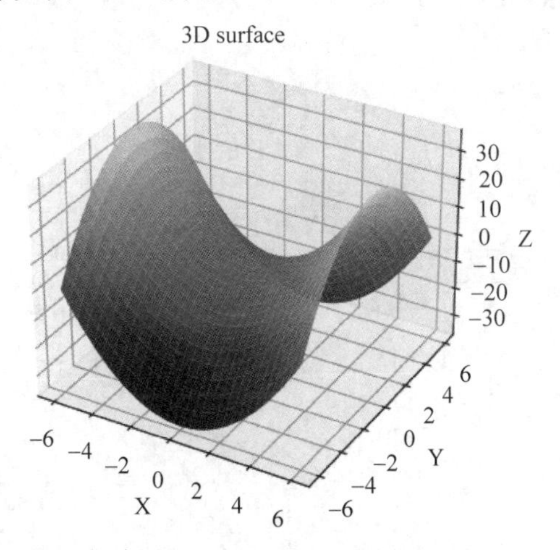

图11-16 代码11-15.py绘制的3D曲面图

【实例11-16】 根据曲面方程 $z=2(e^{-x^2-y^2}-e^{-(x-1)^2-(y-1)^2})$ 绘制3D曲面图，x 的区间是[−3,3]，y 的区间是[−3,3]，代码如下：

```
# === 第11章 代码11-16.py === #
import matplotlib.pyplot as plt
import numpy as np

#创建曲面方程
def f1(x, y):
    return np.exp(-x ** 2 - y ** 2)
```

```
def f2(x,y):
    return np.exp( - (x - 1) ** 2 - (y - 1) ** 2)
#构建 x、y 数据
x = np.linspace( - 3, 3, 60)
y = np.linspace( - 3, 3, 60)
#将数据网格化处理
X, Y = np.meshgrid(x, y)
Z1 = f1(X, Y)
Z2 = f2(X,Y)
Z = 2 * (Z1 - Z2)
#创建 3D 坐标系
ax = plt.axes(projection = '3d')
#绘制 3D 曲面图
ax.plot_surface(X, Y, Z,cmap = plt.get_cmap('rainbow'),edgecolor = None)
ax.set_xlabel('X')
ax.set_ylabel('Y')
ax.set_zlabel('Z')
ax.set_title('3D surface')
plt.show()
```

运行代码绘制的图像如图 11-17 所示。

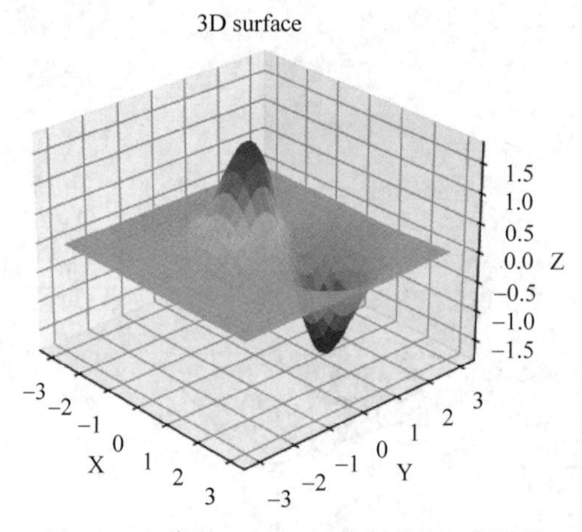

图 11-17　代码 11-16.py 绘制的 3D 曲面图

11.5.4　绘制三角表面图

在 Matplotlib 模块中,可以使用函数 matplotlib.pyplot.axes.plot_trisurf()绘制三角表面图,该函数根据找到的一组点,然后连接起来组成三角形,最后用这些三角形创建曲面,其语法格式如下:

```
import matplotlib.pyplot as plt
ax1 = plt.axes(projection = '3d')
ax1.plot_trisurf(x,y,z,cmap = 'viridis',edgecolor = 'none', ** kwargs)
```

其中，x、y、z 表示三角表面图在 x 轴、y 轴、z 轴上的坐标；cmap 是可选参数，用于设置曲面图的颜色变化，'viridis'表示颜色由蓝色逐渐变成黄色；edgecolor 是可选参数，用于设置 3D 图形边界的颜色，默认值为 None，也可以表示为'none'；** kwargs 表示其他参数。

【实例 11-17】 绘制曲面方程 $z=\cos\sqrt{x^2+y^2}$ 的三角表面图，x 的区间是[−6,6]，y 的区间是[−6,6]，代码如下：

```
# === 第 11 章 代码 11-17.py === #
import matplotlib.pyplot as plt
import numpy as np

#创建曲面方程
def f(x, y):
    return np.cos(np.sqrt(x ** 2 + y ** 2))
#构建 3D 坐标点
r = 6 * np.random.random(1000)
thera = 2 * np.pi * np.random.random(1000)
#ravel()可以将多维数组拉成一维数组
x = np.ravel(r * np.sin(thera))
y = np.ravel(r * np.cos(thera))
z = f(x,y)
#创建 3D 坐标系
ax = plt.axes(projection = '3d')
#绘制三角表面图
ax.plot_trisurf(x,y,z,cmap = 'viridis')
ax.set_xlabel('X')
ax.set_ylabel('Y')
ax.set_zlabel('Z')
ax.set_title('trisurf')
plt.show()
```

运行代码绘制的图像如图 11-18 所示。

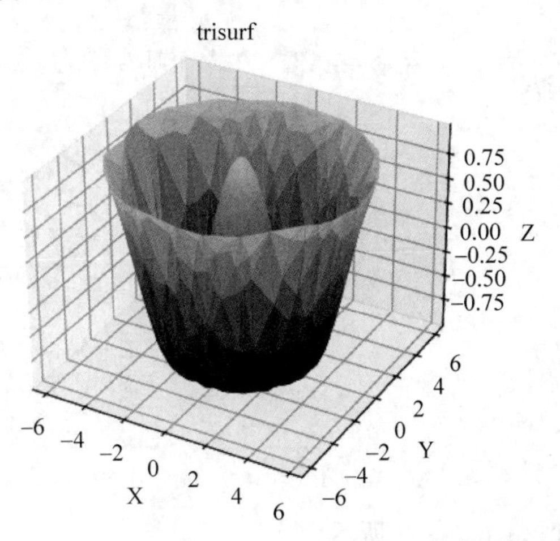

图 11-18 代码 11-17.py 绘制的三角表面图

11.6 3D条形图

11min

在 Matplotlib 模块中,不仅可以绘制 3D 曲线图、3D 散点图、3D 等高线图、3D 线框图、3D 曲面图,还可以绘制 3D 条形图。

在 Matplotlib 模块中,可以使用函数 matplotlib. pyplot. axes. bar()绘制 3D 条形图,其语法格式如下:

```
import matplotlib.pyplot as plt
ax1 = plt.axes(projection = '3d')
ax1.bar(x,y,zs = z,zdir = 'y',color = None,alpha = None, ** kwargs)
```

其中,x、y、z 表示 3D 条形图在 x 轴、y 轴、z 轴上的坐标或数据; zdir 表示条形图平面化的方向; color 是可选参数,用于设置条形图的颜色; alpha 是可选参数,用于设置条形图颜色的透明度,值越大,越不透明; ** kwargs 表示其他参数。

【实例 11-18】 一年中有 4 个季度,上市公司 A 每个季度制作一份财报,营收数据是 50～120 的随机数据,制作一份每个月营收数据的条形图,要求条形图平面化的方向在 x 轴上,代码如下:

```
# === 第 11 章 代码 11-18.py === #
import matplotlib.pyplot as plt
import numpy as np

#创建 3D 坐标系
ax = plt.axes(projection = '3d')
for c, z in zip(['r', 'g', 'b', 'y'], [30, 20, 10, 0]):
    x = np.arange(1,4)                              #每个季度有 3 个月
    y = np.random.randint(50,120,size = 3)          #每个月的营收数据
    #设置条形图的颜色
    cs = [c] * len(x)
    cs[0] = 'm'                                     #将每个季度的第 1 个月的颜色设置为品红色
    ax.bar(x, y, zs = z, zdir = 'x', color = cs, alpha = 0.8)

ax.set_xlabel('Season')
ax.set_ylabel('Month')
plt.xticks(())                                      #去掉 x 轴的坐标
plt.yticks(())                                      #去掉 y 轴的坐标
ax.set_zlabel('Data')
plt.show()
```

运行代码绘制的图像如图 11-19 所示。

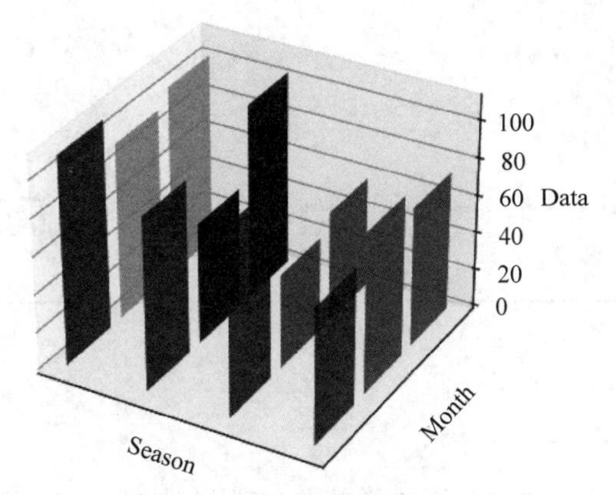

图 11-19　代码 11-18.py 绘制的 3D 条形图

11.7　小结

本章介绍了使用 Matplotlib 模块绘制 3D 图形的方法，包括 3D 曲线图、3D 散点图、3D 等高线图、3D 线框图、3D 曲面图、三角表面图、3D 条形图。

Matplotlib 模块绘制 3D 图形有统一的流程：引入模块、创建 3D 坐标系、构建数据点、绘制 3D 图、显示图像。掌握了统一的流程，当具体绘制某类型 3D 图时只需找到绘制这个 3D 图的具体函数就可以了。

第 12 章 向量图

人类通过听觉、视觉、触觉、嗅觉、味觉等获取外界的信息，在这几种感觉中最重要的是视觉，人类通过视觉获取外界 70%的信息。数据可视化可以通过将数据整理成图像的形式来讲述事实，帮助我们理解和突出数据中的关键信息和趋势。

一个完善的数据可视化库允许使用者通过交互的方式处理图表和信息。Python 的 Pygal 模块是开源的可视化库，用于生成可放缩的向量图形，即 SVG，全称为 Scalablc Vector Graphics。可以用浏览器打开 SVG 图，而且 SVG 图可以显示在尺寸不同的屏幕上。

Python 的 Pygal 模块可以通过绘制交互式的图表来表示数据。通过图表的方式呈现数据，让观看者能够明白其中的含义，发现数据中未意识到的规律和意义。

12.1 Pygal 模块

Pygal 模块是 Python 的绘图库，应用该模块可以很轻松地将数据图像化、图表化，并且输出可伸缩的向量图 SVG。

对于没有编程基础的读者，Pygal 是一个非常强大的 Python 画图工具，只需几行到十几行代码，就可以绘制可显示在不同尺寸屏幕上的可交互图像。

12.1.1 Python 中的绘图模块

Python 中有很多第三方模块可以绘制图像、图形，其中比较流行的第三方绘图模块见表 12-1。

表 12-1 流行的绘图模块

绘图模块	说明
Matplotlib	功能强大，应用广泛
Seaborn	基于 Matplotlib 模块开发，简单易用，函数的参数设置与 Matplotlib 类似
Plotly	构建基于 HTML 的交互式图表，协作性强
Boken	可在 Web 浏览器上演示图像和图表，互动性强
Pygal	支持 SVG 图像，安装包小，简单易用，互动性强，可应用在不同尺寸的屏幕上
Pyecharts	用于生成 Echarts 图表，Echarts 是百度开源的数据可视化 JS 库

每个绘图模块都有其优点、缺点，绘图模块的选择取决于应用场景和需求。本章将详细介绍 Pygal 模块的使用方法。

12.1.2　安装 Pygal 模块

由于 Matplotlib 模块是 Python 的第三方模块，因此首先需要安装 Pygal 模块。安装 Pygal 模块需要在 Windows 命令行窗口中输入的命令如下：

```
pip install pygal
```

如果安装速度比较慢，则可以选择清华大学的软件镜像。在 Windows 命令行窗口中输入的命令如下：

```
pip install -i https://pypi.tuna.tsinghua.edu.cn/simple pygal
```

或

```
pip install pygal -i https://pypi.tuna.tsinghua.edu.cn/simple
```

然后，按 Enter 键，即可安装 Pygal 模块，如图 12-1 所示。

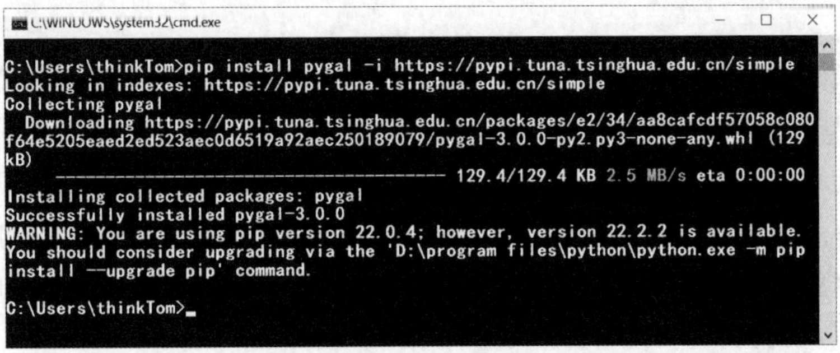

```
C:\WINDOWS\system32\cmd.exe

C:\Users\thinkTom>pip install pygal -i https://pypi.tuna.tsinghua.edu.cn/simple
Looking in indexes: https://pypi.tuna.tsinghua.edu.cn/simple
Collecting pygal
  Downloading https://pypi.tuna.tsinghua.edu.cn/packages/e2/34/aa8cafcdf57058c080
f64e5205eaed2ed523aec0d6519a92aec250189079/pygal-3.0.0-py2.py3-none-any.whl (129
kB)
     ---------------------------------------- 129.4/129.4 KB 2.5 MB/s eta 0:00:00
Installing collected packages: pygal
Successfully installed pygal-3.0.0
WARNING: You are using pip version 22.0.4; however, version 22.2.2 is available.
You should consider upgrading via the 'D:\program files\python\python.exe -m pip
install --upgrade pip' command.

C:\Users\thinkTom>
```

图 12-1　安装 Pygal 模块

安装好 Pygal 模块后，可以获取模块的版本号，代码如下：

```
import pygal
print(pygal.__version__)
```

在 Python 的命令交互窗口中的运行结果如图 12-2 所示。

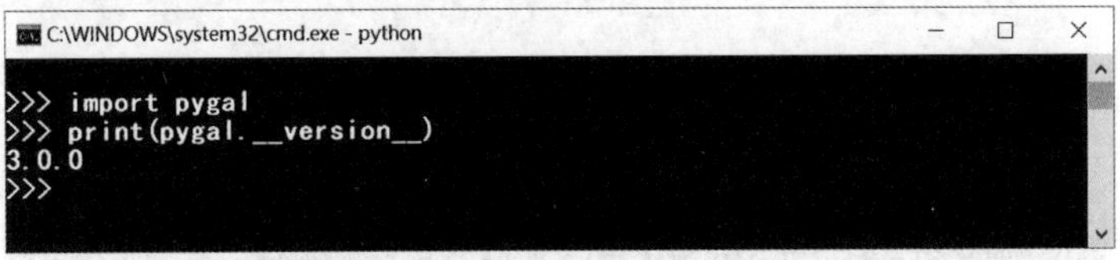

```
C:\WINDOWS\system32\cmd.exe - python

>>> import pygal
>>> print(pygal.__version__)
3.0.0
>>>
```

图 12-2　Pygal 模块的版本号

12.2　折线图

Pygal 模块是 Python 的绘图库，应用该模块可以很轻松地绘制折线图，并将绘制的折线图输出为SVG格式。

21min

相比于Matplotlib模块,Pygal模块中的函数参数更简单,易于理解。

12.2.1 简单折线图

在Pygal模块中,可以使用pygal.Line()创建折线图对象,然后给该对象添加标题、数据,即可绘制折线图,其语法格式如下:

```
import pygal
view1 = pygal.Line()                    # 创建折线图对象
view1.title = str1                      # 给折线图添加标题
view1.add(str2,data)                    # 给折线图添加绘制数据
```

其中,str1表示用于设置标题的字符串数据;str2表示用于描述数据的字符串文字;data表示用于绘图的数据,即数组。

绘制完折线图后,可使用折线图对象的pygal.render_to_file()方法导出绘制的折线图图片,其语法格式如下:

```
import pygal
view1 = pygal.Line()                    # 创建折线图对象
view1.render_to_file(str)               # 导出折线图图片
```

其中,str表示保存图片名字和路径的字符串,可以保存为SVG格式的图片。

【实例12-1】 公司A每年的销售分为淡季和旺季,淡季和旺季都是6个月。淡季中每月的销售数据为[0,3.9,10.8,23.8,35.3,31.6],旺季中每月的销售数据为[31,36.4,45.5,46.3,42.8,37.1],绘制销售数据的折线图,代码如下:

```
# === 第12章 代码12-1.py === #
from pygal import *

view1 = Line()
view1.title = '销售折线图'
view1.add('旺季',[31,36.4,45.5,46.3,42.8,37.1])
view1.add('淡季',[0,3.9,10.8,23.8,35.3,31.6])
view1.render_to_file('D:\\practice\\12-1.svg')
```

由于代码12-1.py存储在D盘的practice文件夹下,使用Windows命令行窗口切换到当前目录下,运行该代码,如图12-3所示。

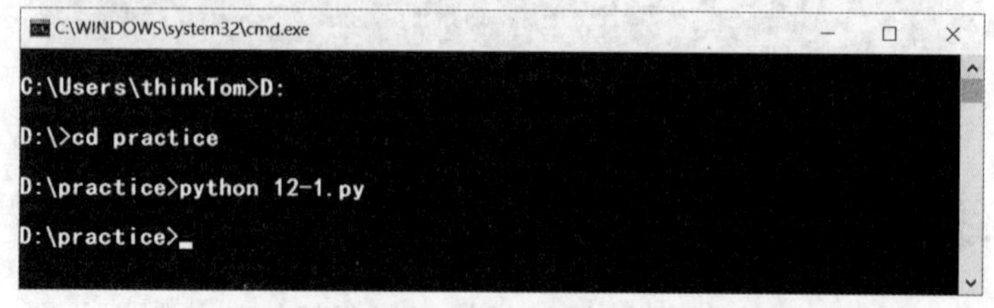

图12-3 在Windows命令行窗口下运行代码12-1.py

运行代码会在D盘practice文件夹下创建图片12-1.svg，使用浏览器打开该图片，如图12-4所示。

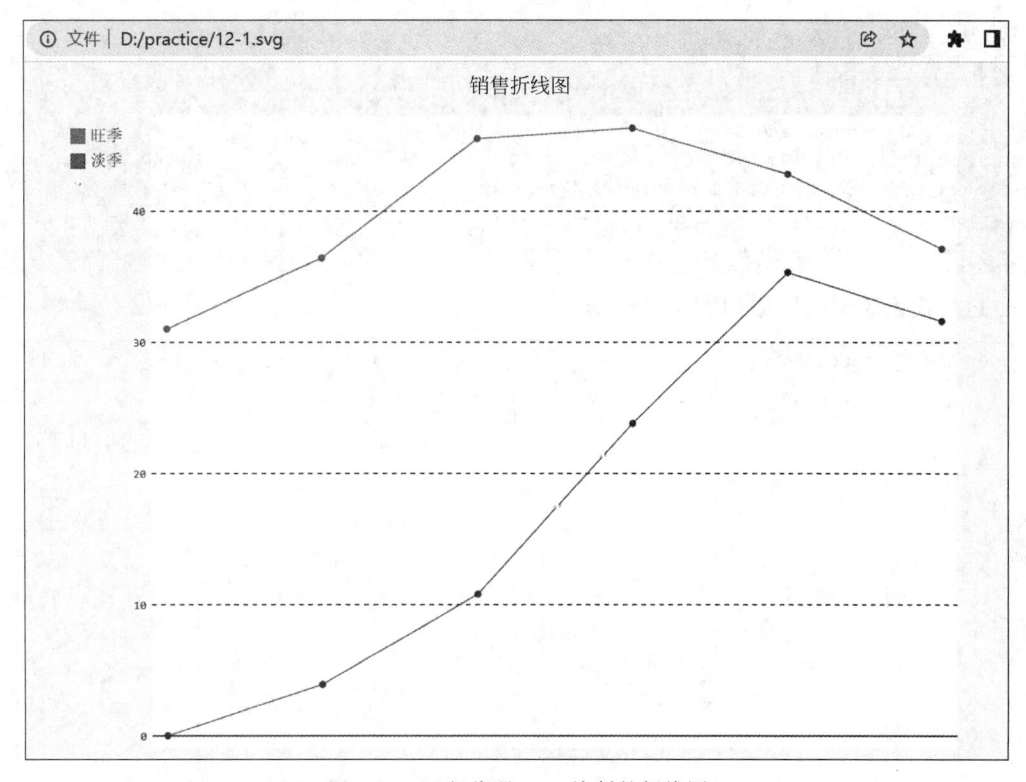

图12-4　运行代码12-1绘制的折线图

注意：使用浏览器打开SVG图片后，如果将鼠标放置在数据点上，则会显示该数据点的销售数据；如果将鼠标放置在折线上，则折线会变粗。

12.2.2　水平折线图

在Pygal模块中，可以使用函数pygal.HorizontalLine()创建水平折线图对象，然后给该对象添加标题、数据，即可绘制水平折线图，最后导出图像，其语法格式如下：

```
import pygal
view1 = pygal.HorizontalLine()                    #创建折线图对象
view1.title = str1                                #给折线图添加标题
view1.add(str2,data)                              #给折线图添加绘图数据
view1.render_to_file(str3)                        #导出水平折线图
```

其中，str1表示用于设置标题的字符串数据；str2表示用于描述数据的字符串文字；str3表示保存图像名字和路径的字符串数据；data表示用于绘图的数据，即数组。

【实例12-2】　公司A每年的销售分为淡季和旺季，淡季和旺季都是6个月。淡季中每

月的销售数据为[0,3.9,10.8,23.8,35.3,31.6],旺季中每月的销售数据为[31,36.4,45.5,46.3,42.8,37.1],绘制销售数据的水平折线图,代码如下:

```
# === 第 12 章 代码 12-2.py === #
from pygal import *

view1 = HorizontalLine()
view1.title = '销售折线图'
view1.add('旺季',[31,36.4,45.5,46.3,42.8,37.1])
view1.add('淡季',[0,3.9,10.8,23.8,35.3,31.6])
view1.render_to_file('D:\\practice\\12-2.svg')
```

运行代码绘制的图像如图 12-5 所示。

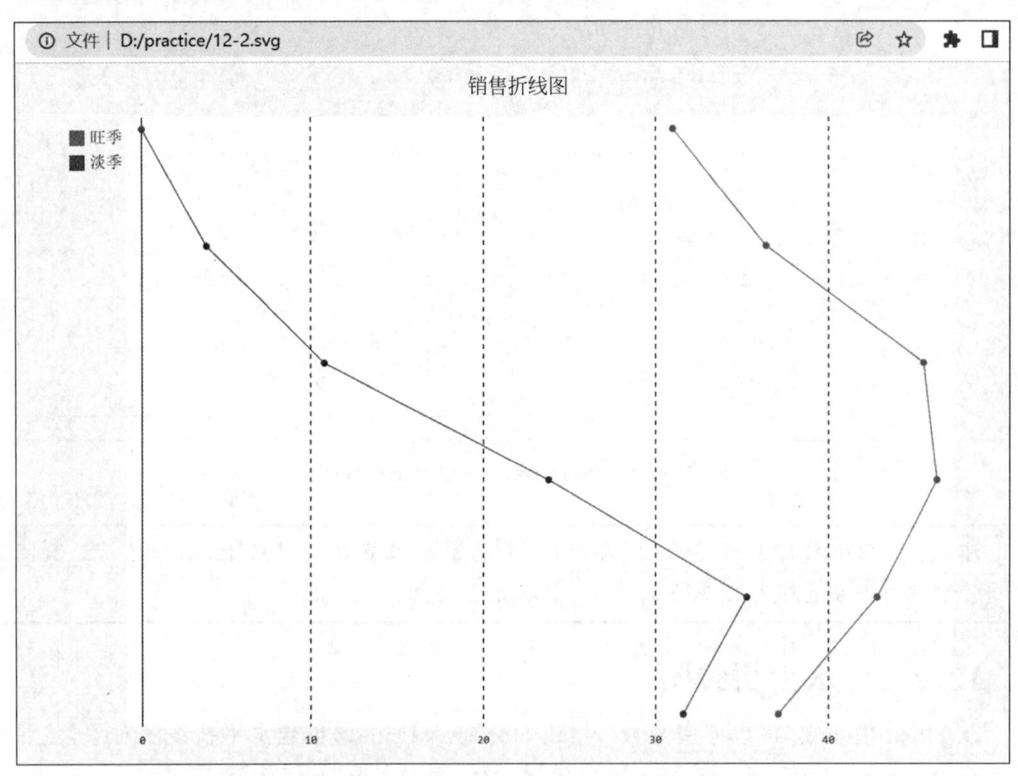

图 12-5 运行代码 12-2.py 绘制的水平折线图

12.2.3 堆叠折线图

在 Pygal 模块中,可以使用函数 pygal.StackedLine()创建堆叠折线图对象,然后给该对象添加标题、数据,即可绘制堆叠折线图,最后导出图像,其语法格式如下:

```
import pygal
view1 = pygal.StackedLine(fill = True)                  # 创建折线图对象
view1.title = str1                                      # 给折线图添加标题
```

```
view1.add(str2,data)                  #给折线图添加绘图数据
view1.render_to_file(str3)            #导出水平折线图
```

其中,str1 表示用于设置标题的字符串数据;str2 表示用于描述数据的字符串文字;str3 表示保存图像名字和路径的字符串数据;data 表示用于绘图的数据,即数组。

【实例 12-3】 公司 A 每年的销售分为淡季和旺季,淡季和旺季都是 6 个月。淡季中每月的销售数据为[0,3.9,10.8,23.8,35.3,31.6],旺季中每月的销售数据为[31,36.4,45.5,46.3,42.8,37.1]。曾经最好的销售数据为[66,58.6,54.7,44.8,36.2,26.6,20.1]。绘制销售数据的堆叠折线图,代码如下:

```
# === 第 12 章 代码 12 - 3.py === #
from pygal import *

view1 = StackedLine(fill = True)
view1.title = '销售折线图'
view1.add('旺季',[31,36.4,45.5,46.3,42.8,37.1])
view1.add('淡季',[0,3.9,10.8,23.8,35.3,31.6])
view1.add('最好',[66,58.6,54.7,44.8,36.2,26.6,20.1])
view1.render_to_file('D:\\practice\\12 - 3.svg')
```

运行代码绘制的图像如图 12-6 所示。

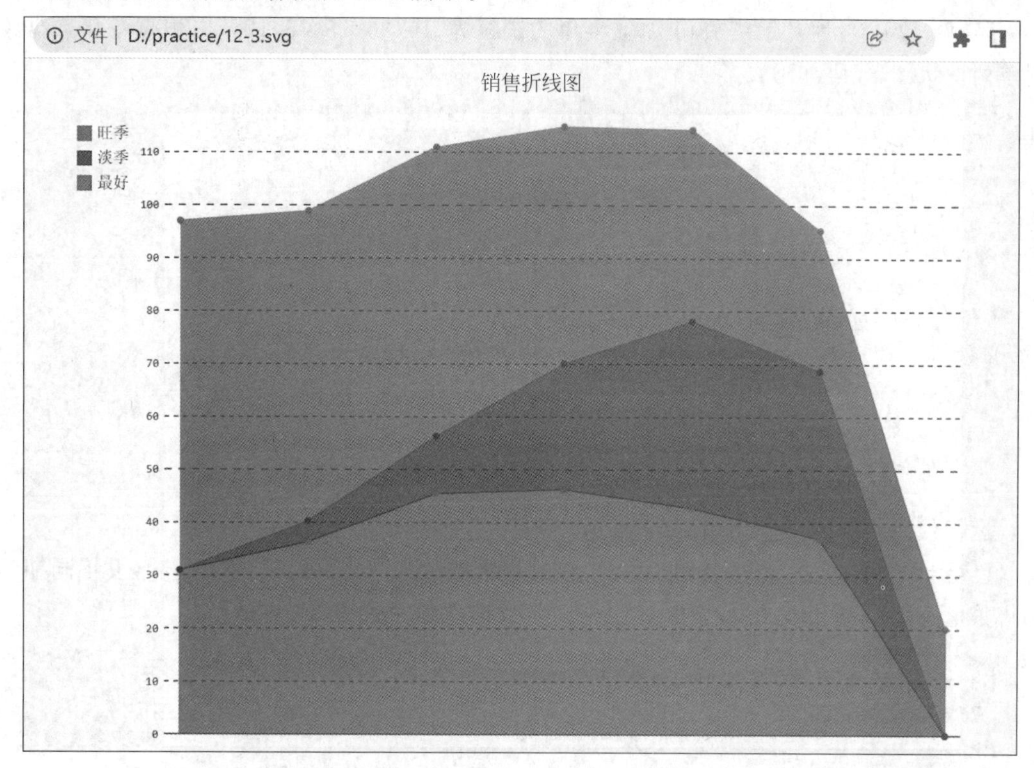

图 12-6 运行代码 12-3.py 绘制的堆叠折线图

12.3 柱状图

29min

Pygal 模块是 Python 的绘图库，应用该模块不仅可以绘制折线图，还可以绘制不同类型的柱状图。柱状图也称为柱状图、条形图。

相比于 Matplotlib 模块，Pygal 模块中的函数参数更简单，易于理解。

12.3.1 单列柱状图

在 Pygal 模块中，可以使用 pygal.Bar()创建单列柱状图对象，然后给该对象添加标题、数据，即可绘制单列柱状图，最后导出图像，其语法格式如下：

```
import pygal
view1 = pygal.Bar()                        #创建单列柱状图对象
view1.title = str1                         #给柱状图添加标题
view1.add(str2,data)                       #给柱状图添加绘制数据
view1.render_to_file(str3)                 #导出单列柱状图
```

其中，str1 表示用于设置标题的字符串数据；str2 表示用于描述数据的字符串文字；data 表示用于绘图的数据，即数组；str3 表示保存图像名字和路径的字符串数据。

【实例 12-4】 地产销售公司 A 上半年的销售为[10,30,15,25,12,7]，根据销售数据绘制单列柱状图，代码如下：

```
# === 第 12 章 代码 12-4.py === #
from pygal import *

view1 = Bar()
view1.title = '销售数量'
x = map(str,range(1,7))                    #等同于数组['1','2','3','4','5','6']
y = [10,30,15,25,12,7]
view1.x_labels = x                         #添加 x 轴标签
view1.add('条形图',y)
view1.y_title = '数量'                     #添加 x 轴标题
view1.x_title = '月份'                     #添加 y 轴标题
view1.render_to_file('D:\\practice\\12-4.svg')
```

运行代码绘制的图像如图 12-7 所示。

【实例 12-5】 地产销售公司 A 上半年的销售数量为[10,30,15,25,12,7]，去年同期的销售数量为[15,35,20,30,17,10]。根据销售数据绘制柱状图，代码如下：

```
# === 第 12 章 代码 12-5.py === #
from pygal import *

view1 = Bar()
```

```
view1.title = '销售数量'
x = map(str,range(1,7))                #等同于数组['1','2','3','4','5','6']
y1 = [10,30,15,25,12,7]
y2 = [15,35,20,30,17,10]
view1.x_labels = x                     #添加x轴标签
view1.add('去年',y2)
view1.add('今年',y1)
view1.y_title = '数量'                 #添加y轴标题
view1.x_title = '月份'                 #添加x轴标题
view1.render_to_file('D:\\practice\\12-5.svg')
```

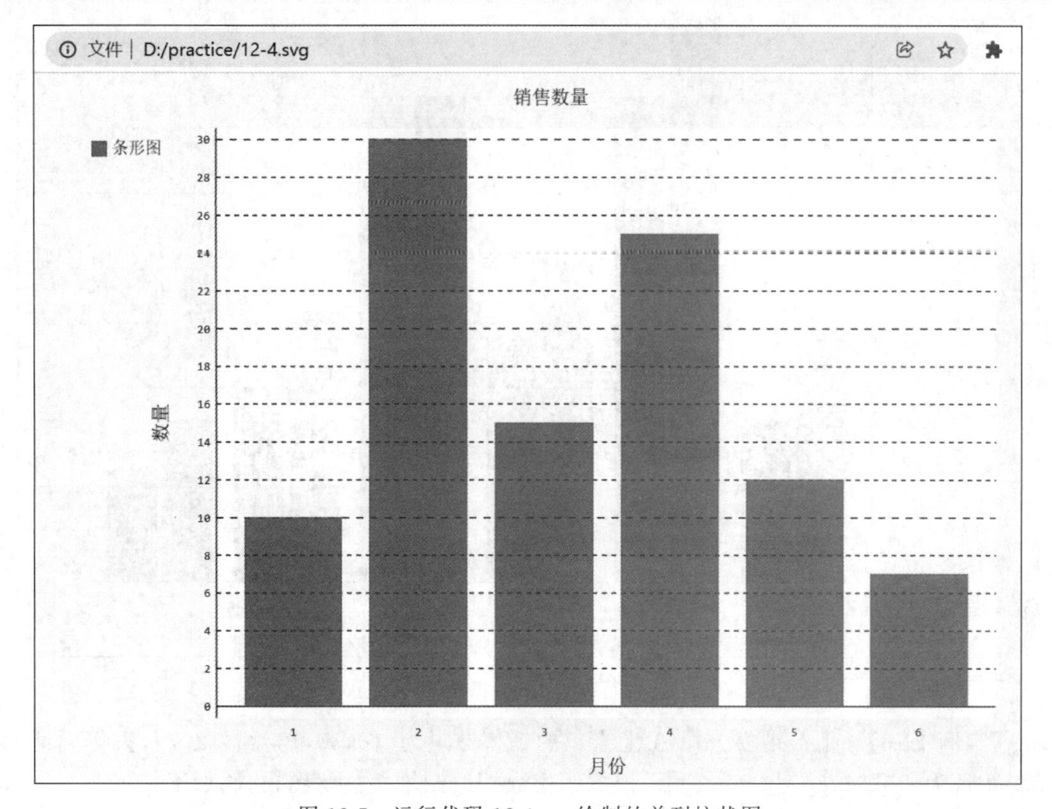

图 12-7 运行代码 12-4.py 绘制的单列柱状图

运行代码绘制的图像如图 12-8 所示。

12.3.2 堆叠柱状图

在 Pygal 模块中，可以使用 pygal.StackedBar()创建堆叠柱状图对象，然后给该对象添加标题、数据，即可绘制堆叠柱状图，最后导出图像，其语法格式如下：

```
import pygal
view1 = pygal.StackedBar()                        #创建堆叠柱状图对象
```

```
view1.title = str1                    # 给柱状图添加标题
view1.add(str2,data)                  # 给柱状图添加绘制数据
view1.render_to_file(str3)            # 导出堆叠柱状图
```

其中,str1 表示用于设置标题的字符串数据；str2 表示用于描述数据的字符串文字；data 表示用于绘图的数据,即数组；str3 表示保存图像名字和路径的字符串数据。

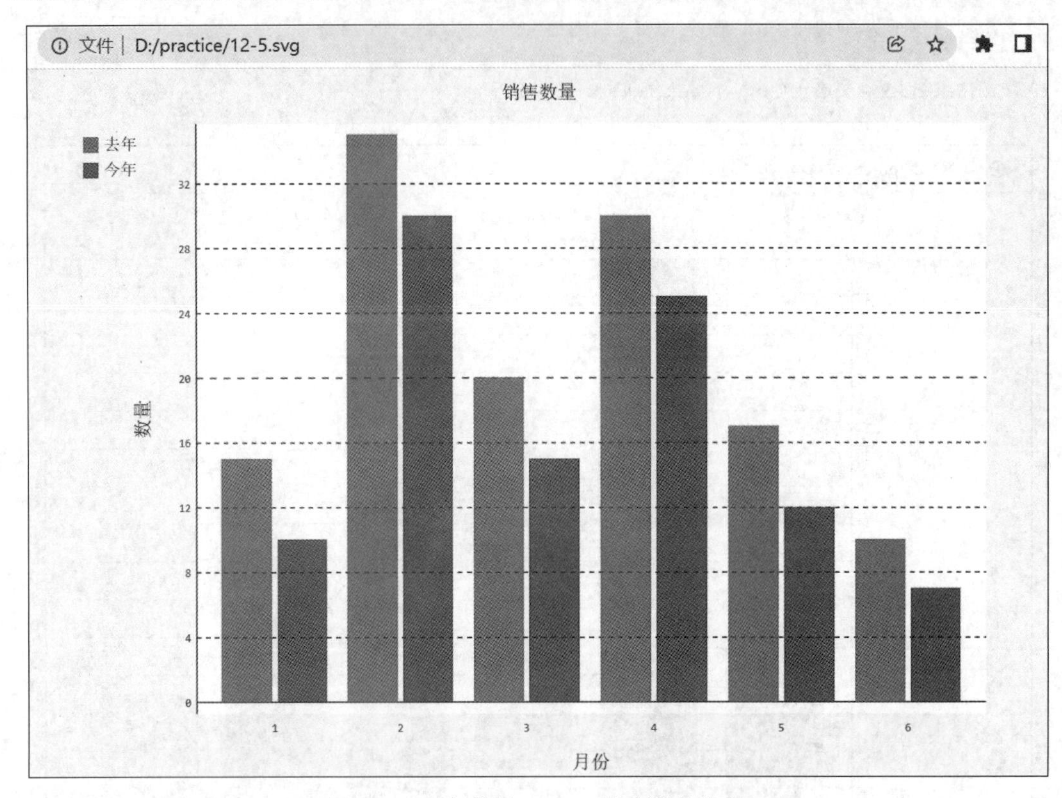

图 12-8 运行代码 12-5.py 绘制的柱状图

【实例 12-6】 地产销售公司 A 上半年的销售数量为[10,30,15,25,12,7],去年同期的销售数量为[15,35,20,30,17,10]。根据销售数据绘制堆叠柱状图,代码如下：

```
# === 第 12 章 代码 12 - 6.py === #
from pygal import *

view1 = StackedBar()
view1.title = '销售数量'
x = map(str,range(1,7))               # 等同于数组['1','2','3','4','5','6']
y1 = [10,30,15,25,12,7]
y2 = [15,35,20,30,17,10]
view1.x_labels = x                    # 添加 x 轴标签
view1.add('去年',y2)
```

```
view1.add('今年',y1)
view1.y_title = '数量'                        #添加 y 轴标题
view1.x_title = '月份'                        #添加 x 轴标题
view1.render_to_file('D:\\practice\\12 - 6.svg')
```

运行代码绘制的图像如图 12-9 所示。

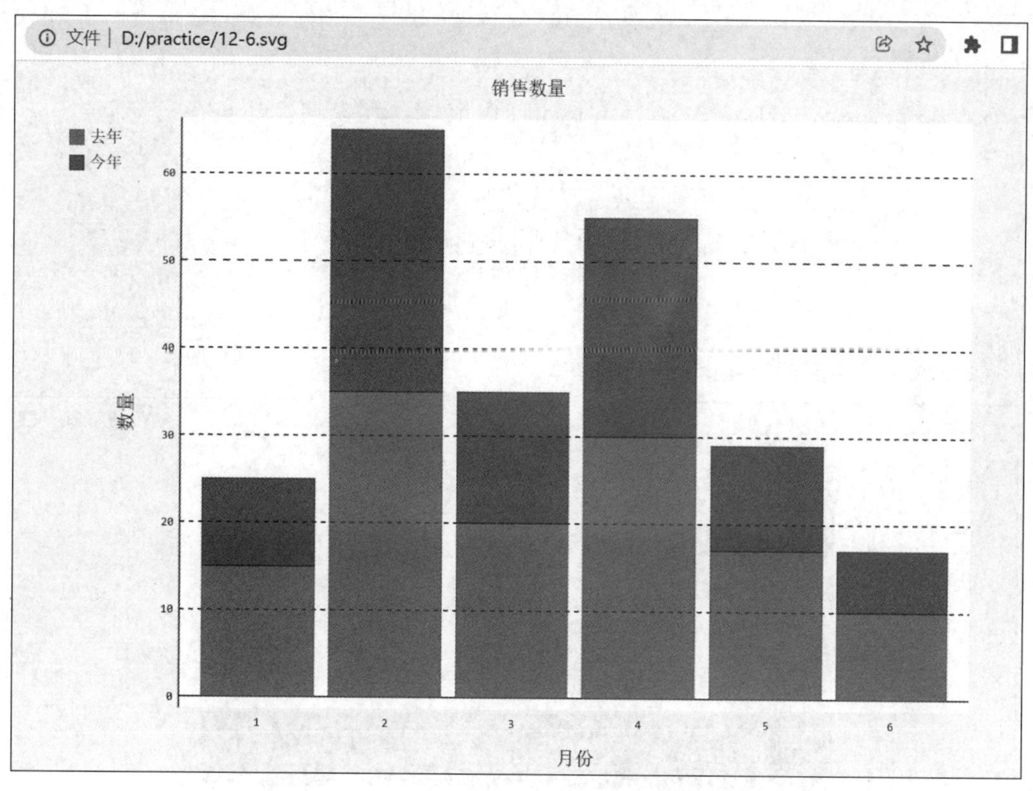

图 12-9　运行代码 12-6.py 绘制的堆叠柱状图

12.3.3　水平柱状图

在 Pygal 模块中，可以使用 pygal.HorizontalBar()创建水平柱状图对象，然后给该对象添加标题、数据，即可绘制水平柱状图，最后导出图像，其语法格式如下：

```
import pygal
view1 = pygal.HorizontalBar()              #创建水平柱状图对象
view1.title = str1                         #给柱状图添加标题
view1.add(str2,data)                       #给柱状图添加绘制数据
view1.render_to_file(str3)                 #导出水平柱状图
```

其中，str1 表示用于设置标题的字符串数据；str2 表示用于描述数据的字符串文字；data 表

示用于绘图的数据，即数组；str3 表示保存图像名字和路径的字符串数据。

【实例 12-7】 地产销售公司 A 上半年的销售为[10,30,15,25,12,7]，根据销售数据绘制水平柱状图，代码如下：

```
# === 第 12 章 代码 12-7.py === #
from pygal import *

view1 = HorizontalBar()
view1.title = '销售数量'
x = map(str,range(1,7))                  #等同于数组['1','2','3','4','5','6']
y = [10,30,15,25,12,7]
view1.x_labels = x                       #添加 x 轴标签
view1.add('柱状图',y)
view1.x_title = '数量'                   #添加 x 轴标题
view1.y_title = '月份'                   #添加 y 轴标题
view1.render_to_file('D:\\practice\\12-7.svg')
```

运行代码绘制的图像如图 12-10 所示。

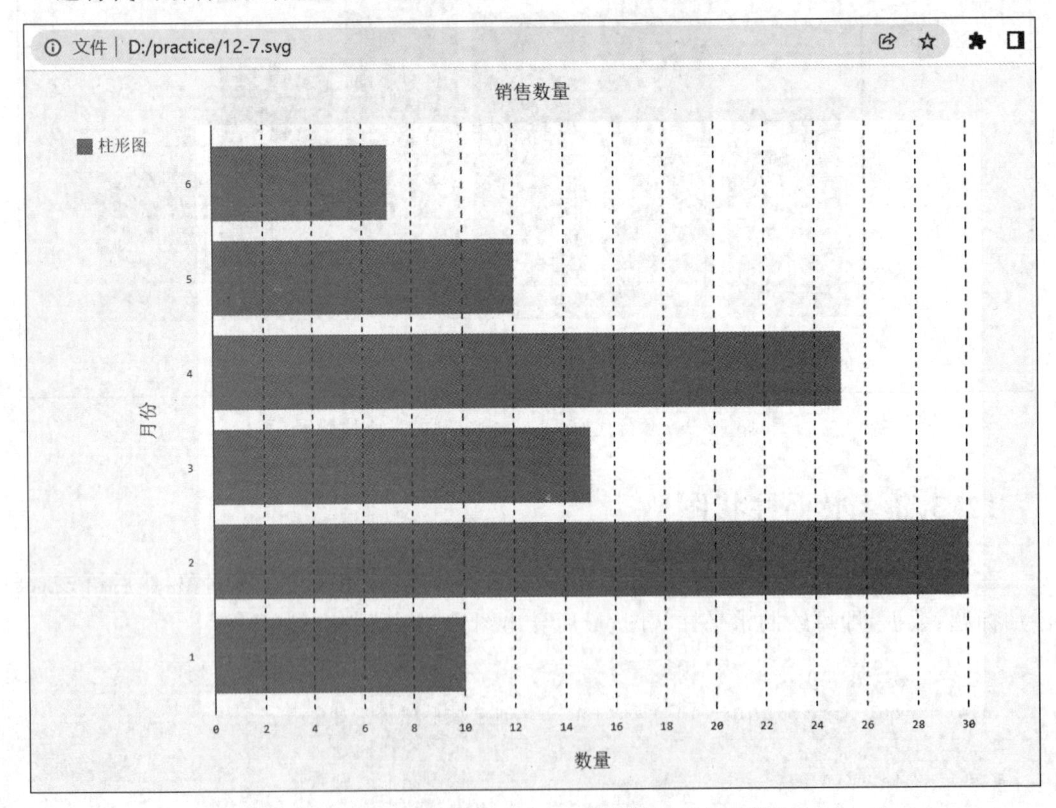

图 12-10 运行代码 12-7.py 绘制的水平柱状图

12.3.4 水平堆叠柱状图

在 Pygal 模块中，可以使用 pygal.HorizontalStackedBar()创建水平堆叠柱状图对象，然后给该对象添加标题、数据，即可绘制水平堆叠柱状图，最后导出图像，其语法格式如下：

```
import pygal
view1 = pygal.HorizontalStackedBar()                    # 创建水平柱状图对象
view1.title = str1                                      # 给柱状图添加标题
view1.add(str2,data)                                    # 给柱状图添加绘制数据
view1.render_to_file(str3)                              # 导出水平柱状图
```

其中，str1 表示用于设置标题的字符串数据；str2 表示用于描述数据的字符串文字；data 表示用于绘图的数据，即数组；str3 表示保存图像名字和路径的字符串数据。

【实例 12-8】 地产销售公司 A 上半年的销售数量为[10,30,15,25,12,7]，去年同期的销售数量为[15,35,20,30,17,10]。根据销售数据绘制水平堆叠柱状图，代码如下：

```
# === 第 12 章 代码 12-8.py === #
from pygal import *

view1 = HorizontalStackedBar()
view1.title = '销售数量'
y1 = [10,30,15,25,12,7]
y2 = [15,35,20,30,17,10]
view1.add('去年',y2)
view1.add('今年',y1)
view1.x_title = '数量'                                  # 添加 x 轴标题
view1.y_title = '月份'                                  # 添加 y 轴标题
view1.render_to_file('D:\\practice\\12-8.svg')
```

运行代码绘制的图像如图 12-11 所示。

12.3.5 直方图

在 Pygal 模块中，可以使用 pygal.Histogram()绘制直方图，直方图是一种特殊的柱状图，绘制直方图的坐标需要 3 个数据坐标，分别是纵坐标的高度、横坐标的开始坐标、横坐标的结束坐标。

绘制直方图首先使用函数 pygal.Histogram()创建直方图对象，然后给该对象添加标题、数据，即可绘制直方图，最后导出图像，其语法格式如下：

```
import pygal
view1 = pygal.Histogram()                               # 创建水平直方图对象
view1.title = str1                                      # 给柱状图添加标题
view1.add(str2,data)                                    # 给柱状图添加绘制数据
view1.render_to_file(str3)                              # 导出直方图
```

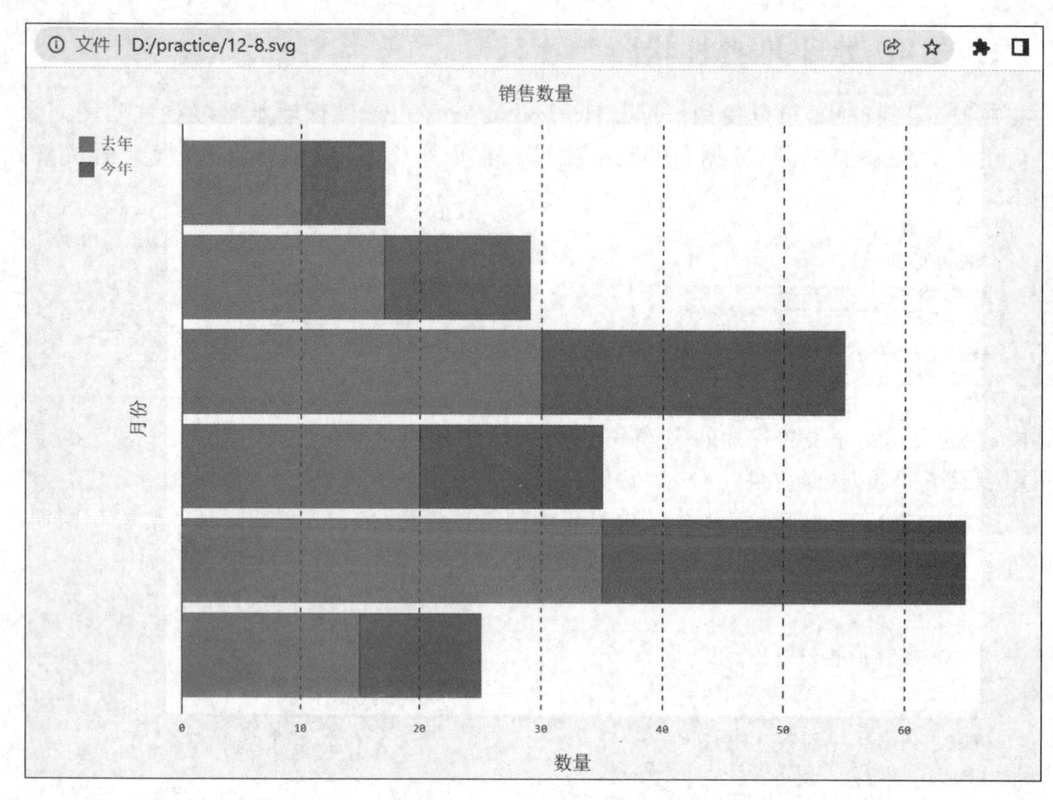

图 12-11　运行代码 12-8.py 绘制的水平堆叠柱状图

其中，str1 表示用于设置标题的字符串数据；str2 表示用于描述数据的字符串文字；data 表示用于绘图的一组数据，数组的元素由元组构成，每个元组包含 3 个元素，分别是纵坐标的高度、横坐标的开始坐标、横坐标的结束坐标；str3 表示保存图像名字和路径的字符串数据。

【实例 12-9】 宽直方图的坐标数据是[(4,0,10),(4,5,13),(2,0,16)]，窄直方图的坐标数据是[(9,1,2),(12,4,4.6),(8,10,13)]。在同一图像中同时绘制宽直方图和窄直方图，代码如下：

```
# === 第 12 章 代码 12-9.py === #
from pygal import *

view1 = Histogram()
view1.title = '直方图'
view1.add('宽直条',[(4,0,10),(4,5,13),(2,0,16)])
view1.add('窄直条',[(9,1,2),(12,4,4.6),(8,10,13)])
view1.render_to_file('D:\\practice\\12-9.svg')
```

运行代码绘制的图像如图 12-12 所示。

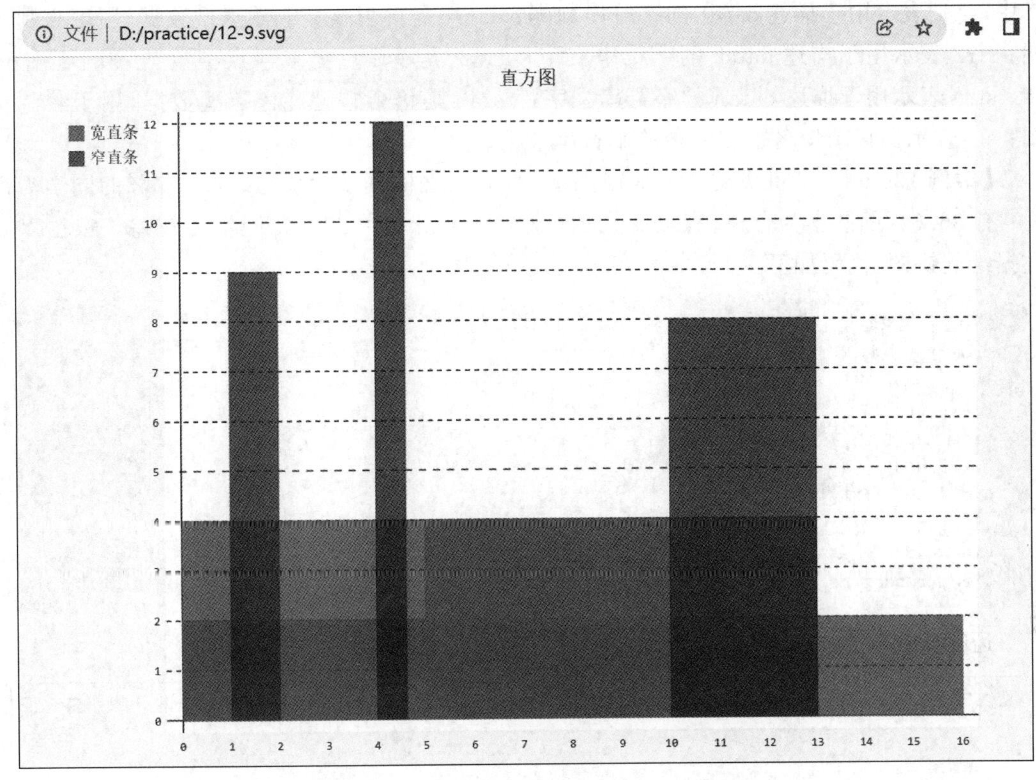

图 12-12 运行代码 12-9.py 绘制的直方图

12.4 饼图

Pygal 模块是 Python 的绘图库,应用该模块不仅可以绘制折线图、柱状图,还可以绘制不同类型的饼图。

相比于 Matplotlib 模块,Pygal 模块中的函数参数更简单,易于理解。

12.4.1 简单饼图

在 Pygal 模块中,可以使用 pygal.Pie()创建饼图对象,然后给该对象添加简单数据,即可绘制简单饼图,最后导出图像,其语法格式如下:

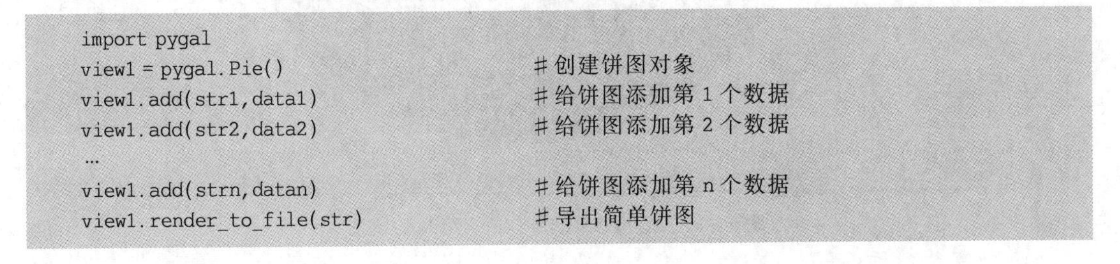

```
import pygal
view1 = pygal.Pie()                    #创建饼图对象
view1.add(str1,data1)                  #给饼图添加第 1 个数据
view1.add(str2,data2)                  #给饼图添加第 2 个数据
…
view1.add(strn,datan)                  #给饼图添加第 n 个数据
view1.render_to_file(str)              #导出简单饼图
```

其中,str1 表示用于描述 data1 的字符串数据;data1 是单个整型或浮点型数据,用于绘制饼图;str2 表示用于描述 data2 的字符串文字;data2 是单个整型或浮点型数据,用于绘制饼图;strn 表示用于描述 datan 的字符串文字;datan 是单个整型或浮点型数据,用于绘制饼图;str 表示保存图像名字和路径的字符串数据。

【实例 12-10】 某班级的体育成绩如下,有 19.5%的同学为优秀,有 36.6%的同学为良好;有 36.3%的同学为合格,有 4.5%的同学为不合格,有 2.3%的同学为较差。根据以上数据绘制饼图,代码如下:

```
# === 第 12 章 代码 12-10.py === #
from pygal import *

view1 = Pie()
view1.add('优秀',19.5)
view1.add('良好',36.6)
view1.add('合格',36.3)
view1.add('不合格',4.5)
view1.add('较差',2.3)
view1.render_to_file('D:\\practice\\12-10.svg')
```

运行代码绘制的图像如图 12-13 所示。

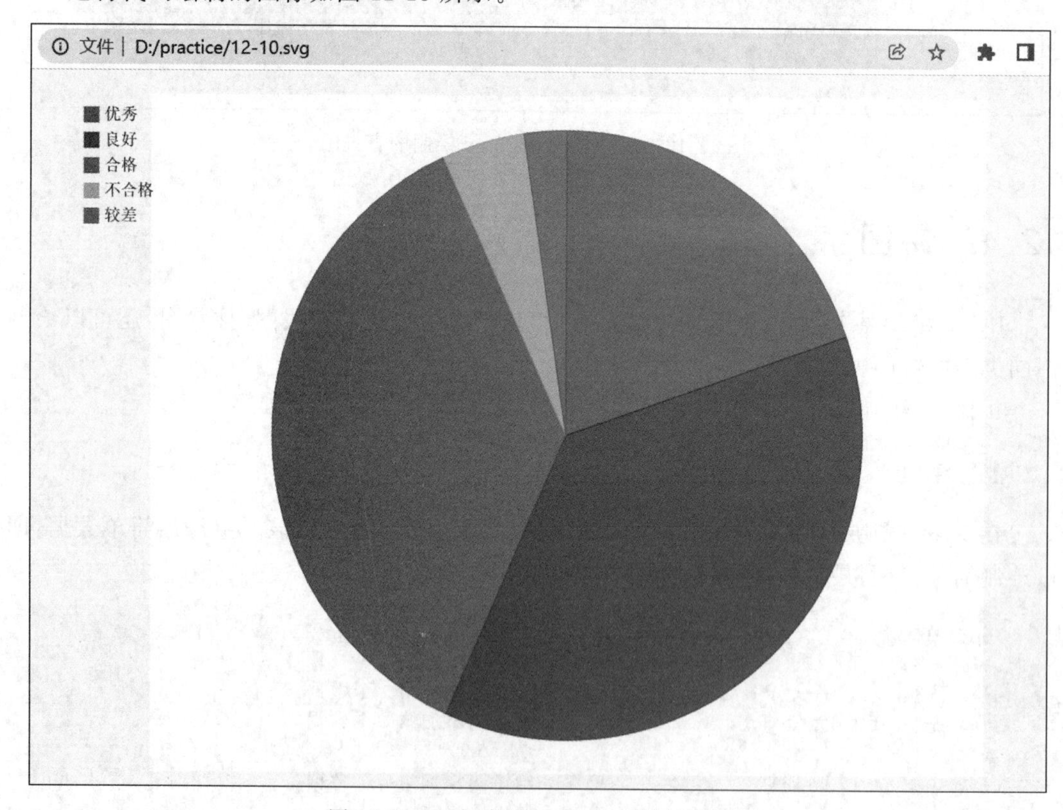

图 12-13 运行代码 12-10.py 绘制的饼图

12.4.2 多级饼图

在 Pygal 模块中，可以使用 pygal. Pie()创建饼图对象，然后给该对象添加复杂数据，即可绘制多级饼图，最后导出图像，其语法格式如下：

```
import pygal
view1 = pygal.Pie()                    #创建饼图对象
view1.add(str1,data1)                  #给饼图添加第 1 组数据
view1.add(str2,data2)                  #给饼图添加第 2 组数据
…
view1.add(strn,datan)                  #给饼图添加第 n 组数据
view1.render_to_file(str)              #导出多级饼图
```

其中，str1 表示用于描述 data1 的字符串数据；str2 表示用于描述 data2 的字符串文字；data1、data2、datan 是元素个数相同的数组，用于绘制多级饼图；str 表示保存图像名字和路径的字符串数据。

【实例 12-11】 某公司的产品分为 A、B、C 三个等级，这个月生产了两批产品，这两批产品中 A、B、C 三个等级的产品数量分别为[30,56,15]、[26,37,35]。根据两批产品的数据绘制多级饼图，代码如下：

```
# === 第 12 章 代码 12-11.py === #
from pygal import *

view1 = Pie()
view1.add('A 等级',[30,26])
view1.add('B 等级',[56,37])
view1.add('C 等级',[15,35])
view1.render_to_file('D:\\practice\\12-11.svg')
```

运行代码绘制的图像如图 12-14 所示。

12.4.3 圆环图

在 Pygal 模块中，可以使用 pygal. Pie(inner_radius＝xx)创建圆环图对象，然后给该对象添加简单数据，即可绘制圆环图，最后导出图像，其语法格式如下：

```
import pygal
view1 = pygal.Pie(inner_radius = xx)   #创建圆环图对象
view1.add(str1,data1)                  #给圆环图添加第 1 个数据
view1.add(str2,data2)                  #给圆环图添加第 2 个数据
…
view1.add(strn,datan)                  #给圆环图添加第 n 个数据
view1.render_to_file(str)              #导出圆环图
```

其中，xx 表示 0～1 的浮点型数据；str1 表示用于描述 data1 的字符串数据；data1 是单个整型或浮点型数据，用于绘制圆环图；str2 表示用于描述 data2 的字符串文字；data2 是

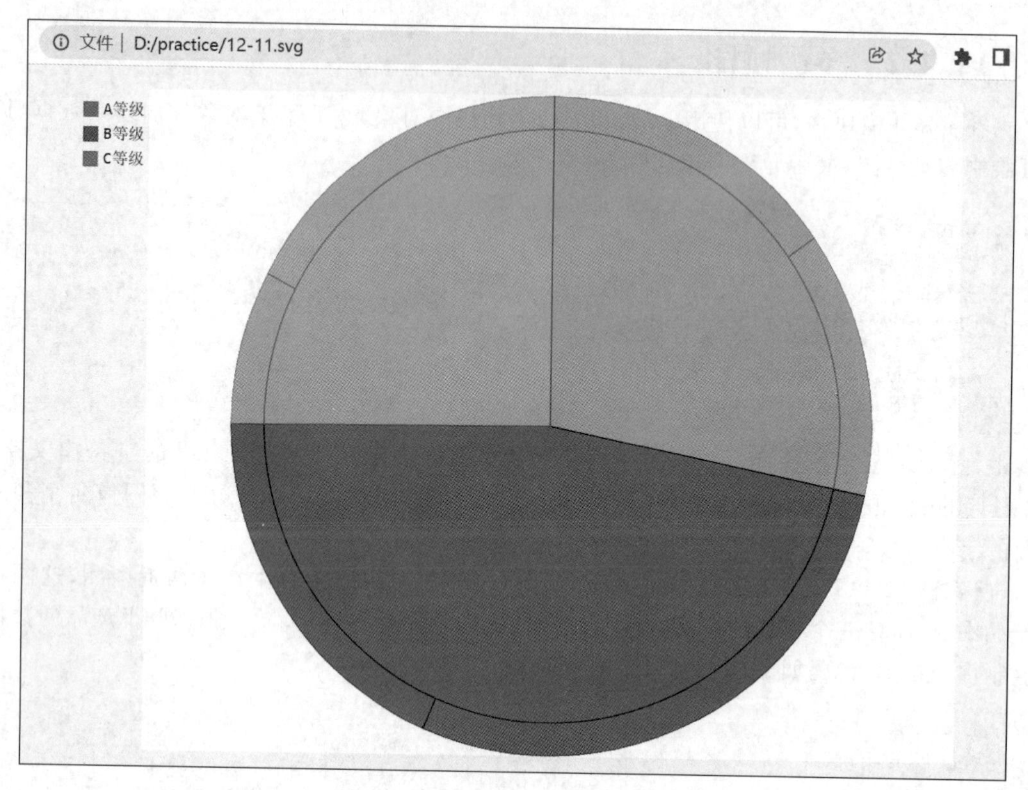

图 12-14　运行代码 12-11.py 绘制的饼图

单个整型或浮点型数据,用于绘制圆环图；strn 表示用于描述 datan 的字符串文字；datan 是单个整型或浮点型数据,用于绘制圆环图；str 表示保存图像名字和路径的字符串数据。

【实例 12-12】 某班级的体育成绩如下,有 19.5%的同学为优秀,有 36.6%的同学为良好；有 36.3%的同学为合格,有 4.5%的同学为不合格,有 2.3%的同学为较差。根据以上数据绘制圆环图,代码如下：

```
# === 第 12 章 代码 12 - 12.py === #
from pygal import *

view1 = Pie(inner_radius = 0.6)
view1.title = '体育成绩圆环图'
view1.add('优秀',19.5)
view1.add('良好',36.6)
view1.add('合格',36.3)
view1.add('不合格',4.5)
view1.add('较差',2.3)
view1.render_to_file('D:\\practice\\12 - 12.svg')
```

运行代码绘制的图像如图 12-15 所示。

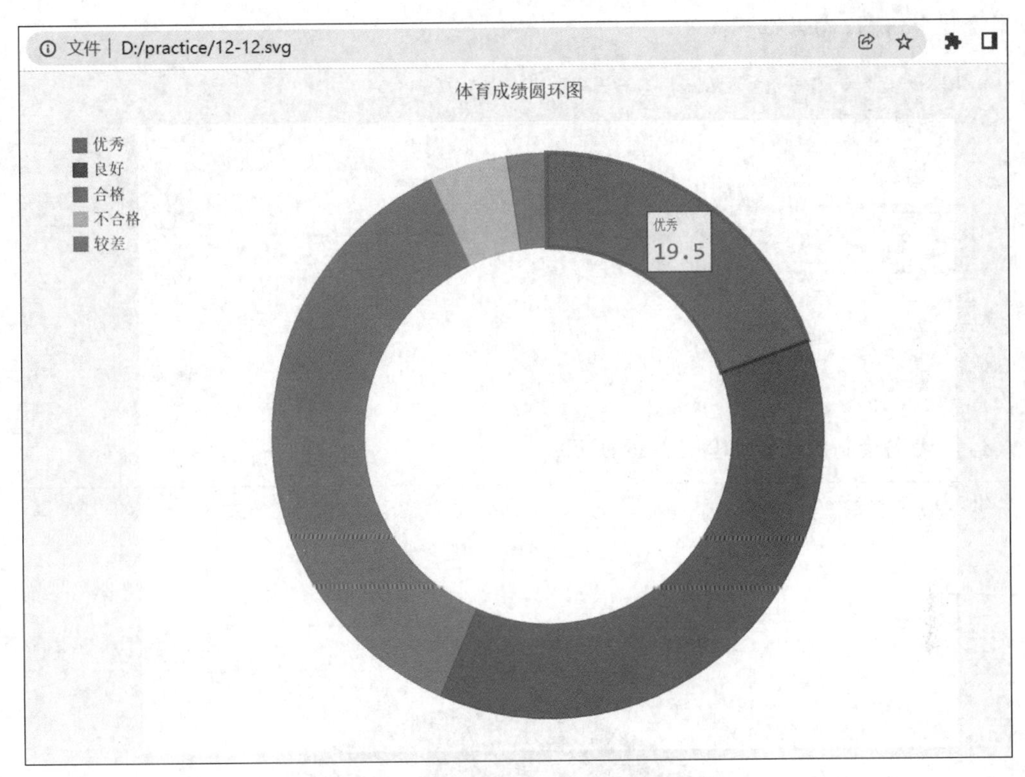

图 12-15　运行代码 12-12.py 绘制的圆环图

12.4.4　半饼图

在 Pygal 模块中，可以使用 pygal.Pie(half_pie=True)创建半饼图对象，然后给该对象添加简单数据，即可绘制半饼图，最后导出图像，其语法格式如下：

```
import pygal
view1 = pygal.Pie(half_pie = True)          #创建半饼图对象
view1.add(str1,data1)                       #给半饼图添加第 1 个数据
view1.add(str2,data2)                       #给半饼图添加第 2 个数据
…
view1.add(strn,datan)                       #给半饼图添加第 n 个数据
view1.render_to_file(str)                   #导出半饼图
```

其中，str1 表示用于描述 data1 的字符串数据；data1 是单个整型或浮点型数据，用于绘制半饼图；str2 表示用于描述 data2 的字符串文字；data2 是单个整型或浮点型数据，用于绘制半饼图；strn 表示用于描述 datan 的字符串文字；datan 是单个整型或浮点型数据，用于绘制半饼图；str 表示保存图像名字和路径的字符串数据。

【实例 12-13】 某班级的体育成绩如下，有 19.5%的同学为优秀，有 36.6%的同学为良好；有 36.3%的同学为合格，有 4.5%的同学为不合格，有 2.3%的同学为较差。根据以上

数据绘制半饼图,代码如下:

```
# === 第 12 章 代码 12 - 13.py === #
from pygal import *

view1 = Pie(half_pie = True)
view1.title = '体育成绩半饼图'
view1.add('优秀',19.5)
view1.add('良好',36.6)
view1.add('合格',36.3)
view1.add('不合格',4.5)
view1.add('较差',2.3)
view1.render_to_file('D:\\practice\\12 - 13.svg')
```

运行代码绘制的图像如图 12-16 所示。

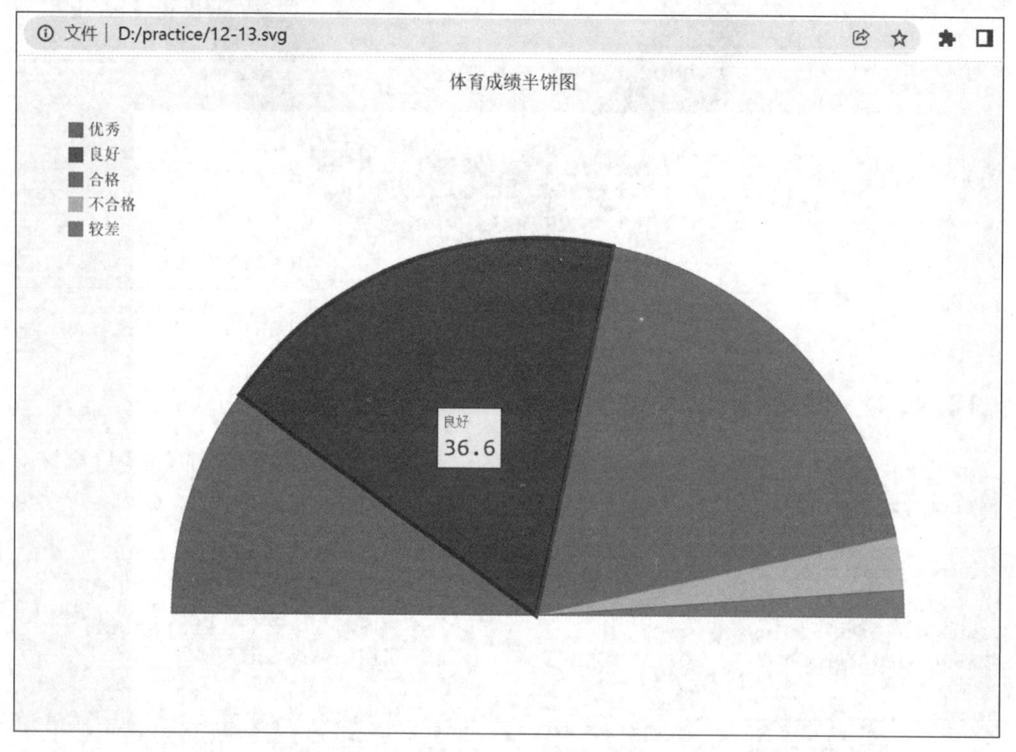

图 12-16　运行代码 12-13.py 绘制的半饼图

12.5　其他类型的图像

Pygal 模块是 Python 的绘图库,应用该模块不仅可以绘制折线图、柱状图、饼图,还可以绘制其他类型的图像,包括散点图、雷达图、气泡图等。

相比于 Matplotlib 模块,Pygal 模块中的函数参数更简单,易于理解。

12.5.1　散点图

在 Pygal 模块中，可以使用 pygal. XY(stroke＝False)创建散点图对象，然后给该对象添加坐标数据，即可绘制散点图，最后导出图像，其语法格式如下：

```
import pygal
view1 = pygal.XY(stroke = False)                # 创建散点图对象
view1.add(str1,data1)                           # 给散点图添加一组数据
view1.render_to_file(str)                       # 导出简单散点图
```

其中，str1 表示用于描述 data1 的字符串数据；data1 表示用于绘制散点图的坐标数组；str 表示保存图像名字和路径的字符串数据。

【实例 12-14】 甲组测试的数据点分布是[(5,1),(4,6),(1,1.1),(1.3,1.1),(2,3.1),(2.4,2)]，乙组测试的数据点分布是[(1.5,1.6),(1.8,1.6),(1.5,1.8),(1.7,1.2),(2,2.2),(2.3,2)]，在同一图像下绘制甲组和乙组的散点图，代码如下：

```
# === 第 12 章 代码 12-14.py === #
from pygal import *

view1 = XY(stroke = False)
view1.title = '散点图'
a = [(5,1),(4,6),(1,1.1),(1.3,1.1),(2,3.1),(2.4,2)]
b = [(1.5,1.6),(1.8,1.6),(1.5,1.8),(1.7,1.2),(2,2.2),(2.3,2)]
view1.add('甲组',a)
view1.add('乙组',b)
view1.render_to_file('D:\\practice\\12-14.svg')
```

运行代码绘制的图像如图 12-17 所示。

【实例 12-15】 绘制正弦函数和余弦函数在[－6,6]区间上的散点图，代码如下：

```
# === 第 12 章 代码 12-15.py === #
from pygal import *
import numpy as np

view1 = XY(stroke = False)
view1.title = '三角函数散点图'
view1.add('正弦',[(x,np.sin(x)) for x in np.arange(-6,6,0.1)])
view1.add('余弦',[(x,np.cos(x)) for x in np.arange(-6,6,0.1)])
view1.render_to_file('D:\\practice\\12-15.svg')
```

运行代码绘制的图像如图 12-18 所示。

12.5.2　曲线图

在 Pygal 模块中，可以使用 pygal. XY()创建曲线图对象，然后给该对象添加坐标数据，即可绘制曲线图，最后导出图像，其语法格式如下：

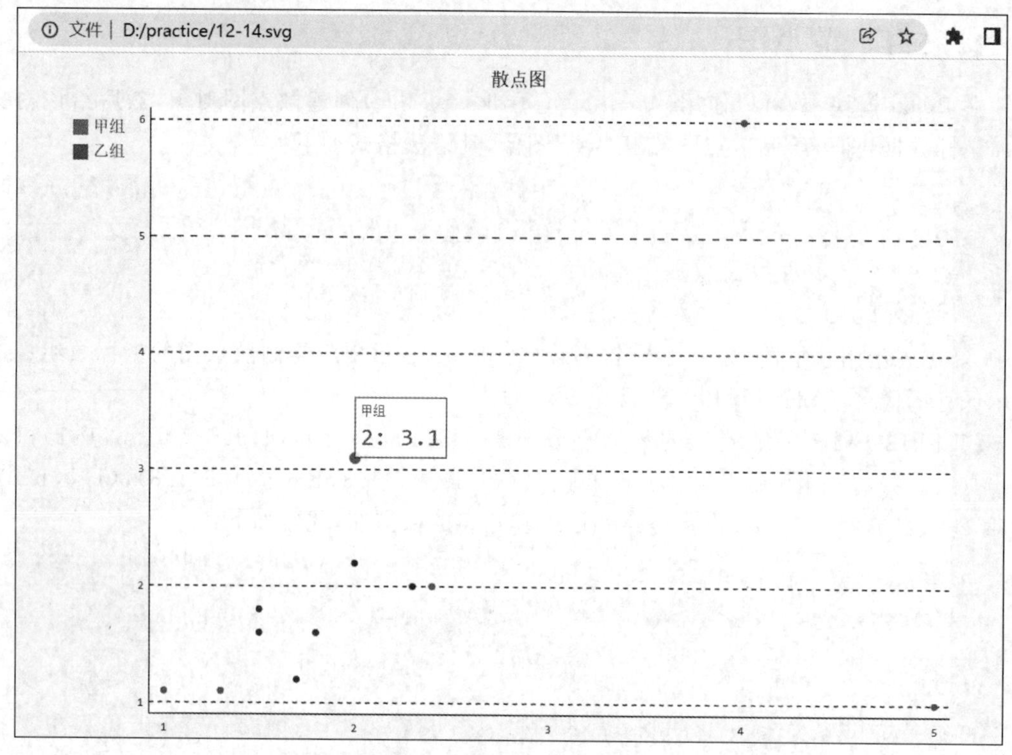

图 12-17　运行代码 12-14.py 绘制的散点图

```
import pygal
view1 = pygal.XY()                          # 创建曲线图对象
view1.add(str1,data1)                       # 给曲线图添加一组数据
view1.render_to_file(str)                   # 导出曲线图
```

其中，str1 表示用于描述 data1 的字符串数据；data1 表示用于绘制曲线图的坐标数组；str 表示保存图像名字和路径的字符串数据。

【实例 12-16】 绘制正弦函数和余弦函数在[−6,6]区间上的曲线图，代码如下：

```
# === 第 12 章 代码 12-16.py === #
from pygal import *
import numpy as np

view1 = XY()
view1.title = '三角函数图像'
view1.add('正弦',[(x,np.sin(x)) for x in np.arange(-6,6,0.1)])
view1.add('余弦',[(x,np.cos(x)) for x in np.arange(-6,6,0.1)])
view1.render_to_file('D:\\practice\\12-16.svg')
```

运行代码绘制的图像如图 12-19 所示。

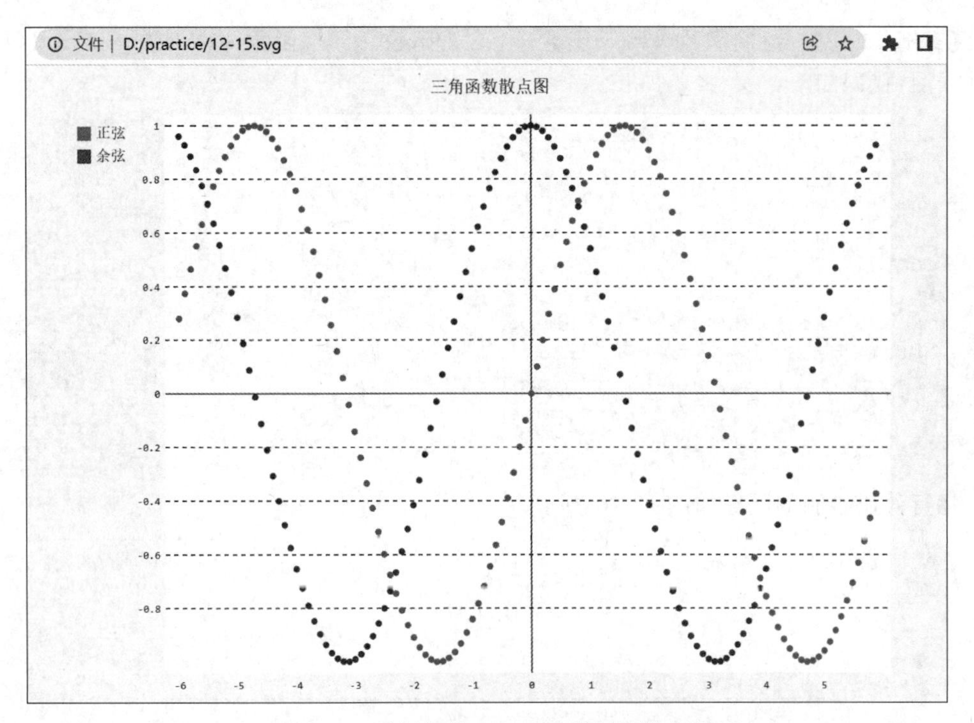

图 12-18 运行代码 12-15.py 绘制的散点图

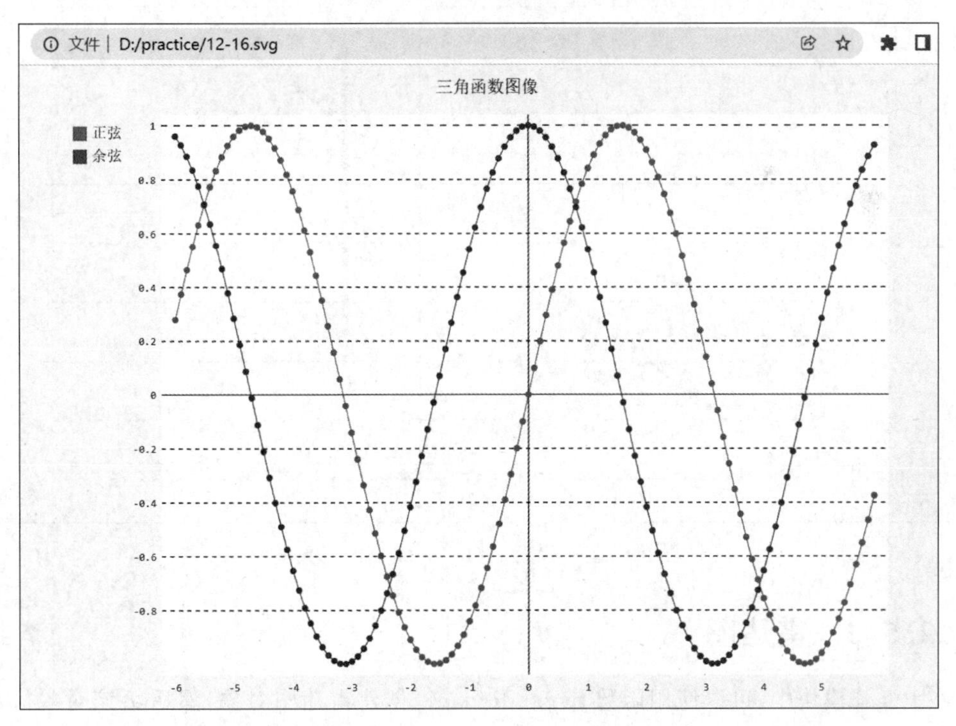

图 12-19 运行代码 12-16.py 绘制的曲线图

【实例 12-17】 绘制函数 $y=x$、函数 $y=2x$、函数 $x=1$、函数 $y=1$ 在[−5,5]区间上的曲线图,代码如下:

```
# === 第 12 章 代码 12 - 17.py === #
from pygal import *
import numpy as np

view1 = XY()
view1.title = '函数图像'
view1.add('y = x',[(x,x) for x in np.arange( - 5,5,0.2)])
view1.add('y = 2x',[(x,2 * x) for x in np.arange( - 5,5,0.2)])
view1.add('x = 1',[(1,y) for y in np.arange( - 5,5,0.2)])
view1.add('y = 1',[(x,1) for x in np.arange( - 5,5,0.2)])
view1.render_to_file('D:\\practice\\12 - 17.svg')
```

运行代码绘制的图像如图 12-20 所示。

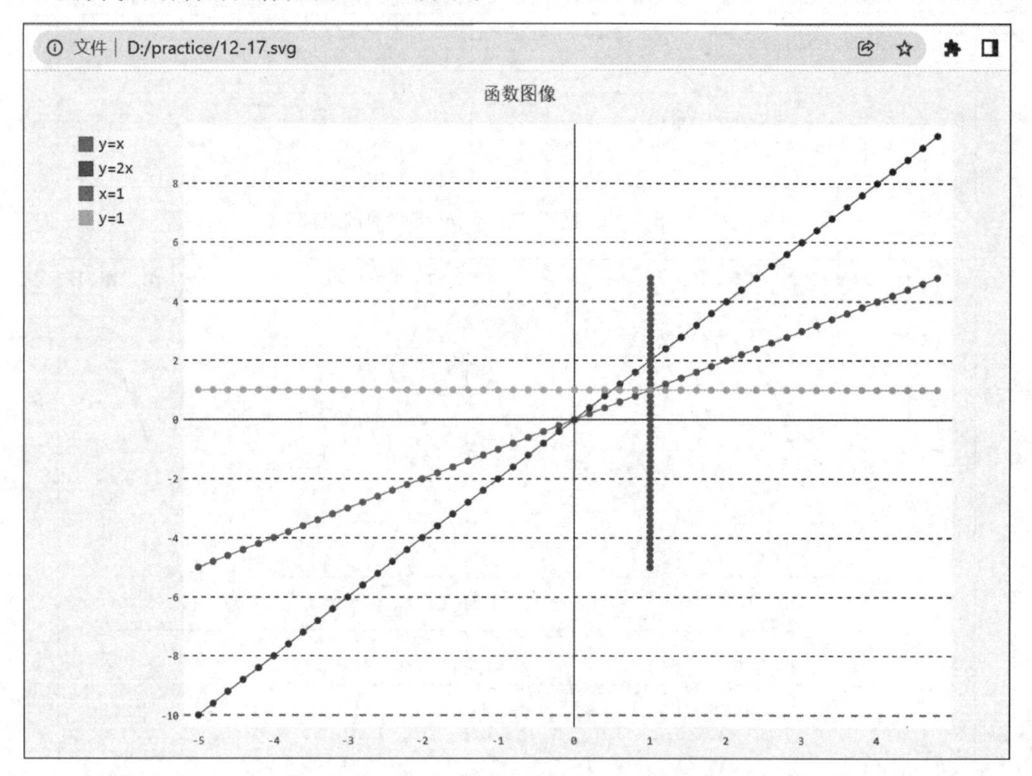

图 12-20 运行代码 12-17.py 绘制的函数图像

12.5.3 雷达图

在 Pygal 模块中,可以使用函数 pygal.Radar()创建雷达图对象,然后给该对象添加标题、数据,即可绘制雷达图,最后导出图像,其语法格式如下:

```
import pygal
view1 = pygal.Radar()                          #创建雷达图对象
view1.add(str1,data1)                          #给雷达图添加一组数据
view1.render_to_file(str)                      #导出雷达图
```

其中，str1 表示用于描述 data1 的字符串数据；data1 表示用于绘制雷达图的数组；str 表示保存图像名字和路径的字符串数据。

【实例 12-18】 某公司在旺季的销售数据为[31,36.4,45.5,46.3,42.8,37.1]，在淡季的销售数据为[0,3.9,10.8,23.8,35.3,31.6]。根据销售数据绘制雷达图，代码如下：

```
# === 第 12 章 代码 12-18.py === #
from pygal import *

view1 = Radar()
view1.title = '销售雷达图'
view1.add('旺季',[31,36.4,45.5,46.3,42.8,37.1])
view1.add('淡季',[0,3.9,10.8,23.8,35.3,31.6])
view1.render_to_file('D:\\practice\\12-18.svg')
```

运行代码绘制的图像如图 12-21 所示。

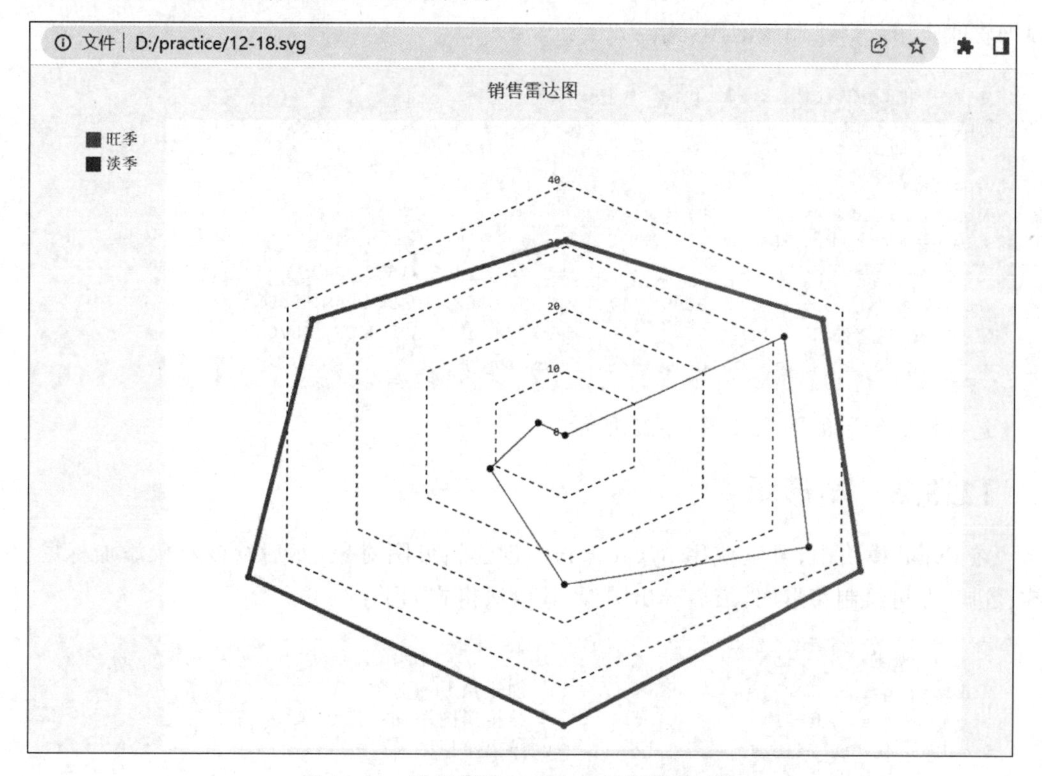

图 12-21　运行代码 12-18.py 绘制的雷达图

12.5.4 气泡图

在Pygal模块中,可以使用函数pygal.Dot()创建气泡图对象,然后给该对象添加标题、标签、数据,即可绘制气泡图,最后导出图片,其语法格式如下:

```
import pygal
view1 = pygal.Dot()                      #创建气泡图对象
view1.add(str1,data1)                    #给气泡图添加一组数据
view1.render_to_file(str)                #导出气泡图图片
```

其中,str1表示用于描述data1的字符串数据;data1表示用于绘制气泡图的数组;str表示保存图片名字和路径的字符串数据。

气泡图对于检查特定的数据趋势或聚类模式很有帮助。正数和负数都可以绘制气泡图,只是负数绘制的气泡图没有颜色填充。

【实例12-19】 某软件公司制作了三款软件A、B、C,这三款软件分别交给甲、乙、丙、丁、戊、己、庚、辛用户群进行应用测试,软件A的应用数据是[-6396, 8213, 7521, 7219, 12463, 1662, 2125, 8606],软件B的应用数据是[7474, 8098, 11701, 2653, 6362, 1045, 3798, 9451],软件C的应用数据是[3474, 2932, 4207, 5228, 5811, 1829, 9012, 4670]。根据软件应用数据绘制气泡图,代码如下:

```
# === 第12章 代码12-19.py === #
from pygal import *

view1 = Dot()
view1.title = '用户使用数据'
view1.x_labels = ['甲', '乙', '丙', '丁', '戊', '己', '庚', '辛']
view1.add('软件A', [-6396, 8213, 7521, 7219, 12463, 1662, 2125, 8606])
view1.add('软件B', [7474, 8098, 11701, 2653, 6362, 1045, 3798, 9451])
view1.add('软件C', [3474, 2932, 4207, 5228, 5811, 1829, 9012, 4670])
view1.render_to_file('D:\\practice\\12-19.svg')
```

运行代码绘制的图像如图12-22所示。

12.5.5 箱形图

在Pygal模块中,可以使用pygal.Box()创建箱形图对象,然后给该对象添加标题、标签、数据,即可绘制箱形图,最后导出图像,其语法格式如下:

```
import pygal
view1 = pygal.Box()                      #创建箱形图对象
view1.add(str1,data1)                    #给箱形图添加一组数据
view1.render_to_file(str)                #导出箱形图
```

其中,str1表示用于描述data1的字符串数据;data1表示用于绘制箱形图的数组;str表示

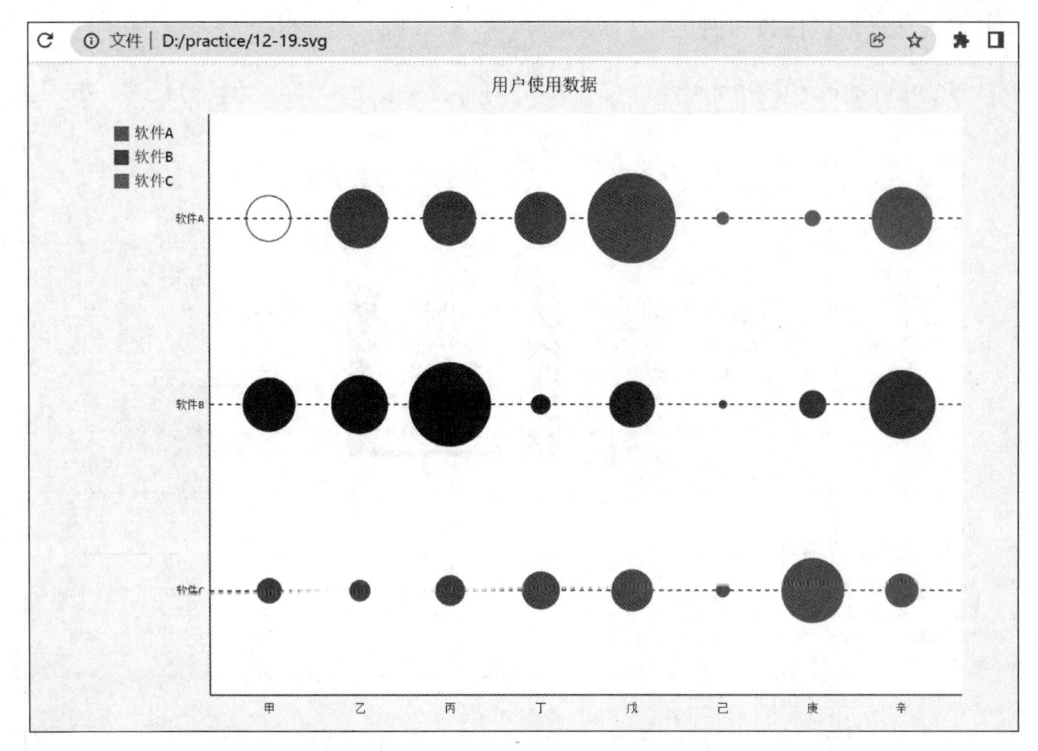

图 12-22 运行代码 12-19.py 绘制的气泡图

保存图像名字和路径的字符串数据。

箱形图也称为盒形图，箱形图会返回5个数据，即数组的最小值(min)、最大值(max)、中位数(Q2)、第一四分位数(Q1)和第三四分位数(Q3)。默认情况下，可以绘制一个显示数据集极值的箱形图，箱形图从Q1到Q3，中间的线代表给定数组的中值。

【实例 12-20】 某软件公司制作了三款软件A、B、C，这三款软件分别交给甲、乙、丙、丁、戊、己、庚、辛用户群进行应用测试，软件A的应用数据是[－6396，8213，7521，7219，12463，1662，2125，8606]，软件B的应用数据是[7474，8098，11701，2653，6362，1045，3798，9451]，软件C的应用数据是[3474，2932，4207，5228，5811，1829，9012，4670]。根据软件应用数据绘制箱形图，代码如下：

```
# === 第 12 章 代码 12 - 20.py === #
from pygal import *

view1 = Box()
view1.title = '用户使用数据'
view1.add('软件 A', [ - 6396, 8213, 7521, 7219, 12463, 1662, 2125, 8606])
view1.add('软件 B', [7474, 8098, 11701, 2653, 6362, 1045, 3798, 9451])
view1.add('软件 C', [3474, 2932, 4207, 5228, 5811, 1829, 9012, 4670])
view1.render_to_file('D:\\practice\\12 - 20.svg')
```

运行代码绘制的图像如图 12-23 所示。

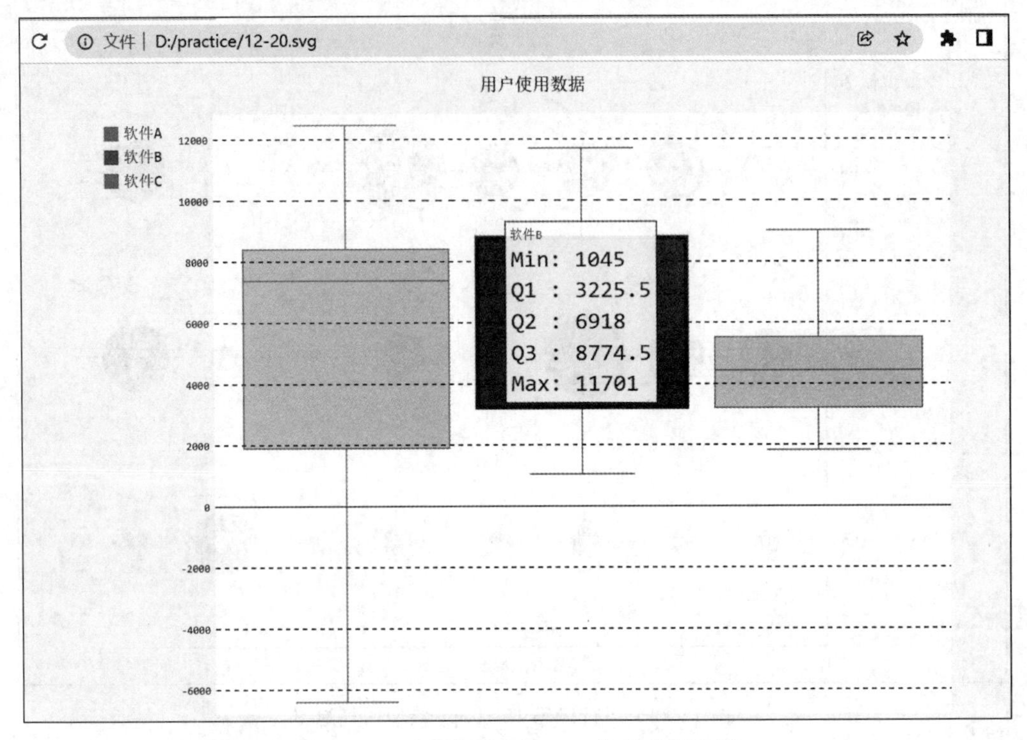

图 12-23　运行代码 12-20.py 绘制的箱形图

12.5.6　漏斗图

在 Pygal 模块中,可以使用 pygal.Funnel()创建漏斗图对象,然后给该对象添加标题、数据,即可绘制漏斗图,最后导出图像,其语法格式如下:

```
import pygal
view1 = pygal.Funnel()                    #创建漏斗图对象
view1.add(str1,data1)                     #给漏斗图添加一组数据
view1.render_to_file(str)                 #导出漏斗图
```

其中,str1 表示用于描述 data1 的字符串数据；data1 表示用于绘制漏斗图的数组；str 表示保存图像名字和路径的字符串数据。

漏斗图是表示任何过程的阶段的一种很好的方式,将鼠标放置在漏斗图上会显示相应的数据。

【实例 12-21】 某软件公司制作了三款软件 A、B、C,这三款软件分别交给甲、乙、丙、丁、戊、己、庚、辛用户群进行应用测试,软件 A 的应用数据是[3000, 8213, 7521, 7219, 12463, 1662, 2125, 8606],软件 B 的应用数据是[7474, 8098, 11701, 2653, 6362, 1045, 3798, 9451],软件 C 的应用数据是[3474, 2932, 4207, 5228, 5811, 1829, 9012, 4670]。

根据软件应用数据绘制漏斗图，代码如下：

```
# === 第 12 章 代码 12-21.py === #
from pygal import *

view1 = Funnel()
view1.title = '用户使用数据'
view1.add('软件 A', [3000, 8213, 7521, 7219, 12463, 1662, 2125, 8606])
view1.add('软件 B', [7474, 8098, 11701, 2653, 6362, 1045, 3798, 9451])
view1.add('软件 C', [3474, 2932, 4207, 5228, 5811, 1829, 9012, 4670])
view1.render_to_file('D:\\practice\\12-21.svg')
```

运行代码绘制的图像如图 12-24 所示。

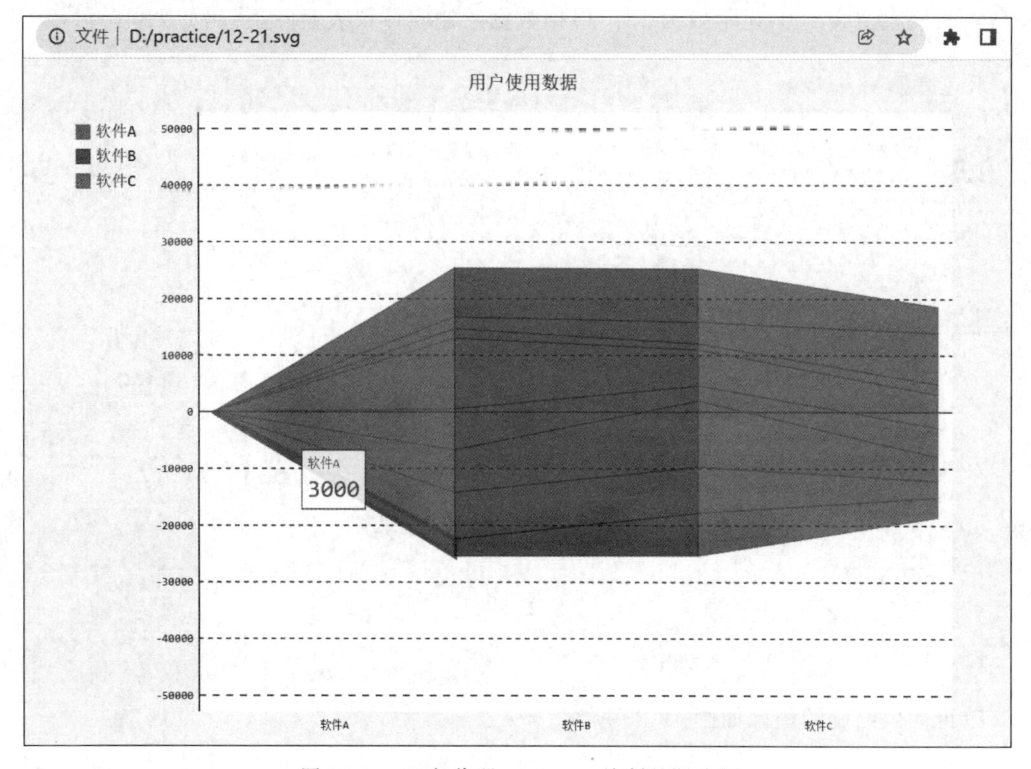

图 12-24　运行代码 12-21.py 绘制的漏斗图

12.5.7　实体仪表盘图

在 Pygal 模块中，可以使用 pygal.SolidGauge(inner_radius＝xx)创建实体仪表盘图对象，然后给该对象添加标题、数据，即可绘制实体仪表盘图，最后导出图像，其语法格式如下：

```
import pygal
view1 = pygal.SolidGauge(inner_radius = xx, formatter = yy)      # 创建仪表盘图对象
view1.value_formatter = zz                                       # 设置仪表盘数字显示格式
```

```
view1.add(str1,data1)                        #给仪表盘图添加一组数据
view1.render_to_file(str)                    #导出仪表盘图
```

其中,inner_radius 用于设置圆环内空圆的半径; formatter 用于设置仪表盘数字显示的格式; str1 表示用于描述 data1 的字符串数据; data1 表示用于绘制实体仪表盘图的数组,数组元素是字典格式的数据; str 表示保存图像名字和路径的字符串数据。

实体仪表盘图是最受欢迎的角度仪表盘图之一,用于模拟现实世界的仪表盘,可以将一个范围内的数字可视化,使其一目了然。

【实例 12-22】 某仪器有 4 个表盘,表盘 1 的最大值为 12700,显示值为 22000; 表盘 2 的最大值为 100,显示值为 109; 表盘 3 的显示值为 5; 表盘 3 的最大值为 100,显示值为 52; 表盘 4 的最大值为 100,显示值为 13。根据数据绘制实体仪表盘图,代码如下:

```
# === 第 12 章 代码 12 - 22.py === #
from pygal import *

view1 = SolidGauge(inner_radius = 0.7)
#创建百分比显示格式
percent_form = lambda x: '{:.10g} % '.format(x)
#创建数字显示格式
dol_form = lambda x: '{:.10g}'.format(x)
#设置百分比显示格式
view1.value_formatter = percent_form
view1.add('表盘 1', [{'value': 22000, 'max_value': 127000}]
,formatter = dol_form)
view1.add('表盘 2', [{'value': 109, 'max_value': 100}])
view1.add('表盘 3', [{'value': 5}])
view1.add(
    '表盘 4', [
        {'value': 52, 'max_value': 100},
        {'value': 13, 'max_value': 100}])
view1.render_to_file('D:\\practice\\12 - 22.svg')
```

运行代码绘制的图像如图 12-25 所示。

12.5.8 仪表盘图

在 Pygal 模块中,可以使用 pygal.Gauge()创建仪表盘图对象,然后给该对象添加标题、数据,即可绘制仪表盘图,最后导出图像,其语法格式如下:

```
import pygal
view1 = pygal.Gauge()                        #创建仪表盘图对象
view1.range = zz                             #设置仪表盘的范围
view1.add(str1,data1)                        #给仪表盘图添加一个数据
view1.render_to_file(str)                    #导出仪表盘图
```

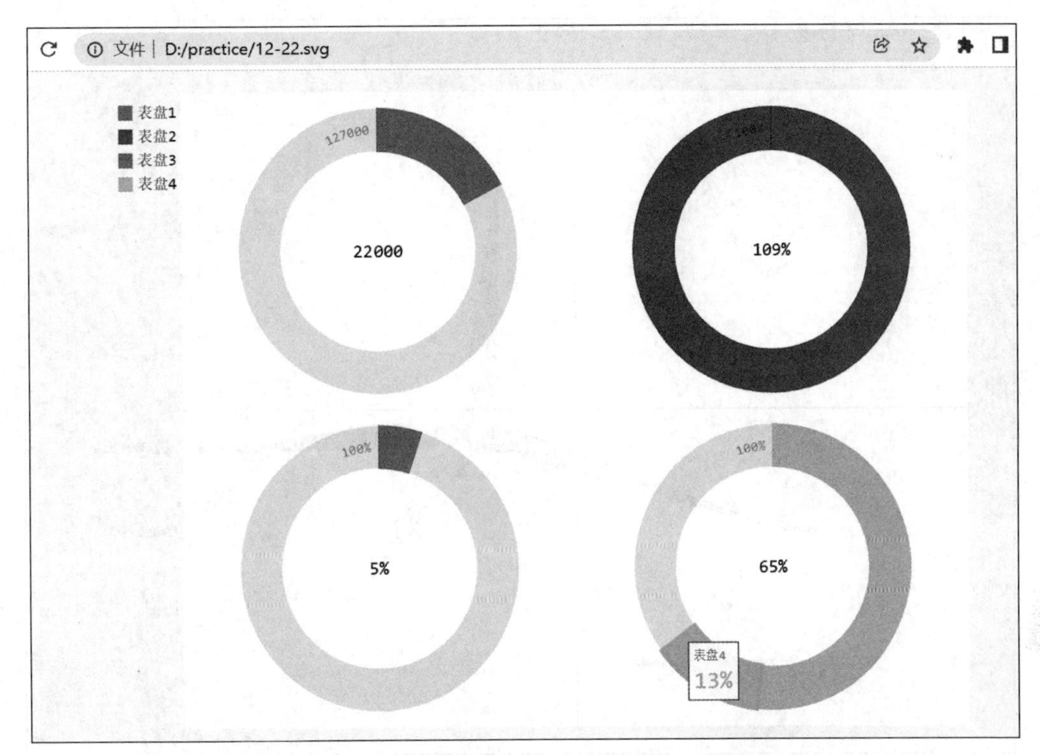

图 12-25 运行代码 12-22.py 绘制的实体仪表盘图

其中,str1 表示用于描述 data1 的字符串数据; data1 表示用于绘制仪表盘图的数组,数组元素是字典格式的数据; str 表示保存图像名字和路径的字符串数据。

仪表盘图是一种最常用于具有定量背景的单一数据值的图,用于跟踪关键绩效指标 KPI 的进展。

【实例 12-23】 某公司的关键绩效指标有 4 个数据 X、Y、Z、U,员工甲的数据分别是[8219,14001,2953,56]。根据数据绘制仪表盘图,代码如下:

```
# === 第 12 章 代码 12 - 23.py === #
from pygal import *

view1 = Gauge()
view1.title = '仪表盘'
view1.range = [0, 16000]
view1.add('X', 8219)
view1.add('Y', 14001)
view1.add('Z', 2953)
view1.add('U',56)
view1.render_to_file('D:\\practice\\12 - 23.svg')
```

运行代码绘制的图像如图 12-26 所示。

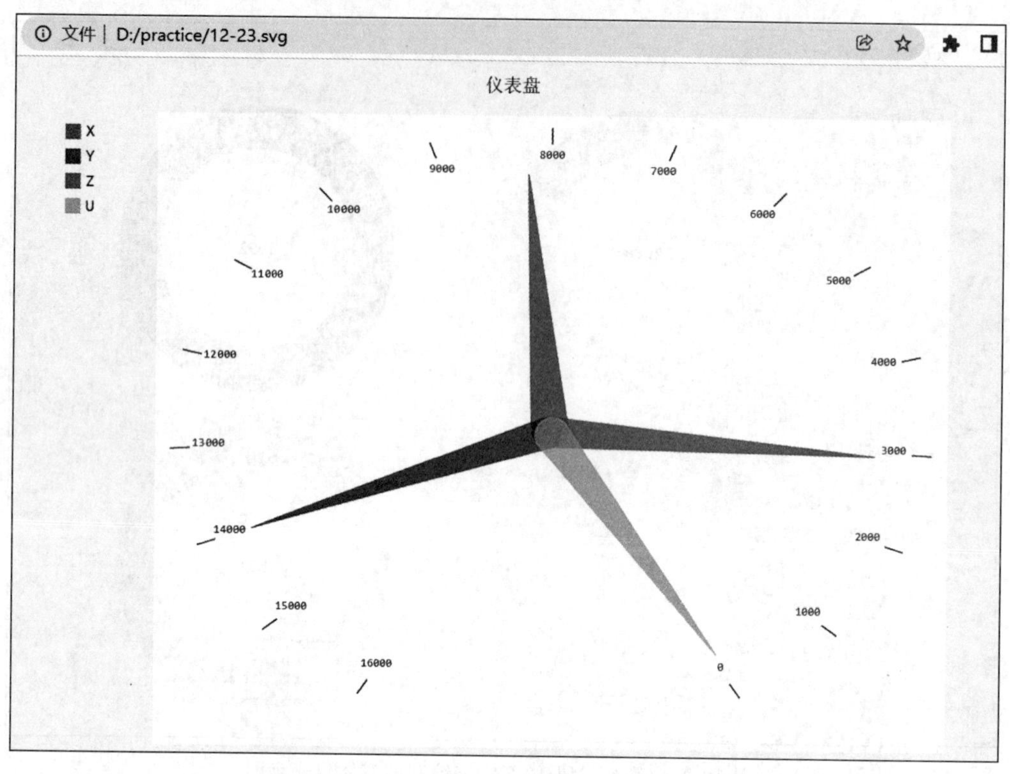

图 12-26 运行代码 12-23.py 绘制的仪表盘图

12.5.9 树形图

在 Pygal 模块中,可以使用 pygal.Treemap()创建树形图对象,然后给该对象添加标题、数据,即可绘制树形图,最后导出图像,其语法格式如下:

```
import pygal
view1 = pygal.Treemap()                    # 创建树形图对象
view1.add(str1,data1)                      # 给仪表盘图添加一组数据
view1.render_to_file(str)                  # 导出树形图
```

其中,str1 表示用于描述 data1 的字符串数据;data1 表示用于绘制树形图的数组;str 表示保存图像名字和路径的字符串数据。

树状图是一个重要的图表,它提供了一个分层的数据视图,经常显示销售数据

【实例 12-24】 某房产销售公司有甲、乙、丙、丁四名员工,甲的销售数据为[1, 2, 11, 3, 2, 2, 1, 2, 11, 2 , 3, 8],乙的销售数据为[5, 3, 6, 11, 4, 5, 3, 8, 5, 0, 9, 4, 2],丙的销售数据为[4, 9, 4, 4, 6, 4, 4, 6, 5, 13],丁的销售数据为[24, 19]。根据数据绘制树形图,代码如下:

```
# === 第 12 章 代码 12-24.py === #
from pygal import *
```

```
view1 = Treemap()
view1.title = '销售树形图'
view1.add('甲', [1, 2, 11, 3, 2, 2, 1, 2, 11, 2 , 3, 8])
view1.add('乙', [5, 3, 6, 11, 4, 5, 3, 8, 5, 0, 9, 4, 2])
view1.add('丙', [4, 9, 4, 4, 6, 4, 4, 6, 5, 13])
view1.add('丁', [24, 19])
view1.render_to_file('D:\\practice\\12-24.svg')
```

运行代码绘制的图像如图 12-27 所示。

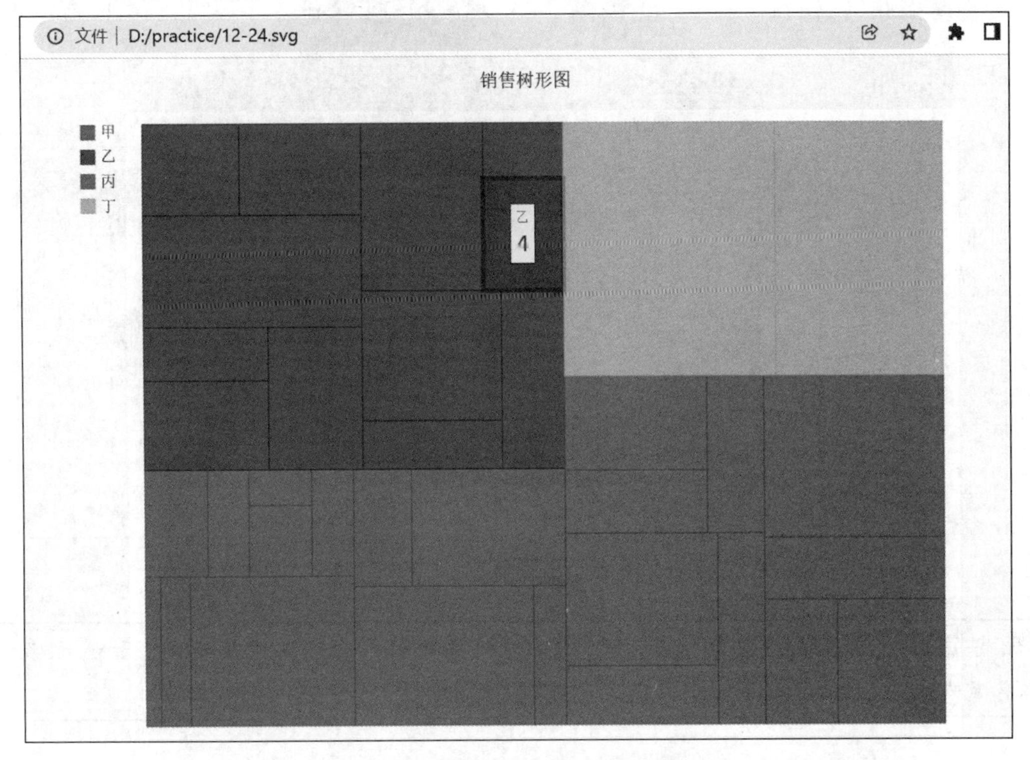

图 12-27 运行代码 12-24.py 绘制的树形图

12.5.10 金字塔图

在 Pygal 模块中，可以使用 pygal.Pyramid()创建金字塔图对象，然后给该对象添加标题、数据，即可绘制金字塔图，最后导出图像，其语法格式如下：

```
import pygal
view1 = pygal.Pyramid()                    #创建金字塔图对象
view1.add(str1,data1)                      #给金字塔图添加一组数据
view1.render_to_file(str)                  #导出金字塔图
```

其中，str1 表示用于描述 data1 的字符串数据；data1 表示用于绘制金字塔图的数组，数组元素是元组；str 表示保存图像名字和路径的字符串数据。

金字塔图常常用于绘制人口分布图,需要应用大量数据,例如绘制某国家的人口分布图如图 12-28 所示。

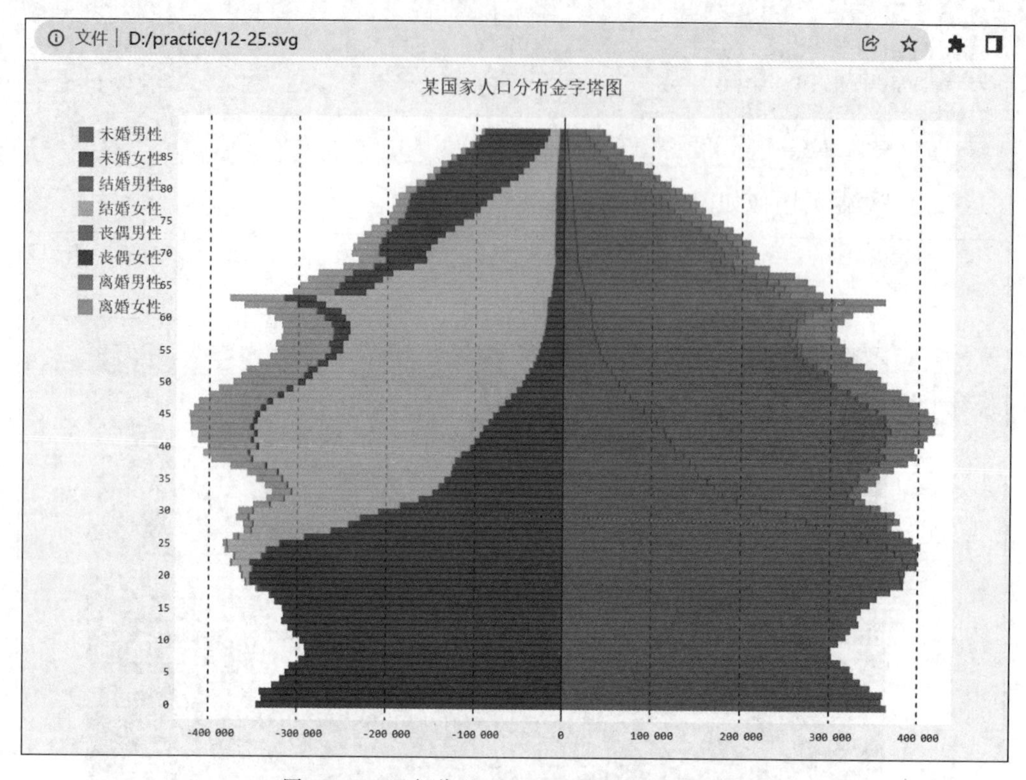

图 12-28 运行代码 12-25.py 绘制的金字塔图

注意:图 12-28 的左边表示女性人口,右边表示男性人口。由于代码 12-25.py 涉及的数据量太大,因此放置在本书的网络包中,有兴趣的读者可以下载、查看代码。

12.6 小结

本章列举了 Python 中的第三方绘图模块,介绍了各自的特点,重点介绍了 Pygal 模块的特点和应用。

本章介绍了安装 Pygal 模块,应用 Pygal 模块中的函数绘制不同类型的折线图、柱状图、饼图,以及对图像进行标记和设置。

本章介绍了使用 Pygal 模块绘制散点图、曲线图、雷达图、气泡图、箱形图、漏斗图、实体仪表盘图、树形图、金字塔图的方法。

细心的读者会发现,使用 Pygal 模块绘制图像采用了面向对象的设计思想,绘制图像有统一的流程:首先使用模块中的函数创建该类型的图像对象,其次给图像对象添加数据、标题、标签,最后导出绘制好的图像。

第四部分　办公自动化

第 13 章

基本文件操作

前面章节介绍了应用 Python 进行数学运算、绘制图像的操作方法。从这一章开始介绍如何应用 Python 进行办公自动化操作。

使用 Python 编写程序,将数据存储在变量、列表、字典、字符串或对象中,程序结束运行后这些数据就会丢失。为了能够长时间地存储程序中的数据,需要将程序中的数据保存在磁盘文件中。Python 提供了内置文件对象,可以将数据存储在文件中。

文本文件可以存储多种类型的数据,包括天气数据、文学作品、交通数据、经济数据等。每当要分析或修改存储在文件中的信息时都需要读取文件、写入文件、关闭文件。针对这些问题,Python 提供了内置的文件对象,可实现对文件的读取、写入操作。

13.1 打开、关闭、读取、写入文件

在 Python 中,内置了文件(File)对象,该对象封装了一些对文件操作的方法。使用文件对象时,首先通过 Python 内置函数 open()创建或打开一个文件对象,然后使用该对象提供的方法进行一些基本文件操作。例如,可以使用文件对象的 write()方法向文件中写入内容,可以使用文件对象的 read()方法读取文件的内容,还可以使用文件对象的 close()方法关闭文件。

26min

13.1.1 创建文件对象

在 Python 中,如果要操作文件,则需要先创建或者打开指定的文件并创建文件对象。当创建文件对象时可以通过 Python 内置函数 open()实现。函数 open()的语法格式如下:

```
f = open(filename, mode = 'r', buffering = 1, encoding = None)
```

其中,f 表示被创建的文件对象;filename 表示要创建或打开文件的文件名,需要使用单引号或双引号括起来,如果打开的文件和当前代码文件在同一目录下,则直接写文件名即可,否则需要写入文件的完整路径;buffering 是可选参数,用于指定读写文件的缓冲模式,值为 0 表示不缓存,值为 1 表示缓存,如果值大于 1,则表示缓冲区的大小,默认值为 1;encoding

是可选参数,用于设置编码方式,一般采用 UTF-8 编码。mode 是可选参数,用于设置文件的打开模式,默认的打开方式为只读,其参数值见表 13-1。

表 13-1 mode 参数的参数值说明

值	说　明	注　意
r	以只读模式打开文件,文件的指针将会放在文件的开头,这是默认模式	文件必须存在,否则会抛出异常
rb	以二进制格式打开文件,并采用只读模式。文件的指针将会放在文件的开头,一般用于非文本文件,如图片、声频文件等	
r+	打开文件后,可以读取文件内容,也可以写入新的内容并覆盖原有内容(从文件开头进行覆盖)	
rb+	以二进制格式打开文件,并采用读写模式。文件的指针将会放在文件的开头,一般用于非文本文件,如图片、声频文件等	
w	以只写模式打开文件	如果文件存在,则覆盖该文件,否则创建新文件
wb	以二进制格式打开文件,并采用只写模式。一般用于非文本文件,如图片、声频文件等	
w+	打开文件后,先清空原有内容,使其成为一个空文件,并对这个空文件有读写权限	
wb+	以二进制格式打开文件,并采用读写模式。一般用于非文本文件,如图片、声频文件等	
a	以追加模式打开文件。如果该文件存在,则文件指针放在文件的末尾,表示新内容被写入已有内容之后,否则先创建新文件,然后写入	
ab	以二进制格式打开文件,并采用追加模式。如果该文件存在,则文件指针放在文件的末尾,表示新内容被写入已有内容之后,否则先创建新文件,然后写入	
a+	以读写模式打开文件。如果该文件存在,则文件指针放在文件的末尾,表示新内容被写入已有内容之后,否则先创建新文件,然后读写	
ab+	以二进制格式打开文件,并采用追加模式。如果该文件存在,则文件指针放在文件的末尾,表示新内容被写入已有内容之后,否则先创建新文件,然后读写	

在 Python 中,使用函数 open()可以实现创建文件的功能,即打开一个不存在的文件时先创建该文件。在调用函数 open()时,需要将 mode 的参数值设置为 w、w+、a、a+等。

【实例 13-1】 在 D 盘 practice 文件夹下放置一张 png 格式图片、一张 jpg 格式图片,使用二进制格式打开这两张图片,并打印输出创建的文件对象。在同一文件夹下创建一个 TXT 文件,代码如下:

```
# === 第 13 章 代码 13-1.py === #
f1 = open('001.png','rb')              #以二进制的方式打开图片文件
print(f1)
f2 = open('002.jpg','rb')              #以二进制的方式打开图片文件
print(f2)
f3 = open('D:\\practice\\13-1.txt','w')
print(f3)
```

运行该代码，会在D盘practice文件夹下创建13-1.txt文件，运行结果如图13-1所示。

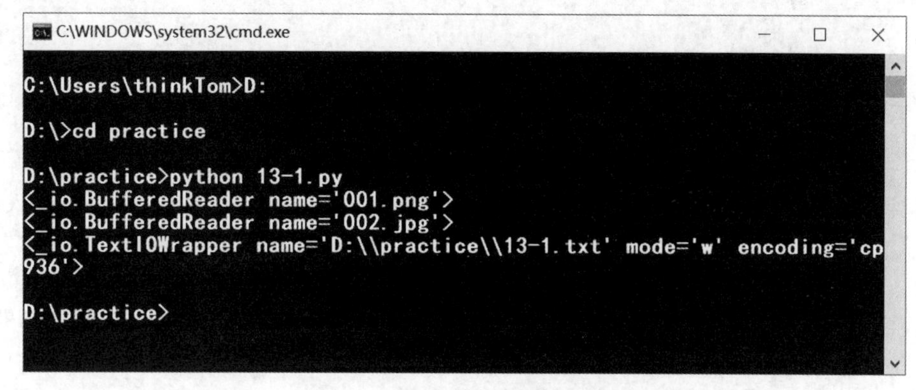

图13-1　代码13-1.py的运行结果

13.1.2　关闭文件

打开文件，进行必要的操作之后，需要及时关闭文件，以免对文件造成不必要的损坏。关闭文件可以通过文件对象的close()方法实现，其语法格式如下：

```
f.close()
```

其中，f为打开的文件对象。

文件对象的close()方法在执行过程中先刷新缓冲区中还没写入的信息，然后关闭文件。这样，就可以将没有写入文件的内容写入文件中。关闭文件后，不能再进行写入操作。

13.1.3　写入文件

在Python中，创建并打开一个文件后，可以向文件中写入内容。向文件中添加内容可以通过文件对象的write()方法实现，其语法格式如下：

```
f.write(string)
```

其中，f为打开的文件对象；string为要写入的字符串。

向文件中写入内容，如果打开文件时采用w(写入)模式，则先清空原文件中的内容，再写入新内容；如果打开文件时采用a(追加)模式，则不覆盖原有内容，只在结尾处添加新内容。

【实例13-2】 在D盘practice文件夹下创建一个TXT文件，并向文件中写入一首唐诗，代码如下：

```
# === 第13章 代码13-2.py === #
f1 = open('D:\\practice\\13-1.txt','a')            # 以追加模式打开文件
f1.write('登鹳雀楼\n')
```

```
f1.write('作者:王之涣\n')
f1.write('白日依山尽,')
f1.write('黄河入海流.\n')
f1.write('欲穷千里目,')
f1.write('更上一层楼.')
f1.close()
```

运行代码 13-2.py,然后打开 D 盘 practice 文件夹下的 13-1.txt 文档,可查看写入内容,如图 13-2 所示。

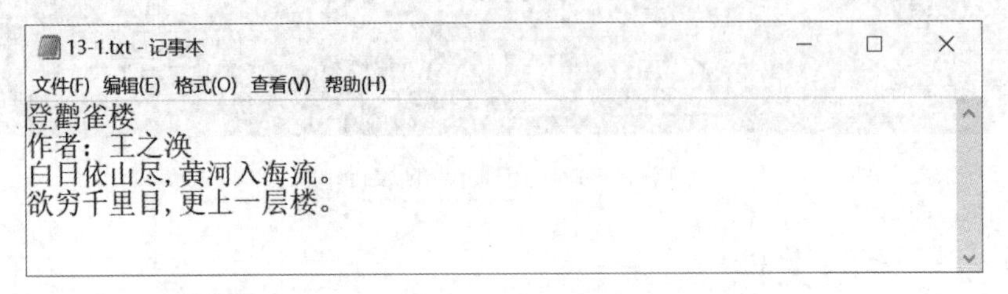

图 13-2 代码 13-2.py 向 TXT 文档写入的内容

注意:在调用文件对象的 write()方法写入内容后,一定要调用 close()方法关闭文件,否则写入的内容不会保存在文件中。原因是当调用 write()方法写入文件内容时,操作系统不会立即把数据写入磁盘,而是先缓存起来,只有在调用 close()方法时,操作系统才会把写入的数据全部写入磁盘。

13.1.4 读取文件

在 Python 中,创建并打开一个文件后,可以向其中写入或追加内容,也可以读取文件中的内容。从文件中读取内容主要分为以下几种情况。

1. 读取指定个数的字符

可以通过文件对象的 read()方法读取指定个数的字符,其语法格式如下:

```
f.read(size = None)
```

其中,f 为打开的文件对象;size 为可选参数,用于指定要读取的字符个数,如果省略不写,则一次性读取所有内容。

注意:当使用 read()读取文件内容时,需要将打开文件模式设置为 r 或 r+,即只读模式或读写模式。

---

2. 定位读取文件的开头位置

通过文件对象 read()方法读取文件是从文件开头读取的。如果想要读取部分内容,则可以先使用文件对象的 seek()方法将文件的指针移动到新位置,然后使用 read()方法读取文件内容。文件对象 seek()方法的语法格式如下：

```
f.seek(offset,whence = 0)
```

其中,f 为打开的文件对象；offset 用于指定移动的字符个数,其具体位置与 whence 参数有关；whence 为可选参数,用于指定从什么位置开始计算,值为 0 表示从文件头开始计算,值为 1 表示从当前位置开始计算,值为 2 表示从文件尾开始计算,默认值为 0。

注意：对于 whence 参数,如果打开文件模式没有使用 b 模式,即 rb 模式,则只允许从文件头开始计算位置；如果从文件尾开始计算位置,则会抛出异常。

【实例 13-3】 在 D 盘 practice 文件夹下有一个文档 13-1.txt,以只读模式打开此文档,输出前 20 个字符,然后以 rb 模式打开文档,先打印前 20 个字符,然后打印第 21～30 个字符,代码如下：

```
# === 第 13 章 代码 13 - 3.py === #
f1 = open('D:\\practice\\13 - 1.txt','r')        #以只读模式打开文件
str1 = f1.read(20)
print(str1)
f1.close()
f2 = open('D:\\practice\\13 - 1.txt','rb')
str2 = f2.read(20)
print(str2)
f2.seek(20)
str3 = f2.read(10)
print(str3)
f1.close()
```

运行结果如图 13-3 所示。

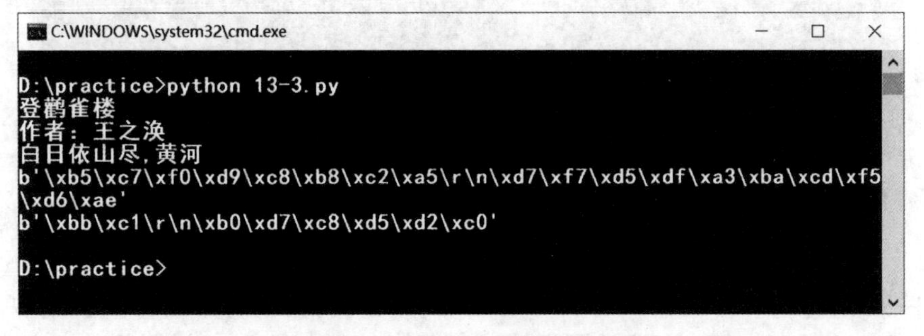

图 13-3　代码 13-3.py 的运行结果

注意：在使用文件对象 seek()方法时,如果使用 gbk 编码,则 offset 的值是按一个汉字(包括标点符号)占两个字符计算的。如果使用 UTF-8 编码,则 offset 的值是按一个汉字占 3 个字符计算的。无论采用何种编码,英文和数字都是按一个字符计算。

---

3. 读取一行

使用文件对象的 read()方法读取整个文件时,有一个缺点,如果文件很大,一次将全部内容读取到内存,容易造成内存不足,产生异常。针对这一问题,文件对象提供了 readline()方法,此方法可以每次读取一行数据,其语法格式如下:

```
f.readline()
```

其中,f 为打开的文件对象。同 read()方法一样,使用 readline()方法时,需要打开模式为 r 或 r+,即只读模式或读写模式。

【实例 13-4】 在 D 盘 practice 文件夹下有一个文档 13-1.txt,使用文件对象的 readline()方法,打印输出文档的全部内容,代码如下:

```
# === 第 13 章 代码 13-4.py === #
f1 = open('D:\\practice\\13-1.txt','r')            #以只读模式打开文件
num = 0
while True:
    num = num + 1
    line = f1.readline()
    if line == '':
            break
    print(num,line,end = '\n')

f1.close()
```

运行结果如图 13-4 所示。

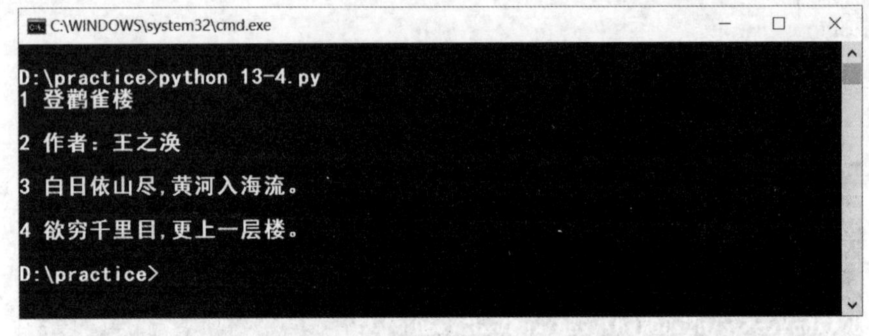

图 13-4　代码 13-4.py 的运行结果

4. 读取全部行

使用文件对象 readlines()方法可以读取文件的全部行内容,但返回的是一个字符串列表,列表的每个元素是文件的一行内容,其语法格式如下:

```
f.readlines()
```

其中,f 为打开的文件对象。同 read()方法一样,使用 readlines()方法时,需要将打开模式设置为 r 或 r+,即只读模式或读写模式。

【实例 13-5】　在 D 盘 practice 文件夹下有一个文档 13-1. txt，使用文件对象的 readlines()方法，打印输出文档的全部内容，然后使用文件对象的 read()方法，打印输出文档的全部内容，代码如下：

```
# === 第 13 章 代码 13 - 5.py === #
f1 = open('D:\\practice\\13 - 1.txt','r')                    # 以只读模式打开文件
str1 = f1.readlines()
print(str1)
f1.close()
f2 = open('D:\\practice\\13 - 1.txt','r')                    # 以只读模式打开文件
str2 = f2.read()
print(str2)
f2.close()
```

运行结果如图 13-5 所示。

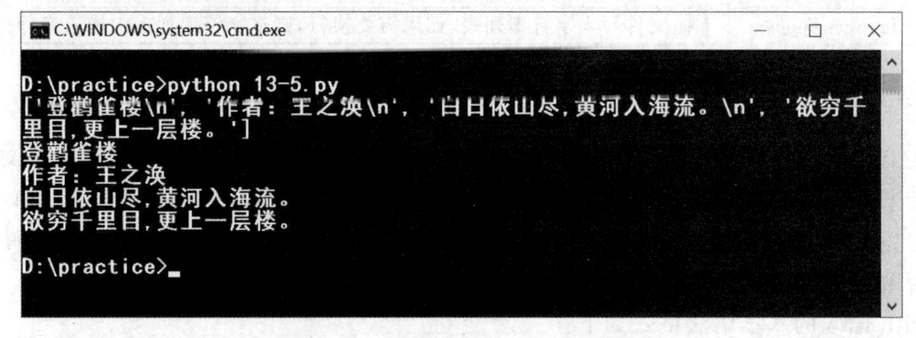

图 13-5　代码 13-5. py 的运行结果

13.2　其他操作文件的方法

在 Python 中，内置了文件(File)对象，该对象封装了一些对文件操作的方法。使用文件对象时，首先通过 Python 内置函数 open()创建或打开一个文件对象，然后使用该对象提供的方法进行一些基本文件操作。除了读、写之外，还有其他操作文件的方法。

13.2.1　文件对象方法汇总

在 Python 中，如果要操作文件，则需要先创建或者打开指定的文件并创建文件对象。创建文件对象，可以通过 Python 内置函数 open()实现。操作文件则要通过文件对象的方法实现，文件对象的常用方法见表 13-2。

表 13-2　文件对象的常用方法

文件对象方法	说　明
file. close()	关闭文件，关闭文件后不能再进行读写操作
file. flush()	刷新文件内部缓存，直接将内部缓存区的数据立即写入文件，而不是被动地等待缓存区写入

续表

文件对象方法	说　明
file.fileno()	返回一个整型文件描述符,用在与os模块相关的底层操作上
file.isatty()	如果文件连接到一个终端设备,则返回值为True,否则返回值为False
file.read([size])	从文件读取指定个数的字符,如果省略或参数为负数,则读取所有字符
file.readline()	从文件中读取一行数据
file.readlines()	读取文件所有行的数据,并返回字符串列表
file.seek(offset)	将文件读取指针移动到指定位置
file.tell()	返回文件当前位置
file.truncate([size])	从文件的首行首字符开始截断,截断文件为size个字符,无size表示从当前位置截断。截断之后后面的所有字符被删除,其中Windows系统下换行代表两个字符大小
file.write(str)	将字符串写入文件,返回写入的字符串长度
file.writeline(sequence)	向文件写入字符串列表,如果需要换行,则在字符串列表中加入换行符

13.2.2 with语句

在Python中,当使用open()语句打开文件时要及时关闭文件。如果忘记关闭文件,则可能带来意想不到的问题。如果在打开文件时抛出异常,则可导致文件不能被及时关闭。为了避免此类问题,Python提供了with语句。使用with语句可以保证在处理文件时,无论是否抛出异常,都可以在语句执行完毕后关闭已经打开的文件。

with语句的基本语法格式如下:

```
with expression as target:
    with语句体
```

其中,expression用于指定一个表达式,这里是指创建文件对象的open()函数;target是一个变量,将expression的结果保存在该变量中;with语句体是指与with语句相关的代码,如果不想执行任何语句,则可以直接使用pass语句替代。

【实例13-6】 在D盘practice文件夹下有一个文档13-1.txt,使用with语句向该文档尾部添加另一首唐诗,代码如下:

```
# === 第13章 代码13-6.py === #
with open('D:\\practice\\13-1.txt','a+') as file:
    file.write('\n春晓\n')
    file.write('作者:孟浩然\n')
    file.write('春眠不觉晓,\n')
    file.write('处处闻啼鸟.\n')
    file.write('夜来风雨声,\n')
    file.write('花落知多少.\n')
```

运行代码13-6.py,然后打开D盘practice文件夹下的13-1.txt文档,可查看写入的内容,如图13-6所示。

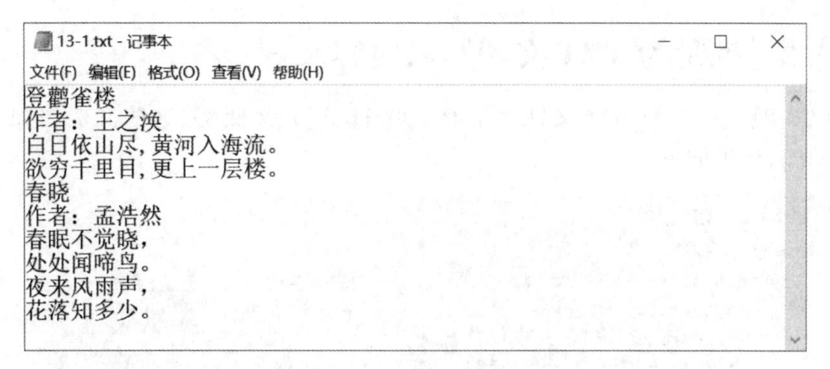

图 13-6　运行代码 13-6.py 向 TXT 文档写入的内容

13.3　典型应用

在 Python 中，使用文件对象的操作方法，可以实现办公自动化，例如批量创建 TXT 文档、批量为 TXT 文档写入内容。

13.3.1　批量创建 TXT 文档

【实例 13-7】 在 D 盘 test 文件夹创建 200 个 TXT 文档，代码如下：

```
# === 第 13 章 代码 13-7.py === #
for i in range(1,201):
    with open('D:\\test\\' + str(i) + '.txt','a+') as file:
            print(i)
```

运行代码 13-7.py，然后打开 D 盘 test 文件夹，可查看创建的 TXT 文档，如图 13-7 所示。

> 此电脑 > Data (D:) > test

1.txt	27.txt	53.txt	79.txt	105.txt	131.txt	157.txt	183.txt
2.txt	28.txt	54.txt	80.txt	106.txt	132.txt	158.txt	184.txt
3.txt	29.txt	55.txt	81.txt	107.txt	133.txt	159.txt	185.txt
4.txt	30.txt	56.txt	82.txt	108.txt	134.txt	160.txt	186.txt
5.txt	31.txt	57.txt	83.txt	109.txt	135.txt	161.txt	187.txt
6.txt	32.txt	58.txt	84.txt	110.txt	136.txt	162.txt	188.txt
7.txt	33.txt	59.txt	85.txt	111.txt	137.txt	163.txt	189.txt
8.txt	34.txt	60.txt	86.txt	112.txt	138.txt	164.txt	190.txt
9.txt	35.txt	61.txt	87.txt	113.txt	139.txt	165.txt	191.txt
10.txt	36.txt	62.txt	88.txt	114.txt	140.txt	166.txt	192.txt
11.txt	37.txt	63.txt	89.txt	115.txt	141.txt	167.txt	193.txt
12.txt	38.txt	64.txt	90.txt	116.txt	142.txt	168.txt	194.txt
13.txt	39.txt	65.txt	91.txt	117.txt	143.txt	169.txt	195.txt
14.txt	40.txt	66.txt	92.txt	118.txt	144.txt	170.txt	196.txt
15.txt	41.txt	67.txt	93.txt	119.txt	145.txt	171.txt	197.txt
16.txt	42.txt	68.txt	94.txt	120.txt	146.txt	172.txt	198.txt
17.txt	43.txt	69.txt	95.txt	121.txt	147.txt	173.txt	199.txt
18.txt	44.txt	70.txt	96.txt	122.txt	148.txt	174.txt	200.txt

图 13-7　运行代码 13-7.py 创建的 TXT 文档

13.3.2 批量为TXT文档写入内容

【实例13-8】 在D盘test文件夹下有200个TXT文档，为这些文档添加一首唐诗：杜甫的《登高》，代码如下：

```
# === 第 13 章 代码 13 - 8.py === #
for i in range(1,201):
    with open('D:\\test\\' + str(i) + '.txt','a + ') as file:
            file.write('\n登高\n')
            file.write('作者:杜甫\n')
            file.write('风急天高猿啸哀,渚清沙白鸟飞回.\n')
            file.write('无边落木萧萧下,不尽长江滚滚来.\n')
            file.write('万里悲秋常作客,百年多病独登台.\n')
            file.write('艰难苦恨繁霜鬓,潦倒新停浊酒杯.\n')
            print(i)
```

运行代码13-8.py，然后打开D盘test文件夹，逐一查看TXT文档，可看到每个TXT文档都被写入了唐诗，如图13-8所示。

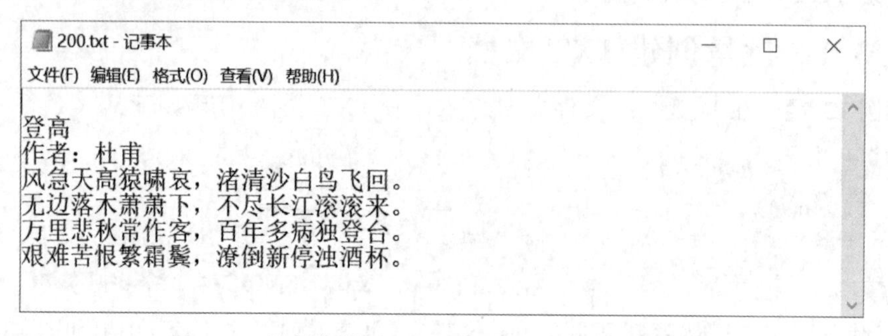

图13-8 运行代码13-8.py为TXT文档写入的内容

当然，在实际生活中，文档的名字不可能像实例13-8中的名字这么有规律，所以需要继续学习第14章的知识，有了第14章的知识，也能用Python批量处理名字不规则的文档了。

13.3.3 统计TXT文档中字符的个数

【实例13-9】 在D盘practice文件夹下有中文文档13-1.txt、英文文档13-2.txt，统计这两个文档中字符的个数。统计中文文档的代码如下：

```
# === 第 13 章 代码 13 - 9.py === #
with open('D:\\practice\\13 - 1.txt','r') as file:
    contents = file.read()
    num = len(contents)
    print('该 TXT 文档一共有' + str(num) + '个字符.')
```

运行结果如图13-9所示。

如果要统计英文文档中字符的个数，需要清除字符之间的空格，代码如下：

图 13-9　运行代码 13-9.py 的结果

```
# === 第 13 章 代码 13-10.py === #
with open('D:\\practice\\13-2.txt','r') as file:
    contents = file.read()
    words = contents.split()          #将字符串转换为列表
    num = len(words)
    print('该 TXT 文档一共有' + str(num) + '个字符.')
```

运行结果如图 13-10 所示。

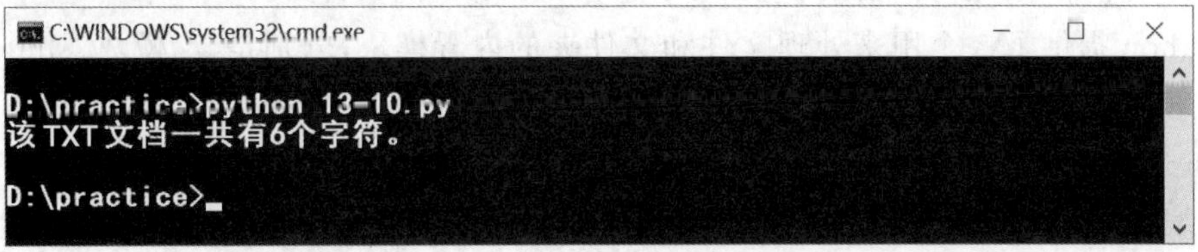

```
C:\WINDOWS\system32\cmd.exe
D:\practice>python 13-10.py
该TXT文档一共有6个字符。

D:\practice>
```

图 13-10　运行代码 13-10.py 的结果

注意：这里只统计字符的个数，包括标点符号和换行符等符号。

13.4　小结

本章介绍了使用内置函数 open()创建文件对象，利用文件对象的方法操作文件，例如对文件进行打开、写入、读取、关闭等操作。

本章介绍了 with 语句，可以保证在执行完文件操作后，关闭已经打开的文件。本章最后介绍了批量处理 TXT 文档的方法，以及统计 TXT 文档字符个数的方法。

第14章 目录操作与组织文件

在实际工作和生活中，经常在计算机上创建文件、复制文件、删除文件、创建文件夹、复制文件夹、删除文件夹，以及整理文件和文件夹。如果文件量比较小，则人工可以应对自如；如果文件量非常大，则可以借助 Python 来整理、组织文件和文件夹。

Python 提供了 3 个用来处理文件和文件夹的内置模块，分别是 os 模块、shutil 模块、pathlib 模块。在 Python 3.4 之前，涉及路径与目录相关操作都用 os 模块解决，尤其是 os.path 这个子模块非常有用。在 Python 3.4 之后，pathlib 成为标准库模块，其使用面向对象的编程方式来表示文件系统路径，丰富了路径处理的方法。shutil 模块是对 os 模块的补充，可以对文件进行复制、删除、改名、移动等操作。

14.1 os 模块与目录操作

在计算机中，目录也称为文件夹，用于分层保存文件。通过目录可以分门别类地存放文件。计算机使用者也可通过目录快速找到想要的文件。在 Python 中可以通过内置模块 os 和其子模块 os.path 实现对目录的操作。

使用 os 模块时首先要引入 os 模块，然后调用 os 模块中的函数。

14.1.1 文件与文件路径

文件有两个关键属性，一个是文件名，另一个是路径。路径指明了文件在计算机上的位置。用于定位一个文件或目录的字符串称为路径。

1. 当前工作目录

每个运行在计算机上的程序都有一个当前工作目录。当前目录就是当前文件所在的目录。例如将 Python 代码存储在 D 盘 practice 文件夹下，如果使用 Windows 命令行窗口运行 Python 代码，则需要将 Windows 命令行窗口的工作目录切换到 D 盘 practice 文件夹下。

在 os 模块中，可以使用函数 os.getcwd()获取当前工作目录，使用 os.chdir()更改当前工作目录。在 Python 命令行交互窗口下，使用这两个函数，如图 14-1 所示。

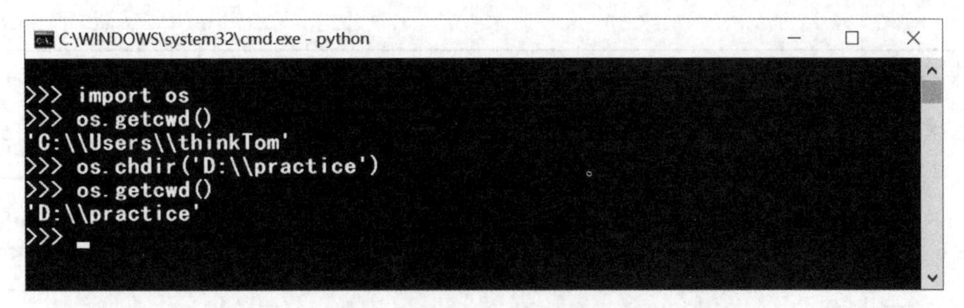

图 14-1 使用 os 模块获取、更改当前工作目录

注意：UNIX 系统和 Windows 系统路径的主要区别在于根路径和路径分隔符，UNIX 系统路径的根路径是斜杠(/)，而 Windows 系统路径的根路径是盘符(C:)；UNIX 系统的路径的分隔符是斜杠(/)，而 Windows 系统路径的分隔符是反斜杠(\)。macOS 是一种类 UNIX 系统。

---

2. 绝对路径与相对路径

路径指明了一个文件在计算机上的位置。在计算机中，有两种方法指定文件路径。第 1 种方法是相对路径，即相对于程序当前工作目录的路径，例如'.\\practice'或'..\\practice\\test'。第 2 种方法是绝对路径，该路径不依赖于当前工作目录，而是从根文件夹开始，例如'D:\\practice'。

在 os.path 模块中，可以使用函数 os.path.abspath(path_1)返回参数的绝对路径，数据类型是字符串；可以使用函数 os.path.isabs(path_1)验证参数是否是绝对路径。在 Python 命令交互窗口下，使用这两个函数，如图 14-2 所示。

```
C:\WINDOWS\system32\cmd.exe - python
>>> import os
>>> os.path.abspath('.')
'C:\\Users\\thinkTom'
>>> os.path.abspath('..')
'C:\\Users'
>>> os.path.isabs('.')
False
>>> os.path.isabs(os.path.abspath('.'))
True
>>>
```

图 14-2 使用 os.path 模块获取、验证绝对路径

14.1.2 os 模块与 os.path 模块

在 os 模块中，提供了与计算机系统有关的常用变量，常用变量见表 14-1。

表 14-1 os 模块中的常用变量

常用变量	说明
os.name	用于获取操作系统类型，值为 nt 表示 Windows，值为 posix 表示 UINX 或 macOS

续表

常用变量	说　明
os. linesep	返回当前操作系统的换行符
os. sep	返回当前操作系统的路径分隔符

在os模块(包括子模块os. path)中,提供了操作目录、文件的函数,常用的函数见表14-2。

表14-2　os模块中的常用函数

函　数	说　明
os. getcwd()	返回当前的工作目录
os. listdir(path)	返回指定路径下的文件和目录信息
os. mkdir(path[,mode])	创建单级目录
os. makedirs(path1/path2/…)	创建多级目录
os. rmdir(path)	删除目录,只能删除空目录,如果是非空目录,则抛出OSError
os. removedirs(path)	递归删除多级目录,只能删除空目录,如果是非空目录,则抛出OSError
os. remove(path)	删除path指定的文件,如果文件夹或文件不存在,则抛出异常
os. chdir(path)	把path设置为当前工作目录
os. walk(top[,topdown])	遍历目录,返回一个元组,包括所有的路径名、目录列表、文件列表
os. chmod(path,mode)	修改path指定文件的访问权限和时间戳
os. remove(path)	删除path指定的文件路径
os. rename(src,dst)	将文件或目录src重命名为dst,只能修改最后一级的目录
os. stat(path)	返回path指定文件的信息
os. startfile(path[,operation])	使用关联应用程序打开path指定的文件
os. access(path,accessmode)	返回对文件是否有指定的访问权限,参数accessmode表示指定访问权限,R_OK表示读取、W_OK表示写入、X_OK表示执行、F_OK表示存在,如果指定了访问权限,则返回1,否则返回0
os. path. abspath(path)	返回文件或目录的绝对路径
os. path. exists(path)	判断文件或目录是否存在,如果存在,则返回值为True,否则返回值为False
os. path. join(path,name)	将路径与文件名、目录连接起来
os. path. splitext()	分离文件名和扩展名
os. path. basename()	从一个目录中提取文件名
os. path. dirname(path)	从一个目录中提取文件路径,不包括文件名
os. path. isdir(path)	判断是否为有效路径,如果是,则返回值为True,否则返回值为False
os. path. isfile(path)	判断是否为文件,如果是,则返回值为True,否则返回值为False
os. rename(old,new)	给文件或文件夹重命名,如果路径不同,则移动并重新命名
os. replace(old,new)	重命名文件或文件夹,如果目标是空目录,则返回错误,如果目标是文件,则用new给old重命名,并删除new文件
os. path. getsize(path)	返回指定文件的字节数

14.1.3 操作目录

在 os 模块中，提供了创建目录、删除目录、遍历目录，以及判断目录是否存在的方法。

1. 创建一级目录

创建一级目录是指一次只能创建一个层级的目录。在 os 模块中，可以使用 os.mkdir()函数创建指定路径中的最后一级目录。如果该目录的上一级目录不存在，则抛出 FileNotFoundError 异常。如果要创建的目录已经存在，则抛出 FileExistsError 异常。函数 mkdir()的语法格式如下：

```
os.mkdir(path,mode = 0o777)
```

其中，参数 path 用于指定要创建的目录，可以是绝对路径，也可以是相对路径；mode 是可选参数，用于指定数值模式，默认值为八进制数 0777，该参数在非 UNIX 系统上无效或被忽略。

2. 创建多级目录

在 os 模块中，可以使用函数 os.makedirs()创建多级目录。该函数采用递归的方式创建目录。函数 os.makedirs()的语法格式如下：

```
os.makedirs(path,mode = 0o777)
```

其中，参数 path 用于指定要创建的目录，可以是绝对路径，也可以是相对路径；mode 是可选参数，用于指定数值模式，默认值为八进制数 0777，该参数在非 UNIX 系统上无效或被忽略。

3. 判断目录是否存在

在 os 模块中，可以使用函数 os.path.exists()判断给定的目录是否存在，其语法格式如下：

```
os.path.exists(path)
```

其中，参数 path 为要判断的目录，可以是绝对路径，也可以是相对路径。如果给定的目录存在，则返回值为 True，否则返回值为 False。

【实例 14-1】 在 D 盘的 test 文件夹下创建一级目录'demo1'，创建多级目录'demo3\\dir\\dir'，代码如下：

```
# === 第 14 章 代码 14-1.py === #
import os

path1 = 'D:\\test\\demo1'
path2 = 'D:\\test\\demo3\\dir\\dir'
if os.path.exists(path1) == False:
    os.mkdir(path1)
```

```
    print('创建一级目录成功')
else:
    print('一级目录已经存在')

if os.path.exists(path2) == False:
    os.makedirs(path2)
    print('创建多级目录成功')
else:
    print('多级目录已经存在')
```

运行结果如图 14-3 和图 14-4 所示。

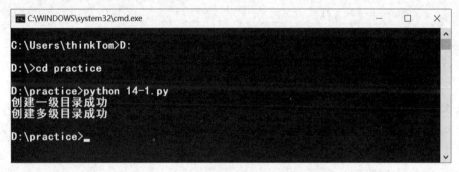

图 14-3　运行代码 14-1. py 的输出结果

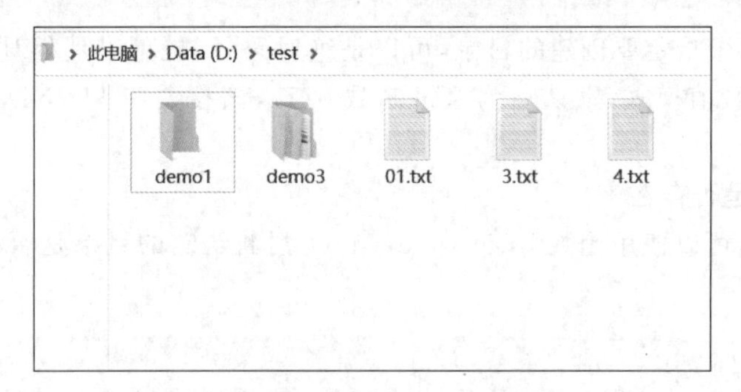

图 14-4　运行代码 14-1. py 创建的目录

4. 遍历目录

在 os 模块中,可以使用函数 os. walk()实现遍历目录的功能,该函数会返回包含 3 个元素的元组。这 3 个元素分别是路径(dirpath)、子目录列表(dirnames)、文件列表(filenames),其语法格式如下:

```
os.walk(path, topdown = True)
```

其中,参数 path 用于指定要遍历的目录,可以是绝对路径,也可以是相对路径; topdown 是可选参数,用于指定遍历的顺序,如果值为 True,则自上而下遍历目录,即先遍历根目录,如果值为 False,则自下而上遍历目录,即先遍历最后一层的子目录。

【实例 14-2】 使用 os 模块中的函数遍历 D 盘 test 文件夹，代码如下：

```
# === 第 14 章 代码 14-2.py === #
import os

path1 = 'D:\\test'
if os.path.exists(path1) == True:
    tuples = os.walk(path1)
    for i in tuples:
        print(i,'\n')
else:
    print('该目录不存在')
```

运行结果如图 14-5 所示。

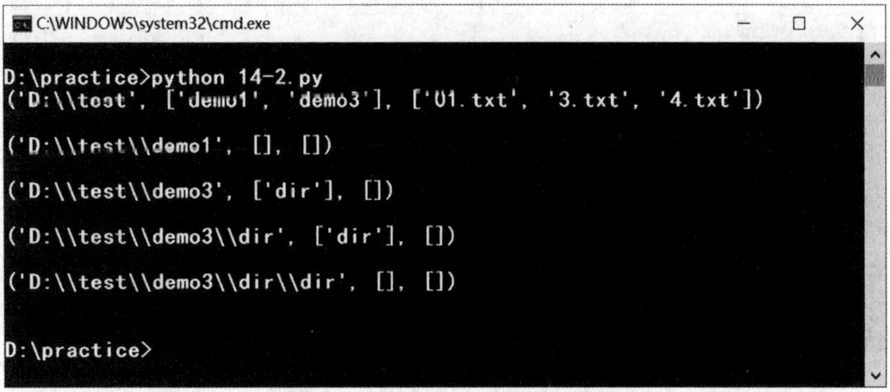

```
C:\WINDOWS\system32\cmd.exe
D:\practice>python 14-2.py
('D:\\test', ['demo1', 'demo3'], ['01.txt', '3.txt', '4.txt'])

('D:\\test\\demo1', [], [])

('D:\\test\\demo3', ['dir'], [])

('D:\\test\\demo3\\dir', ['dir'], [])

('D:\\test\\demo3\\dir\\dir', [], [])


D:\practice>
```

图 14-5　代码 14-2.py 的运行结果

5. 删除一级空目录

在 os 模块中，可以使用函数 os.rmdir()删除一级空目录，即该函数只能删除指定路径下的最后一级目录。如果删除的目录不存在，则抛出 FileNotFoundError 异常，其语法格式如下：

```
os.rmdir(path)
```

其中，参数 path 用于指定要遍历的目录，可以是绝对路径，也可以是相对路径。

6. 删除多级空目录

在 os 模块中，可以使用函数 os.removedirs()递归删除多级空目录，如果删除的目录不存在，则抛出 FileNotFoundError 异常，其语法格式如下：

```
os.removedirs(path)
```

其中，参数 path 用于指定要遍历的目录，可以是绝对路径，也可以是相对路径。

【实例 14-3】 使用 os 模块中的函数删除 D 盘 test 文件夹下的 demo1 文件和 demo3 文件，代码如下：

```
# === 第 14 章 代码 14-3.py === #
import os

path1 = 'D:\\test\\demo1'
path2 = 'D:\\test\\demo3'
if os.path.exists(path1) == True:
    os.rmdir(path1)
    print('删除一级空目录成功')

if os.path.exists(path2) == True:
    os.removedirs(path2)
    print('删除多级空目录成功')
```

运行结果如图 14-6 所示。

```
C:\WINDOWS\system32\cmd.exe
D:\practice>python 14-3.py
删除一级空目录成功
Traceback (most recent call last):
  File "D:\practice\14-3.py", line 11, in <module>
    os.removedirs(path2)
  File "D:\program files\python\lib\os.py", line 243, in removedirs
    rmdir(name)
OSError: [WinError 145] 目录不是空的。: 'D:\\test\\demo3'

D:\practice>_
```

图 14-6　代码 14-3.py 的运行结果

从代码 14-3.py 的运行结果可以得出，os.removedirs()删除多级空目录本身有不可调和的矛盾，因为多级目录不可能是空目录，由此得知 os.removedirs()函数设计者没有考虑清楚，不可完全相信编程文档，因为模块设计者也可能犯错。

14.1.4　操作文件

在 os 模块中，提供了删除文件、重命名文件和目录，以及获取文件基本信息的方法。

1. 删除文件

Python 没有提供删除文件的内置函数，但 os 模块的 os.remove()函数可以删除文件，其语法格式如下：

```
os.remove(path)
```

其中，参数 path 用于指定要删除的文件或目录，可以是绝对路径，也可以是相对路径。

2. 重命名文件或目录

在 os 模块中，可以使用函数 os.rename()重命名文件或目录，如果指定的路径是文件，则重命名文件；如果指定的路径是目录，则重命名目录，其语法格式如下：

```
os.rename(src,dst)
```

其中,src 用于指定要进行重命名的文件或目录;dst 用于指定重命名后的文件或目录。在使用 os.rename()函数重命名时,只能修改文件的最后一级目录,否则将抛出异常。

【实例 14-4】 使用 os 模块中的函数删除 D 盘 test 文件夹下的 4.txt 文件,然后将该文件夹下的 3.txt 文件重命名为 03.txt,将该文件夹下的文件夹 demo1 重命名为 demo11,代码如下:

```
# === 第 14 章 代码 14-4.py === #
import os

path1 = 'D:\\test\\4.txt'
path2 = 'D:\\test\\3.txt'
path3 = 'D:\\test\\demo1'
if os.path.exists(path1) == True:
    os.remove(path1)
    print('删除文件成功')

if os.path.exists(path2) == True:
    os.rename(path2,'D:\\test\\03.txt')
    print('重命名文件成功')

if os.path.exists(path3) == True:
    os.rename(path3,'D:\\test\\demo11')
    print('重命名目录成功')
```

运行结果如图 14-7 和图 14-8 所示。

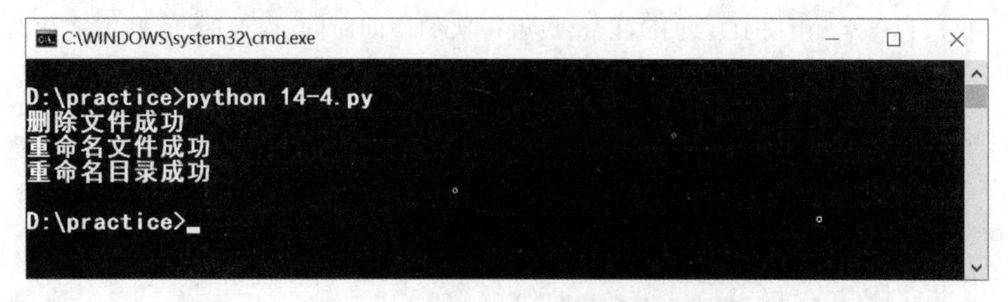

图 14-7 代码 14-4.py 的运行结果

3. 获取文件基本信息

在计算机上创建文件后,该文件本身会包含一些信息,例如文件最后一次的访问时间、最后一次的修改时间、文件的大小。在 os 模块中,可以使用 os.stat()函数获取文件的这些基本信息,其语法格式如下:

```
os.stat(path)
```

其中,path 为要获取文件基本信息的文件路径,可以是绝对路径,也可以是相对路径。该函数的返回值是一个对象,在该对象的属性中包含了文件的基本信息。函数 os.stat()返回值

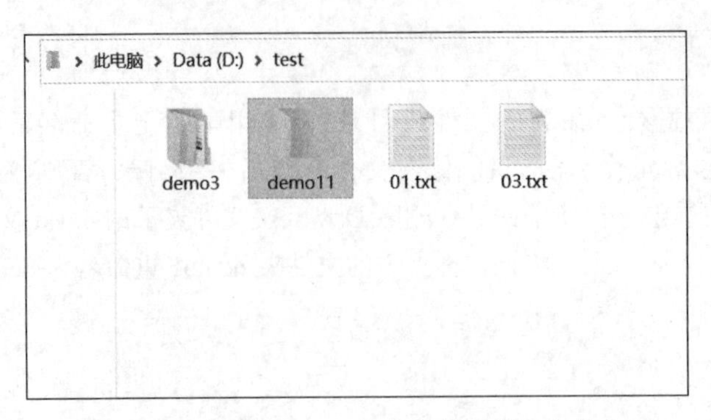

图 14-8　代码 14-4.py 重命名的文件和文件夹

对象的常见属性见表 14-3。

表 14-3　os.stat()返回值对象的常用属性

属　性	说　明	属　性	说　明
st_mode	保护模式	st_dev	设备名
st_info	索引号	st_uid	用户 ID
st_nlink	硬链接号,被连接数目	st_gid	组 ID
st_size	文件大小,单位为字节	st_atime	最后一次的访问时间
st_mtime	最后一次的修改时间	st_ctime	最后一次的状态变化时间,系统不同返回结果不同,Windows 系统下返回的是文件的创建时间

【实例 14-5】 在 D 盘 practice 文件夹下有一个文件 14-1.py。使用 os 模块,获取该文件的索引号、设备名、用户 ID、组 ID,以及最后一次的访问时间、修改时间、状态变化时间,代码如下:

```
# === 第 14 章 代码 14-5.py === #
import os

#格式化时间
def formatTime(intime):
    import time                    #引入内置模块 time
    return time.strftime('%Y-%m-%d %H:%M:%S',time.localtime(intime))

if __name__ == '__main__':
    fileinfo = os.stat('D:\\practice\\14-1.py')
    print('索引号:',fileinfo.st_ino)
    print('设备名:',fileinfo.st_dev)
    print('用户 ID:',fileinfo.st_uid)
    print('文件大小:',fileinfo.st_size,'字节')
    print('最后一次访问时间(原始数据):',fileinfo.st_atime)
    print('最后一次修改时间(原始数据):',fileinfo.st_mtime)
    print('最后一次状态变化时间(原始数据):',fileinfo.st_ctime)
```

```
    print('最后一次访问时间(格式化):',formatTime(fileinfo.st_atime))
    print('最后一次修改时间(格式化):',formatTime(fileinfo.st_mtime))
    print('最后一次状态变化时间(格式化):',formatTime(fileinfo.st_ctime))
```

运行结果如图 14-9 所示。

```
C:\WINDOWS\system32\cmd.exe

D:\practice>python 14-5.py
索引号： 12103423998605862
设备名： 2453100976
用户ID： 0
文件大小： 341 字节
最后一次访问时间(原始数据)： 1663027688.9959
最后一次修改时间(原始数据)： 1662974624.0907671
最后一次状态变化时间(原始数据)： 1662973539.0789163
最后一次访问时间(格式化)： 2022-09-13 08:08:08
最后一次修改时间(格式化)： 2022-09-12 17:23:44
最后一次状态变化时间(格式化)： 2022-09-12 17:05:39

D:\practice>
```

图 14-9　代码 14-5.py 的运行结果

14.2　shutil 模块与文件操作

Python 的 os 模块对文件的路径、目录有较好的支持，但对于操作文件则稍显无力，例如使用 os 模块只能删除最后一级空目录，即只能删除空文件夹。

12min

针对 os 模块的不足，Python 提供了另一个内置模块 shutil。模块 shutil 也称为 Shell 工具，该模块提供了一些函数，可以在 Python 程序中复制、移动、删除、重命名文件。

14.2.1　复制文件和文件夹

在 shutil 模块中，可以使用函数 shutil.copy()复制文件，其语法格式如下：

```
shutil.copy(src,dst)
```

其中，src 用于指定要被复制的文件的路径；dst 用于指定复制后文件的路径。应用该函数将返回一个字符串，表示被复制文件的路径。在 Python 命令交互窗口下使用 shutil.copy()函数，如图 14-10 所示。

在 shutil 模块中，可以使用函数 shutil.copytree()复制文件夹，包括该文件夹下的所有文件和子文件夹，其语法格式如下：

```
shutil.copytree(src,dst)
```

其中，src 用于指定要被复制的文件夹的路径；dst 用于指定复制后文件夹的路径。应用该

C:\WINDOWS\system32\cmd.exe - python
>>> import os, shutil
>>> os.chdir('D:\\test')
>>> shutil.copy('D:\\test\\demo1\\6.txt','D:\\test\\demo2')
'D:\\test\\demo2\\6.txt'
>>> shutil.copy('D:\\test\\01.txt','D:\\test\\demo2')
'D:\\test\\demo2\\01.txt'
>>>

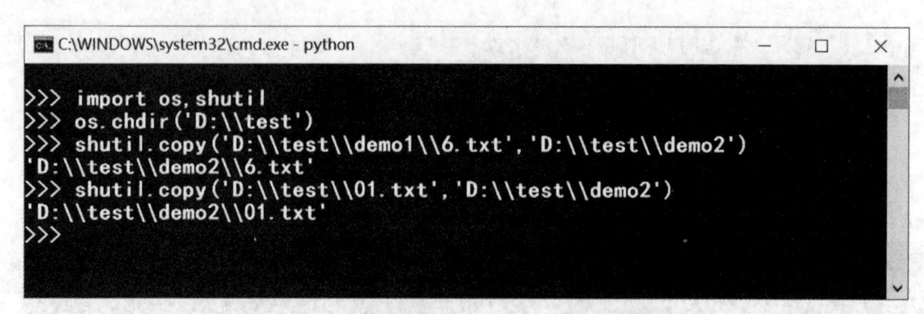

图 14-10　函数 shutil.copy()应用举例

函数将返回一个字符串,表示新复制文件夹的路径。在 Python 命令交互窗口下使用 shutil.copytree()函数,如图 14-11 所示。

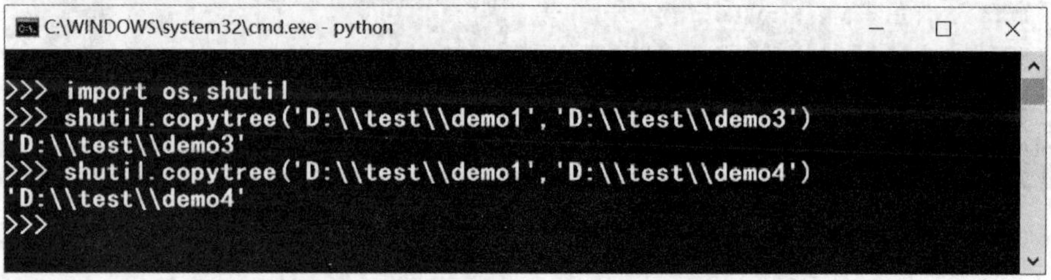

C:\WINDOWS\system32\cmd.exe - python
>>> import os, shutil
>>> shutil.copytree('D:\\test\\demo1','D:\\test\\demo3')
'D:\\test\\demo3'
>>> shutil.copytree('D:\\test\\demo1','D:\\test\\demo4')
'D:\\test\\demo4'
>>>

图 14-11　函数 shutil.copytree()应用举例

14.2.2　文件和文件夹的移动和重命名

在 shutil 模块中,可以使用函数 shutil.move()移动文件或文件夹,其语法格式如下:

```
shutil.move(src,dst)
```

其中,src 用于指定要被移动的文件或文件夹的路径; dst 用于指定移动文件或文件夹的目标路径。应用该函数将返回一个字符串,表示被复制文件或文件夹的路径。

如果参数 dst 指向一个文件夹,则被移动的文件或文件夹将被移动到新路径下,并保持原有的文件名。在 Python 命令交互窗口中使用 shutil.move()函数,如图 14-12 所示。

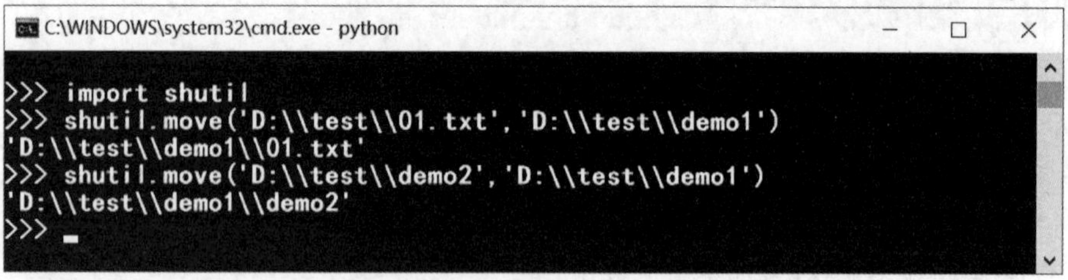

C:\WINDOWS\system32\cmd.exe - python
>>> import shutil
>>> shutil.move('D:\\test\\01.txt','D:\\test\\demo1')
'D:\\test\\demo1\\01.txt'
>>> shutil.move('D:\\test\\demo2','D:\\test\\demo1')
'D:\\test\\demo1\\demo2'
>>>

图 14-12　函数 shutil.move()移动文件应用举例

如果参数 dst 指向一个文件,则被移动的文件或文件夹将被移动到新路径下,并被重命名。在 Python 命令交互窗口中使用 shutil.move()函数,如图 14-13 所示。

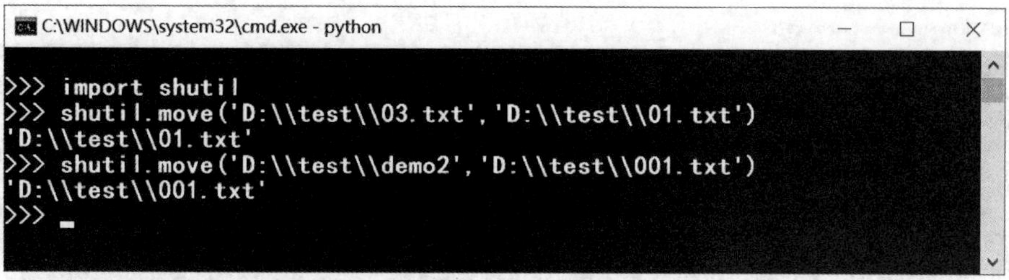

```
C:\WINDOWS\system32\cmd.exe - python
>>> import shutil
>>> shutil.move('D:\\test\\03.txt','D:\\test\\01.txt')
'D:\\test\\01.txt'
>>> shutil.move('D:\\test\\demo2','D:\\test\\001.txt')
'D:\\test\\001.txt'
>>>
```

图 14-13　函数 shutil. move()重命名文件或文件夹举例

14.2.3　永久删除文件和文件夹

在 shutil 模块中，可以使用函数 shutil. rmtree()删除文件夹，包含该文件夹下的所有文件和子文件夹，其语法格式如下：

```
shutil.rmtree(path)
```

其中，path 为要删除文件夹的路径，可以是绝对路径，也可以是相对路径。在 Python 命令交互窗口下使用 shutil. rmtree()函数，如图 14-14 所示。

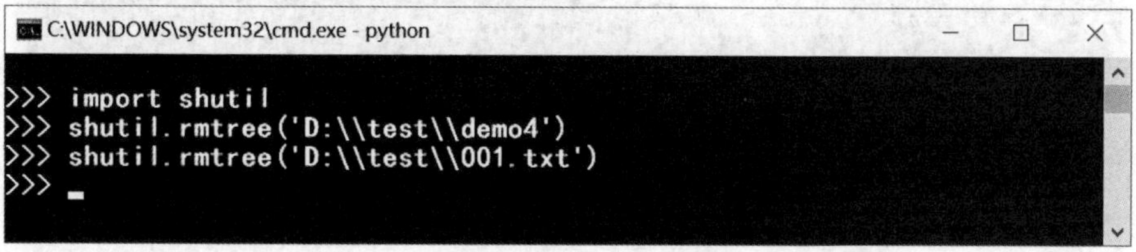

```
C:\WINDOWS\system32\cmd.exe - python
>>> import shutil
>>> shutil.rmtree('D:\\test\\demo4')
>>> shutil.rmtree('D:\\test\\001.txt')
>>>
```

图 14-14　函数 shutil. rmtree()删除文件夹

14.2.4　安全删除文件和文件夹

前面章节，学过 4 种方法删除文件或文件夹，即使用 os. remove()删除文件、使用 os. unlink()删除文件、使用 os. rmdir()删除空文件夹、使用 shutil. rmtree()删除文件夹。这些方法都是永久删除文件或文件夹，删除之后，不能从垃圾箱中恢复。

如果要安全地删除文件或文件夹，即删除后可以从垃圾箱恢复，则可以使用 send2trash 模块中的 send2trash()函数。安装 send2trash 模块需要在 Windows 命令行窗口中输入的命令如下：

```
pip install send2trash -i https://pypi.tuna.tsinghua.edu.cn/simple
```

然后，按 Enter 键，即可安装 send2trash 模块，如图 14-15 所示。

在 send2trash 模块中，可以使用函数 send2trash. send2trash()安全地删除文件或文件夹，包含该文件夹下的所有文件和子文件夹，其语法格式如下：

```
send2trash.send2trash(path)
```

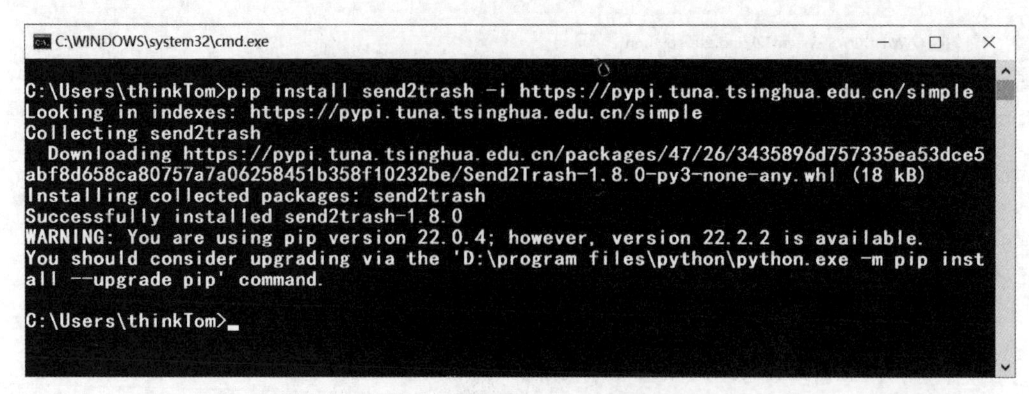

图 14-15　安装 send2trash 模块

其中,path 为要删文件或文件夹的路径,可以是绝对路径,也可以是相对路径。在 Python 命令交互窗口下使用 send2trash.send2trash()安全地删除文件,如图 14-16 所示。

```
C:\WINDOWS\system32\cmd.exe - python
>>> from send2trash import *
>>> send2trash('D:\\test\\20.txt')
>>> send2trash('D:\\test\\demo3')
>>>
```

图 14-16　使用 send2trash 模块安全地删除文件或文件夹

可以在回收站中查看已经被删除的文件,如图 14-17 所示。

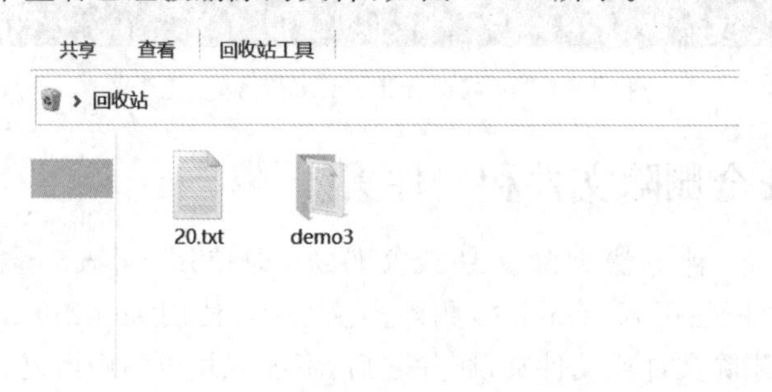

图 14-17　已经被删除的文件或文件夹

14.3　pathlib 模块

28min

在 Python 3.4 之前,涉及路径、目录、文件相关的操作都用 os 模块和 shutil 模块解决。在 Python 3.4 之后,pathlib 成为标准库模块,其使用面向对象的编程方式来表示文件系统路径,丰富了路径处理的方法。

内置模块 pathlib 是跨平台的、面向对象的路径操作模块,可适用于不同的操作系统,其操作对象是各种操作系统中使用的路径(包括绝对路径和相对路径)。

14.3.1　Path 类和 PurePath 类

使用 pathlib 模块解决问题，主要使用该模块中的两个类 Path 类和 PurePath 类。PurePath 类主要用于处理文件系统的“纯路径”，即只负责对路径字符串执行操作，可类比于 os. path 模块中的函数。Path 是 PurePath 的子类，除了支持 PurePath 的各种操作、属性和方法之外，还会真正地访问底层的文件系统，包括判断 Path 对应的路径是否存在，获取 Path 对应路径的各种属性，甚至可以对文件进行读写，可类比于 os 模块中的函数。

PurePath 类和 Path 类最根本的区别在于，PurePath 类处理的仅是字符串，而 Path 类则会真正地访问底层的文件路径，因此它提供了属性和方法访问底层的文件系统。由于 Path 类是 PurePath 类的子类，所以继承了 PurePath 类的属性和方法。在实际应用中，主要应用 Path 类的属性和方法。

在 pathlib 模块中，Path 类的常用方法和属性见表 14-4。

表 14-4　Path 类的常用方法和属性

方法或属性	说　明
Path. chmode(path)	修改文件权限和时间戳
Path. mkdir(path)	创建目录
Path. rename()	重命名文件或文件夹
Path. replace()	重命名文件或文件夹
Path. resolve()	获取路径对象的绝对路径
Path. rmdir()	删除目录或文件夹
Path. unlink()	删除文件
Path. cwd()	获取当前工作目录
Path. exists()	判断是否存在文件或目录
Path. home()	获取计算机初始目录，即 home 路径对象
Path. is_dir()	判断是否是一个文件
Path. is_file()	判断是否是一个目录
Path. is_symlink()	判断是否是一个符号链接
Path. stat()	获取文件属性，同 os. stat()
Path. samefile()	判断两个路径是否相同
Path. expanduser()	返回完整路径对象
Path. glob(pattern)	查找路径对象下所有与 pattern 匹配的文件，返回的是一个生成器类型
Path. is_absolute()	判断是否是绝对路径
Path. is_reserved()	是否是预留路径
Path. iterdir()	遍历目录或路径对象，包括文件夹和文件
Path. joinpath()	拼接路径
Path. match(pattern)	检测路径是否符合 pattern
Path. open()	打开文件，支持 with 语句
Path. relative_to()	计算相对路径

续表

方法或属性	说　明
Path. rglob(pattern)	查找路径对象下所有子文件夹、文件夹中与 pattern 匹配的文件,返回的是一个生成器类型
Path. with_name(name)	更改路径名称,即更改最后及目录名
Path. with_suffix(suffix)	更改路径后缀
Path. as_uri()	将当前路径更换为 URL,只有绝对路径才能转换,否则会引发 ValueError
Path. as_posix()	将当前路径更换为 UNIX 系统路径
Path. anchor	自动判断返回路径对象的驱动器盘符或根路径
Path. drive	返回路径对象的驱动器盘符
Path. root	返回路径对象的根目录或根路径
Path. name	返回路径对象的文件名
Path. stem	返回路径对象的主文件名
Path. parts	返回路径对象中包含的各部分
Path. parents	返回路径对象的全部父路径
Path. parent	返回路径对象的上一级路径,即相当于返回 parents[0]的值
Path. suffixes	返回路径对象中文件的所有后缀名
Path. suffiex	返回路径对象中的文件后缀名,即 suffixes 中最后一个元素

14.3.2 获取路径对象的属性

使用 pathlib 模块解决问题,可以使用 Path 类创建一个对象,然后获取该对象的属性。

【实例 14-6】 在 D 盘 test 文件夹下有一个文件夹 demo1,使用 pathlib 模块获取该文件夹和文件夹下 01. txt 文件的名字、主文件名、后缀名、后缀名列表、根目录、上一级目录、上一级目录列表及目录的组成部分,代码如下:

```
# === 第 14 章 代码 14-6.py === #
from pathlib import Path

path1 = Path('D:\\test\\demo1')
print('路径对象的文件名是',path1.name)
print('路径对象的主文件名是',path1.stem)
print('路径对象的文件后缀是',path1.suffix)
print('路径对象的文件后缀列表是',path1.suffixes)
print('路径对象的根目录是',path1.root)
print('路径对象的上一级目录是',path1.parent)
print('路径对象的上一级目录列表是',path1.parents)
print('路径对象的各部分是',path1.parts)

path2 = Path('D:\\test\\demo1\\01.txt')
print('\n 路径对象的文件名是',path2.name)
print('路径对象的主文件名是',path2.stem)
print('路径对象的文件后缀是',path2.suffix)
print('路径对象的文件后缀列表是',path2.suffixes)
```

```
print('路径对象的根目录是',path2.root)
print('路径对象的上一级目录是',path2.parent)
print('路径对象的上一级目录列表是',path2.parents)
print('路径对象的各部分是',path2.parts)
```

运行结果如图 14-18 所示。

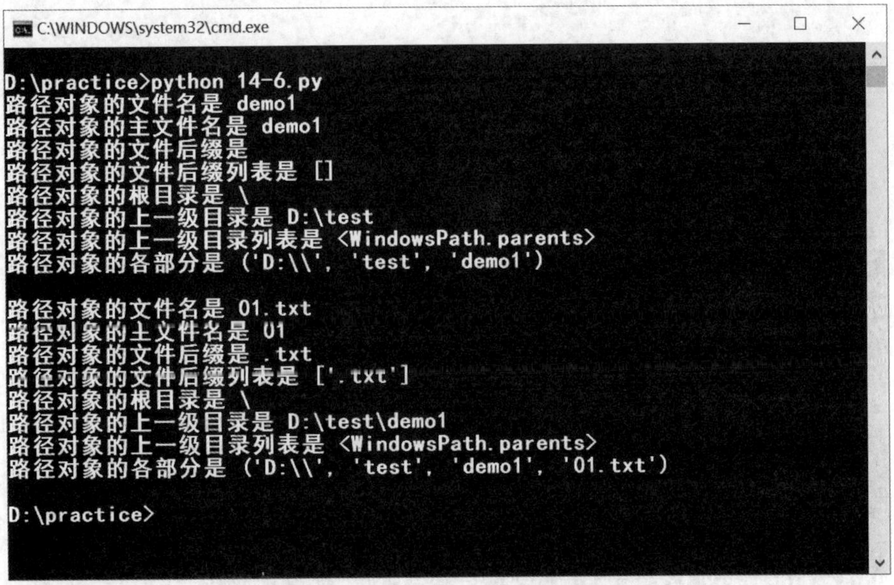

```
C:\WINDOWS\system32\cmd.exe

D:\practice>python 14-6.py
路径对象的文件名是 demo1
路径对象的主文件名是 demo1
路径对象的文件后缀是
路径对象的文件后缀列表是 []
路径对象的根目录是 \
路径对象的上一级目录是 D:\test
路径对象的上一级目录列表是 <WindowsPath.parents>
路径对象的各部分是 ('D:\\', 'test', 'demo1')

路径对象的文件名是 01.txt
路径对象的主文件名是 01
路径对象的文件后缀是 .txt
路径对象的文件后缀列表是 ['.txt']
路径对象的根目录是 \
路径对象的上一级目录是 D:\test\demo1
路径对象的上一级目录列表是 <WindowsPath.parents>
路径对象的各部分是 ('D:\\', 'test', 'demo1', '01.txt')

D:\practice>
```

图 14-18 代码 14-6.py 的运行结果

14.3.3 遍历目录

使用 pathlib 模块解决问题,可以使用 Path 类创建一个对象,然后使用该对象的 iterdir()、glob()、rglob()方法遍历目录,但这 3 种方法有明显的不同,Path.iterdir()用于查找文件夹下的所有文件,返回的是一个生成器类型;Path.glob(pattern)用于查找文件夹下所有与 pattern 匹配的文件,返回的是一个生成器类型;Path.rglob(pattern)用于查找文件夹下所有的子文件夹、文件、文件夹中与 pattern 匹配的文件,返回的是一个生成器类型。pattern 使用通配符表示。

【实例 14-7】 在 D 盘 test 文件夹下有一个文件夹 demo1,使用 3 种方法遍历该目录,代码如下:

```
# === 第 14 章 代码 14-7.py === #
from pathlib import Path

path1 = Path('D:\\test\\demo1')
files1 = path1.iterdir()
for item in files1:
```

```
    print(item)

print('\n')
files2 = path1.glob('*')
for item in files2:
    print(item)

print('\n')
files3 = path1.rglob('*')
for item in files3:
    print(item)
```

运行结果如图 14-19 所示。

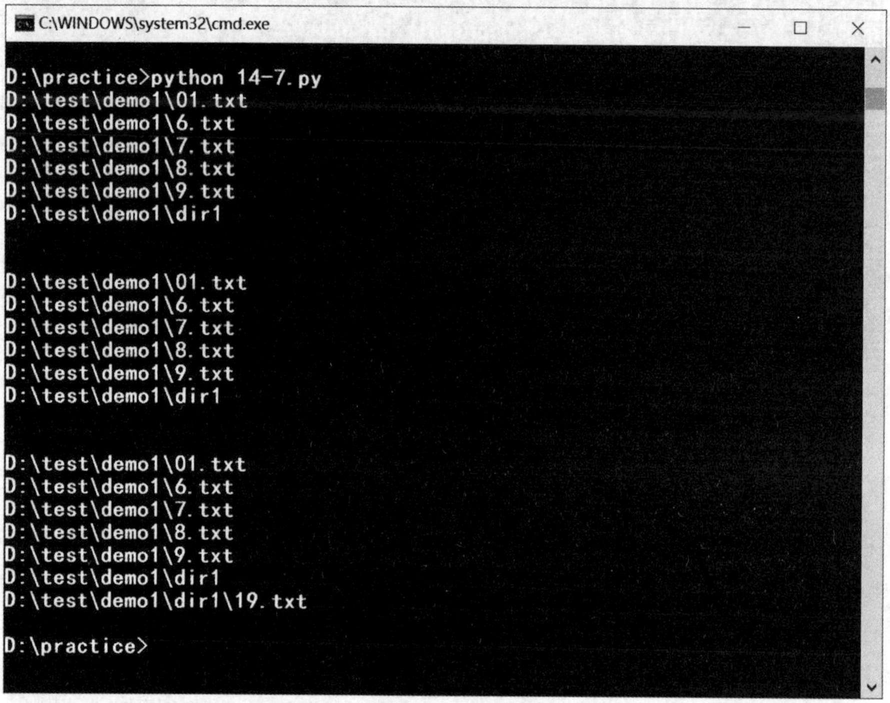

```
C:\WINDOWS\system32\cmd.exe

D:\practice>python 14-7.py
D:\test\demo1\01.txt
D:\test\demo1\6.txt
D:\test\demo1\7.txt
D:\test\demo1\8.txt
D:\test\demo1\9.txt
D:\test\demo1\dir1


D:\test\demo1\01.txt
D:\test\demo1\6.txt
D:\test\demo1\7.txt
D:\test\demo1\8.txt
D:\test\demo1\9.txt
D:\test\demo1\dir1


D:\test\demo1\01.txt
D:\test\demo1\6.txt
D:\test\demo1\7.txt
D:\test\demo1\8.txt
D:\test\demo1\9.txt
D:\test\demo1\dir1
D:\test\demo1\dir1\19.txt

D:\practice>
```

图 14-19　代码 14-7.py 的运行结果

14.3.4　文件和文件夹的创建和删除

在 pathlib 模块中，主要使用 Path 类的方法 Path.mkdir()创建文件夹，使用 Path.unlink()删除文件，使用 Path.rmdir()删除空文件夹。

在 pathlib 模块中，主要使用 Path 类的方法 Path.is_dir()判断是否是一个文件夹，使用 Path.is_file()判断是否是一个文件，使用 Path.exists()判断是否是一个已存在的文件或文件夹。

【实例 14-8】　在 D 盘 test 文件夹下创建文件夹 demo3，删除文件夹 demo2，删除 16.txt 文档，代码如下：

```
# === 第 14 章 代码 14-8.py === #
from pathlib import Path

path1 = Path('D:\\test\\demo3')
path2 = Path('D:\\test\\16.txt')
path3 = Path('D:\\test\\demo2')
if path1.exists() == False:
    path1.mkdir()
    print('创建文件夹')

if path2.is_file() == True:
    path2.unlink()
    print('删除文件')

if path3.is_dir() == True:
    path3.rmdir()
    print('删除文件夹')
```

运行结果如图 14-20 所示。

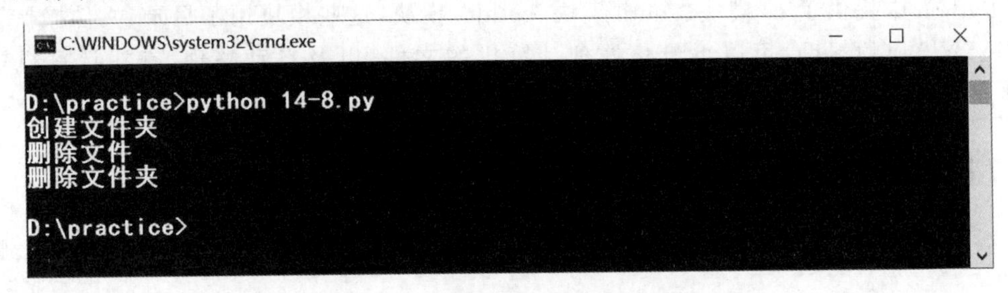

图 14-20 代码 14-8.py 的运行结果

14.3.5 拼接路径

在 pathlib 模块中，主要使用 Path 类的方法 Path.joinpath()拼接路径，也是使用斜杠(/)拼接路径。

【实例 14-9】 在 D 盘 test 文件夹下有一个 demo2 文件夹，使用两种方法给 demo2 的绝对路径拼接路径'dir'、'dir0'、'01.txt'，代码如下：

```
# === 第 14 章 代码 14-9.py === #
from pathlib import Path

path1 = Path('D:\\test\\demo2')
path2 = path1.joinpath('dir')
print(path2.parts)

path3 = path1/Path('dir0')
print(path3.parts)
```

```
path4 = path1/Path('01.txt')
print(path4.parts)
```

运行结果如图 14-21 所示。

```
C:\WINDOWS\system32\cmd.exe
D:\practice>python 14-9.py
('D:\\', 'test', 'demo2', 'dir')
('D:\\', 'test', 'demo2', 'dir0')
('D:\\', 'test', 'demo2', '01.txt')

D:\practice>_
```

图 14-21 代码 14-9.py 的运行结果

14.4 典型应用

Python 中提供了 os 模块、shutil 模块、pathlib 模块，这些模块用于目录、文件操作。有了这 3 个模块的帮助，可以批量化处理计算机的文件，以及自动整理、查找计算机中的文件。

14.4.1 批量给文件名添加、删除前缀

在 Python 中，使用 os 模块可以批量给某文件夹下的文件和文件夹的名字添加、删除前缀。

1. 批量给文件、文件夹的名字添加前缀

【实例 14-10】 在 D 盘 test 文件夹下有一个 demo1 文件夹，该文件夹下有 9 个文件夹、9 个文件，如图 14-22 所示。

批量给这 9 个文件、文件夹添加前缀"悟空"，代码如下：

```
# === 第 14 章 代码 14-10.py === #
import os

os.chdir('D:\\test\\demo1')
list_dir = os.listdir('D:\\test\\demo1')
for old_name in list_dir:
    new_name = '悟空' + old_name
    os.rename(old_name,new_name)
```

运行结果如图 14-23 所示。

2. 批量给文件、文件夹的名字删除前缀

【实例 14-11】 在 D 盘 test 文件夹下有一个 demo1 文件夹，该文件夹下有 9 个文件夹、9 个文件，如图 14-23 所示。批量删除文件、文件夹名字中的前缀"悟空"，代码如下：

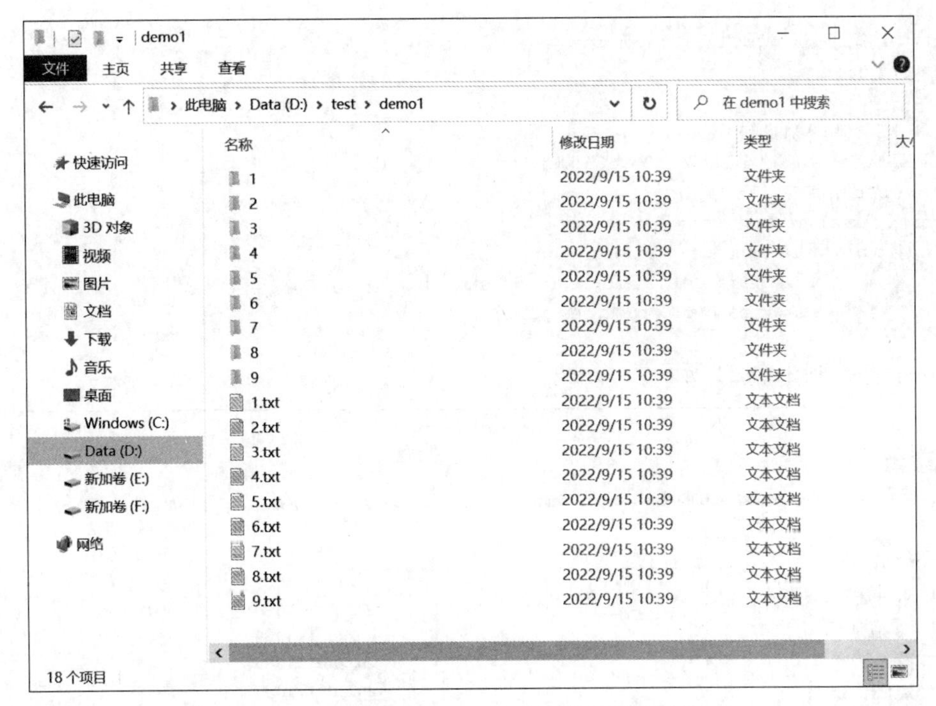

图 14-22　文件夹 demo1 下的文件和子文件夹

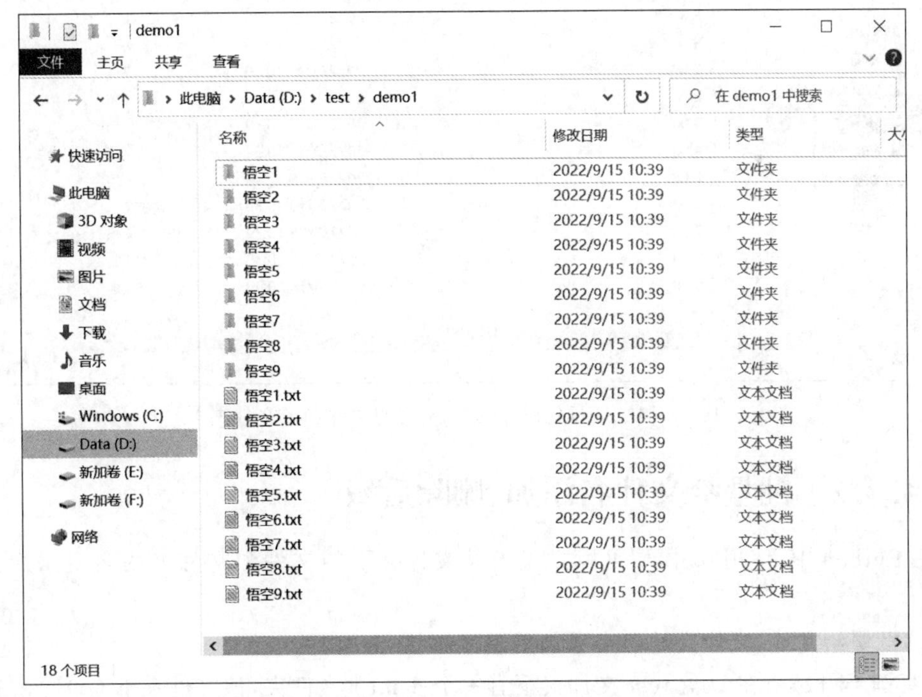

图 14-23　运行代码 14-10.py 后的文件和子文件夹

```
# === 第 14 章 代码 14-11.py === #
import os

os.chdir('D:\\test\\demo1')
list_dir = os.listdir('D:\\test\\demo1')
temp_str = '悟空'
for old_name in list_dir:
    if old_name.find(temp_str)!= -1:
            new_name = old_name[len(temp_str):]          #字符串的切片法
            os.rename(old_name,new_name)
```

运行结果如图 14-24 所示。

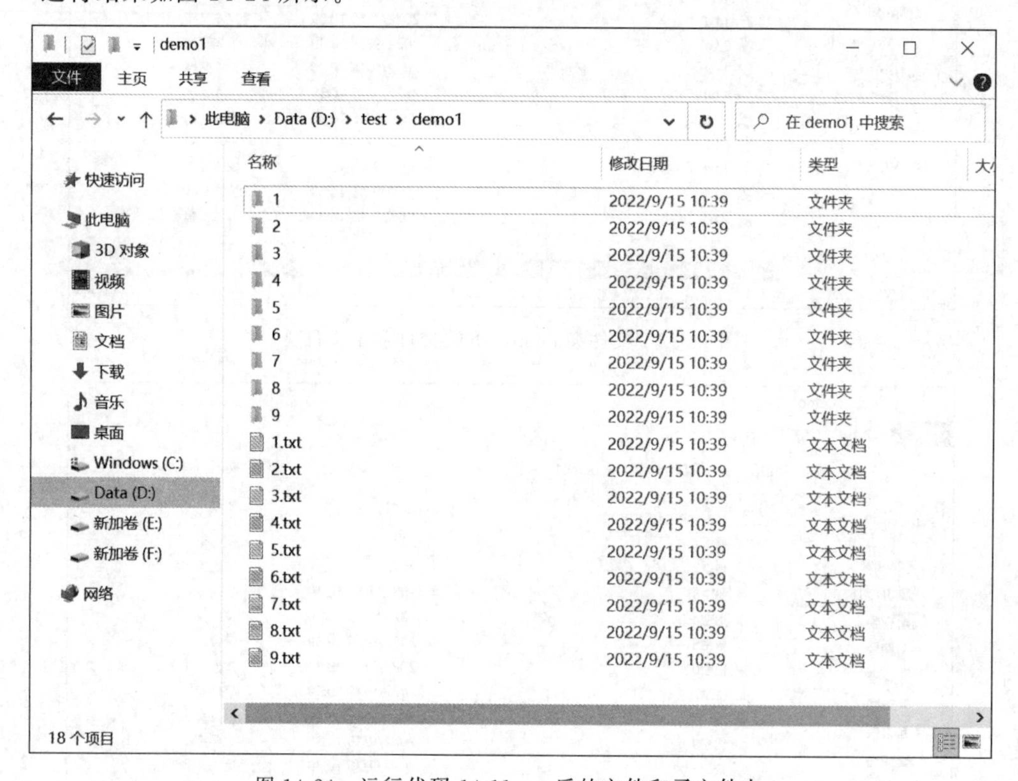

图 14-24　运行代码 14-11.py 后的文件和子文件夹

14.4.2　批量给文件名添加、删除后缀

在 Python 中,使用 os 模块可以批量给某文件夹下的文件和文件夹的名字添加、删除后缀。

1. 批量给文件、文件夹的名字添加后缀

【实例 14-12】　在 D 盘 test 文件夹下有一个 demo1 文件夹,该文件夹下有 9 个文件夹、9 个文件,如图 14-24 所示。批量给文件、文件夹的名字添加后缀"--八戒",代码如下:

```
# === 第 14 章 代码 14-12.py === #
import os

os.chdir('D:\\test\\demo1')
list_dir = os.listdir('D:\\test\\demo1')
for old_name in list_dir:
    if os.path.isfile(old_name) == True:
            dot = old_name.rfind('.')          #从结尾开始查找后缀名
            new_name = old_name[0:dot] + '--八戒' + old_name[dot:]     #字符串的切片
            os.rename(old_name,new_name)
    else:
            new_name = old_name + '--八戒'
            os.rename(old_name,new_name)
```

运行结果如图 14-25 所示。

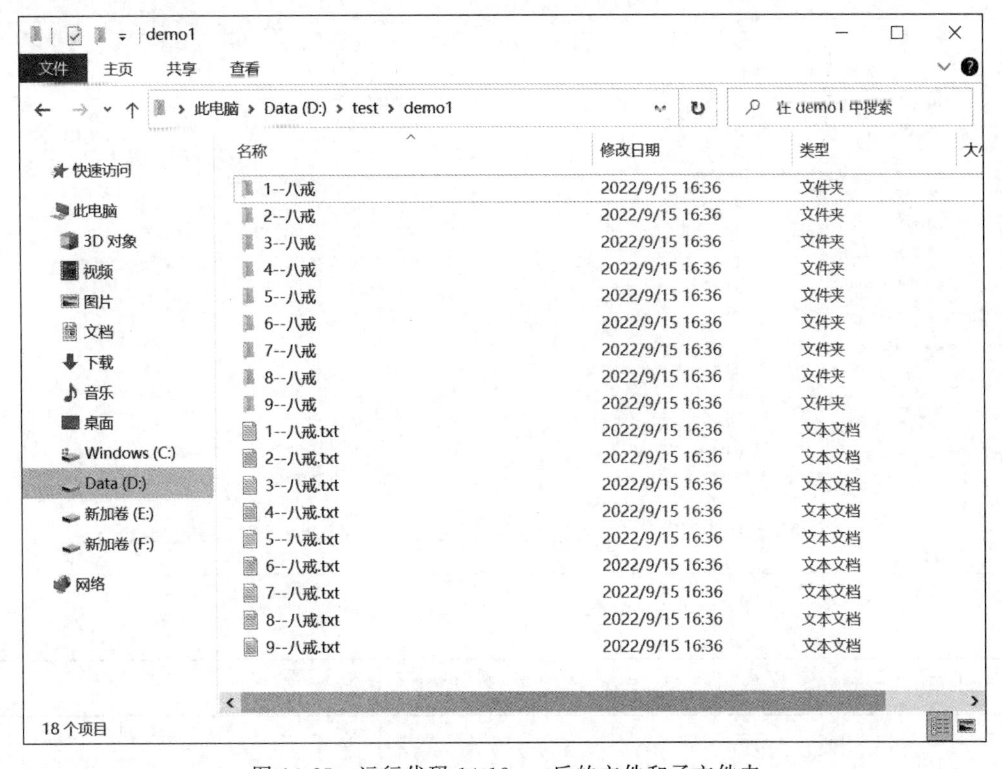

图 14-25 运行代码 14-12.py 后的文件和子文件夹

2. 批量给文件、文件夹的名字删除后缀

【实例 14-13】 在 D 盘 test 文件夹下有一个 demo1 文件夹，该文件夹下有 9 个文件夹、9 个文件，如图 14-25 所示。批量给文件、文件夹的名字删除后缀“--八戒”，代码如下：

```
# === 第 14 章 代码 14-13.py === #
import os
```

```
os.chdir('D:\\test\\demo1')
list_dir = os.listdir('D:\\test\\demo1')
for old_name in list_dir:
    temp = old_name.find('--八戒')
    num = len('--八戒')
    new_name = old_name[0:temp] + old_name[temp + num:]        #字符串的切片
    os.rename(old_name,new_name)
```

运行结果如图 14-26 所示。

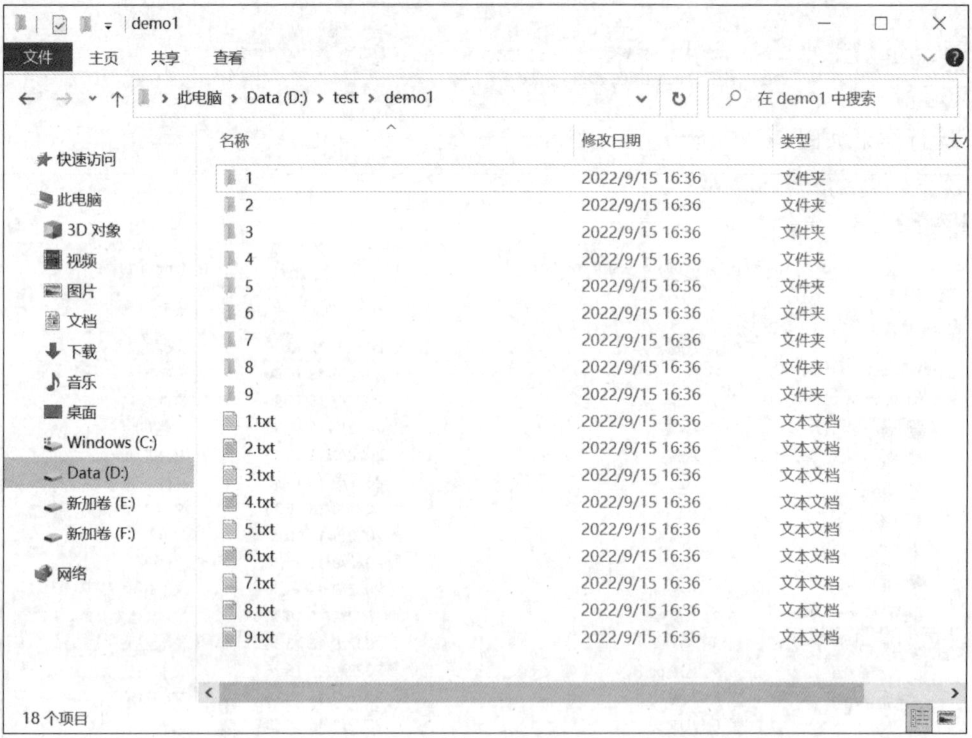

图 14-26　运行代码 14-13.py 后的文件和子文件夹

注意：读者如果要套用代码，只需修改路径、前缀名或后缀名。

14.4.3　文件的自动分类

在 Python 中，使用 os 模块和 shutil 模块可以给文件进行自动分类，即根据文件类型将文件分类整理到不同的文件夹中。

【实例 14-14】　在 D 盘 test 文件夹下有一个文件夹(要分类的文件)，该文件夹下有 6 种不同格式的文件，如图 14-27 所示。

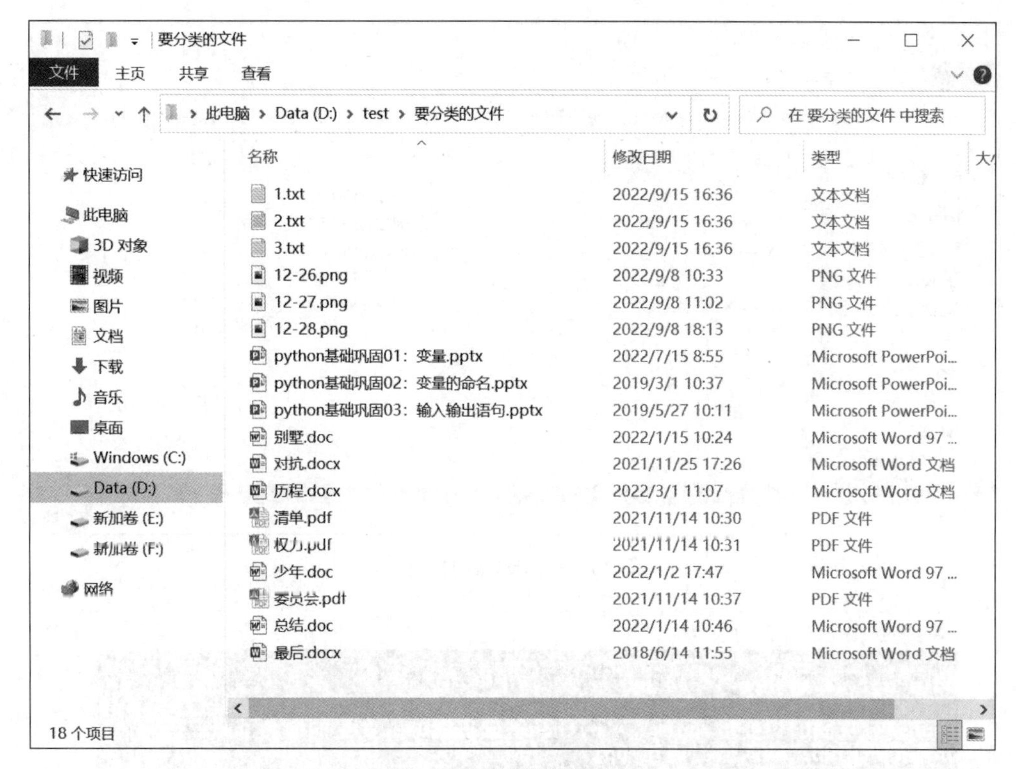

图 14-27　要分类的文件

根据文件类型将文件分类整理到不同的文件夹中，并存储在 D 盘 test 文件夹下的另一个文件夹（分类后的文件）中，代码如下：

```
# === 第 14 章 代码 14-14.py === #
import os
import shutil

old_folder = 'D:\\test\\要分类的文件\\'
new_folder = 'D:\\test\\分类后的文件\\'

list_files = os.listdir(old_folder)
print(list_files)
for item in list_files:
    old_path = old_folder + item                          # 文件的旧路径
    if os.path.isfile(old_path) == True:
        new_path = new_folder + item.split('.')[-1]       # 文件的新路径
    if os.path.exists(new_path) == False:
        os.mkdir(new_path)
    shutil.move(old_path, new_path)
```

运行结果如图 14-28 和图 14-29 所示。

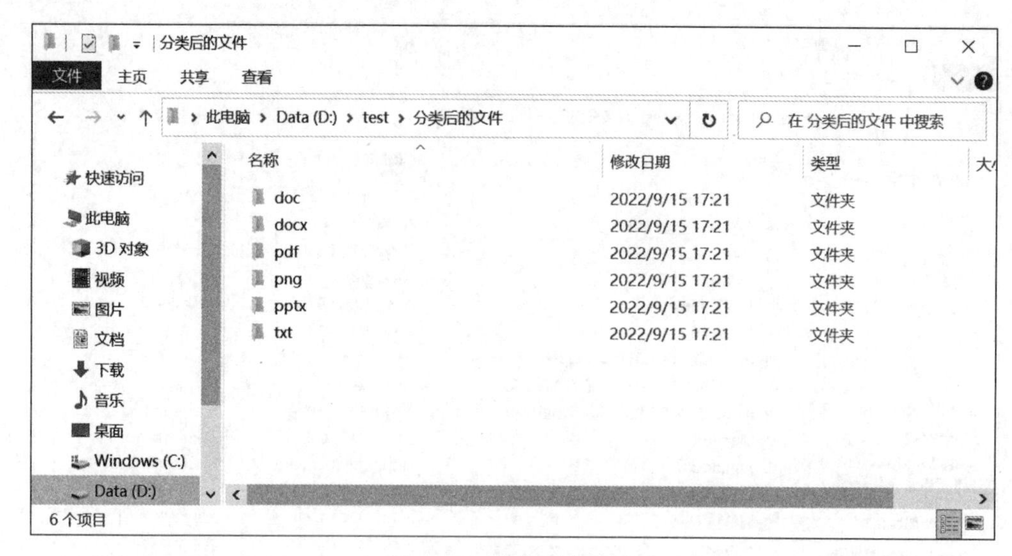

图 14-28　分类后的文件

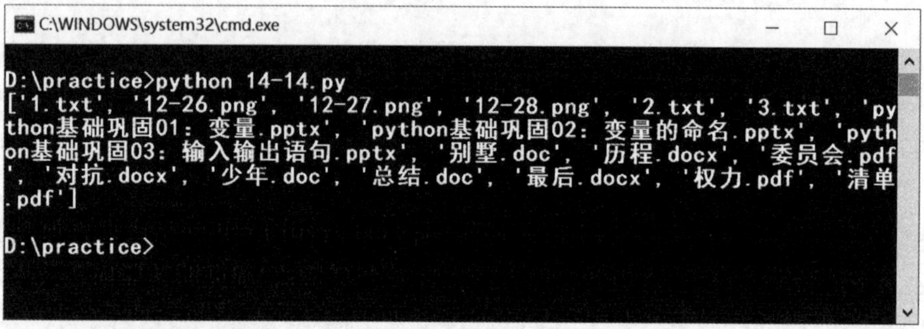

```
C:\WINDOWS\system32\cmd.exe

D:\practice>python 14-14.py
['1.txt', '12-26.png', '12-27.png', '12-28.png', '2.txt', '3.txt', 'python基础巩固01：变量.pptx', 'python基础巩固02：变量的命名.pptx', 'python基础巩固03：输入输出语句.pptx', '别墅.doc', '历程.docx', '委员会.pdf', '对抗.docx', '少年.doc', '总结.doc', '最后.docx', '权力.pdf', '清单.pdf']

D:\practice>
```

图 14-29　代码 14-14.py 的运行结果

14.4.4　自动清理重复文件

在实际生活中，文件夹中可能存放有多个名称不同但内容相同的文件，这造成了硬盘存储空间的浪费。在 Python 中，可以使用 pathlib 模块和内置模块 filecmp 创建自动清理重复文件的程序。

这个程序要使用内置模块 filecmp 的 cmp()函数来判断两个文件是否相同，其语法格式如下：

```
filecmp.cmp(file1,file2,shadow = True)
```

其中，file1 表示要比较的第 1 个文件的路径，可以是字符串、字节、os.PathLike 对象或表示文件路径的整数；file2 表示要比较的第 2 个文件的路径。它可以是字符串、字节、os.PathLike 对象或表示文件路径的整数；shallow 是可选参数，如果值为 True，则仅比较文件的元数据，即 os.stat()的信息，如果值为 False，则比较文件的内容，默认值为 True。

如果指定文件相同,则此函数返回布尔值 True,否则返回布尔值 False。

【实例 14-15】 在 D 盘 test 文件夹下有一个文件夹 demo2,该文件夹下有重复文件,如图 14-30 所示。

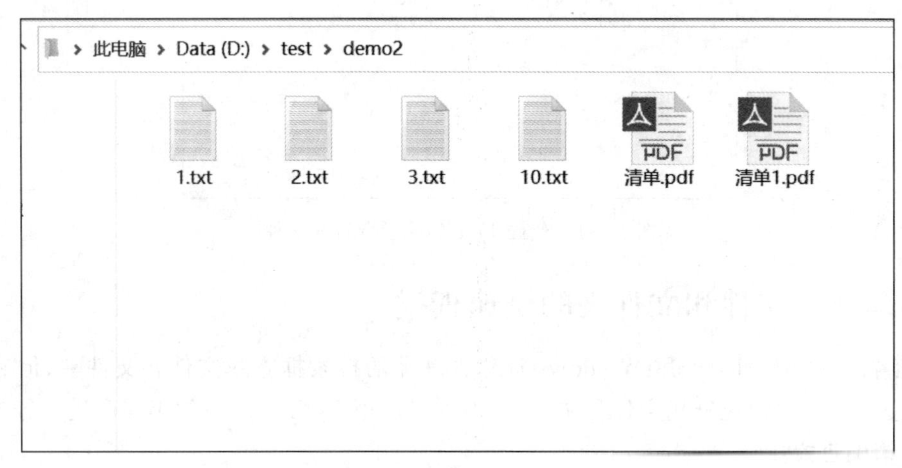

图 14-30　文件夹 demo2 下的文件

编写代码找出其中的重复文件,并将重复文件移动到指定文件夹下,代码如下:

```
# === 第 14 章 代码 14-15.py === #
from pathlib import Path
from filecmp import cmp

old_folder = Path('D:\\test\\demo2')
new_folder = Path('D:\\test\\demo2\\重复的文件')
if new_folder.exists() == False:
    new_folder.mkdir(parents = True)

results = list(old_folder.glob('*'))                #遍历目录
file_list = []                                      #创建文件路径列表
for item in results:
    if item.is_file() == True:
            file_list.append(item)

for i in file_list:
    for j in file_list:
            if i!= j and i.exists() and j.exists():
                    if cmp(i,j) == True:            #判断是否是重复文件
                            j.replace(new_folder/j.name)
```

运行结果如图 14-31 所示。

注意: 读者如果要套用自动清理重复文件代码,则只需修改路径。

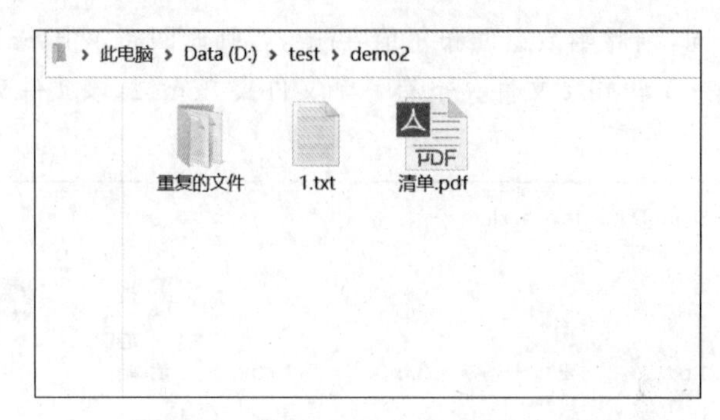

图 14-31 代码 14-15.py 运行后的文件

14.4.5 文件和文件夹的快速查找

在实际应用中，可以使用 Windows 资源管理器的搜索框查找文件和文件夹，但有时速度比较慢。如果要快速查找文件和文件夹，则可以使用 Python 编写的小程序进行查找。

1. 精确查找

【实例 14-16】 创建一个精确查找文件和文件夹的 Python 程序，只需输入要查找的目录，以及要查找的文件名或文件夹名，就可进行精确查找，并输出查找结果，代码如下：

```
# === 第 14 章 代码 14-16.py === #
from pathlib import Path

while True:
    catalog = input('请输入要查找的目录或路径(如【C:\\\\】或【D:\\\\test\\\\】):')
    cata = Path(catalog.strip())
    if cata.exists() and cata.is_dir():
            break
    else:
            print('输入的目录不存在,请重新输入!')

keyword = input('请输入要查找的文件和文件夹的名称:').strip()
result = list(cata.rglob(keyword))
if len(result)!= 0:
    print(f'在【{cata}】下查找的名为【{keyword}】的文件或文件夹:')
    for item in result:
            print(item)
else:
    print(f'在【{cata}】下没有找到名为【{keyword}】的文件或文件夹')
```

运行结果如图 14-32 所示。

2. 模糊查找

【实例 14-17】 创建一个模糊查找文件和文件夹的 Python 程序，只需输入要查找的目录，以及要查找的文件或文件夹的部分名字，就可进行模糊查找，并对查找结果中的文件和文件夹进行分类输出，代码如下：

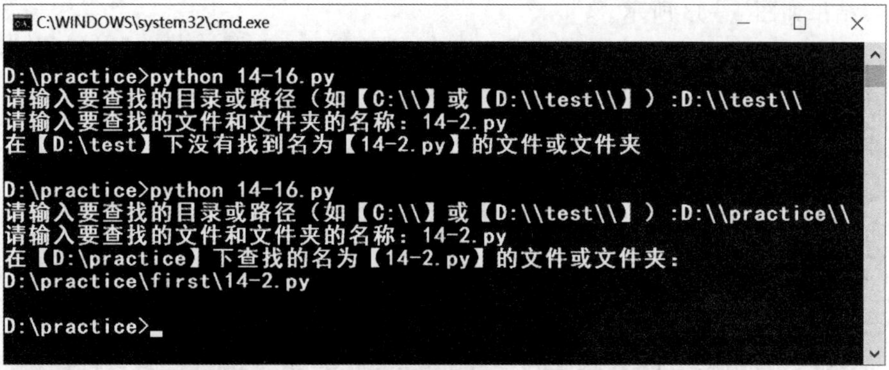

```
C:\WINDOWS\system32\cmd.exe
D:\practice>python 14-16.py
请输入要查找的目录或路径（如【C:\\】或【D:\\test\\】）:D:\\test\\
请输入要查找的文件和文件夹的名称：14-2.py
在【D:\test】下没有找到名为【14-2.py】的文件或文件夹

D:\practice>python 14-16.py
请输入要查找的目录或路径（如【C:\\】或【D:\\test\\】）:D:\\practice\\
请输入要查找的文件和文件夹的名称：14-2.py
在【D:\practice】下查找的名为【14-2.py】的文件或文件夹：
D:\practice\first\14-2.py

D:\practice>
```

图 14-32　运行代码 14-16.py 查找文件、文件夹

```
# === 第 14 章 代码 14-17.py === #
from pathlib import Path

while True:
    catalog = input('请输入要查找的目录或路径(如【C:\\\\】或【D:\\\\test\\\\】):')
    cata = Path(catalog.strip())
    if cata.exists() and cata.is_dir():
            break
    else:
            print('输入的目录不存在,请重新输入!')

keyword = input('请输入要查找的文件和文件夹的名称:').strip()
result = list(cata.rglob(f'*{keyword}*'))                #模糊查找的通配符

if len(result) == 0:
    print(f'在【{cata}】下没有找到包含关键词【{keyword}】的文件或文件夹')
else:
    result_folder = []
    result_file = []
    for item in result:
            if item.is_dir() == True:
                    result_folder.append(item)
            else:
                    result_file.append(item)
    if len(result_folder)!= 0:
            print(f'在【{cata}】下查找到包含关键词【{keyword}】的文件夹:')
            for item in result_folder:
                    print(item)
    if len(result_file)!= 0:
            print(f'在【{cata}】下查找到包含关键词【{keyword}】的文件:')
            for item in result_file:
                    print(item)
```

运行结果如图 14-33 所示。

```
C:\WINDOWS\system32\cmd.exe
D:\practice>python 14-17.py
请输入要查找的目录或路径（如【C:\\】或【D:\\test\\】）:D:\\test\\
请输入要查找的文件和文件夹的名称: demo
在【D:\test】下查找到包含关键词【demo】的文件夹:
D:\test\demo1
D:\test\demo2

D:\practice>python 14-17.py
请输入要查找的目录或路径（如【C:\\】或【D:\\test\\】）:D:\\practice\\
请输入要查找的文件和文件夹的名称: 13
在【D:\practice】下查找到包含关键词【13】的文件:
D:\practice\13-1.py
D:\practice\13-1.txt
D:\practice\13-10.py
D:\practice\13-2.py
D:\practice\13-2.txt
D:\practice\13-3.py
D:\practice\13-4.py
D:\practice\13-5.py
D:\practice\13-6.py
D:\practice\13-7.py
D:\practice\13-8.py
D:\practice\13-9.py
D:\practice\14-13.py
D:\practice\two\10-13.py
D:\practice\two\11-13.py
D:\practice\two\12-13.py
D:\practice\two\12-13.svg
D:\practice\two\3-13.py
```

图 14-33 运行代码 14-17.py 模糊查找文件、文件夹

14.5 小结

本章介绍了使用 os 模块、shutil 模块操作目录、文件、路径的方法，这两个模块都是内置模块，采用了面向过程的编程思想。

本章介绍了从 Python 3.4 开始内置的模块 pathlib，模块 pathlib 采用了面向对象的编程思想，也可以实现对目录、文件、路径的操作。

本章最后介绍了使用这 3 种模块解决实际问题的典型应用，这些代码都可直接套用。

第15章 压缩文件

在实际生活和工作中，经常使用压缩文件，即将多个文件和文件夹打包成一个文件，然后进行压缩，常用的压缩文件格式有 zip、rar、7z 等。压缩一个文件，可以减少它的大小，方便在因特网上传输，因此文件打包压缩是常见的分享方式。

现在常见的压缩文件格式有 zip、rar、7z。zip 文件是指带有.zip 扩展名的文件，使用了开放性的压缩算法。zip 的特点是压缩速度快、应用广泛，Windows 系统、macOS 系统都支持 zip。rar 文件是指带有.rar 扩展名的文件，使用有专利保护的算法。rar 的特点是保密性好、压缩率高、压缩文件大小无上限。7z 文件是指带有.7z 扩展名的文件，使用了开放性的压缩算法。7z 的特点是压缩率很高，如果 7z 文件受一点损坏，则可能无法恢复。

Python 提供了相应的模块专门处理压缩文件，可以利用 Python 程序批量地解压、压缩文件。

15.1 zipfile 模块与 zip 文件

由于 zip 文件应用广泛，Python 中内置了 zipfile 模块专门处理 zip 文件。本节将介绍如何使用 zipfile 模块解压 zip 文件、创建 zip 文件，以及如何批量地解压、创建 zip 文件。

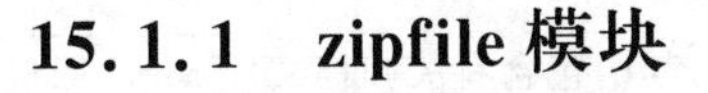

15.1.1 zipfile 模块

zip 文件格式是一个常用的文件归档与压缩标准。内置模块 zipfile 是 Python 中专门用来处理 zip 文件的模块，该模块使用面向对象的思想。使用 zipfile 处理 zip 文件，主要使用 zipfile 中的 ZipFile 和 ZipInfo 类。ZipFile 类主要用于读取、创建、写入、解压 zip 文件。ZipInfo 类主要用于读取文件信息。

1. ZipFile 类

在 zipfile 模块中，使用函数 zipfile.ZipFile()创建 ZipFile 对象，其语法格式如下：

```
from zipfile import *
zip1 = ZipFile(file, mode = 'r', compression = ZIP_STORED, allowZip64 = True, compresslevel =
None)
```

其中,参数 file 表示 zip 文件的路径;mode 是可选参数,用于指定 zip 文件的打开模式,默认值为 r,表示只读模式。mode 参数的参数值见表 15-1。

表 15-1 mode 参数的参数值

参数值	说明
r	以只读模式打开已经存在的文件
w	以写入模式覆盖已经存在的文件或新建一个文件
a	以追加模式将数据写入已经存在的文件
x	新建并写入新的文件,如果文件已经存在,则抛出 FileExistsError 异常

参数 compression 是可选参数,用于指定在写入归档时要使用的 ZIP 压缩方法,默认值为 ZIP_STORED,表示无压缩效果。compression 参数的参数值见表 15-2。

表 15-2 compression 参数的参数值

参数值	说明	参数值	说明
ZIP_STORED	默认值,不压缩	ZIP_BZIP2	BZIP2 压缩方法
ZIP_DEFLATED	常用的压缩方法	ZIP_LZMA	LZMA 压缩方法

参数 allowZip64 是可选参数,默认值为 True,表示压缩文件大于 4 GB 时 zipfile 模块将创建使用 ZIP64 扩展的 zip 文件;如果该参数为 False,则当压缩文件需要 ZIP64 扩展时压缩文件将引发异常。

参数 compresslevel 是可选参数,该参数用于控制在将文件写入归档时要使用的压缩等级。当使用 ZIP_STORED 或 ZIP_LZMA 压缩方法时无压缩效果。当使用 ZIP_DEFLATED 压缩方法时接受 0～9 的整数。当使用 ZIP_BZIP2 压缩方法时接受 1～9 的整数。

使用函数 zipfile.ZipFile()创建完 ZipFile 对象,就可以使用封装在 ZipFile 对象中的方法进行操作。ZipFile 对象中的常用方法和属性见表 15-3。

表 15-3 ZipFile 对象中的常用方法和属性

方法	说明
ZipFile.getinfo(name)	返回一个 ZipInfo 对象,其中包含有关归档文件 name 的信息。如果该文件不存在,则将会引发 KeyError
ZipFile.infolist()	返回一个列表,其中包含每个归档成员的 ZipInfo 对象
ZipFile.namelist()	返回按名称排序的归档文件列表
ZipFile.extract(member[,path[,pwd]])	从 ZipFile 对象中提取一个归档文件后放入当前工作目录;member 为归档文件的完整名称或 ZipInfo 对象名称。归档文件信息会尽可能精确地被提取。path 用于指定文件要提取的不同目录。pwd 是用于解密文件的密码
ZipFile.extractall([path[,members[,pwd]]])	从 ZipFile 对象中提取所有成员后放入当前工作目录。path 用于指定一个要提取的不同目录。members 为可选项且必须为 namelist()所返回列表的一个子集。pwd 是用于解密文件的密码

续表

方　法	说　明
ZipFile.printdir()	打印 ZipFile 对象的目录表
ZipFile.setpassword(pwd)	将 pwd 设置为用于提取已加密文件的默认密码
ZipFile.read(name[,pwd])	返回 ZipFile 对象中文件 name 的字节数据。name 是归档文件的名称，或是一个 ZipInfo 对象。对象必须以读取或追加方式打开。pwd 为用于已加密文件的密码，并且如果指定该参数，则它将覆盖通过 setpassword()设置的默认密码
ZipFile.write(filename[,arcname[,compress_type[,compress_level]]])	将名为 filename 的文件写入 ZipFile 对象，给予的归档名为 arcname（默认情况下将与 filename 一致，但是不带驱动器盘符并会移除开头的路径分隔符）。compress_type 如果给出，则它将覆盖作为构造器 compression 形参对于新条目所给出的值。compresslevel 如果给出，则将覆盖构造器
ZipFile.writestr(zinfo or arcname, data)	将一个文件写入 ZipFile 对象。内容为 data，它可以是一个 str 或 Bytes 的实例；如果是 str，则会先使用 UTF-8 进行编码。zinfo or arcname 可以是它在归档中将被给予的名称，或者 ZipInfo 的实例。如果它是一个实例，则至少必须给定文件名、日期和时间。如果它是一个名称，则日期和时间会被设为当前日期和时间。ZipFile 对象必须以'w'、'x'或'a'模式打开
ZipFile.close()	关闭 ZipFile 对象，必须在退出程序前调用 close()函数，否则将不会写入关键记录数据
ZipFile.testzip()	读取 ZipFile 对象中的所有文件并检查它们的 CRC 和文件头。如果有损坏，则返回第 1 个已损坏文件的名称，否则返回 None
ZipFile.filename	返回 zip 文件的名称
ZipFile.degug	使用的调试输出等级。这可以设为从 0（默认无输出）到 3（最多输出）的值
ZipFile.comment	关联到 zip 文件的 Bytes 对象形式的说明。如果将说明赋给以 'w'、'x'或 'a'模式创建的 ZipFile 实例，则它的长度不应超过 65 535 字节。超过此长度的说明将被截断

【实例 15-1】 在 D 盘 test 文件夹下的 demo3 文件夹中有一个文件 txt.zip，使用 zipfile 模块读取该文件中的归档文件列表，代码如下：

```
# === 第 15 章 代码 15-1.py === #
import os
from zipfile import *

os.chdir('D:\\test\\demo3')
zip1 = ZipFile('txt.zip')
zip_list = zip1.namelist()
info_list = zip1.infolist()
print(zip_list)
for item in info_list:
```

```
    print(item)

zip1.close()
```

运行结果如图 15-1 所示。

```
C:\WINDOWS\system32\cmd.exe

C:\Users\thinkTom>D:

D:\>cd practice

D:\practice>python 15-1.py
['txt/1.txt', 'txt/2.txt', 'txt/3.txt', 'txt/']
<ZipInfo filename='txt/1.txt' compress_type=deflate external_attr=0x20
 file_size=156 compress_size=150>
<ZipInfo filename='txt/2.txt' compress_type=deflate external_attr=0x20
 file_size=156 compress_size=150>
<ZipInfo filename='txt/3.txt' compress_type=deflate external_attr=0x20
 file_size=156 compress_size=150>
<ZipInfo filename='txt/' external_attr=0x10>

D:\practice>
```

图 15-1　代码 15-1.py 的运行结果

2. ZipInfo 类

在 zipfile 模块中，使用 zipfile.ZipFile()创建 ZipFile 对象，然后使用 ZipFile 对象的 getinfo()创建 ZipInfo 对象。ZipInfo 对象中包含 zip 文件中某个归档文件的具体属性，常见的属性参数值见表 15-4。

表 15-4　ZipInfo 对象的常见属性参数值

属　性	说　明
ZipInfo.filename	返回归档文件名称
ZipInfo.date_time	返回归档文件最后的修改时间，返回一个包含 6 个元素的元组(年、月、日、时、分、秒)
ZipInfo.compress_type	返回归档文件的压缩类型
ZipInfo.comment	返回归档文件的说明
ZipInfo.extra	返回归档文件的扩展项数据
ZipInfo.create_system	返回创建 zip 文件的系统
ZipInfo.create_version	返回创建 zip 文件的 PKZIP 版本
ZipInfo.extract_version	返回解压 zip 文件的 PKZIP 版本
ZipInfo.reserved	返回预留字段，如果当前实现，则返回 0
ZipInfo.flag_bits	返回 zip 标志位
ZipInfo.volume	返回文件头的卷标
ZipInfo.internal_attr	返回内部属性
ZipInfo.external_attr	返回外部属性

续表

属　　性	说　　明
ZipInfo. header_offset	返回文件头偏移位
ZipInfo. CRC	返回未压缩文件的 CRC-32
ZipInfo. compress_size	返回压缩后文件的大小
ZipInfo. file_size	返回未压缩的文件大小

【实例 15-2】 在 D 盘 test 文件夹下的 demo3 文件夹中有一个文件 txt. zip，zip 文件中有归档文件 1. txt。使用 zipfile 模块读取文件 1. txt 的常见信息，代码如下：

```
# === 第 15 章 代码 15-2.py === #
import os
from zipfile import *

os.chdir('D:\\test\\demo3')
zip1 = ZipFile('txt.zip')
txt1 = zip1.getinfo('txt/1.txt')
print(txt1)
print(txt1.create_version)
print(txt1.create_system)
print(txt1.extract_version)
print(txt1.date_time)
zip1.close()
```

运行结果如图 15-2 所示。

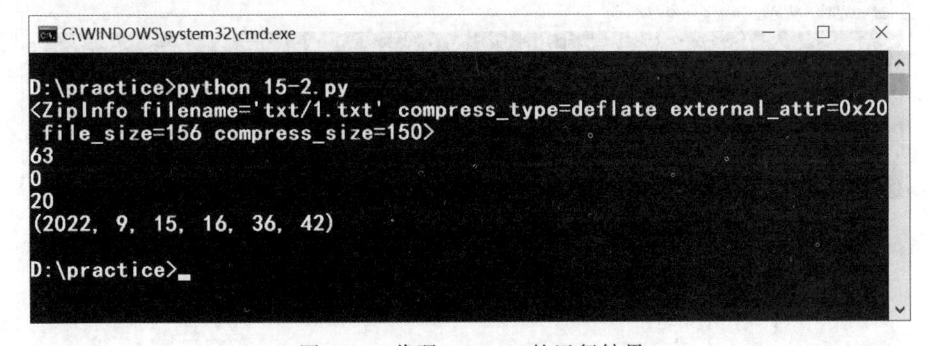

图 15-2　代码 15-2. py 的运行结果

注意： 在 zipfile 模块中，创建 ZipFile 对象，并调用其中的方法后，一定要使用 ZipFile. close()关闭 ZipFile 对象。如果忘记关闭，则会带来意想不到的问题。针对这一问题，可以使用 with 语句处理 ZipFile 对象，具体语法格式见第 13 章。

15.1.2　解压文件

在 zipfile 模块中，可以使用 ZipFile 对象的 extract()方法解压 zip 文件中的某个归档文件。该方法可以从 ZipFile 对象中提取一个归档文件后放入当前工作目录，其语法格式如下：

```
ZipFile.extract(member, path = None, pwd = None)
```

其中，参数 member 为归档文件的完整名称或 ZipInfo 对象名称；path 是可选参数，用于指定归档文件要提取的不同目录；pwd 是可选参数，用于解密文件的密码。该函数返回归档文件解压后的目录。

1. 解压 zip 文件中的某个归档文件

【实例 15-3】 在 D 盘 test 文件夹下的 demo3 文件夹中有一个文件 txt.zip，zip 文件中有归档文件 1.txt。使用 zipfile 模块打印 zip 文件的归档文件列表，并将 1.txt 文件解压到该目录下的 new 文件夹下，然后打印 1.txt 解压后的目录，代码如下：

```
# === 第 15 章 代码 15-3.py === #
import os
from zipfile import *

os.chdir('D:\\test\\demo3')
with ZipFile('txt.zip') as myzip:
    print(myzip.namelist())
    print(myzip.extract('txt/1.txt','new'))
```

运行结果如图 15-3 和图 15-4 所示。

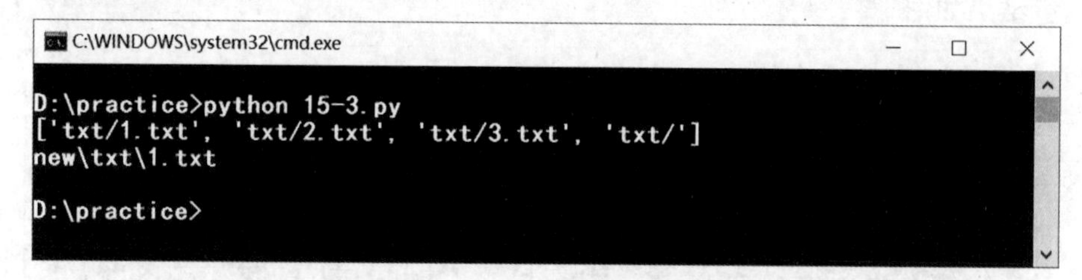

图 15-3 代码 15-3.py 的运行结果

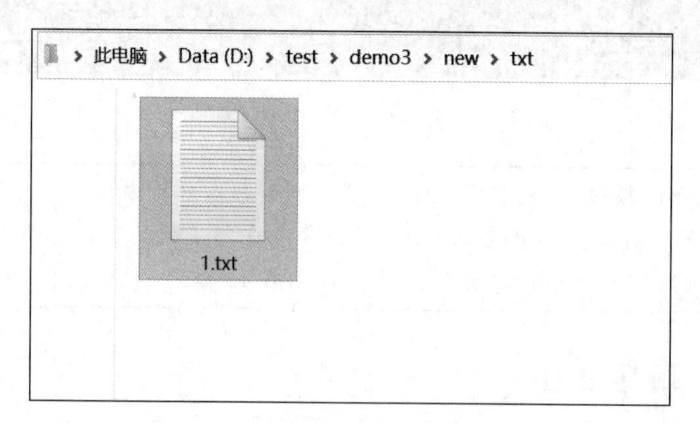

图 15-4 代码 15-3.py 解压的归档文件

2. 解压 zip 文件中的所有归档文件

在 zipfile 模块中，可以使用 ZipFile 对象的 extractall()方法解压 zip 文件中的所有归档文件。

【实例 15-4】 在 D 盘 test 文件夹下的 demo3 文件夹中有一个文件 txt.zip，zip 文件中有归档文件 1.txt、2.txt、3.txt。使用 zipfile 模块打印 zip 文件的归档文件列表，将 zip 文件中的全部归档文件解压到 demo3 文件夹下，代码如下：

```
# === 第 15 章 代码 15-4.py === #
import os
from zipfile import *

os.chdir('D:\\test\\demo3')
with ZipFile('txt.zip') as myzip:
    print(myzip.namelist())
    myzip.extractall()
```

运行结果如图 15-5 和图 15-6 所示。

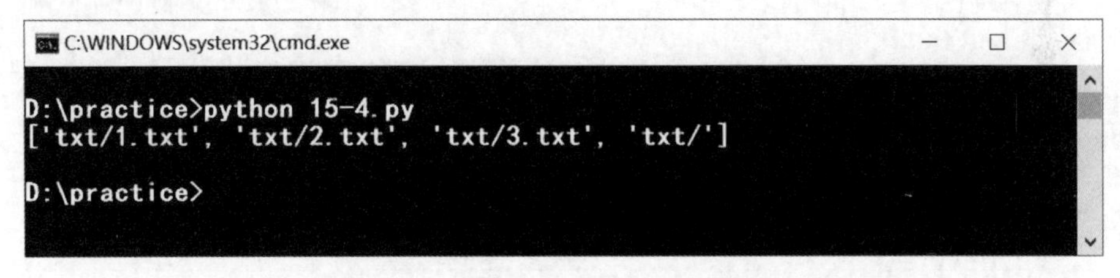

图 15-5 代码 15-4.py 的运行结果

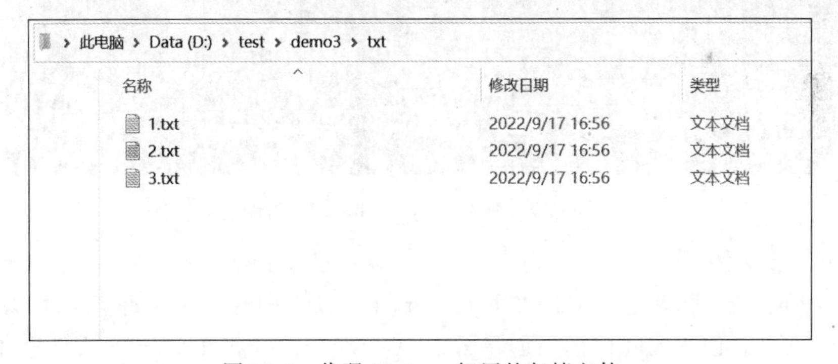

图 15-6 代码 15-4.py 解压的归档文件

15.1.3 创建、添加 zip 文件

在 zipfile 模块中，可以使用 ZipFile 对象的 write(filename)方法将名为 filename 的文件写入 ZipFile 对象，给予的归档名为 arcname（默认情况下将与 filename 一致），其语法格式如下：

```
ZipFile.write(filename,arcname = None,compress_type = None, compresslevel = None)
```

其中，filename 是添加到 ZipFile 对象中的文件名；arcname 是可选参数，表示归档文件名，默认情况下将与 filename 一致，但是不带驱动器盘符并会移除开头的路径分隔符，即使用相对路径；compress_type 是可选参数，如果给出，则它将覆盖作为构造器 compression 形参对于新条目所给出的值；compresslevel 是可选参数，如果给出，则将覆盖构造器。

1. 添加某个文件到已存在 zip 文件中

【实例 15-5】 在 D 盘 test 文件夹下的 demo3 文件夹中有文件 txt.zip、力学.pdf，使用 zipfile 模块打印 zip 文件的归档文件列表，然后将文件力学.pdf 添加到 txt.zip 文件中，最后打印 zip 文件中的归档文件列表，代码如下：

```
# === 第 15 章 代码 15-5.py === #
import os
from zipfile import *

os.chdir('D:\\test\\demo3')
#以追加模式创建 ZipFile 对象
with ZipFile('txt.zip','a') as myzip:
    print(myzip.namelist())
    myzip.write('力学.pdf')

with ZipFile('txt.zip') as myzip:
    print(myzip.namelist())
```

运行结果如图 15-7 和图 15-8 所示。

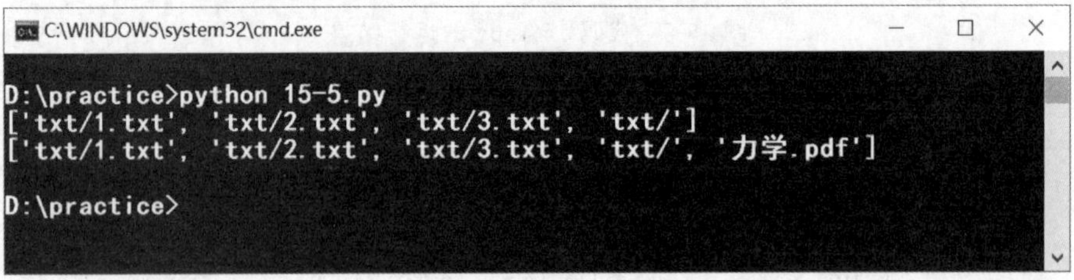

```
C:\WINDOWS\system32\cmd.exe

D:\practice>python 15-5.py
['txt/1.txt', 'txt/2.txt', 'txt/3.txt', 'txt/']
['txt/1.txt', 'txt/2.txt', 'txt/3.txt', 'txt/', '力学.pdf']

D:\practice>
```

图 15-7　代码 15-5.py 的运行结果

2. 创建 zip 文件

【实例 15-6】 在 D 盘 test 文件夹下的 demo4 文件夹中有一个文件夹 pdf，该文件夹下有 3 个 PDF 文件。使用 zipfile 模块创建 zip 文件 pdf.zip，并将 3 个 PDF 文件添加到 zip 文件中，代码如下：

```
# === 第 15 章 代码 15-6.py === #
import os
from zipfile import *

os.chdir('D:\\test\\demo4')
#以追加模式创建 ZipFile 对象
with ZipFile('pdf.zip','a') as myzip:
```

```
for item in os.listdir('.\\pdf'):
    print(item)
    myzip.write('.\\pdf\\' + item)
    print('写入一个文件')
```

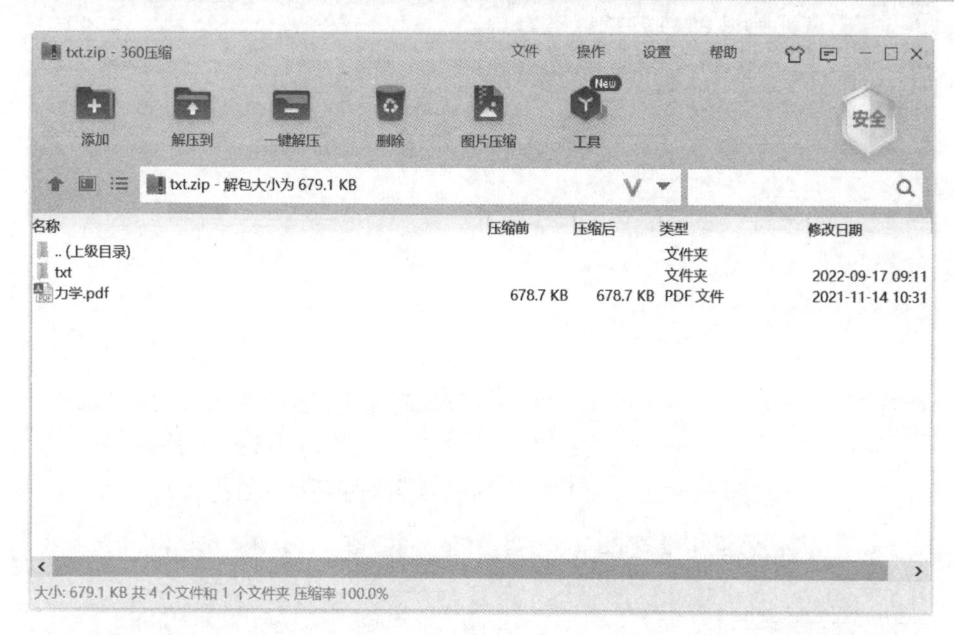

图 15-8　代码 15-5. py 添加到 zip 文件中的归档文件

运行结果如图 15-9 和图 15-10 所示。

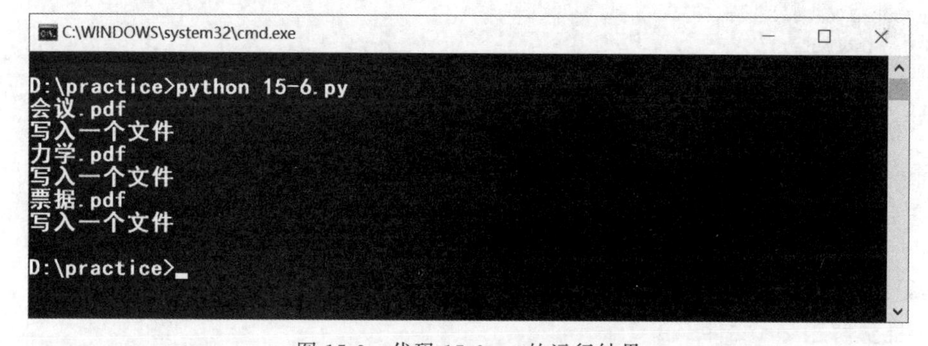

图 15-9　代码 15-6. py 的运行结果

15.1.4　批量创建、解压 zip 文件

在 Python 中，可以使用 zipfile 模块批量创建 zip 文件、批量解压 zip 文件。

1. 批量创建 zip 文件

【实例 15-7】　在 D 盘 test 文件夹下的 demo5 文件夹中有 6 个文件夹，每个文件夹下都有不同数目的文件。使用 zipfile 模块将这 6 个文件夹分别压缩成 zip 文件，代码如下：

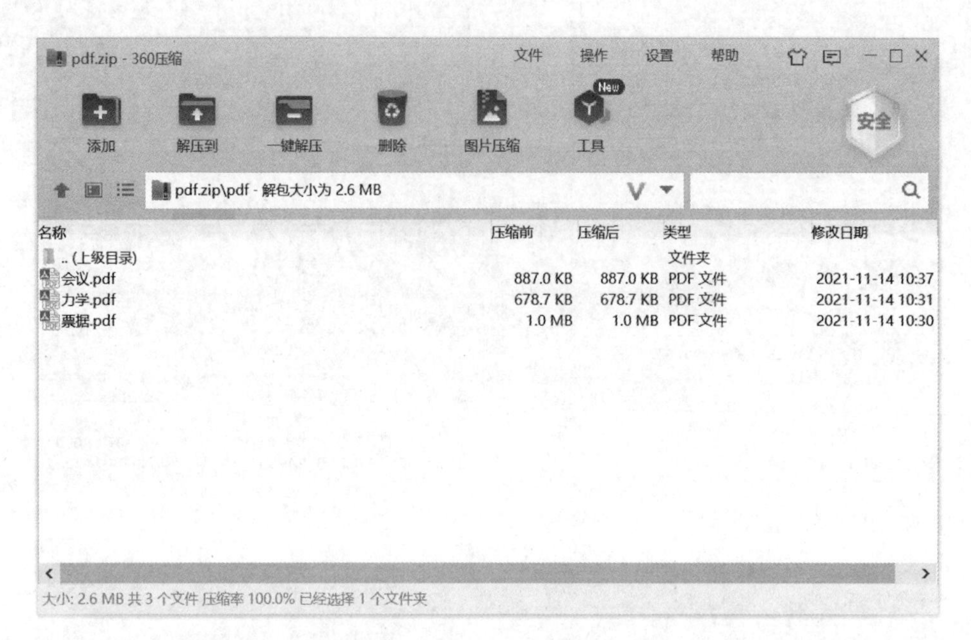

图 15-10　代码 15-6. py 创建的 zip 文件

```
# === 第 15 章 代码 15-7.py === #
import os
from zipfile import *

os.chdir('D:\\test\\demo5')
#遍历目录
for outer in os.listdir('.\\'):
    print(outer)
    #以追加模式创建 ZipFile 对象
    with ZipFile(outer + '.zip','a') as myzip:
        for item in os.listdir('.\\' + outer):
            print(item)
            myzip.write('.\\' + outer + '\\' + item)
            print('写入一个文件')
```

运行结果如图 15-11 和图 15-12 所示。

2. 批量解压 zip 文件

【实例 15-8】 在 D 盘 test 文件夹下的 demo6 文件夹中有 6 个 zip 文件。使用 zipfile 模块将这 6 个文件夹分别解压到当前目录下,代码如下:

```
# === 第 15 章 代码 15-8.py === #
import os
from zipfile import *

os.chdir('D:\\test\\demo6')
```

```
#遍历目录
for item in os.listdir('.\\'):
    print(item)
    with ZipFile(item) as myzip:
        myzip.extractall()
        print('解压一个 zip 文件中的所有归档文件')
```

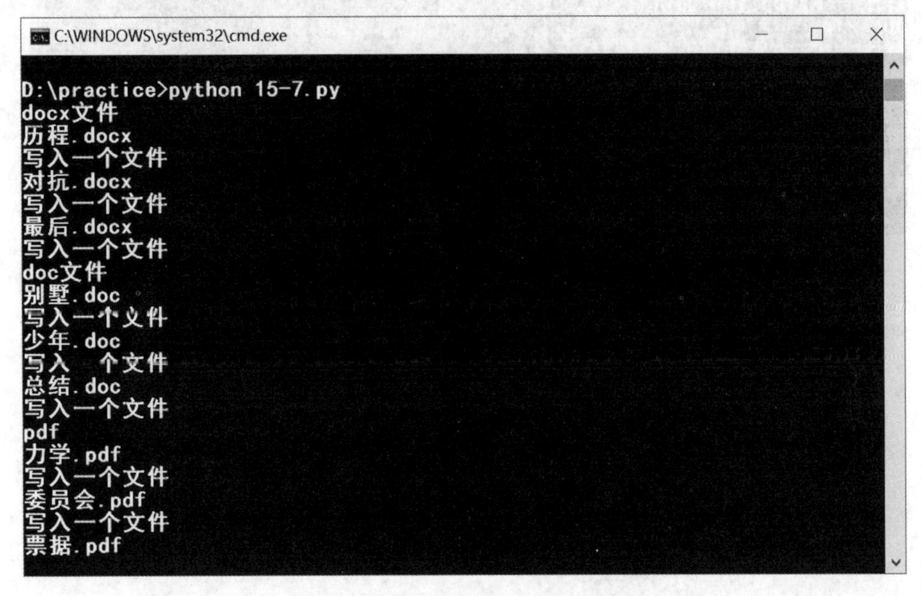

图 15-11　代码 15-7.py 的运行结果

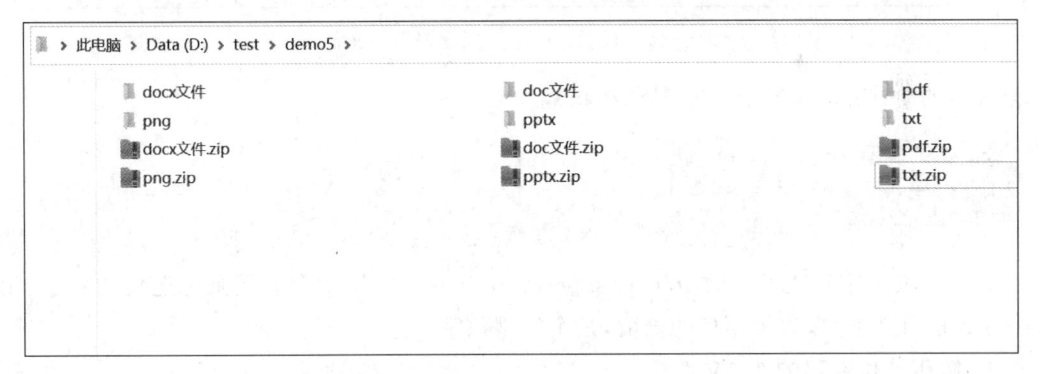

图 15-12　代码 15-7.py 批量创建的 zip 文件

运行结果如图 15-13 和图 15-14 所示。

15.1.5　破解 zip 文件的密码

在 Python 中,可以使用 zipfile 模块破解 zip 文件的密码。这需要用到 Python 的另一个内置模块 itertools,itertools 模块中的函数 itertools.permutations()可以迭代生成不存在

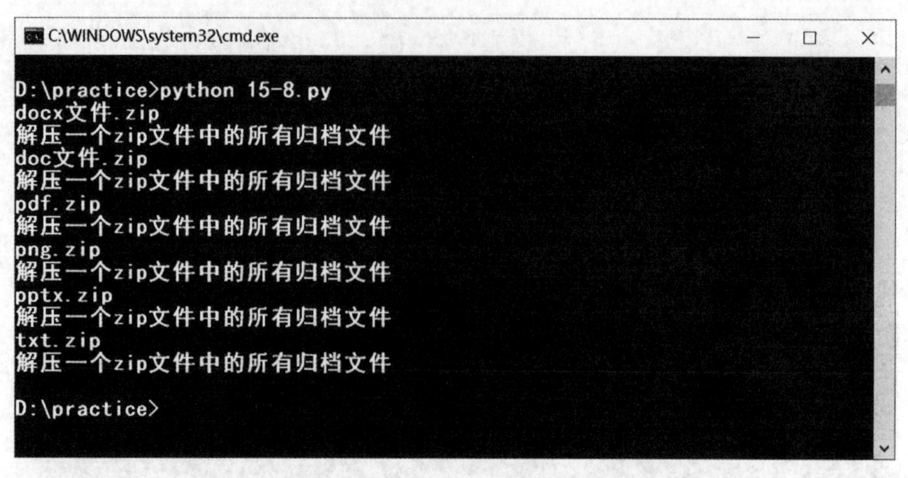

图 15-13　代码 15-8.py 的运行结果

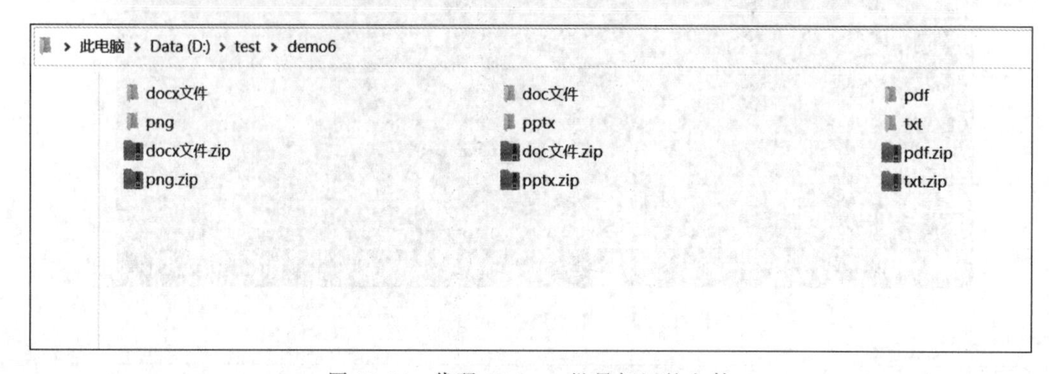

图 15-14　代码 15-8.py 批量解压的文件

重复元素的全排列,用作密码本,其语法格式如下:

```
chars = "abcdefghijklmnopqrstuvwxyz0123456789"
for code in itertools.permutations(chars, num):
    print(code)
```

其中,chars 表示字符集。函数 itertools.permutations()的第 1 个参数是可迭代的数据,第 2 个参数是可选参数,表示排列的长度,是个整型数字。

1. 解压 4 位密码的 zip 文件

【实例 15-9】 在 D 盘 test 文件夹下的 demo7 文件夹中有一个加密 zip 文件 txt.zip,如图 15-15 所示。

使用 zipfile 模块和 itertools 模块破解该 zip 文件,代码如下:

```
# === 第 15 章 代码 15-9.py === #
from zipfile import *
import itertools
```

```
import os

os.chdir('D:\\test\\demo7\\')
filename = "txt.zip"
#创建一个解压的函数,参数为文件名和密码
#并使用 try…except 语句,避免报错中断程序
def uncompress(zip_name, pass_word):
    try:
        with ZipFile(zip_name) as myzip:
            myzip.extractall(pwd = pass_word.encode("utf-8"))
        return True
    except:
        return False

#chars 是密码可能的字符集
#chars = "abcdefghijklmnopqrstuvwxyz0123456789"
chars = "01234"          #使用小的字符集便于演示
for code in itertools.permutations(chars, 4):
    password = ''.join(code)
    print(password)
    result = uncompress(filename, password)
    if result == False:
        print('解压失败.', password)
    else:
        print('解压成功.', password)
        break
```

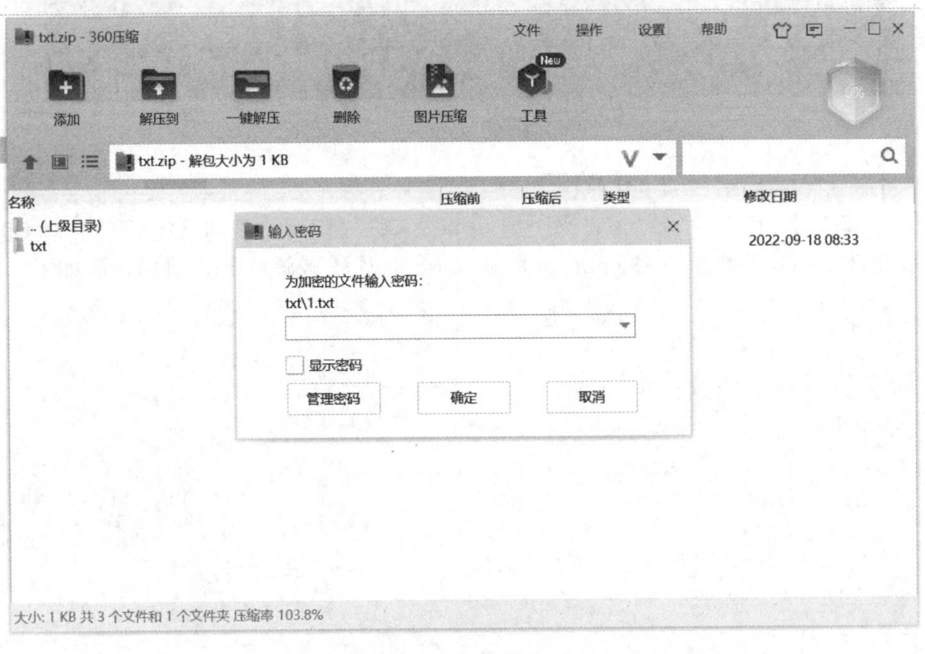

图 15-15　带有密码的 zip 文件

运行结果如图 15-16 和图 15-17 所示。

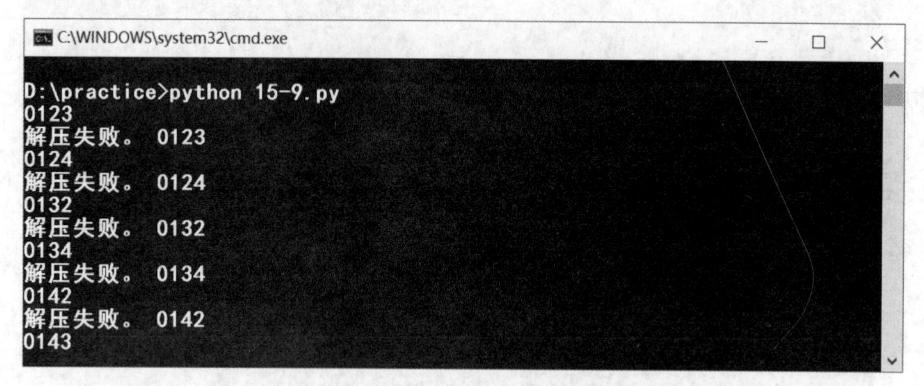

图 15-16　代码 15-9.py 的运行结果(1)

```
C:\WINDOWS\system32\cmd.exe
解压失败。 1034
1042
解压失败。 1042
1043
解压失败。 1043
1203
解压失败。 1203
1204
解压失败。 1204
1230
解压失败。 1230
1234
解压成功。 1234

D:\practice>
```

图 15-17　代码 15-9.py 的运行结果(2)

2. 破解 1～12 位密码的 zip 文件

【实例 15-10】 在 D 盘 test 文件夹下的 demo7 文件夹中有一个加密 zip 文件 txt.zip,不知道该 zip 文件密码的位数。使用 zipfile 模块和 itertools 模块破解该 zip 文件,代码如下:

```
# === 第 15 章 代码 15-10.py === #
from zipfile import *
import itertools
import os

os.chdir('D:\\test\\demo7\\')
filename = "txt.zip"
#创建一个解压的函数,参数为文件名和密码
#并使用 try…except 语句,避免报错中断程序
def uncompress(zip_name, pass_word):
    try:
        with ZipFile(zip_name) as myzip:
            myzip.extractall(pwd = pass_word.encode("utf-8"))
```

```
            return True
        except:
            return False

    #chars 是密码可能的字符集
    chars = "abcdefghijklmnopqrstuvwxyz0123456789"
    #chars = "01234"              #使用小的字符集便于演示
    for i in range(1,13):
        for code in itertools.permutations(chars, i):
            password = ''.join(code)
            print(password)
            result = uncompress(filename, password)
            if result == False:
                print('解压失败.', password)
            else:
                print('解压成功.', password)
                break
```

注意：在实际应用中，有的密码不仅包含小写英文字母、数字、大写英文字母，还包含特殊字符，而且密码中可能有重复的元素，这时就需要创建一个密码本了，例如一个TXT文件。有兴趣的读者可以实践一下。在实际破解密码的过程中，可能会碰到各种各样的问题。本书的编者只是提供了使用Python模块破解zip文件的思路。

15.2　rarfile 模块与 rar 文件

在Python中可以使用第三方模块rarfile处理rar文件。由于rarfile是第三方模块，所以首先要安装rarfile模块。安装rarfile模块需要在Windows命令行窗口中输入的命令如下：

16min

```
pip install rarfile -i https://pypi.tuna.tsinghua.edu.cn/simple
```

然后，按Enter键，即可安装rarfile模块，如图15-18所示。

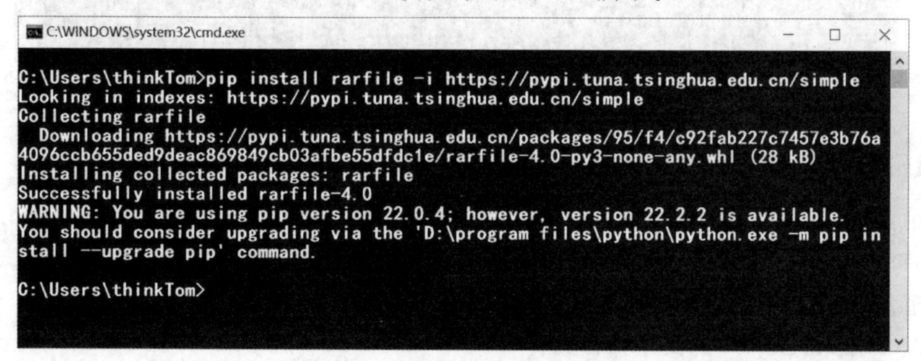

图15-18　安装rarfile模块

15.2.1 rarfile 模块

由于 rar 文件采用有专利保护的算法，所以 rarfile 模块相比于处理 zip 文件的 zipfile 模块功能要少一些。与 zipfile 模块相同，rarfile 模块也采用面向对象的思想写成。使用 rarfile 模块处理 rar 文件，首先要通过函数 rarfile. RarFile()创建 RarFile 对象，然后采用 RarFile 对象的方法和属性处理 rar 文件，其语法格式如下：

```
from rarfile import *
rar1 = RarFile(file,mode = 'r')
```

其中，参数 file 表示指向文件的路径；mode 是可选参数，只有一个值'r'，表示读取模式。

由于 rarfile 模块是仿照 zipfile 模块写成的，因此 RarFile 对象的方法和 ZipFile 对象的方法类似，但 rarfile. RarFile()只有读取模式，没有写入和追加模式，因此使用 rarfile 可以读取、解压 rar 文件，但不能创建、添加 rar 文件。

【实例 15-11】 在 D 盘 test 文件夹下的 demo7 文件夹中有一个加密 rar 文件 txt. rar。使用 rarfile 模块读取该 rar 文件的归档文件列表，代码如下：

```
# === 第 15 章 代码 15-11.py === #
import os
from rarfile import *

os.chdir('D:\\test\\demo7\\')
rar1 = RarFile('txt.rar')
print(rar1.namelist())
rar1.close()
```

运行结果如图 15-19 所示。

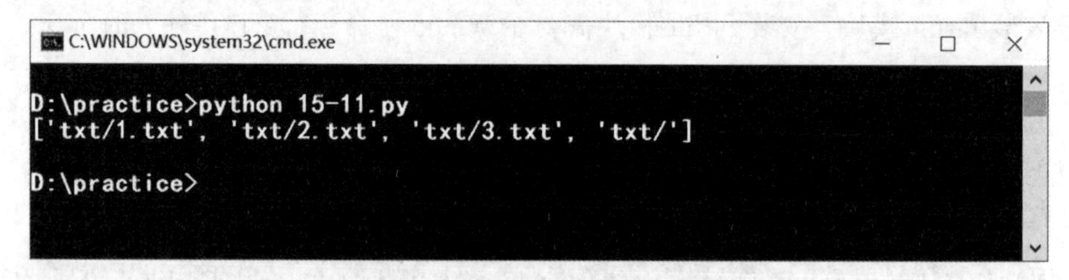

图 15-19 代码 15-11. py 的运行结果

15.2.2 读取、解压 rar 文件

在 rarfile 模块中，创建 RarFile 对象，并调用其中的方法后，一定要使用 RarFile. close()关闭 RarFile 对象。如果忘记关闭，则会带来意想不到的问题。针对这一问题，可以使用 with 语句处理 RarFile 对象。

1. 解压 rar 文件中的某个归档文件

【实例 15-12】 在 D 盘 test 文件夹下的 demo7 文件夹中有一个文件 txt. rar，rar 文件

中有归档文件 1. txt。使用 rarfile 模块打印 rar 文件的归档文件列表，并将 1. txt 文件解压到该目录下的 new 文件夹下，然后打印 1. txt 解压后的目录，代码如下：

```
# === 第 15 章 代码 15 - 12.py === #
import os
from rarfile import *

os.chdir('D:\\test\\demo7\\')
with RarFile('txt.rar') as myrar:
    print(myrar.namelist())
    print(myrar.extract('txt/1.txt','new'))
```

运行结果如图 15-20 和图 15-21 所示。

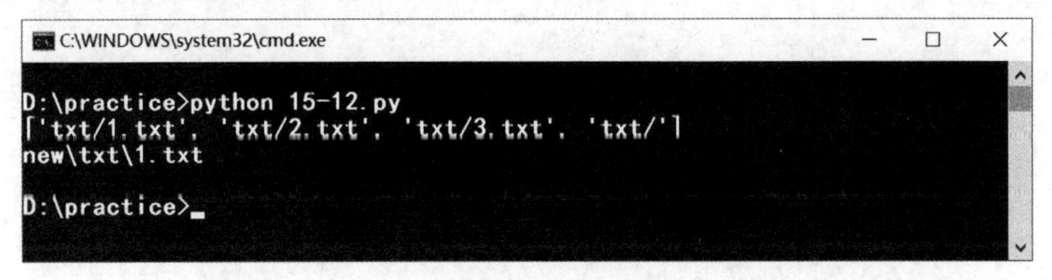

图 15-20 代码 15-12. py 的运行结果

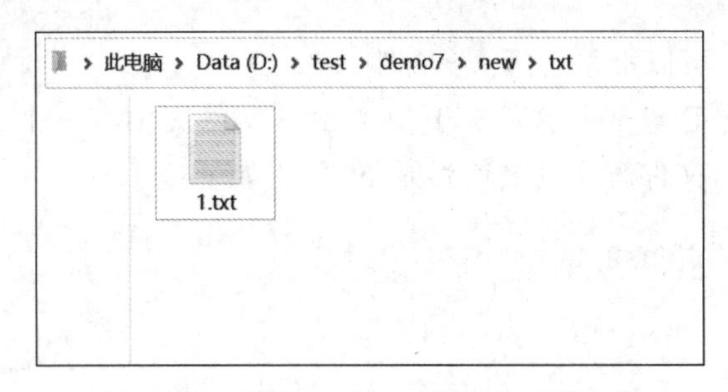

图 15-21 代码 15-11. py 解压的归档文件

2. 解压 rar 文件中的所有归档文件

【实例 15-13】 在 D 盘 test 文件夹下的 demo7 文件夹中有一个文件 txt. rar。使用 rarfile 模块打印 rar 文件的归档文件列表，并将所有归档文件全部解压到当前目录下，代码如下：

```
# === 第 15 章 代码 15 - 13.py === #
import os
from rarfile import *

os.chdir('D:\\test\\demo7\\')
with RarFile('txt.rar') as myrar:
    print(myrar.namelist())
    myrar.extractall()
```

运行结果如图 15-22 和图 15-23 所示。

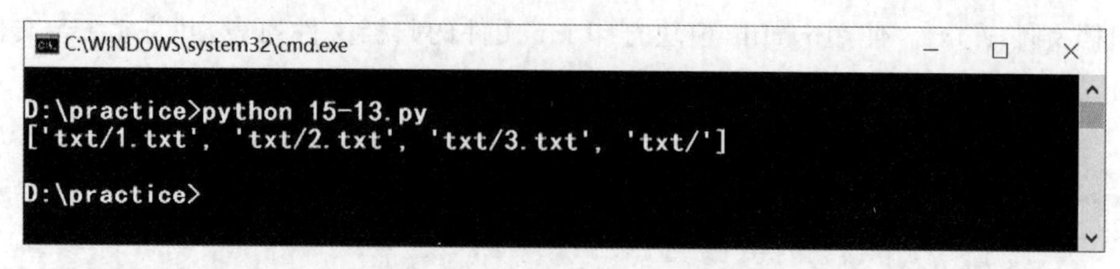

图 15-22 代码 15-13.py 的运行结果

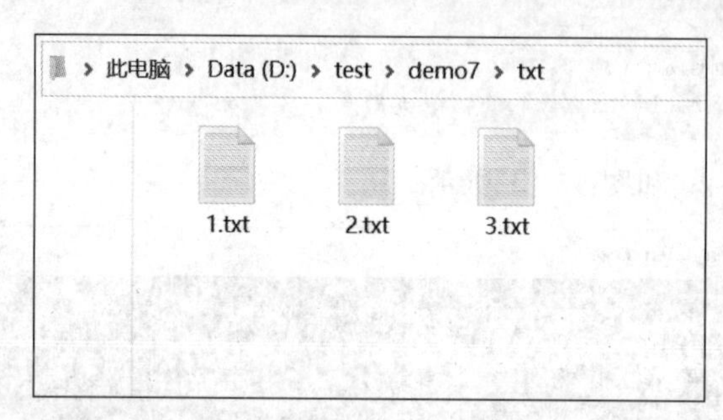

图 15-23 代码 15-13.py 解压的归档文件

15.2.3 批量解压 rar 文件

在 rarfile 模块中,可以批量解压 rar 文件。

【实例 15-14】 在 D 盘 test 文件夹下的 demo8 文件夹中有 6 个 rar 文件。使用 rarfile 模块分别将这 6 个 rar 文件解压到当前目录下,代码如下:

```
# === 第 15 章 代码 15-14.py === #
import os
from rarfile import *

os.chdir('D:\\test\\demo8')
#遍历目录
for item in os.listdir('.\\'):
    print(item)
    with RarFile(item) as myrar:
        myrar.extractall()
        print('解压一个 rar 文件中的所有归档文件')
```

运行结果如图 15-24 和图 15-25 所示。

注意:如果在使用 rarfile 模块时出现 rarfile.RarCannotExec: Cannot find working tool,则需要将 WinRaR 软件的安装目录添加到环境变量 Path 下,即可解决此问题。另外,如果 rar 文件名包含中文,则解压后的文件可能会删除文件名中的中文,如图 15-25 所示。

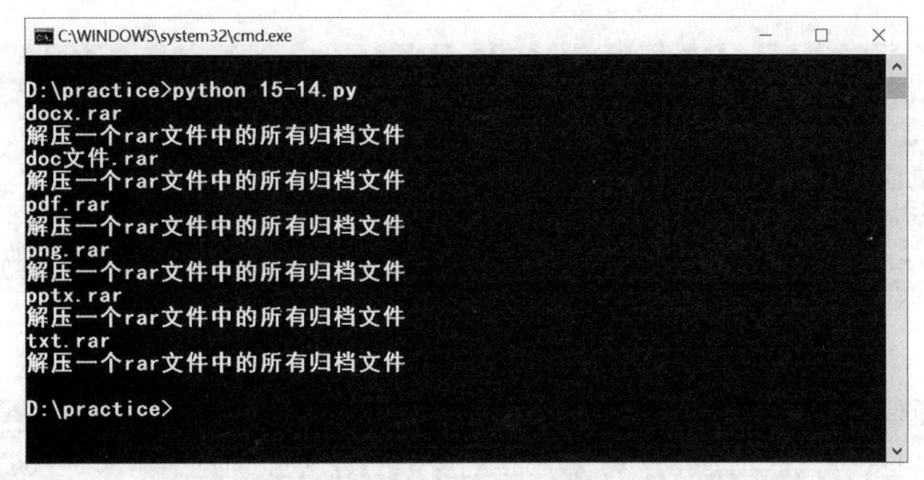

图 15-24　代码 15-14.py 的运行结果

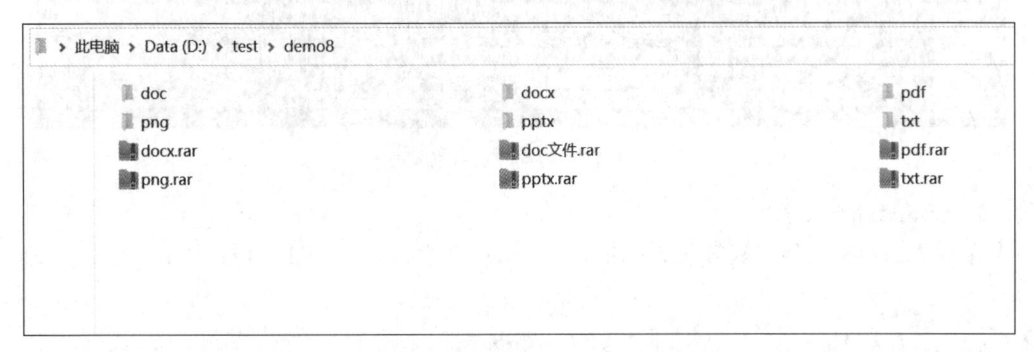

图 15-25　代码 15-14.py 解压的文件

15.3　py7zr 模块与 7z 文件

在 Python 中可以使用第三方模块 py7zr 处理 7z 文件。由于 py7zr 是第三方模块，所以首先要安装 py7zr 模块。安装 py7zr 模块需要在 Windows 命令行窗口中输入的命令如下：

```
pip install py7zr -i https://pypi.tuna.tsinghua.edu.cn/simple
```

然后，按 Enter 键，即可安装 py7zr 模块，如图 15-26 和图 15-27 所示。

15.3.1　py7zr 模块

7z 文件格式是一个压缩率比较高的文件归档与压缩标准。模块 py7zr 是 Python 中专门用来处理 7z 文件的模块，该模块使用面向对象的思想。使用 py7zr 处理 7z 文件，主要使用 py7zr 中的两个类 SevenZipFile 和 FileInfo 类。SevenZipFile 类主要用于读取、创建、写入、解压 7z 文件。FileInfo 类主要用于读取文件信息。

图 15-26　安装 py7zr 模块(1)

```
C:\WINDOWS\system32\cmd.exe
Collecting pycryptodomex>=3.6.6
  Downloading https://pypi.tuna.tsinghua.edu.cn/packages/11/db/a5b22c87cad78b665095fe4c580
ebb3e003fe388ce57232aedb92f9a263d/pycryptodomex-3.15.0-cp35-abi3-win_amd64.whl (1.9 MB)
     ---------------------------------------- 1.9/1.9 MB 10.3 MB/s eta 0:00:00
Installing collected packages: texttable, brotli, pyzstd, pyppmd, pycryptodomex, pybcj, mu
ltivolumefile, inflate64, py7zr
Successfully installed brotli-1.0.9 inflate64-0.3.0 multivolumefile-0.2.3 py7zr-0.20.0 pyb
cj-1.0.1 pycryptodomex-3.15.0 pyppmd-0.18.3 pyzstd-0.15.3 texttable-1.6.4
WARNING: You are using pip version 22.0.4; however, version 22.2.2 is available.
You should consider upgrading via the 'D:\program files\python\python.exe -m pip install -
-upgrade pip' command.
```

图 15-27　安装 py7zr 模块(2)

1. SevenZipFile 类

在 py7zr 模块中,使用函数 py7zr.SevenZipFile()创建 SevenZipFile 对象,其语法格式如下:

```
from py7zr import *
my_7z = SevenZipFile(file,mode = 'r',filters = None,password = None,dereference = False)
```

其中,参数 file 表示 7z 文件的路径; mode 是可选参数,用于指定 7z 文件的打开模式,默认值为 r,表示打开模式为只读模式。mode 参数的参数值见表 15-5。

表 15-5　mode 参数的参数值

参 数 值	说　明
r	以只读模式打开已经存在的文件
w	以写入模式覆盖已经存在的文件或新建一个文件
a	以追加模式将数据写入已经存在的文件
x	新建并写入新的文件,如果文件已经存在,则抛出 FileExistsError 异常

参数 filters 是可选参数,用于指定在写入归档时要使用的 7z 压缩方法,默认值为 LZMA2 或 BCJ,表示无压缩效果。参数 filters 的参数值见表 15-6。

表 15-6　参数 filters 的参数值

参 数 值	说　明	参 数 值	说　明
LZMA2	默认值	ZStandard	基于 pyzstd
LZMA	LZMA 压缩方法	Brotli	基于 brotli、brotliCFFI

续表

参 数 值	说 明	参 数 值	说 明
7zAES	加密算法,基于 pycryptodomex	BCJ	默认值,(X86、ARM、PPC、ARMT、SPARC、A64)基于 bcj-cffi
Deflate	Deflate 压缩方法	Delta	
COPY	COPY 压缩方法	Bzip2	BZIP2 压缩方法
PPMD	基于 pyppmd		

参数 password 是可选参数,如果设置该参数,则将创建一个带密码的 7z 文件。

参数 dereference 是可选参数,默认值为 False,表明将与每个归档文件创建符号链接,否则将与归档文件内容创建符号链接。

使用函数 py7zr. SevenZipFile()创建完 SevenZipFile 对象后就可以使用封装在 SevenZipFile 对象中的方法进行操作。SevenZipFile 对象中的常用方法和属性见表 15-7。

表 15 7 SevenZipFile 对象中的常用方法和属性

方 法	说 明
SevenZipFile. getnames()	返回对象中归档文件列表
SevenZipFile. needs_password	如果对象文件被加密,则返回值为 True,否则返回值为 False
SevenZipFile. list()	返回 FileInfo 对象列表
SevenZipFile. extract(path=None,targets=None)	从文件对象中提取出一个归档文件放入当前工作目录;path 用于指定文件要提取的不同目录。targets 表示被提取的归档文件列表
SevenZipFile. extractall(path=None)	从文件对象中提取所有成员后放入当前工作目录。path 用于指定一个要提取的不同目录
SevenZipFile. read(targets=None)	返回文件对象中归档文件字典对象,targets 用于指定某个被提取的归档文件。该方法一旦被调用,当再调用文件对象的 read()、readall()、extract()、extractall()方法时会先调用 reset()方法
SevenZipFile. readall()	返回文件对象中所有归档文件的字典数据。该方法一旦被调用,当再调用文件对象的 read()、readall()、extract()、extractall()方法时会先调用 reset()方法
SevenZipFile. write(filename,arcname=None)	将名为 filename 的文件写入 SevenZipFile 对象,给予的归档名为 arcname(默认情况下将与 filename 一致,但是不带驱动器盘符并会移除开头的路径分隔符)
SevenZipFile. writeall(filename,arcname=None)	将目录 filename 下所有的文件写入 SevenZipFile 对象,给予的归档名为 arcname(默认情况下将与 filename 一致,但是不带驱动器盘符并会移除开头的路径分隔符)
SevenZipFile. close()	关闭对象文件,必须在退出程序前调用 close()函数,否则将不会写入关键记录数据

续表

方　法	说　明
SevenZipFile. testzip()	读取 SevenZipFile 对象中的所有文件并检查它们的 CRC 和文件头。如果有损坏，则返回第 1 个已损坏文件的名称，否则返回 None
SevenZipFile. test()	读取 SevenZipFile 对象中的所有文件并检查它们的 CRC，如果有损坏，则返回值为 False，否则返回值为 True
SevenZipFile. set_encrypted_header(mode)	设置文件头加密模式，如果文件头加密，则返回值为 True，否则返回值为 False
SevenZipFile. set_encoded_header_mode(mode)	设置文件头编码模式，如果文件头被编码，则返回值为 True，否则返回值为 False
SevenZipFile. archiveinfo()	返回一个 ArchiveInfo 对象

【实例 15-15】 在 D 盘 test 文件夹下的 demo9 文件夹中有一个 7z 文件。使用 py7zr 模块获取归档文件名列表，并创建 FileInfo 对象列表，打印这两个列表，代码如下：

```
# === 第 15 章 代码 15-15.py === #
import os
from py7zr import *

os.chdir('D:\\test\\demo9')
my7z = SevenZipFile('txt.7z')
z1 = my7z.getnames()
z2 = my7z.list()
print(z1)
for item in z2:
    print(item)
my7z.close()
```

运行结果如图 15-28 所示。

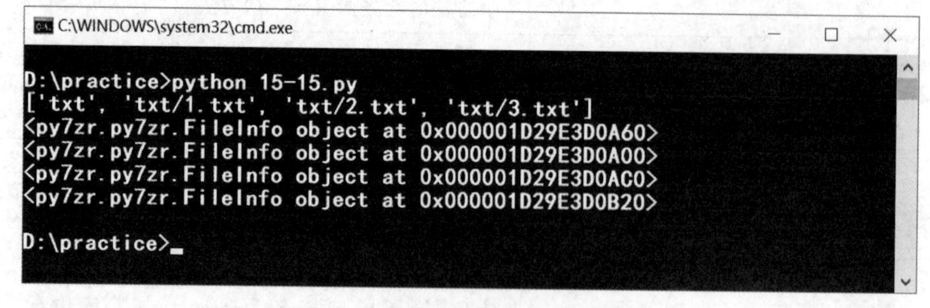

图 15-28　代码 15-15. py 的运行结果

2. FileInfo 类

在 py7zr 模块中，使用 SevenZipFile 对象的方法 list()，可以获取包含 FileInfo 对象的列表。FileInfo 对象中包含 7z 文件中某个归档文件的具体属性，常见的属性参数值见表 15-8。

表 15-8 FileInfo 对象的常见属性

属 性	说 明
FileInfo. filename	返回归档文件名称
FileInfo. compressed	返回归档文件的压缩部分
FileInfo. uncompressed	返回归档文件的未压缩部分
FileInfo. archivable	返回可完成的归档文件大小
FileInfo. is_directory	压缩文件是否有目录
FileInfo. creationtime	返回归档文件的创建时间
FileInfo. crc32	返回归档文件的 crc32 是否已损坏

【实例 15-16】 在 D 盘 test 文件夹下的 demo9 文件夹中有一个 7z 文件。使用 py7zr 模块获取 FileInfo 对象列表，并分别打印 FileInfo 对象的属性，代码如下：

```
# === 第 15 章 代码 15-16.py === #
import os
from py7zr import *

os.chdir('D:\\test\\demo9')
my7z = SevenZipFile('txt.7z')
z1 = my7z.list()
for item in z1:
    print(item.filename, item.compressed, item.uncompressed)
    print(item.archivable, item.is_directory, item.crc32)
    print(item.creationtime)
my7z.close()
```

运行结果如图 15-29 所示。

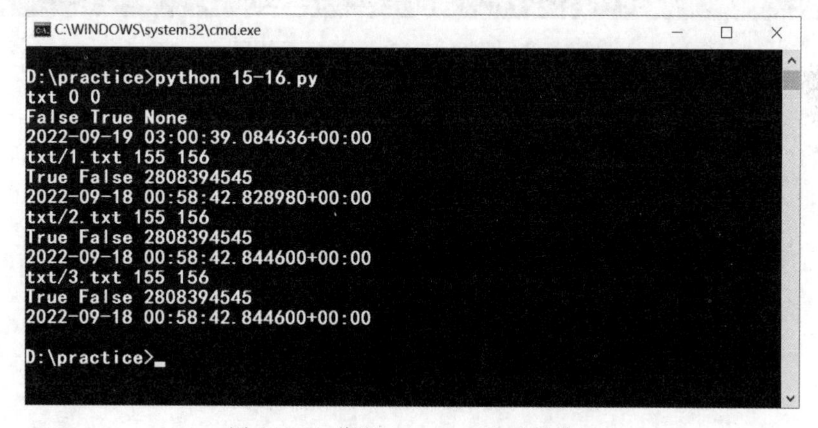

图 15-29 代码 15-16.py 的运行结果

注意：在 py7zr 模块中，创建 SevenZipFile 对象，并调用其中的方法后，一定要使用 SevenZipFile.close()关闭 SevenZipFile 对象。如果忘记关闭，则会带来意想不到的问题。针对这一问题，可以使用 with 语句处理 SevenZipFile 对象，具体语法格式见第 13 章。

15.3.2 解压 7z 文件

在 py7zr 模块中，可以使用 SevenZipfile 对象的 extract()方法从 7z 文件中解压某个归档文件，可以使用 SevenZipfile 对象的 extractall()方法从 7z 文件中解压全部归档文件。

1. 解压 7z 文件中的某个归档文件

【实例 15-17】 在 D 盘 test 文件夹下的 demo9 文件夹中有一个 7z 文件 txt.7z。使用 py7zr 模块打印归档文件列表，并将其中一个归档文件解压到当前目录下的 new 文件夹，代码如下：

```
# === 第 15 章 代码 15-17.py === #
import os
from py7zr import *

os.chdir('D:\\test\\demo9')
with SevenZipFile('txt.7z') as my7z:
    print(my7z.getnames())
    my7z.extract(path = 'new',targets = 'txt/1.txt')
```

运行结果如图 15-30 和图 15-31 所示。

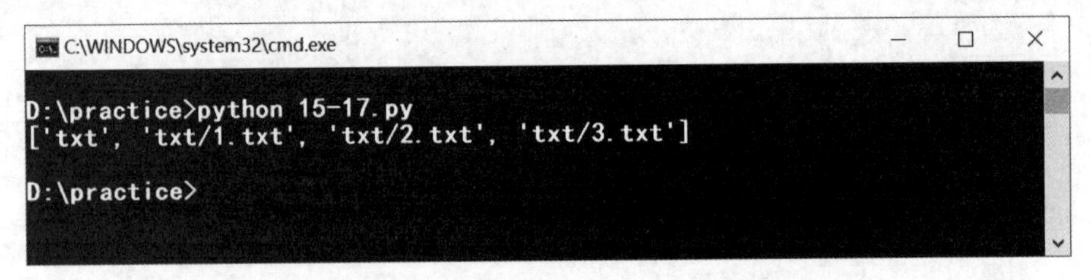

图 15-30 代码 15-17.py 的运行结果

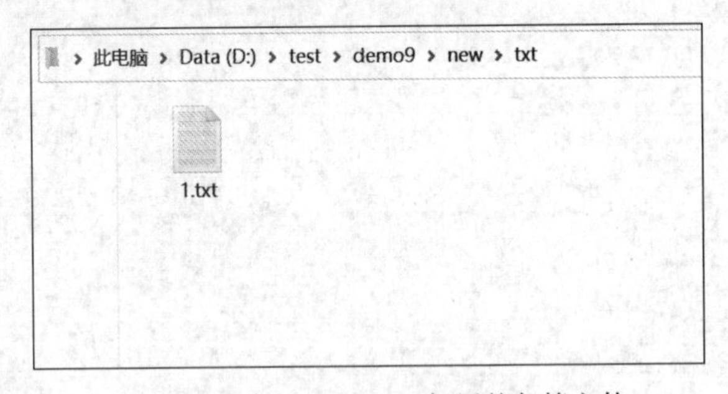

图 15-31 代码 15-17.py 解压的归档文件

2. 解压 7z 文件中的全部归档文件

【实例 15-18】 在 D 盘 test 文件夹下的 demo9 文件夹中有一个 7z 文件 txt.7z。使用 py7zr 模块打印归档文件列表，并将其中的全部归档文件解压到当前目录下，代码如下：

```
# === 第 15 章 代码 15-18.py === #
import os
```

```
from py7zr import *

os.chdir('D:\\test\\demo9')
with SevenZipFile('txt.7z') as my7z:
    print(my7z.getnames())
    my7z.extractall()
```

运行结果如图 15-32 和图 15-33 所示。

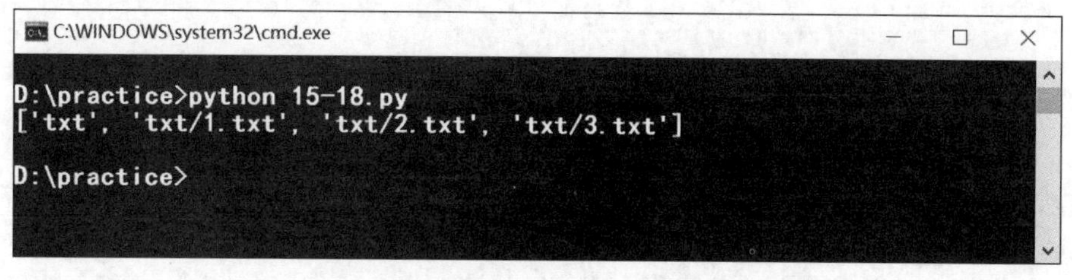

图 15-32　代码 15-18.py 的运行结果

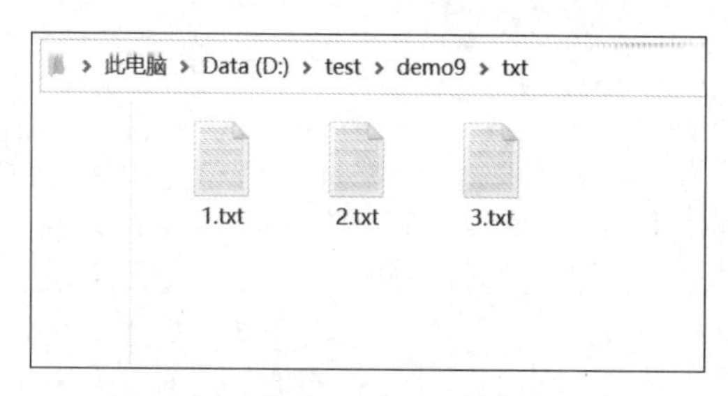

图 15-33　代码 15-18.py 解压的文件

15.3.3　创建、添加 7z 文件

在 py7zr 模块中，可以使用 SevenZipFile 对象的 write()方法向 7z 文件中添加一个归档文件，可以使用 SevenZipFile 对象的 writeall()方法将一个文件夹下的所有文件写入 7z 文件。

1. 向已存的 7z 文件中添加一个归档文件

【实例 15-19】 在 D 盘 test 文件夹下的 demo9 文件夹中有一个 7z 文件 txt.7z。使用 py7zr 模块将当前目录下的文件力学.pdf 添加到 7z 文件中，代码如下：

```
# === 第 15 章 代码 15-19.py === #
import os
from py7zr import *

os.chdir('D:\\test\\demo9')
#以追加模式创建 SevenZipFile 对象
with SevenZipFile('txt.7z','a') as my7z:
    my7z.write('力学.pdf')
    print('向 7z 文件中写入一个归档文件')
```

运行结果如图 15-34 和图 15-35 所示。

图 15-34　代码 15-19.py 的运行结果

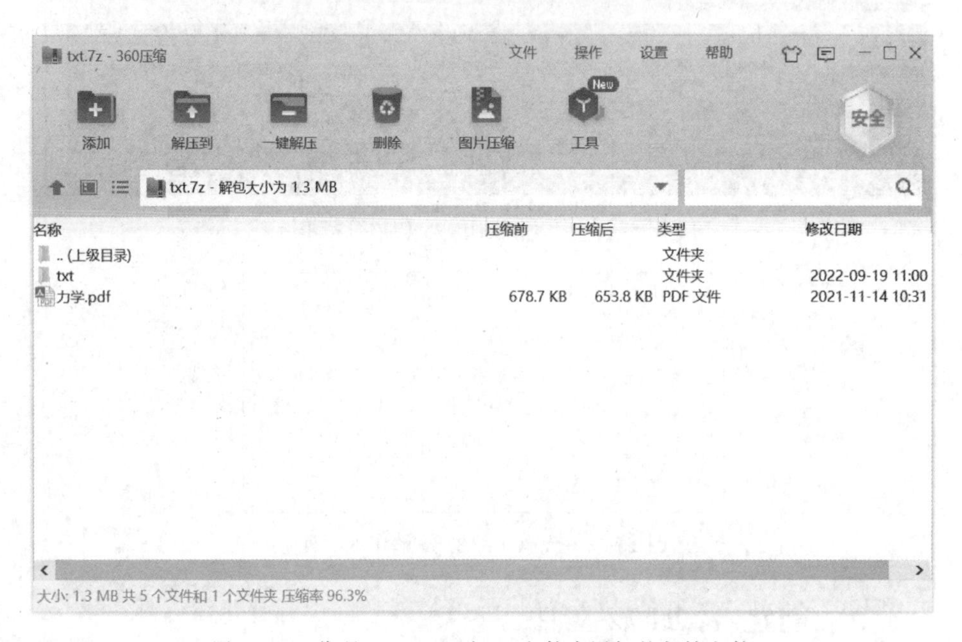

图 15-35　代码 15-19.py 向 7z 文件中添加的归档文件

2. 创建 7z 文件

【实例 15-20】 在 D 盘 test 文件夹下的 demo10 文件夹中有一个文件夹 pdf。使用 py7zr 模块创建 pdf.7z 文件,并将文件夹 pdf 下的文件写入 pdf.7z 文件中,代码如下:

```
# === 第 15 章 代码 15-20.py === #
import os
from py7zr import *

os.chdir('D:\\test\\demo10')
#以写入模式创建 SevenZipFile 对象
with SevenZipFile('pdf.7z','w') as my7z:
    my7z.writeall('.\\pdf')
    print('向 7z 文件中写入文件夹下的归档文件')
```

运行结果如图 15-36 和图 15-37 所示。

图 15-36 代码 15-20.py 的运行结果

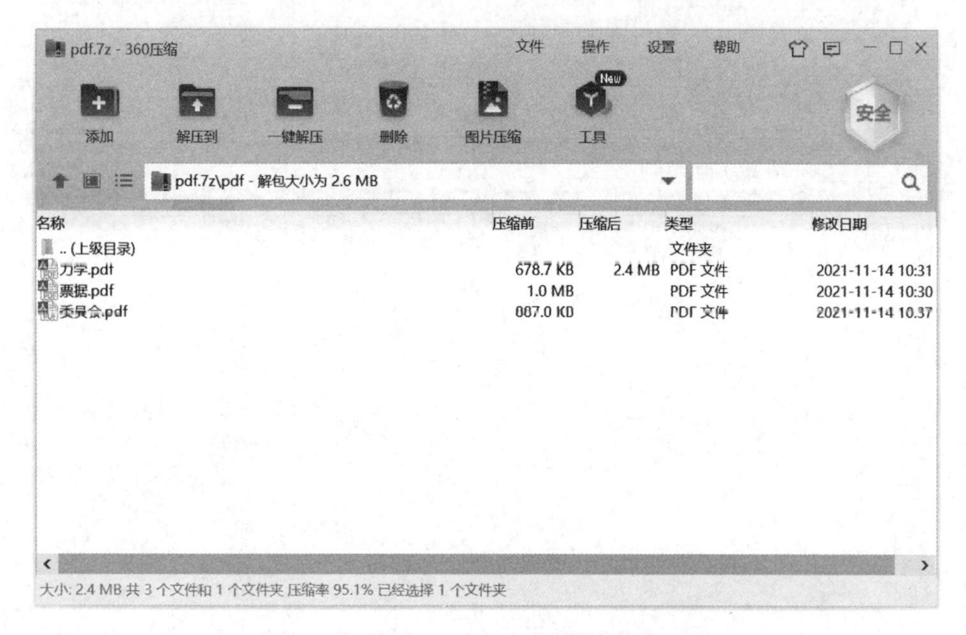

图 15-37 代码 15-20.py 运行创建的 7z 文件

3. 创建带有密码的 7z 文件

【实例 15-21】 在 D 盘 test 文件夹下的 demo10 文件夹中有一个文件夹 pdf。使用 py7zr 模块创建带有密码的 code.7z 文件，并将文件夹 pdf 下的文件写入 code.7z 文件中，将密码设置为 1234，代码如下：

```
# === 第 15 章 代码 15-21.py === #
import os
from py7zr import *

os.chdir('D:\\test\\demo10')
#以写入模式创建 SevenZipFile 对象
with SevenZipFile('code.7z','w',password='1234') as my7z:
    my7z.writeall('.\\pdf')
    print('向带有密码的 7z 文件中写入全部归档文件')
```

运行结果如图 15-38 和图 15-39 所示。

图 15-38 代码 15-21.py 的运行结果

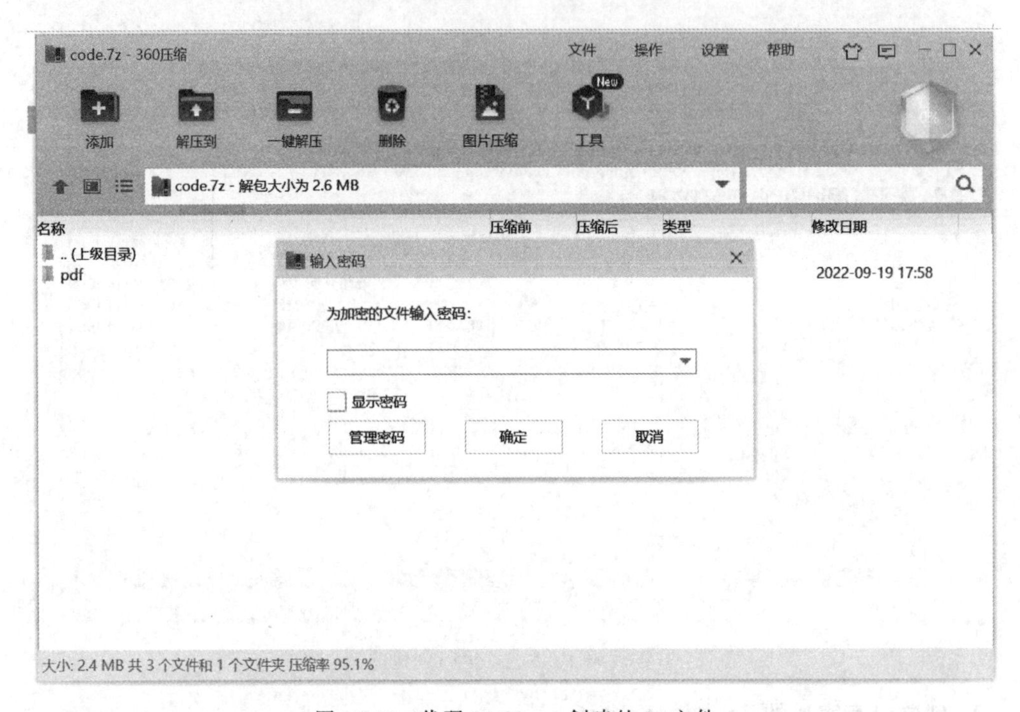

图 15-39 代码 15-21.py 创建的 7z 文件

15.3.4 批量创建、解压 7z 文件

在 Python 中,可以使用 py7zr 模块批量创建、解压 7z 文件。

1. 批量创建 7z 文件

【实例 15-22】 在 D 盘 test 文件夹下的 demo11 文件夹中有 6 个文件夹,使用 py7zr 模块在当前目录下批量创建 6 个 7z 文件,并将各自文件夹下的文件写入 7z 文件,代码如下:

```
# === 第 15 章 代码 15-22.py === #
import os
from py7zr import *

os.chdir('D:\\test\\demo11')
dir_list = os.listdir('.\\')
#以写入模式创建 SevenZipFile 对象
```

```
for item in dir_list:
    with SevenZipFile(item + '.7z','w') as my7z:
            my7z.writeall(item)
            print('向 7z 文件中写入文件夹下的归档文件')
```

运行结果如图 15-40 和图 15-41 所示。

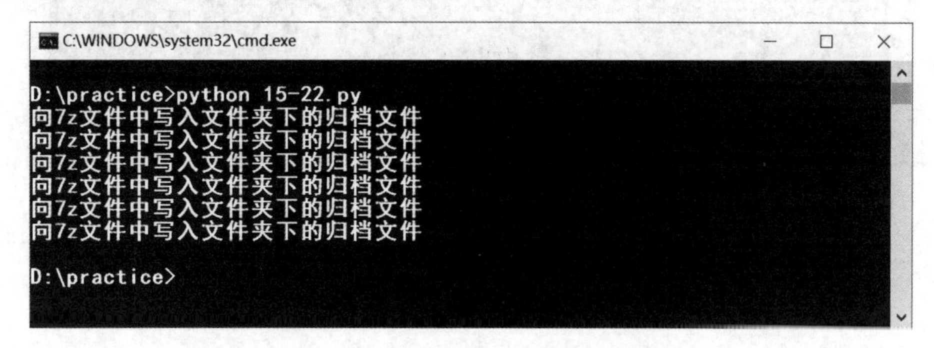

图 15-40　代码 15-22. py 的运行结果

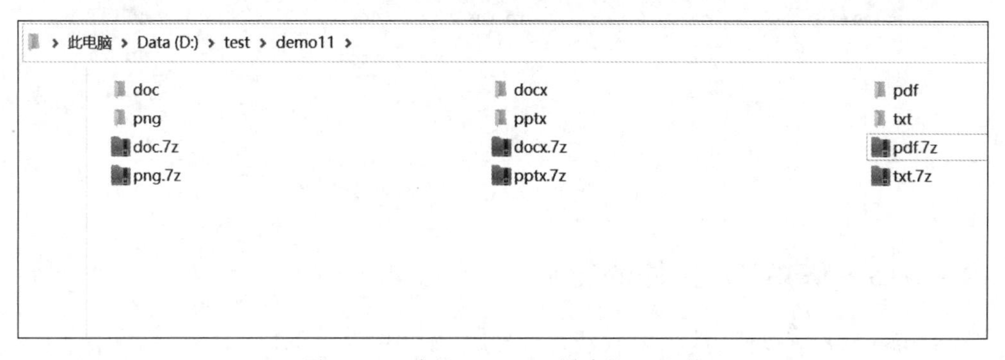

图 15-41　代码 15-22. py 创建的 7z 文件

2. 批量解压 7z 文件

【实例 15-23】　在 D 盘 test 文件夹下的 demo12 文件夹中有 6 个 7z 文件，使用 py7zr 模块在当前目录下批量解压这 6 个 7z 文件，代码如下：

```
# === 第 15 章 代码 15-23.py === #
import os
from py7zr import *

os.chdir('D:\\test\\demo12')
dir_list = os.listdir('.\\')
#以读取模式创建 SevenZipFile 对象
for item in dir_list:
    with SevenZipFile(item,'r') as my7z:
            my7z.extractall()
            print('解压一个 7z 文件')
```

运行结果如图 15-42 和图 15-43 所示。

```
C:\WINDOWS\system32\cmd.exe

D:\practice>python 15-23.py
解压一个7z文件
解压一个7z文件
解压一个7z文件
解压一个7z文件
解压一个7z文件
解压一个7z文件

D:\practice>
```

图 15-42　代码 15-23.py 的运行结果

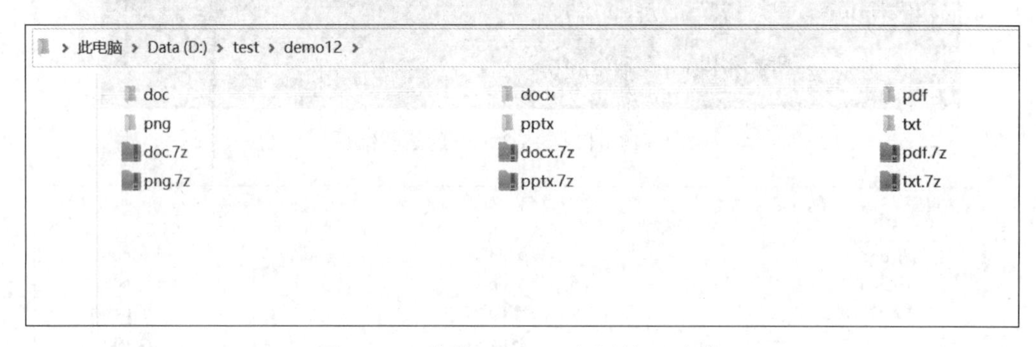

图 15-43　代码 15-23.py 解压的 7z 文件

15.3.5　破解 7z 文件的密码

在 Python 中,可以使用 py7zr 模块批量破解 7z 文件的密码。

【实例 15-24】　在 D 盘 test 文件夹下的 demo13 文件夹中有一个加密的 7z 文件 code.7z,使用 py7zr 模块破解该 7z 文件的密码,代码如下:

```
# === 第 15 章 代码 15-24.py === #
import os
from py7zr import *
import itertools

os.chdir('D:\\test\\demo13')
filename = 'code.7z'
def uncompress(filename,pwd):
    try:
            with SevenZipFile(filename,'r',password = pwd) as my7z:
                    my7z.extractall()
            return True
    except:
            return False
#chars = "abcdefghijklmnopqrstuvwxyz0123456789"
```

```
chars = "01234"          #使用小的字符集便于演示
for code in itertools.permutations(chars, 4):
    pwd = ''.join(code)
    if uncompress(filename,pwd) == True:
            print('解压成功',pwd)
            break
    else:
            print('解压失败',pwd)
```

运行结果如图 15-44 和图 15-45 所示。

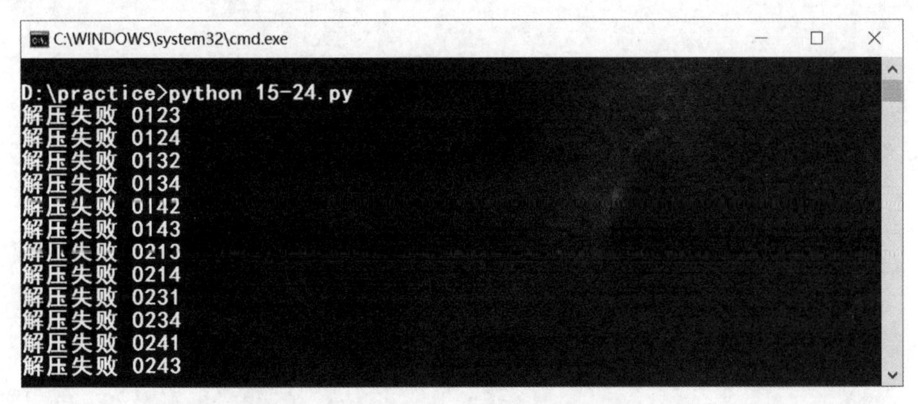

图 15-44　代码 15-24.py 的运行结果(1)

图 15-45　代码 15-24.py 的运行结果(2)

注意：在实际破解密码的过程中，会碰到各种各样的问题。本书的编者只提供了使用 Python 模块破解 7z 文件的思路。

15.4　小结

本章介绍了 3 种常见的压缩格式文件 zip、rar、7z。在 Python 中可以使用 zipfile 模块处理 zip 文件,使用 rarfile 模块处理 rar 文件,使用 py7zr 模块处理 7z 文件。这 3 种模块都是采用面向对象的思想编写而成的,有相同之处。

本章介绍了批量压缩、解压不同格式压缩文件的方法,这些代码可以直接套用。

本章介绍了使用 Python 模块破解 zip 文件、7z 文件密码的思路。在实际破解密码的过程中可能会遇到各种问题,切记具体问题要具体分析。

第16章

处理PDF文档

在实际生活和工作中，要经常使用PDF文档。PDF是Portable Document Format的简称，意为“可携带文档格式”，是由Adobe公司用于与应用程序、操作系统、硬件无关的方式进行文件交换所开发出的文件格式。2009年7月13日作为电子文档长期保存格式的PDF/Archive(PDF/A)经中国国家标准化管理委员会批准已成为正式的中国国家标准，并已于2009年9月1日起正式实施。PDF格式文件已成为数字化信息事实上的一个工业标准。PDF格式现在由国际标准化组织ISO维护。

在Python中，有专门的模块处理PDF文档，可以创建、拆分、合并、加密PDF文档，并且可以为PDF文档添加水印。

16.1 PyPDF2模块

在Python中，主要使用PyPDF2模块处理PDF文档。由于PyPDF2模块是第三方模块，所以需要安装此模块。安装PyPDF2模块需要在Windows命令行窗口中输入的命令如下：

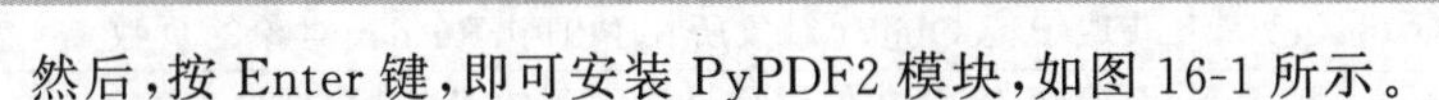

```
pip install PyPDF2 -i https://pypi.tuna.tsinghua.edu.cn/simple
```

然后，按Enter键，即可安装PyPDF2模块，如图16-1所示。

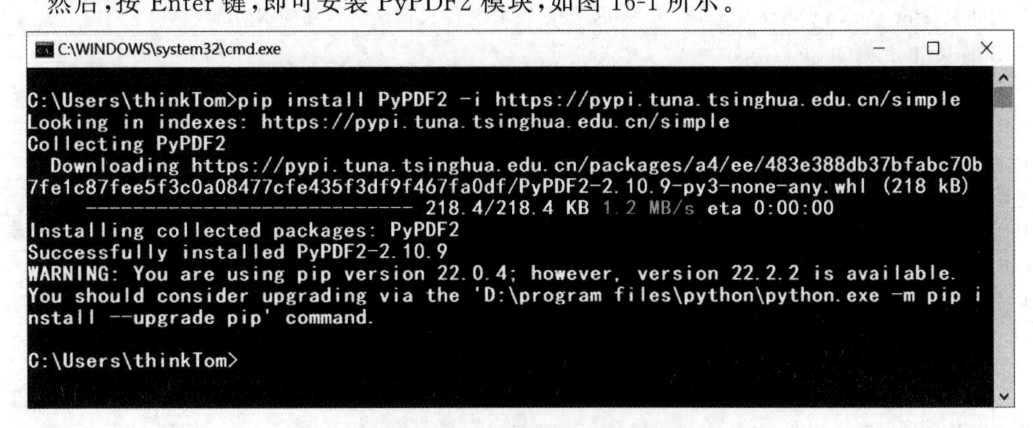

图16-1 安装PyPDF2模块

PDF 文档是二进制文件,比纯文本文件要复杂得多,除了要保存文本信息外,还要保存字体、颜色、布局、模式等信息。

16.1.1 获取 PDF 文档信息

在 Python 中,可以使用 PyPDF2 模块获取 PDF 文档的信息。由于 PyPDF2 模块采用面向对象思想编写而成,所以获取 PDF 文档信息主要使用该模块的 PdfFileReader 类,使用 PdfFileReader 类创建 PdfFileReader 对象表示 PDF 文件,然后调用该对象的方法即可获取 PDF 文档信息。

在 PyPDF2 模块中,主要使用 PyPDF2. PdfFileReader()函数创建 PdfFileReader 对象,其语法格式如下:

```
from PyPDF2 import *
pdf1 = PdfFileReader(stream,strict = True,warndest = None, overwriteWarnings = True)
```

其中,stream 表示 PDF 文档的路径、一个 file 对象或类似于 file 对象;后面 3 个参数用来设置警告的处理方式,保持默认值即可。

PdfFileReader 对象中封装了很多方法和属性,常见的方法和属性见表 16-1。

表 16-1 PdfFileReader 对象中的方法和属性

方法或属性	说　明
PdfFileReader. decrypt(password)	解密 PDF 文件
PdfFileReader. getDocumentInfo()	返回 PDF 文件的文档信息字典
PdfFileReader. getNumPages()	返回 PDF 文件的页数
PdfFileReader. getPage(pageNumber)	根据 PDF 文档的第 pageNumber+1 页创建 PageObject 对象,pageNumber 是从 0 开始计数的
PdfFileReader. getPageLayout()	返回 PDF 文件的页面布局
PdfFileReader. getPageMode()	返回 PDF 文件的页面模式
PdfFileReader. getPageNumber(page)	获取 PageObject 对象所在 PdfFileReader 对象的页数
PdfFileReader. getXmpMetadata()	返回从 PDF 文件根目录检索到的 XMP 数据
PdfFileReader. getOutlines(node=Noneoutline=None)	检索 PDF 文件中出现的文档大纲
PdfFileReader. documentInfo	返回 PDF 文件的文档信息字典
PdfFileReader. isEncrypted	返回 PDF 文件是否加密
PdfFileReader. numPages	返回 PDF 文件的页数
PdfFileReader. pages	返回 PDF 文件的所有页面,每个页面 pageObject 对象的列表
PdfFileReader. pageLayout	返回 PDF 文件的页面布局
PdfFileReader. pageMode	返回 PDF 文件的页面模式
PdfFileReader. xmpMetadata	返回从 PDF 文件根目录检索到的 XMP 数据

【实例 16-1】 在 D 盘 test 文件夹下有一个 PDF 文件(2021 年报. pdf)。使用 PyPDF2 模块获取该文件的文档信息字典、页数、页面模式、页面布局、文档大纲,代码如下:

```
# === 第 16 章 代码 16-1.py === #
from PyPDF2 import *
import os

os.chdir('D:\\test')
pdf1 = PdfFileReader('2021 年报.pdf')
print('页数',pdf1.numPages)
info1 = pdf1.getDocumentInfo()
for key,value in info1.items():
    print(key,': ',value)

print('布局',pdf1.getPageLayout())
print('模式',pdf1.getPageMode())
print('XML 数据',pdf1.getXmpMetadata())
print('文档大纲',pdf1.getOutlines())
```

运行结果如图 16-2 所示。

图 16-2　代码 16-1.py 的运行结果

16.1.2　从 PDF 中提取某一页的文本

在 PyPDF2 模块中，可以使用 PageObject 对象表示单页文档，然后使用 PageObject 对象的相关方法提取文本。

在 PyPDF2 模块中，主要使用 PdfFileReader 对象的 getPage()方法创建 PageObject 对象，其语法格式如下：

```
from PyPDF2 import *
pdf1 = PdfFileReader(stream)
page1 = pdf1.getPage(num)
```

其中,num 表示 PDF 文档的页数,页数是从 0 开始计数的。

PageObject 对象封装了很多方法,常用方法见表 16-2。

表 16-2 PageObject 对象中的方法

方　法	说　明
PageObject. extractText()	返回页面文本
PageObject. getContents()	返回页面内容
PageObject. mergePage(page2)	将两个页面合并成一个页面,可以实现水印效果
PageObject. ratateClockwise(angle)	顺时针旋转页面,angle 必须是 90°的增量
PageObject. rotateCounterClockwise(angle)	逆时针旋转页面,angle 必须是 90°的增量
PageObject. scale(sx,sy)	缩放页面
PageObject. scaleBy(factor)	按固定的 xy 轴比例缩放页面
PageObject. scaleTo(width,height)	将页面缩放到指定尺寸
PageObject. mergeRotatedPage(page2, rotation, expand=False)	对 page2 页面进行旋转操作
PageObject. mergeScaledPage(page2, scale, expand=False)	对 page2 页面进行缩放操作
PageObject. mergeTranslatedPage(page2, tx, ty, expand=False)	对 page2 页面进行平移操作
PageObject. mergeRotatedScaledPage(page2, rotation, scale, expand=False)	对 page2 页面进行旋转、缩放操作
PageObject. mergeRotatedTranslatedPage(page2, rotation, tx, ty, expand=False)	对 page2 页面进行旋转、平移操作
PageObject. mergeScaledTranslatedPage(page2, scale, tx, ty, expand=False)	对 page2 页面进行缩放、平移操作
PageObject. mergeTransformedPage(page2,ctm, expand=False)	对 page2 页面进行矩阵转换操作
PageObject. mergeRotatedScaledTranslatedPage (page2, rotation, scale, tx, ty, expand=False)	对 page2 页面进行旋转、缩放、平移操作

【实例 16-2】 在 D 盘 test 文件夹下有一个 PDF 文件(2021 年报. pdf)。使用 PyPDF2 模块打印该文档的第 2 页文本,代码如下:

```
# === 第 16 章 代码 16-2.py === #
from PyPDF2 import *
import os

os.chdir('D:\\test')
pdf1 = PdfFileReader('2021 年报.pdf')
page2 = pdf1.getPage(1)
print(page2.extractText())
```

运行结果如图 16-3 所示。

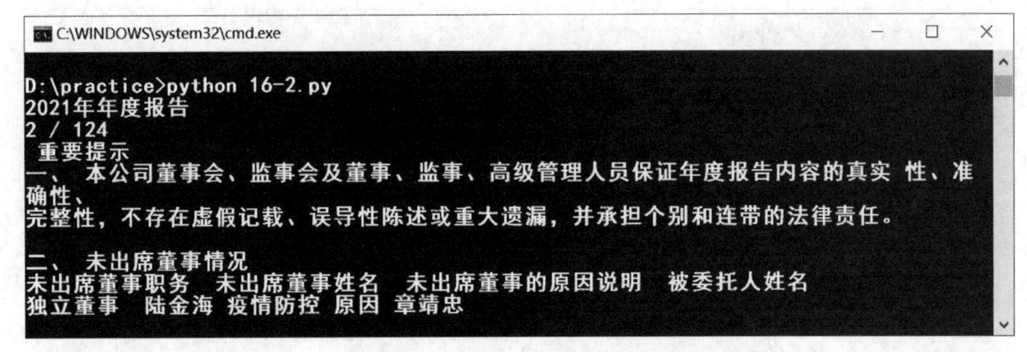

图 16-3　代码 16-2.py 的运行结果

16.1.3　合并 PDF 文档

在 PyPDF2 模块中，可以使用 PdfFileMerger 对象中的方法合并 PDF 文档。可以使用函数 PyPDF2.PdfFileMerger()创建 PdfFileMerger 对象，其语法格式如下：

```
from PyPDF2 import *
merge1 = PdfFileMerger(strict = True)
```

其中，可选参数 strict 用来设置警告的处理方式，保持默认值即可。

PdfFileMerger 对象封装了很多方法，常用方法见表 16-3。

表 16-3　PdfFileMerger 对象中的方法

方　　法	说　　明
PdfFileMerger.append(fileobj, bookmark=None, pages=None, import_bookmarks=True)	将 fileobj 所有的页面连接到文件末尾
PdfFileMerger.merge(position,fileobj, bookmark=None, pages=None, import_bookmarks=True)	将给定 fileobj 中的页面合并到指定页码
PdfFileMerger.write(fileobj)	将所有已合并的数据写入 fileobj 文件
PdfFileMerger.close()	关闭并清除所有内存
PdfFileMerger.addBook(title,pagenum,parent=None)	添加书签
PdfFileMerger.addMetadata(infos)	添加 Metadata
PdfFileMerger.setLayout(layout)	设置页面布局
PdfFileMerger.setPageMode(mode)	设置页面模式

【实例 16-3】 在 D 盘 test 文件夹下的 demo1 文件夹中有 3 个 PDF 文档(2019 年报.pdf、2020 年报.pdf、2021 年报.pdf)。使用 PyPDF2 模块将这 3 个文档合并为一个 PDF 文档，并打印这 4 个 PDF 文档的页数，代码如下：

```
# === 第 16 章 代码 16-3.py === #
from PyPDF2 import *
import os
```

```
os.chdir('D:\\test\\demo1')
merge = PdfFileMerger()
pdf1 = PdfFileReader('2019 年报.pdf')
pdf2 = PdfFileReader('2020 年报.pdf')
pdf3 = PdfFileReader('2021 年报.pdf')
merge.append(pdf1)
merge.append(pdf2)
merge.append(pdf3)
merge.write('3 年合并年报.pdf')
merge.close()
print('2019 年报页数是',pdf1.numPages)
print('2020 年报页数是',pdf2.numPages)
print('2021 年报页数是',pdf3.numPages)
pdf4 = PdfFileReader('3 年合并年报.pdf')
print('3 年合并年报页数是',pdf4.numPages)
```

运行结果如图 16-4 和图 16-5 所示。

图 16-4　代码 16-3.py 的运行结果

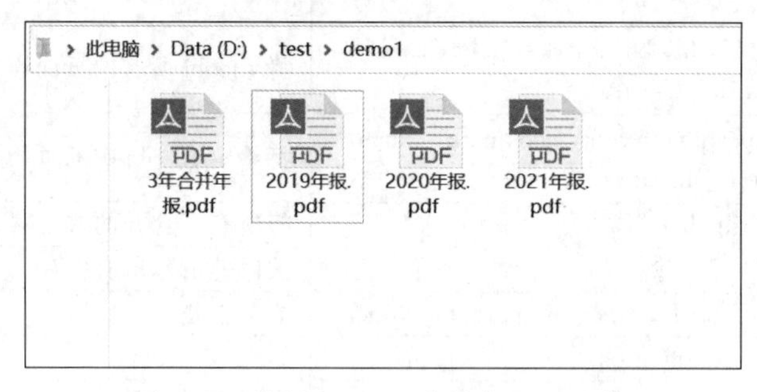

图 16-5　代码 16-3.py 合并的 PDF 文档

16.1.4　从 PDF 文档截取部分文档

在 PyPDF2 模块中，可以使用 PdfFileMerger 对象中的 merge()方法从 PDF 文档截取指定页码的文档后组成新的 PDF 文档，其语法格式如下：

```
from PyPDF2 import *
m1 = PdfFileMerger()
m1.merge(position,fileobj,bookmark = None,pages = None, import_bookmarks = True)
```

其中,position 表示合并到 PdfFileMerger 对象的位置;fileobj 表示要合并的 PDF 文档或者 PdfFileReader 对象;pages 是可选参数,表示要合并的 PDF 文档的页码范围,是一个元组数据;其他的可选参数保持默认即可。

【实例 16-4】 在 D 盘 test 文件夹下的 demo2 文件夹中有一个 PDF 文档(2021 年报.pdf)。使用 PyPDF2 模块截取该文档的第 1、第 2、第 11、第 12 页,组成一个新的 PDF 文档 frag.pdf,然后打印 frag.pdf 的文档信息字典,代码如下:

```
# === 第 16 章 代码 16-4.py === #
from PyPDF2 import *
import os

os.chdir('D:\\test\\demo2')
mer1 = PdfFileMerger()
pdf1 = PdfFileReader('2021 年报.pdf')
mer1.merge(position = 1,fileobj = pdf1,pages = (0,2))
mer1.merge(position = 2,fileobj = pdf1,pages = (10,12))
mer1.write('frag.pdf')
mer1.close()

pdf2 = PdfFileReader('frag.pdf')
info2 = pdf2.getDocumentInfo()
for key,value in info2.items():
    print(key,' : ',value)
```

运行结果如图 16-6 和图 16-7 所示。

图 16-6 代码 16-4.py 的运行结果

16.1.5 拆分 PDF 文档

在 PyPDF2 模块中,可以使用 PdfFileWriter 对象处理与写入有关的操作。可以使用函数 PyPDF2.PdfFileWriter()创建 PdfFileWriter 对象,其语法格式如下:

```
from PyPDF2 import *
writer1 = PdfFileWriter()
```

其中,可选参数 strict 用来设置警告的处理方式,保持默认值即可。

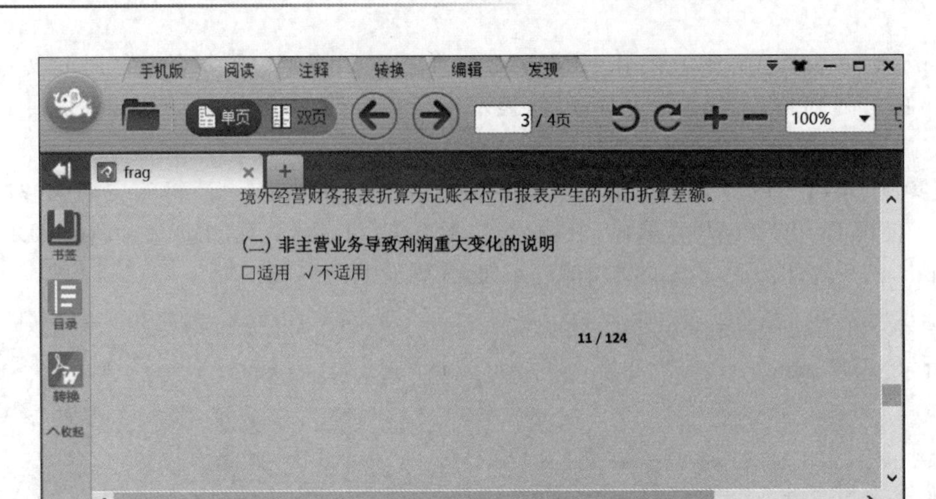

图 16-7　代码 16-4. py 截取的 PDF 文档

PdfFileWriter 对象封装了很多方法，常用方法见表 16-4。

表 16-4　PageFileWriter 对象中的方法

方　法	说　明
PdfFileWriter. addPage(page)	添加页面，页面通常从 PdfFileReader 实例中获取
PdfFileWriter. addBlankPage(width=None,height=None)	添加一个空页面
PdfFileWriter. insertBlankPage(width=None,height=None,index=0)	将空白页插入该对象的指定页面，并返回此页面的 PageObject 对象
PdfFileWriter. insertPage(page,index=0)	在对象中的指定位置插入一个 pageObject 对象，默认从最开始插入。pageObject 对象从 PdfFileReader 实例中获取
PdfFileWriter. getNumPages()	获取对象中已有的页数
PdfFileWriter. getPage(pageNumber)	获取对象中指定页码的 pageObject 对象
PdfFileWriter. addAttachment(fname,fdata)	嵌入文件
PdfFileWriter. addBookmark(title, pagenum, parent = None, color = None, bold = False, italic = False, fit = '/Fit', * args)	添加书签
PdfFileWriter. addJS(javascript)	添加 JavaScript 代码
PdfFileWriter. addLink(pagenum, pagedest, rect, border = None, fit= '/Fit', * args)	添加超链接
PdfFileWriter. addMetadata(infos)	添加 Metadata
PdfFileWriter. encrypt(user_pwd, owner_pwd = None, use_128 位=True)	添加密码
PdfFileWriter. removeImages(ignoreByteStringObject=False)	删除图像
PdfFileWriter. removeLinks()	删除链接和注释

续表

方 法	说 明
PdfFileWriter.setPageLayout(layout)	设置页面布局
PdfFileWriter.getPageLayout()	获取页面布局
PdfFileWriter.setPageMode(mode)	设置页面模式
PdfFileWriter.getPageMode()	获取页面模式
PdfFileWriter.write(stream)	将添加到 PdfFileWriter 对象中的所有页面写入 PDF 文件

【实例 16-5】 在 D 盘 test 文件夹下的 demo3 文件夹中有一个 PDF 文档(2021 年报.pdf)。使用 PyPDF2 模块按每份 20 页将其拆分,以方便阅读,代码如下:

```
# === 第 16 章 代码 16-5.py === #
from PyPDF2 import *
import os

os.chdir('D:\\test\\demo3')
pdf1 = PdfFileReader('2021 年报.pdf')
step = 20
parts = pdf1.numPages//20 + 1                    #分成 7 部分

for item in range(parts):
    start = step * item
    if item!= (parts - 1):
            end = start + step - 1
    else:
            end = pdf1.numPages - 1
    output1 = PdfFileWriter()
    for frag in range(start,end + 1):            #将每一部分的页码写入对象
            output1.addPage(pdf1.getPage(frag))
    frag_name = f'2021 年报_第{item + 1}部分.pdf'
    with open(frag_name,'wb') as f_out:
            output1.write(f_out)

print(f'【2021 年报】页数为{pdf1.numPages},拆分为{parts}部分')
```

运行结果如图 16-8 和图 16-9 所示。

图 16-8 代码 16-5.py 的运行结果

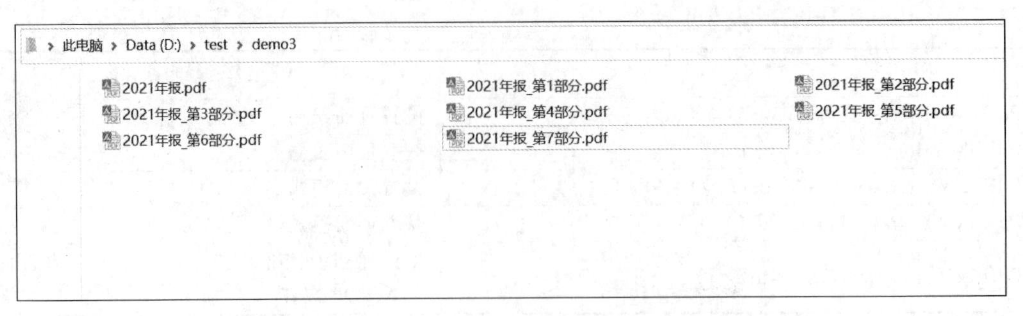

图 16-9　代码 16-5.py 拆分的 PDF 文档

16.1.6　加密 PDF 文档

在 PyPDF2 模块中,可以使用 PdfFileWriter 对象中的 encrypt()方法用 PDF 标准加密程序加密 PDF 文档,其语法格式如下:

```
from PyPDF2 import *
w1 = PdfFileWriter()
w1.encrypt(user_pwd , owner_pwd = None , use_128 位 = True)
```

其中,user_pwd 表示设置的密码;其他的可选参数保持默认即可。

【实例 16-6】 在 D 盘 test 文件夹下的 demo4 文件夹中有一个 PDF 文档(2021 年报.pdf)。使用 PyPDF2 模块创建一个加密版本的 PDF 文档,代码如下:

```
# === 第 16 章 代码 16 - 6.py === #
from PyPDF2 import *
import os

os.chdir('D:\\test\\demo4')
input1 = PdfFileReader('2021 年报.pdf')
output1 = PdfFileWriter()
pageCount = input1.numPages
for page in range(pageCount):
    output1.addPage(input1.getPage(page))
output1.encrypt('1234')
with open('2021 年报_secret.pdf','wb') as f_out:
    output1.write(f_out)
```

运行结果如图 16-10 和图 16-11 所示。

16.1.7　破解 PDF 文档的密码

在 PyPDF2 模块中,可以使用 PdfFileReader 对象中的 decrypt()方法破解 PDF 文档的密码,其语法格式如下:

```
from PyPDF2 import *
pdf1 = PdfFileReader()
pdf1.encrypt(password)
```

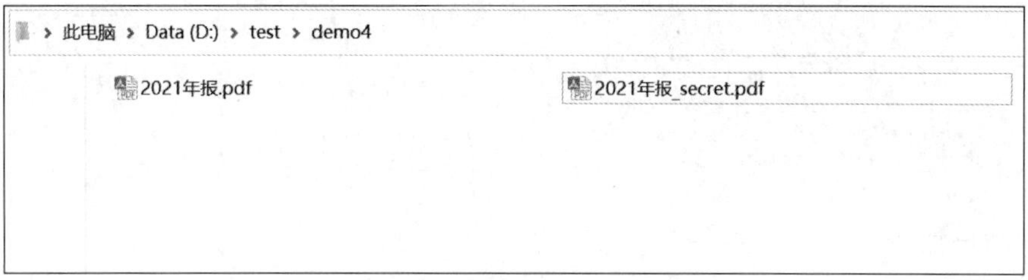

此电脑 > Data (D:) > test > demo4

2021年报.pdf　　2021年报_secret.pdf

图 16-10　代码 16-6.py 加密的 PDF 文档

键入密码

键入 2021年报_secret.pdf 的密码

密码(P)

记住本文档的密码(R)

确定(O)　取消(C)

图 16-11　打开加密 PDF 文档

其中,password 表示密码。

【实例 16-7】 在 D 盘 test 文件夹下的 demo5 文件夹中有一个加密的 PDF 文档(2021 年报.pdf)。使用 PyPDF2 模块破解该 PDF 文档的密码,代码如下:

```
# === 第 16 章 代码 16 - 7.py === #
from PyPDF2 import *
import itertools
import os

os.chdir('D:\\test\\demo5')
filename = '2021 年报_secret.pdf'

#创建一个解压的函数,入参为文件名和密码
def uncompress(file_name, pass_word):
    pdf1 = PdfFileReader(file_name)
    if pdf1.decrypt(pass_word):
            return True
    else:
            return False


#chars 是可能的密码字符集
#chars = "abcdefghijklmnopqrstuvwxyz0123456789"
chars = "01234"          #便于演示
for code in itertools.permutations(chars, 4):
    password = ''.join(code)
    print(password)
    result = uncompress(filename, password)
```

```
    if result == False:
        print('解密失败.', password)
    else:
        print('解密成功.', password)
        break
```

运行结果如图 16-12 和图 16-13 所示。

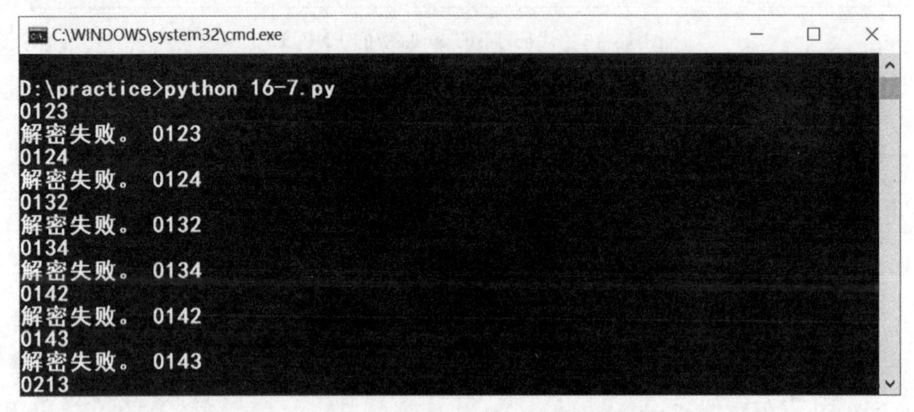

图 16-12　代码 16-7.py 的运行结果(1)

```
C:\WINDOWS\system32\cmd.exe
1043
解密失败。 1043
1203
解密失败。 1203
1204
解密失败。 1204
1230
解密失败。 1230
1234
解密成功。 1234

D:\practice>
```

图 16-13　代码 16-7.py 的运行结果(2)

16.2　pdfplumber 模块

某些 PDF 文档中有很多表格,PyPDF2 模块处理 PDF 文档本身有很强大的功能,如果要处理 PDF 文档中的表格,则需要使用 pdfplumber 模块。

在 Python 中,由于 pdfplumber 模块是第三方模块,所以需要安装此模块。安装 pdfplumber 模块需要在 Windows 命令行窗口中输入的命令如下:

```
pip install pdfplumber - i https://pypi.tuna.tsinghua.edu.cn/simple
```

然后，按 Enter 键，即可安装 pdfplumber 模块，如图 16-14 所示。

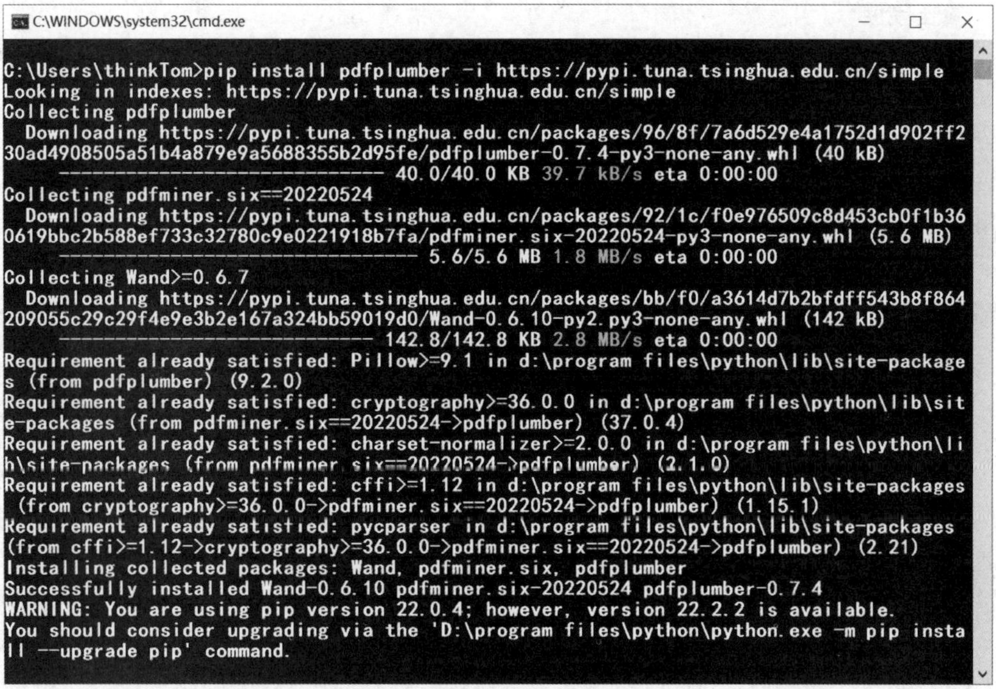

```
C:\WINDOWS\system32\cmd.exe

C:\Users\thinkTom>pip install pdfplumber -i https://pypi.tuna.tsinghua.edu.cn/simple
Looking in indexes: https://pypi.tuna.tsinghua.edu.cn/simple
Collecting pdfplumber
  Downloading https://pypi.tuna.tsinghua.edu.cn/packages/96/8f/7a6d529e4a1752d1d902ff230ad4908505a51b4a879e9a5688355b2d95fe/pdfplumber-0.7.4-py3-none-any.whl (40 kB)
     ---------------------------------------- 40.0/40.0 KB 39.7 kB/s eta 0:00:00
Collecting pdfminer.six==20220524
  Downloading https://pypi.tuna.tsinghua.edu.cn/packages/92/1c/f0e976509c8d453cb0f1b360619bbc2b588ef733c32780c9e0221918b7fa/pdfminer.six-20220524-py3-none-any.whl (5.6 MB)
     ---------------------------------------- 5.6/5.6 MB 1.8 MB/s eta 0:00:00
Collecting Wand>=0.6.7
  Downloading https://pypi.tuna.tsinghua.edu.cn/packages/bb/f0/a3614d7b2bfdff543b8f864209055c29c29f4e9e3b2e167a324bb59019d0/Wand-0.6.10-py2.py3-none-any.whl (142 kB)
     ---------------------------------------- 142.8/142.8 KB 2.8 MB/s eta 0:00:00
Requirement already satisfied: Pillow>=9.1 in d:\program files\python\lib\site-packages (from pdfplumber) (9.2.0)
Requirement already satisfied: cryptography>=36.0.0 in d:\program files\python\lib\site-packages (from pdfminer.six==20220524->pdfplumber) (37.0.4)
Requirement already satisfied: charset-normalizer>=2.0.0 in d:\program files\python\lib\site-packages (from pdfminer.six==20220524->pdfplumber) (2.1.0)
Requirement already satisfied: cffi>=1.12 in d:\program files\python\lib\site-packages (from cryptography>=36.0.0->pdfminer.six==20220524->pdfplumber) (1.15.1)
Requirement already satisfied: pycparser in d:\program files\python\lib\site-packages (from cffi>=1.12->cryptography>=36.0.0->pdfminer.six==20220524->pdfplumber) (2.21)
Installing collected packages: Wand, pdfminer.six, pdfplumber
Successfully installed Wand-0.6.10 pdfminer.six-20220524 pdfplumber-0.7.4
WARNING: You are using pip version 22.0.4; however, version 22.2.2 is available.
You should consider upgrading via the 'D:\program files\python\python.exe -m pip install --upgrade pip' command.
```

图 16-14　安装 pdfplumber 模块

16.2.1　获取 PDF 文档信息

在 Python 中，可以使用 pdfplumber 模块获取 PDF 文档的信息。由于 pdfplumber 模块采用面向对象思想编写而成，所以该模块的 pdfplumber.PDF 类表示 PDF 文档。

在 pdfplumber 模块中，使用函数 pdfplumber.open()创建 PDF 对象，调用 PDF 对象的属性即可获得 PDF 文档的信息，其语法格式如下：

```
import pdfplumber
pdf1 = pdfplumber.open(path)
```

其中，path 表示文件的路径。

在 Python 中，也可以使用 with 语句创建 pdfplumber.PDF 对象。pdfplumber.PDF 对象中的属性和方法见表 16-5。

表 16-5　pdfplumber.PDF 对象中的属性和方法

属性、方法	描　述
PDF.metadata	返回 PDF 的 Info 中获取元数据键/值对字典，包括 CreationDate、ModDate、Producer 等信息
PDF.pages	返回包含 pdfplumber.Page 对象的列表，每个对象代表 PDF 每页的信息

续表

属性、方法	描　述
PDF.pages[num]	返回表示 PDF 文档第 num−1 页的 pdfplumber.Page 对象，num 表示 PDF 文档的页码，num 从 0 开始计数
PDF.close()	关闭 PDF 文档

【实例 16-8】 在 D 盘 test 文件夹下的 demo6 文件夹中有一个 PDF 文档(2021 年报.pdf)。使用 pdfplumber 模块打印该 PDF 文件的文档信息，并打印该文档中全部页码的列表，代码如下：

```
# === 第 16 章 代码 16-8.py === #
import pdfplumber
import os

os.chdir('D:\\test\\demo6')
pdf1 = pdfplumber.open('2021 年报.pdf')
info1 = pdf1.metadata
for key,value in info1.items():
    print(key,' : ',value)

page = pdf1.pages
print(page)
pdf1.close()
```

运行结果如图 16-15 所示。

```
C:\WINDOWS\system32\cmd.exe
D:\practice>python 16-8.py
Title  :  股份有限公司
Author  :  czq
Creator  :  Microsoft  Word 2016
CreationDate  :  D:20220331002148+08'00'
ModDate  :  D:20220331002148+08'00'
Producer  :  Microsoft  Word 2016
[<Page:1>, <Page:2>, <Page:3>, <Page:4>, <Page:5>, <Page:6>, <Page:7>, <Page:8>, <Page:9>,
 <Page:10>, <Page:11>, <Page:12>, <Page:13>, <Page:14>, <Page:15>, <Page:16>, <Page:17>, <
Page:18>, <Page:19>, <Page:20>, <Page:21>, <Page:22>, <Page:23>, <Page:24>, <Page:25>, <Pa
ge:26>, <Page:27>, <Page:28>, <Page:29>, <Page:30>, <Page:31>, <Page:32>, <Page:33>, <Page
:34>, <Page:35>, <Page:36>, <Page:37>, <Page:38>, <Page:39>, <Page:40>, <Page:41>, <Page:4
2>, <Page:43>, <Page:44>, <Page:45>, <Page:46>, <Page:47>, <Page:48>, <Page:49>, <Page:50>
, <Page:51>, <Page:52>, <Page:53>, <Page:54>, <Page:55>, <Page:56>, <Page:57>, <Page:58>,
<Page:59>, <Page:60>, <Page:61>, <Page:62>, <Page:63>, <Page:64>, <Page:65>, <Page:66>, <P
age:67>, <Page:68>, <Page:69>, <Page:70>, <Page:71>, <Page:72>, <Page:73>, <Page:74>, <Pag
e:75>, <Page:76>, <Page:77>, <Page:78>, <Page:79>, <Page:80>, <Page:81>, <Page:82>, <Page:
83>, <Page:84>, <Page:85>, <Page:86>, <Page:87>, <Page:88>, <Page:89>, <Page:90>, <Page:91
>, <Page:92>, <Page:93>, <Page:94>, <Page:95>, <Page:96>, <Page:97>, <Page:98>, <Page:99>,
 <Page:100>, <Page:101>, <Page:102>, <Page:103>, <Page:104>, <Page:105>, <Page:106>, <Page
:107>, <Page:108>, <Page:109>, <Page:110>, <Page:111>, <Page:112>, <Page:113>, <Page:114>,
 <Page:115>, <Page:116>, <Page:117>, <Page:118>, <Page:119>, <Page:120>, <Page:121>, <Page
:122>, <Page:123>, <Page:124>]

D:\practice>
```

图 16-15　代码 16-8.py 的运行结果

16.2.2 从 PDF 中提取某页的表格

在 pdfplumber 模块中，可以使用 pdfplumber. Page 类表示 PDF 文档中的页面。pdfplumber. PDF 类和 pdfplumber. Page 类分工不同，pdfplumber. PDF 类用来处理整个文档，pdfplumber. Page 类用来处理整个页面。

在 pdfplumber 模块中，使用函数 pdfplumber. pages[num]创建 PDF 文档中第 num+1 页的对象，其语法格式如下：

```
import pdfplumber
pdf1 = pdfplumber.open(path)
page_n = pdfplumber.pages[num]
```

其中，path 表示文件的路径；num 表示页码的整数，num 从 0 开始计数。

在 Python 中，也可以使用 with 语句创建 pdfplumber. PDF 对象。pdfplumber. Page 对象中的属性和方法见表 16-6。

表 16-6　pdfplumber. Page 对象中的属性和方法

属性、方法	描　　述
Page. page_number	返回页码顺序，从第一页的 1 开始，第二页为 2，以此类推
Page. width	返回页面宽度
Page. height	返回页面高度
Page. extract_text(x_tolerance=0, y_tolerance=0)	将页面的所有字符对象整理到一个字符串中。若其中一个字符的 x1 与下一个字符的 x0 之差大于 x_tolerance，则添加空格；若其中一个字符的 doctop 与下一个字符的 doctop 之差大于 y_tolerance，则添加换行符
Page. extract_words(x_tolerance=0, y_tolerance=0, horizontal_ltr=True, vertical_ttb=True)	返回所有单词外观及其边界框的列表。字词被认为是字符序列，其中(对于"直立"字符)一个字符的 x1 和下一个字符的 x0 之差小于或等于 x_tolerance，并且一个字符的 doctop 和下一个字符的 doctop 小于或等于 y_tolerance。对于非垂直字符也采用类似的方法，但是要测量它们之间的垂直距离，而不是水平距离。参数 horizontal_ltr 和 vertical_ttb 指示是否应从左到右(对于水平单词)/从上到下(对于垂直单词)读取字词
Page. to_image(** conversion_kwargs)	返回 PageImage 类的实例
Page. find_tables(table_settings={})	返回 Table 对象的列表。Table 对象提供对. cells、. rows 和. bbox 属性及. extract(x_tolerance=3, y_tolerance=3)方法的访问
Page. extract_tables(table_settings={})	返回从页面上找到的所有表中提取的文本，并以结构 table→row→cell 的形式表示为列表的列表的列表
Page. extract_table(table_settings={})	返回从页面上最大的表中提取的文本，以列表的列表的形式显示，结构为 row→cell。如果多个表具有相同的大小——以单元格的数量来衡量——此方法将返回最接近页面顶部的表
Page. Debug_tablefinder(table_settings={})	返回 TableFinder 类的实例，可以访问. edges、. intersections、. cells 和. tables 属性

注意:Python 的第三方模块 pdfplumber 是一个很强大的模块,但本书的重点是讲解其提取表格的功能。如果有读者要全面了解该模块,则可以登录其官网,查看其文档。

---

1. 使用 Page.extract_tables()提取表格

在 pdfplumber 模块中,可以使用 Page 类的 extract_tables()方法提取 PDF 文档中某页的表格。使用该方法可输出页面中的所有表格,并返回一个嵌套列表,其结构层次为 table→row→cell,即页面上的整个表格被放入一个大列表中,原表格中的各行组成该大列表中的各个子列表。若需输出单个外层列表元素,则得到的便是由原表格同一行元素构成的列表。

【实例 16-9】 在 D 盘 test 文件夹下的 demo6 文件夹中有一个 PDF 文档(2021 年报.pdf)。使用 pdfplumber 模块的 Page.extract_tables()方法获取该 PDF 文档第 76 页的表格信息,然后输出表格信息,代码如下:

```
# === 第 16 章 代码 16-9.py === #
import pdfplumber
import os

os.chdir('D:\\test\\demo6')
with pdfplumber.open('2021 年报.pdf') as pdf:
    page = pdf.pages[75]                    #设置操作页面
    for row in page.extract_tables():
            print(row)
            print(row[0])                   #打印外层列表的第 1 个元素
```

运行结果如图 16-16 所示。

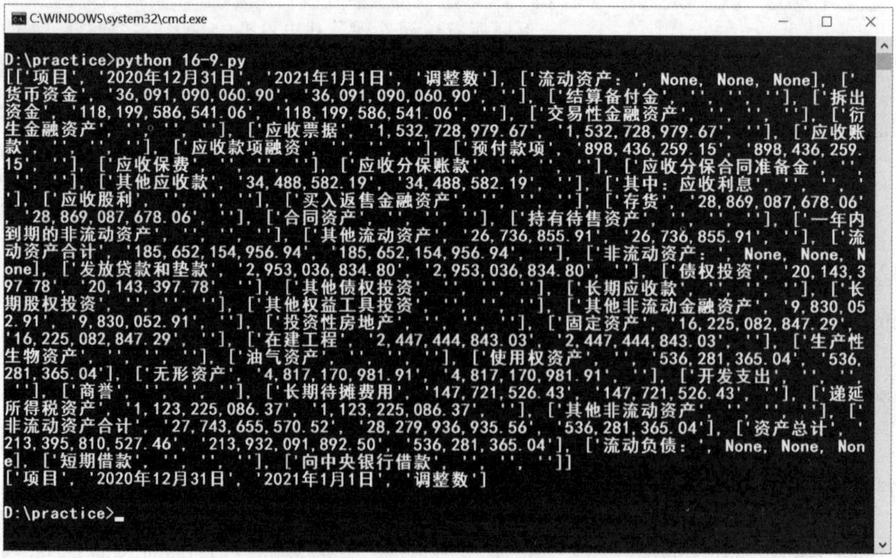

```
C:\WINDOWS\system32\cmd.exe
D:\practice>python 16-9.py
[['项目', '2020年12月31日', '2021年1月1日', '调整数'], ['流动资产:', None, None, None], ['
货币资金', '36,091,090,060.90', '36,091,090,060.90', ''], ['结算备付金', '', '', ''], ['拆出
资金', '118,199,586,541.06', '118,199,586,541.06', ''], ['交易性金融资产', '', '', ''], ['衍
生金融资产', '', '', ''], ['应收票据', '1,532,728,979.67', '1,532,728,979.67', ''], ['应收账
款', '', '', ''], ['应收款项融资', '', '', ''], ['预付款项', '898,436,259.15', '898,436,259.
15', ''], ['应收保费', '', '', ''], ['应收分保账款', '', '', ''], ['应收分保合同准备金', '',
'', ''], ['其他应收款', '34,488,582.19', '34,488,582.19', ''], ['其中:应收利息', '', '', '
'], ['应收股利', '', '', ''], ['买入返售金融资产', '', '', ''], ['存货', '28,869,087,678.06'
, '28,869,087,678.06', ''], ['合同资产', '', '', ''], ['持有待售资产', '', '', ''], ['一年内
到期的非流动资产', '', '', ''], ['其他流动资产', '26,736,855.91', '26,736,855.91', ''], ['流
动资产合计', '185,652,154,956.94', '185,652,154,956.94', ''], ['非流动资产:', None, None, N
one], ['发放贷款和垫款', '2,953,036,834.80', '2,953,036,834.80', ''], ['债权投资', '20,143,3
97.78', '20,143,397.78', ''], ['其他债权投资', '', '', ''], ['长期应收款', '', '', ''], ['长
期股权投资', '', '', ''], ['其他权益工具投资', '', '', ''], ['其他非流动金融资产', '9,830,05
2.91', '9,830,052.91', ''], ['投资性房地产', '', '', ''], ['固定资产', '16,225,082,847.29',
'16,225,082,847.29', ''], ['在建工程', '2,447,444,843.03', '2,447,444,843.03', ''], ['生产性
生物资产', '', '', ''], ['油气资产', '', '', ''], ['使用权资产', '', '536,281,365.04', '536,
281,365.04'], ['无形资产', '4,817,170,981.91', '4,817,170,981.91', ''], ['开发支出', '', '',
 ''], ['商誉', '', '', ''], ['长期待摊费用', '147,721,526.43', '147,721,526.43', ''], ['递延
所得税资产', '1,123,225,086.37', '1,123,225,086.37', ''], ['其他非流动资产', '', '', ''], ['
非流动资产合计', '27,743,655,570.52', '28,279,936,935.56', '536,281,365.04'], ['资产总计', '
213,395,810,527.46', '213,932,091,892.50', '536,281,365.04'], ['流动负债:', None, None, Non
e], ['短期借款', '', '', ''], ['向中央银行借款', '', '', '']]
['项目', '2020年12月31日', '2021年1月1日', '调整数']

D:\practice>_
```

图 16-16 代码 16-9.py 的运行结果

2. 使用 Page.extract_table()提取表格

在 pdfplumber 模块中,可以使用 Page 类的 extract_table()方法提取 PDF 文档中某页的表格。使用该方法可返回多个独立列表,其结构层次为 row→cell。若页面中存在多行数相同的表格,则默认输出顶部表格,否则仅输出行数最多的一张表格。此时,表格的每行都作为一个单独的列表,列表中每个元素即为原表格的各个单元格内容。若需输出某个元素,则得到的便是具体的数值或字符串。

【实例 16-10】 在 D 盘 test 文件夹下的 demo6 文件夹中有一个 PDF 文档(2021 年报.pdf)。使用 pdfplumber 模块的 Page.extract_table()方法获取该 PDF 文档第 76 页的表格信息,然后输出表格信息,代码如下:

```
# === 第 16 章 代码 16-10.py === #
import pdfplumber
import os

os.chdir('D:\\test\\demo6')
with pdfplumber.open('2021 年报.pdf') as pdf:
    page = pdf.pages[75]                    #设置操作页面
    for row in page.extract_table():
            print(row)
            print(row[0])                   #打印外层列表第 1 个元素
```

运行结果如图 16-17 所示。

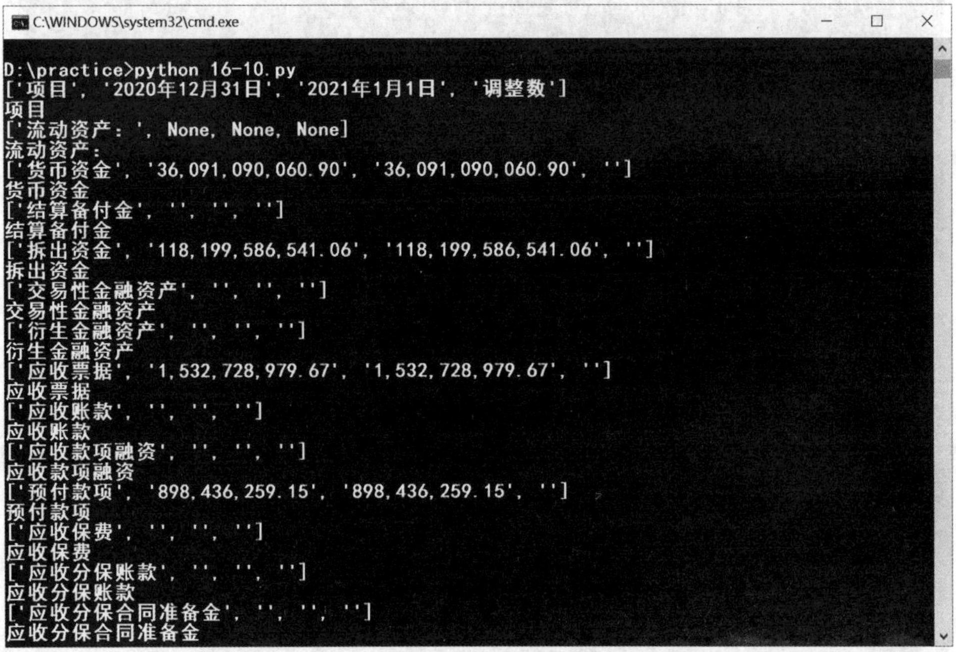

```
C:\WINDOWS\system32\cmd.exe
D:\practice>python 16-10.py
['项目', '2020年12月31日', '2021年1月1日', '调整数']
项目
['流动资产:', None, None, None]
流动资产:
['货币资金', '36,091,090,060.90', '36,091,090,060.90', '']
货币资金
['结算备付金', '', '', '']
结算备付金
['拆出资金', '118,199,586,541.06', '118,199,586,541.06', '']
拆出资金
['交易性金融资产', '', '', '']
交易性金融资产
['衍生金融资产', '', '', '']
衍生金融资产
['应收票据', '1,532,728,979.67', '1,532,728,979.67', '']
应收票据
['应收账款', '', '', '']
应收账款
['应收款项融资', '', '', '']
应收款项融资
['预付款项', '898,436,259.15', '898,436,259.15', '']
预付款项
['应收保费', '', '', '']
应收保费
['应收分保账款', '', '', '']
应收分保账款
['应收分保合同准备金', '', '', '']
应收分保合同准备金
```

图 16-17　代码 16-10.py 的运行结果

注意：实例16-9、16-10采用了A股上市公司gzmt(股票代码600519)的2021年财报。如果有必要，则读者可自行在巨潮信息网下载。

16.3 reportlab 模块

17min

为了防止PDF文档被他人随意盗用，可以为PDF文档添加水印。本节主要讲述如何使用Python程序为PDF文档添加自定义水印。

在Python中，可以使用第三方模块reportlab制作水印文件。模块reportlab是一个功能强大的标准库，可以画图、画表格、编辑文字，最后可以输出PDF格式。

在Python中，由于reportlab模块是第三方模块，所以需要安装此模块。安装reportlab模块需要在Windows命令行窗口中输入的命令如下：

```
pip install reportlab -i https://pypi.tuna.tsinghua.edu.cn/simple
```

然后，按Enter键，即可安装reportlab模块，如图16-18所示。

```
C:\WINDOWS\system32\cmd.exe
C:\Users\thinkTom>pip install reportlab -i https://pypi.tuna.tsinghua.edu.cn/simple
Looking in indexes: https://pypi.tuna.tsinghua.edu.cn/simple
Collecting reportlab
  Downloading https://pypi.tuna.tsinghua.edu.cn/packages/a1/ca/740aa244210d0928ddfc6
c0746bf7f50a9b8869a11e93f7c483343caec4d/reportlab-3.6.11-cp310-cp310-win_amd64.whl (
2.3 MB)
     -------------------------------- 2.3/2.3 MB 1.6 MB/s eta 0:00:00
Requirement already satisfied: pillow>=9.0.0 in d:\program files\python\lib\site-pac
kages (from reportlab) (9.2.0)
Installing collected packages: reportlab
Successfully installed reportlab-3.6.11
WARNING: You are using pip version 22.0.4; however, version 22.2.2 is available.
You should consider upgrading via the 'D:\program files\python\python.exe -m pip ins
tall --upgrade pip' command.

C:\Users\thinkTom>_
```

图16-18 安装reportlab模块

16.3.1 创建加水印文件

在reportlab模块中，创建PDF文档的方法有两种：①建立一个空白PDF文档，然后在上面写文字、画图等；②建立一个空白list，以填充表格的形式插入各种文本框、图片等，最后生成PDF文档。本节采用第1种方法创建水印文档。

在reportlab模块中，使用其子模块reportlab.pdfgen创建Canvas(画布)对象，调用Canvas对象的方法即可创建水印文件，其语法格式如下：

```
from reportlab.pdfgen import canvas
from reportlab.lib.units import cm    #单位为厘米
can1 = canvas.Canvas(filename,pagesize(a * cm,b * cm))
```

其中，filename 表示创建的 PDF 文件的路径；pagesize 表示画布的大小，默认值为 A4 纸的大小；a 表示画布的长度，单位是厘米；b 表示画布的宽度，单位也是厘米。

在 reportlab 模块中，Canvas 对象中的常用方法见表 16-7。

表 16-7　Canvas 对象中的常用方法

方　法	说　明
Canvas. translate(x1,y1)	将原点移动到指定位置，向上移动 x1 单位距离，向下移动 y1 单位距离
Canvas. setFont(str,num)	设置字体
Canvas. rotate(m)	旋转角度
Canvas. setFillColorRGB(r,g,b)	设置填充颜色
Canvas. setFillAlpha(a)	设置透明度，a 是从 0～1 的数字，0 表示完全透明，1 表示完全不透明
Canvas. drawString(x1,y1,text)	绘制字符串
Canvas. setStrokeColorRGB(r,g,b)	设置轮廓颜色
Canvas. line(x1,y1,x2,y2)	绘制线条
Canvas. grid(xlist,ylist)	绘制网格
Canvas. bezier(x1,y1,x2,y2,x3,y3,x4,y4)	绘制贝塞尔曲线
Canvas. arc(x1,y1,x2,y2)	绘制弧线
Canvas. rect(x,y,width,height,stroke=1,fill=0)	绘制矩形
Canvas. ellipse(x1,y1,x2,y2,stroke=1,fill=0)	绘制椭圆
Canvas. wedge(x1,y1,x2,y2,startAng,extent,stroke=1,fill=0)	绘制三角形
Canvas. circle(x_cen,y_cen,r,stroke=1,fill=0)	绘制圆
Canvas. roundRect(x,y,width,height,radius,stroke=1,fill=0)	绘制圆角矩形

在 reportlab 模块中，可以使用公版字体，首先使用函数 reportlab. pdfbase. ffonts. TTFont()创建 TTFont(字体)对象，然后使用函数 reportlab. base. pdfmetrics. registerFont()注册该字体对象，即可使用公版字体，其语法格式如下：

```
from reportlab.pdfbase import pdfmetrics
from reportlab.pdfbase import ttfonts
#创建字体对象,ttf 文件在同一目录下
font_obj = ttfonts.TTFont('普惠体','Alibaba - PuHuiTi - Regular.ttf')
#注册字体
pdfmetrics.registerFont(font_obj)
```

其中，Alibaba-PuHuiTi-Regular. ttf 表示阿里集团推出的普惠字体文件，读者可在 GitHub 官网下载，本书附件也提供了此文件。

【实例 16-11】　创建一个水印文件，命名为水印. pdf，水印字是“唐僧的坐骑”，然后将该水印文件保存在 D 盘 test 文件夹下的 demo7 文件夹中，代码如下：

```
# === 第 16 章 代码 16 - 11.py === #
import os
from reportlab.pdfgen import canvas
from reportlab.lib.units import cm
from reportlab.pdfbase import pdfmetrics
from reportlab.pdfbase import ttfonts

os.chdir('D:\\test\\demo7')
def create_waterMark(text):
    file_name = '水印.pdf'
    c = canvas.Canvas(file_name,pagesize = (30 * cm,30 * cm))
    c.translate(5 * cm,0 * cm)
    #创建字体对象,ttf 文件在同一目录下
    font_obj = ttfonts.TTFont('普惠体','Alibaba - PuHuiTi - Regular.ttf')
    #注册字体
    pdfmetrics.registerFont(font_obj)
    c.setFont('普惠体',23)
    c.rotate(30)
    c.setFillColorRGB(0,0,0)
    c.setFillAlpha(0.2)
    for i in range(0,30,5):
            for j in range(0,30,5):
                    c.drawString(i * cm,j * cm,text)
    c.save()
    return file_name

if __name__ == '__main__':
    create_waterMark('唐僧的坐骑')
```

运行结果如图 16-19 所示。

图 16-19　代码 16-11. py 创建的水印. pdf

16.3.2　为 PDF 文档添加水印

创建完水印文件后就可以使用 PyPDF2 模块为 PDF 文档添加水印了。

【实例 16-12】　在 D 盘 test 文件夹下的 demo7 文件夹中有两个 PDF 文档(水印.pdf、2021 年报.pdf),使用文档水印.pdf 为 2021 年报.pdf 的每一页添加水印,代码如下:

```
# === 第 16 章 代码 16-12.py === #
from PyPDF2 import *
import os

os.chdir('D:\\test\\demo7')
def add_waterMark(pdf_in,pdf_mark,pdf_out):
    out_file = PdfFileWriter()
    in_file = PdfFileReader(pdf_in)
    mark_file = PdfFileReader(pdf_mark)
    page_count = in_file.numPages
    for i in range(page_count):
            page = in_file.getPage(i)
            page.mergePage(mark_file.getPage(0))
            out_file.addPage(page)
    with open(pdf_out,'wb') as f_out:
            out_file.write(f_out)

if __name__ == '__main__':
    add_waterMark('2021 年报.pdf','水印.pdf','添加水印的 2021 年报.pdf')
```

运行结果如图 16-20 和图 16-21 所示。

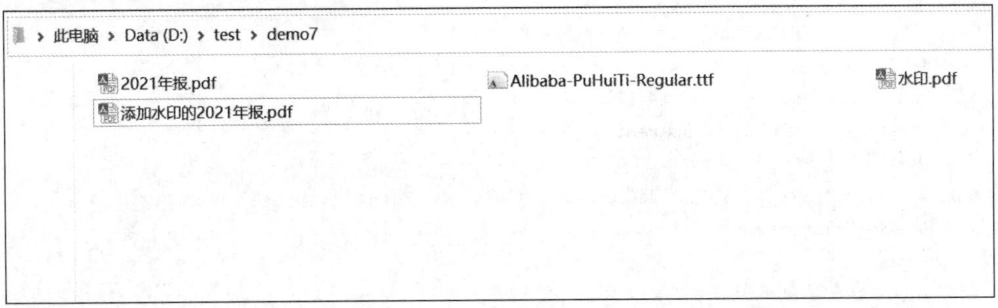

› 此电脑 › Data (D:) › test › demo7
2021年报.pdf　Alibaba-PuHuiTi-Regular.ttf　水印.pdf
添加水印的2021年报.pdf

图 16-20　代码 16-12.py 创建的添加水印的 PDF 文档

16.4　典型应用

计算机最擅长做重复性的工作,本节讲述使用 Python 批量处理 PDF 文档的典型应用,包括批量合并 PDF 文档、批量拆分 PDF 文档、批量加密 PDF 文档、批量为 PDF 文档添加水印。

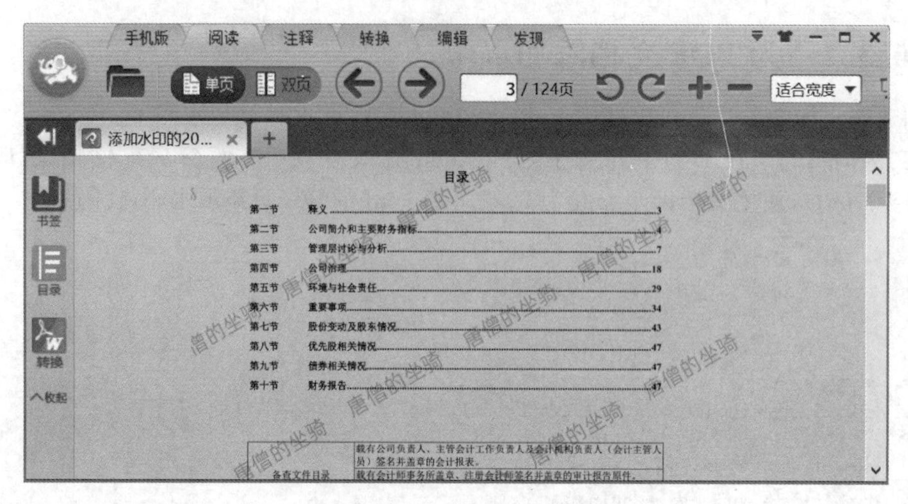

图 16-21　添加水印的 PDF 文档显示效果

16.4.1　批量合并 PDF 文档

【实例 16-13】　在 D 盘 test 文件夹下的 demo8 文件夹下有 6 个 PDF 文档，将这 6 个 PDF 文档合并为一个 PDF 文档，并保存该文档，代码如下：

```
# === 第 16 章 代码 16-13.py === #
from PyPDF2 import *
from pathlib import *

src_folder = Path('D:\\test\\demo8')
des_file = Path('D:\\test\\demo8\\合并后的年报.pdf')
#判断文件夹是否存在
if des_file.parent.exists() == False:
    des_file.parent.mkdir(parents = True)
#遍历目录
pdf_list = list(src_folder.glob('*.pdf'))
merger = PdfFileMerger()
out_pages = 0
for pdf in pdf_list:
    in_file = PdfFileReader(str(pdf))
    merger.append(in_file)                #合并文档
    page_count = in_file.numPages
    print(f'{pdf.name} 页数：{page_count}')
    out_pages = out_pages + page_count
merger.write(str(des_file))               #写入文件
merger.close()
print(f'\n 合并后 PDF 文档总页数:{out_pages}')
```

运行结果如图 16-22 和图 16-23 所示。

```
C:\WINDOWS\system32\cmd.exe

D:\practice>python 16-13.py
2013年报.PDF 页数： 102
2014年报.PDF 页数： 97
2018年报 .PDF 页数： 112
2019年报.PDF 页数： 123
2020年报.PDF 页数： 120
2021年报.pdf 页数： 124

合并后PDF文档总页数：678

D:\practice>
```

图 16-22　代码 16-13.py 的运行结果

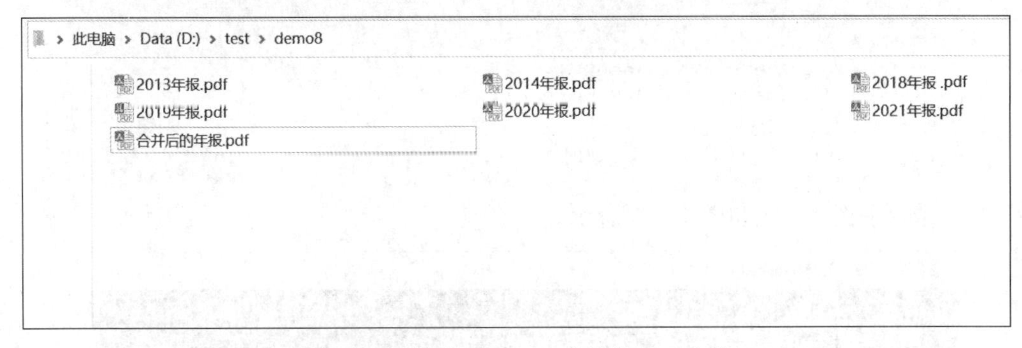

图 16-23　代码 16-13.py 合并的 PDF 文档

16.4.2　批量拆分 PDF 文档

【实例 16-14】　在 D 盘 test 文件夹下的 demo9 文件夹下有 3 个 PDF 文档，将这 3 个 PDF 文档按每份页数为 120 页进行拆分，并保存拆分的文档，代码如下：

```
# === 第 16 章 代码 16-14.py === #
from PyPDF2 import *
from pathlib import *

#定义函数,拆分一份 PDF 文档
def seperate_pdf(file_name,num):
    pdf1 = PdfFileReader(file_name)
    path1 = Path(file_name)
    pdf_pages = pdf1.numPages
    step = num
    if pdf_pages <= num:
        print(f'【{path1.name}】页数为{pdf_pages},小于或等于每份页数{step},不拆分')
        return False
    m = file_name.rfind('\\')
    folder1 = file_name[0:m]                    #去除文件名的目录
    parts = pdf1.numPages//step + 1             #分成 parts 部分
```

```
    for i in range(parts):
        start = step * i
        if i!= (parts - 1):
            end = start + step - 1
        else:
            end = pdf1.numPages - 1
        output1 = PdfFileWriter()
        for frag in range(start, end + 1):          #将每一部分的页码写入对象
            output1.addPage(pdf1.getPage(frag))
        frag_name = f'{path1.stem}_第{i + 1}部分.pdf'
        frag_file = folder1 + '\\' + str(frag_name)
        with open(frag_file,'wb') as f_out:
            output1.write(f_out)
    print(f'【{path1.name}】页数为{pdf1.numPages},拆分为{parts}部分')

if __name__ == '__main__':
    src_folder = Path('D:\\test\\demo9')
    pdf_list = list(src_folder.glob('*.PDF'))
    for pdf in pdf_list:
        seperate_pdf(str(pdf),120)
```

运行结果如图 16-24 和图 16-25 所示。

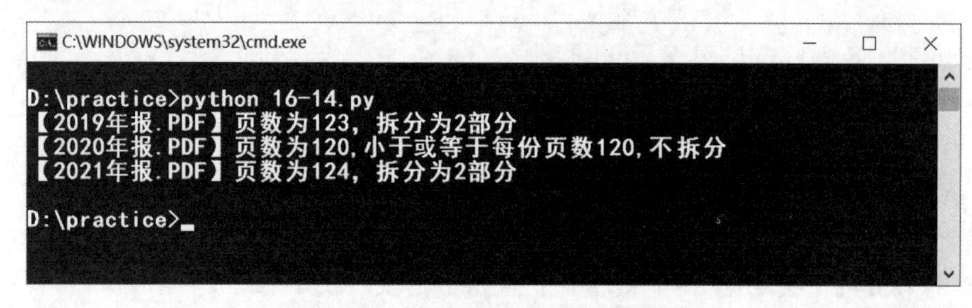

图 16-24　代码 16-14.py 的运行结果

› 此电脑 › Data (D:) › test › demo9

2019年报.pdf　2019年报_第1部分.pdf　2019年报_第2部分.pdf
2020年报.pdf　2021年报.pdf　2021年报_第1部分.pdf
2021年报_第2部分.pdf

图 16-25　代码 16-14.py 拆分的 PDF 文档

注意：内置模块 pathlib 中的 Path 类有一个短板，如果创建的是某文件的 Path 对象，则 Path 对象中没有获取该文件目录的方法或属性。代码 16-14 中使用了字符串的 rfind() 方法获取了该文件的目录。

16.4.3　批量加密 PDF 文档

【实例 16-15】 在 D 盘 test 文件夹下的 demo10 文件夹下有 6 个 PDF 文档，对这 6 个 PDF 文档进行加密，并保存加密的文档，代码如下：

```
# === 第 16 章 代码 16-15.py === #
from PyPDF2 import *
from pathlib import *

src_folder = Path('D:\\test\\demo10\\')
pdf_list = list(src_folder.glob('*.pdf'))
for pdf in pdf_list:
    in_file = PdfFileReader(str(pdf))
    out_file = PdfFileWriter()
    page_count = in_file.numPages
    for page in range(page_count):
            out_file.addPage(in_file.getPage(page))
    out_file.encrypt('1234')
    des_name = f'{pdf.stem}_secret.pdf'
    des_file = src_folder/des_name
    with open(des_file,'wb') as f_out:
        out_file.write(f_out)
```

运行结果如图 16-26 和图 16-27 所示。

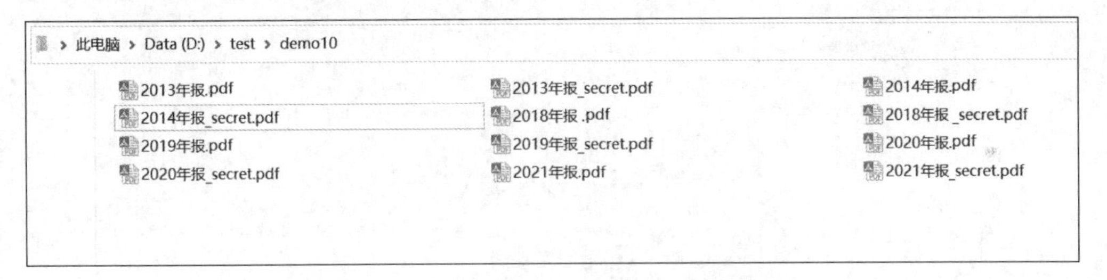

图 16-26　代码 16-15.py 创建的加密文档

键入密码
键入 2014年报_secret.pdf 的密码
密码(P)
记住本文档的密码(R)
确定(O)　取消(C)

图 16-27　打开加密的 PDF 文档

16.4.4 批量为PDF文档添加水印

【实例 16-16】 在D盘test文件夹下的demo11文件夹下有6个PDF文档,对这6个PDF文档添加水印,并保存到该目录下的一个文件夹中,代码如下:

```
# === 第16章 代码16-16.py === #
import os
from PyPDF2 import *
from pathlib import *
from reportlab.pdfgen import canvas
from reportlab.lib.units import cm
from reportlab.pdfbase import pdfmetrics
from reportlab.pdfbase import ttfonts

#创建水印文件
def create_waterMark(text):
    file_name = 'D:\\test\\demo11\\水印.pdf'
    c = canvas.Canvas(file_name,pagesize = (30 * cm,30 * cm))
    c.translate(5 * cm,0 * cm)
    #创建字体对象,ttf文件在同一目录下
    font_obj = ttfonts.TTFont('普惠体','D:\\test\\demo11\\Alibaba - PuHuiTi - Regular.ttf')
    #注册字体
    pdfmetrics.registerFont(font_obj)
    c.setFont('普惠体',23)
    c.rotate(30)
    c.setFillColorRGB(0,0,0)
    c.setFillAlpha(0.2)
    for i in range(0,30,5):
            for j in range(0,30,5):
                    c.drawString(i * cm,j * cm,text)
    c.save()
    return file_name

#给PDF文档添加水印
def add_waterMark(pdf_in,pdf_mark,pdf_out):
    out_file = PdfFileWriter()
    in_file = PdfFileReader(pdf_in)
    mark_file = PdfFileReader(pdf_mark)
    page_count = in_file.numPages
    for i in range(page_count):
            page = in_file.getPage(i)
            page.mergePage(mark_file.getPage(0))
            out_file.addPage(page)
    with open(pdf_out,'wb') as f_out:
            out_file.write(f_out)

if __name__ == '__main__':
    src_folder = Path('D:\\test\\demo11\\')
```

```
des_folder = Path('D:\\test\\demo11\\添加水印的文件\\')
if des_folder.exists() == False:
        des_folder.mkdir(parents = True)
pdf_list = list(src_folder.glob('*.pdf'))
for pdf in pdf_list:
        in_file = str(pdf)
        mark_file = create_waterMark('金角大王')
        out_file = str(des_folder/pdf.name)
        add_waterMark(in_file,mark_file,out_file)
```

运行结果如图 16-28 和图 16-29 所示。

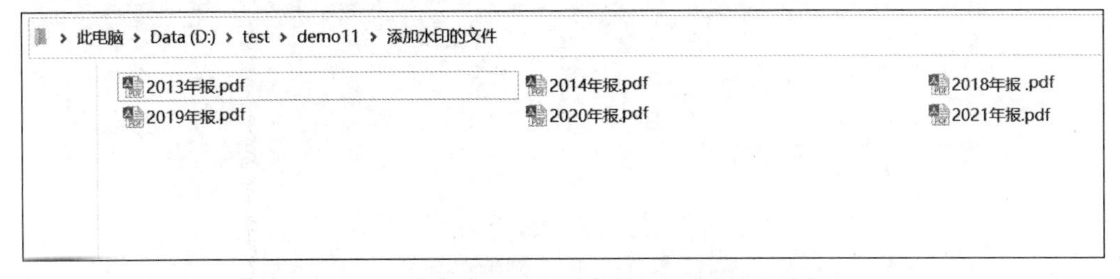

图 16-28　代码 16-16.py 创建的带有水印的文档

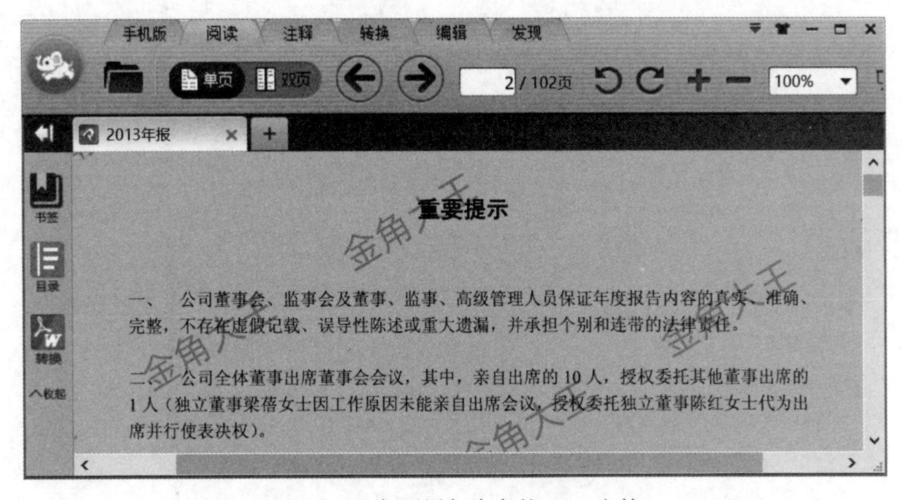

图 16-29　打开添加水印的 PDF 文档

注意：如果读者套用 16-16.py 文件，则需修改目录并把字体文件 Alibaba-PuHuiTi-Regular.ttf 放置在 PDF 文件的同一目录下。

16.5　小结

本章介绍了使用 PyPDF2 模块处理 PDF 文档的方法，包括如何提取文本、合并文档、截取文档、拆分文档、加密文档、破解文档的密码。

本章介绍了 pdfplumber 模块处理 PDF 文档的方法,包括提取文档信息、提取表格。本章介绍了使用 reportlab 模块创建水印文件的方法,并为 PDF 文档添加水印。

本章介绍了 PDF 办公自动化的典型应用:批量合并 PDF 文档、批量拆分 PDF 文档、批量加密 PDF 文档、批量为 PDF 文档添加水印。

第17章

处理 Word 文档

进入个人计算机时代后，计算机软件改变了人类的工作和生活方式。从客户端的角度出发，对人类影响最大的是办公软件(Word、Excel、PowerPoint)。办公软件 Word 创建的 Word 文档(以.docx 为扩展名的文件)成为人们每天要阅读、写作的对象。

在 Python 中，有专门的模块处理 Word 文档，可以读取 Word 文档、创建 Word 文档，可以添加文本、样式、表格、图片，并提供了批量处理 Word 文档的方法。

17.1 python-docx 模块

在 Python 中，主要使用 python-docx 模块处理 Word 文档。由于 python-docx 模块是第三方模块，所以需要安装此模块。安装 python-docx 模块需要在 Windows 命令行窗口中输入的命令如下：

```
pip install python - docx  - i https://pypi.tuna.tsinghua.edu.cn/simple
```

然后，按 Enter 键，即可安装 python-docx 模块，如图 17-1 所示。

```
C:\WINDOWS\system32\cmd.exe

C:\Users\thinkTom>pip install python-docx -i https://pypi.tuna.tsinghua.edu.cn/simple
Looking in indexes: https://pypi.tuna.tsinghua.edu.cn/simple
Collecting python-docx
  Downloading https://pypi.tuna.tsinghua.edu.cn/packages/8b/a0/52729ce4aa026f31b74cc877b
e1d11e4ddeaa361dc7aebec148171644b33/python-docx-0.8.11.tar.gz (5.6 MB)
     ---------------------------------------- 5.6/5.6 MB 5.6 MB/s eta 0:00:00
  Preparing metadata (setup.py) ... done
Collecting lxml>=2.3.2
  Downloading https://pypi.tuna.tsinghua.edu.cn/packages/b9/bb/00637cce419a958a8254ee437
1b15446fd5cd41d8f53513aed52a1fbbe20/lxml-4.9.1-cp310-cp310-win_amd64.whl (3.6 MB)
     ---------------------------------------- 3.6/3.6 MB 7.2 MB/s eta 0:00:00
Using legacy 'setup.py install' for python-docx, since package 'wheel' is not installed.

Installing collected packages: lxml, python-docx
  Running setup.py install for python-docx ... done
Successfully installed lxml-4.9.1 python-docx-0.8.11
WARNING: You are using pip version 22.0.4; however, version 22.2.2 is available.
You should consider upgrading via the 'D:\program files\python\python.exe -m pip install
 --upgrade pip' command.

C:\Users\thinkTom>_
```

图 17-1　安装 python-docx 模块

注意：如果要安装 python-docx 模块，则可使用 pip install python-docx 命令。如果在 Python 程序中引入 python-docx，则需使用 import docx 语句，而不是 import python-docx 语句。

17.1.1 读取 Word 文档

第三方模块 python-docx 是采用面向对象的思想编写而成的。与纯文本文件不同，Word 文档有很多结构。这些结构可以使用 python-docx 模块中的 3 种不同层次的类来表示。在最高一层，使用 Document 对象表示整个文档。Document 对象中包含 Paragraph 对象的一个列表，Paragraph 对象表示文档中的段落。每个 Paragraph 对象中又包含 run 对象的一个列表，run 对象表示具有相同样式信息的文本。Word 文档中的文本不仅包含字符串，还包含与之相关的字体、大小、颜色等样式信息。

在 python-docx 中，使用 docx.Document()函数可以创建 Document 对象，然后使用该对象中的属性即可读取 Word 文档中的文本，其语法格式如下：

```
from docx import Document
doc = Document(path)
para_list = doc.paragraphs                    #获取 doc 对象下包含 Paragraph 对象的列表
run_list = para_list[0].runs                  #获取 para_list 中第 1 个元素下包含 run 对象的列表
```

其中，path 表示 Word 文档的路径。

1. 读取文本

【实例 17-1】 在 D 盘 test 文件夹下有一个 Word 文档(宋词.docx)，使用 python-docx 模块读取该文档，并打印该文档中的文本，代码如下：

```
# === 第 17 章 代码 17-1.py === #
from docx import Document

doc1 = Document('D:\\test\\宋词.docx')
for para in doc1.paragraphs:
    for run in para.runs:
            print(run.text)
```

运行结果如图 17-2 所示。

2. 读取表格

如果 Word 文档中有表格，则不能通过 Document.pragraphs 创建的 Paragraph 对象列表读取，而是要通过 Document.tables 创建的 Table 对象列表读取；每个 Table 对象列表下又包含 Row 对象(表示表格中的一行)列表；每个 Row 对象列表下又包含 cell 对象(表示表格中的一个单元格)，其语法格式如下：

```
from docx import Document
doc = Document(path)
table_list = doc.tables                   #获取 doc 对象下的包含 Table 对象的列表
```

```
row_list = table_list[0].rows          # 获取表格列表中第 1 个元素下包含 row 对象的列表
cell_list = row_list[0].cells          # 获取行列表中第 1 个元素下包含 cell 对象的列表
```

其中，path 表示 Word 文档的路径。

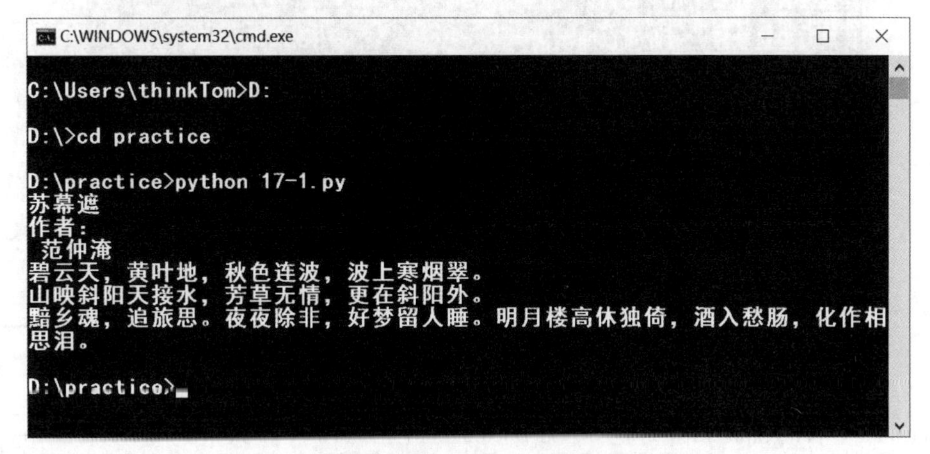

图 17-2　代码 17-1.py 的运行结果

【实例 17-2】 在 D 盘 test 文件夹下有一个 Word 文档(唐诗.docx)，该文档中有一张表格，如图 17-3 所示。

宣州谢朓楼饯别校书叔云↵	作者：李白　年代：唐　体裁：七古↵
弃我去者，昨日之日不可留;↵	乱我心者，今日之日多烦忧。↵
长风万里送秋雁，对此可以酣高楼。↵	蓬莱文章建安骨，中间小谢又清发。↵
俱怀逸兴壮思飞，欲上青天览明月。↵	抽刀断水水更流，举杯销愁愁更愁。↵
人生在世不称意，明朝散发弄扁舟。↵	↵

图 17-3　Word 文档中的表格

使用 python-docx 模块读取该文档中的表格，并打印该文档中表格的文本，代码如下：

```
# === 第 17 章 代码 17 - 2.py === #
from docx import Document

doc1 = Document('D:\\test\\唐诗.docx')
for table in doc1.tables:
    for row in table.rows:
        for cell in row.cells:
            print(cell.text)
```

运行结果如图 17-4 所示。

17.1.2　创建 Word 文档

在 python-docx 模块中，可以不使用办公软件(例如 Office 或 WPS 下的 Words 软件)创建 Word 文档。创建 Word 文档，首先使用函数 docx.Document()创建 Document 对象，然后用该对象中的方法创建 Word 文档。Document 对象下的常用的方法和属性见表 17-1。

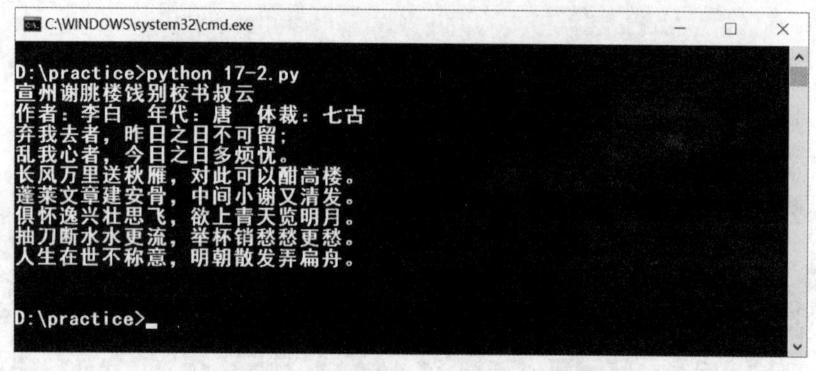

图 17-4　代码 17-2.py 的运行结果

表 17-1　Document 对象常用的方法和属性

方　法	说　明
Document.save(path)	将 Word 文档保存在 path 路径下
Document.add_paragraph(str[,style])	给 Document 对象添加正文，参数 style 用于设置文本的样式
Document.add_page_break()	给 Document 对象添加分页符
Document.add_picture(path[,width])	给 Document 对象添加图片，参数 width 用于设置图片的尺寸
Document.add_heading(str[,level])	给 Document 对象添加标题，参数 level 用于设置标题的等级，即 0～9 的整数
Document.add_table(rows=n1,cols=n2)	给 Document 对象添加 n1 行 n2 列的表格
Document.paragraphs	返回包含 Paragraph 对象的列表
Document.tables	返回包含 Table 对象的列表

1. 创建不含表格的 Word 文档

【实例 17-3】 使用 python-docx 模块创建一个 Word 文档(乌衣巷.docx)，并写入唐诗《乌衣巷》。将该文档保存在 D 盘 test 文件夹下，代码如下：

```
# === 第 17 章 代码 17-3.py === #
from docx import Document

doc1 = Document()
doc1.add_heading('乌衣巷',level = 5)
doc1.add_paragraph('作者:刘禹锡')
doc1.add_paragraph('朱雀桥边野草花,')
doc1.add_paragraph('乌衣巷口夕阳斜.')
doc1.add_paragraph('旧时王谢堂前燕,')
doc1.add_paragraph('飞入寻常百姓家.')
doc1.save('D:\\test\\乌衣巷.docx')
```

运行结果如图 17-5 所示。

2. 修改 Word 文档中的字体

【实例 17-4】 在 D 盘 test 文件夹下有一个 Word 文档(乌衣巷.docx)，修改文档的字

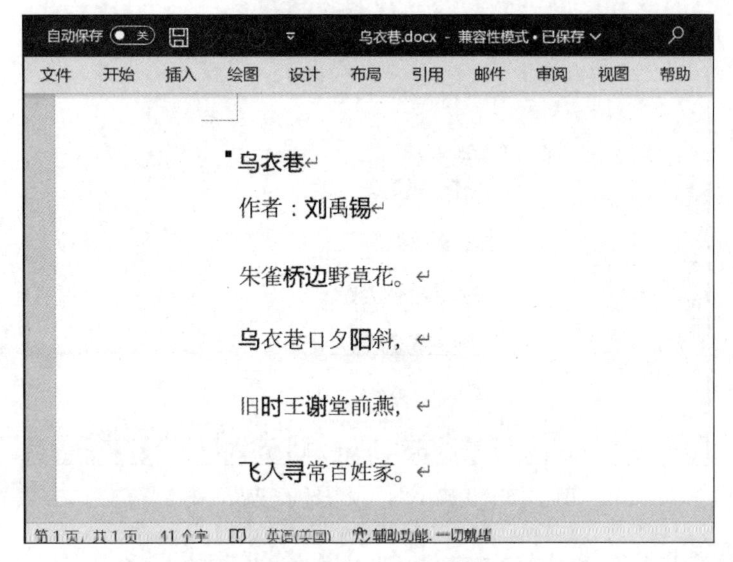

图 17-5　代码 17-3.py 创建的 Word 文档

体，设置为加粗、斜体、加下画线、加删除线、加阴影、蓝色的宋体字；如果是英文，则设置为 Arial 字体，代码如下：

```
# === 第 17 章 代码 17 - 4.py === #
from docx import Document
from docx.shared import Pt, RGBColor                          #字号,颜色
from docx.oxml.ns import qn                                   #中文字体

doc1 = Document('D:\\test\\乌衣巷.docx')
for para in doc1.paragraphs:
    for run in para.runs:
            run.font.bold = True                              #加粗
            run.font.italic = True                            #斜体
            run.font.underline = True                         #下画线
            run.font.strike = True                            #删除线
            run.font.shadow = True                            #阴影
            run.font.size = Pt(10)                            #字号
            run.font.color.rgb = RGBColor(0,0,255)            #颜色
            run.font.name = 'Arial'                           #英文字体设置
            run._element.rPr.rFonts.set(qn('w:eastAsia'),'宋体')

doc1.save('D:\\test\\乌衣巷_1.docx')
```

运行结果如图 17-6 所示。

3. 创建含有表格的 Word 文档

【实例 17-5】 使用 python-docx 模块创建含有一张表格的 Word 文档，该表格是 5 行 3 列的表格，然后将该文档保存在 D 盘 practice 文件夹下，命名为表格.docx，代码如下：

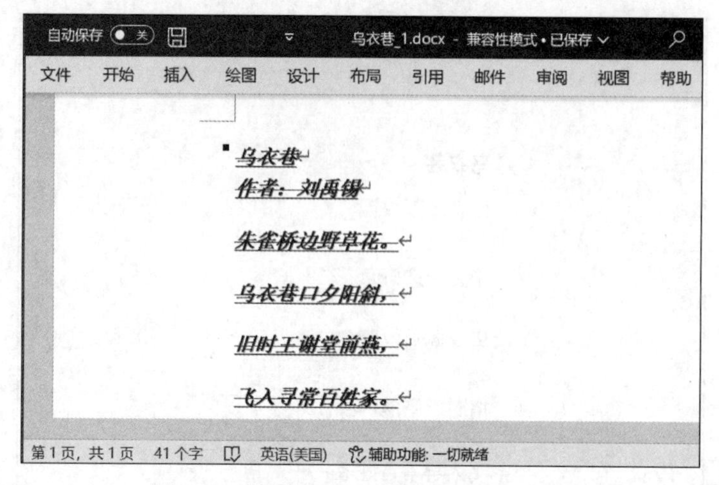

图 17-6　代码 17-4.py 修改的 Word 文档

```
# === 第 17 章 代码 17-5.py === #
from docx import Document

doc1 = Document()
list1 = [['姓名','年龄','口头禅'],
['唐僧','20','悟空来救我'],
['八戒','300','散伙吧,我回我的高老庄'],
['沙僧','300','快找大师兄'],
['悟空','500','我是齐天大圣']]

table1 = doc1.add_table(rows = 5,cols = 3)
for i in range(5):
    cell_list = table1.rows[i].cells
    for j in range(3):
            cell_list[j].text = list1[i][j]

doc1.save('D:\\test\\表格.docx')
```

运行结果如图 17-7 所示。

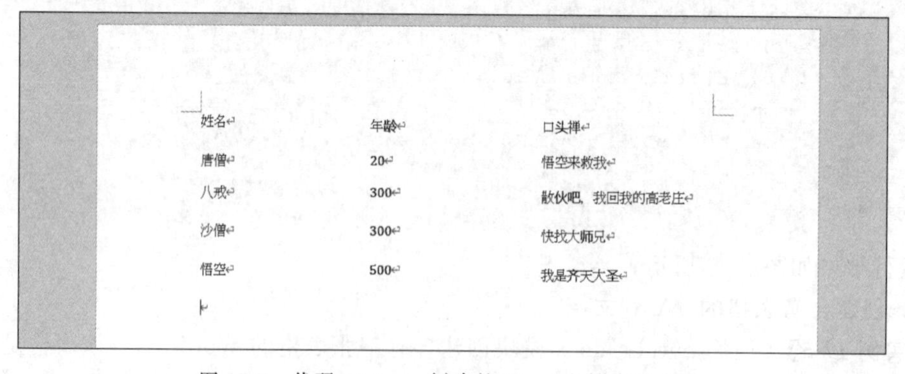

姓名	年龄	口头禅
唐僧	20	悟空来救我
八戒	300	散伙吧，我回我的高老庄
沙僧	300	快找大师兄
悟空	500	我是齐天大圣

图 17-7　代码 17-5.py 创建的 Word 文档中的表格

注意：图 17-7 中显示的是一个没有线框的表格。第三方模块 python-docx 是一个很强大的模块，还有很多其他功能，本书只重点介绍了第 1 层级的 Document 对象的方法和属性，没有介绍其他层级 Paragraph 对象、Table 对象、Run 对象、Row 对象的方法和属性，有兴趣的读者可以查看其官方文档。

17.1.3　查找与替换

在实际工作和生活中，由于各种原因，人们总要不断地修改 Word 文档的内容。对于查找和替换工作，python-docx 可以处理此类重复性的问题。

【实例 17-6】　在 D 盘 test 文件夹下有一个 Word 文档（诗仙.docx），该文档中的表格和文本中有李白的诗，如图 17-8 所示。

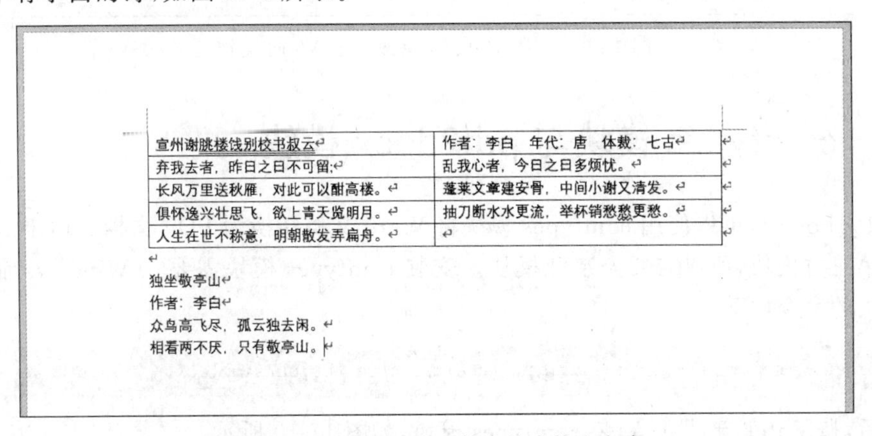

宣州谢朓楼饯别校书叔云	作者：李白　年代：唐　体裁：七古
弃我去者，昨日之日不可留;	乱我心者，今日之日多烦忧。
长风万里送秋雁，对此可以酣高楼。	蓬莱文章建安骨，中间小谢又清发。
俱怀逸兴壮思飞，欲上青天览明月。	抽刀断水水更流，举杯销愁愁更愁。
人生在世不称意，明朝散发弄扁舟。	

独坐敬亭山
作者：李白
众鸟高飞尽，孤云独去闲。
相看两不厌，只有敬亭山。

图 17-8　诗仙.docx 文件中的表格和文本

使用 python-docx 模块将该文档中的“李白”替换为“诗仙”，并保存该文档，代码如下：

```
# === 第 17 章 代码 17-6.py === #
from docx import Document

#创建一个查找、替换的函数
def word_update(doc,old_word,new_word):
    for para in doc.paragraphs:
            for run in para.runs:
                    run.text = run.text.replace(old_word,new_word)
    for table in doc.tables:
            for row in table.rows:
                    for cell in row.cells:
    cell.text = cell.text.replace(old_word,new_word)

if __name__ == '__main__':
    doc1 = Document('D:\\test\\诗仙.docx')
    word_update(doc1,'李白','诗仙')
    doc1.save('D:\\test\\诗仙_1.docx')
```

运行结果如图 17-9 所示。

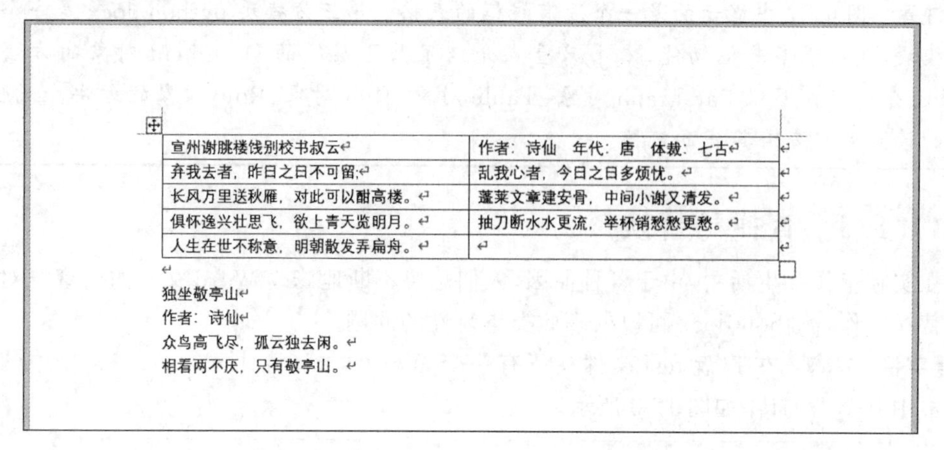

宣州谢朓楼饯别校书叔云	作者：诗仙　年代：唐　体裁：七古
弃我去者，昨日之日不可留;	乱我心者，今日之日多烦忧。
长风万里送秋雁，对此可以酣高楼。	蓬莱文章建安骨，中间小谢又清发。
俱怀逸兴壮思飞，欲上青天览明月。	抽刀断水水更流，举杯销愁愁更愁。
人生在世不称意，明朝散发弄扁舟。	

独坐敬亭山
作者：诗仙
众鸟高飞尽，孤云独去闲。
相看两不厌，只有敬亭山。

图 17-9　代码 17-6. py 修改后的 Word 文档

17.2　comtypes 模块与 pdf2docx 模块

在 Python 中，可以使用 comtypes 模块将 Word 文档转换为 PDF 文档。由于 comtypes 模块是第三方模块，所以需要安装此模块。安装 comtypes 模块需要在 Windows 命令行窗口中输入的命令如下：

```
pip install comtypes -i https://pypi.tuna.tsinghua.edu.cn/simple
```

然后，按 Enter 键，即可安装 comtypes 模块，如图 17-10 所示。

```
C:\WINDOWS\system32\cmd.exe
C:\Users\thinkTom>pip install comtypes -i https://pypi.tuna.tsinghua.edu.cn/simple
Looking in indexes: https://pypi.tuna.tsinghua.edu.cn/simple
Collecting comtypes
  Downloading https://pypi.tuna.tsinghua.edu.cn/packages/2c/c3/912cf11dab12ef61841242f
588692d940ad1068358bff14d322267707d36/comtypes-1.1.14-py2.py3-none-any.whl (172 kB)
     ---------------------------- 172.8/172.8 KB 2.6 MB/s eta 0:00:00
Installing collected packages: comtypes
Successfully installed comtypes-1.1.14
WARNING: You are using pip version 22.0.4; however, version 22.2.2 is available.
You should consider upgrading via the 'D:\program files\python\python.exe -m pip insta
ll --upgrade pip' command.

C:\Users\thinkTom>_
```

图 17-10　安装 comtypes 模块

17.2.1　将 Word 文档转换为 PDF 文档

9min

第三方模块 comtypes 是采用面向对象的思想编写而成的。comtypes 是一个纯 Python 且轻量级的 COM 客户端和服务器框架，基于 ctypes 的 Python 的 FFI 包。COM 是指 The Component Object Model，即组件对象模型。在安装了 comtypes 包后，就可以在 Python 环境中使用此模块了。

在 comtypes 模块中，可以应用其子模块 comtypes. client 中的函数 CreateObject()创建 Word 程序对象，然后调用该对象的方法，即可实现将 Word 文档转换为 PDF 文档。创建 Word 程序对象的语法格式如下：

```
from comtypes.client import CreateObject
word = CreateObject('Word.Application')
word.Quit()
```

当然函数 CreateObject()不仅能创建 Word 程序对象，还能创建或获取其他 COM 对象。

【实例 17-7】 在 D 盘 test 文件夹下有一个 Word 文档(诗仙. docx)，使用 comtypes 将该文档转换为 PDF 格式，并保存，代码如下：

```
# === 第 17 章 代码 17 - 7.py === #
from comtypes.client import CreateObject

word1 = CreateObject('Word.Application')
word_path = 'D:\\test\\诗仙.docx'
pdf_path = 'D:\\test\\诗仙.pdf'
doc1 = word1.Documents.Open(word_path)
doc1.SaveAs(pdf_path,FileFormat = 17)            #转换为 PDF 格式
doc1.close()
word1.Quit()
```

运行结果如图 17-11 所示。

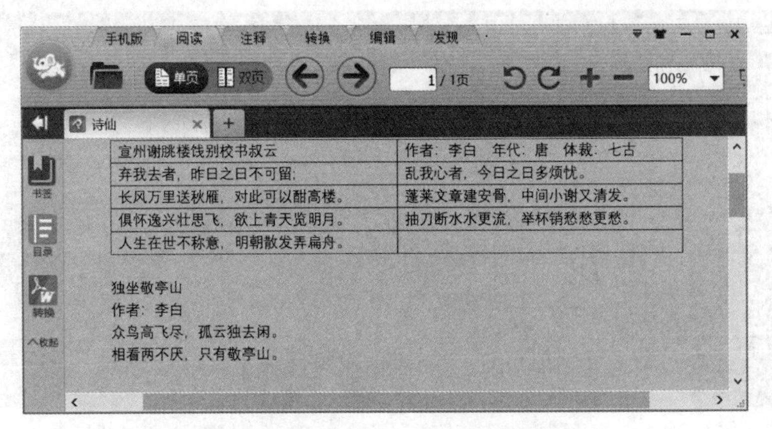

图 17-11　代码 17-7. py 转换成的 PDF 文档

注意：第三方模块 comtypes 是个很强大的模块，可以获取 COM 对象。当 Sun 公司(已被 Oracle 公司收购)推出 Java 语言后，这种跨平台的特性让 Microsoft 公司压力大增，因此推出了具有跨平台特性的 COM 技术。对 Windows 程序开发有兴趣的读者可以了解一下。

17.2.2 将 PDF 文档转换为 Word 文档

8min

在 Python 中,可以使用 pdf2docx 模块将 PDF 文档转换为 Word 文档。由于 pdf2docx 模块是第三方模块,所以需要安装此模块。安装 pdf2docx 模块需要在 Windows 命令行窗口中输入的命令如下:

```
pip install pdf2docx  -i https://pypi.tuna.tsinghua.edu.cn/simple
```

然后,按 Enter 键,即可安装 pdf2docx 模块,如图 17-12 和图 17-13 所示。

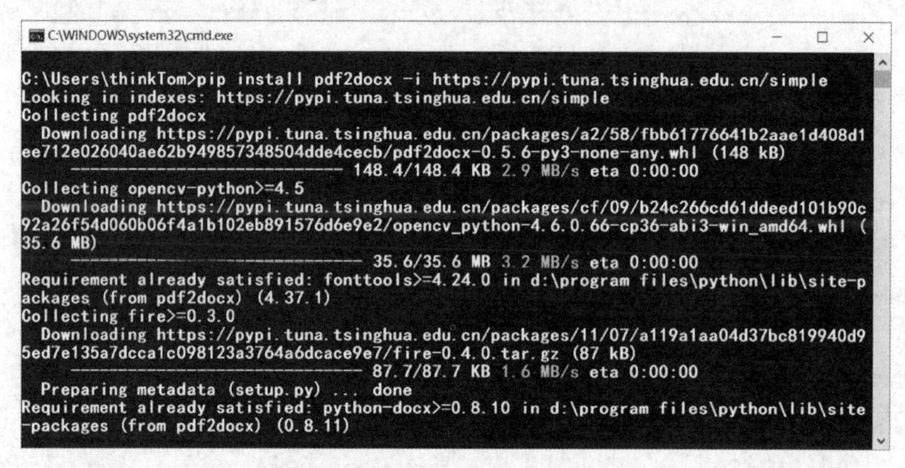

图 17-12 安装 pdf2docx 模块(1)

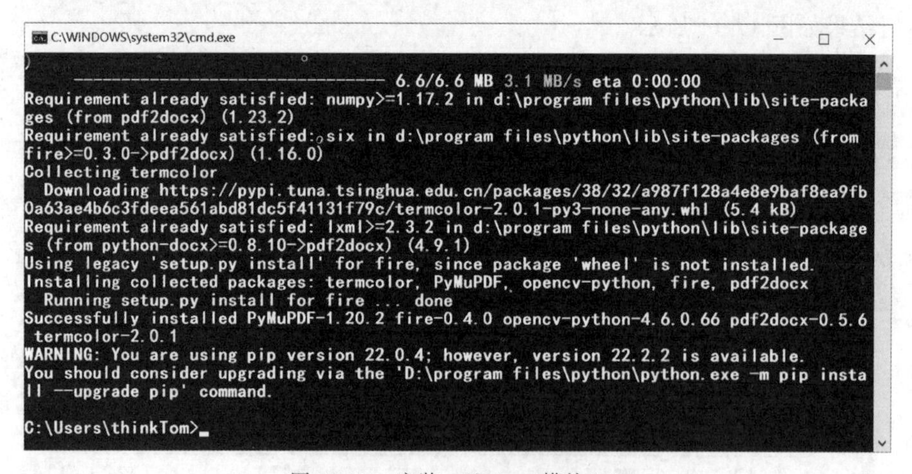

图 17-13 安装 pdf2docx 模块(2)

注意:通过图 17-13 可以得知在安装 pdf2docx 模块的过程中,也安装了 PyMuPDF 模块、opencv-python 模块。如果有读者在安装过程中出了问题,则可能是没有预先安装 PyMuPDF 等模块。

在 pdf2docx 模块中，可以使用 pdf2docx.Converter()创建一个 Converter 对象，然后使用该对象的 convert()方法将 PDF 文档转换成 Word 文档，其语法格式如下：

```
from pdf2docx import Converter
cv = Converter(pdf_path)
cv.convert(docx_path, start = num1, end = num2)
cv.close()
```

其中，pdf_path 表示 PDF 文档的路径；参数 docx_path 表示 Word 文档的路径；start 是可选参数，表示要转换的起始页，数据类型是整型数字；end 是可选参数，表示要转换的结束页，数据类型是整型数字。如果不写 start、end 这两个参数，则默认将 PDF 文档从第 1 页转换到最后一页。

【实例 17-8】 在 D 盘 test 文件夹下有一个 PDF 文档(2021 年报.pdf)，使用 pdf2docx 模块将该文档的第 1 页到第 10 页转换为 Word 文档，并保存，代码如下：

```
# === 第 17 章 代码 17-8.py === #
from pdf2docx import Converter

pdf_path = 'D:\\test\\2021 年报.pdf'
docx_path = 'D:\\test\\2021 年报.docx'
cv = Converter(pdf_path)
cv.convert(docx_path, start = 0, end = 10)
cv.close()
```

运行结果如图 17-14 和图 17-15 所示。

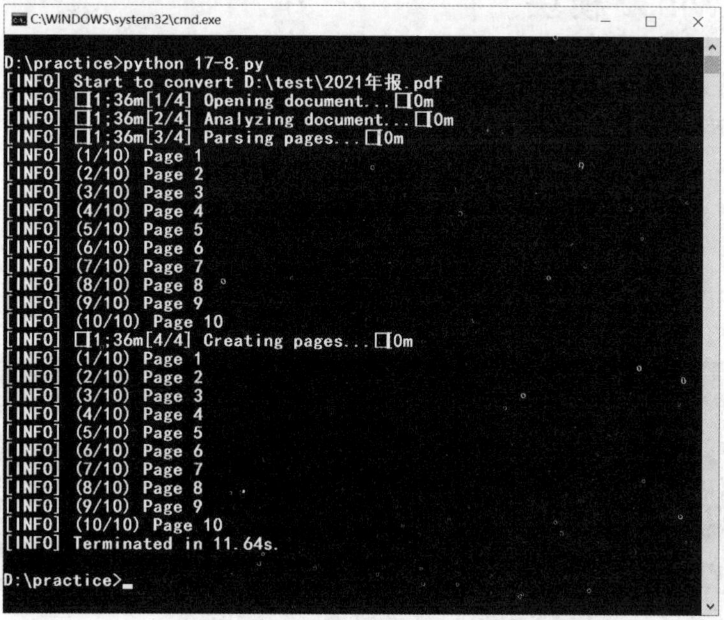

```
C:\WINDOWS\system32\cmd.exe

D:\practice>python 17-8.py
[INFO] Start to convert D:\test\2021年报.pdf
[INFO] □1;36m[1/4] Opening document...□0m
[INFO] □1;36m[2/4] Analyzing document...□0m
[INFO] □1;36m[3/4] Parsing pages...□0m
[INFO] (1/10) Page 1
[INFO] (2/10) Page 2
[INFO] (3/10) Page 3
[INFO] (4/10) Page 4
[INFO] (5/10) Page 5
[INFO] (6/10) Page 6
[INFO] (7/10) Page 7
[INFO] (8/10) Page 8
[INFO] (9/10) Page 9
[INFO] (10/10) Page 10
[INFO] □1;36m[4/4] Creating pages...□0m
[INFO] (1/10) Page 1
[INFO] (2/10) Page 2
[INFO] (3/10) Page 3
[INFO] (4/10) Page 4
[INFO] (5/10) Page 5
[INFO] (6/10) Page 6
[INFO] (7/10) Page 7
[INFO] (8/10) Page 8
[INFO] (9/10) Page 9
[INFO] (10/10) Page 10
[INFO] Terminated in 11.64s.

D:\practice>_
```

图 17-14　代码 17-8.py 的运行结果

十、非经常性损益项目和金额

√适用 □不适用

单位:元 币种:人民币

非经常性损益项目	2021年金额	附注(如适用)	2020年金额	2019年金额
非流动资产处置损益	-11,920,829.77		-100,113.92	-510,515.56
计入当期损益的政府补助，但与公司 正常经营业务密切相关，符合国家政 策规定、按照一定标准定额或定量持 续享受的政府补助除外	4,616,000.00		2,028,500.00	
除同公司正常经营业务相关的有效套期保值业务外，持有交易性金融资产、衍生金融资产、交易性金融负债、衍生金融负债产生的公允价值变动 损益，以及处置交易性金融资产、衍 生金融资产、交易性金融负债、衍生 金融负债和其他债权投资取得的投 资收益	-3,750,122.23		4,966,170.34	-14,018,472.46
除上述各项之外的其他营业外收入和支出	-210,928,052.99		-438,037,777.35	-258,459,086.43
其他符合非经常性损益定义的损益项目	61,031,069.26		237,455.55	
减：所得税影响额	-40,237,983.93		-107,726,441.35	-68,247,018.61
少数股东权益影响额（税后）	244,326.28		-4,044,011.11	-4,303,058.19
合计	-120,958,278.08		-319,135,312.92	-200,437,997.65

十一、采用公允价值计量的项目

√适用 □不适用

单位：元 币种：人民币

6 / 124

图 17-15 代码 17-15.py 转换成的 PDF 文档

17.3 pywin32 模块

14min

在 Python 中,可以使用 pywin32 模块在 Word 文档中批量标注关键词、批量替换关键词,以及合并 Word 文档。由于 pywin32 模块是第三方模块,所以需要安装此模块。安装 pywin32 模块需要在 Windows 命令行窗口中输入的命令如下:

```
pip install pywin32 -i https://pypi.tuna.tsinghua.edu.cn/simple
```

然后,按 Enter 键,即可安装 pywin32 模块,如图 17-16 所示。

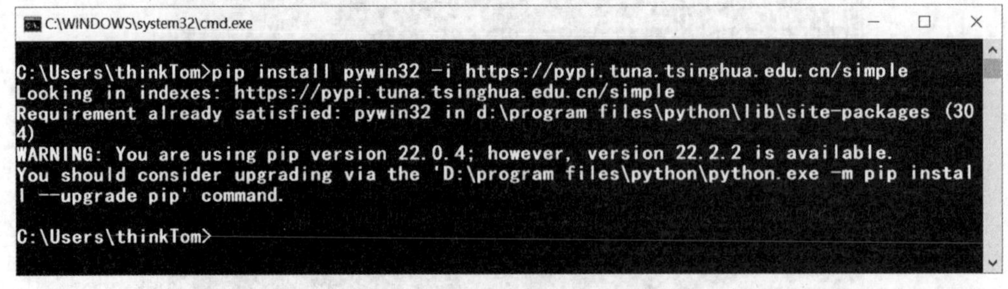

图 17-16 安装 pywin32 模块

注意：图 17-16 显示笔者的计算机上已经安装了 pywin32 模块。在 Python 代码中导入该模块时要使用名称 win32com，而不是 pywin32。

17.3.1 在 Word 文档中标记多个关键词

在实际生活和工作中，由于各种原因，需要标记出 Word 文档中的关键词。例如在员工管理办法. docx 文件中，需要将“迟到、早退、旷工”等关键词标注出来。

在 pywin32 模块中，封装了绝大多数的 Windows API(应用程序接口)。可以使用该模块下的客户端子模块 win32com. client 下的函数 win32com. client. gencache. EnsureDispatch()创建 Word 程序对象，然后使用 Word 开发接口提供的预设常量标注关键词，其语法格式如下：

```
import win32com.client as win32
word = win32.gencache.EnsureDispatch('Word.Application')
word.Visible = False                    # 将 Word 程序窗口设置为隐藏状态
cs = win32.constants                    # 导入 Word 开发接口提供的预设常量集合
doc = word. Documents.Open(docx_path)   # 打开 Word 文档
…
doc.Close()
word.Quit()
```

其中，docx_path 表示 Word 文档的路径。变量 cs 存储了 Word 开发接口提供的预设常量，其中可用于突出显示颜色的常量见表 17-2。

表 17-2 Word 程序预设颜色常量

常量	值	说明	常量	值	说明
wdBlack	1	黑色	wdDarkYellow	14	深黄色
wdBlue	2	蓝色	wdGray25	16	25%灰色
wdBrightGreen	4	鲜绿色	wdGray50	15	50%灰色
wdDarkBlue	9	深蓝色	wdGreen	11	绿色
wdDarkRed	13	深红色	wdPink	5	粉红色
wdRed	6	红色	wdViolet	12	紫罗兰色
wdTeal	10	青色	wdWhite	8	白色
wdTurquoise	3	青绿色	wdYellow	7	黄色

【实例 17-9】 在 D 盘 test 文件夹下有一个 Word 文档(蜀道难. docx)，使用 pywin32 模块将该文档中的蜀道、青天、人烟、绝壁、剑阁、锦城分别使用红色、绿色、蓝色、粉红色、25%灰色、青色标注，并设置加粗、斜体、下画线、高亮显示的格式，最后保存该文档，代码如下：

```
# === 第 17 章 代码 17 - 9.py === #
import win32com.client as win32
```

```
word = win32.gencache.EnsureDispatch('Word.Application')
word.Visible = False                                    # 将 Word 程序窗口设置为隐藏状态
cs = win32.constants                         # 导入 Word 开发接口提供的预设常量集合
doc = word.Documents.Open('D:\\test\\蜀道难.docx')          # 打开 Word 文档
key_list = ['蜀道','青天','人烟','绝壁','剑阁','锦城']
color_list = [cs.wdRed,cs.wdGreen,cs.wdBlue,cs.wdPink,cs.wdGray25,cs.wdTeal]

for key,color in zip(key_list,color_list):
    word.Options.DefaultHighlightColorIndex = color          # 设置字体的颜色
    findobj = word.Selection.Find                             # 创建 Find 对象
    findobj.ClearFormatting()                                 # 清除查找文本格式
    findobj.Text = key                                        # 设置查找文本
    findobj.Replacement.ClearFormatting()                     # 清除替换文本格式
    findobj.Replacement.Text = key              # 将替换文本设置为与查找文本相同的值
    findobj.Replacement.Font.Bold = True                      # 加粗字体
    findobj.Replacement.Font.Italic = True                    # 设置斜体
    findobj.Replacement.Font.Underline = cs.wdUnderlineDouble    # 加下画线
    findobj.Replacement.Highlight = True                      # 文本突出显示
    findobj.Execute(Replace = cs.wdReplaceAll)                # 一次性全部替换

doc.SaveAs('D:\\test\\蜀道难.docx')
doc.Close()
word.Quit()
```

运行结果如图 17-17 所示。

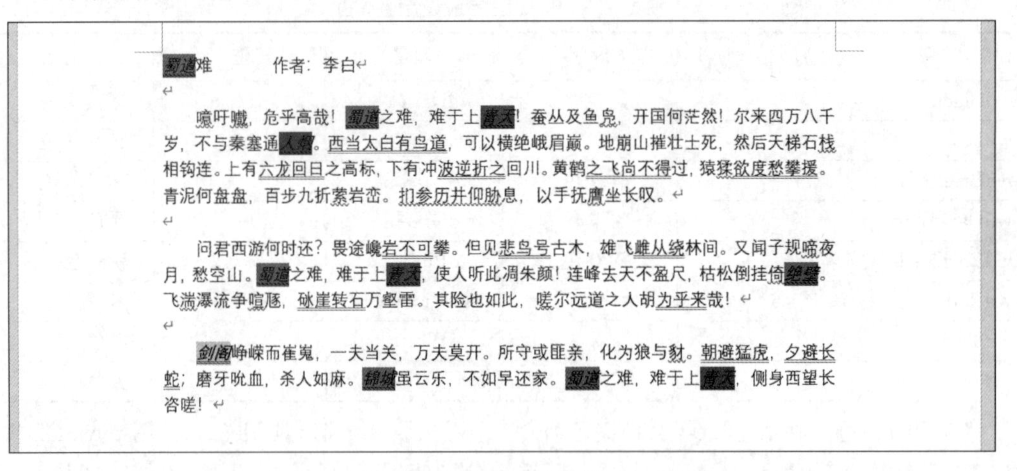

蜀道难　　　作者：李白

　　噫吁嚱，危乎高哉！蜀道之难，难于上青天！蚕丛及鱼凫，开国何茫然！尔来四万八千岁，不与秦塞通人烟。西当太白有鸟道，可以横绝峨眉巅。地崩山摧壮士死，然后天梯石栈相钩连。上有六龙回日之高标，下有冲波逆折之回川。黄鹤之飞尚不得过，猿猱欲度愁攀援。青泥何盘盘，百步九折萦岩峦。扪参历井仰胁息，以手抚膺坐长叹。

　　问君西游何时还？畏途巉岩不可攀。但见悲鸟号古木，雄飞雌从绕林间。又闻子规啼夜月，愁空山。蜀道之难，难于上青天，使人听此凋朱颜！连峰去天不盈尺，枯松倒挂倚绝壁。飞湍瀑流争喧豗，砯崖转石万壑雷。其险也如此，嗟尔远道之人胡为乎来哉！

　　剑阁峥嵘而崔嵬，一夫当关，万夫莫开。所守或匪亲，化为狼与豺。朝避猛虎，夕避长蛇；磨牙吮血，杀人如麻。锦城虽云乐，不如早还家。蜀道之难，难于上青天，侧身西望长咨嗟！

图 17-17　代码 17-9.py 标注的 Word 文档

注意：在运行 17-9.py 代码时，如果计算机已有被打开的 Word 文档，则该代码运行时会关闭运行的 Word 文档。

17.3.2　在 Word 文档中替换多个关键词

在实际生活和工作中，由于各种原因，需要替换 Word 文档中的关键词。例如合同文本、论文、财务报表。

【实例 17-10】　在 D 盘 test 文件夹下有一个 Word 文档（粮食采购合同.docx），如图 17-18 所示。

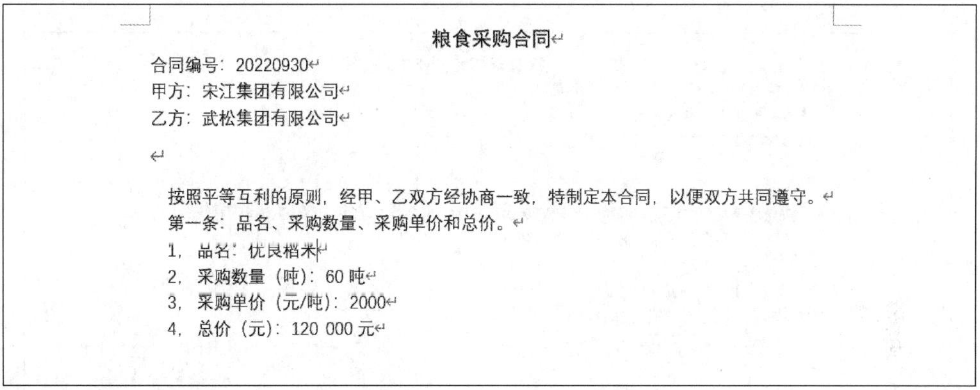

粮食采购合同

合同编号：20220930

甲方：宋江集团有限公司

乙方：武松集团有限公司

按照平等互利的原则，经甲、乙双方经协商一致，特制定本合同，以便双方共同遵守。

第一条：品名、采购数量、采购单价和总价。

1，品名：优良稻米

2，采购数量（吨）：60 吨

3，采购单价（元/吨）：2000

4，总价（元）：120 000 元

图 17-18　要替换关键词的 Word 文档

使用 pywin32 模块将该文档中的宋江替换为曹操、武松替换为刘备、稻米替换为大豆，代码如下：

```
# === 第 17 章 代码 17-10.py === #
import win32com.client as win32

word = win32.gencache.EnsureDispatch('Word.Application')
word.Visible = False                    # 将 Word 程序窗口设置为隐藏状态
cs = win32.constants                    # 导入 Word 开发接口提供的预设常量集合
doc = word.Documents.Open('D:\\test\\粮食采购合同.docx')         # 打开 Word 文档
replace_dict = {'宋江':'曹操','武松':'刘备','稻米':'大豆'}
for old_text,new_text in replace_dict.items():
    findobj = word.Selection.Find                                # 创建 Find 对象
    findobj.ClearFormatting()                                    # 清除查找文本格式
    findobj.Text = old_text                                      # 查找文本
    findobj.Replacement.ClearFormatting()                        # 清除替换文本格式
    findobj.Replacement.Text = new_text                          # 替换文本
    if findobj.Execute(Replace = cs.wdReplaceAll):               # 一次性全部替换
        print(f'{old_text} -->{new_text}')
doc.SaveAs('D:\\test\\粮食采购合同.docx')
doc.Close()
word.Quit()
```

运行结果如图 17-19 和图 17-20 所示。

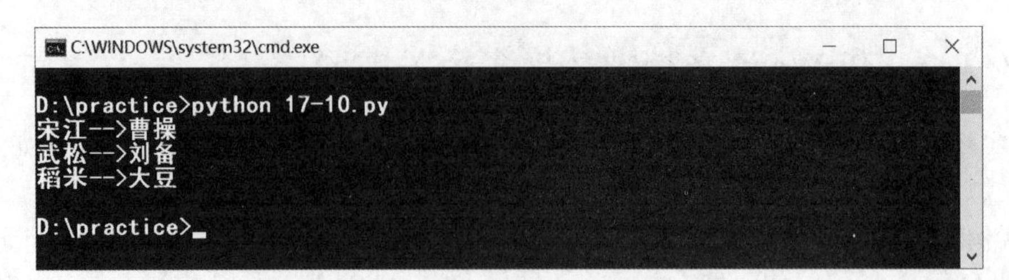

图 17-19　代码 17-10. py 的运行结果

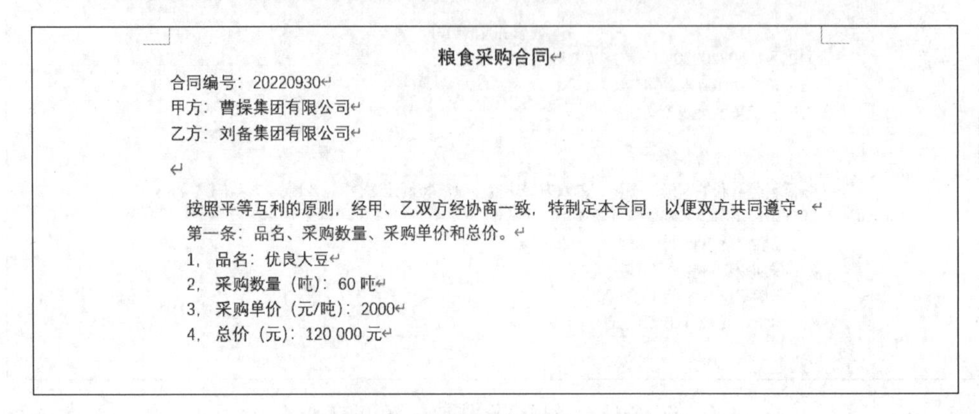

图 17-20　替换关键词后的 Word 文档

17.3.3　将多个 Word 文档合并为一个 Word 文档

在实际生活和工作中，由于各种原因，需要将多个 Word 文档合并为一个 Word 文档。

【实例 17-11】　在 D 盘 test 文件夹下的 demo1 文件夹中有 3 个 Word 文档，如图 17-21 所示。

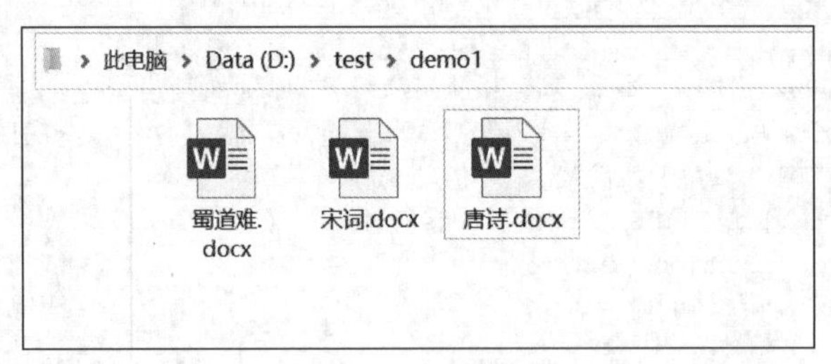

图 17-21　要被合并的 Word 文档

使用 pywin32 模块将这 3 个文档合并为一个文档，并重新将字体设置为宋体，字体大小为 8，代码如下：

```
# === 第 17 章 代码 17 - 11.py === #
import win32com.client as win32

word = win32.gencache.EnsureDispatch('Word.Application')
```

```
word.Visible = False                                    #将 Word 程序窗口设置为隐藏状态

path1 = 'D:\\test\\demo1\\唐诗.docx'
path2 = 'D:\\test\\demo1\\宋词.docx'
path3 = 'D:\\test\\demo1\\蜀道难.docx'

output = word.Documents.Add()                           #创建新文档
output.Application.Selection.InsertFile(path1)          #合并文档
output.Application.Selection.InsertFile(path2)          #合并文档
output.Application.Selection.InsertFile(path3)          #合并文档
#获取合并后文档的内容
doc = output.Range(output.Content.Start,output.Content.End)
doc.Font.Name = '宋体'                                  #设置字体样式
doc.Font.Size = 8                                       #设置字体大小

output.SaveAs('D:\\test\\demo1\\合并.docx')
output.Close()
word.Quit()
```

运行结果如图 17-22 所示。

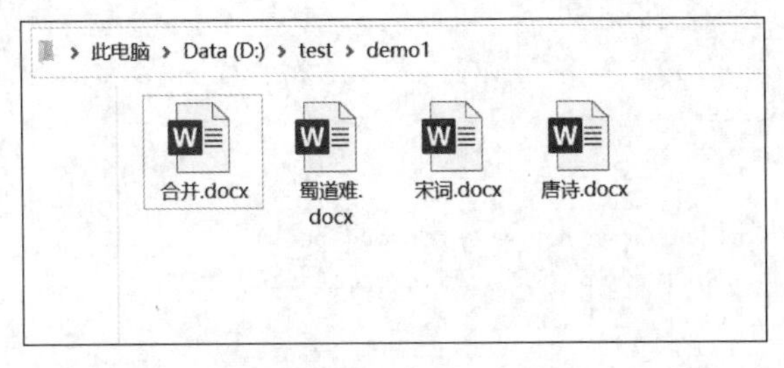

图 17-22　代码 17-11.py 合并的 Word 文档

注意：代码 17-11.py 在运行过程中可能会弹出 Word 程序对话框，选择默认选项即可。

17.4　典型应用

计算机最擅长做重复性的工作，本节讲述使用 Python 批量处理 Word 文档的典型应用，包括批量转换 Word 文档的格式、批量替换 Word 文档中的关键词、批量合并 Word 文档。

17.4.1　将 Word 文档批量转换为 PDF 文档

【实例 17-12】　在 D 盘 test 文件夹下的 demo1 文件夹下有 4 个 Word 文档，如图 17-23 所示。

将这 4 个 Word 文档转换成 PDF 文档，并保存在该目录下的文件夹(PDF 文件)中，代码如下：

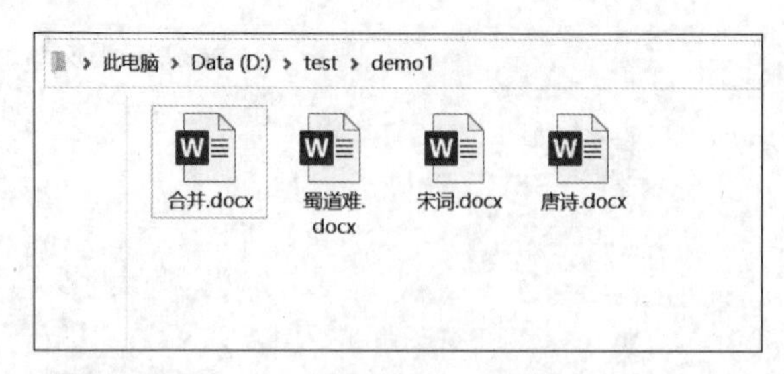

图 17-23　要被转换格式的 Word 文档

```
# === 第 17 章 代码 17 - 12.py === #
from pathlib import Path
from comtypes.client import CreateObject

src_folder = Path('D:\\test\\demo1\\')
des_folder = Path('D:\\test\\demo1\\PDF 文件\\')
if des_folder.exists() == False:
    des_folder.mkdir(parents = True)
file_list = list(src_folder.glob('*.docx'))
word = CreateObject('Word.Application')
for word_path in file_list:
    pdf_path = des_folder/word_path.with_suffix('.pdf').name
    if pdf_path.exists():
            continue
    else:
            doc = word.Documents.Open(str(word_path))
            doc.SaveAs(str(pdf_path),FileFormat = 17)
            doc.Close()
word.Quit()
```

运行结果如图 17-24 所示。

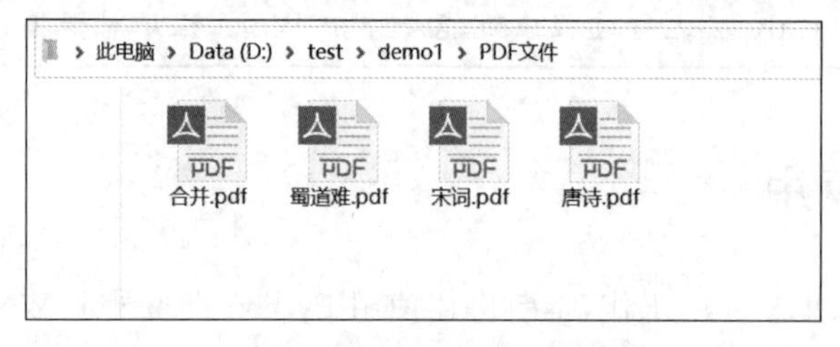

图 17-24　代码 17-12.py 转换成的 PDF 文档

17.4.2　将 PDF 文档批量转换为 Word 文档

【实例 17-13】　在 D 盘 test 文件夹下的 demo2 文件夹下有 5 个 PDF 文档，如图 17-25 所示。

将这 5 个 PDF 文档转换成 Word 文档，并保存在该目录下的文件夹(Word 文件)中，代码如下：

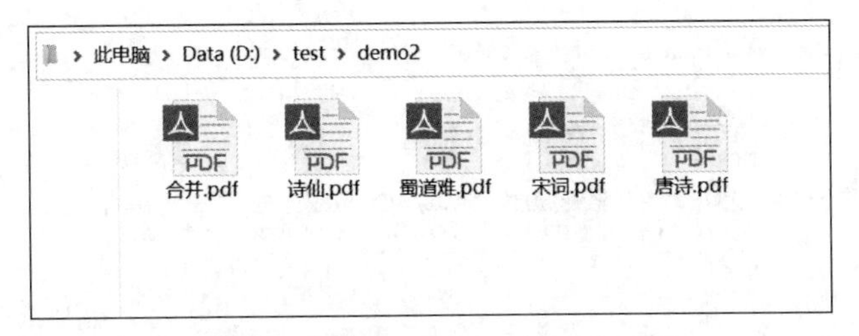

图 17-25　要被转换格式的 PDF 文档

```
# === 第 17 章 代码 17-13.py === #
from pdf2docx import Converter
from pathlib import Path

src_folder = Path('D:\\test\\demo2\\')
des_folder = Path('D:\\test\\demo2\\Word 文件\\')
if des_folder.exists() == False:
    des_folder.mkdir(parents = True)
file_list = list(src_folder.glob('*.pdf'))

for pdf_path in file_list:
    docx_path = des_folder/pdf_path.with_suffix('.docx').name
    if docx_path.exists():
            continue
    else:
            cv = Converter(pdf_path)
            cv.convert(docx_path)
            cv.close()
```

运行结果如图 17-26 所示。

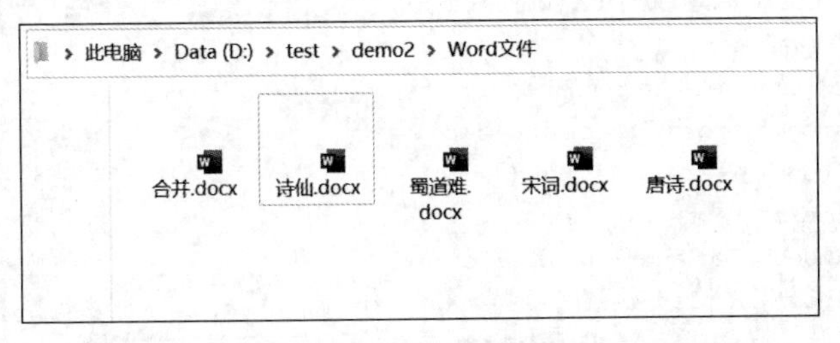

图 17-26　代码 17-13.py 转换成的 Word 文档

注意：如果 Word 文档或 PDF 文档页面比较多，则可能花费比较长的时间。

17.4.3　批量替换不同 Word 文档中的关键词

【实例 17-14】　在 D 盘 test 文件夹下的 demo3 文件夹下有 5 个 Word 文档，如图 17-27 所示。

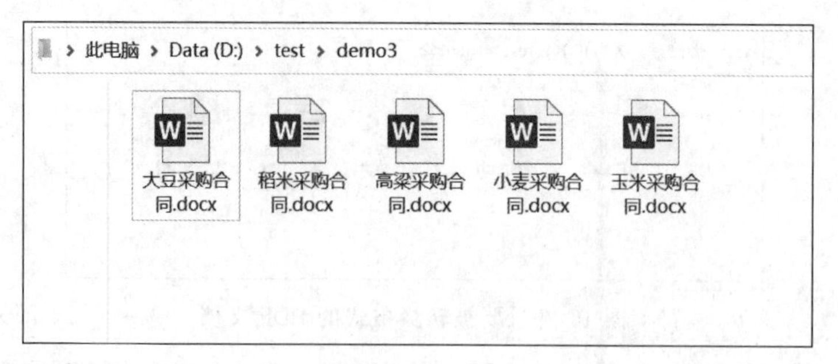

图 17-27 要被替换关键词的 Word 文档

将这 5 个 Word 文档中的宋江替换为曹操,将武松替换为刘备,并将替换关键词后的 Word 文档保存在该目录下的文件夹中(替换关键词后的文件),代码如下:

```
# === 第 17 章 代码 17-14.py === #
import win32com.client as win32
from pathlib import Path

src_folder = Path('D:\\test\\demo3\\')
des_folder = Path('D:\\test\\demo3\\替换关键词后的文件\\')
if des_folder.exists() == False:
    des_folder.mkdir()
file_list = list(src_folder.glob('*.docx'))
replace_dict = {'宋江':'曹操','武松':'刘备'}

word = win32.gencache.EnsureDispatch('Word.Application')
word.Visible = False                    #将 Word 程序窗口设置为隐藏状态
cs = win32.constants                    #导入 Word 开发接口提供的预设常量集合
for word_path in file_list:
    doc = word.Documents.Open(str(word_path))                  #打开 Word 文档
    print(word_path.name)
    for old_text,new_text in replace_dict.items():
            findobj = word.Selection.Find                      #创建 Find 对象
            findobj.ClearFormatting()                          #清除查找文本格式
            findobj.Text = old_text                            #查找文本
            findobj.Replacement.ClearFormatting()              #清除替换文本格式
            findobj.Replacement.Text = new_text                #替换文本
            if findobj.Execute(Replace = cs.wdReplaceAll):     #一次性全部替换
                    print(f'{old_text} -->{new_text}')
    new_path = des_folder/word_path.name
    doc.SaveAs(str(new_path))
    doc.Close()

word.Quit()
```

运行结果如图 17-28 和图 17-29 所示。

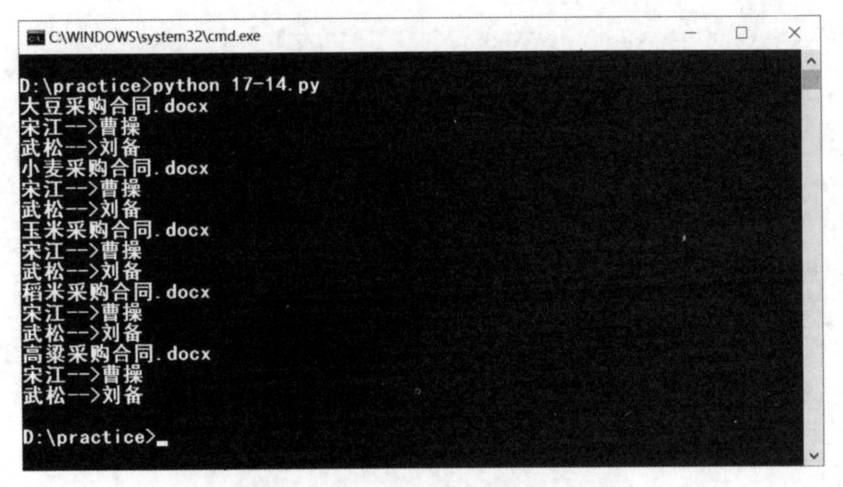

图 17-28 代码 17-14.py 的运行结果

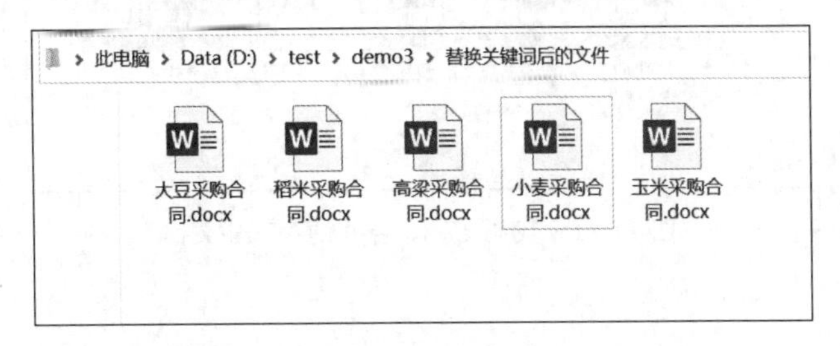

图 17-29 替换关键词后的 Word 文档

17.4.4 将同目录下的 Word 文档合并为一个 Word 文档

【实例 17-15】 在 D 盘 test 文件夹下的 demo4 文件夹下有 4 个 Word 文档，如图 17-30 所示。

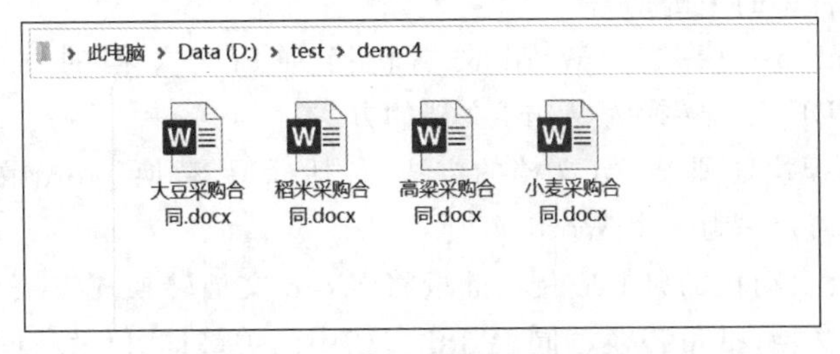

图 17-30 同一目录下的 Word 文档

将这 4 个 Word 文档合并为一个 Word 文档，并保存在该目录下(合并合同.docx)，代码如下：

```
# === 第 17 章 代码 17 - 15.py === #
import win32com.client as win32
from pathlib import Path
```

```
src_folder = Path('D:\\test\\demo4\\')
file_list = list(src_folder.glob('*.docx'))
word = win32.gencache.EnsureDispatch('Word.Application')
word.Visible = False                                         #将Word程序窗口设置为隐藏状态
output = word.Documents.Add()                                #创建新文档
for word_path in file_list:
    output.Application.Selection.InsertFile(word_path)      #合并文档

output.SaveAs('D:\\test\\demo4\\合并合同.docx')
output.Close()
word.Quit()
```

运行结果如图 17-31 所示。

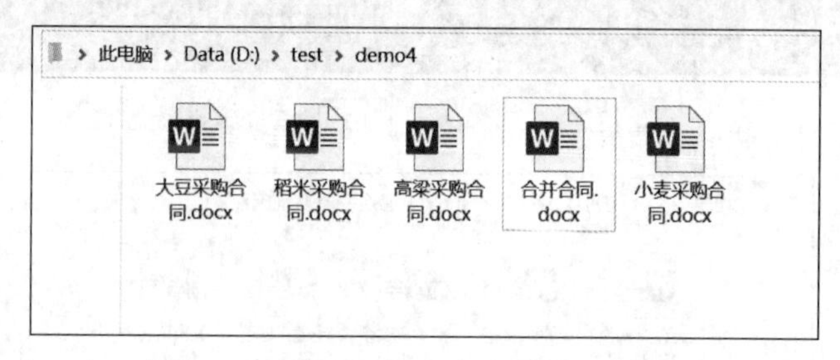

图 17-31　代码 17-15 合并的 Word 文档

17.5　小结

本章主要介绍了以下 4 个方面的内容。

(1) 使用 python-docx 模块处理 Word 文档的方法，包括读取、创建 Word 文档，以及查找和替换 Word 文档中的关键词。

(2) 使用 comtypes 模块将 Word 文档转换为 PDF 文档的方法，并介绍了使用 pdf2docx 模块将 PDF 文档转换为 Word 文档的方法。

(3) pywin32c 模块处理 Word 文档的方法，包括标记、替换 Word 文档中的关键词，以及将多个 Word 文档合并为一个 Word 文档。

(4) Word 办公自动化的典型应用：批量将 Word 文档转换成 PDF 文档，批量将 PDF 文档转换成 Word 文档，批量替换不同 Word 文档中的关键词，以及将同一目录下的 Word 文档合并为一个 Word 文档。

附录 A

Python 关键字和内置函数

表 A-1 Python 关键字

False	class	finally	is	return
None	continue	for	lambda	try
True	def	from	nonlocal	try
and	del	global	not	with
as	elif	if	or	yield
assert	else	import	pass	break
except	in	raise		

表 A-2 Python 内置函数

abs()	all()	any()	basestring()	bin()
bool()	Bytearray()	callable()	chr()	classmethod()
cmp()	compile()	complex()	delattr()	dict()
dir()	divmod()	enumerate()	eval()	execfile()
file()	filter()	float()	format()	frozenset()
getattr()	globals()	hasattr()	hash()	help()
hex()	id()	input()	int()	isinstance()
issubclass()	iter()	len()	list()	locals()
long()	map()	max()	memoryview()	min()
next()	object()	oct()	open()	ord()
pow()	print()	property()	range()	raw_input()
reduce()	reload()	repr()	reversed()	round()
set()	setattr()	slice()	sorted()	staticmethod()
str()	sum()	super()	tuple()	type()
unichr()	vars()	xrange()	zip()	__import__()
apply()	buffer()	coerce()	intern()	

图书推荐

书　　名	作　　者
深度探索 Vue.js——原理剖析与实战应用	张云鹏
剑指大前端全栈工程师	贾志杰、史广、赵东彦
Flink 原理深入与编程实战——Scala＋Java(微课视频版)	辛立伟
Spark 原理深入与编程实战(微课视频版)	辛立伟、张帆、张会娟
HarmonyOS 应用开发实战(JavaScript 版)	徐礼文
HarmonyOS 原子化服务卡片原理与实战	李洋
鸿蒙操作系统开发入门经典	徐礼文
鸿蒙应用程序开发	董昱
鸿蒙操作系统应用开发实践	陈美汝、郑森文、武延军、吴敬征
HarmonyOS 移动应用开发	刘安战、余雨萍、李勇军 等
HarmonyOS App 开发从 0 到 1	张诏添、李凯杰
HarmonyOS 从入门到精通 40 例	戈帅
JavaScript 基础语法详解	张旭乾
华为方舟编译器之美——基于开源代码的架构分析与实现	史宁宁
Android Runtime 源码解析	史宁宁
鲲鹏架构入门与实战	张磊
鲲鹏开发套件应用快速入门	张磊
华为 HCIA 路由与交换技术实战	江礼教
openEuler 操作系统管理入门	陈争艳、刘安战、贾玉祥 等
恶意代码逆向分析基础详解	刘晓阳
深度探索 Go 语言——对象模型与 runtime 的原理、特性及应用	封幼林
深入理解 Go 语言	刘丹冰
深度探索 Flutter——企业应用开发实战	赵龙
Flutter 组件精讲与实战	赵龙
Flutter 组件详解与实战	[加]王浩然(Bradley Wang)
Flutter 跨平台移动开发实战	董运成
Dart 语言实战——基于 Flutter 框架的程序开发(第 2 版)	亢少军
Dart 语言实战——基于 Angular 框架的 Web 开发	刘仕文
IntelliJ IDEA 软件开发与应用	乔国辉
Vue＋Spring Boot 前后端分离开发实战	贾志杰
Vue.js 快速入门与深入实战	杨世文
Vue.js 企业开发实战	千锋教育高教产品研发部
Python 从入门到全栈开发	钱超
Python 全栈开发——基础入门	夏正东
Python 全栈开发——高阶编程	夏正东
Python 全栈开发——数据分析	夏正东
Python 游戏编程项目开发实战	李志远
Python 人工智能——原理、实践及应用	杨博雄 主编，于营、肖衡、潘玉霞、高华玲、梁志勇 副主编
Python 深度学习	王志立
Python 预测分析与机器学习	王沁晨
Python 异步编程实战——基于 AIO 的全栈开发技术	陈少佳
Python 数据分析实战——从 Excel 轻松入门 Pandas	曾贤志
Python 概率统计	李爽

续表

书　　名	作　　者
Python 数据分析从 0 到 1	邓立文、俞心宇、牛瑶
FFmpeg 入门详解——音视频原理及应用	梅会东
FFmpeg 入门详解——SDK 二次开发与直播美颜原理及应用	梅会东
FFmpeg 入门详解——流媒体直播原理及应用	梅会东
FFmpeg 入门详解——命令行与音视频特效原理及应用	梅会东
Python Web 数据分析可视化——基于 Django 框架的开发实战	韩伟、赵盼
Python 玩转数学问题——轻松学习 NumPy、SciPy 和 Matplotlib	张骞
Pandas 通关实战	黄福星
深入浅出 Power Query M 语言	黄福星
深入浅出 DAX——Excel Power Pivot 和 Power BI 高效数据分析	黄福星
云原生开发实践	高尚衡
云计算管理配置与实战	杨昌家
虚拟化 KVM 极速入门	陈涛
虚拟化 KVM 进阶实践	陈涛
边缘计算	方娟、陆帅冰
物联网——嵌入式开发实战	连志安
动手学推荐系统——基于 PyTorch 的算法实现(微课视频版)	於方仁
人工智能算法——原理、技巧及应用	韩龙、张娜、汝洪芳
跟我一起学机器学习	王成、黄晓辉
深度强化学习理论与实践	龙强、章胜
自然语言处理——原理、方法与应用	王志立、雷鹏斌、吴宇凡
TensorFlow 计算机视觉原理与实战	欧阳鹏程、任浩然
计算机视觉——基于 OpenCV 与 TensorFlow 的深度学习方法	余海林、翟中华
深度学习——理论、方法与 PyTorch 实践	翟中华、孟翔宇
HuggingFace 自然语言处理详解——基于 BERT 中文模型的任务实战	李福林
AR Foundation 增强现实开发实战(ARKit 版)	汪祥春
AR Foundation 增强现实开发实战(ARCore 版)	汪祥春
ARKit 原生开发入门精粹——RealityKit + Swift + SwiftUI	汪祥春
HoloLens 2 开发入门精要——基于 Unity 和 MRTK	汪祥春
巧学易用单片机——从零基础入门到项目实战	王良升
Altium Designer 20 PCB 设计实战(视频微课版)	白军杰
Cadence 高速 PCB 设计——基于手机高阶板的案例分析与实现	李卫国、张彬、林超文
Octave 程序设计	于红博
ANSYS 19.0 实例详解	李大勇、周宝
ANSYS Workbench 结构有限元分析详解	汤晖
AutoCAD 2022 快速入门、进阶与精通	邵为龙
SolidWorks 2021 快速入门与深入实战	邵为龙
UG NX 1926 快速入门与深入实战	邵为龙
Autodesk Inventor 2022 快速入门与深入实战(微课视频版)	邵为龙
全栈 UI 自动化测试实战	胡胜强、单镜石、李睿
pytest 框架与自动化测试应用	房荔枝、梁丽丽